“十二五”国家重点图书规划项目

国防特色学术专著·航空宇航科学与

陕西省出版资金精品项目

飞机起落架动力学设计与分析

聂 宏 魏小辉 等编著

西北工业大学出版社

北京航空航天大学出版社 北京理工大学出版社
哈尔滨工业大学出版社 哈尔滨工程大学出版社

内容简介

本书主要以飞机起落架的动力学问题为重点，论述了飞机起落架动力学分析方法和软件工具、飞机起落架的结构形式和缓冲器的结构形式、起落架的收放形式以及运动学分析方法、起落架振动控制方法等，同时，深入研究并给出了起落架落震动力学、全机着陆和滑跑动力学、起落架收放动力学、起落架摆振动力学、飞机地面滑跑稳定性、前轮操纵动力学、舰载飞机的起降动力学建模及分析方法。

本书可供航空类专业的本科生、研究生、教师及从事飞行器设计和研究的相关人员使用参考。

图书在版编目(CIP)数据

飞机起落架动力学设计与分析/聂宏，魏小辉，等编著. —西安：西北工业大学出版社，2013.1

国防特色学术专著·航空宇航科学与技术

ISBN 978-7-5612-3521-8

Ⅰ.①飞…　Ⅱ.①聂…②魏…　Ⅲ.①起落架—动力学—机械设计　Ⅳ.①V226

中国版本图书馆CIP数据核字(2012)第276074号

飞机起落架动力学设计与分析

聂　宏　魏小辉　等编著

责任编辑　李阿盟　雷　军

*

西北工业大学出版社出版发行

西安市友谊西路127号(710072)　发行部电话:029-88493844　传真:029-88491147

http://www.nwpup.com

陕西向阳印务有限公司　各地书店经销

*

开本:787×1 092　1/16　印张:27.375　字数:672千字

2013年5月第1版　2013年5月第1次印刷　印数:2 000册

ISBN 978-7-5612-3521-8　定价:70.00元

前　言

飞机起落架作为飞机结构的一个重要部件，承受着当飞机与地面接触时产生的静、动载荷，吸收和消耗飞机在着陆撞击、跑道滑行等地面运动时所产生的能量，在减缓飞机发生振动，降低飞机地面载荷，提高乘员舒适性，保障飞机飞行安全等方面发挥着极其重要的作用。

飞机起落架受力严重、工作环境恶劣、故障率高，大量统计表明，飞机事故中的大约2/3都与飞机起落架有直接或间接的关系，其中涉及强度方面的项目占多数。因此，近30年来，应用动力学设计与分析技术对起落架进行动强度设计成为国内外的一个研究热点和前沿问题。

因此，本书内容所涉及的飞机起落架动力学设计与分析技术研究工作是从起落架动强度和动态稳定性的角度来考察其动力学性能问题的。在设计中采取有效的措施来提高起落架动力学性能，并降低成本，从而有效地防止由于动力学设计不当而造成的动态载荷过大和稳定性较差等问题，以确保飞机在起飞、着陆（着舰）、滑跑和地面操纵等过程中的安全。飞机起落架动力学设计与分析技术在提高起落架动力学性能、降低成本、确保飞行安全等方面具有重要的理论意义和实用价值。

目前，国内外关于起落架动力学设计与分析技术的相关资料缺乏，而且缺少关于如何系统地应用动力学设计与分析技术专门指导起落架开发工作的书籍。我国起落架研制与生产正由引进、消化、吸收向自主研发的方向发展。如何应用动力学设计与分析技术以提高起落架动力学性能是编写本书的主要目标。

本书是基于笔者近年来关于飞机起落架动力学设计与分析技术所进行的相关研究的成果总结。1989—2010年期间，笔者的研究工作得到了国家自然科学基金、航空基金、国家型号工程和背景型号研究转横向项目等多项资助。

本书共分10章。第1章介绍了飞机起落架的简要发展历程、主要功能和组成，并对飞机起落架的动力学问题进行了简要概括。第2章介绍了起落架动力学分析方法和建模方法，对典型的起落架动力学问题，如落震、摆振和收放动力学问题建立了仿真分析流程规范。第3章介绍了飞机起落架的结构形式和缓冲器的结构形式，给出了支柱式起落架、摇臂式起落架和多轮支柱式起落架的落震动力学建模方法。第4章详细论述了飞机全机着陆和滑跑动力学建模与分析过程，并给出了多轮多支柱飞机的全机着陆动力学分析示例。第5章介绍了起落架的收放形式以及运动学分析方法，分析了起落架收放载荷及其建模方法，并给出了收放动力学分析示例。第6章介绍了起落架摆振分析动力学建模方法和非线性摆振稳定性分析方法，并给出了摆振动力学分析示例。第7章介绍了飞机地面滑跑方向稳定性分析方法，以及前轮操纵系统原理及其分析方法，对前轮操纵系统建模、转弯运动联合仿真和防滑刹车系统建模与分析等问题进行了详细论述。第8章对舰载飞机的着舰冲击动力学、拦阻动力学、弹射起飞动力学和滑跃起飞动力学进行了论述，给出了建模及分析方法。第9章介绍了起落架振动控制方法，并对起落架振动被动控制技术、主动控制技术和半主动控制技术进行了详细论述。第10章介绍了起落架加长对飞机总体设计的影响，并给出了飞机起落架方案设计示例。

本书各章编写人员及其分工如下：第1,3,8,9章：聂宏；第2,4,5,10章：魏小辉；第6章：许锋；第7章：张明。感谢南京航空航天大学起落架工程技术中心赵凡、方平、汪岸柳、张明星、吴卜圣、柳刚、万峻麟、樊海龙、范伟、吕祥生、陈雷、童美祥、王轩、陈琳、郭湖明、钱小妹、徐燕、于浩、周恩智、周福亮、孙泽鹏、郑蓝、朱琳等研究人员对本书内容的贡献。感谢陶周亮、冯飞、樊蕊、杨礼芳、冀美珊、刘伟、王钰龙、贲亮亮、吴晓宇、邵一舟、李利荣、陈炎、杜进、张钦、尹乔之、陈凯帆、王智成等工作人员对本书出版过程中的帮助。

感谢国家自然科学基金(项目编号：51075203 和 51105197)对本书研究的支持。

本书的出版既有利于促进我国飞机起落架研发人才的培养，又可以作为工程应用中的参考书籍。

由于水平有限，不足之处在所难免，恳切希望广大读者批评指正，提出宝贵意见和建议。

编著者

2012年10月

目　　录

第1章 绪　论

1.1 飞机起落架概述

飞机起落架是飞机的重要承力部件，在飞机安全起降的过程中担负着极其重要的使命。对于现代飞机而言，起落架已经成为关系飞机起降性能、舒适性以及乘员生命安全的重要装置。随着飞机起落架在近、现代飞机结构中的作用日益突出，设计人员面临着新的挑战，需要用最轻质量、最紧凑的结构，设计出最为安全的起落架。即设计出既"强、坚、轻"，且寿命长、可靠性高的飞机起落架。起落架设计也成为一门需要多个专业共同协作的交叉学科。

1.1.1 飞机起落架的简要发展历程

1903 年 12 月 17 日，人类历史上第一次有动力、载人、持续、稳定、可操纵的重于空气的飞行器成功飞行。这就是莱特兄弟所制造的"飞行者一号"。然而在这架飞机上，并没有现代起落架的影子，而是有一对类似滑橇的装置。它用带轮子的小车在滑轨上靠落锤装置弹射辅助起飞。如图 1.1 所示，就是著名的"飞行者一号"。

图 1.1　飞行者一号

在 1906 年上天的 Santos-Dumont（山度士 · 杜蒙）的"飞机— 14BIS"上，就有了现代起落架的样子。在采用轮式起落架以后，飞机在地面的移动、起飞前滑跑和着陆性能都有了很大的提高。该飞机的结构外形和性能参数如图 1.2 所示。

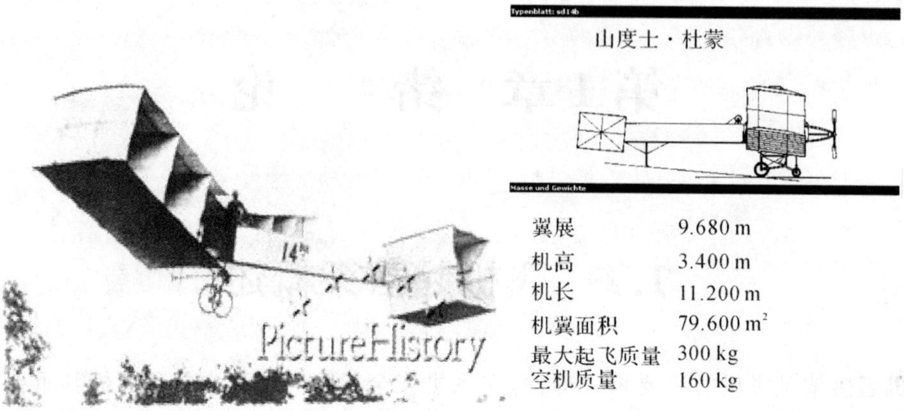

图 1.2 Santos-Dumont 的"飞机— 14BIS"

然而随着飞机的逐渐成功，飞机设计质量和飞行速度不断增加，提高飞机的起飞和着陆性能，就成为了急需解决的问题之一。第一次世界大战时的飞机已经有了减震的起落架，这些起落架采用把橡皮绳绕在轴上，并把它们固定在支柱上来进行减震（见图 1.3(a)）。此时的起落架在着陆减震方面进入了角色。

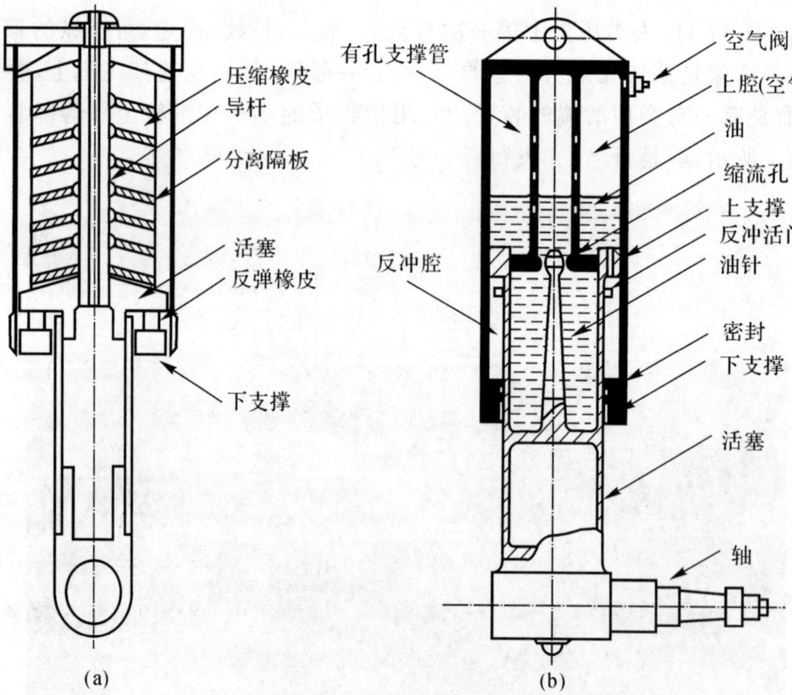

图 1.3 典型的橡皮缓冲支柱和油-气式缓冲支柱

(a)橡皮缓冲支柱；(b)油-气式缓冲支柱

因为采用橡皮绳的起落架效率很低，所以当时还有其他一些减震设计方案。其中包括钢盘弹簧、钢片弹簧、空气和油液等类型的缓冲支柱。油-气式支柱是 1918 年才采用的，典型的油-气式缓冲支柱如图 1.3(b)所示。各种缓冲支柱类型的效率/质量对比如图 1.4 所示。

在对油-气式缓冲支柱与其他形式的缓冲支柱的对比研究之中，由于油-气式支柱在动态条件下具有极高的效率，因而对于吸收下沉速度产生的动能几乎是一种理想的装置。油-气式缓冲器不仅在各种缓冲器中效率最高，而且从能量耗散的观点来看，它也是最好的。正是由于油-气式缓冲支柱的优越性能，迄今为止固定翼飞机所使用的起落架缓冲器基本都采用油-气式缓冲器。

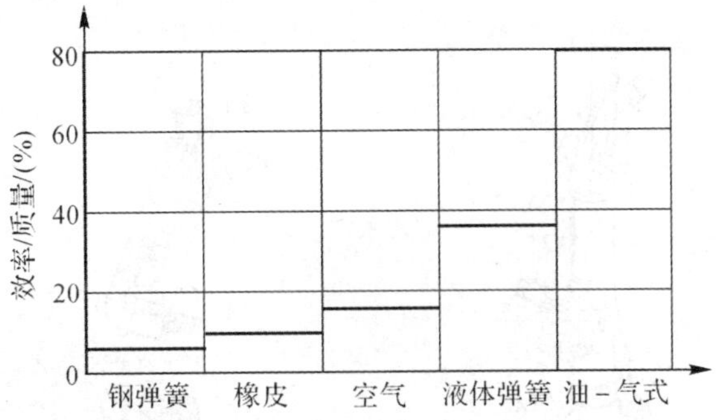

图 1.4　各种缓冲支柱类型的效率/质量对比

随着飞行速度的提高，现代飞机的起落架都要求可收放，以减小飞行时的空气阻力。因此，起落架的结构形式也由架构式发展为支柱式和摇臂式。架构式起落架结构示意图以及具有架构式起落架的 20 世纪二三十年代的飞机如图 1.5 所示。

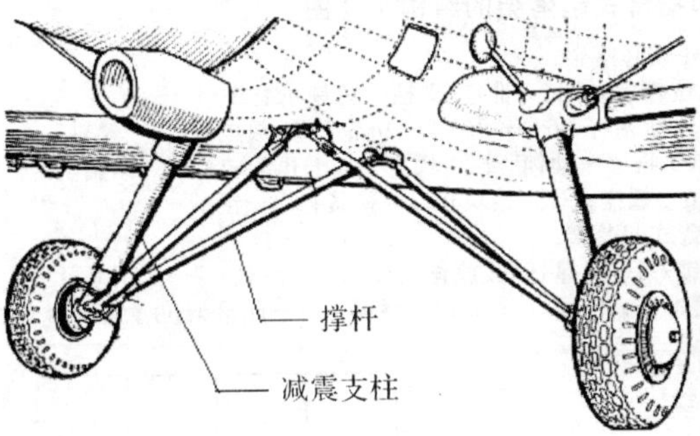

(a)

(b)

图 1.5　架构式起落架结构示意图和 20 世纪二三十年代的飞机

(a)架构式起落架；(b)20 世纪二三十年代的飞机

支柱式起落架和摇臂式起落架的结构示意图如图 1.6 所示。

除了在起落架结构形式上的改进之外，油-气式缓冲器的内部设计也一直在改进和发展之中。为了提高起落架缓冲器的吸收能力，降低起落架着陆，尤其是地面滑行和操纵时的动态载荷，设计者发展出双动式的缓冲支柱。双动式支柱包括两个室而不是通常的单室，单动式和双动式缓冲支柱的结构示意图及缓冲性能对比如图 1.7 所示。

具有这种双动式缓冲支柱的起落架，能改善在粗糙或不平地面滑行的冲击吸收特性。而且双腔式缓冲器可通过调整低气压室和高气压室的填充参数(充气压力和两个气室的容积)来调整空气室所吸收的能量，从而提高整个缓冲器的效率。这样就可以在相同的设计行程条件下，使过载系数减小。另外，缓冲器内部的细节设计和参数优化设计，也是改进和研究的重点之一。类似于为双动式支柱确定载荷-行程曲线的另一种改进方法，是在缓冲支柱活塞内加一个阀门。这个阀门是弹簧受载的，在给定的载荷下阀门将被打开，从而改进缓冲支柱的弹簧速率。

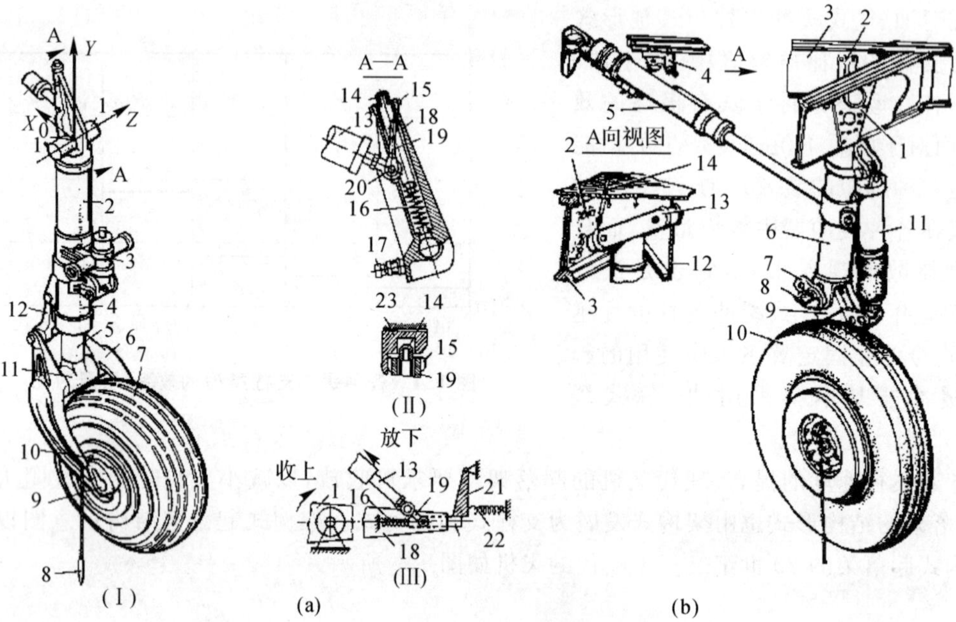

图 1.6　支柱式起落架和摇臂式起落架的结构示意图

(a)支柱式起落架

(Ⅰ)—起落架结构；(Ⅱ)—支柱上位锁示意图；(Ⅲ)—支柱下位锁示意图

1—横梁；2—支柱；3—减摆器；4—回转卡箍；5—活塞杆；6—轮叉；7—机轮；8—放电垂；9—轮轴；10—机轮温度显示器；11—转轴；12—卡环；13—收放作动筒；14—锁销；15—止动块；16—弹簧；17—注油嘴；18—摇臂；19—锁环；20—螺栓；21—挡块；22—弹簧；23—锁槽

(b)摇臂式起落架

1,2—起落架固定接头；3—机翼内撑梁；4—上位锁；5—斜撑杆(收放作动筒)；6—支柱；7—牵引耳片；8—支柱上位悬挂环；9—摇臂；10—机轮；11—缓冲器；12—大梁；13—横梁；14—起落架位置指示器

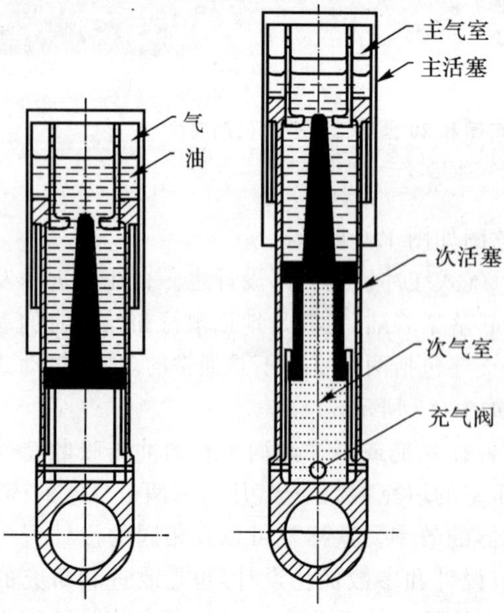

(a)

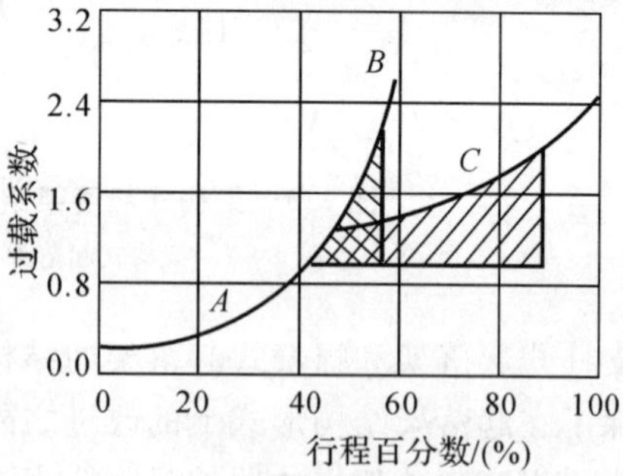

	缓冲器种类	
	单动式	双动式
曲线	AB	AC
行程增量	8.4%	41.6%
行程增量比	1.0	5.0
能量增量	3.8	23.7
能量增量比	1.0	6.2

(b)

图 1.7　单动式和双动式缓冲支柱的结构示意图及缓冲性能对比

(a)单动式和双动式缓冲支柱；(b)缓冲性能对比

图1.7(b)所示为两种形式缓冲支柱的行程及能量比较。在1.0～2.0单位过载增量范围内，双作动缓冲支柱的行程及对应吸能能量较单动式缓冲支柱大得多。

从20世纪70年代以来，随着对于飞机起落架结构形式和内部构造的改进空间越来越小，研究者们开始探讨其他可能的着陆减震设计方案。受气垫船技术的影响，设计者们还设计出了一种气垫起落装置。气垫起落装置(ACLS)是20世纪70年代发展起来的一种飞机起落装置。装有气垫起落系统的飞机在机身下部装有环形弹性气垫体，空气通过接地区域周围的许多小孔自垫体排出。这样形成一个支持飞机的空气压力垫和一个尽量减小垫体和地面之间摩擦力的空气润滑层。

常规的油-气式减震支柱通过油液缩流过程来吸收能量。当气垫起落系统着陆时，机身下的大量流体被压缩，并通过垫体和地面之间的空隙逸出，从而达到能量吸收的作用。如图1.8(a)所示的是由俄罗斯爱罗里克科学与生产公司和索柯尔飞机工厂合作设计制造的澳洲野狗"Dingo"水陆两栖轻型飞机。当使用为C—119设计的系统时，气垫起落系统和常规起落架的减震性能是很相似的(见图1.8(b))。

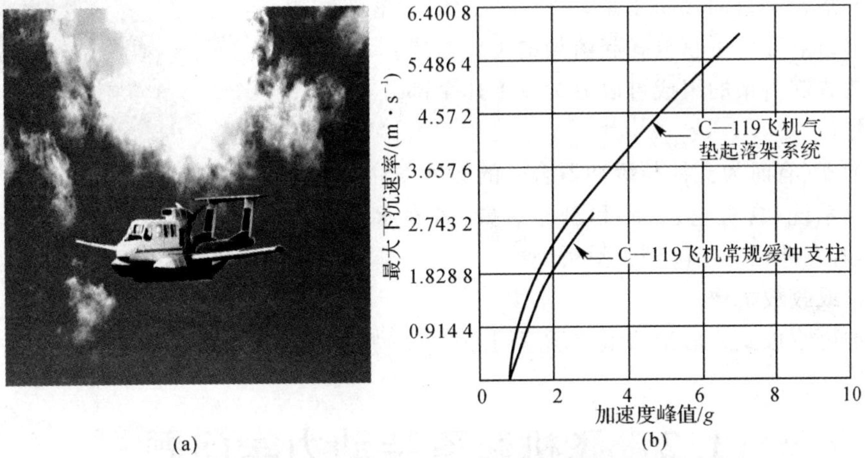

图1.8 澳洲野狗"Dingo"及C—119飞机气垫起落系统的能量吸收

(a)澳洲野狗"Dingo"； (b)C—119飞机气垫起落系统

除了对气垫起落系统的探讨研究之外，从20世纪70年代开始，控制系统被广泛地应用于对飞机起落架着陆冲击载荷的减震设计之中。迄今为止，对于嵌入控制系统的飞机起落架系统的动态性能的分析研究仍然是飞机起落架着陆减震技术的重点和热点之一。1976年以来，J. R. Mcgehee详细研究了大型弹性飞机的着陆减震控制系统，并实际应用于某些飞机的起落架系统之中。I. Ross在1979年到1983年间的文献中，探讨了一种主动控制技术在某些军用飞机的起落架系统中的应用。其他研究者关于嵌入控制系统的飞机起落架系统的动态性能做了大量类似的研究工作。值得提出的是C. D. Berg和P. E. Wellstead在1998年的文献中探讨了电流变油液在飞机起落架缓冲器中的应用。2003年，Y. T. Choi和N. M. Wereley探讨了应用电流变/磁流变油液对缓冲器动态性能的控制研究。

1.1.2 飞机起落架的主要功能

飞机起落架是飞机在地面停放、滑行、起降滑跑时用于支撑飞机质量、吸收撞击能量的飞机部件。其主要功能包括：

1)承受飞机与地面接触时产生的静、动载荷，防止飞机结构发生破坏；

2)消耗飞机在着陆撞击和在不平整的跑道上滑行时所吸收的能量，防止飞机发生振动；

3)在飞机着陆后，为了缩短滑行距离，吸收和消耗飞机前进运动的大部分动能；

4)在飞机的地面滑行过程中，纠正飞机航向，操纵飞机转弯。

这些都是飞机起落架的基本功能，对于舰载飞机而言，其起落架还需要实现一些特殊功能，如弹射起飞、拦阻着舰等。为了满足飞机起落架的这些功能要求，其动力学问题显得尤为突出。

1.1.3 飞机起落架的主要组成

总体而言，飞机起落架大致可以分为固定式和可收放式两大类。固定式飞机起落架多用于小型低速飞机上，而可收放式起落架是目前飞机上应用最为广泛的起落架结构形式。本书重点介绍可收放式起落架的主要组成。

可收放式起落架的组成可以分为以下几个部分：

1)支柱；

2)缓冲器(有时为支柱与缓冲器合一的缓冲支柱)；

3)机轮系统(含机轮、轮胎和刹车装置，若在水上起降则为浮筒，若在冰雪上起降则为滑橇)；

4)支撑或收放机构。

典型的可收放式起落架的组成示意图如图 1.9 所示。

图 1.9 可收放式起落架组成

1—收放机构；2—支柱；3—缓冲器；4—机轮；5—轮胎

1.2 飞机起落架动力学问题

作为飞机的重要组成部分，起落架不仅要满足一定的静强度设计标准和要求，更重要的是还必须满足诸如起飞、着陆、滑跑、地面操纵等一系列的动力学要求。

现代飞机的起落架不单纯只是一个结构，而且是一种相当复杂的机械装置。它包括缓冲系统、机轮、刹车和防滑系统、控制系统、电气系统、液压系统、收放系统以及其他一些系统和装置。只有这些系统彼此间协调运作，才能保证飞机安全平稳地起降和地面运动。而在此过程中，起落架的动力学问题又往往是起落架设计人员最为关心的问题之一。

动力学特性的好坏是衡量一副起落架性能优劣的重要标准。在现代飞机起落架设计中，所涉及的动力学问题主要包括：

1)落震动力学问题；

2)着陆与滑跑动力学问题；

3)收放动力学问题；

4)摆振动力学问题；

5)地面操纵动力学问题；

6)舰载飞机起落架起飞、着舰动力学问题;

7)起落架动力学控制问题。

这些都是在起落架设计、制造以及试验过程中较为重要的动力学问题,同时,也是起落架装置动力学研究领域中较为主要的研究课题。本书的后续章节中,将进行更为详细的分析和讨论。

第2章 起落架动力学分析方法及建模方法

2.1 动力学分析方法概述

好的起落架设计必须建立在正确的动力学分析的基础上。不管是在设计之初，通过动力学分析寻找符合要求的设计方案，还是最后通过动力学分析校核起落架系统是否满足设计要求，动力学的分析方法都是至关重要的。

较为传统的分析方法是建立动力学微分方程组，根据初始条件求解方程，对相应问题给出特解。这种方法的优点是成本较低，周期较短，但是由于计算方法的限制，对于某些问题，动力学方程还不能很好地给出解答。

另一种方法就是进行试验分析，试验分析可以较为真实地反映现实情况，得到的试验结果较为真实可信，但是试验成本普遍较高，这在一定程度上也限制了试验的应用。

近些年来，随着计算机技术的进步，虚拟样机技术得到了迅速的发展。机械工程中的虚拟样机技术又称为机械系统动态仿真技术，是20世纪80年代随着计算机技术的发展而迅速发展起来的一项新技术，其核心是机械系统运动学和动力学仿真技术，同时还包括三维CAD建模技术、有限元分析技术等。

运用虚拟样机技术，可以大大简化起落架系统的设计开发过程，大幅度缩短开发周期，并且可以节约大量的成本。

目前，国际上已经出现很多商用虚拟样机软件，其中较为成熟的是美国MSC公司开发的ADAMS软件。ADAMS是用于虚拟样机分析的应用软件，用户可以运用该软件非常方便地对虚拟机械系统进行静力学、运动学和动力学分析。同时，该软件又是虚拟样机分析开发工具，其开放性的程序结构和多种接口，可以成为特殊行业用户进行特殊类型虚拟样机分析的二次开发工具平台。

ADAMS中有专门的飞机模块，即Aircraft模块。用户可以在此模块中建立完整的起落架系统虚拟样机模型，并进行相应的运动学、动力学的分析和产品的开发。关于虚拟样机技术将在第2.4～2.8节中做进一步说明。

我国飞机起落架的研制，从新中国成立至今，伴随着新机种的设计，经历了从仿制、测绘改型到自行设计3个阶段，共定型和生产了十几种型号。起落架的设计、制造、试验技术有了较大的发展。但目前起落架研制从设计、制造、试验、试飞到定型平均需要5～10年。而目前欧美等国家新机起落架的研制平均只需2～3年，起落架的改型甚至只需要6个月就可以基本完成，造成这种研制周期差异较大的主要原因是国外普遍采用了先进的起落架设计手段和设计技术。

2.2　虚拟样机与协同仿真技术

2.2.1　虚拟样机与协同仿真技术概述

传统航空、航天产品的设计通常采取“设计—制造—试验—改进—设计”的串行模式，尽管在结构设计方面采用 CAD 软件，电路设计采用 EDA 软件，性能分析采用 CAE 软件，但由于不同学科的软件相对独立，产品的性能指标往往是通过大量的试验来获取特征参数的。从单一学科或局部性能指标来看，这种设计方法的效果比过去先进。但由于缺乏系统级设计工具和方法，在产品设计初期对各个学科(子系统)之间的相互耦合关系认识不全面，人为地将影响航空、航天产品性能的气动、运动、结构和控制等学科割裂开来，以至于当后期进行物理样机的总体调试时系统存在不稳定因素，需要不断协调影响产品性能的参数。几经反复，单一学科性能指标和技术参数几经修改，已经发生了很大的变化。这不仅降低了飞行器的总体性能，而且周期长、效率低，总体应用效果不是很理想。

针对传统设计方法的缺点，一种新的飞行器设计方法——虚拟样机技术——应运而生。虚拟样机(virtual prototype)是国际上 20 世纪 80 年代随着计算机技术的发展，在 CAX 技术基础上发展起来的新型技术。虚拟样机是由分布的、不同工具开发的甚至异构的子模型组成的模型联合体，主要包括产品的 CAD 模型、产品的外观表示模型、产品的功能和性能仿真模型、产品的各种分析模型(可制造性、可装配性等)、产品的使用和维护模型以及环境模型等。借助虚拟样机，设计人员可以通过成熟的三维计算机图形学，模拟在真实环境下产品的各种运动和动力特性，并能根据仿真结果优化产品的设计方案。采用虚拟样机技术就是采用并行工程理念，融合现代管理技术、先进设计/制造技术、先进仿真技术、多学科分析与优化技术，将“管理”“技术”和“人”有机地集成为一个协调的统一体，建立设计、仿真、试验、制造和项目管理的协同开发环境，以实现产品设计过程的全生命周期管理和产品创新设计，缩短研制周期，降低研制成本与研制风险，提高研制质量。虚拟产品开发与传统产品开发流程比较如图 2.1 所示。采用虚拟样机技术后，飞机设计过程是一个支持自上而下设计，自下而上综合验证过程的 V 形系统，如图 2.2 所示。

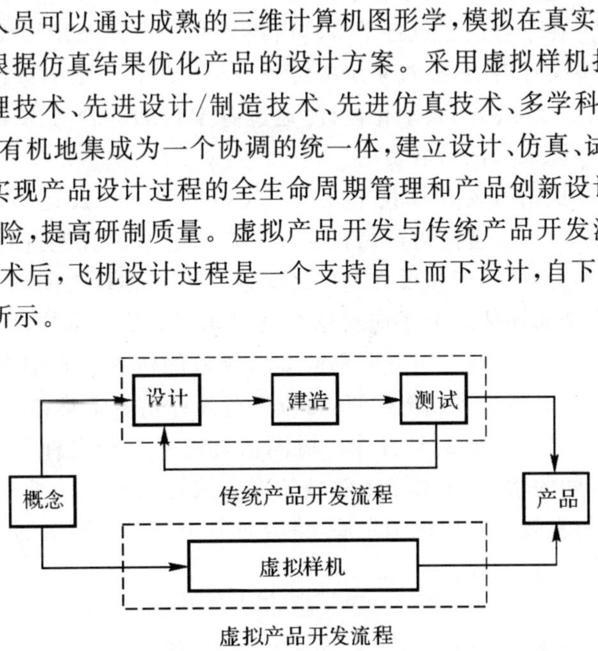

图 2.1　虚拟产品开发与传统产品开发流程比较

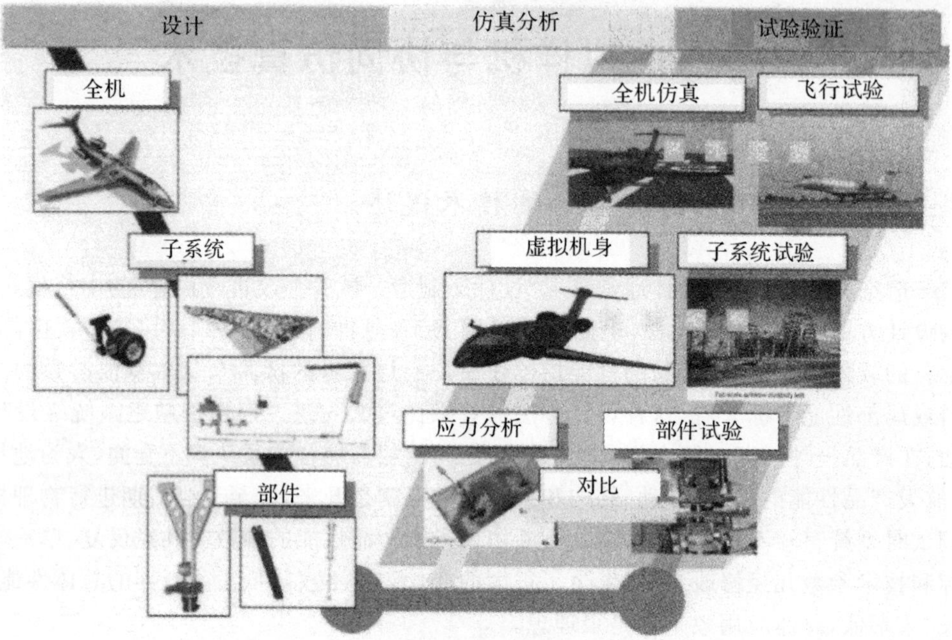

图 2.2 基于虚拟样机技术的飞机设计过程

虚拟样机技术在航空、航天产品设计的各个阶段力求各学科的平衡，充分考虑各学科之间的互相影响和耦合作用，应用有效的设计/优化策略和分布式计算机网络系统，来组织和管理整个系统的设计过程，通过充分利用各学科间的相互作用所产生的协同效应，以获得系统的整体最优解。它的优点在于可以通过各学科的模块化并行设计来缩短设计周期，通过考虑学科间的相互耦合来挖掘设计潜力，通过系统的综合分析来进行方案的选择和评估，通过系统的高度集成来实现航空、航天产品的自动化设计，通过各学科的综合考虑来提高可靠性，通过门类齐全的多学科综合设计来降低研制费用。

协同仿真是虚拟样机的重要支撑技术之一。飞机的设计涉及运动、控制、动力、强度、气动、安全性和疲劳等多个学科，若需对产品在实际工作状态下的性能进行精确仿真，必须考虑不同学科的耦合作用和影响，在产品设计完成之前通过不同学科之间系统级的耦合与集成仿真，对产品的性能进行全面评估。为了应对这样的需求，CAE 仿真技术也正从单学科向多学科领域发展。多领域协同仿真技术将面向不同学科领域的仿真工具结合起来，共同构成一个统一的仿真系统，进行针对整个系统的仿真，可以充分发挥仿真工具各自的优势，同时，还可以加强不同领域开发人员之间的协调与合作。协同仿真技术充分发挥了多领域仿真工具的优势，体现了不同分系统间的联系，相对于单领域仿真方式更具有系统性和合理性，仿真结果的置信度也更高。协同仿真技术的出现和发展，将会对复杂产品的设计过程提供更加强大的支持，从而促进产品设计能力的提高。

2.2.2 虚拟样机与协同仿真在飞机起落架动力学研究中的应用

虚拟样机技术已经在国外一些飞机制造企业中得到了成功的应用。美国联合攻击战斗机

(JSF)是 20 世纪最后一个重大的军用飞机研制和采购项目。洛克希德·马丁公司最终胜出并取得了这笔价值 1 890 亿美元的巨额合同。洛克希德·马丁公司改组了公司的流程，采用虚拟样机技术，协调全球 50 家企业共同进行设计、制造和测试。其结果是，JSF 合同按时完成，设计时间减少了 50％，制造时间减少了 66％，工装减少了 90％，分离零件减少了 50％，设计制造和维护成本分别减少了 50％。美国联合攻击机在研制过程中，从最初的方案阶段到最后的样机研制，从整机性能的论证到部件的功能模拟，广泛采用 MSC 公司的 VPD 技术，如图 2.3 所示。

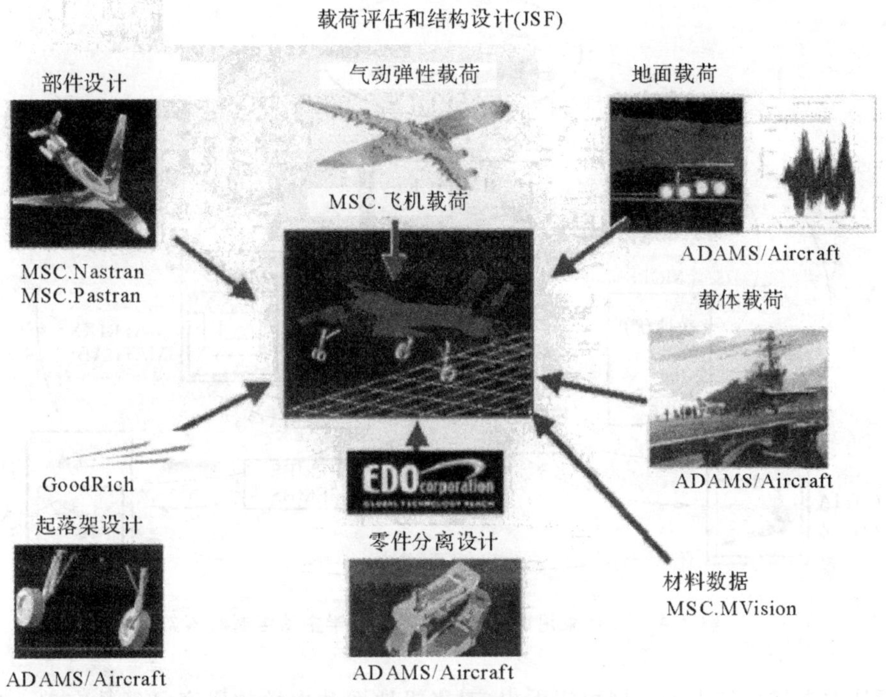

图 2.3　联合攻击机采用 MSC VPD 技术示意图

德国宇航中心(DLR)采用虚拟样机和协同仿真技术在飞机起落架的研制和飞机地面动力学的研究方面进行了大量的工作。如图 2.4 所示，以虚拟样机多体动力学软件 SIMPACK 为核心，联合 CAD 软件、FEA 软件和 CACE 软件，建立飞机虚拟样机模型，通过对整机性能的分析，设计出半主动控制起落架，降低道路表面引起的机身和机翼振动，减少飞机载荷，提高舒适性。DLR 和 Air Bus 合作，采用虚拟样机软件对处于设计阶段的几种机型的地面载荷进行了研究，包括对称和非对称着陆、地面转弯、地面刹车等地面机动(见表 2.1)。结果显示，与动态刹车相比，采用防滑刹车系统后，能更有效地减少刹停距离，减弱起落架与飞机连接点的振动。随后，DLR 与 Liebherr Aerospace 合作，采用 SIMPACK 和 NASTRAN 建立柔性起落架飞机模型，研究了飞机由于刹车而引起的起落架走步振动(gear walk)。

表 2.1　DLR 采用协同仿真技术的情况

仿真工况	模　型	重要结果
地面转弯	A340 和 A380 刚性机身模型	轮胎纵向和垂向载荷

续表

仿真工况	模　型	重要结果
动态刹车	A340 和 A380 刚性机身模型	动态刹车力矩
防滑刹车	A300 弹性体模型和 A380 刚性体模型	防滑控制优化滑移率
非对称着陆	A300 弹性体模型	主起落架连接点载荷

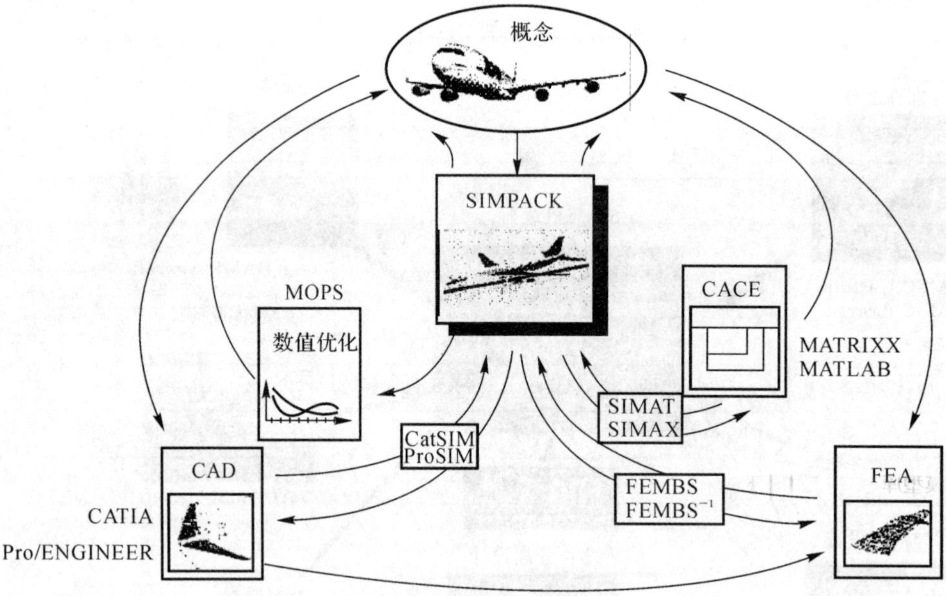

图 2.4　DLR 采用协同仿真技术设计半主动控制起落架

由国外虚拟样机技术的发展可以看出，对飞机地面动力学的研究已经从在单一虚拟样机软件中建立多体动力学模型发展到结合有限元软件生成的柔性体模型和控制液压软件生成的系统模型进行协同仿真，考虑机身和起落架结构弹性与防滑刹车系统和前轮操纵系统特性对飞机地面运动整体性能的影响。由于模型更加接近于真实的物理样机，因此其发展将是大势所趋。在国内，在采用虚拟样机技术对飞机地面动力学研究方面做了大量的工作，但是将协同仿真技术应用于飞机地面动力学研究则刚刚起步。

2.3　起落架系统多学科设计/协同仿真平台

起落架系统多学科设计/协同仿真平台是由南京航空航天大学（简称南航）飞机设计技术研究所以聂宏教授为带头人的起落架系统设计团队提出的起落架快速设计平台。

起落架系统多学科设计/协同仿真平台架构如图 2.5 所示。

基于起落架系统多学科设计/协同仿真平台的飞机起落架设计系统能对产品开发过程中的数据、流程、人员进行高效的管理。设计的具体过程如下：根据设计要求完成总体（概念）方案设计并经过仿真分析后将技术要求和指标规范下达给子系统、零组件；零组件根据总体设计的技术指标和要求开展子系统、零组件的详细设计；每部分的子系统、零组件方案设计仿真分析优化后，总体设计会同各子系统、零组件方案设计人员将各部分设计模型组装在一起，形成功能虚拟样机，进行联合仿真，验证样机整体性能。满足要求后，开展各子系统、零部件的详细工程设计。

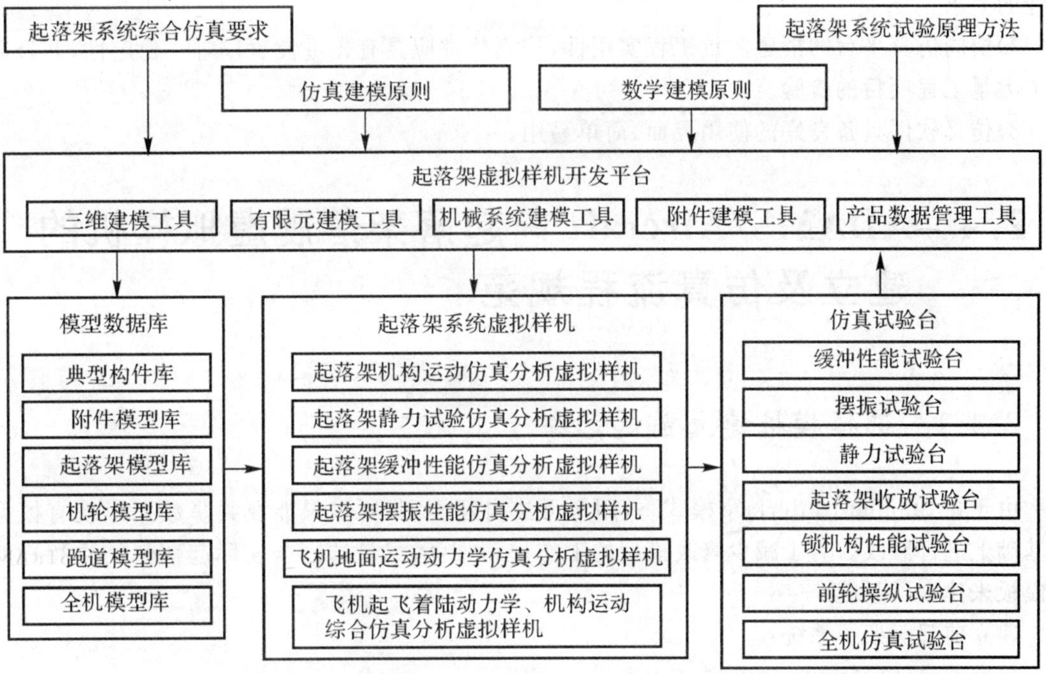

图 2.5　起落架系统多学科设计/协同仿真平台架构

1)起落架系统多学科设计/协同仿真平台采用 CATIA V5 作为产品数字化定义平台，采用 ENOVIA VPM/LCA 作为数据管理平台，形成单一产品数字源。

2)并行产品数字化定义是起落架数字化设计的主流程，数字化协同试验仿真分析为辅流程。采用模型统一关联技术实现起落架并行产品数字化定义主流程与数字化试验仿真分析辅流程之间的集成。

3)起落架系统多学科实际/协同仿真设计流程通过单一产品数据源获得全部的产品模型及属性描述，通过模型统一关联系统对产品数据进行提取和处理，转换成性能样机或功能样机进行仿真分析。同时在模型统一关联系统中为产品定义模型和对应仿真分析模型之间建立“关联链接”机制，保证二者的相互参数同步。真正形成完整的数字化设计基本体系，实现知识重用，去除不增值的重复劳动，从而提高研制效率，缩短研制周期。

4)以成熟的商业软件(例如 CATIA V5，ADAMS，SIMPACK，LMS Virtual Lab Motion，EASY5，HyPneu，AMESim，MATLAB/Simulink，Patran/Nastran 等)结合二次开发来搭建起落架系统多学科设计/协同仿真平台，在充分研究的基础上完成协同仿真平台的软件配置，打通基于单一产品数据源的起落架系统多学科协同仿真流程。

5)设计/协同仿真平台各软件间具有无缝集成能力，可以实现数据交换和模型整合，建立完整的飞机起落架系统一体化功能样机和性能样机；并且能够对仿真流程和数据进行管理，提供协调和管理设计人员、仿真工具、仿真模型数据的统一平台，实现资源的优化配置和组合，提高起落架系统的研制效率。

6)设计/协同仿真平台具备通行性，能够适合不同飞机机型的设计/协同仿真要求，能够建立参数化的起落架结构典型构件库、仿真模型库、附件模型库等以满足新机起落架研制和快速设计的要求。

7)协同仿真平台的搭建注重工程实用性，仿真软件应具有先进性、可靠性、稳定性，并且通过了大量工程项目的检验。

8)仿真软件具备良好的使用界面，简单易用。

2.4 ADAMS/Aircraft 前起落架落震虚拟样机的建立及仿真流程规范

2.4.1 选择模板建立前起落架子系统

由于在 Standard Interface 模式下，用户无法自建模型，所以只能在共享数据库现有模型的基础上进行修改。为了减少修改模型的工作量和难度，尽量选择与实际起落架结构相近似的模板来建立子系统。

建立前起落架子系统：

1)启动 ADAMS/Aircraft 并进入 Standard Interface 模式。

2)在 File 菜单中点击 New 选项，选择 Subsystem 选项，弹出对话框如图 2.6 所示。

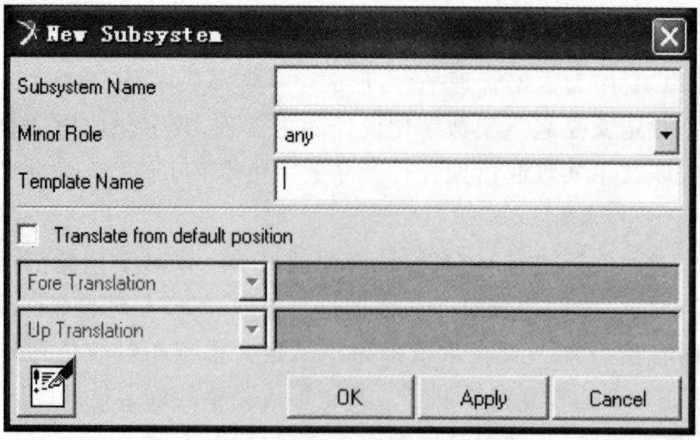

图 2.6 建立子系统对话框

3)在如图 2.6 所示对话框的 Subsystem Name 一栏中填写新建子系统的名称。

4)在 Minor Role 的下拉菜单中选择 front 项。

5)在 Template Name 一栏中双击鼠标左键，弹出共享数据库的文件选择对话框，如图 2.7

所示。根据实际起落架特征，选择结构相近似的模板。

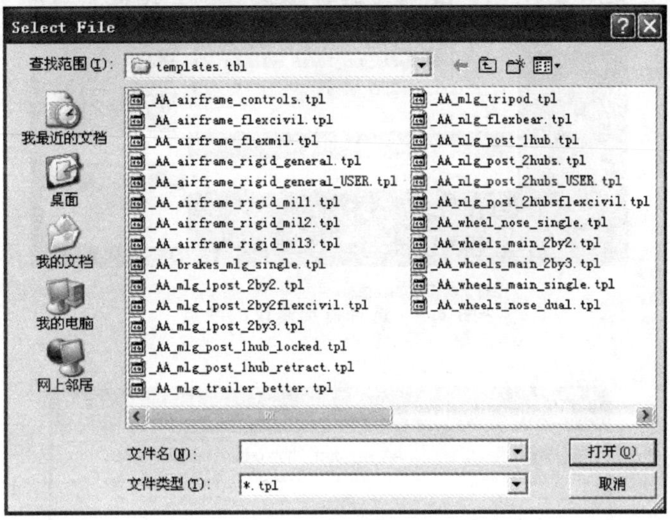

图 2.7　文件选择对话框

6)点击建立子系统对话框中的 OK 按钮，完成子系统建立。

2.4.2　检查单位及相关设置

在进行起落架子系统修改及后续工作之前，用户必须检查单位及相关基本设置，防止由于单位设置问题导致的一些不可预计的错误发生。

单位设置的修改：

1)在 Settings 菜单中点击 Units 选项，单位设置对话框如图 2.8 所示；

2)在如图 2.8 所示的对话框中按照实际需要选择各种单位搭配，点击 OK 按钮确认。

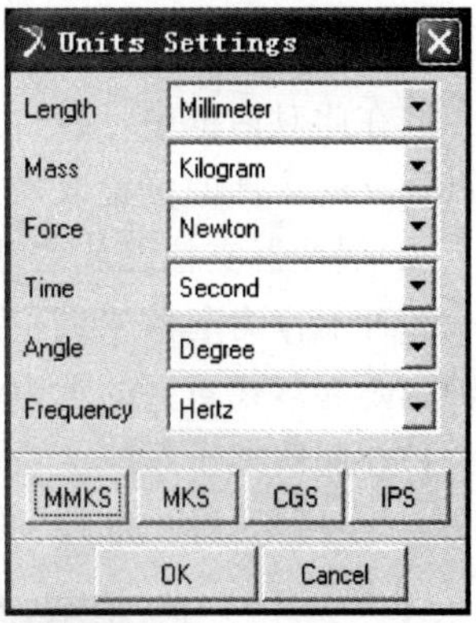

图 2.8　单位设置对话框

2.4.3　修改起落架子系统

由于共享数据库中的模板与实际需求的模型往往有较大差别，所以就需要对建立好的模型进行修改，修改的内容主要包括：硬点位置的修改，缓冲器支柱以及各种撑杆、轮轴的修改，空气弹簧性质的修改，油液阻尼器的修改等。

(1)硬点位置的修改

硬点作为 ADAMS/Aircraft 中最简单、最基础也是最重要的构件之一，决定了模型各个构件的基本位置和尺寸，例如缓冲支柱的长度和方向等。

1)在起落架子系统上右键单击需要修改的硬点，在菜单中点击要修改的硬点的名称，选择 Modify 选项，如图 2.9 所示，弹出硬点修改对话框，如图 2.10 所示。

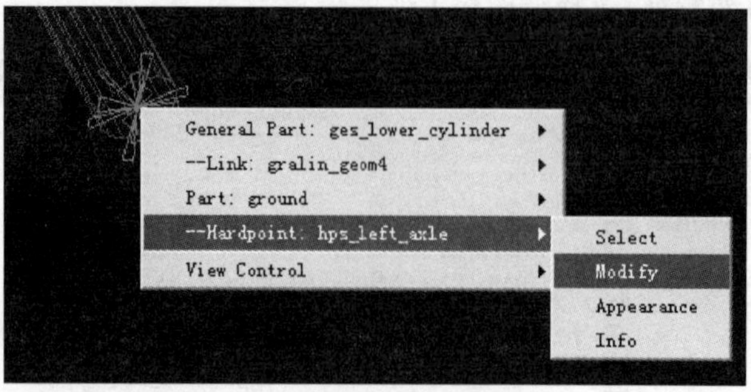

图 2.9 选择需要修改的硬点

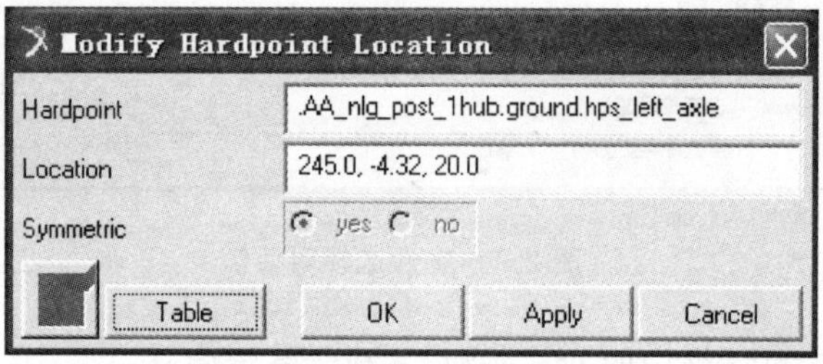

图 2.10 硬点修改对话框

2)在此对话框中,用户可以修改硬点的名称和硬点的坐标。随着硬点坐标的变化,基于该硬点建立的构件的位置或尺寸将一起变化。

(2)缓冲器支柱以及各种撑杆、轮轴的修改

缓冲器作为起落架最主要的部件,其尺寸、质量对缓冲性能有较大的影响。各种撑杆以及轮轴也是起落架重要的承力部件。

1)在起落架子系统上右键点击需要修改的部件,点击 General Part,并选择 Modify 选项,如图 2.11 所示,弹出部件物理参数修改对话框,如图 2.12 所示。

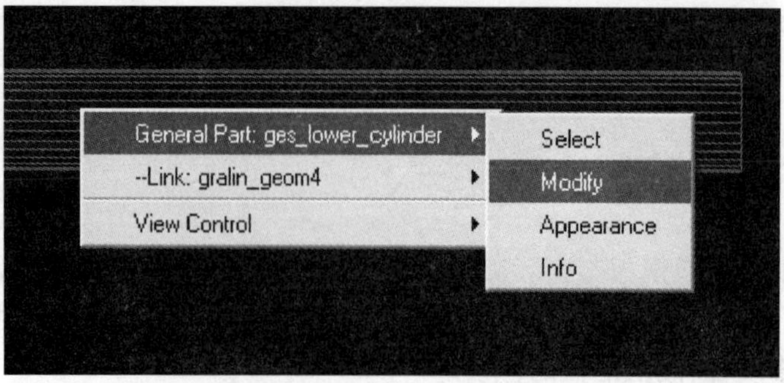

图 2.11 选择需要修改物理参数的部件

2)如图 2.12 所示,用户可以在部件物理参数修改对话框中对部件的名称、质量、转动惯量以及中心相对位置进行修改,而对话框中呈灰色的部分,用户在 Standard Interface 模式下是无法修改的。

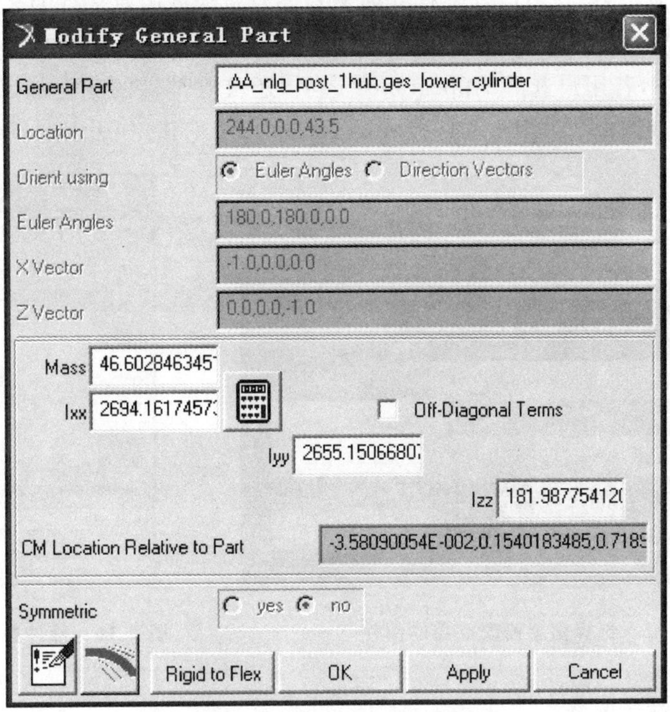

图 2.12　部件物理参数修改对话框

3)在起落架子系统上右键点击需要修改的部件,点击 Link,并选择 Modify 选项,如图 2.13所示,弹出部件几何参数修改对话框,如图 2.14 所示。

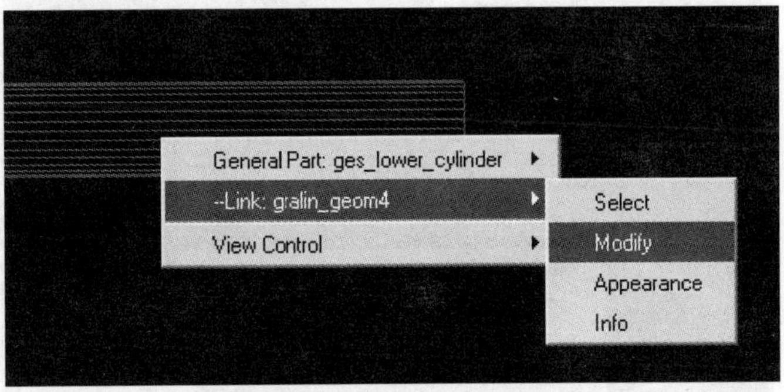

图 2.13　选择需要修改几何参数的部件

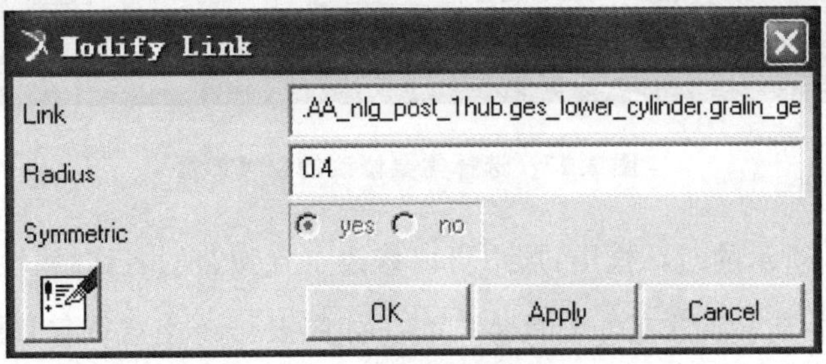

图 2.14　部件几何参数修改对话框

4)如图 2.14 所示,用户可以在部件几何参数修改对话框中对部件的名称、半径进行修改,而对话框中呈灰色的部分,用户在 Standard Interface 模式下是无法修改的。

5)在步骤 3)中,若用户选择 Appearance 选项,还可对部件的颜色加以修改,从而改善模型的可视化效果,如图 2.15 和图 2.16 所示。

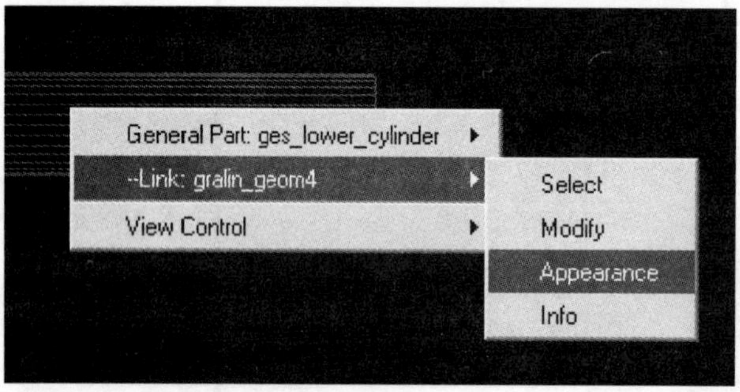

图 2.15　选择需要修改颜色的部件

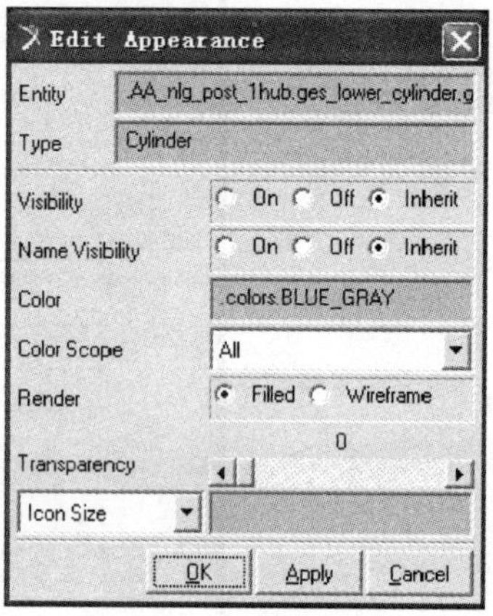

图 2.16　部件显示属性修改对话框

(3)空气弹簧性质的修改

空气弹簧作为起落架最关键的部件,其各种参数对起落架性能有重要的影响。

1)在起落架子系统上右键点击空气弹簧,点击 Lg_airspr,并选择 Modify 选项,如图 2.17 所示,弹出空气弹簧修改对话框,如图 2.18 所示。

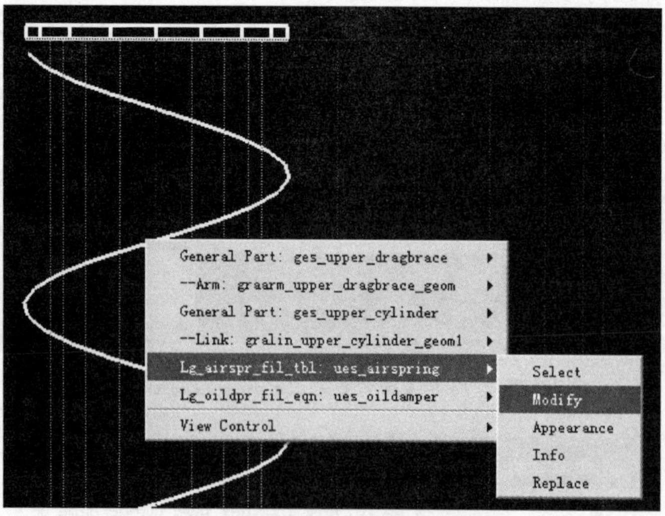

图 2.17　选择需要修改的空气弹簧

2)在如图 2.18 所示的对话框中,用户可以修改空气弹簧的名称、属性文件以及初始长度,还可以点击按钮,查看属性文件的具体内容。如需要修改空气弹簧属性文件,则可以根据对话框中显示的路径找到属性文件,修改并保存即可。

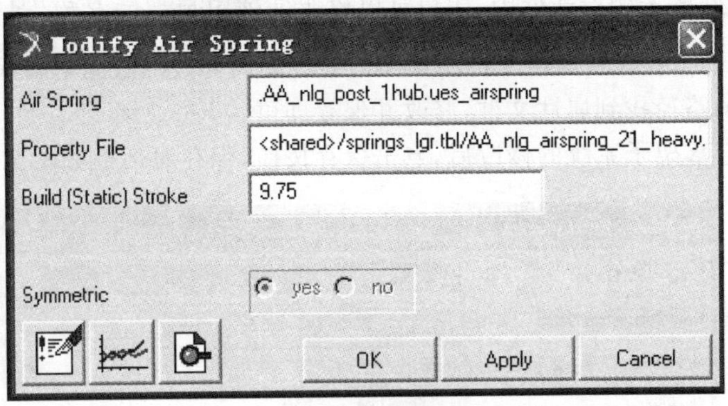

图 2.18　空气弹簧修改对话框

(4)油液阻尼器的修改

油液阻尼器也是起落架缓冲系统的重要组成部分，其修改方法如下：

1)在起落架子系统上右键点击油液阻尼器，点击 Lg_oildpr，并选择 Modify 选项，如图 2.19所示，弹出油液阻尼器修改对话框，如图 2.20 所示。

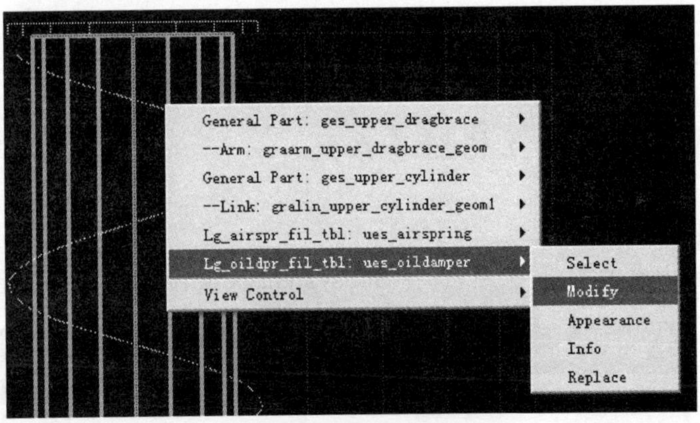

图 2.19　选择油液阻尼器

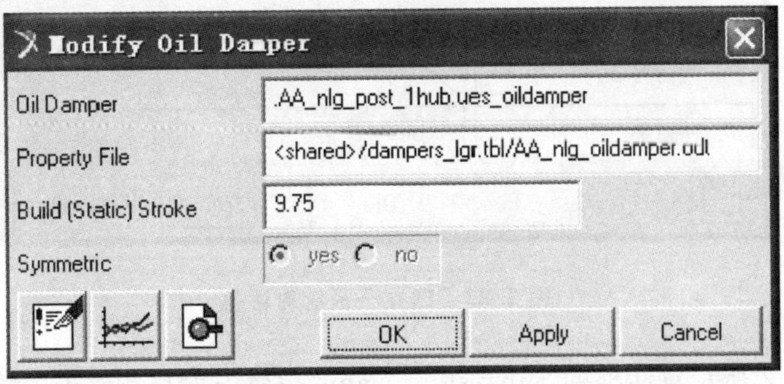

图 2.20　油液阻尼器修改对话框

2)在如图 2.20 所示的对话框中,用户可以修改油液阻尼器的名称、属性文件以及初始行程,还可以点击按钮,查看属性文件的具体内容。如需修改油液阻尼器属性文件,则可以根据对话框中显示的路径找到属性文件,修改并保存即可。

3)完成了对起落架子系统的修改后,点击保存按钮,保存对话框如图 2.21 所示。

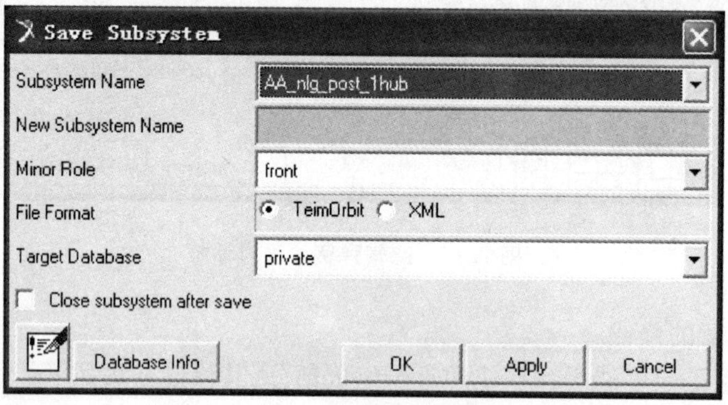

图 2.21　子系统保存对话框

在 Target Database 一栏中选择将子系统保存在用户的私有数据库中。下次使用时,直接从私有数据库中调用即可。

2.4.4　选择模板建立轮胎子系统

建立前起落架轮胎子系统。

1)在 File 菜单中点击 New 选项,选择 Subsystem 选项,弹出对话框如图 2.22 所示。

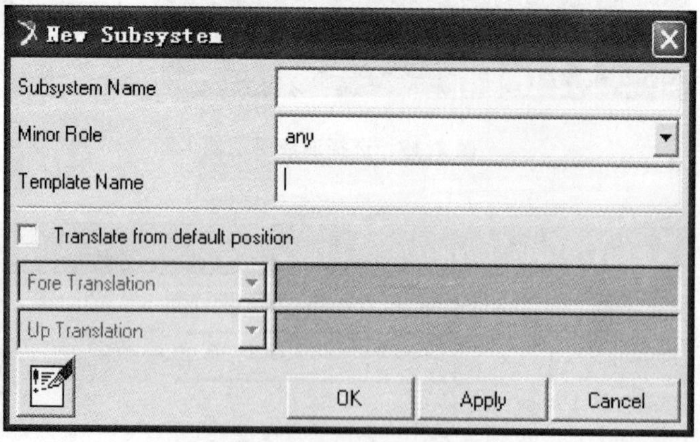

图 2.22　建立子系统对话框

2)在如图 2.22 所示对话框的 Subsystem Name 一栏中填写新建子系统的名称。

3)在 Minor Role 的下拉菜单中选择 front 项。

4)在 Template Name 一栏中双击鼠标左键,弹出共享数据库的文件选择对话框,如图 2.23所示。根据实际起落架特征,选择结构相近似的轮胎模板。

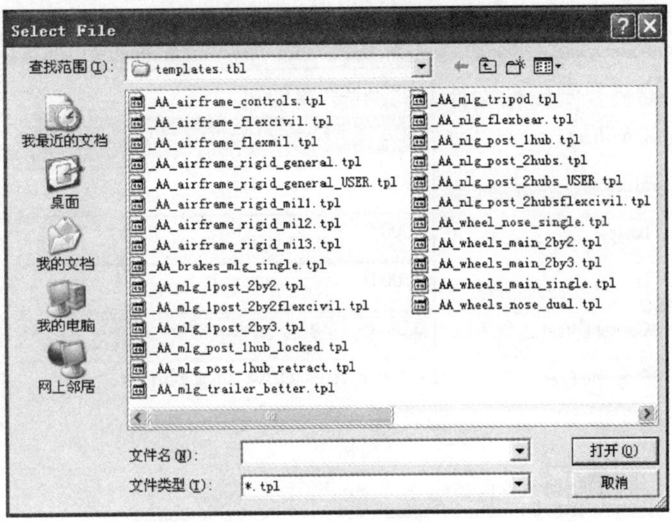

图 2.23 文件选择对话框

5)点击建立子系统对话框中的 OK 按钮,完成子系统建立。

2.4.5 修改轮胎子系统

建立好轮胎子系统之后,需要根据要求对轮胎进行参数修改。

1)在轮胎子系统上右键点击需要修改的轮胎,点击 Wheel,选择 Modify 选项,如图 2.24 所示,弹出轮胎修改对话框,如图 2.25 所示。

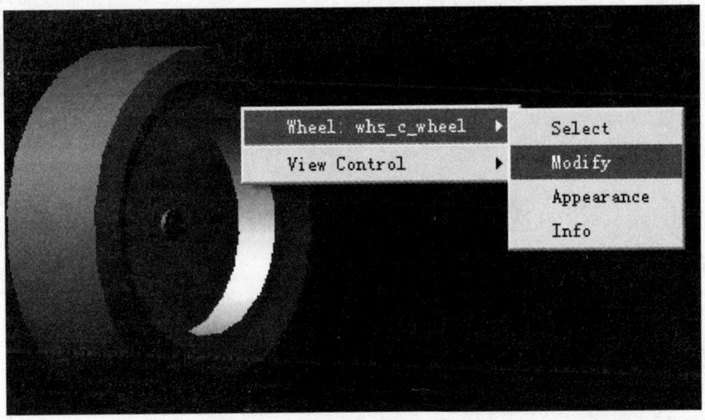

图 2.24 选择需要修改的轮胎

2)如图 2.25 所示,在轮胎修改对话框中,用户可以对轮胎的名称、质量、转动惯量、属性文件进行修改,还可以点击按钮,查看属性文件的具体内容。如需要修改轮胎属性文件,则可以根据对话框中显示的路径找到属性文件,修改并保存即可。

3)完成了对轮胎子系统的修改后,点击保存按钮,子系统保存对话框如图 2.26 所示。

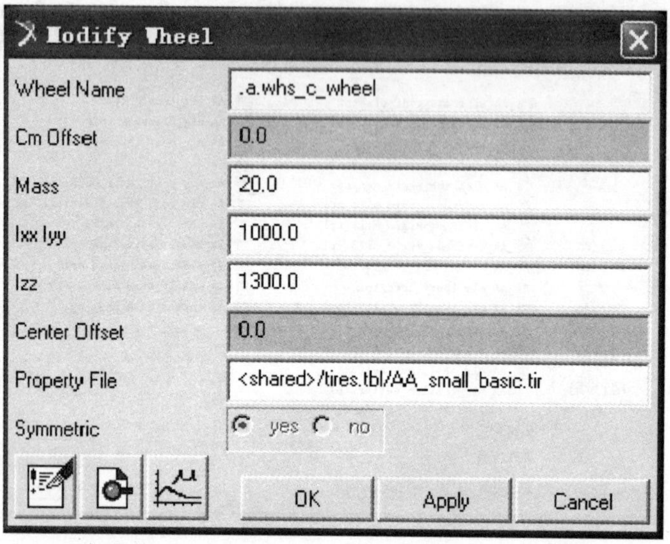

图 2.25　轮胎修改对话框

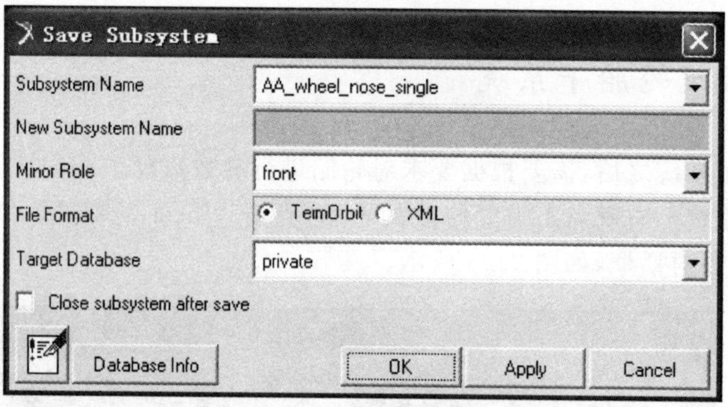

图 2.26　子系统保存对话框

在 Target Database 一栏中选择将子系统保存在用户的私有数据库中。下次使用时，直接从私有数据库中调用即可。

2.4.6　建立装配

建立好起落架和轮胎的子系统之后，用户就可以装配自己的虚拟样机模型了。

1)在 File 菜单中点击 New 选项，选择 New Landing Gear Dynamics(with wheels)选项，弹出对话框如图 2.27 所示。

2)在如图 2.27 所示的对话框中，在 Assembly Name 中填写装配的名称，在 Susp Subsystem 中点击右键，点击 Search，选择 private 数据库，调用 2.4.5 节中建立的起落架子系统。在 Wheel Subsystem 中点击右键，点击 Search，选择 private 数据库，调用 2.4.5 节中建立的轮胎子系统，点击 OK 按钮即可。

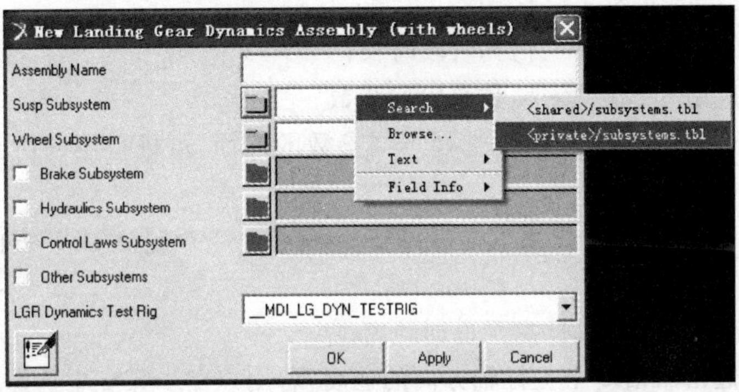

图 2.27　建立装配对话框

2.4.7　前起落架落震仿真分析

建立好装配以后，用户就可以进行自己所需要的落震仿真试验了。

1)在 Simulate 菜单中点击 Landing Gear Dynamics Analysis，选择 Drop Test 选项，点击 General Drop，进入仿真对话框，如图 2.28 所示。

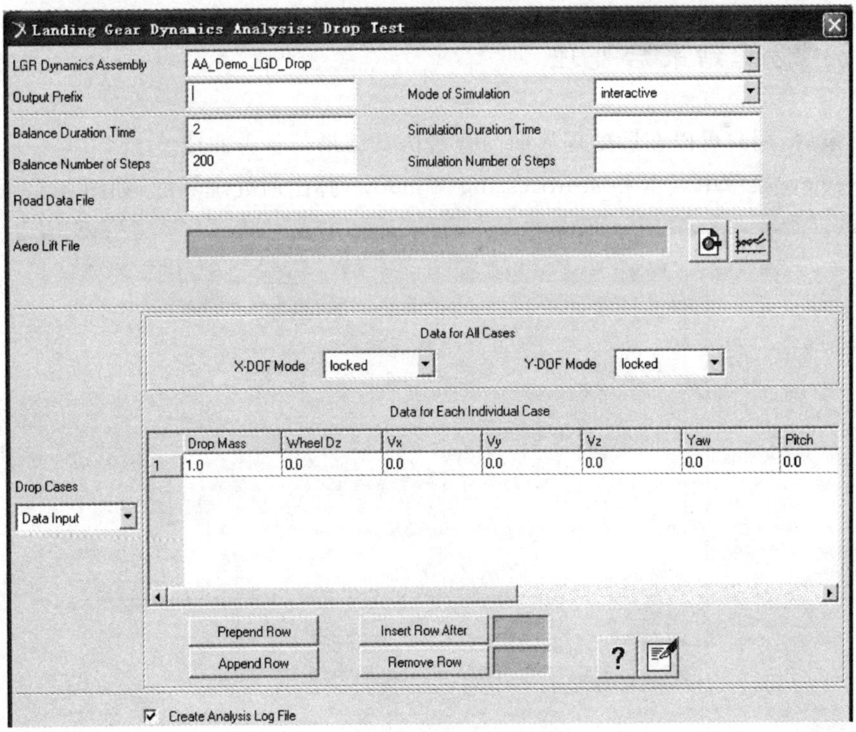

图 2.28　仿真对话框

2)在如图 2.28 所示的仿真对话框中，用户需要输入的参数：

a. Balance Duration Time：平衡阶段时长；

b. Balance Number of Steps：平衡阶段步数；

c. Simulation Duration Time：仿真阶段时长；

d. Simulation Number of Steps：仿真阶段步数；

e. Road Data File：道面数据文件，选择不同参数的道面，可进行不同仿真，在落震阶段选择最简单的平道面即可；

f. X - DOF/Y - DOF：在下拉菜单中，用户可以选择是否锁定 X 或 Y 方向的自由度；

g. Drop Mass：落震质量；

h. Wheel Dz：起落架轮胎最低点至道面距离；

i. Vx/Vy/Vz：起落架沿 3 个坐标轴方向的速度，若用户在步骤 g 中选择锁定 X 或 Y 方向的自由度，则此处相应的速度保持为 0；

j. Yaw/Pitch/Roll：与起落架相对应的飞机的偏航角、俯仰角和滚转角；

k. Gravity G's：重力设置，默认值为 1；

l. Spin Wheels[0/1]：机轮带转情况，选择 0 表示机轮不带转，选择 1 表示机轮带转；

m. Spin Rate：机轮旋转速度；

n. Case Name：该组工况名称；

o. Output Prefix：仿真结果输出名前缀，此处输入的名称将出现在仿真结果名称之前。

3）点击 Submit 按钮，即可开始仿真。

2.4.8 仿真结果后处理

仿真结束后，用户可以在后处理界面内查看仿真结果与各种曲线。

1）在 Review 菜单中点击 Postprocessing Window，弹出后处理界面，如图 2.29 所示。

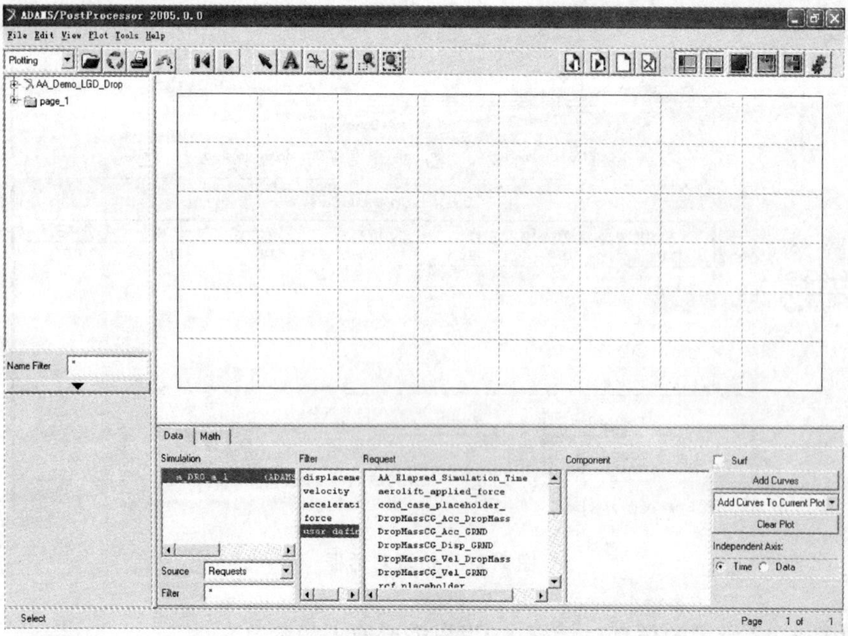

图 2.29 后处理界面

2)在后处理界面中用户可以查看仿真结果,在下方 Simulation 选项框中选择带有仿真前缀名称的仿真,在 Filter 中选择 user defined 选项,此时,右侧 Request 选项框内将出现与该仿真相关的各项数据选项,如图 2.30 所示。

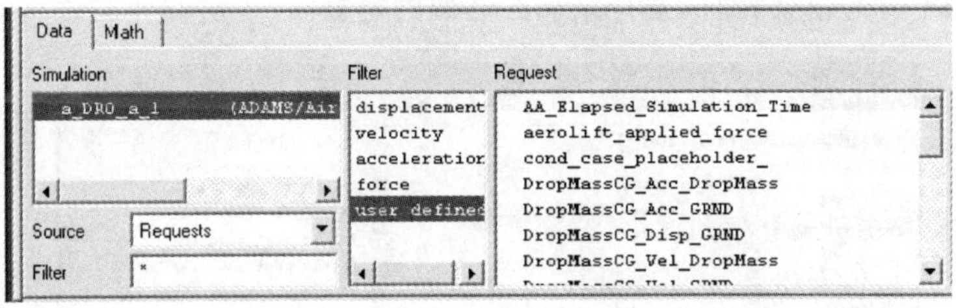

图 2.30 仿真数据选择

用户可以在 Request 选项框内选择自己需要查看的仿真结果数据和曲线。

2.5 ADAMS/Aircraft 主起落架落震虚拟样机的建模方法

2.5.1 选择模板建立主起落架子系统

由于在 Standard Interface 模式下,用户无法自建模型,所以只能在共享数据库现有模型的基础上进行修改。为了减少修改模型的工作量和难度,尽量选择与实际起落架结构相似的模板来建立子系统。

建立主起落架子系统:

1)启动 ADAMS/Aircraft 并进入 Standard Interface 模式。

2)在 File 菜单中点击 New 选项,选择 Subsystem 选项,弹出对话框如图 2.31 所示。

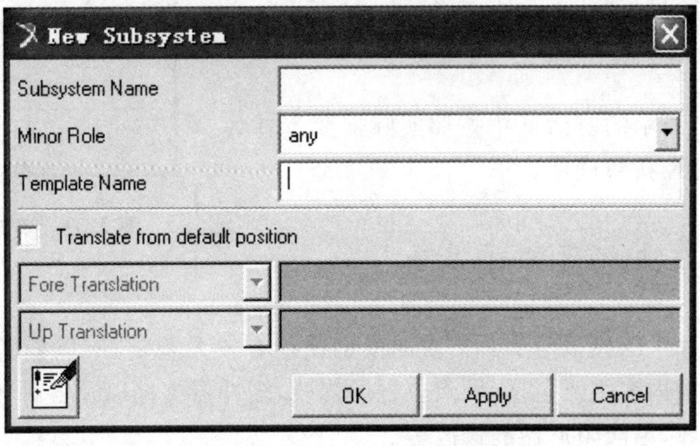

图 2.31 建立子系统对话框

3)在如图 2.31 所示对话框的 Subsystem Name 一栏中填写新建子系统的名称。

4)在 Minor Role 的下拉菜单中选择 rear 项。

5)在 Template Name 一栏中双击鼠标左键,则弹出共享数据库的文件选择对话框,如图 2.32 所示。根据实际起落架特征,选择结构相近似的模板。

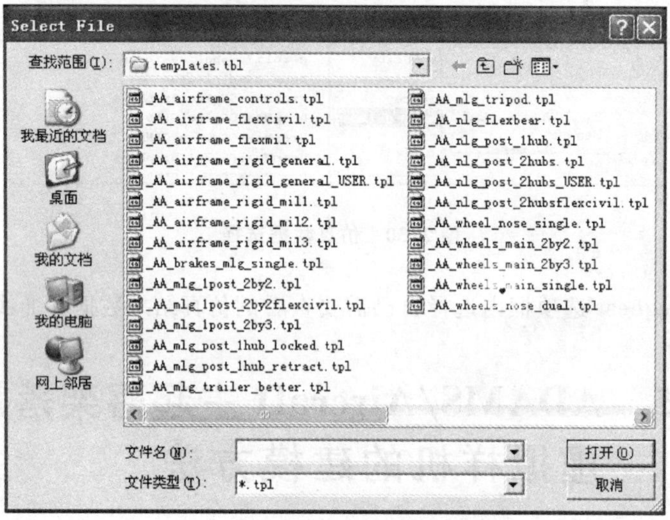

图 2.32 文件选择对话框

6)点击建立子系统对话框中的 OK 按钮,完成子系统建立。

2.5.2 检查单位及相关设置

在进行起落架子系统修改以及后续工作之前,用户必须检查单位以及相关基本设置,防止由于单位设置问题导致的一些不可预计的错误发生。

单位设置的修改:

1)在 Settings 菜单中点击 Units 选项,单位设置对话框如图 2.33 所示;

2)在如图 2.33 所示的对话框中按照实际需要选择各种单位搭配,点击 OK 按钮确认。

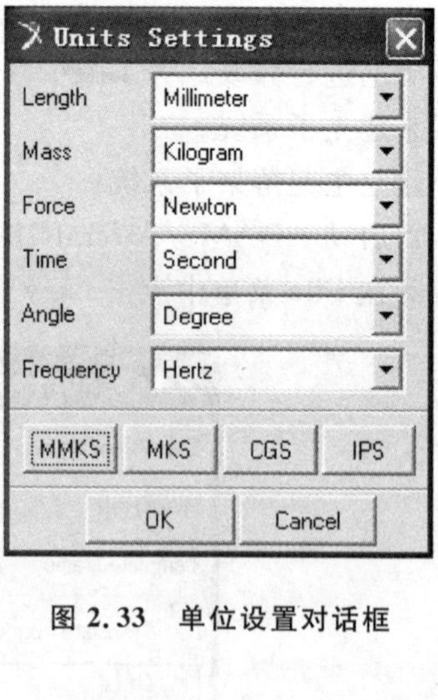

图 2.33 单位设置对话框

2.5.3 修改主起落架子系统

由于共享数据库中的模板与实际需求的模型往往有较大差别,所以就需要对建立好的模型进行修改。修改的内容主要包括:硬点位置的修改,缓冲器支柱以及各种撑杆、轮轴的修改,空气弹簧性质的修改,油液阻尼器的修改等。

需要说明的是,主起落架的结构具有对称性,左、右主起落架的结构对称,因此在修改主起落架结构部件的时候,只需修改一侧的部件参数即可,另一侧起落架对应结构的参数会自动随之更新。

(1)硬点位置的修改

硬点作为 ADAMS/Aircraft 中最简单、最基础也是最重要的构件之一,决定了模型各个构件的基本位置和尺寸,例如缓冲支柱的长度和方向等。

1)在起落架子系统上右键单击需要修改的硬点,在菜单中点击要修改的硬点的名称,选择 Modify 选项,如图 2.34 所示,弹出硬点修改对话框,如图 2.35 所示。

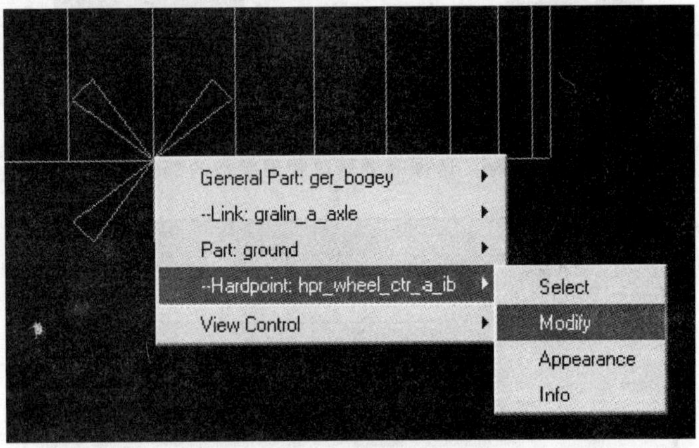

图 2.34　选择需要修改的硬点

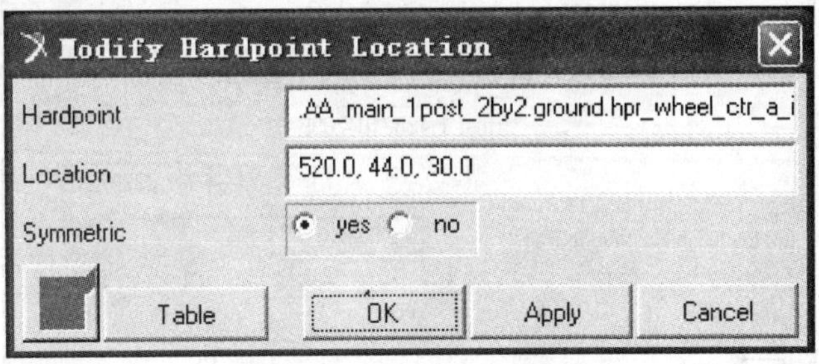

图 2.35　硬点修改对话框

2)在此对话框中,用户可以修改硬点的名称和坐标。随着硬点坐标的变化,基于该硬点建立的构件的位置或尺寸将一起变化。

(2)缓冲器支柱以及各种撑杆、轮轴的修改

缓冲器作为起落架最主要的部件,其尺寸、质量对缓冲性能有较大的影响。各种撑杆以及轮轴也是起落架重要的承力部件。

1)在起落架子系统上右键点击需要修改的部件,点击 General Part,并选择 Modify 选项,如图 2.36 所示,弹出部件物理参数修改对话框,如图 2.37 所示。

2)如图 2.37 所示,用户可以在部件物理参数修改对话框中对部件的名称、质量、转动惯量以及中心相对位置进行修改,而对话框中呈灰色的部分,用户在 Standard Interface 模式下是无法修改的。

3)在起落架子系统上右键点击需要修改的部件,点击 Link,并选择 Modify 选项,如图

2.38所示，弹出部件几何属性修改对话框如图 2.39 所示。

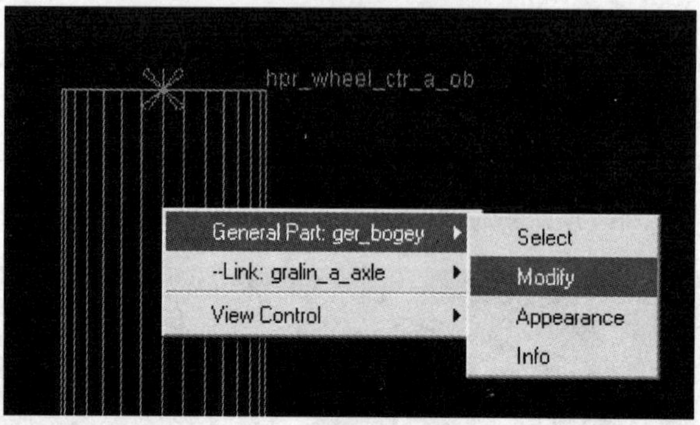

图 2.36　选择需要修改物理参数的部件

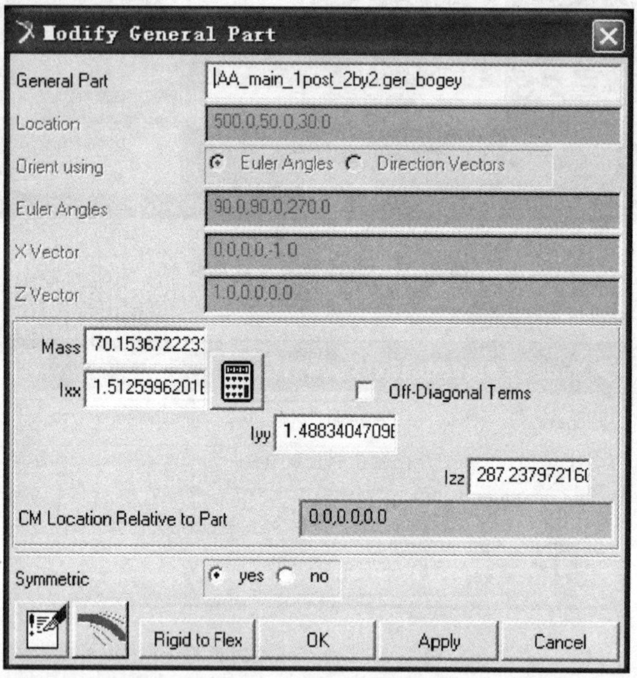

图 2.37　部件物理参数修改对话框

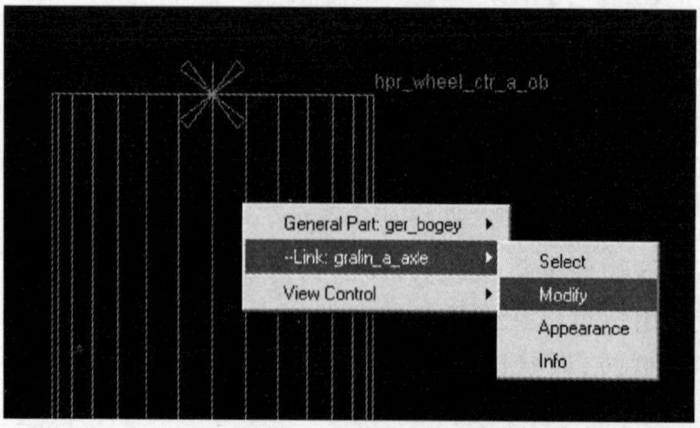

图 2.38　选择需要修改几何参数的部件

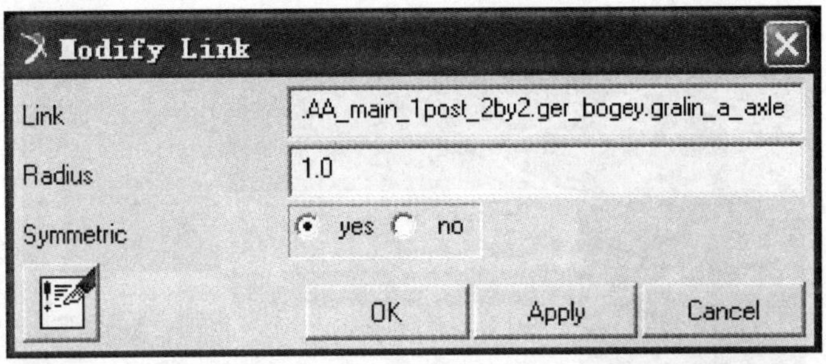

图 2.39　部件几何参数修改对话框

4)如图 2.39 所示,用户可以在部件几何参数修改对话框中对部件的名称、半径进行修改,而对话框中呈灰色的部分,用户在 Standard Interface 模式下是无法修改的。

5)在步骤 3)中,若用户选择 Appearance 选项,还可对部件的颜色加以修改,从而改善模型的可视化效果,如图 2.40 和图 2.41 所示。

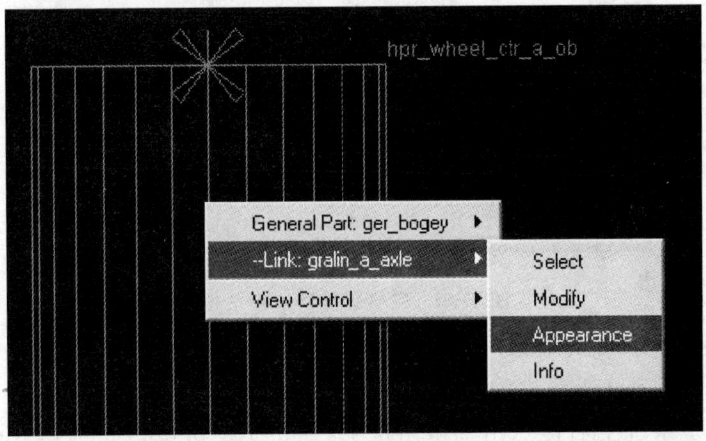

图 2.40　选择需要修改颜色的部件

(3)空气弹簧性质的修改

空气弹簧作为起落架最关键的部件,其各种参数对起落架性能有着重要的影响。

1)在起落架子系统上右键点击空气弹簧,点击 Lg_airspr,并选择 Modify 选项,如图 2.42 所示,弹出空气弹簧修改对话框,如图 2.43 所示。

2)在如图 2.43 所示的对话框中,用户可以修改空气弹簧的名称、属性文件以及初始长度,还可以点击按钮 ,查看属性文件的具体内容。如需要修改空气弹簧属性文件,则可以根据对话框中显示的路径找到属性文件,修改并保存即可。

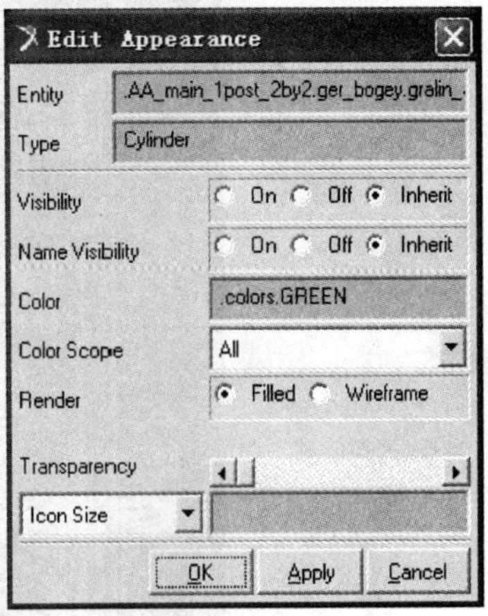

图 2.41　部件显示属性修改对话框

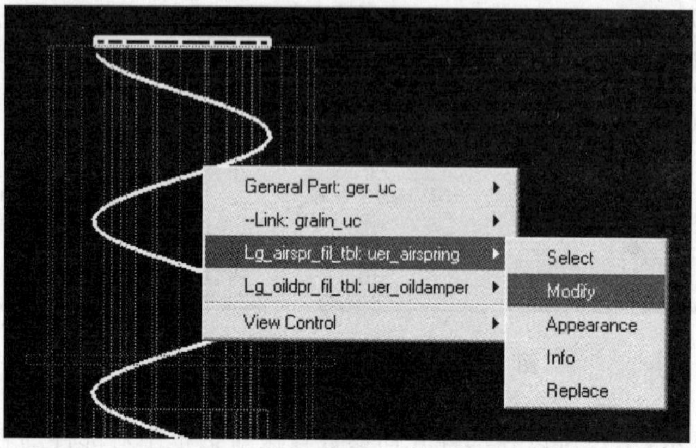

图 2.42 选择需要修改的空气弹簧

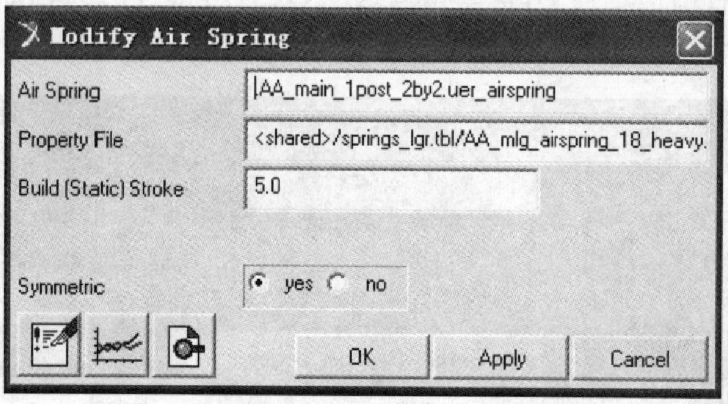

图 2.43 空气弹簧修改对话框

(4)油液阻尼器的修改

油液阻尼器也是起落架缓冲系统的重要组成部分,其修改方法如下:

1)在起落架子系统上右键点击油液阻尼器,点击 Lg_oildpr,并选择 Modify 选项,如图 2.44 所示,弹出油液阻尼器修改对话框,如图 2.45 所示。

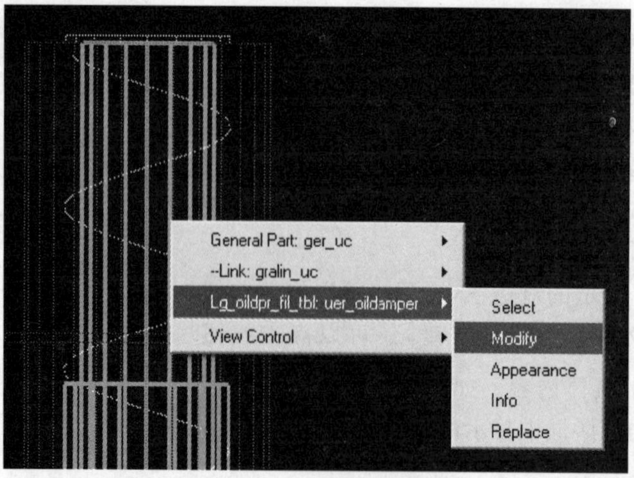

图 2.44 选择油液阻尼器

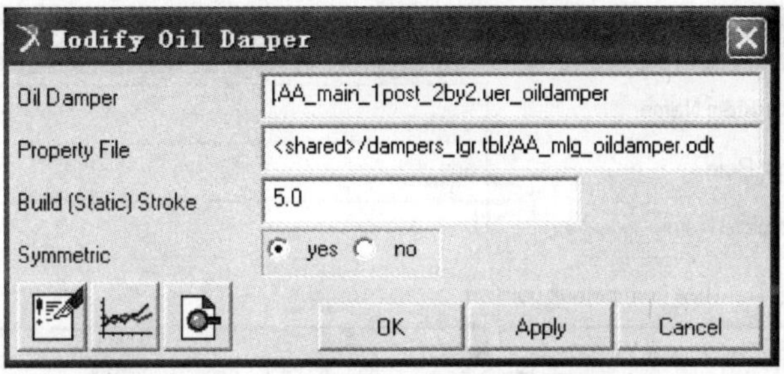

图 2.45　油液阻尼器修改对话框

2)在如图 2.45 所示的对话框中,用户可以修改油液阻尼器的名称、属性文件以及初始行程,还可以点击按钮,查看属性文件的具体内容。如需要修改油液阻尼器属性文件,则可以根据对话框中显示的路径找到属性文件,修改并保存即可。

3)完成了对起落架子系统的修改后,点击保存按钮,保存对话框如图 2.46 所示。

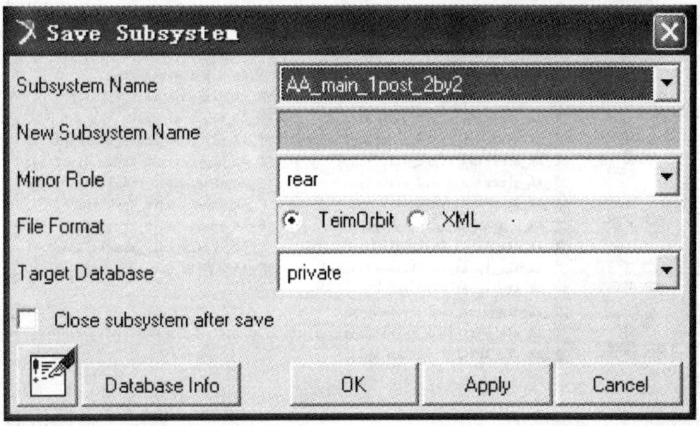

图 2.46　子系统保存对话框

在 Target Database 一栏中选择将子系统保存在用户的私有数据库中。下次使用时,直接从私有数据库中调用即可。

2.5.4　选择模板建立主起落架轮胎子系统

建立主起落架轮胎子系统:

1)在 File 菜单中点击 New 选项,选择 Subsystem 选项,弹出对话框如图 2.47 所示。

2)在如图 2.47 所示对话框的 Subsystem Name 一栏中填写新建子系统的名称。

3)在 Minor Role 的下拉菜单中选择 rear 项。

4)在 Template Name 一栏中双击鼠标左键,弹出共享数据库的文件选择对话框,如图 2.48所示。根据实际起落架特征,选择结构相近似的轮胎模板。

5)点击建立子系统对话框中的 OK 按钮,完成子系统建立。

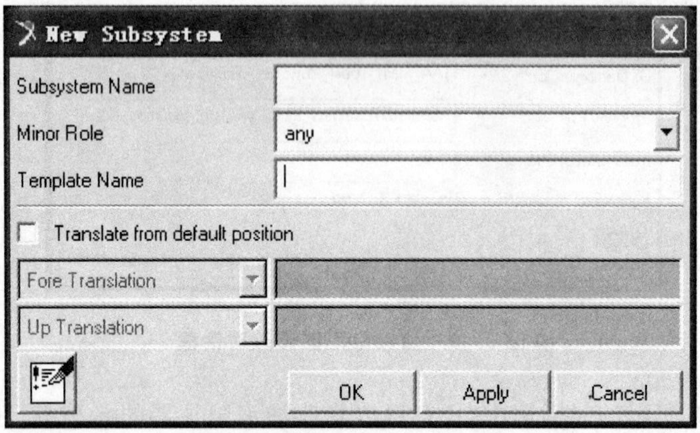

图 2.47 建立子系统对话框

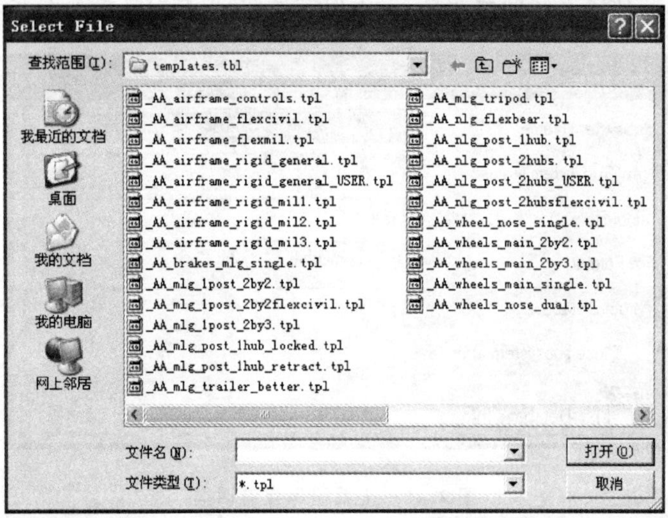

图 2.48 文件选择对话框

2.5.5 修改主起落架轮胎子系统

建立好轮胎子系统之后，需要根据要求对轮胎进行参数修改：

1)在轮胎子系统上右键点击需要修改的轮胎，点击 Wheel，选择 Modify 选项，如图 2.49 所示，弹出轮胎修改对话框，如图 2.50 所示。

2)如图 2.50 所示，在轮胎修改对话框中，用户可以对轮胎的名称、质量、转动惯量、属性文件进行修改，还可以点击按钮，查看属性文件的具体内容。如需要修改轮胎属性文件，则可以根据对话框中显示的路径找到属性文件，修改并保存即可。

3)完成了对轮胎子系统的修改后，点击保存按钮，弹出子系统保存对话框，如图 2.51 所示。

在 Target Database 一栏中选择将子系统保存在用户的私有数据库中。下次使用时，直接从私有数据库中调用即可。

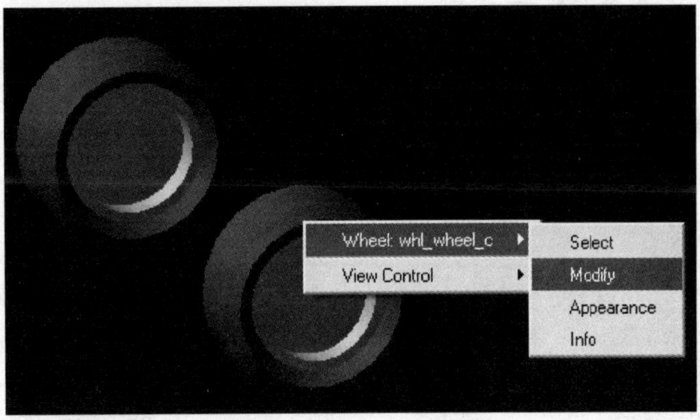

图 2.49　选择需要修改的轮胎

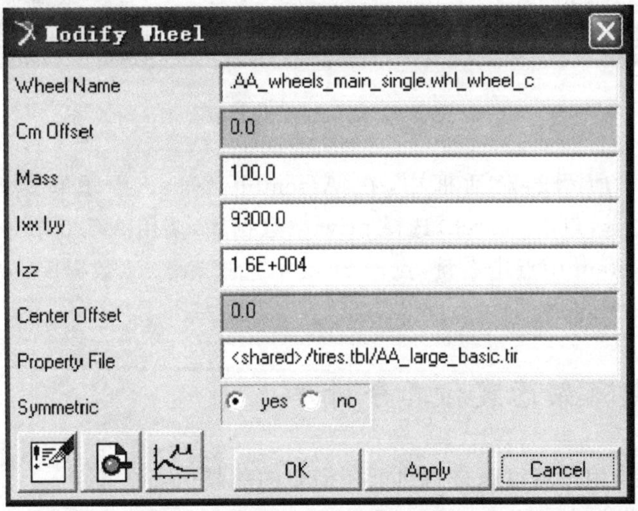

图 2.50　轮胎修改对话框

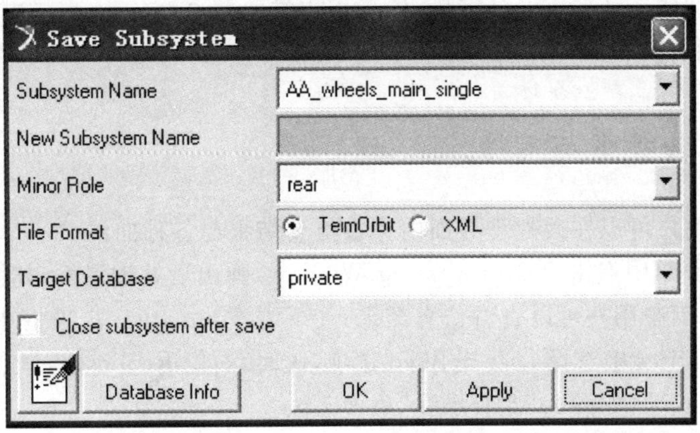

图 2.51　子系统保存对话框

2.5.6 建立主起落架装配

建立好起落架和轮胎的子系统之后，用户就可以装配自己的虚拟样机模型了。

1)在 File 菜单中点击 New 选项，选择 Assembly-Landing Gear Dynamics(with wheels)选项，弹出建立装配对话框，如图 2.52 所示。

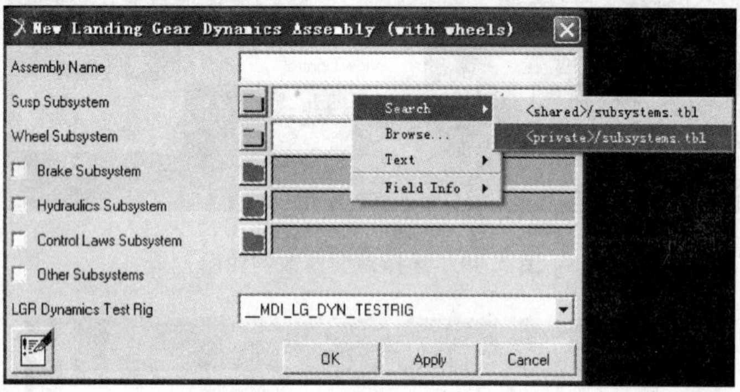

图 2.52 建立装配对话框

2)在如图 2.52 所示的对话框中，在 Assembly Name 中填写装配的名称，在 Susp Subsystem 中点击右键，点击 Search，选择 private 数据库，调用 2.5.5 节中建立的起落架子系统。在 Wheel Subsystem 中点击右键，点击 Search，选择 private 数据库，调用 2.5.5 节中建立的轮胎子系统，点击 OK 按钮即可。

2.5.7 主起落架落震仿真分析

建立好装配以后，用户就可以进行自己所需要的落震仿真试验了。

1)在 Simulate 菜单中点击 Landing Gear Dynamics Analysis，选择 Drop Analysis 选项，点击 General Drop，进入仿真对话框，如图 2.53 所示；

2)在如图 2.53 所示的仿真对话框中，输入用户需要的参数(同 2.4.7 节)；

3)点击 Submit 按钮，即可开始仿真。

2.5.8 仿真结果后处理

仿真结束后，用户可以在后处理界面内查看仿真结果与各种曲线。

1)在 Review 菜单中点击 Postprocessing Window，弹出后处理界面，如图 2.54 所示；

2)在后处理界面中用户可以查看仿真结果，在下方 Simulation 选项框中选择带有仿真主缀名称的仿真，在 Filter 中选择 user defined 选项，此时，右侧 Request 选项框内将出现与该仿真相关的各项数据选项，如图 2.55 所示。

用户可以在 Request 选项框内选择自己需要查看的仿真结果数据和曲线。

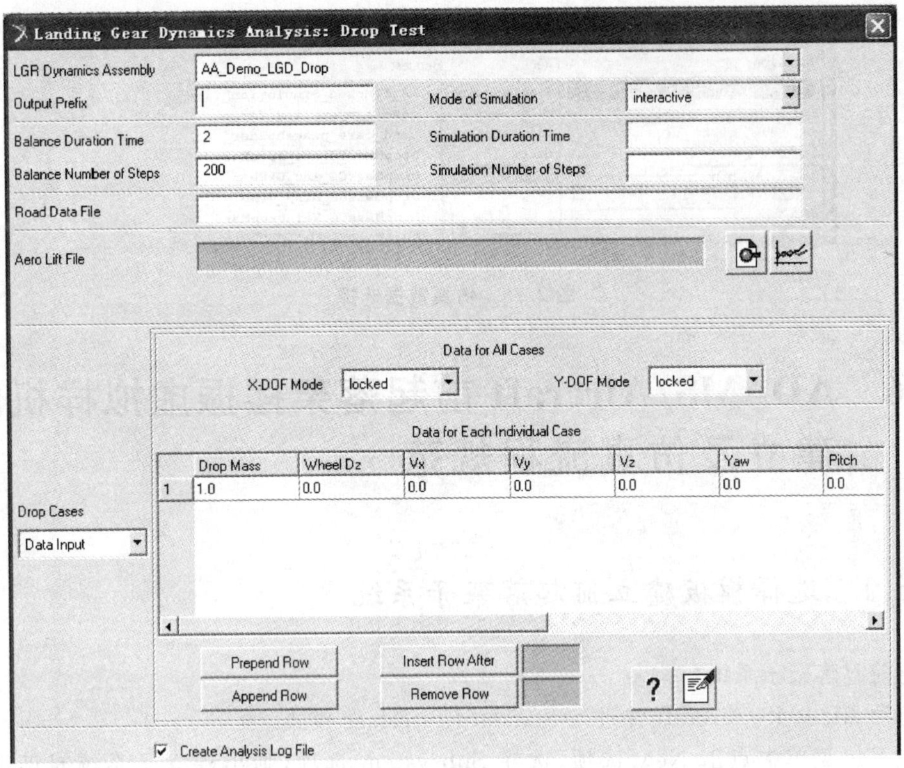

图 2.53　仿真对话框

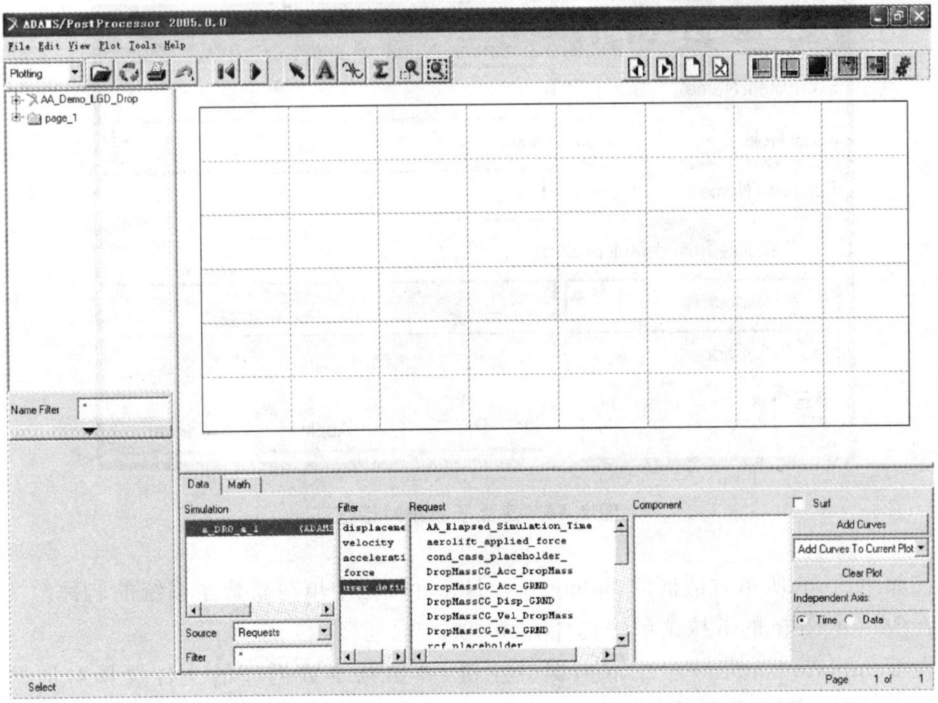

图 2.54　后处理界面

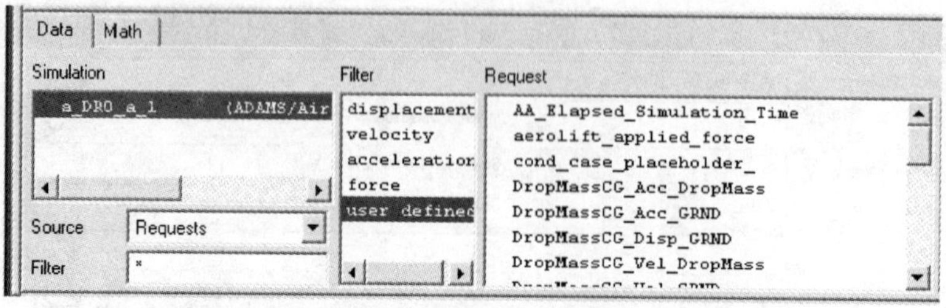

图 2.55　仿真数据选择

2.6　ADAMS/Aircraft 前起落架摆振虚拟样机的建立及仿真流程规范

2.6.1　选择模板建立前起落架子系统

建立前起落架子系统：

1)启动 ADAMS/Aircraft 并进入 Standard Interface 模式。

2)在 File 菜单中点击 New 选项，选择 Subsystem 选项，弹出建立子系统对话框，如图 2.56所示。

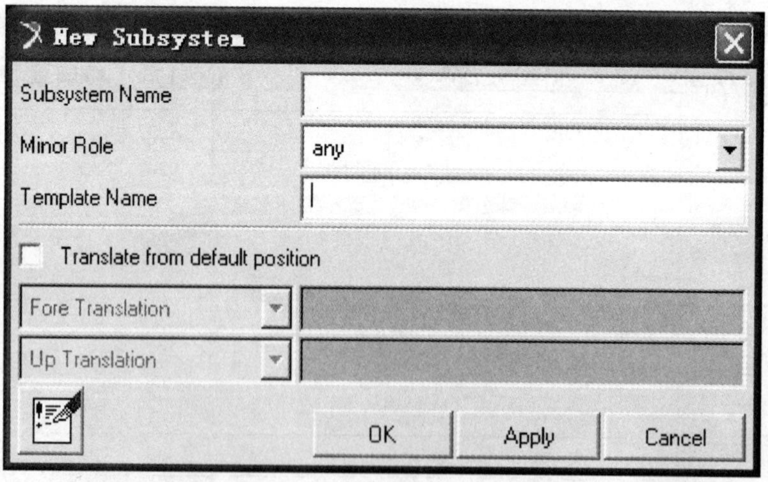

图 2.56　建立子系统对话框

3)在如图 2.56 所示对话框的 Subsystem Name 一栏中填写新建子系统的名称。

4)在 Minor Role 的下拉菜单中选择 front 项。

5)在 Template Name 一栏中双击鼠标左键，弹出共享数据库的文件选择对话框，如图 2.57所示。根据实际起落架特征，选择结构相近似的模板。

6)点击建立子系统对话框中的 OK 按钮，完成子系统建立。

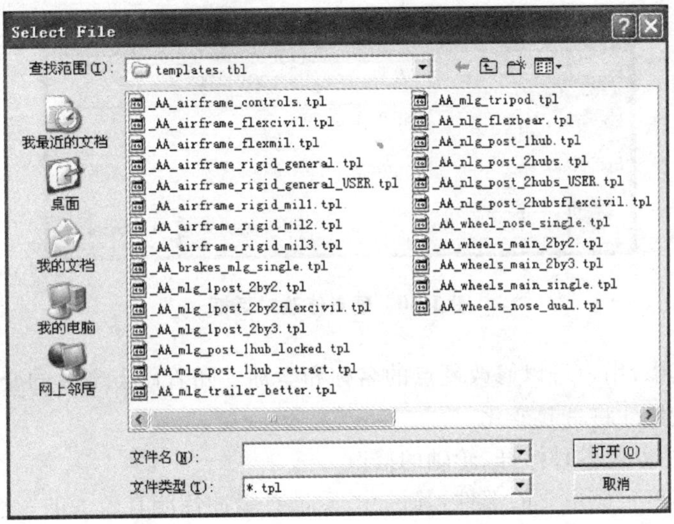

图 2.57　文件选择对话框

2.6.2　检查单位及相关设置

单位设置的修改同 2.5.2 节(见图 2.58)。

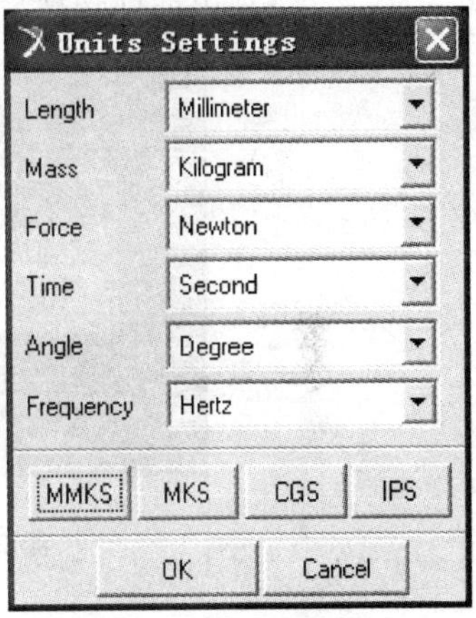

图 2.58　单位设置对话框

2.6.3　修改起落架子系统

(1)硬点位置的修改

硬点作为 ADAMS/Aircraft 中最简单、最基础也是最重要的构件之一,决定了模型各个构件的基本位置和尺寸,例如缓冲支柱的长度和方向等。

1)在起落架子系统上右键单击需要修改的硬点,在菜单中点击要修改的硬点的名称,选择 Modify 选项,如图 2.59所示,弹出硬点修改对话框,如图 2.60 所示。

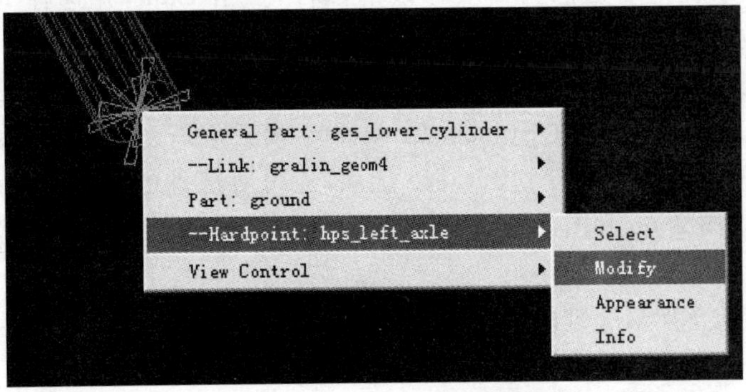

图 2.59　选择需要修改的硬点

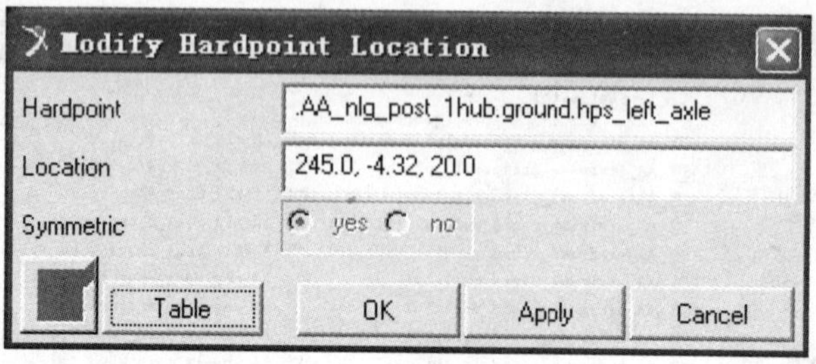

图 2.60 硬点修改对话框

2)在此对话框中,用户可以修改硬点的名称和坐标。随着硬点坐标的变化,基于该硬点建立的构件的位置或尺寸将一起变化。

(2)缓冲器支柱以及各种撑杆、轮轴的修改

缓冲器作为起落架最主要的部件,其尺寸、质量对缓冲性能有较大的影响。各种撑杆以及轮轴也是起落架重要的承力部件。

1)在起落架子系统上右键点击需要修改的部件,点击 General Part,并选择 Modify 选项,如图 2.61 所示,弹出部件物理参数修改对话框,如图 2.62 所示。

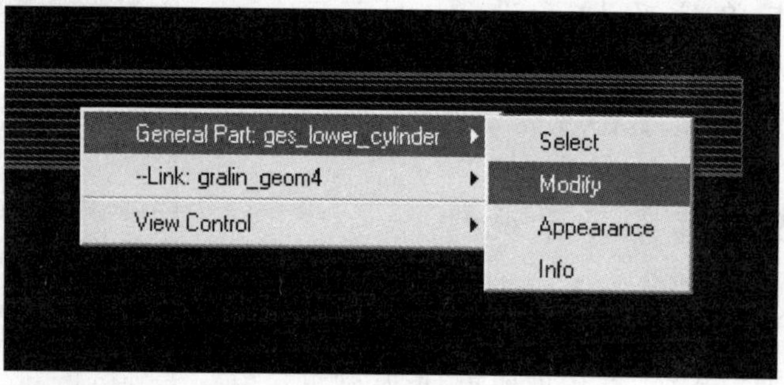

图 2.61 选择需要修改物理参数的部件

2)如图 2.62 所示,用户可以在部件物理参数修改对话框中对部件的名称、质量、转动惯量以及中心相对位置进行修改,而对话框中呈灰色的部分,用户在 Standard Interface 模式下是无法修改的。

3)在起落架子系统上右键点击需要修改的部件,点击 Link,并选择 Modify 选项,如图 2.63所示,弹出部件几何参数修改对话框,如图 2.64 所示。

4)如图 2.64 所示,用户可以在部件几何参数修改对话框中对部件的名称、半径进行修改,而对话框中呈灰色的部分,用户在 Standard Interface 模式下是无法修改的。

5)在步骤 3)中,若用户选择 Appearance 选项,还可对部件的颜色加以修改,从而改善模型的可视化效果,如图 2.65 和图 2.66 所示。

(3)空气弹簧性质的修改

空气弹簧作为起落架最关键的部件,其各种参数对起落架性能有着重要的影响。

1)在起落架子系统上右键点击空气弹簧,点击 Lg_airspr,并选择 Modify 选项,如图 2.67 所示,弹出空气弹簧修改对话框,如图 2.68 所示。

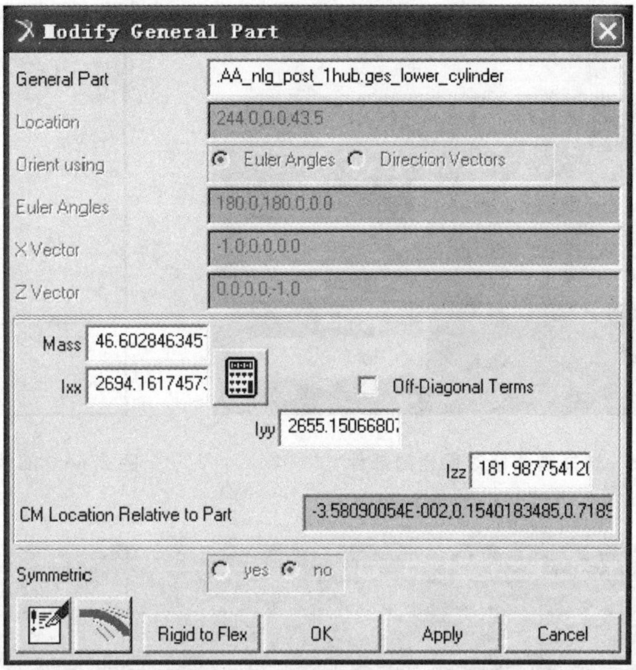

图 2.62　部件物理参数修改对话框

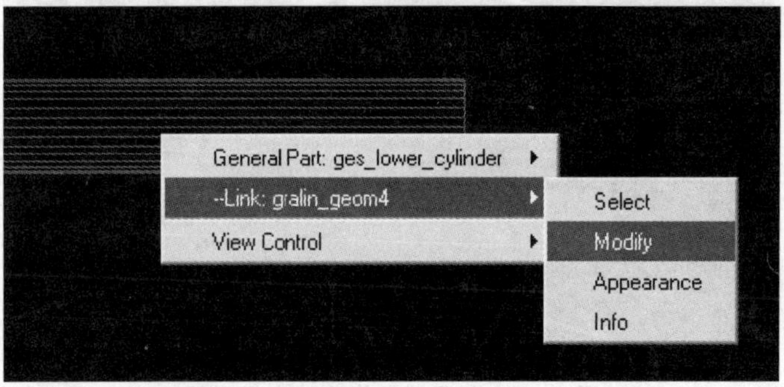

图 2.63　选择需要修改几何参数的部件

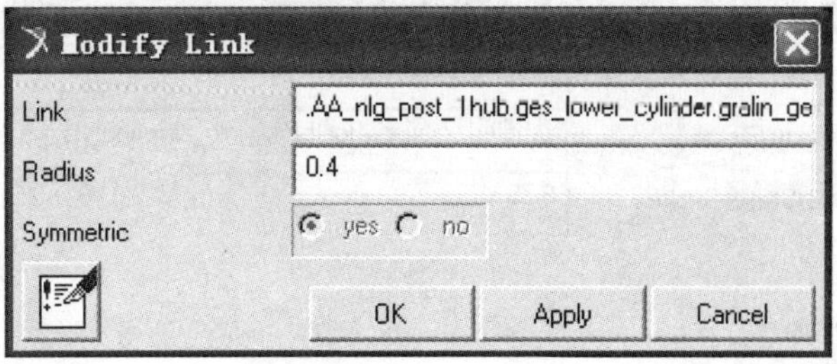

图 2.64　部件几何参数修改对话框

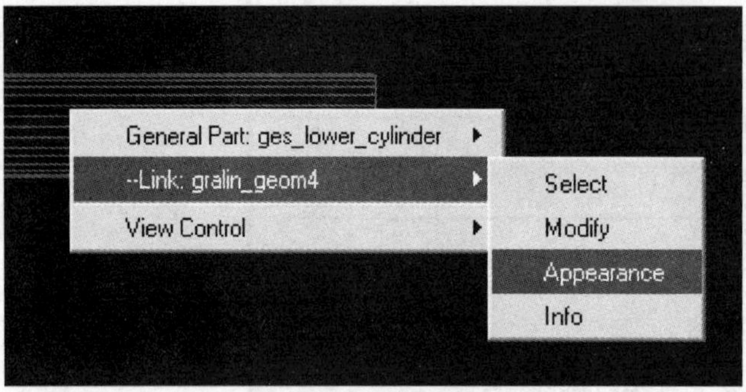

图 2.65 选择需要修改颜色的部件

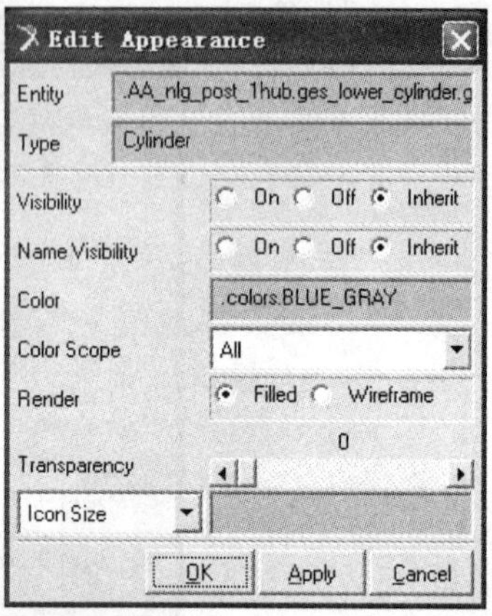

图 2.66 部件显示属性修改对话框

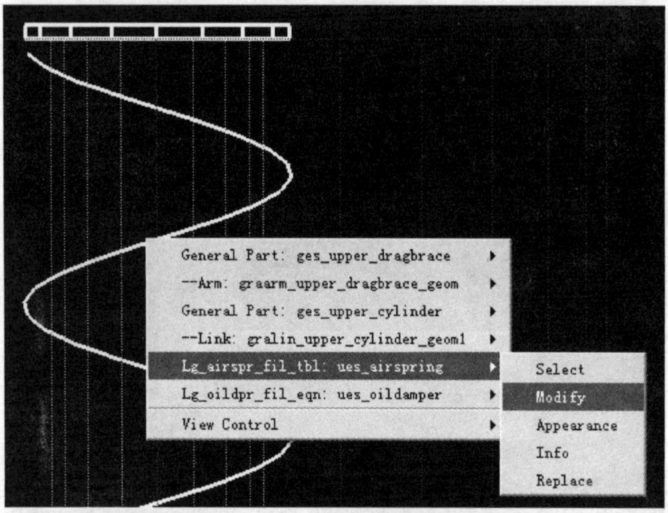

图 2.67 选择需要修改的空气弹簧

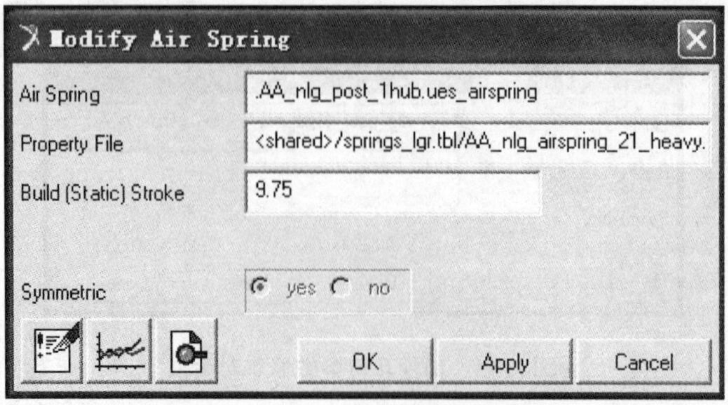

图 2.68 空气弹簧修改对话框

2)在如图 2.68 所示的对话框中,用户可以修改空气弹簧的名称、属性文件以及初始长度,还可以点击按钮,查看属性文件的具体内容。如需要修改空气弹簧属性文件,则可以根据对话框中显示的路径找到属性文件,修改并保存即可。

(4)油液阻尼器的修改

油液阻尼器也是起落架缓冲系统的重要组成部分。其修改方法如下:

1)在起落架子系统上右键点击油液阻尼器,点击 Lg_oildpr,并选择 Modify 选项,如图 2.69所示,弹出油液阻尼器修改对话框,如图 2.70 所示。

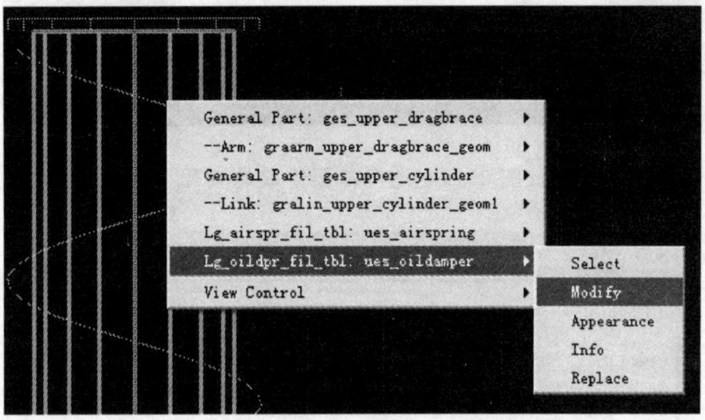

图 2.69　选择油液阻尼器

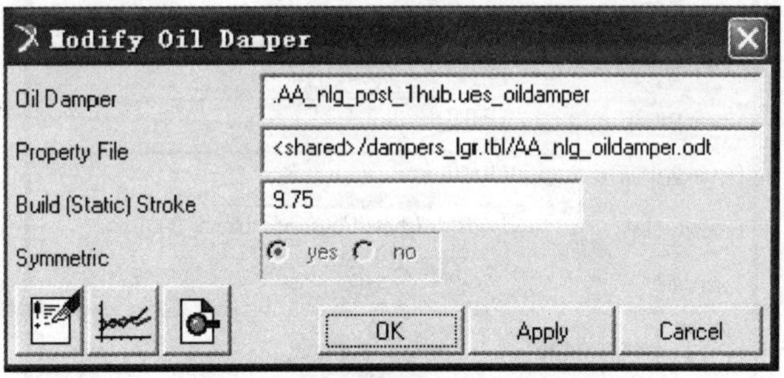

图 2.70　油液阻尼器修改对话框

2)在如图 2.70 所示的对话框中,用户可以修改油液阻尼器的名称、属性文件以及初始行程,还可以点击按钮,查看属性文件的具体内容。如需要修改油液阻尼器属性文件,则可以根据对话框中显示的路径找到属性文件,修改并保存即可。

(5)轴瓦的修改

1)在起落架子系统上右键点击需要修改的轴瓦,点击 Bushing,并选择 Modify 选项,如图 2.71 所示,弹出轴瓦修改对话框,如图 2.72 所示。

2)在如图 2.72 所示的对话框中,用户可以修改轴瓦的名称、属性文件以及初始行程,还可以点击按钮,查看属性文件的具体内容。如需要修改轴瓦属性文件,则可以根据对话框中显示的路径找到属性文件,修改并保存即可。

完成了对起落架子系统的修改后,点击保存按键,弹出子系统保存对话框,如图 2.73 所示。

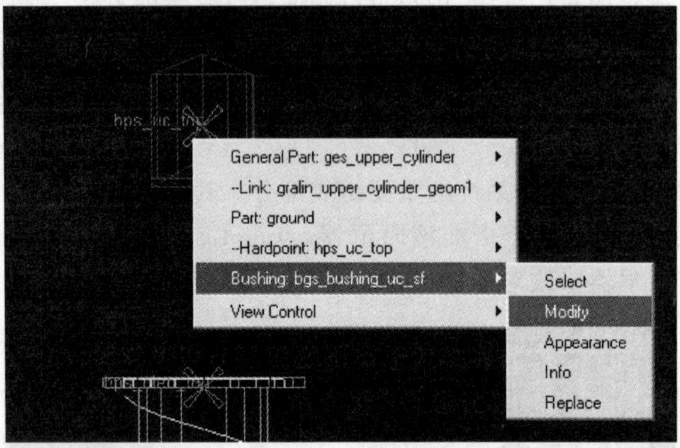

图 2.71 选择需要修改的轴瓦

图 2.72 轴瓦修改对话框

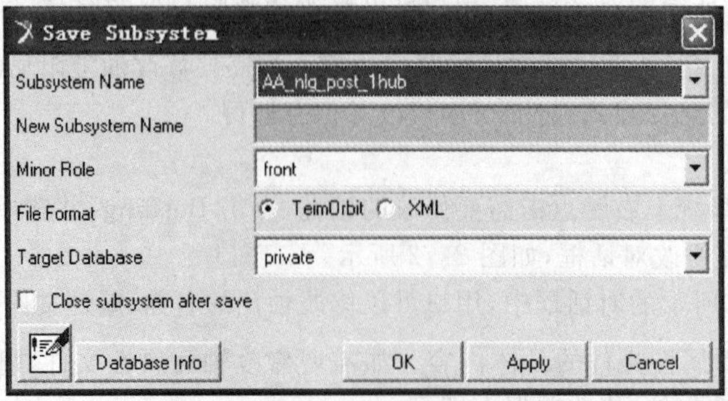

图 2.73 子系统保存对话框

在 Target Database 一栏中选择将子系统保存在用户的私有数据库中。下次使用时，直接从私有数据库中调用即可。

2.6.4　选择模板建立轮胎子系统

建立前起落架轮胎子系统：

1)在 File 菜单中点击 New 选项，选择 Subsystem 选项，弹出建立子系统对话框，如图 2.74所示。

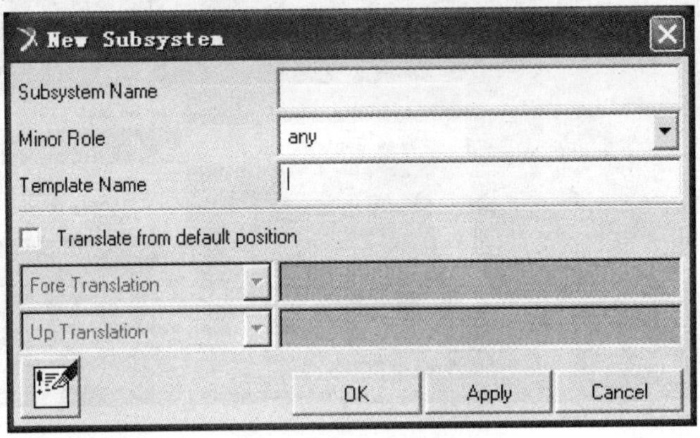

图 2.74　建立子系统对话框

2)在如图 2.74 所示对话框的 Subsystem Name 一栏中填写新建子系统的名称。

3)在 Minor Role 的下拉菜单中选择 front 项。

4)在 Template Name 一栏中双击鼠标左键，弹出共享数据库的文件选择对话框，如图 2.75所示。根据实际起落架特征，选择结构相近似的轮胎模板。

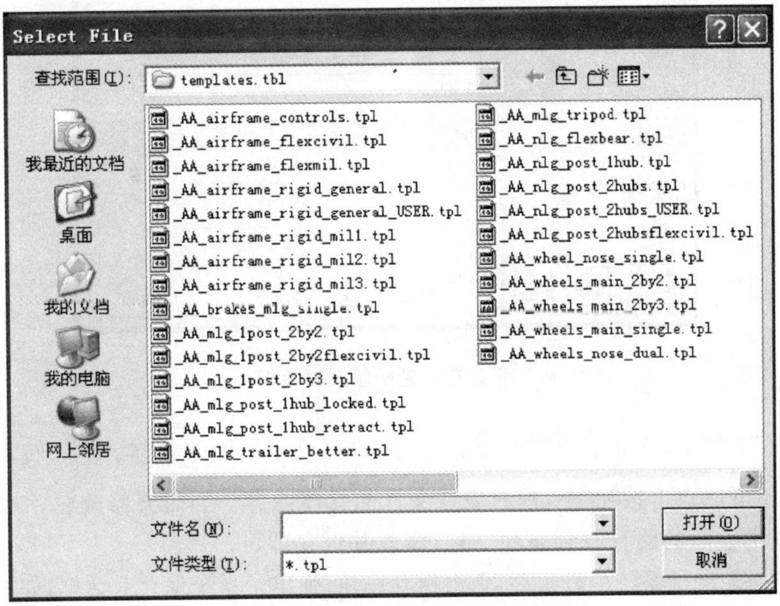

图 2.75　文件选择对话框

5)点击建立子系统对话框中的 OK 按钮，完成子系统建立。

2.6.5 修改轮胎子系统

建立好轮胎子系统之后，需要根据要求对轮胎进行参数修改。

1)在轮胎子系统上右键点击需要修改的轮胎，点击 Wheel，选择 Modify 选项，如图 2.76 所示，弹出轮胎修改对话框，如图 2.77 所示。

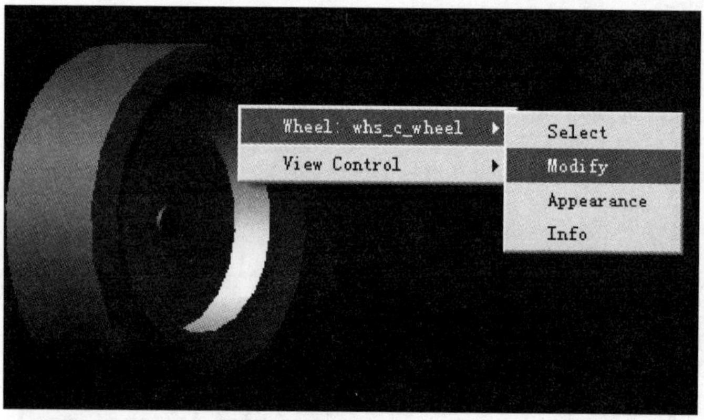

图 2.76 选择需要修改的轮胎

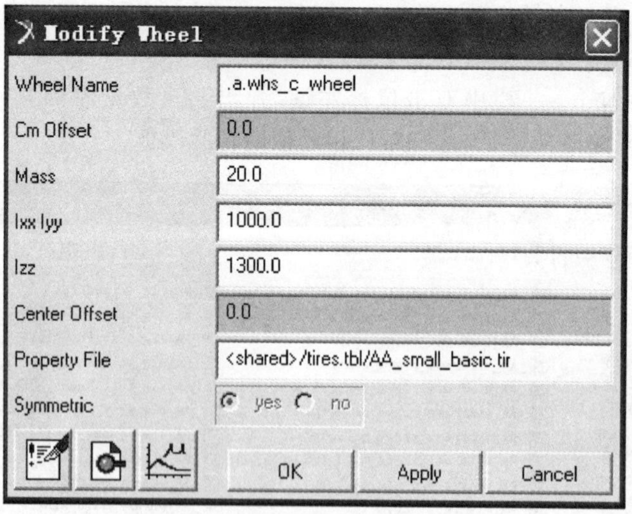

图 2.77 轮胎修改对话框

2)如图 2.77 所示，在轮胎修改对话框中，用户可以对轮胎的名称、质量、转动惯量、属性文件进行修改，还可以点击按钮，查看属性文件的具体内容。如需要修改轮胎属性文件，则可以根据对话框中显示的路径找到属性文件，修改并保存即可。

3)完成了对轮胎子系统的修改后，点击保存按钮，弹出子系统保存对话框，如图 2.78 所示。在 Target Database 一栏中选择将子系统保存在用户的私有数据库中。下次使用时，直接从私有数据库中调用即可。

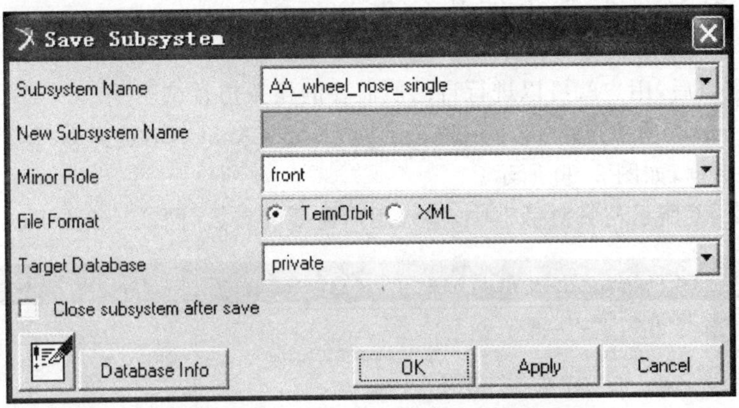

图 2.78　子系统保存对话框

2.6.6　建立装配

建立好起落架和轮胎的子系统之后，用户就可以装配自己的虚拟样机模型了。

1)在 File 菜单中点击 New 选项，选择 Assembly-Landing Gear Dynamics(with wheels)选项，弹出建立装配对话框，如图 2.79 所示。

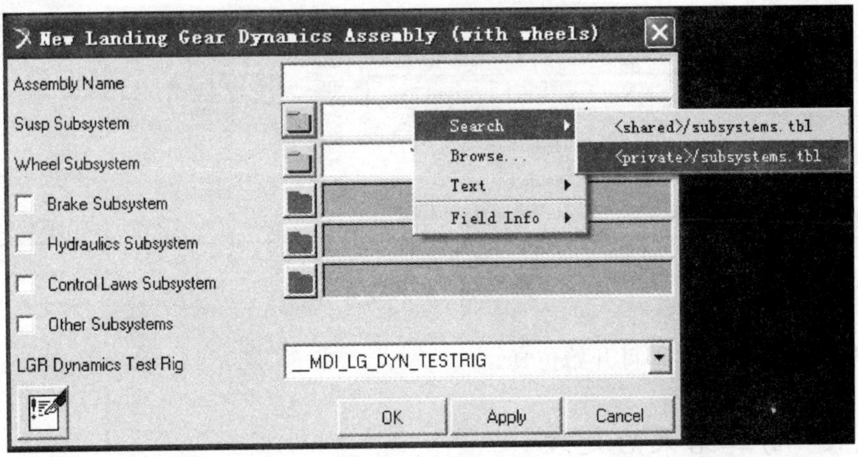

图 2.79　建立装配对话框

2)在如图 2.79 所示的对话框中，在 Assembly Name 中填写装配的名称，在 Susp Subsystem 中点击右键，点击 Search，选择 private 数据库，调用 2.5 节中建立的起落架子系统。在 Wheel Subsystem 中点击右键，点击 Search，选择 private 数据库，调用 2.5 节中建立的轮胎子系统，点击 OK 按钮即可。

2.6.7 前起落架摆振仿真分析

建立好装配以后，用户就可以进行自己所需要的摆振仿真试验了。

1)在 Simulate 菜单中点击 Landing Gear Dynamics Analysis，选择 Gear Taxi Analysis 选项，进入仿真对话框，如图 2.80 所示。

2)在如图 2.80 所示仿真对话框中，输入用户需要的参数(同 2.4.7 节)。

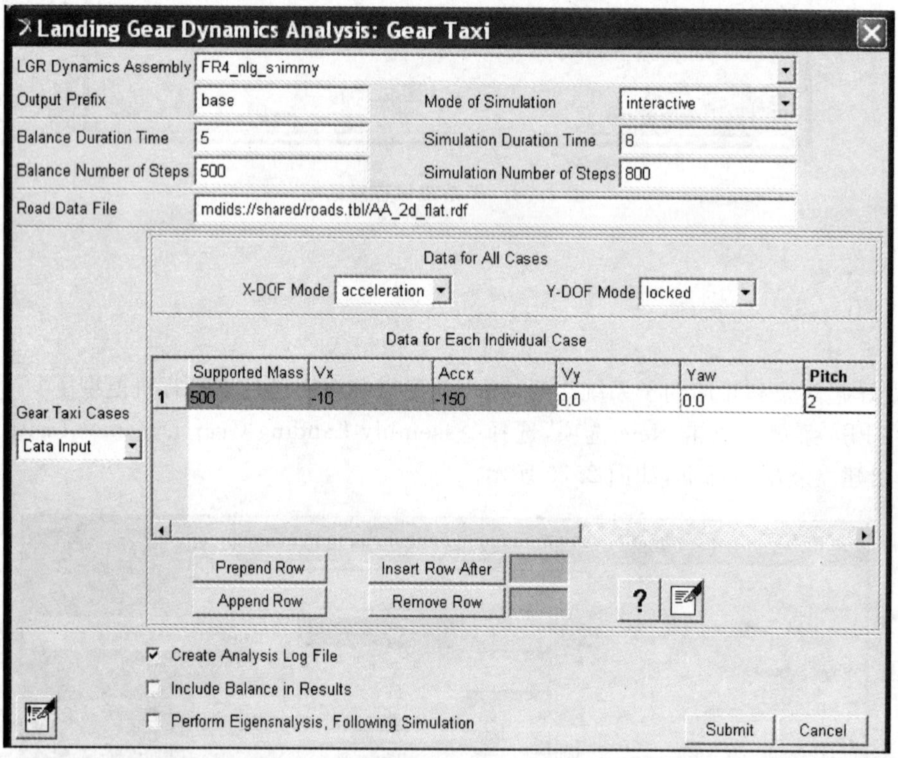

图 2.80 仿真对话框

3)点击 Submit 按钮，即可开始仿真。

2.6.8 仿真结果后处理

仿真结束后，用户可以在后处理界面内查看仿真结果与各种曲线。

1)在 Review 菜单中点击 Postprocessing Window，弹出后处理界面，如图 2.81 所示；

2)在后处理界面中用户可以查看仿真结果，在下方 Simulation 选项框中选择带有仿真前缀名称的仿真，在 Filter 中选择 user defined 选项，此时，右侧 Request 选项框内将出现与该仿真相关的各项数据选项，如图 2.82 所示。

用户可以在 Request 选项框内选择自己需要查看的仿真结果数据和曲线。

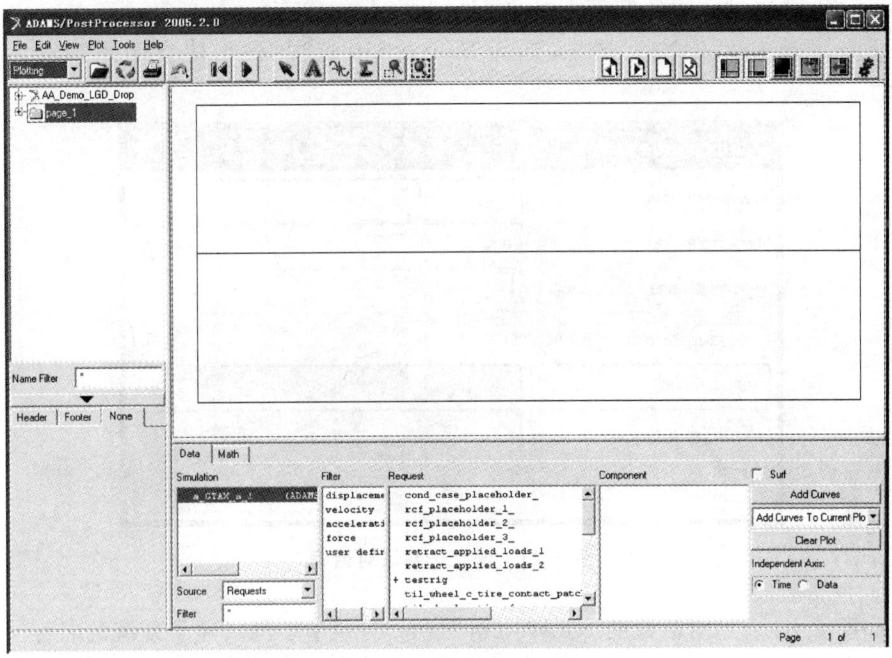

图 2.81　后处理界面

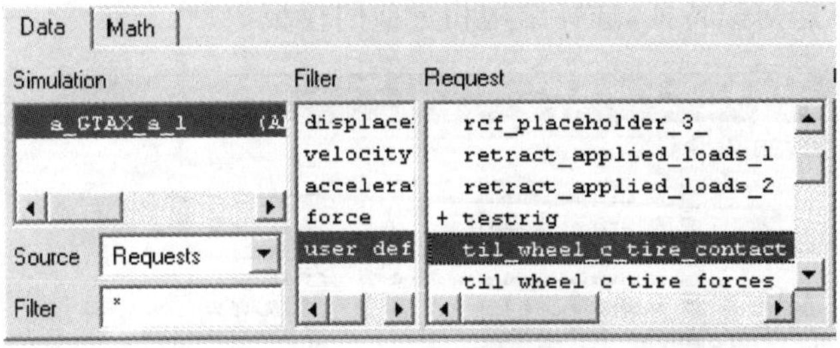

图 2.82　仿真数据选择

2.7　ADAMS/Aircraft 前起落架收放虚拟样机的建立及仿真流程规范

2.7.1　选择模板建立前起落架子系统

由于在 Standard Interface 模式下，用户无法自建模型，所以只能在共享数据库现有模型的基础上进行修改。为了减少修改模型的工作量和难度，尽量选择与实际起落架结构相近似的模板来建立子系统。

建立前起落架子系统：

1)启动 ADAMS/Aircraft 并进入 Standard Interface 模式。

2)在 File 菜单中点击 New 选项,选择 Subsystem 选项,弹出建立子系统对话框,如图 2.83所示。

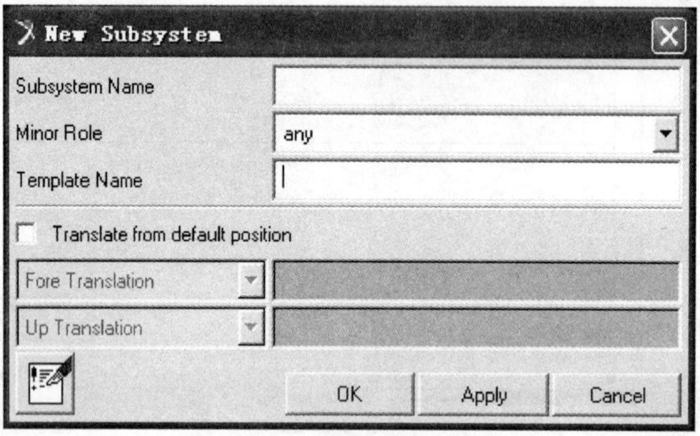

图 2.83 建立子系统对话框

3)在如图 2.83 所示对话框的 Subsystem Name 一栏中填写新建子系统的名称。

4)在 Minor Role 的下拉菜单中选择 front 项。

5)在 Template Name 一栏中双击鼠标左键,弹出共享数据库的文件选择对话框,如图 2.84所示。根据实际起落架特征,选择结构相近似的模板。

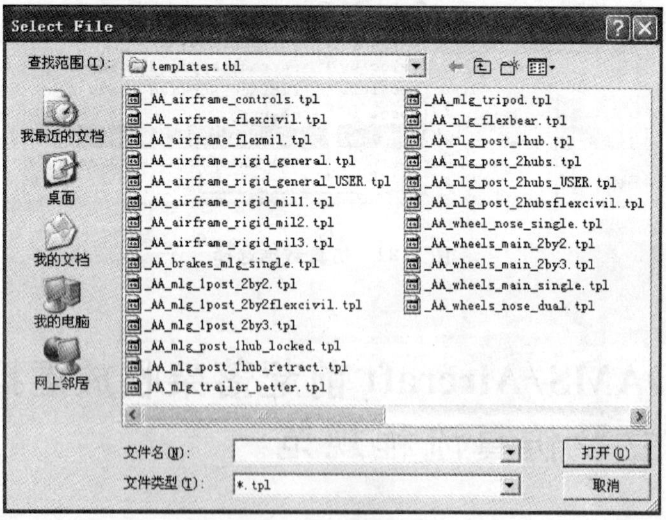

图 2.84 文件选择对话框

6)点击建立子系统对话框中的 OK 按钮,完成子系统建立。

2.7.2 检查单位及相关设置

在进行起落架子系统修改以及后续工作之前,用户必须检查单位以及相关基本设置,防止由于单位设置问题导致的一些不可预计的错误发生。

单位设置的修改：

1)在 Settings 菜单中点击 Units 选项，弹出单位设置对话框，如图 2.85 所示；

2)在如图 2.85 所示的对话框中按照实际需要选择各种单位搭配，点击 OK 按钮确认。

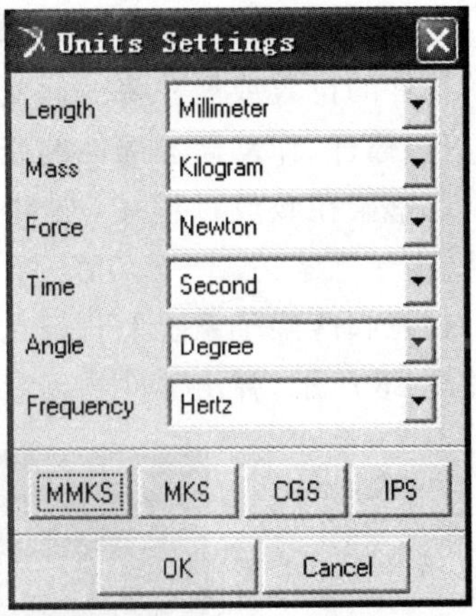

图 2.85　单位设置对话框

2.7.3　修改起落架子系统

由于共享数据库中的模板与实际需求的模型往往有较大差别，所以就需要对建立好的模型进行修改。对于收放模型来说，修改的内容主要包括：硬点位置的修改，撑杆、作动筒等部件的修改，收放作动筒液压激励参数的修改，以及作用在起落架上的气动载荷的修改，等等。

(1)硬点位置的修改

硬点作为 ADAMS/Aircraft 中最简单、最基础也是最重要的构件之一，决定了模型各个构件的基本位置和尺寸，例如缓冲支柱的长度和方向等。

1)在起落架子系统上右键单击需要修改的硬点，在菜单中点击要修改的硬点的名称，选择 Modify 选项，如图 2.86 所示，弹出硬点修改对话框，如图 2.87 所示。

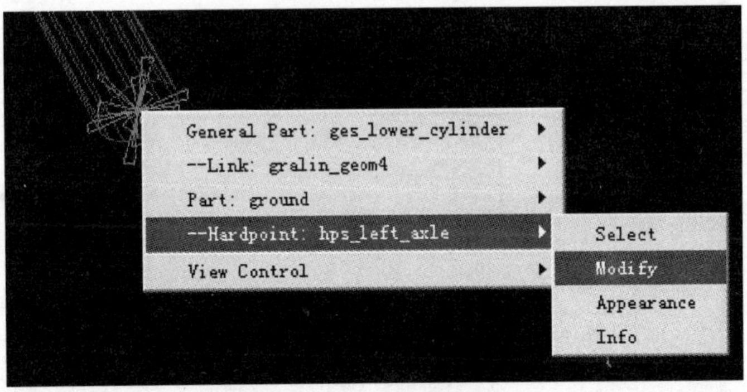

图 2.86　选择需要修改的硬点

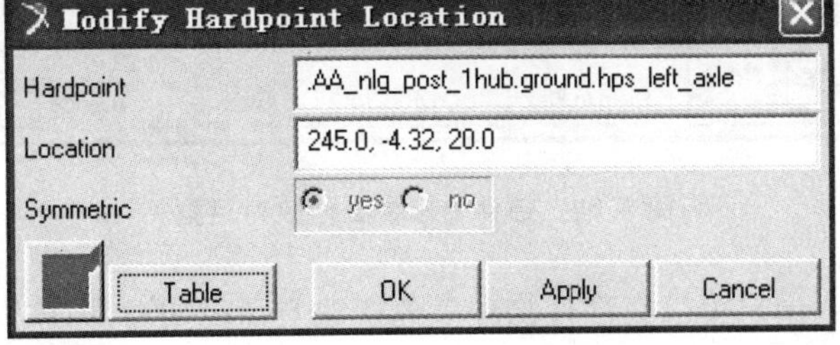

图 2.87　硬点修改对话框

2)在此对话框中,用户可以修改硬点的名称和坐标。随着硬点坐标的变化,基于该硬点建立的构件的位置或尺寸将一起变化。

(2)撑杆、作动筒等部件的修改

起落架在收放过程中,缓冲器等部件的作用不计,而各种撑杆以及作动筒则是重要的部件。

1)在起落架子系统上右键点击需要修改的部件,点击 General Part,并选择 Modify 选项,如图 2.88 所示,弹出部件物理参数修改对话框,如图 2.89 所示。

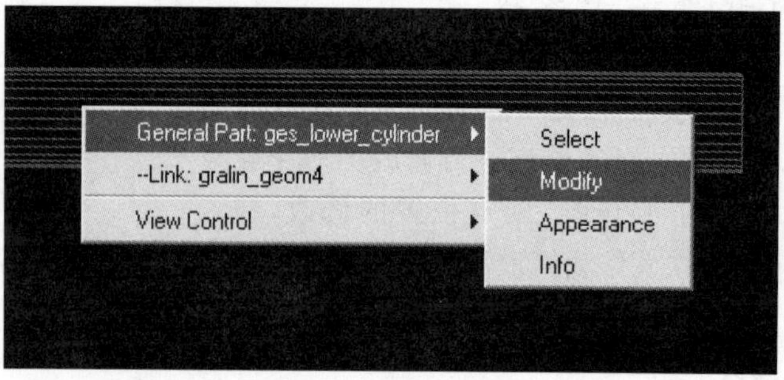

图 2.88 选择需要修改物理参数的部件

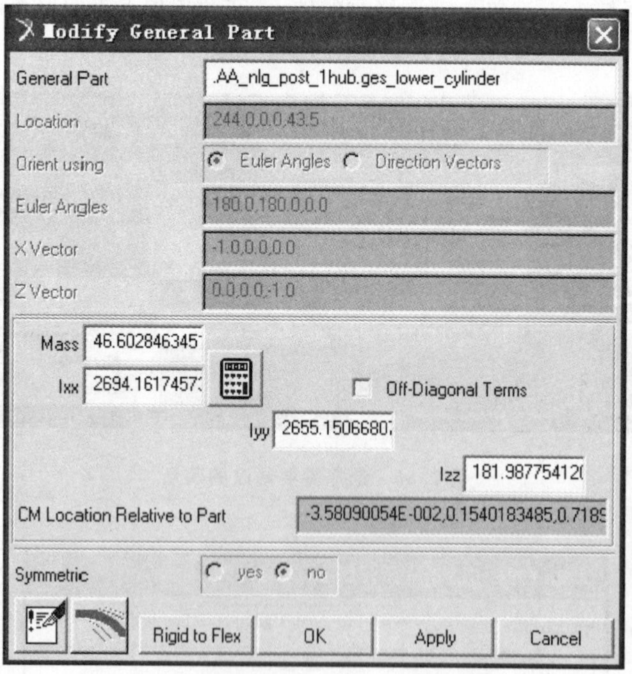

图 2.89 部件物理参数修改对话框

2)如图 2.89 所示,用户可以在部件物理参数修改对话框中对部件的名称、质量、转动惯量以及中心相对位置进行修改,而对话框中呈灰色的部分,用户在 Standard Interface 模式下是无法修改的。

3)在起落架子系统上右键点击需要修改的部件,点击 Link,并选择 Modify 选项,如图 2.90所示,弹出部件几何参数修改对话框,如图 2.91 所示。

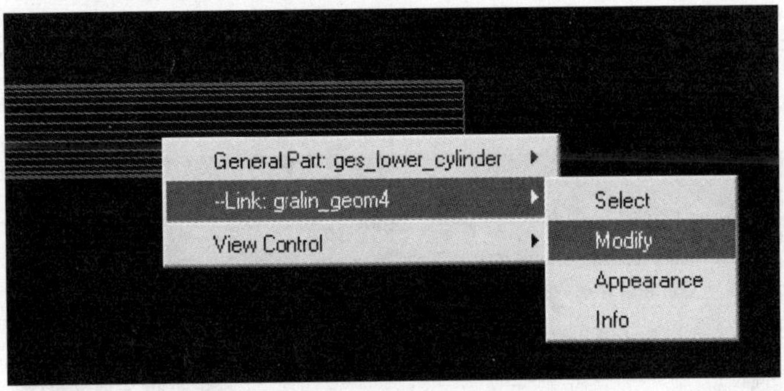

图 2.90　选择需要修改几何参数的部件

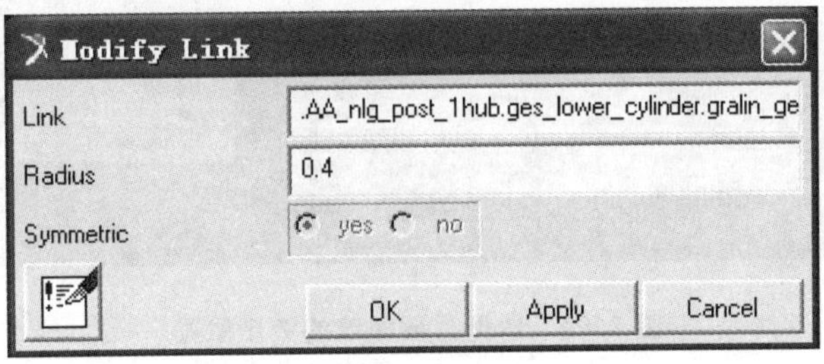

图 2.91　部件几何参数修改对话框

4)如图 2.91 所示,用户可以在部件几何参数修改对话框中对部件的名称、半径进行修改,而对话框中呈灰色的部分,用户在 Standard Interface 模式下是无法修改的。

5)在步骤 3)中,若用户选择 Appearance 选项,还可对部件的颜色加以修改,从而改善模型的可视化效果,如图 2.92 和图 2.93 所示。

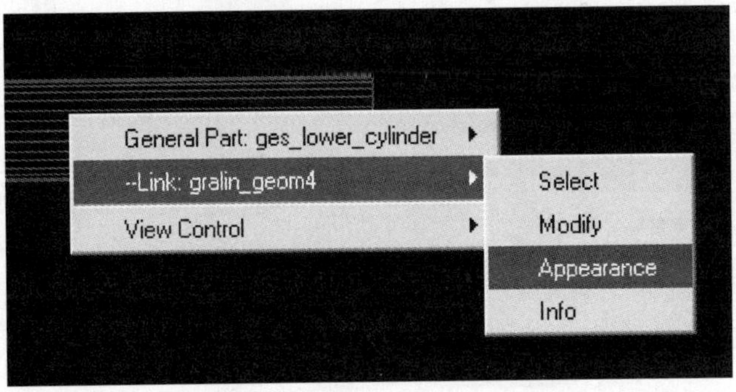

图 2.92　选择需要修改颜色的部件

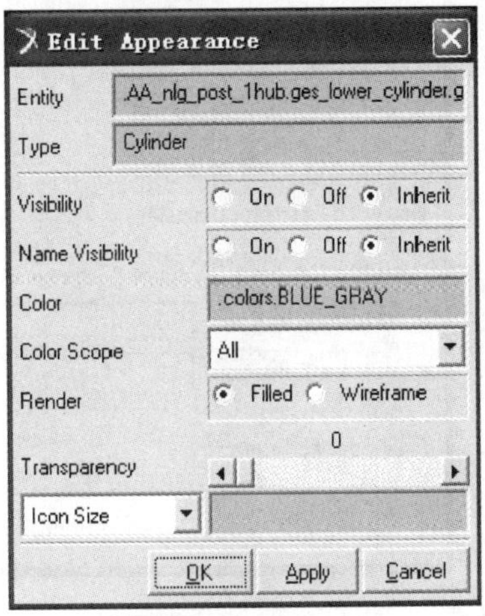

图 2.93　部件显示属性修改对话框

(3)收放作动筒液压激励参数的修改

收放作动筒作为起落架收放的最关键部件,其各种参数对起落架收放性能有着重要的影响。

1)在起落架子系统上右键点击作动筒,点击 Lg_ret_act_hyd,并选择 Modify 选项,如图 2.94 所示,弹出作动筒液压激励修改对话框,如图 2.95 所示。

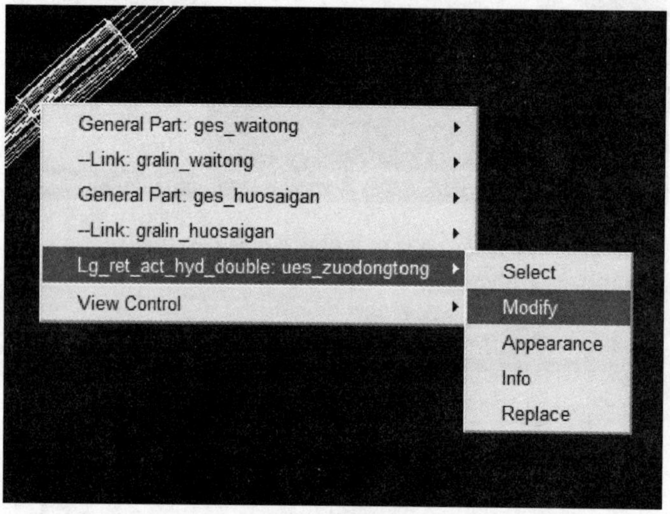

图 2.94 选择需要修改的液压激励

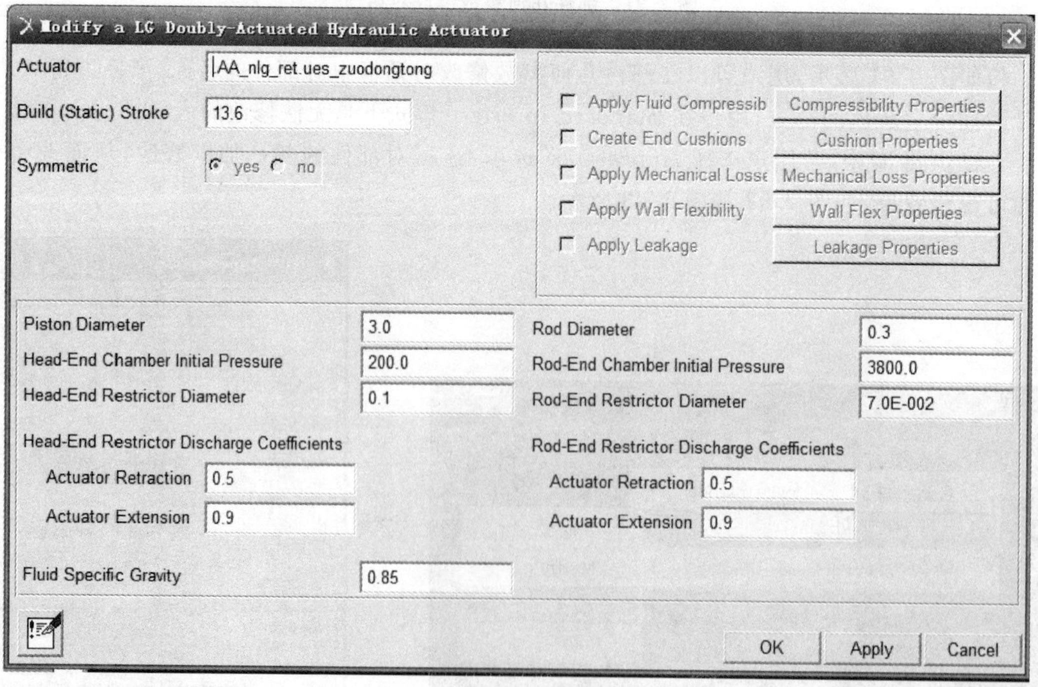

图 2.95 作动筒液压激励修改对话框

2)在如图 2.95 所示的对话框中,用户可以修改液压激励的名称,液压作动筒的行程,活塞杆与活塞头的直径,两腔的初始压强、节流阀直径和对应于收起与放下激励的两腔节流阀缩流因数,以及液体重力特性。

(4)作用在起落架上的气动载荷的修改

作用在起落架上的气动阻力是影响收放过程的重要载荷,其修改方法如下:

1)在起落架子系统上右键点击支柱上气动力的图示,点击 Lg_aero,并选择 Modify 选项,如图 2.96 所示,弹出起落架上气动力的修改对话框,如图 2.97 所示。

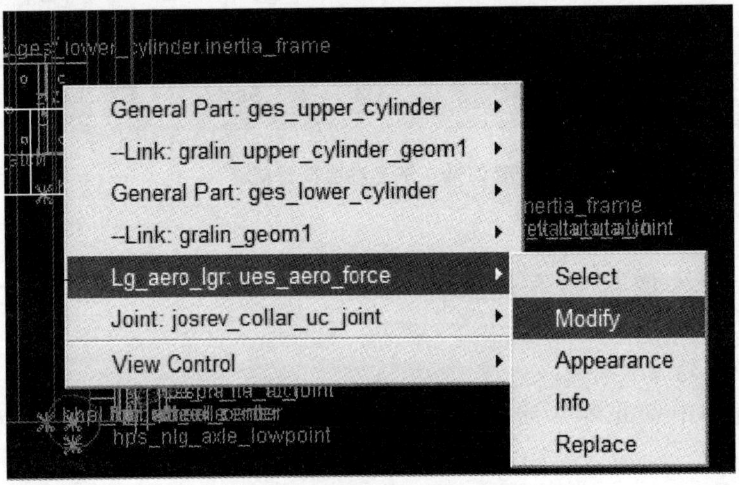

图 2.96　选择作用在起落架上的气动载荷

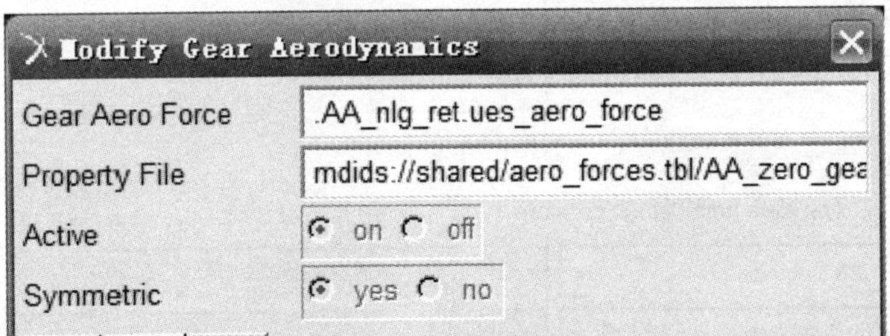

图 2.97　起落架上气动力的修改对话框

2)在如图 2.97 所示的对话框中,用户可以修改气动力的名称和属性文件,还可以点击按钮,查看属性文件的具体内容。如需要修改起落架上气动力的属性文件,则可以根据对话框中显示的路径找到属性文件,修改并保存即可。

完成了对起落架子系统的修改后,点击保存按钮,弹出子系统保存对话框,如图 2.98 所示。

在 Target Database 一栏中选择将子系统保存在用户的私有数据库中。下次使用时,直接从私有数据库中调用即可。

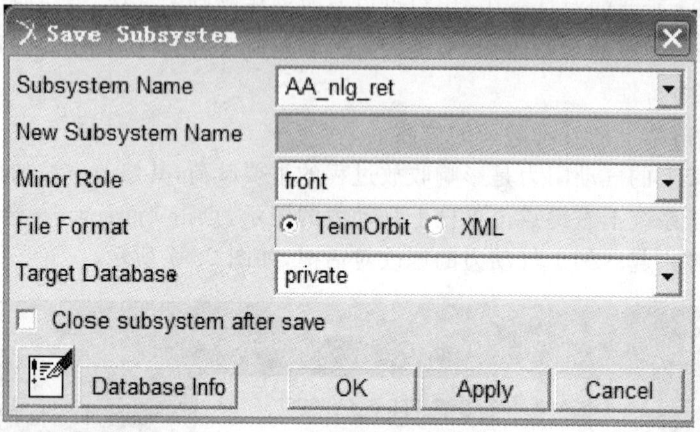

图 2.98 子系统保存对话框

2.7.4 选择模板建立轮胎子系统

建立前起落架轮胎子系统：

1)在 File 菜单中点击 New 选项，选择 Subsystem 选项，弹出建立子系统对话框，如图 2.99所示。

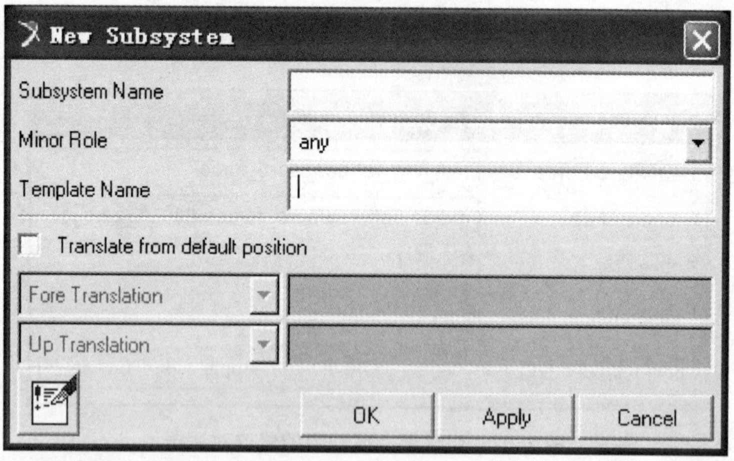

图 2.99 建立子系统对话框

2)在如图 2.99 所示对话框的 Subsystem Name 一栏中填写新建子系统的名称。

3)在 Minor Role 的下拉菜单中选择 front 项。

4)在 Template Name 一栏中双击鼠标左键，弹出共享数据库的文件选择对话框，如图 2.100所示。根据实际起落架特征，选择结构相近似的轮胎模板。

5)点击建立子系统对话框中的 OK 按钮，完成子系统建立。

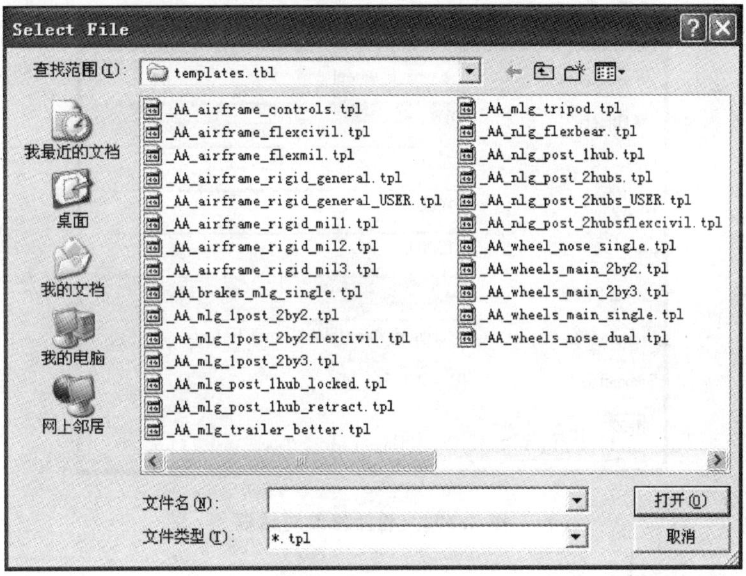

图 2.100 文件选择对话框

2.7.5 修改轮胎子系统

建立好轮胎子系统之后，需要根据要求对轮胎进行参数修改。

1)在轮胎子系统上右键点击需要修改的轮胎，点击 Wheel，选择 Modify 选项，如图 2.101 所示，弹出轮胎修改对话框，如图 2.102 所示。

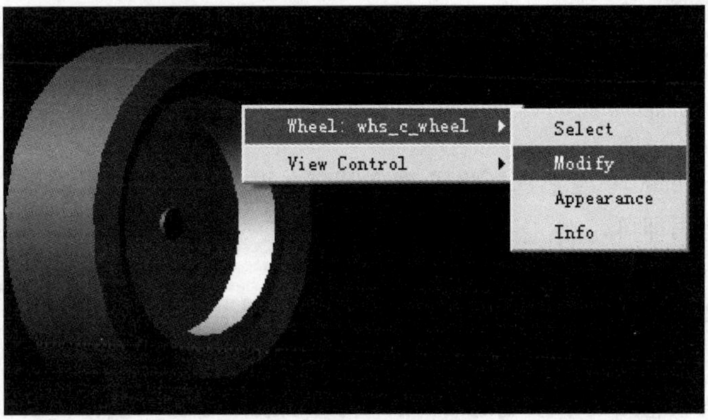

图 2.101 选择需要修改的轮胎

2)如图 2.102 所示，在轮胎修改对话框中，用户可以对轮胎的名称、质量、转动惯量、属性文件进行修改，还可以点击按钮，查看属性文件的具体内容。如需要修改轮胎属性文件，则可以根据对话框中显示的路径找到属性文件，修改并保存即可。

完成了对轮胎子系统的修改后，点击保存按钮，弹出子系统保存对话框，如图 2.103 所示。

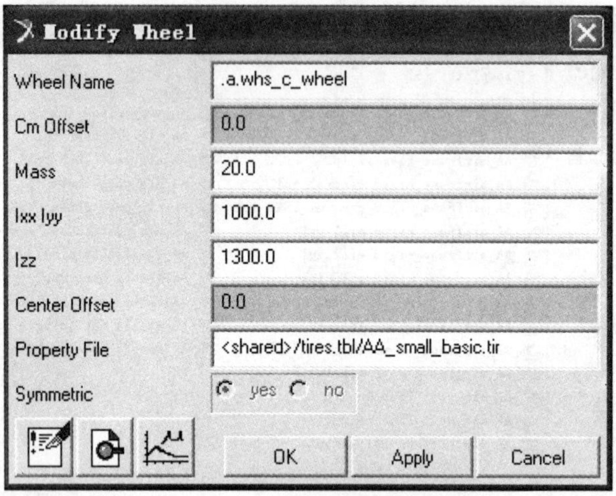

图 2.102 轮胎修改对话框

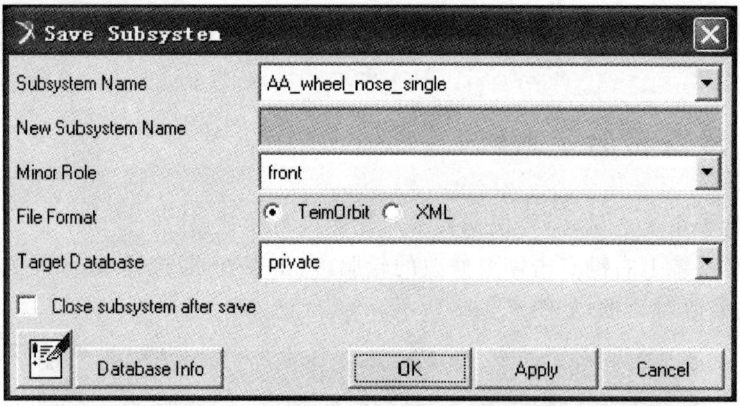

图 2.103 子系统保存对话框

在 Target Database 一栏中选择将子系统保存在用户的私有数据库中。下次使用时，直接从私有数据库中调用即可。

2.7.6 建立装配

建立好起落架和轮胎的子系统之后，用户就可以装配自己的虚拟样机模型了。

1）在 File 菜单中点击 New 选项，选择 Assembly-Landing Gear Dynamics Assembly(with wheels)选项，弹出建立装配对话框，如图 2.104 所示。

2）在如图 2.104 所示的对话框中，在 Assembly Name 中填写装配的名称，在 Susp Subsystem 中点击右键，点击 Search，选择 private 数据库，调用前面建立的起落架子系统。在 Wheel Subsystem 中点击右键，点击 Search，选择 private 数据库，调用前面建立的轮胎子系统，点击 OK 按钮即可。

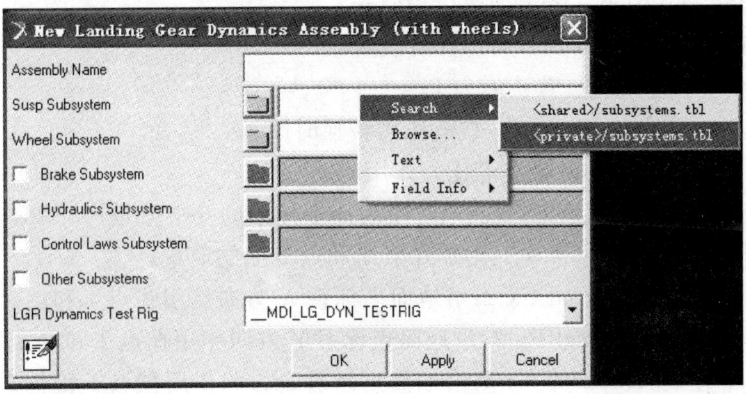

图 2.104 建立装配对话框

2.7.7 前起落架收放仿真分析

建立好装配以后，用户就可以进行自己所需要的落震仿真试验了。

1) 在 Simulate 菜单中点击 Landing Gear Dynamics Analysis，选择 Retract - Extend Analysis 选项，点击 Retract - Extend，进入仿真对话框，如图 2.105 所示。

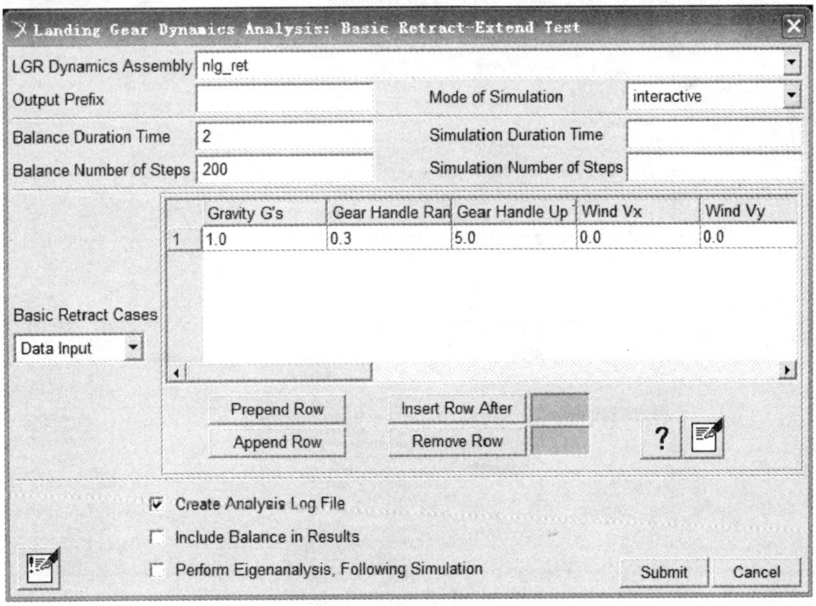

图 2.105 仿真对话框

2)在如图 2.105 所示仿真对话框中，用户需要输入以下参数：

a. Output Prefix：仿真结果输出名前缀，此处输入的名称将出现在仿真结果名称之前；

b. Balance Duration Time：平衡阶段时长；

c. Balance Number of Steps：平衡阶段步数；

d. Simulation Duration Time：仿真阶段时长；

e. Simulation Number of Steps：仿真阶段步数；

f. Gravity G's：重力设置，默认值为 1；

g. Gear Handle Ramp Time：收-放液压力转换时间；

h. Gear Handle Up Time：收上液压力作用时间；

i. Wind Vx/ Wind Vy/ Wind Vz：风速沿地面坐标系的 3 个分量；

j. Extra Mass 1/ Extra Mass 2：附加在点 1 和点 2 上的质量；

k. External Fx 1/ External Fx 2：沿地面坐标系 X 方向作用在点 1 和点 2 处的常力；

l. External Fy 1/ External Fy 2：沿地面坐标系 Y 方向作用在点 1 和点 2 处的常力；

m. External Fz 1/ External Fz 2：沿地面坐标系 Z 方向作用在点 1 和点 2 处的常力。

3)点击 Submit 按钮，即可开始仿真。

2.7.8 仿真结果后处理

仿真结束后，用户可以在后处理界面内查看仿真结果与各种曲线。

1)在 Review 菜单中点击 Postprocessing Window，弹出后处理界面，如图 2.106 所示。

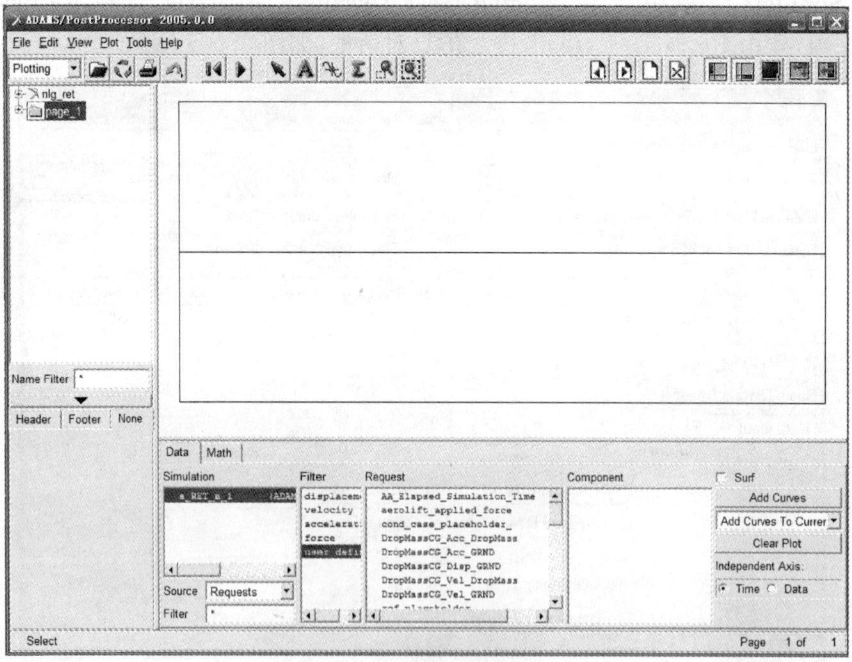

图 2.106 后处理界面

2)在后处理界面中用户可以查看仿真结果，在下方 Simulation 选项框中选择带有仿真前缀名称的仿真，在 Filter 中选择 user defined 选项，此时，右侧 Request 选项框内将出现与该仿真相关的各项数据选项，如图 2.107 所示。

用户可以在 Request 选项框内选择自己需要查看的仿真结果数据和曲线。

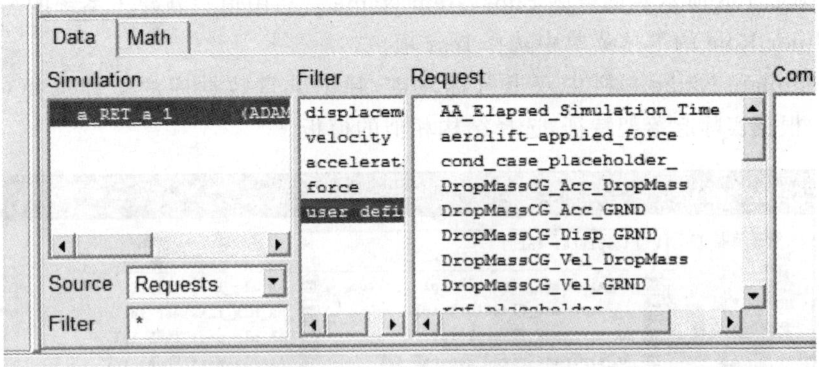

图 2.107　仿真数据选择

2.8　ADAMS/Aircraft 主起落架收放虚拟样机的建立及仿真流程规范

2.8.1　选择模板建立主起落架子系统

由于在 Standard Interface 模式下，用户无法自建模型，所以只能在共享数据库现有模型的基础上进行修改。为了减少修改模型的工作量和难度，尽量选择与实际起落架结构相似的模板来建立子系统。

建立主起落架子系统：

1)启动 ADAMS/Aircraft 并进入 Standard Interface 模式。

2)在 File 菜单中点击 New 选项，选择 Subsystem 选项，弹出建立子系统对话框，如图 2.108所示。

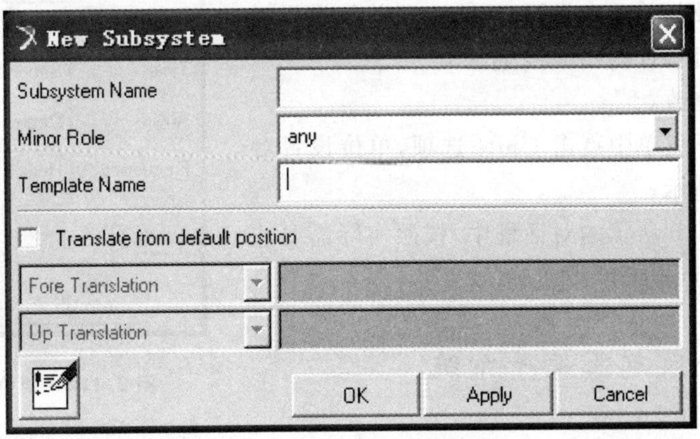

图 2.108　建立子系统对话框

3)在如图 2.108 所示对话框的 Subsystem Name 一栏中填写新建子系统的名称。

4)在 Minor Role 的下拉菜单中选择 rear 项。

5)在 Template Name 一栏中双击鼠标左键，弹出共享数据库的文件选择对话框，如图 2.109所示。根据实际起落架特征，选择结构相似的模板。

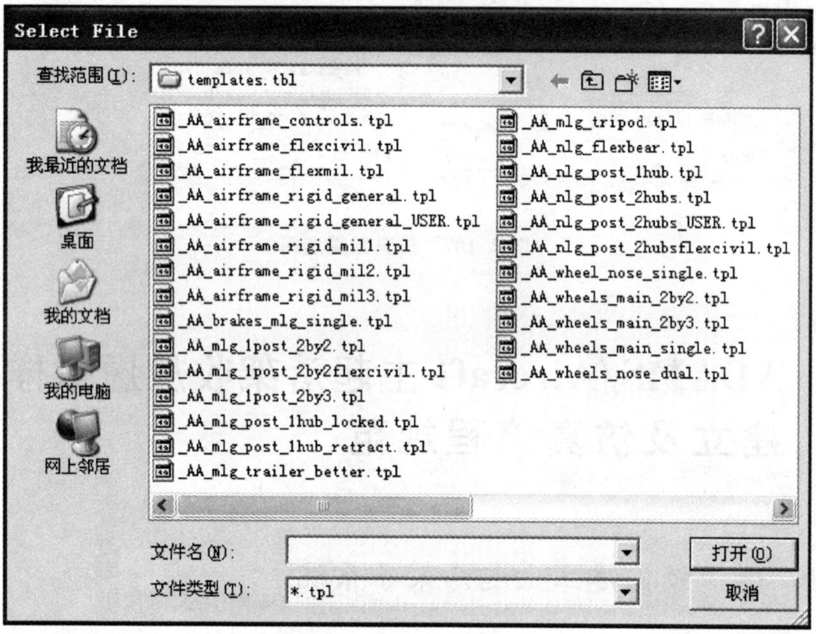

图 2.109 文件选择对话框

6)点击建立子系统对话框中的 OK 按钮，完成子系统建立。

2.8.2 检查单位及相关设置

在进行起落架子系统修改以及后续工作之前，用户必须检查单位以及相关基本设置，防止由于单位设置问题导致的一些不可预计的错误发生。

单位设置的修改：

1)在 Settings 菜单中点击 Units 选项，单位设置对话框如图 2.110 所示；

2)在如图 2.110 所示的对话框中，按照实际需要选择各种单位搭配，点击 OK 按钮确认。

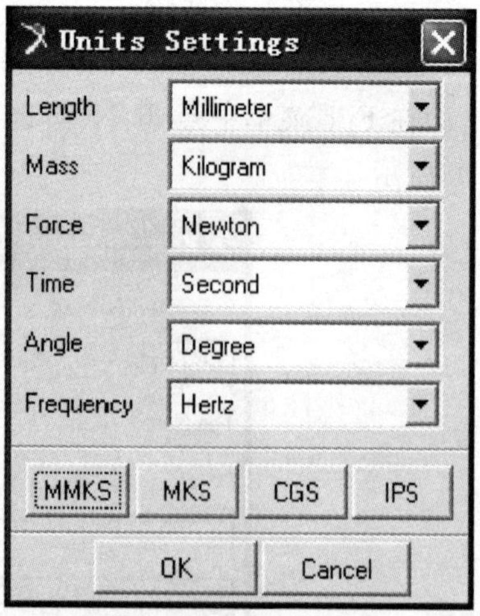

图 2.110 单位设置对话框

2.8.3 修改起落架子系统

由于共享数据库中的模板与实际需求的模型往往有较大差别，所以就需要对建立好的模型进行修改。对于收放模型来说，修改的内容主要包括：硬点位置的修改，撑杆、作动筒等部件的修改，收放作动筒液压激励参数的修改，以及作用在起落架上的气动载荷的修改等。

需要说明的是，主起落架的结构具有对称性，左、右主起落架的结构对称，因此在修改主起落架结构部件的时候，只需修改一侧的部件参数即可，另一侧起落架对应结构的参数会自动随之更新。

(1)硬点位置的修改

硬点作为 ADAMS/Aircraft 中最简单、最基础也是最重要的构件之一，决定了模型各个构件的基本位置和尺寸，例如缓冲支柱的长度和方向等。

1)在起落架子系统上右键单击需要修改的硬点，在菜单中点击要修改的硬点的名称，选择 Modify 选项，如图 2.111 所示，弹出硬点修改对话框，如图 2.112 所示。

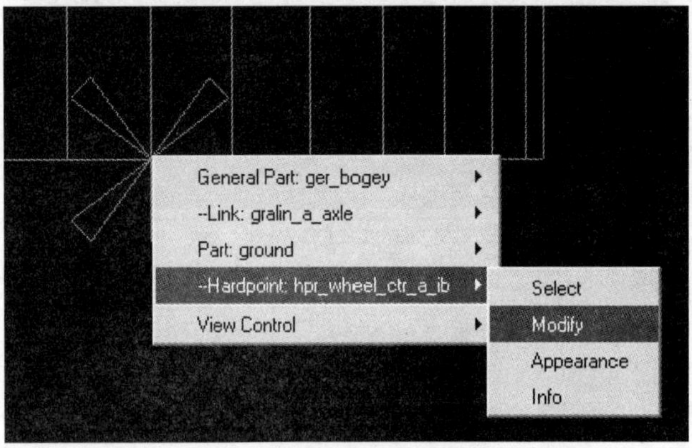

图 2.111　选择需要修改的硬点

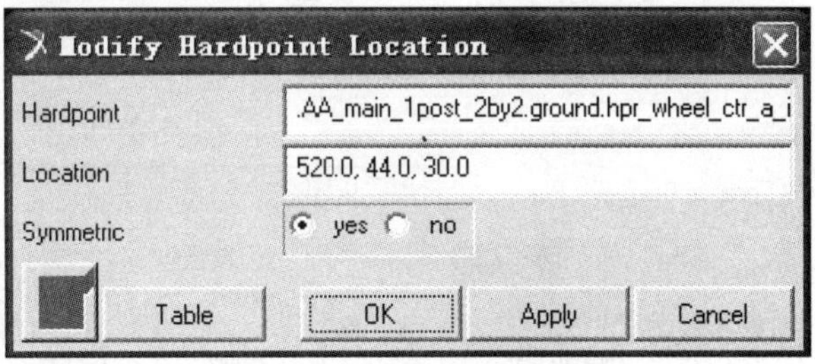

图 2.112　硬点修改对话框

2)在此对话框中，用户可以修改硬点的名称和坐标。随着硬点坐标的变化，基于该硬点建立的构件的位置或尺寸将一起变化。

(2)撑杆、作动筒等部件的修改

起落架在收放过程中，缓冲器等部件的作用不计，而各种撑杆以及作动筒则是重要的部件。

1)在起落架子系统上右键点击需要修改的部件，点击 General Part，并选择 Modify 选项，如图 2.113 所示，弹出部件物理参数修改对话框，如图 2.114 所示。

2)如图 2.114 所示，用户可以在部件物理参数修改对话框中对部件的名称、质量、转动惯量以及中心相对位置进行修改，而对话框中呈灰色的部分，用户在 Standard Interface 模式下是无法修改的。

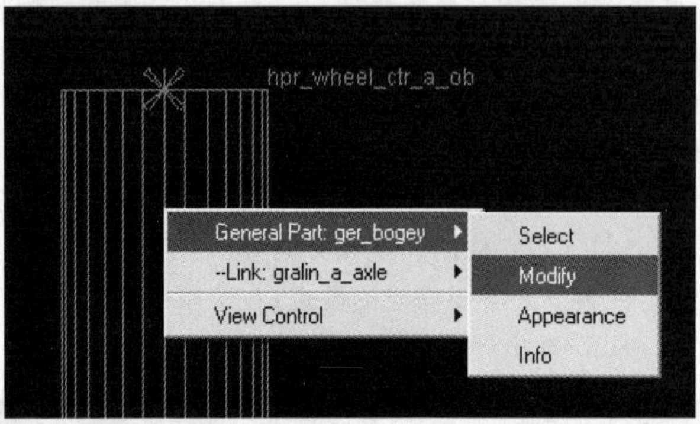

图 2.113　选择需要修改物理参数的部件

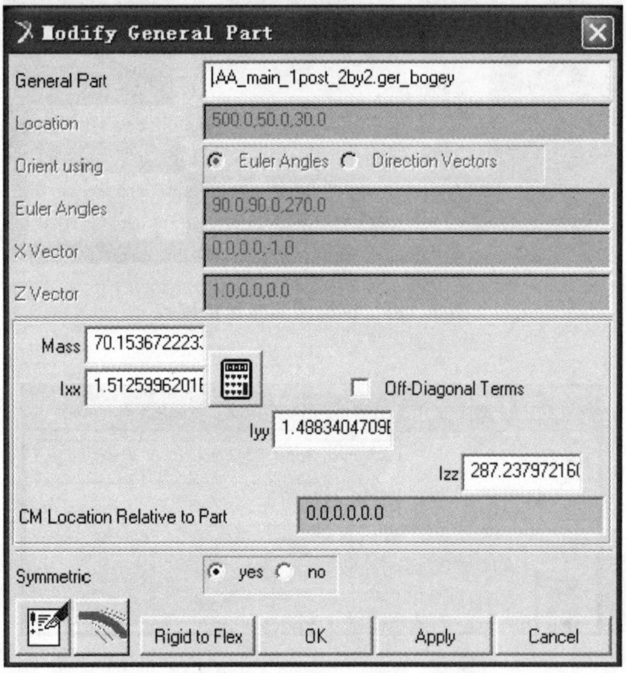

图 2.114　部件物理参数修改对话框

3)在起落架子系统上右键点击需要修改的部件,点击 Link,并选择 Modify 选项,如图 2.115所示,弹出部件几何参数修改对话框,如图 2.116 所示。

4)如图 2.116 所示,用户可以在部件几何参数修改对话框中对部件的名称、半径进行修改,而对话框中呈灰色的部分,用户在 Standard Interface 模式下是无法修改的。

5)在步骤 3)中,若用户选择 Appearance 选项,还可对部件的颜色加以修改,从而改善模型的可视化效果,如图 2.117 和图 2.118 所示。

(3)收放作动筒液压激励参数的修改

收放作动筒作为起落架收放的最关键部件,其各种参数对起落架收放性能有着重要的影响。

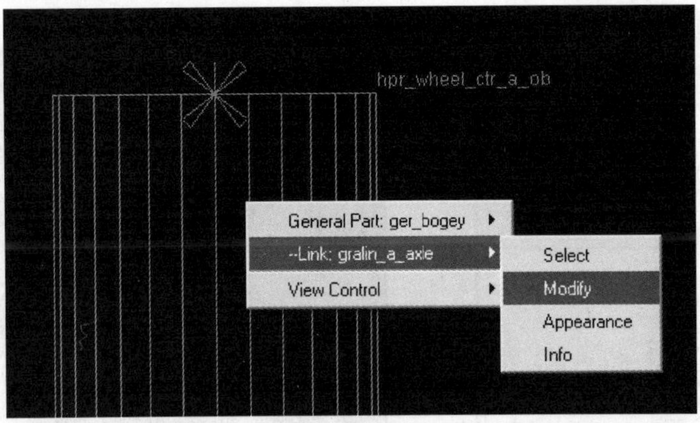

图 2.115　选择需要修改几何参数的部件

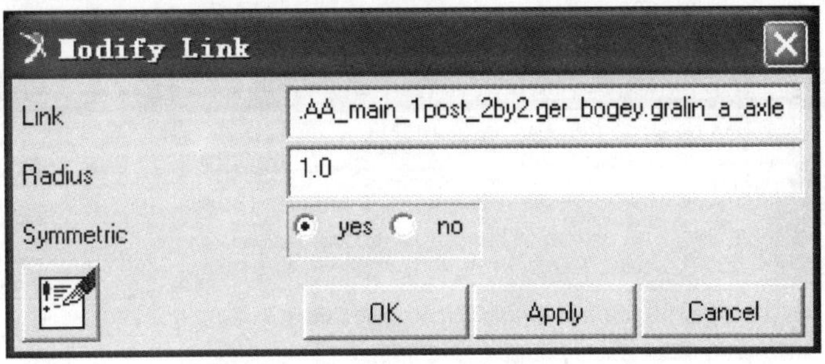

图 2.116　部件几何参数修改对话框

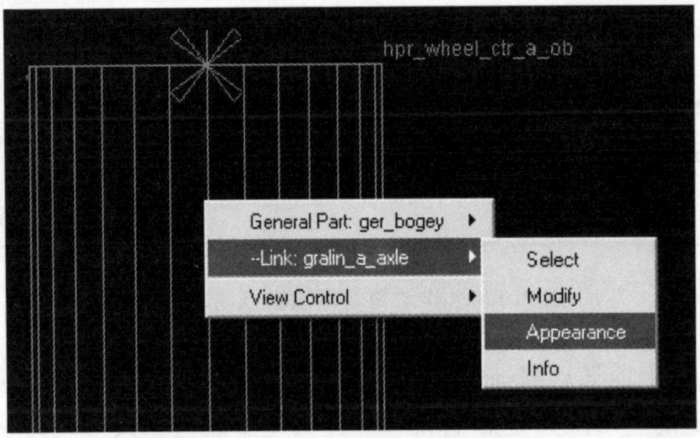

图 2.117　选择需要修改颜色的部件

1)在起落架子系统上右键点击作动筒，点击 Lg_ret_act_hyd，并选择 Modify 选项，如图 2.119 所示，弹出作动筒液压激励修改对话框，如图 2.120 所示。

2)在如图 2.120 所示的对话框中，用户可以修改液压激励的名称，液压作动筒的行程，活塞杆与活塞头的直径，两腔的初始压强、节流阀直径和对应于收起与放下激励的两腔节流阀缩流因数，以及液体重力特性。

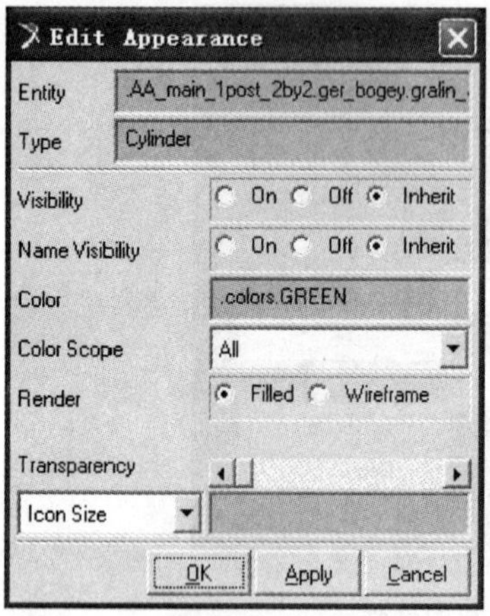

图 2.118　部件显示属性修改对话框

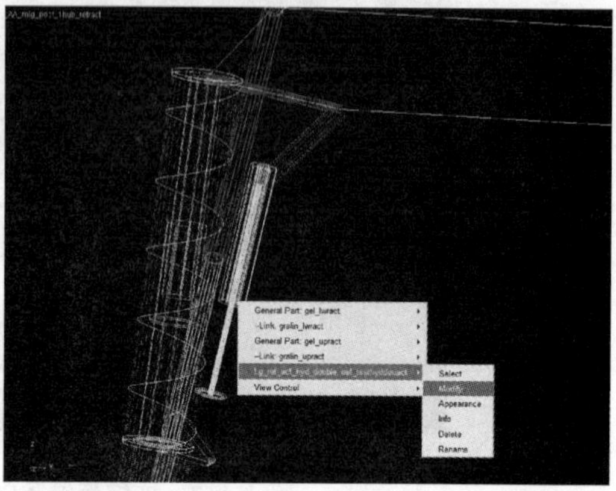

图 2.119　选择需要修改的液压激励

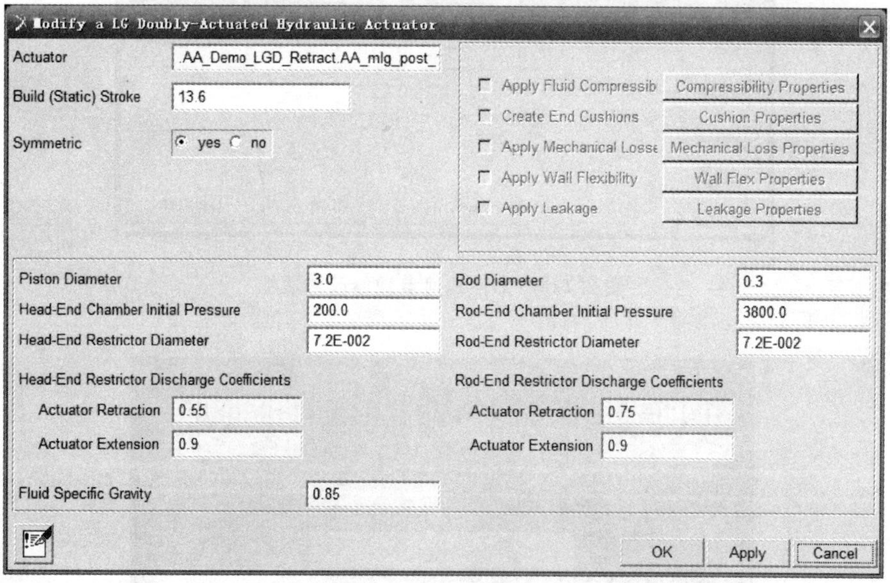

图 2.120　作动筒液压激励修改对话框

(4)作用在起落架上的气动载荷的修改

作用在起落架上的气动阻力是影响收放过程的重要载荷。其修改方法如下：

1)在起落架子系统上右键点击支柱上气动力的图示，点击 Lg_aero，并选择 Modify 选项，如图 2.121 所示，弹出作用在起落架上的气动力修改对话框，如图 2.122 所示。

2)在如图 2.122 所示的对话框中，用户可以修改气动力的名称，计算气动力的属性文件，还可以点击按钮，查看属性文件的具体内容。如需要修改起落架上气动力的属性文件，则可以根据对话框中显示的路径找到属性文件，修改并保存即可。

3)完成了对起落架子系统的修改后，点击保存按钮，弹出子系统保存对话框，如图2.123所示。在 Target Database 一栏中选择将子系统保存在用户的私有数据库中。下次使用时，直接从私有数据库中调用即可。

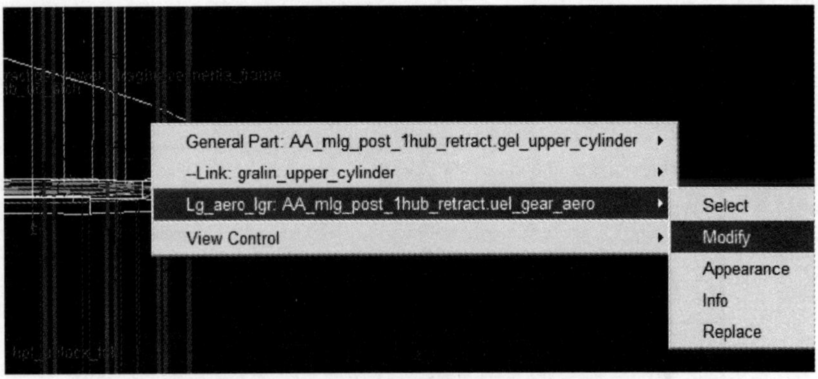

图 2.121　选择作用在起落架上的气动力

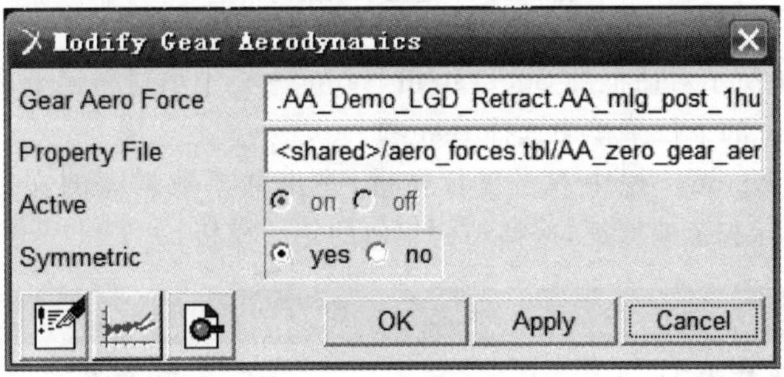

图 2.122　作用在起落架上的气动力修改对话框

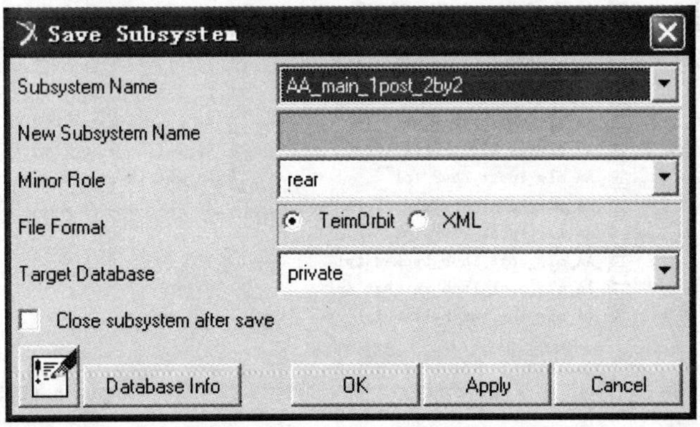

图 2.123　子系统保存对话框

2.8.4　选择模板建立轮胎子系统

建立主起落架轮胎子系统：

1)在 File 菜单中点击 New 选项,选择 Subsystem 选项,弹出建立子系统对话框,如图 2.124所示。

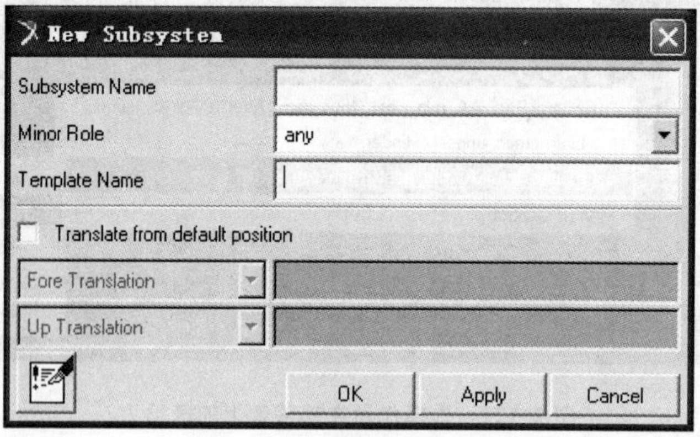

图 2.124　建立子系统对话框

2)在如图 2.124 所示对话框的 Subsystem Name 一栏中填写新建子系统的名称。

3)在 Minor Role 的下拉菜单中选择 rear 项。

4)在 Template Name 一栏中双击鼠标左键,弹出共享数据库的文件选择对话框,如图 2.125所示。根据实际起落架特征,选择结构相似的轮胎模板。

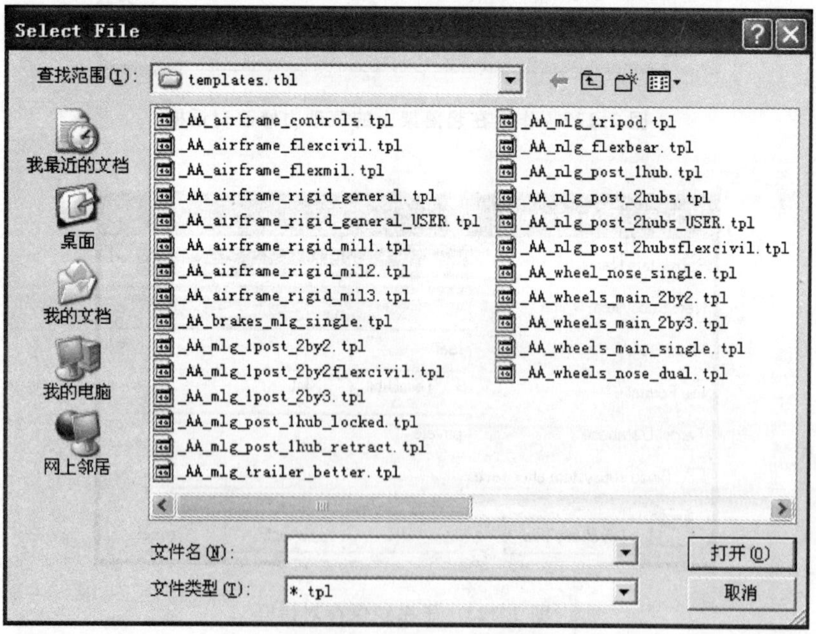

图 2.125　文件选择对话框

5)点击建立子系统对话框中的 OK 按钮,完成子系统建立。

2.8.5　修改轮胎子系统

建立好轮胎子系统之后，需要根据要求对轮胎进行参数修改。

1)在轮胎子系统上右键点击需要修改的轮胎，点击 Wheel，选择 Modify 选项，如图 2.126 所示，弹出轮胎修改对话框，如图 2.127 所示。

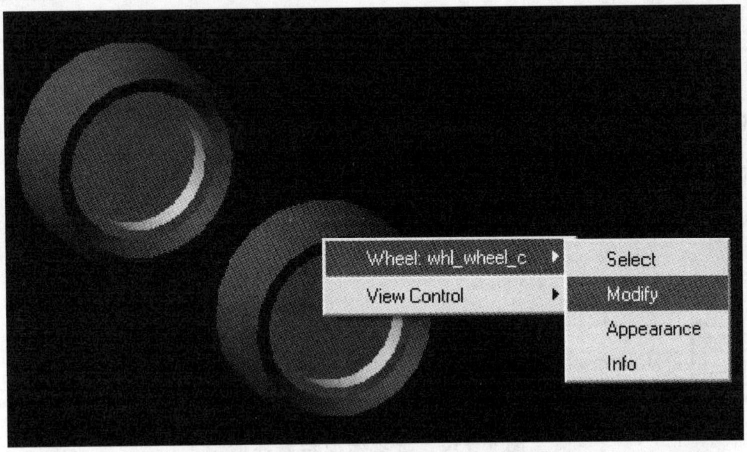

图 2.126　选择需要修改的轮胎

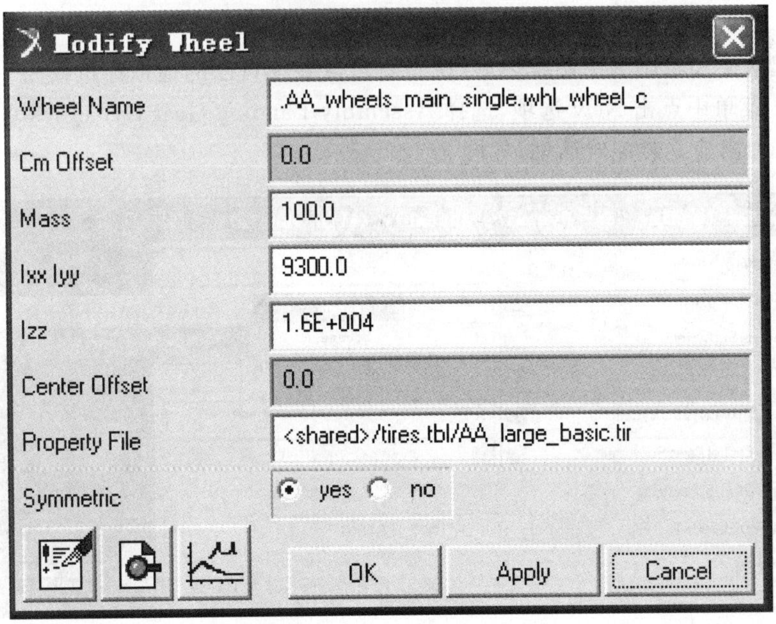

图 2.127　轮胎修改对话框

2)如图 2.127 所示，在轮胎修改对话框中，用户可以对轮胎的名称、质量、转动惯量、属性文件进行修改，还可以点击按钮，查看属性文件的具体内容。如需要修改轮胎属性文件，则可以根据对话框中显示的路径找到属性文件，修改并保存即可。

3)完成了对轮胎子系统的修改后，点击保存按钮，弹出子系统保存对话框，如图 2.128 所示。

在 Target Database 一栏中选择将子系统保存在用户的私有数据库中。下次使用时，直接从私有数据库中调用即可。

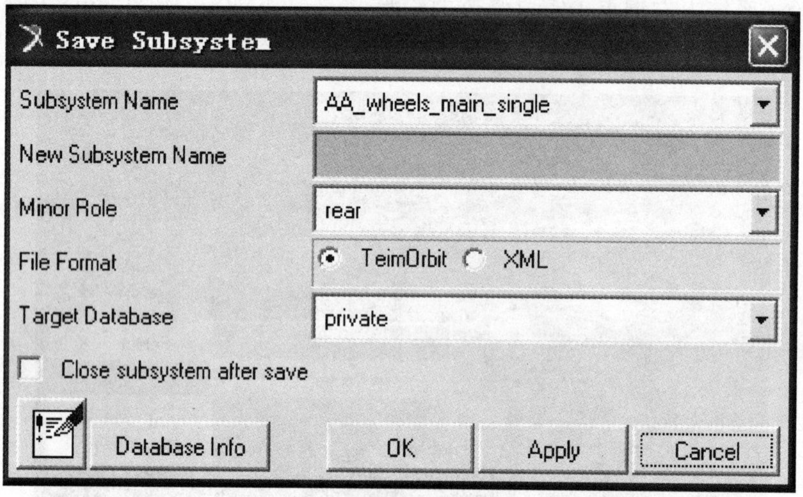

图 2.128 子系统保存对话框

2.8.6 建立装配

建立好起落架和轮胎的子系统之后，用户就可以装配自己的虚拟样机模型了。

1)在 File 菜单中点击 New 选项，选择 Assembly-Landing Gear Dynamics Assembly(with wheels)选项，弹出建立装配对话框，如图 2.129 所示。

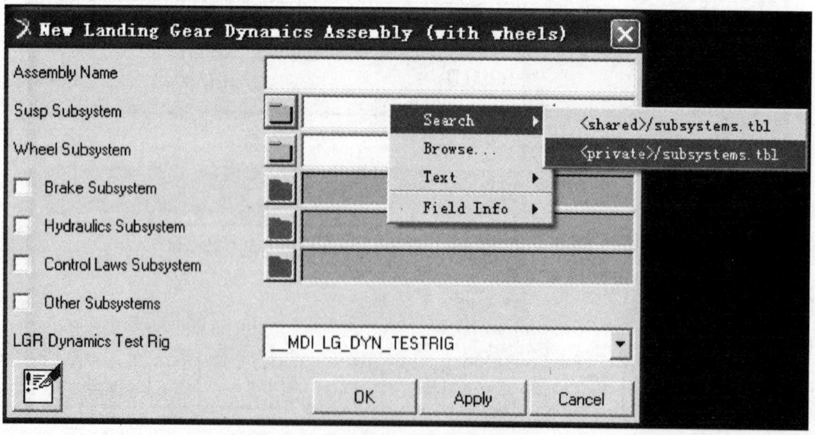

图 2.129 建立装配对话框

2)在如图 2.129 所示的对话框中，在 Assembly Name 中填写装配的名称，在 Susp Subsystem 中点击右键，点击 Search，选择 private 数据库，调用前面建立的起落架子系统。在

Wheel Subsystem 中点击右键，点击 Search，选择 private 数据库，调用前面建立的轮胎子系统，点击 OK 按钮即可。

2.8.7 主起落架收放仿真分析

建立好装配以后，用户就可以进行自己所需要的落震仿真试验了。

1)在 Simulate 菜单中点击 Landing Gear Dynamics Analysis，选择 Retract - Extend Analysis 选项，点击 Retract - Extend，进入仿真对话框，如图 2.130 所示。

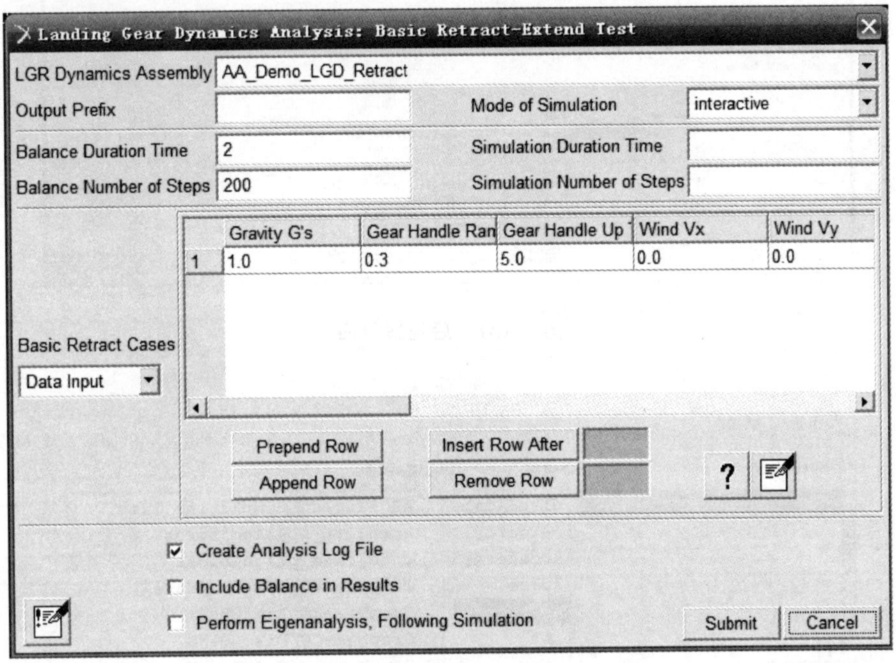

图 2.130 仿真对话框

2)在如图 2.130 所示的仿真对话框中，输入用户需要的参数(同 2.7.7 节)。

3)点击 Submit 按钮，即可开始仿真。

2.8.8 仿真结果后处理

仿真结束后，用户可以在后处理界面内查看仿真结果与各种曲线。

1)在 Review 菜单中点击 Postprocessing Window，弹出后处理界面，如图 2.131 所示。

2)在后处理界面中用户可以查看仿真结果，在下方 Simulation 选项框中选择带有仿真主缀名称的仿真，在 Filter 中选择 user defined 选项，此时，右侧 Request 选项框内将出现与该仿真相关的各项数据选项，如图 2.132 所示。

用户可以在 Request 选项框内选择自己需要查看的仿真结果数据和曲线。

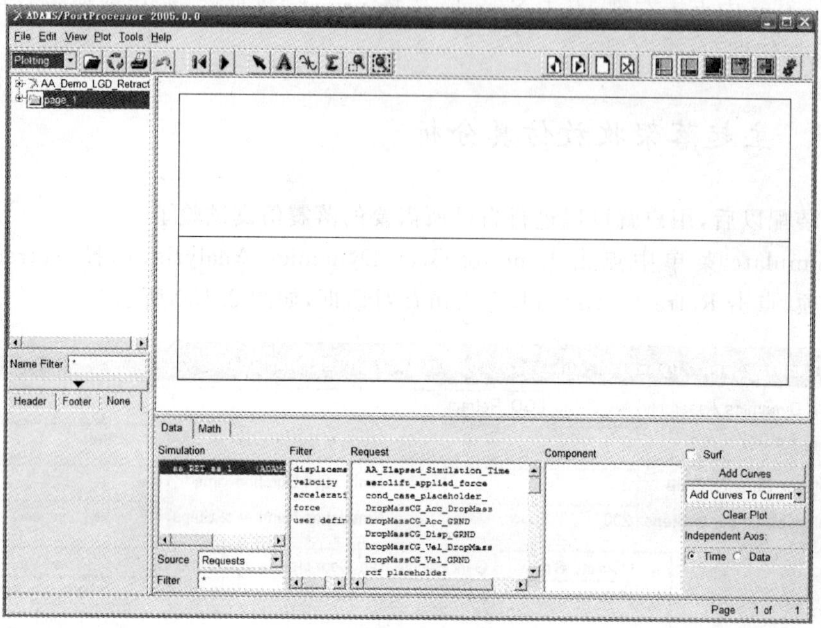

图 2.131　后处理界面

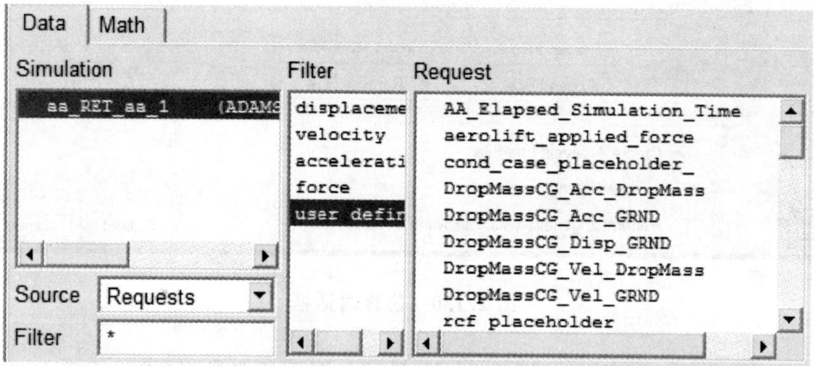

图 2.132　仿真数据选择

第3章　飞机起落架落震动力学

飞机起落架最基本的功能之一为在着陆时减缓冲击载荷。在第二次世界大战（简称二战）以前，各国基本都没有关于起落架问题的理论研究。而二战期间飞机的频繁改型设计，使得对于飞机起落架的理论研究势在必行。在早期对于飞机起落架的研究中，通过落震试验得到飞机起落架的载荷-行程曲线，并将这条曲线作为该起落架在各种着陆情况下的通用设计参考曲线。

1937年，在二战以前的关于起落架理论研究方面的一篇文献中，F. Michael将飞机起落架系统描述为一个线性的弹簧阻尼系统并进行了详细研究，而对于轮胎的研究很少。

二战期间，K. Schlaefke对于原有的落震试验方法进行了改进，并同样采用线性的弹簧阻尼系统来描述飞机起落架系统并进行理论研究。而在K. Schlaefke之后的研究中，对线性的阻尼模型和与缓冲器行程速度二次方成正比的阻尼模型进行了理论研究，并得出了线性的阻尼模型更接近实际情况的奇怪结论。在1944年的文献当中，研究者们开始将轮胎纳入到考虑之中。K. Schlaefke和W. Kochanowsky等将轮胎简化为一个线性的弹簧，并且忽略了轮胎质量对于着陆冲击的影响。

通过线性的弹簧阻尼系统，研究者们已经对于飞机起落架的特性有了一定的了解和研究。下一步的研究内容就进入到对非线性特性的研究之中。W. Kochanowsky将用在火车上一种叠片弹簧引入到起落架缓冲系统之中，并建立了一个由这种叠片弹簧和轮胎组成的系统来描述飞机起落架的运动特性。但是这种叠片弹簧质量太大而且效率太低，其质量大约是与其相当的油-气式缓冲器的7倍，效率大约为50%。因此后来的设计中就再没有出现过。

真正将起落架的弹簧阻尼系统采用非线性的建模方式进行深入探讨和研究的工作是由E. Marquard和W. Meyer zur Capplen完成的。他们用速度二次方阻尼和多变压缩空气弹簧来建立微分方程组。他们还考虑了整机在对称面内的运动对于起落架与机身之间作用力的影响。在之后的研究中，他们进一步将研究扩展到非对称着陆的情况。然而，如果在着陆冲击过程中考虑水平速度减小的话，他们提出的求解方法太过冗长。G. Schmitz在他的文献中就指出了这一点，他的文献中也考虑了机身的俯仰运动，而且也包含了升力的变化。但是他重新回到了采用“特定”的缓冲器载荷-行程曲线的老路上，而没有认识到缓冲器的载荷-行程特性是与着陆条件息息相关的。

二战以后，对于飞机起落架的着陆冲击过程的理论研究工作进入一个高峰期。其中尤以美国国家航空咨询委员会NACA(National Advisory Committee for Aeronautics)的工作最为突出。

W. Flugge在文献中对线性弹簧阻尼系统进行了详尽的总结和深入研究，并对非线性的缓冲支柱情况进行了研究。文中，W. Flugge建立的油液阻尼力模型没有考虑油液流动局部损失的影响。在这篇文献中，W. Flugge还提出了一种用特定的载荷-行程曲线来确定油针几何尺寸的方法。

随着对起落架内部特性理论研究的深入了解，飞机起落架着陆过程进行的分析建模工作越来越全面和准确，尤其是在 1953 年 Benjamin Milwitzky 和 E. Cook Francis 的工作，以及 1954 年 W. Flugge 的工作中，对于采用油-气式缓冲器的飞机起落架落震模型的数学建模达到了一个相当准确的高度。

Benjamin Milwitzky 和 E. Cook Francis 采用传统的二质量模型，即弹性支撑质量和非弹性支撑质量模型。将飞机起落架的落震冲击过程分为两个阶段，划分两个阶段的判断条件是缓冲器是否开始压缩。在缓冲器压缩以前，起落架的落震模型是一个单自由度的系统；在缓冲器压缩以后，起落架的落震模型是一个二自由度系统。文中讨论了空气弹簧力、油液阻尼力、内部摩擦力、轮胎的非线性力-压缩量特性、升力、起落架倾角和机轮起转力的影响。

Benjamin Milwitzky 和 E. Cook Francis 研究了油液缩流因数的影响，并指出油液缩流因数的大小对起落架动态冲击载荷有着巨大的影响。考虑到起落架缓冲器中的摩擦特点，将缓冲器的内部摩擦力采用干摩擦的模型建立。在对轮胎的分析当中，这篇文章分别采用 3 种方法对轮胎的特性进行建模：第一种是采用实际试验得到的轮胎垂直力-压缩量关系图形来进行计算；第二种是采用非线性的轮胎垂直力-压缩量关系来计算，但是忽略轮胎的迟滞现象；第三种是采用分段线性模拟轮胎垂直力-压缩量关系来计算。在对比分析之后，文中得出了轮胎特性的变化对于着陆冲击载荷的影响处于相对次要的地位的结论。文中将升力简化为升力系数与落震总质量的乘积。在这篇文章中，Benjamin Milwitzky 和 E. Cook Francis 假设轮胎起转力是与轮胎垂直力成正比的一个值，当机轮停止滑动时，轮胎起转力等于零。文中也给出了估算轮胎起转结束瞬时的估算方法。

1954 年，W. Flugge 在文献中延续了其他文献中的工作，并详细研究了机轮起转力对于飞机起落架着陆冲击动态载荷的影响。在考虑轮胎起转力的飞机起落架着陆冲击模型中，W. Flugge 将其建模为一个三自由度的系统。第一个是机身质量沿垂直方向的自由度；第二个是非弹性支撑质量沿垂直方向的自由度；考虑到起落架结构的弯曲刚度，W. Flugge 将旋转质量沿水平方向的运动作为第三个自由度，其中旋转质量是非弹性支撑质量的一部分。W. Flugge 用一个与地面相连的水平方向放置的弹簧来建模起落架结构的弯曲刚度对于机轮水平方向运动的影响，这个弹簧的刚度系数随着缓冲器行程的增加而增加。

由于考虑到机轮起转力对于飞机起落架着陆冲击动态载荷的影响，在这篇文献中，W. Flugge 将系统的运动划分为 4 个阶段：第一阶段为机身质量和非弹性支撑质量同步运动阶段，是从机轮触地面开始到缓冲器轴向力克服初始压力以及静摩擦力的影响开始滑动的瞬时为止；第二阶段为机轮的起转阶段，是从缓冲器开始滑动的瞬时开始到轮胎进入纯滚动的瞬时为止；第三阶段是从轮胎进入纯滚动的瞬时开始到缓冲器达到最大行程为止；第四阶段为回弹阶段，是从缓冲器开始回弹到着陆冲击结束的时刻为止。

在以上对于飞机起落架着陆动态响应的建模分析当中，都是将机身当作刚体来进行分析的：或者简化为一个一维的刚体质量块，或者简化为一个三维的刚性机身。而在实际中，由于机身结构庞大，所以其结构弹性是不容忽视的。而这些结构弹性尤其是机翼弹性对于飞机起落架着陆动态响应的影响，从 20 世纪 50 年代开始，已经引起了研究者的广泛兴趣。

W. L. Mayo 在对水上飞机降落的研究中，引入了机翼基本弹性模态对于动态冲击载荷的影响，并指出考虑机翼基本弹性模态得出的计算结果更接近实际试验的结果。W. M. Robert 则在文献中延续了 W. L. Mayo 的工作，考虑了多阶模态对于浮筒动态冲击载荷的影响，并指出高阶模态对于动态冲击载荷的影响很小。

E. Cook Francis 和 Benjamin Milwitzky 通过机身运动方程和起落架运动方程的耦合来描述弹性机身对于飞机起落架着陆冲击动态过程的影响。E. Cook Francis 和 Benjamin Milwitzky 在文献中用一个等效的三质量系统来建模弹性机身与起落架组成的一个耦合系统，并在分析中仅考虑了两种机身模态。

二战后至 20 世纪 50 年代，在对于飞机起落架着陆动力学研究的高潮以后，研究者们对于飞机起落架着陆的动态性能有了基本全面的了解和基本准确的建模。进入 20 世纪 60 年代以后，对于飞机起落架着陆动态过程的建模转入精确化的方向。

波音公司在文献中考虑了轮胎的垂直方向阻尼，建立了小车式起落架着陆动态过程的运动方程，建立了稳定缓冲器的数学模型以及考虑柔性机身模态对于各个起落架着陆冲击载荷的影响等。

M. K. Wahi 在 1976 年的文献中探讨了雷诺数、孔形状和孔的方向对于缩流孔和侧流孔缩流因数的影响，并在缓冲支柱轴向力中包含了侧油孔阻尼力。在同年的另外一篇文献中，M. K. Wahi 探讨了油液压缩模量、气体可溶性、气穴现象以及多变指数对于缓冲支柱吸震特性的影响。而在 1979 年的文献中，M. K. Wahi 详细研究了轮胎和跑道摩擦因数的影响因素，并给出了预估方程。在 1983 年的文献中，R. J. Black 详细探讨了轮胎动力学对于飞机起落架动态性能的影响。

近些年来，对于飞机起落架着陆动态过程的建模更加精确化。研究者们从全机出发，充分考虑机身的结构弹性、前起落架与主起落架间的动态载荷分配、空气动力在机身上的响应及其对起落架冲击载荷的影响。

现在飞机起落架落震动力学分析和落震试验仍然是当前考核飞机起落架缓冲性能的重要依据。飞机起落架落震动力学建模与飞机起落架的结构形式、飞机起落架缓冲器结构形式等有关。

3.1　飞机起落架结构形式

起落架的结构形式取决于起落架在飞机上的连接方式、收放方式、使用条件及作用在它上面的载荷大小等。

起落架的结构形式可以按以下几种特征分类：

1)每一起落架上的机轮数量及其配置情况；

2)起落架的受载方式；

3)缓冲减震器的位置和作用在它上面的载荷情况；

4)机轮的固定方式。

3.1.1　按飞机每一起落架上的机轮数量及其配置情况分类

按飞机每一起落架上的机轮数量及其配置情况分类决定的条件主要包括：

1)飞机总质量；

2)起降场地的强度；

3)机轮大小;

4)收藏空间等。

按机轮数量及其配置情况分类的常见结构形式如图 3.1 所示。

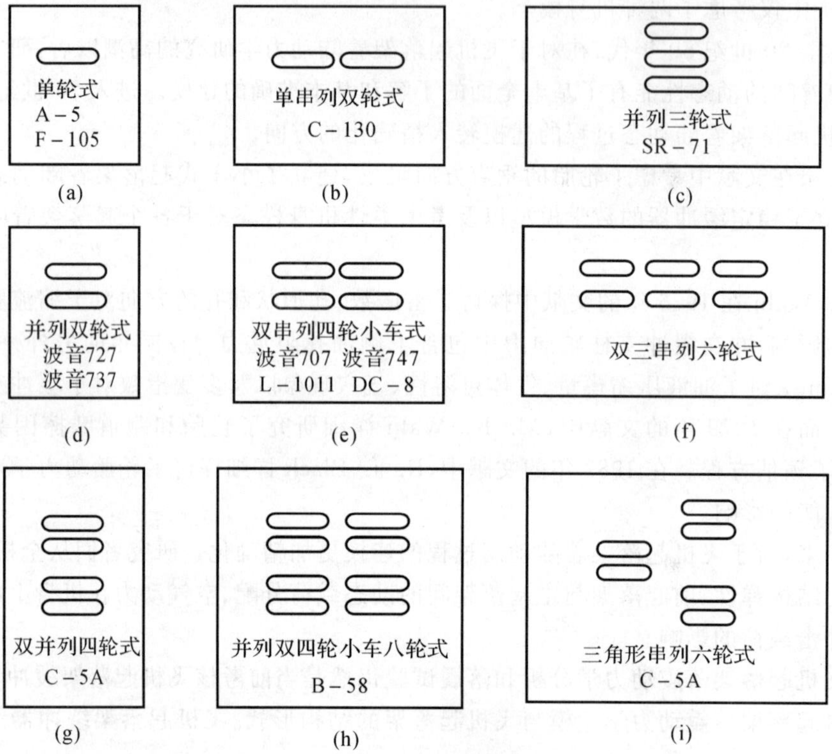

图 3.1 按机轮数量及其配置情况分类

3.1.2 按飞机起落架的受载形式分类

飞机起落架的结构形式大致可以分为桁架式和缓冲支柱式两大类。

桁架式起落架结构就是由杆系组成的空间桁架,机轮安装在它上面。桁架中的杆在任何形式的载荷作用下只受拉压。常见的桁架式起落架的结构形式如图 3.2 所示。

缓冲支柱式起落架中带有缓冲支柱,按缓冲支柱同机身的连接方式,又可以分为简单支柱式起落架和撑杆支柱式起落架。

简单支柱式起落架的支柱与机身只有一个转轴式支点,位于支柱上部,当支柱收放时,支柱绕该轴转动。典型的简单支柱式起落架的原理图和结构形式图分别如图 3.3 和图 3.4 所示。

撑杆支柱式起落架就是在一个或两个平面上,用斜撑杆对支柱进行支撑,减小支柱上的弯矩。起落架的收放作动筒也可以作为斜撑杆使用。典型的撑杆支柱式起落架的原理图和结构形式图分别如图 3.5 和图 3.6 所示。

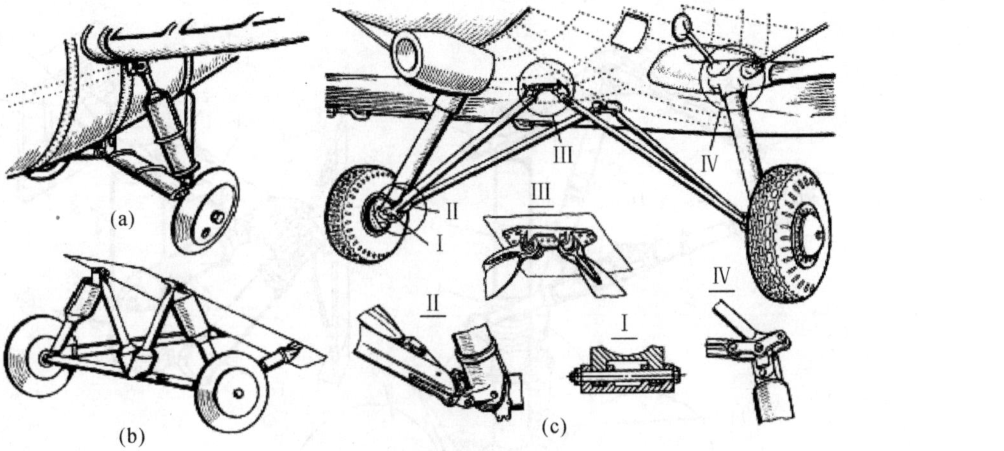

图 3.2　桁架式起落架

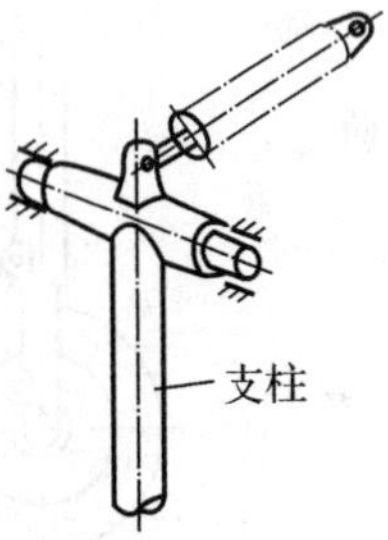

图 3.3　简单支柱式起落架原理图

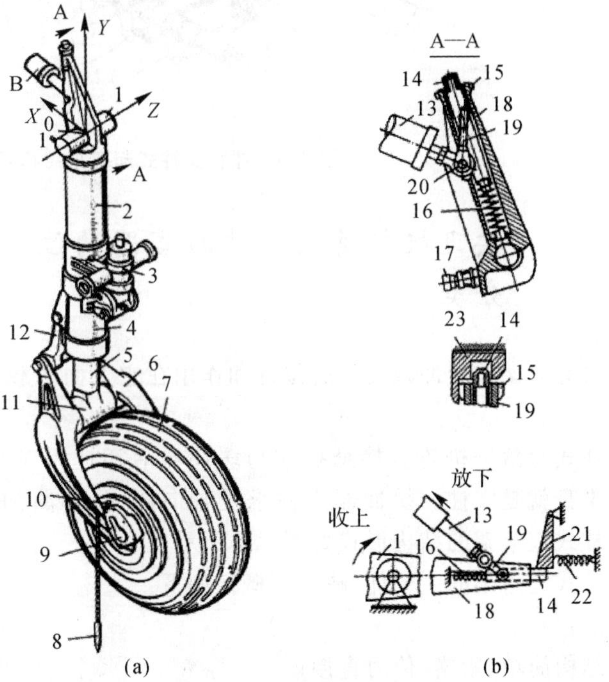

图 3.4　简单支柱式起落架结构示意图

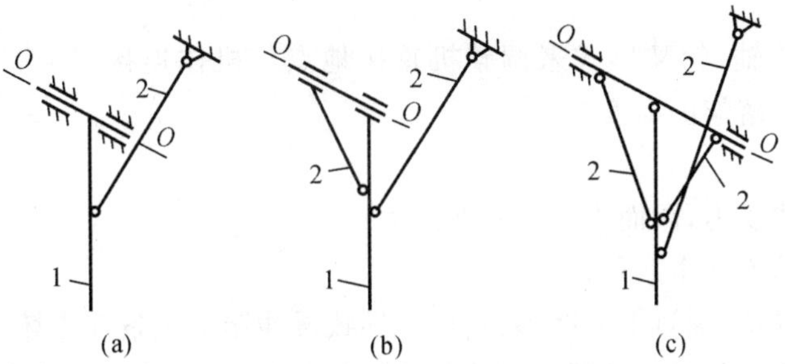

图 3.5　撑杆支柱式起落架原理图

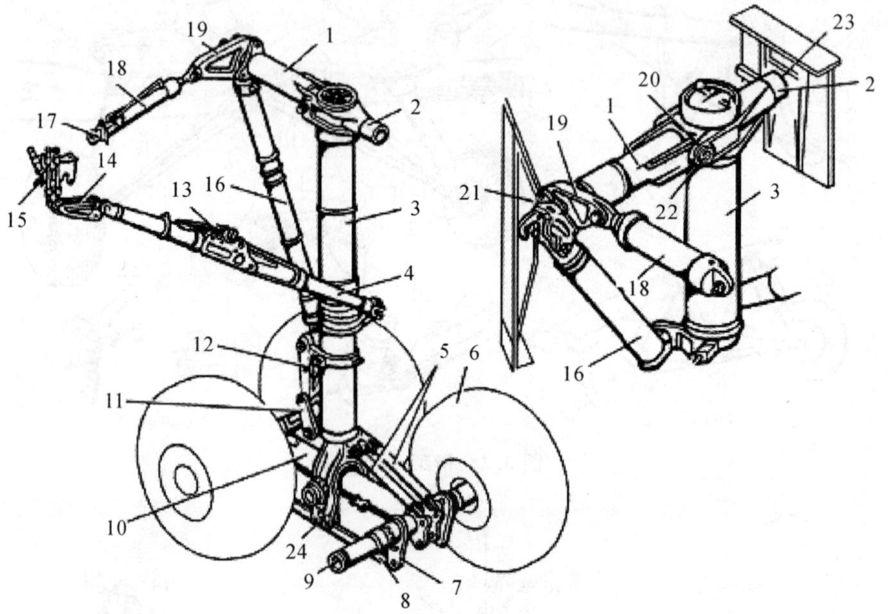

图 3.6　撑杆支柱式起落架结构示意图

3.1.3　按飞机起落架缓冲减震器的位置和作用在它上面的载荷分类

飞机起落架按缓冲减震器的位置和作用在它上面的载荷可以分为支柱式、半摇臂式和摇臂式。

支柱式起落架机轮直接悬挂在与缓冲器活塞杆相连的轮轴上，缓冲器本身就是支柱。缓冲器支柱承受轴向压力、弯曲和扭矩。典型的支柱式起落架的结构形式如图 3.7 所示。

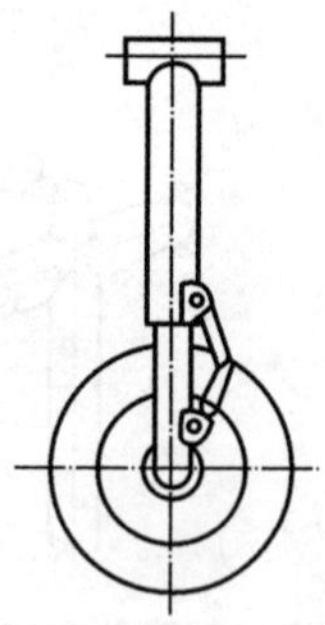

图 3.7　支柱式起落架示意图

支柱式起落架的主要优、缺点可概括如下：

优点：

1)结构简单、紧凑，传力直接；

2)圆筒形支柱也具有较好的抗压、抗弯、抗扭的综合性能，因而质量较轻；

3)容易收藏；

4)可用不同的轮轴、轮叉形式来调整机轮接地点与机体连接点的相互位置和整个起落架的高度。

缺点：

1)由于是悬臂式受力，因而支柱上端弯矩大；

2)缓冲器要受前方冲击载荷；

3)由于缓冲器受弯，轴衬上的摩擦力较大，导致缓冲器工作条件变坏，密封困难。

半摇臂式起落架的减震缓冲器受部分起落架航向力作用。同时，对前方冲击有缓冲作用。

典型的半摇臂式起落架的结构形式如图 3.8 所示。

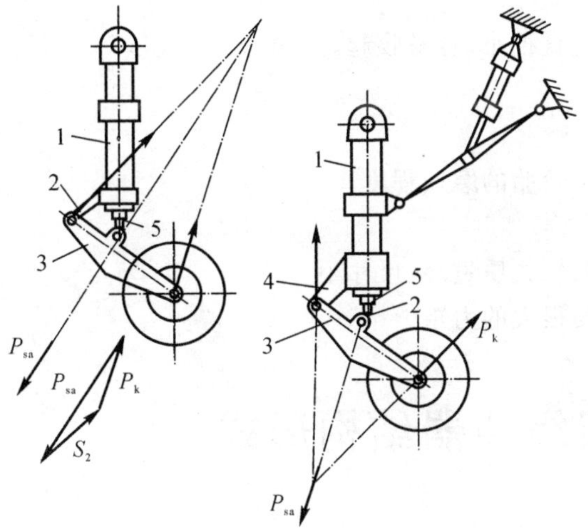

图 3.8　半摇臂式起落架示意图

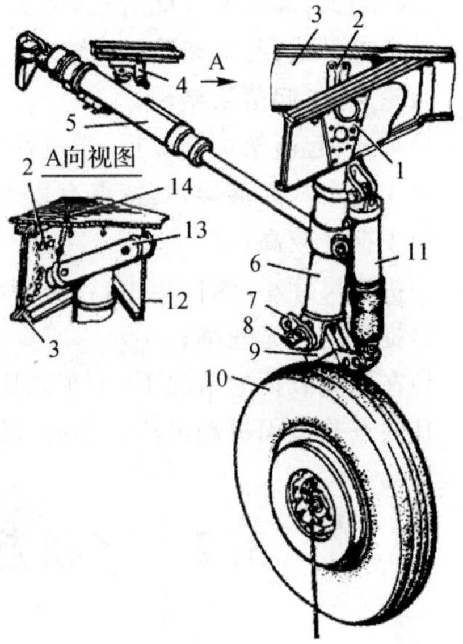

图 3.9　摇臂式起落架结构图

摇臂式起落架的减震缓冲器只受轴向力的作用。摇臂式起落架可以承受前方冲击载荷，使得飞机在地面滑跑时更平稳。缓冲器只受轴向载荷的作用，减小了缓冲器轴套上的摩擦力，降低了摩擦损耗，改善了密封装置的工作条件。但摇臂式起落架比较笨重，需要的收放空间也更大。典型的摇臂式起落架的结构形式如图 3.9 所示。

3.1.4　按机轮的安装方式分类

起落架按机轮的安装方式可分为半轴式、半轮叉式、轮叉式、轴式和小车式等，常见结构形式如图 3.10 所示。其中，p 为地面载荷。

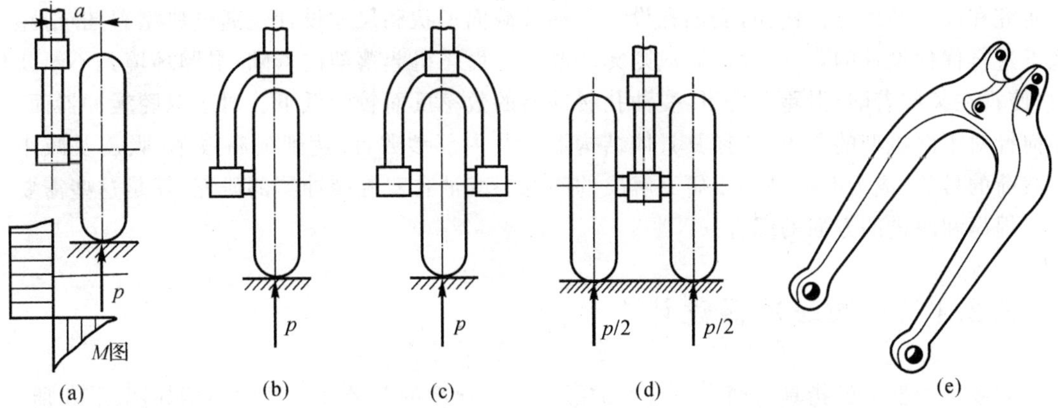

图 3.10　按机轮安装方式分类

(a)半轴式起落架；(b)半轮叉式起落架；(c)轮叉式起落架；(d)轴式起落架；(e)小车式起落架

按机轮安装方式分类的起落架，其特点可概括如下：

1)半轴式：起落架可能最短，但要受到附加的弯矩和扭矩；

2)半轮叉式：起落架略长；

3)轮叉式：起落架略长；

4)轴式：起落架可能最短，通过性较好，机轮直径小，容易收起。

对于小车式起落架，其特点有以下几点：

1)生存性较高；

2)机轮尺寸小，惯性矩小，容易转动，降低了轮胎的磨损程度；

3)提高了刹车效率；

4)在相同载荷的情况下，小车式比单轮或双轮式质量轻、尺寸小。

其缺点是地面机动灵活性不好，转弯时需要很大的力矩。

3.2 飞机起落架缓冲器结构形式

对于油-气式缓冲器而言，影响着陆及滑跑过程中动态冲击载荷的最重要的因素包括油液阻尼力和空气弹簧力两个方面。而如何选择油-气式缓冲器的结构形式和内部特征，使得油液阻尼力与空气弹簧力相互协调，达到最佳的减小冲击载荷及耗散能量的效果，就成为了起落架缓冲器设计技术的研究重点和关键所在。变油孔缓冲器和双腔缓冲器就是在这种背景下应运而生的。

变油孔缓冲器是通过固连在起落架缓冲支柱活塞杆上的油针，实现油液阻尼力随着起落架缓冲器行程的变化而变化，从而达到提高缓冲器效率、减小冲击载荷的目的。而双腔缓冲器则是通过调整低气压室和高气压室的填充参数(充气压力、两个气室的容积)来调整空气室所吸收的能量，从而提高整个缓冲器的效率。这样就可以在相同的设计行程条件下，使过载系数减小。

变油孔缓冲器和双腔缓冲器的出现，进一步提高了起落架缓冲器的效率，并使得飞机可适应的跑道更加广泛。然而对于变油孔缓冲器和双腔缓冲器本身而言，仍然存在许多需要进一步研究和改进的地方。例如，变油孔设计中油针截面形状和尺寸设计是通过典型着陆/滑跑环境下进行优化设计的，一经设计完成则无法改变。而飞机起落架的着陆/滑跑环境是不断变化的，使得在某些着陆/滑跑环境下，变油孔缓冲器的效率反而较为低下。对于双腔缓冲器而言，如何针对不同机型的要求，选择其具体结构形式及内部参数，以达到提高效率、吸震及减小冲击载荷的目的，成为有待进一步研究解决的问题。变油孔双腔缓冲器的研究，就是这些需要进一步提高和改进的方面的综合。

3.2.1 双腔缓冲器设计

双腔缓冲器一般指具有两个空气腔的缓冲器。典型的双腔缓冲器的类型如图 3.11 所示。

双腔缓冲器的使用主要在于提高起落架缓冲器的能量吸收能力，降低起落架着陆时的动态载荷，尤其是地面滑行和操纵时的动态载荷，并通过减小缓冲器的空气弹簧刚度来增加飞机的平稳性和舒适性，常规式双腔缓冲器如图 3.11(a)所示。其空气压缩曲线由图 3.12 中 AA' 曲线表示。对一定的过载增量，如图 3.12 所示，停机过载系数由 1.0 增加到 2.0 所吸收的能量较少(见图 3.12 中阴影面积)，且空气弹簧刚度较大。

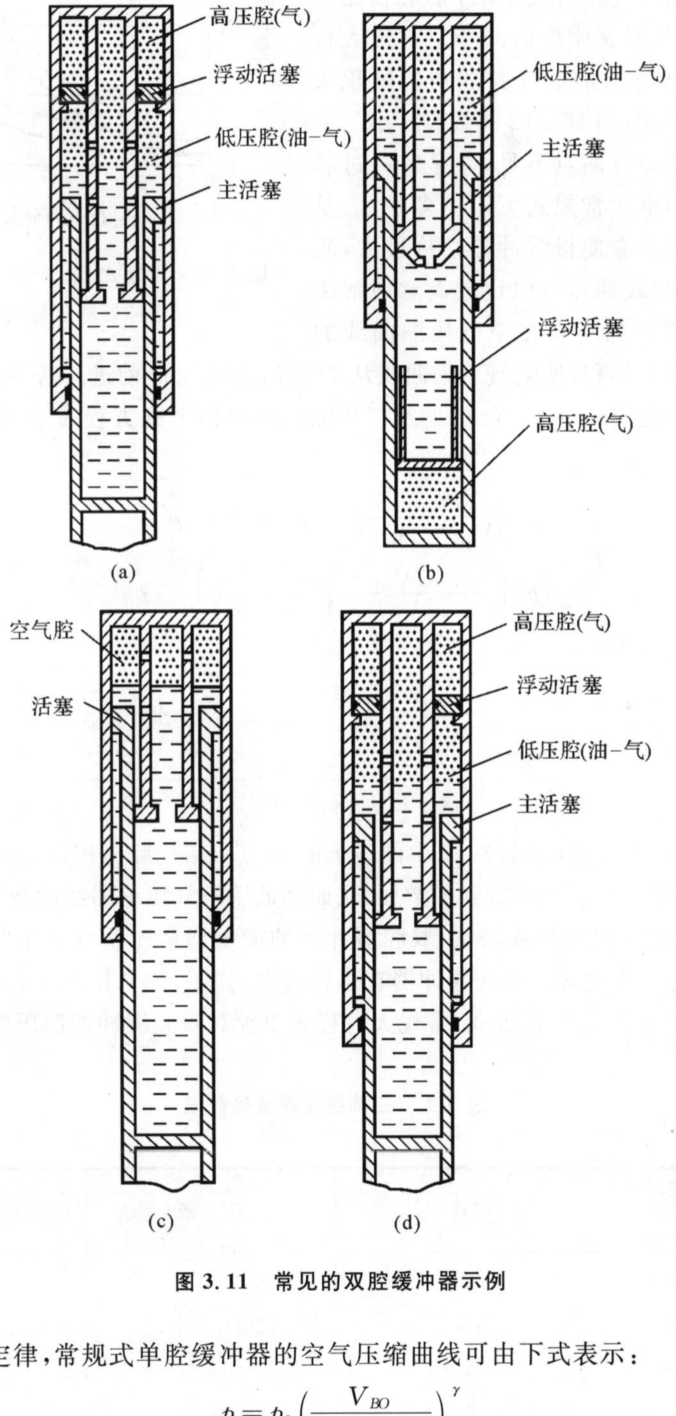

图 3.11　常见的双腔缓冲器示例

根据热力学定律，常规式单腔缓冲器的空气压缩曲线可由下式表示：

$$p = p_0\left(\frac{V_{BO}}{V_{BO} - A_a u}\right)^{\gamma} \tag{3.1}$$

它的空气弹簧刚度为

$$k_p = \frac{\mathrm{d}p}{\mathrm{d}u} = \frac{\gamma A_a}{V_{BO} p_0^{1/\gamma}} p^{\frac{1+\gamma}{\gamma}} \tag{3.2}$$

由式(3.2)可知，对于 p 值的确定，当压气面积 A_a 一定时，增加空气腔初始体积 V_{BO} 和初始压力 p_0 都可以使空气弹簧刚度值减小。常规大行程式缓冲器正是通过增加空气腔的初始体积来减小空气弹簧刚度的，如图3.12曲线 C 所示。但常规大行程式缓冲器有两点不足，一是每一过载系数增量的能量增量比常规式大不了多少；二是空气腔初始体积过大会使得缓冲器结构过大，质量增加过多，而双腔缓冲器可以比较满意地解决上述问题。双腔缓冲器可以在空气压缩曲线的 D 点之后增加空气腔体积，使空气压缩曲线从 D 点后沿曲线 B 前进。若不考虑油液阻尼力的影响，双腔缓冲器(见图3.11(b)(c))的空气压缩曲线可由下列方程表示(设两个腔的多变指数相等)：

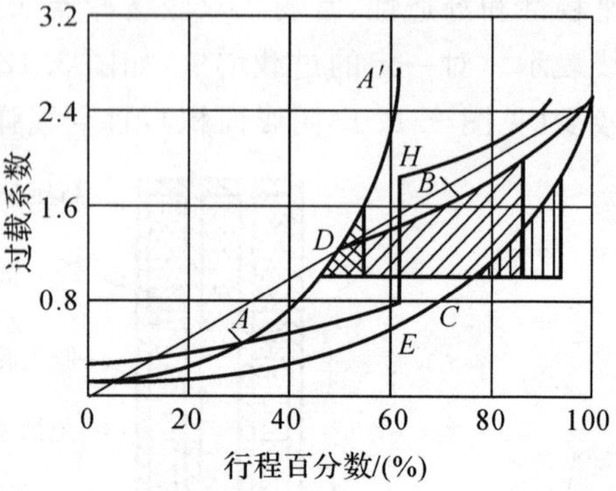

图 3.12 常规式、常规大行程式单腔和双腔缓冲器静压曲线比较

$$p = \begin{cases} p_0 \left(\dfrac{V_{BO}}{V_{BO} - A_a u}\right)^{\gamma} & p_0 \leqslant p < p_0' \\ p_0' \left[\dfrac{V_{B1} + V_{CO}}{V_{B1} + V_{CO} - A_a (u - u_0)}\right]^{\gamma} & p \geqslant p_0' \end{cases} \tag{3.3}$$

其空气弹簧刚度为

$$k_p = \begin{cases} \left(\dfrac{\gamma A_a}{V_{BO} p_0^{1/\gamma}}\right)^{\frac{1+\gamma}{\gamma}} & p_0 \leqslant p < p_0' \\ \dfrac{\gamma A_a}{(V_{B1} + V_{CO}) p_0'^{1/\gamma}} p^{\frac{1+\gamma}{\gamma}} & p \geqslant p_0' \end{cases} \tag{3.4}$$

则当高、低压腔一起工作时(见图3.12中曲线上的 D 点)，空气腔体积($V_{B1} + V_{CO}$)和当量初始压力(即高压腔初始压力 p_0')都得到了增加，从而降低了空气压缩曲线的弹簧刚度。此外由图3.12还可见，对于同一过载系数增量，双腔缓冲器的能量增量比常规式单腔缓冲器和常规大行程式单腔缓冲器都大得多。双腔缓冲器有多种类型，如图3.11(b)～(d)所示为典型的3种类型。其试验数据见表3.1，常规式、常规大行程式单腔和双腔缓冲器静压曲线比较如图3.12所示。

表 3.1 三种缓冲器试验数据

增量 \ 减震器形式 / 项目	常规式	双　腔	常规大行程式
曲　线	AA'	AB	C
行程增量	8.4%	41.6%	16.0%
行程增量比	1.0	5.0	1.9
能量增量	3.8	23.7	7.2
能量增量比	1.0	6.2	1.9

为便于区别，称图 3.11(b) 所示的双腔缓冲器为双腔缓冲器 Ⅰ 型(简称双腔 Ⅰ 型)。其工作原理为，缓冲器的上腔为高压腔，缓冲器的下腔为低压腔。当活塞筒上作用有外力时，低压腔首先被压缩，随着外力的不断增加，低压腔不断被压缩，空气弹簧力不断增加。当低压腔的空气压力增加到等于高压腔的初始压力时，位于高、低压腔之间的浮动活塞开始压力移动，高压腔开始被压缩，其空压曲线为图 3.12 中的 AB 曲线。

如图 3.11(c) 所示的双腔缓冲器称为双腔缓冲器 Ⅱ 型(简称双腔 Ⅱ 型)。与双腔 Ⅰ 型不同的是，它的高压腔在下面。其工作原理与双腔 Ⅰ 型相似，只是当低压腔的压力与油液阻尼力之和等于高压腔的初始压力时，高压腔就已开始工作。

如图 3.11(d) 所示为一改进型双腔缓冲器，称之为双腔缓冲器 Ⅲ 型(简称双腔 Ⅲ 型)。它的空气压缩曲线如图 3.12 所示。这种双腔缓冲器的设计使得低压腔与高压腔工作交接点处出现一等行程变载荷的竖直线 EH。结构布置上为了保证此竖直段，在浮动活塞上端专门布置一伸出段。这种双腔缓冲器的工作原理与双腔 Ⅱ 型相近。不同的是，在初始活塞走过一段行程后，浮动活塞伸出段机械地顶靠在外筒柱塞的下端面，从而强制压缩高压腔，使高压腔开始工作。双腔缓冲器 Ⅲ 型的特点是飞机在不同的停机装载条件下，缓冲器停机压缩量不变，从而有利于地面维护，而且飞机起飞攻角不变，从而可减少起飞滑跑长度。

3.2.2　变油孔设计

一般的常油孔缓冲器如图 3.13(b) 所示。当缓冲器被压缩，活塞向上运动时，活塞筒中的油通过小孔进入上腔。根据流体力学中的伯努利方程(忽略液体高度影响)，可得

$$\frac{p_A}{\rho}+\frac{\dot{u}^2}{2}=\frac{p_B}{\rho}+\frac{\dot{u}_h{}^2}{2}+H_\gamma \tag{3.5}$$

其中，H_γ 为油液流过小孔时单位质量上的(沿程与局部)能量损失，一般可表示为

$$H_\gamma=\xi\frac{\dot{u}_h{}^2}{2} \tag{3.6}$$

把式(3.6)代入式(3.5)可得

$$p_A-p_B=\rho\left[(1+\xi)\frac{\dot{u}_h{}^2}{2}-\frac{\dot{u}^2}{2}\right] \tag{3.7}$$

由流体的连续方程

$$\dot{u}A_h=\dot{u}_hA_d \tag{3.8}$$

可得

$$\dot{u}_h=\frac{A_h}{A_d}\dot{u} \tag{3.9}$$

把式(3.9)代入式(3.7)得

$$p_A-p_B=\frac{\rho}{2}\left[(1+\xi)\frac{A_h^2}{A_d^2}-1\right]\dot{u}^2 \tag{3.10}$$

由于 $A_d \ll A_h$，故式(3.10)可写为

$$p_A-p_B=\frac{\rho(1+\xi)A_h^2}{2A_d^2}\dot{u}^2 \tag{3.11}$$

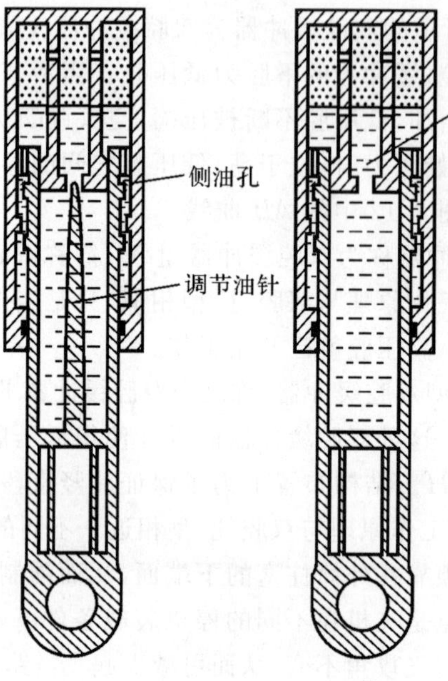

图 3.13 常油孔、变油孔缓冲器示意图

(a) 变油孔缓冲器；(b) 常油孔缓冲器

一般式(3.11)中的 $1+\xi$ 由实验得到的修正系数 K 来代替，令 $C_d^2=1/K$，则油液阻尼压力的表达式为

$$F_h=A_h(p_A-p_B)=\frac{\rho A_h^3}{2C_d^2A_d^2}\dot{u}^2 \tag{3.12}$$

由于飞机着陆时下降速度很快，所以缓冲器压缩也很快。由式(3.12)可知，$\dot{u}$ 很大，从而缓冲支柱上作用的动态载荷也很大。一般常油孔缓冲器的动压曲线如图 3.14 实线所示。曲线的丰满程度表示着缓冲器效率的大小，而常油缓冲器的效率一般在 0.65 ～ 0.80 范围内。若能使作用在缓冲支柱上的载荷比较恒定，就可提高缓冲器的效率。变油孔缓冲器的设计正是为了达到这个目的。由式(3.12)可知，改变油孔的面积 A_d，可改变油液阻尼力 F_h 的大小，因而可以通过调节油孔的大小来提高缓冲器的效率。目前，油孔的变化大部分都是通过在活塞筒中部安装一根调节油针来实现的，如图 3.13(a)所示。当活塞筒向上运动时，调节油针随着活塞筒的运动穿过油孔，从而改变油孔的有效面积，调整调节油针的截面积即可调整油孔的有效面积。变油孔缓冲器的动态曲线如图 3.14 虚线所示。

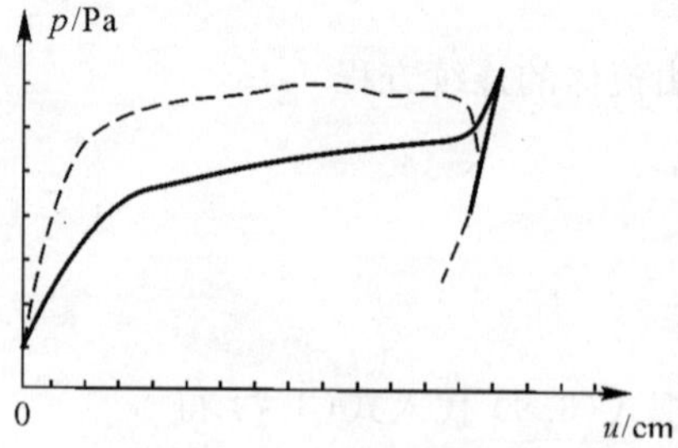

图 3.14 缓冲器动载荷曲线

(——:常油孔；

----:变油孔)

3.2.3　两种变油孔双腔缓冲器

1. 弹簧支撑节流阀自适应缓冲器设计

通常将弹簧控制节流阀用于飞机起落架缓冲器中，以改善起落架的着陆缓冲性能。如图 3.15 所示为缓冲器中的弹簧控制节流阀，即是一种现有的弹簧控制节流阀的结构形式。这里将利用如图 3.15 所示缓冲器的结构图来说明该弹簧控制节流阀的工作原理。

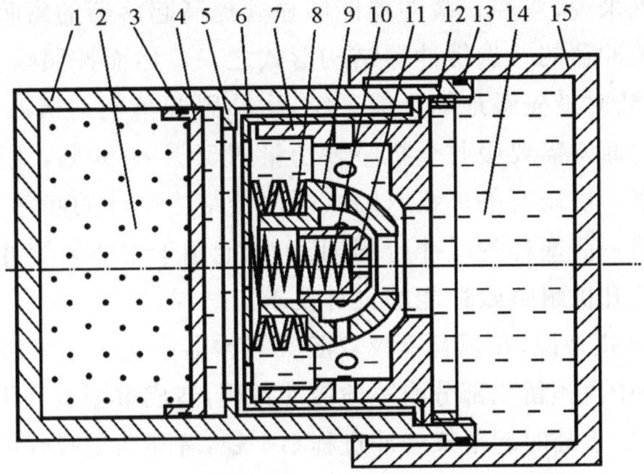

图 3.15　弹簧支撑节流阀自适应缓冲器

1— 活塞杆；2— 空气腔；3— 密封垫圈；4— 浮动活塞；5— 限位环；6— 支撑座；7— 节流阀座；8— 弹簧片；9— 球面阀芯；10— 弹簧；11— 节流孔帽；12— 节流阀固定螺纹环；13— 密封垫圈；14— 油液腔；15— 外筒

对于如图 3.15 所示缓冲器，当活塞杆受到冲击载荷时，油腔中油液受压通过节流阀流向低压一侧，并推动浮动活塞压缩空气腔气体，实现压缩缓冲过程；在达到最大压缩行程以后，缓冲器受到储存的空气弹簧势能的作用，进入回弹缓冲过程，此时浮动活塞推动油液经由节流阀回流。在整个过程中，缓冲器通过油液流经节流阀产生的油液阻尼力以实现吸收耗散着陆冲击能量的功能。

此过程中该弹簧控制节流阀的工作原理是当活塞杆受到低速冲击时，产生的油液阻尼力较小，球面阀芯受到的油液阻尼力小于或等于弹簧片的支撑力，球面阀芯与节流阀座间的缝隙紧闭，油液通过球面阀芯中心油孔流向低压一侧；而当活塞杆受到高速冲击时，产生的油液阻尼力较大，使得球面阀芯受到的油液阻尼力大于弹簧片的支撑力，球面阀芯被油液顶开，油液通过球面阀芯中心油孔和球面阀芯与节流阀座间的间隙流向低压一侧；当缓冲器回弹时球面阀芯与节流阀座间的间隙紧闭，油液只能通过球面阀芯中心油孔回流。

但由于该弹簧控制节流阀工作时，其球面阀芯的中心油孔较大，中心油孔截面面积也不可改变，因此产生了低速冲击时缓冲器缓冲过程不够平缓，低速冲击和回弹时节流阀吸收冲击功量较少和缓冲效率不高等缺点。

该缓冲器的特点为增加了节流阀在缓冲器承受低速冲击时的油液阻尼力，且内节流阀弹簧刚度较小，当冲击速度稍大时，内节流阀即完全打开，不影响缓冲器在承受高速冲击时的油液阻尼力；避免了低速冲击时缓冲器的载荷突峰，使缓冲器低速冲击缓冲过程更加平缓；减小了缓冲器回弹时油液回流油孔面积，可吸收更多的反向行程功量，减缓缓冲支柱伸展，以提高缓冲支柱的效率系数。

2. 两级串联式双腔缓冲器设计

油-气式缓冲器的内部设计一直在改进和发展之中。为了提高起落架缓冲器的吸收能力，降低起落架着陆时的动态载荷，尤其是地面滑行和操纵时的动态载荷，设计者设计出单级双腔式缓冲器(即在一个缓冲器中存在低压和高压两个空气腔)，并在双腔式缓冲器的缓冲支柱活塞内增加弹簧控制节流阀，使在给定的载荷下打开阀门，从而改进缓冲支柱的缓冲性能。

特别是对于直升机来说，双腔式缓冲器能够显著提高起落架的耐坠毁性能，因此它是目前直升机耐坠毁起落架缓冲器的首选缓冲器结构形式之一。然而按照欧美等技术发达国家的标准，作为直升机坠毁着陆时最先触地的吸能系统，耐坠毁起落架对吸收坠毁功量、降低过载起着至关重要的作用。它通常需要吸收全机坠毁功量的55%～60%，从而有效地提高直升机坠毁着陆时乘员的生存率。以现有的单级双腔式缓冲器结构设计的起落架，由于其起飞、着陆缓冲与耐坠毁缓冲共用同一活塞杆的缓冲行程，其实际能用于耐坠毁缓冲的行程十分有限，因此该类起落架很难达到直升机耐坠毁性能的设计要求。

另外，对于重型直升机来说，在现有单级双腔式缓冲器中实现耐坠毁性能，不得不在其起落架本已有限的缓冲行程中再预留出部分耐坠毁缓冲行程，造成重型直升机起落架起飞、着陆缓冲行程过短，在其正常起飞、着陆时起落架缓冲过程不平稳，着陆功量吸收情况较差等问题。

因此设计者在原有双腔式缓冲器的基础上设计出两级串联式双腔缓冲器，其原理示意图如图 3.16 所示。这种两级串联式双腔缓冲器分离了缓冲器的起飞、着陆缓冲行程与耐坠毁缓冲行程，使得直升机的起飞、着陆缓冲与耐坠毁缓冲都获得了各自足够的缓冲行程。因此，该缓冲器既能满足直升机起落架设计的耐坠毁性能要求，又能满足重型直升机对起落架起飞着陆性能的要求，特别满足了重型武装直升机对起落架的设计要求。缓冲器为油-气分离式，地面停机状态时可以通过缓冲器低压空气腔底部的充放气嘴对低压空气腔进行充放气操作，以调节缓冲器伸展的长度，调整直升机重心高度，方便地勤人员对直升机进行挂载武器或装卸货物等操作。

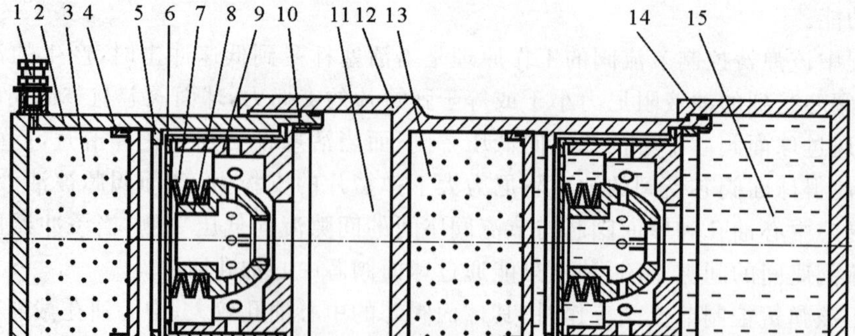

图 3.16　两级串联式双腔缓冲器

1— 充放气嘴；2— 低压级缓冲器活塞杆；3— 低压空气腔；4— 浮动活塞；5— 限位环；6— 支撑座；7— 弹簧片；8— 球面阀芯；9— 节流阀座；10— 节流阀固定螺纹环；11— 低压级缓冲器油液腔；12— 低压级缓冲器外筒及高压级缓冲器活塞杆；13— 高压空气腔；14— 高压级缓冲器外筒；15— 高压级缓冲器油液腔

两级串联式双腔缓冲器的工作原理是当低压级缓冲器活塞杆受到正常工作状态的冲击载荷时，低压级单腔缓冲器先开始工作，低压级缓冲器油液腔中油液受压，通过节流阀流向另一侧，并推动浮动活塞压缩低压空气腔气体，其中以支撑座、弹簧片、球面阀芯和节流阀座组成低压级缓冲器的弹簧控制节流阀，当着陆冲击载荷较大时，球面阀芯被油液冲开，变油孔打开，增大油液流量，避免载荷突峰，而此时高压级缓冲器并不参与工作。由于坠毁或其他非正常工作状态引起的低压级缓冲器活塞杆受到的冲击载荷过大，当高压级缓冲器浮动活塞所受油液压力大于高压空气腔的初始压力时，高压级缓冲器开始参与工作，其工作原理及节流阀的作用均与低压级缓冲器一致。在缓冲器达到最大压缩行程以后，参与缓冲工作的缓冲器受到储存的空气弹簧势能的作用，进入回弹缓冲过程，此时低压或高压级缓冲器的浮动活塞推动油液经由各自的节流阀回流。在整个缓冲和回弹过程中，缓冲器通过油液流经节流阀产生的油液阻尼力以实现吸收耗散着陆冲击能量的功能。缓冲器为油-气分离式，地面停机状态时通过缓冲器低压空气腔底部的充放气嘴对低压空气腔进行充放气操作，以调节缓冲器的伸展长度。

3.2.4 双腔缓冲器设计中压缩比的选取

在起落架油-气式缓冲器的初步设计中，缓冲器压缩比等参数的确定是一个首要的问题。必须要对其作一个初步假设，这种假设一般是研究与所考虑飞机相类似的缓冲器，依据经验确定使用的压缩比。笔者到目前为止还未曾看到如何确定缓冲器压缩比这一问题的理论研究文献。尽管缓冲器压缩比需要通过多次试算，逐步修正来最后确定，以便使缓冲器所有参数都合理地匹配，但通过理论分析来选择一个较合理的初值以减少试算次数，缩短设计周期还是十分重要和有意义的。

本节正是通过推导与分析，以减少缓冲器体积与质量为原则，从理论上探讨有关缓冲器压缩比的合理选择范围，从而对起落架缓冲器的设计起到一定的参考作用。

1. 压缩比与空气腔初始体积的关系

首先给出压缩比的定义。一般来说，压缩比有下列两种：

1) 静态对全伸展之比 q_{s0}；

2) 全压缩对静态之比 q_{ms}。

它们的表达式分别为

$$q_{s0} = \frac{F_{AS}}{F_{AO}} \tag{3.13}$$

$$q_{ms} = \frac{F_{Am}}{F_{AS}} \tag{3.14}$$

式中，F_{AO} 为缓冲器全伸展时的空气弹簧力，简称缓冲器初载荷；F_{AS} 为起落架静止时缓冲器的空气弹簧力，简称缓冲器静载荷；F_{Am} 为缓冲器全压缩时的空气弹簧力，简称缓冲器末载荷。

根据气体压缩过程的多变方程，忽略大气压力，可得

$$F_{AS} = F_{AO}\left(\frac{V_{BO}}{V_{BO} - A_a u_s}\right)^{\gamma} \tag{3.15}$$

$$F_{Am} = F_{AS}\left(\frac{V_{BO} - A_a u_s}{V_{BO} - A_a u_{\max}}\right)^{\gamma} \tag{3.16}$$

式中，V_{BO} 为缓冲器空气腔初始体积；A_a 为缓冲器活塞工作面积（压气面积）；u_s 为缓冲器静态行程；$u_{\max}$ 为缓冲器最大行程。

由式(3.15)可得

$$V_{BO}=\frac{A_a u_s}{1-q_{s0}^{-1/\gamma}} \tag{3.17}$$

设 $V_{BS}=V_{BO}-A_a u_s$，由式(3.16)可得

$$V_{BS}=\frac{A_a(u_{\max}-u_s)}{1-q_{ms}^{-1/\gamma}} \tag{3.18}$$

由式(3.17)、式(3.18)可知，缓冲器空气腔的体积与压缩比成反比例关系。

2. 压缩比的选择范围

由上面的分析可知，压缩比越大，则空气腔的初始体积就越小，越有利于减小缓冲器结构尺寸。但压缩比越大，则起落架的动载荷也越大，因而不利于提高起落架的疲劳寿命。对于式(3.17)、式(3.18)这样的表达式，可给出 $V/V_{B,q=1.5}$ 随 q 变化的表格（见表3.2）；并给出 $V/V_{B,q=1.5}-q$ 的关系曲线，如图3.17所示。由图3.17可知，在压缩比超过了一定的值($q=2.5\sim4.5$)之后，继续增大压缩比，对减小气体初始体积的效果不大。

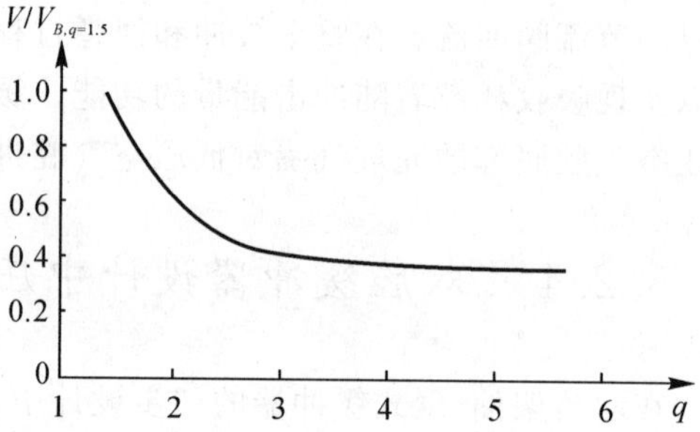

图 3.17 $V/V_{B,q=1.5}-q$ 的关系曲线（取 $\gamma=1.1$）

表 3.2 $V/V_{B,q=1.5}$ 随 q 变化表

(a) $\gamma=1.1$

q	1.5	2.0	2.5	3.0	3.5	4.0	4.5	5.0	5.5
$V/V_{B,q=1.5}$	1.000	0.660	0.545	0.488	0.454	0.430	0.414	0.401	0.391

(b) $\gamma=1.2$

q	1.5	2.0	2.5	3.0	3.5	4.0	4.5	5.0	5.5
$V/V_{B,q=1.5}$	1.000	0.653	0.537	0.478	0.443	0.419	0.401	0.388	0.378

(c) $\gamma=1.3$

q	1.5	2.0	2.5	3.0	3.5	4.0	4.5	5.0	5.5
$V/V_{B,q=1.5}$	1.000	0.648	0.530	0.470	0.433	0.409	0.391	0.377	0.367

在起落架缓冲器的初步设计中，一般来说，缓冲器的静载荷是一个比较确定的值，因此，为了降低起落架的载荷，由式(3.14)可知，总希望 q_{ms} 尽量小些；然而为了减小气体初始体积，减轻结构质量，由式(3.18)可知又希望 q_{ms} 能尽量大些。图3.17显示的 $V/V_{B,q=1.5}-q$ 关系曲线为解决上述矛盾提供了较好的依据。q_{ms} 可在 $2.5\sim4.5$ 范围内取值，既可把起落架载荷控制在一定的范围内，又可最大限度地减小气体初始体积，减轻结构质量。而对于 q_{s0} 来说，不能由式(3.13)和式(3.17)就孤立地认为 q_{s0} 越大越好。在 q_{ms} 基本确定之后，它要受到功量曲线和

静载荷下缓冲器外伸展量的限制。由图 3.18 所示的缓冲器空气静压曲线可知，在满足一定功量的前提下，F_{AO} 的减小要导致 F_{Am} 的增大。况且空压曲线经常使用的范围在 F_{AS} 附近，降低 F_{AO} 会使 F_{AS} 附近的空气弹簧刚度增加，因而不利于提高起落架的疲劳寿命。为了减少空气腔体积，减轻结构质量，同时又要有利于提高起落架的疲劳寿命，q_{s0} 的取值一般也应选择在 2.5 ～ 4.5 的范围内，而且这样的选择还可满足下列两个要求。

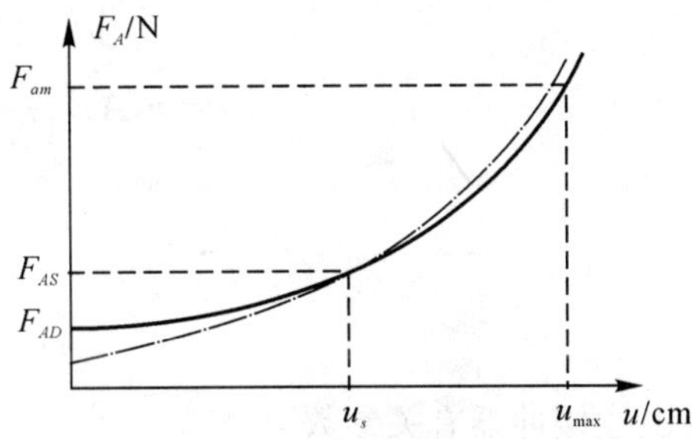

图 3.18　单腔缓冲器静压曲线

1) 在停机状态下，缓冲器的外伸展量一般为 0.16 ～ 0.45。

由式(3.15) 可得，缓冲器外伸展量为

$$\frac{V_{BO}/A_a - u_s}{V_{BO}/A_a} = q_{s0}^{-\gamma} \tag{3.19}$$

则当 q_{s0} 在 2.5 ～ 4.5 范围内取值时(取 $\gamma = 1.1$)，可得

$$\frac{V_{BO}/A_a - u_s}{V_{BO}/A_a} = 0.22 \sim 0.40 \tag{3.20}$$

满足要求。

2) 为了使起落架结构紧凑，减小体积，减轻质量，增加起落架的稳定性，缓冲器在最大压缩行程下的体积应为初始体积的 10% 左右。

由式(3.15)、式(3.16) 可推得

$$\frac{V_{BO} - u_{\max}A_a}{V_{BO}} = (q_{ms}q_{s0})^{-1/\gamma} \tag{3.21}$$

若取 $\gamma = 1.1$，$q_{ms} = 3$，$q_{s0} = 4$，则

$$\frac{V_{BO} - u_{\max}A_a}{V_{BO}} = 10.4\% \tag{3.22}$$

满足要求。

因此，通过上面分析可以认为，起落架(单腔) 缓冲器压缩比 q_{ms}，q_{s0} 的较合适的选择范围为 2.5 ～ 4.5。

换句话说，在起落架缓冲器的初步设计中，对于给定的静载荷和功量要求，可以选择合适的压缩比，既可较大限度地减轻起落架结构质量，又可在一定的条件下降低起落架的疲劳载荷。

3. 实例

1) 根据实际经验，对于大多数运输机，q_{s0} 可取为 4，q_{ms} 可取为 3，这正好符合本书通过理论分析得到的选择范围 2.5 ～ 4.5。

2) 国内运输八型运输机(简称运八机) 的前起落架缓冲器有关参数为

$$V_{BO} = 5\,260\ \text{cm}^3;\quad A_a = 113.1\ \text{cm}^2;\quad u_{\max} = 41\ \text{cm};$$
$$p_0 = 1\,667\,130\ \text{Pa};\quad F_{AS} = 50\ \text{kN}$$

则(忽略大气压力，并取 $\gamma = 1.1$)

$$F_{AO}=p_0A_a=18.9\ \text{kN}$$

$$F_{Am}=p_0A_a\left(\frac{V_{BO}}{V_{BO}-A_au_{\max}}\right)^{\gamma}=197.1\ \text{kN}$$

得

$$q_{s0}=\frac{F_{AS}}{F_{AO}}=2.65$$

$$q_{ms}=\frac{F_{Am}}{F_{AS}}=3.94$$

其主缓冲器有关参数为

$$V_{BO}=10\ 500\ \text{cm}^3,\quad A_a=268.8\ \text{cm}^2,\quad u_{\max}=33.8\ \text{cm}$$

$$p_0=2\ 843\ 928\ \text{Pa},\quad F_{AS}=237.3\ \text{kN}$$

则(忽略大气压力,并取 $\gamma=1.1$)

$$F_{AO}=p_0A_a=76.5\ \text{kN}$$

$$F_{Am}=p_0A_a\left(\frac{V_{BO}}{V_{BO}-A_au_{\max}}\right)^{\gamma}=693.4\ \text{kN}$$

得

$$q_{s0}=\frac{F_{AS}}{F_{AO}}=3.10$$

$$q_{ms}=\frac{F_{Am}}{F_{AS}}=2.92$$

由上述计算可见,运八机前起落架、主起落架缓冲器的压缩比 q_{ms},q_{s0} 与本书给出的选择范围相符合。

4. 双腔缓冲器压缩比的选择

关于双腔缓冲器压缩比选择的理论探讨比较复杂,但一般来说,双腔缓冲器压缩比可以选取得比单腔缓冲器压缩比小些。下面给予分析证明。仍然从如何减少结构体积、质量和减小起落架过载这一对矛盾出发。为简明起见,把双腔缓冲器压缩比与单腔缓冲器压缩比进行对比分析。

1) 设单腔缓冲器的空气腔体积的 V_{BO} 与双腔缓冲器高、低压腔体积之和($V'_{BO}+V'_{CO}$) 相等,即

$$V_{BO}=V'_{BO}+V'_{CO}\tag{3.23}$$

为便于区分,设单腔缓冲器初压为 p_0,双腔缓冲器低压腔初压为 p_{d0},高压腔初压为 p'_{d0},若气压面积一定,则对于同一停机压力 p_s,有

$$p_s=p_0\left(\frac{V_{BO}}{V_{BO}-A_au_s}\right)^{\gamma}\tag{3.24}$$

$$p_s=p_{d0}\left(\frac{V'_{BO}}{V'_{BO}-A_au'_s}\right)^{\gamma}\tag{3.25}$$

式中,u_s 为单腔缓冲器停机行程;u'_s为双腔缓冲器停机行程。

由式(3.24)、式(3.25) 可得

$$\frac{p_s}{p_0}=\left(\frac{V_{BO}}{V_{BO}-A_au_s}\right)^{\gamma}\tag{3.26}$$

$$\frac{p_s}{p_{d0}}=\left(\frac{V'_{BO}}{V'_{BO}-A_au'_s}\right)^{\gamma}\tag{3.27}$$

一般，为了减小气体弹簧刚度并增加着陆撞击时的能量吸收能力，可取 $p_{d0} \geqslant p_0$，即有

$$q'_{s0}=\frac{p_s}{p_{d0}} \leqslant \frac{p_s}{p_0}=q_{s0} \tag{3.28}$$

式中，q'_{s0} 为双腔缓冲器静态对全伸展压缩比；q_{s0} 为单腔缓冲器静态对全伸展压缩比。

双腔缓冲器压缩比 q_{s0} 之所以可以取得较小，原因之一也是由于高压腔的作用。高压腔的存在使得 q'_{s0} 的减小不会使双腔缓冲器全压缩对静态的压缩比 q'_{ms} 变得很大。

2）下面考虑全压缩对静态的压缩比。设最大行程 $u_{\max}$ 一定，则对于单腔

$$V_{BO}\left[1-\left(\frac{p_0}{p_m}\right)^{1/\gamma}\right]=V'_{BO}\left[1-\left(\frac{p_0}{p_m}\right)^{1/\gamma}\right]+V'_{CO}\left[1-\left(\frac{p_0}{p_m}\right)^{1/\gamma}\right] \tag{3.29}$$

对于双腔

$$u_{\max}=V'_{BO}\left[1-\left(\frac{p_{d0}}{p_{dm}}\right)^{1/\gamma}\right]+V'_{CO}\left[1-\left(\frac{p_{d0}}{p_{dm}}\right)^{1/\gamma}\right] \tag{3.30}$$

式中，p_m 为单腔缓冲器全压缩时的空气腔压力；p_{dm} 为双腔缓冲器全压缩时的空气腔压力。

由于 $p'_{d0} > p_{d0} > p_0$，由式(3.29)、式(3.30) 得

$$p_{dm} < p_m \tag{3.31}$$

故有

$$q'_{ms}=\frac{p_{dm}}{p_s} \leqslant \frac{p_m}{p_s}=q_{ms} \tag{3.32}$$

从而双腔缓冲器（全压缩对静态）的压缩比 q'_{ms} 小于单腔缓冲器（全压缩对静态）的压缩比 q_{ms}。

通过这一节的分析可知，在同样的缓冲器空气腔体积情况下，双腔缓冲器的压缩比 q'_{s0}，q'_{ms} 可以取得比单腔缓冲器更小。

必须指出的是，选取双腔缓冲器压缩比时，还必须统筹考虑到起落架的停机压缩量、缓冲器的使用功量和最大功量等因素。关于双腔缓冲器压缩比的选择比较复杂，有待于进一步探讨。

3.2.5　双腔缓冲器初始压力的优化设计

在双腔缓冲器的设计中，如何选取低、高压腔的初始压力以获得较理想的起落架着陆与滑跑动态性能是一个非常重要的问题。本节就这个问题进行了分析与讨论，对双腔缓冲器式起落架的初步设计与改进具有较大的参考价值。

1. 优化模型

优化模型：

设计变量：低压腔的初始压力 p_0；

高压腔的初始压力 p'_0。

约束函数：滑跑时要求缓冲器空气弹簧吸收的能量 E_t；

着陆最大功时要求缓冲器空气弹簧吸收的能量 $E_{a\max}$；

缓冲器停机载荷（静态载荷）F_s；

缓冲器最大行程 $u_{\max}$。

目标函数：缓冲器（在滑跑状态下）吸收能量 E_t 所产生的空气弹簧峰值载荷 F_2，其属性表达式如下：

设变量区间为 G，设计变量为 $p(p_0, p_0')$，求 $p \in G$，使满足

$$\begin{aligned} &\mathrm{Min}F_2(p_0, p_0') \\ &E_t(p_0, p_0') = E_t \\ &E_{lm}(p_0, p_0') \in (1 \pm 5\%)E_{a\max} \\ &F_1(p_0, p_0') = F_s \\ &u_2(p_0, p_0') \leqslant u_{\max} \end{aligned}$$

式中，E_{lm} 为按 p_0，p_0'设计时缓冲器空气弹簧在着陆最大功时所吸收的能量；u_2 为 F_2 所对应的行程；F_1 为（在滑行状态下）缓冲器的空气弹簧初力；$E_{a\max}$ 约为 $35\% E_{\max}$，$E_{\max}$ 为着陆时要求缓冲器吸收的最大功量。

2. 计算公式与步骤

以图 3.11(b) 所示的双腔缓冲器 Ⅰ 型为例进行优化分析（对于其他形式的双腔缓冲器可进行类似分析）。其空气压缩曲线如图 3.12 中的曲线 $A-D-B$ 所示，空压曲线方程为

$$p = \begin{cases} p_0\left(\dfrac{V_{BO}}{V_{BO} - A_a u}\right)^{\gamma} & (\text{其中 } p_0 \leqslant p < p_0', 0 \leqslant u \leqslant u_c) \\ p_0'\left[\dfrac{V_{B1} + V_{CO}}{V_{B1} + V_{CO} - A_a(u - u_c)}\right]^{\gamma} & (\text{其中 } p \geqslant p_0', u_c \leqslant u \leqslant u_{\max}) \end{cases} \tag{3.33}$$

式中，V_{BO} 为低压腔初始体积；V_{CO} 为高压腔初始体积；A_a 为压气面积；u 为行程；p 为缓冲器瞬时空气压力；V_{B1} 为当 $p = p_0'$时低压腔的空气体积；u_c 为当 $p = p_0'$时对应的行程；γ 为多变指数（滑跑时取 $\gamma = 1.0$，着陆时取 $\gamma = 1.1$）。

$$F_1 = F_s \tag{3.34}$$

$$F_2 = A_a(p_2 - p_{\mathrm{atm}}) \tag{3.35}$$

$$u_c = V_{BO}(1 - p_0/p_0')/A_a \tag{3.36}$$

$$V_{B1} = V_{BO}\,\frac{p_0}{p_0'} \tag{3.37}$$

$$E_{lm} = \int_0^{u_c} A_a p\,\mathrm{d}u + \int_{u_c}^{u_2} A_a(p - p_{\mathrm{atm}})\,\mathrm{d}u + \int_{u_0}^{u_{\max}} A_a(p - p_{\mathrm{atm}}) \tag{3.38}$$

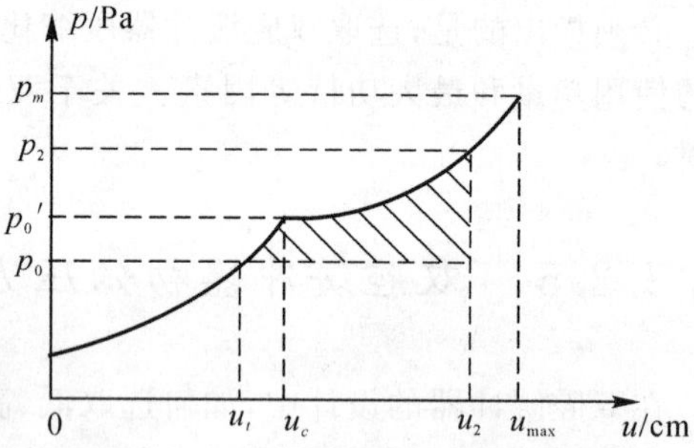

图 3.19 双腔缓冲器空气静压曲线图

由上述定义和式(3.33) 可得（参阅图3.19）

$$E_{lm} = \begin{cases} \displaystyle\int_0^{u_c} A_a p\,\mathrm{d}u + \int_{u_c}^{u_2} A_a p\,\mathrm{d}u - A_a p_1(u_2 - u_1) & u_1 \leqslant u_c (p_1 \leqslant p_0') \\ \displaystyle\int_{u_1}^{u_2} A_a p\,\mathrm{d}u - A_a p_1(u_2 - u_1) & u_1 > u_c (p_1 > p_0') \end{cases} \tag{3.39}$$

由式(3.38) 可得

$$E_{lm} = \frac{p_0 V_{BO}}{(\gamma - 1)}\left[\left(\frac{V_{BO}/A_a}{V_{BO}/A_a - u_c}\right)^{\gamma-1} - 1\right] + \frac{p_0'(V_{B1} + V_{CO})}{(\gamma - 1)} \times \left\{\left[\frac{(V_{B1} + V_{CO})/A_a}{(V_{B1} + V_{CO})/A_a - (u_{\max} - u_0)}\right]^{\gamma-1} - 1\right\} - p_{\mathrm{atm}} A_a u_{\max} \tag{3.40}$$

由式(3.39) 可得

$$E_t=\begin{cases} p_0V_{BO}\ln\dfrac{V_{BO}/A_a-u_1}{V_{BO}/A_a-u_c}+p'_0(V_{B1}+V_{CO})\times \\ \ln\dfrac{(V_{B1}+V_{CO})/A_a}{(V_{B1}+V_{CO})/A_a-(u_2-u_1)}- \\ A_ap_1(u_2-u_1) \quad u_1\leqslant u_c(p_1\leqslant p'_0) \\ p'_0(V_{B1}+V_{CO})\ln\dfrac{(V_{B1}+V_{CO})/A_a-(u_1-u_0)}{(V_{B1}+V_{CO})/A_a-(u_2-u_c)}- \\ A_ap_1(u_2-u_1) \quad u_1>u_c(p_1>p'_0) \end{cases} \tag{3.41}$$

式中，u_1 为 F_1 对应的行程；p_1 为 F_1 对应的空气弹簧力，且有

$$p_1=\begin{cases} p_0\left(\dfrac{V_{BO}}{V_{BO}-A_au_1}\right)^{\gamma} & p_0\leqslant p_1\leqslant p'_0 \\ p'_0\left[\dfrac{V_{B1}+V_{CO}}{V_{B1}+V_{CO}-A_a(u_1-u_c)}\right] & p_1\geqslant p'_0 \end{cases} \tag{3.42}$$

$$p_1=\frac{F_1}{A_a}+p_{\mathrm{atm}} \tag{3.43}$$

对于工程单位制，取 $p_{\mathrm{atm}}=98\ 066$ Pa。

根据上面所列的一些公式，给出下面的优化步骤。

对于每一组特定的 p_0,p'_0：

(a)
$$V_{B1}=V_{BO}\frac{p_0}{p'_0} \tag{3.44}$$

(b)
$$u_c=V_{BO}(1-p_0/p'_0)/A_a \tag{3.45}$$

(c)
$$u_1=\begin{cases} V_{BO}(1-p_0/p_1)/A_a & p_0\leqslant p_1<p'_0 \\ u_c+\dfrac{V_{B1}+V_{CO}}{A_a}\left(1-\dfrac{p'_0}{p_1}\right) & p'_0\geqslant p \end{cases} \tag{3.46}$$

(d)
$$f(E_1,p_0,p'_0,V_{B1},u_c,u_1) \tag{3.47}$$

(e)
$$u_2\leqslant u_{\max} \tag{3.48}$$

(f)
$$E_{lm}=\frac{p_0V_{BO}}{(\gamma-1)}\left[\left(\frac{V_{BO}/A_a}{V_{BO}/A_a-u_c}\right)^{\gamma-1}-1\right]+\frac{p'_0(V_{B1}+V_{CO})}{(\gamma-1)}\times \\ \left\{\left[\frac{(V_{B1}+V_{CO})/A_a}{(V_{B1}+V_{CO})/A_a-(u_{\max}-u_0)}\right]^{\gamma-1}-1\right\}-p_{\mathrm{atm}}A_au_{\max} \tag{3.49}$$

(g)
$$E_{lm}\in(1\pm5\%)E_{a\max} \tag{3.50}$$

(h)
$$F_2=\begin{cases} A_a\left[p\left(\dfrac{V_{BO}}{V_{BO}-A_au_2}\right)^{\gamma}-p_{\mathrm{atm}}\right] & u_2<u_c \\ A_a\left\{p'_0\left[\dfrac{V_{B1}+V_{CO}}{V_{B1}+V_{CO}-A_a(u_2-u_c)}\right]^{\gamma}-p_{\mathrm{atm}}\right\} & u_2\geqslant u_c \end{cases} \tag{3.51}$$

若式(3.48) 或式(3.49) 不能满足就不必往下计算，重新选择一组 p_0,p'_0。

3. 优化方法与初步分析

由于设计变量只有两个，而且一般来说变量区间较小(可以根据已有的设计经验来确定)，因此，可采取最简单的优化方法，即在变量区间 $G(p_0,p'_0)$ 内取 N 个点，对每个点进行计算，并

优化选择。

原则上讲，优化设计变量 p_0，p_0' 应该考虑所有可能的不同的滑跑能量 E_t 值，从而优化选择一组 p_0，p_0' 使得在吸收所有不同的滑跑能量值情况下都能使缓冲器峰值载荷 F_2 最小。然而，由于 E_t 是个随机的连续函数，这样的值几乎是找不到的。因此，只能从小到大取若干个不同的具有一定代表性的 E_t 值，当然即使这样，对于不同的 E_t 所得到的 p_0，p_0' 优化结果也可能是不尽相同的。但可以在此基础上，根据 E_t 值频率的统计规律通过 F_2 找到使起落架疲劳损伤最小(即疲劳寿命最长)的一组 p_0，p_0' 优化结果。

在某些情况下，特别是考虑到在起落架缓冲器的初始设计阶段，按本书优化计算的结果虽然不可能一定是最终的设计选择，但却可作为一种重要的设计参考。

4. 实例与讨论

对于运八机前起落架由单腔改双腔的设计，假设有关参数已确定如下：

$$V_{BO}=3\ 621.0\ \text{cm}^3;\quad V_{CO}=2\ 539.2\ \text{cm}^3$$

$$F_s=104.9\ \text{kN};\quad E_{a\max}=40.7\ \text{kN}\cdot\text{m}(\text{为 }35\%\text{ 最大功量})$$

$$A_a=1\ 131.1\ \text{cm}^2;\quad u_{\max}=41\ \text{cm}$$

根据上述的优化步骤，可求得在不同的滑跑能量 E_t 值情况下的优化设计变量 p_0，p_0'。对于在某一 E_t 值情况下得到的设计变量 p_0，p_0'，不仅计算在该滑跑能量下的峰值载荷，也计算在其他滑跑能量下的峰值载荷(见表 3.3)。

表 3.3 不同能量下的峰值载荷

约束 E_t / N·m	变量 p_0，p_0' / N·cm^{-2}		不同能量 E_t(N·m) 下的峰值载荷 F_2(10^4 N)									
			49	98	490	981	1 961	3 923	5 884	7 845	9 807	11 768
49	264.8	941.4	11.1	11.4	12.5	13.5	15.1	17.8	20.3	22.8	25.4	27.9
98	264.8	941.4	11.1	11.4	12.5	13.5	15.1	17.8	20.3	22.8	25.4	27.9
490	264.8	951.2	11.1	11.4	12.6	13.5	15.1	17.8	20.3	22.8	25.3	27.9
981	264.8	961	11.1	11.4	12.6	13.5	15.1	17.7	20.3	22.8	25.2	27.8
1 961	264.8	961	11.1	11.4	12.6	13.5	15.1	17.7	20.3	22.8	25.2	27.8
3 923	255	990.5	11.3	11.5	12.6	13.5	15.1	17.7	20.2	22.7	25.1	27.6
5 884	245.2	1 029.7	11.6	11.7	12.7	13.6	15.2	17.7	20.2	22.6	24.9	27.5
7 845	235.4	1 068.9	12	12.1	12.9	13.8	15.3	17.8	20.2	29.3	24.9	27.3
9 807	215.7	1 157.2	12.7	12.8	13.5	14.3	15.7	18	20.3	29.3	24.8	27.2
11 768	215.7	1 157.2	12.7	12.8	13.5	14.3	15.7	18	20.3	29.3	24.8	27.2
误差 /(%)			15.0	12.9	7.81	5.80	3.90	1.66	0.48	1.75	2.37	2.89

在计算中，取 p_0 的变量区间为 14.7 ～ 392.3 N·cm^{-2}，步长 Δp 为 9.8 N·cm^{-2}，p_0' 的变量区间为 784.5 ～ 1 275 N·cm^{-2}，步长 Δp 为 9.8 N·cm^{-2}。

根据表 3.3 的结果，可以得到以下几点结论：

1) 为了获得目标函数 F_2 的最小值，随着要求吸收的地面滑跑能量的增加，p_0 逐渐减小，p_0' 逐渐增大；而在较小和较大地面滑跑能量约束下，p_0，p_0' 逐渐稳定。对于本例而言，当地面滑跑能量较小时，稳定在 $p_0=264.8$ N·cm^{-2}，$p_0'=941.4$ N·cm^{-2}，当地面滑跑能量较大时，稳定在$p_0 = 215.7\ \mathrm{N \cdot cm^{-2}}$，$p_0' = 1\ 157.2\ \mathrm{N \cdot cm^{-2}}$。这与文献通过多次试算得到的结果非常接近。

2）在每一种滑跑能量约束情况下获得的优化设计变量 p_0，p_0'对于其他滑跑能量来说也是一组较好的设计变量值，因为各组优化设计变量所得到的同一滑跑能量下的峰值载荷误差都不是很大。

3）考虑在所有滑跑能量约束下获得的优化结果，其中滑跑能量的中间值获得的目标函数 F_2 有最小相对误差。对于本例而言，则是当 $E_t = 5\ 884\ \mathrm{N \cdot m}$ 时，各组优化结果得到的 F_2 的最大相对误差仅为 0.48%，为最小。

4）为了进一步优化设计，就本例而言，可以以表 3.3 的计算结果为基础，根据 E_t 的统计概率计算在表 3.3 中各组设计变量情况下所产生的结构某危险部位的损伤总和(可根据各种损伤计算方法)，然后取使损伤总和为最小的 p_0，p_0'值。

5）就起落架双腔缓冲器初步设计而言，可以以表 3.3 中的任一组设计变量为选择对象，然后随着起落架的进一步设计分析取一组最为合适的设计变量以满足其他要求或与其他参数相匹配。

3.3　支柱式起落架落震动力学方程

首先建立一般的支柱式起落架的动力学模型，该起落架所采用的机轮布置形式为单轮式。

动力学模型如图 3.20 所示。

3.3.1　坐标系的选取

建立方程所采用的坐标系为机体坐标系 $o_t x_t y_t z_t$ 和地面坐标系 $o_u x_u y_u z_u$。

1）机体坐标系 $o_t x_t y_t z_t$—— 机体坐标系与机身固连。$o_t x_t$ 轴平行于机身轴线或机翼平均气动力弦线，指向机头为正；$o_t y_t$ 轴在飞机对称平面内，垂直于 $o_t x_t$ 轴，指向上为正。

2）地面坐标系 $o_u x_u y_u z_u$—— 地面坐标系与大地固连。原点 o_u 在起落架非弹性支撑质量块质心的初始位置。将坐标系 $o_d x_d y_d z_d$ 平移到 o_u 即得坐标系 $o_u x_u y_u z_u$。

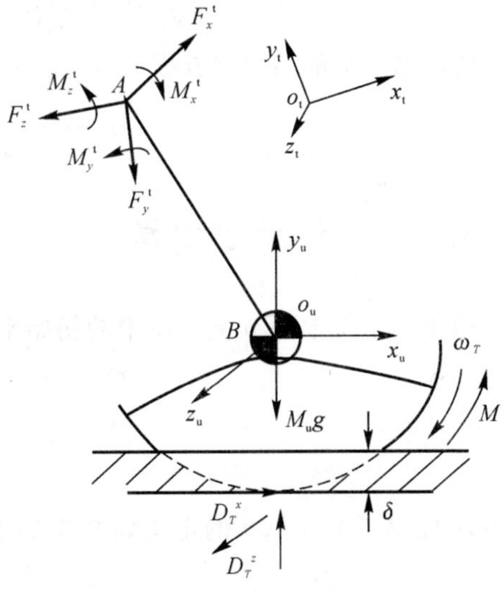

图 3.20　支柱式起落架动力学模型

3.3.2　力学模型的选取

为了较好地模拟飞机起落架系统着陆过程中各部分的运动特点，按需要将质量划分为两个部分：

(1) 弹性支撑质量

缓冲器中空气弹簧的上部质量，包括机身、机翼、尾翼、缓冲器外筒等质量，即空气弹簧支撑的质量。重心取在飞机全机的重心位置。

(2) 非弹性支撑质量

空气弹簧下部的质量,包括缓冲器活塞杆、刹车装置、轮胎、轮架等质量。

3.3.3 模型假设

1) 弹性支撑质量集中在 A 点处。在这里,用起落架与机身连接处的反作用力来代替这一质量力。

2) 非弹性支撑质量集中在轮轴中心处。

3.3.4 动力学方程

起落架非弹性支撑质量块质心 B 点的运动自由度为(x_u, y_u, z_u, ω_T),共 4 个:在坐标系 $o_u x_u y_u z_u$ 中有 3 个平动自由度和绕转轴的 1 个自由度。其动力学方程建立如下:

沿坐标系 $o_u x_u y_u z_u$ 的坐标轴方向平动的动力学方程为

$$\begin{bmatrix} \ddot{x}_u \\ \ddot{y}_u \\ \ddot{y}_u \end{bmatrix} = \frac{1}{M_u}\begin{bmatrix} D_T^x \\ 0 \\ D_T^z \end{bmatrix} - \frac{1}{M_u}[B_t^d]\begin{bmatrix} F_x^t \\ F_y^t \\ F_z^t \end{bmatrix} - g\begin{bmatrix} 0 \\ 1 \\ 0 \end{bmatrix} \tag{3.52}$$

绕轮轴转动的动力学方程为

$$\dot{\omega}_T = -\frac{1}{I_u}[D_T^x(R-\delta) + M_T] \tag{3.53}$$

3.3.5 运动学方程

1) B 点在坐标系 $o_t x_t y_t z_t$ 中的初始坐标为

$$\left.\begin{aligned} x_{B0}^t &= x_{A0}^t + \overline{AB}_0 \sin\Lambda_z \cos A_{x0} \\ y_{B0}^t &= y_{A0}^t - \overline{AB}_0 \cos\Lambda_z \cos A_{x0} \\ z_{B0}^t &= z_{A0}^t + \overline{AB}_0 \sin A_{x0} \end{aligned}\right\} \tag{3.54}$$

式中,($\Lambda_x, \Lambda_z, A_{x0}, A_{z0}$) 的定义如图 3.21 所示,其关系为

$$\left.\begin{aligned} \tan A_{x0} &= \tan\Lambda_x \cos\Lambda_z \\ \tan A_{z0} &= \tan\Lambda_z \cos\Lambda_x \end{aligned}\right\} \tag{3.55}$$

2) B 点瞬时坐标(x_B^t, y_B^t, z_B^t):记点 B 在坐标系 $o_u x_u y_u z_u$ 中的初始坐标和瞬时坐标分别为(x_0, y_0, z_0) 和(x_u, y_u, z_u),则

$$\begin{bmatrix} x_B^t \\ y_B^t \\ z_B^t \end{bmatrix} = [B_d^t]\begin{bmatrix} x_u - x_0 \\ y_u - y_0 \\ z_u - z_0 \end{bmatrix} \tag{3.56}$$

$$\begin{bmatrix} \dot{x}_B^t \\ \dot{x}_B^t \\ \dot{x}_B^t \end{bmatrix} = [B_d^t]\begin{bmatrix} \dot{x}_u - \dot{x}_0 \\ \dot{y}_u - \dot{y}_0 \\ \dot{z}_u - \dot{z}_0 \end{bmatrix} - [\omega]\begin{bmatrix} x_B^t \\ y_B^t \\ z_B^t \end{bmatrix} \tag{3.57}$$

当将 o_u 置于轮轴中心的初始位置点处时，(x_0,y_0,z_0) 变为(0,0,0)。

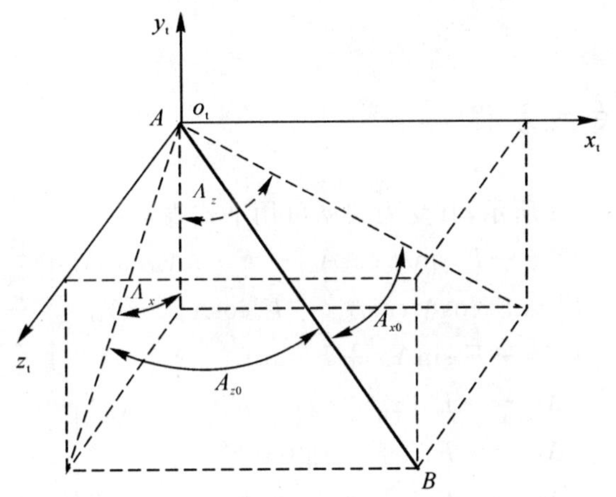

图 3.21　不同方位角的关系图

3）缓冲器行程 s、行程速度 $\dot{s}$：

$$\left.\begin{aligned} s &= \overline{AB}_0 - \sqrt{(x_B^t - x_A^t)^2 + (y_B^t - y_A^t)^2 + (z_B^t - z_A^t)^2} \\ \dot{s} &= -\frac{(x_B^t - x_A^t)(\dot{x}_B^t - \dot{x}_A^t) + (y_B^t - y_A^t)(\dot{y}_B^t - \dot{y}_A^t) + (z_B^t - z_A^t)(\dot{z}_B^t - \dot{z}_A^t)}{\overline{AB}_0 - s} \end{aligned}\right\} \tag{3.58}$$

4）轮胎压缩量$(\delta,\dot{\delta})$(见图 3.22)。

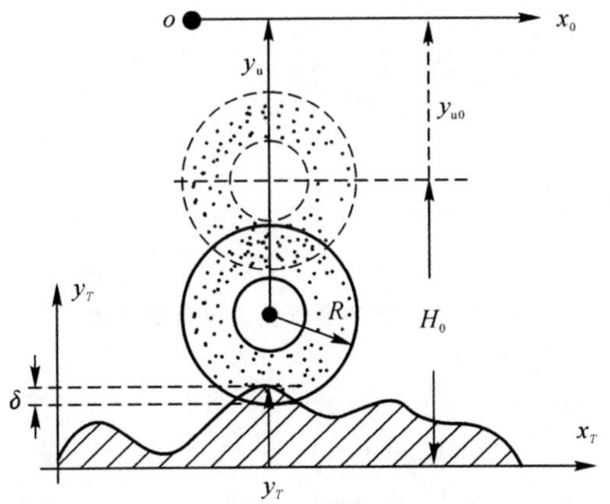

图 3.22　轮胎压缩量

轮胎压缩量选取原则如下：

$$\left.\begin{matrix} \delta_y, & \delta_y > 0 \\ 0, & \delta_y \leqslant 0 \end{matrix}\right\} \tag{3.59}$$

$$\left.\begin{matrix} \dot{\delta}_y, & \dot{\delta}_y > 0 \\ 0, & \dot{\delta}_y \leqslant 0 \end{matrix}\right\} \tag{3.60}$$

式中，$(\delta,\dot{\delta})$ 由下式确定：

$$\left.\begin{aligned}\delta_y &= y_T - y_u + y_{u0} + R - H_0 \\ \dot{\delta}_y &= \dot{y}_T - \dot{y}_u\end{aligned}\right\} \tag{3.61}$$

3.3.6　受力关系方程

缓冲支柱受力如图 3.23 所示，其受力关系可用下式表示：

$$\left.\begin{aligned}F_x^t &= -F_x \sin\Lambda_z \cos A_{x0} + F_x \sin\Lambda_{z1} \cos A_{x1} \\ F_y^t &= F_y \cos\Lambda_z \cos A_{x0} - F_y \cos\Lambda_{z1} \cos A_{x1} \\ F_z^t &= -F_z \sin A_{x0} + F_z \sin A_{x1}\end{aligned}\right\} \tag{3.62}$$

$$\left.\begin{aligned}M_x^t &= -F_y^t (z_B^t - z_A^t) + F_z^t (y_B^t - y_A^t) \\ M_y^t &= -F_z^t (x_B^t - x_A^t) + F_x^t (z_B^t - z_A^t) \\ M_z^t &= -F_x^t (z_B^t - z_A^t) + F_z^t (x_B^t - x_A^t)\end{aligned}\right\} \tag{3.63}$$

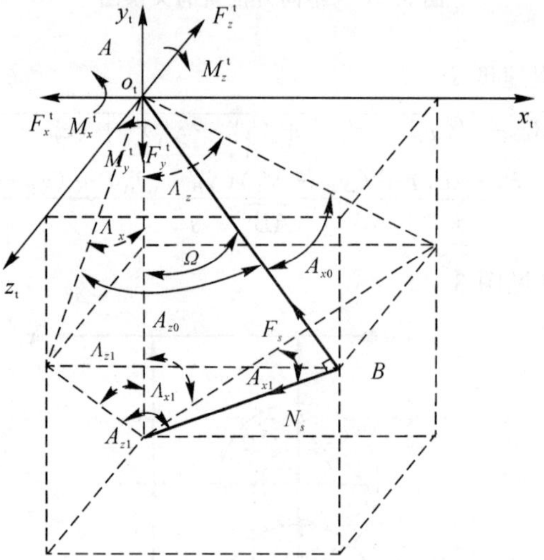

图 3.23　缓冲系统受力分析示意图

式中，$(\Lambda_x, \Lambda_z, A_{x0}, A_{z0}, \Lambda_{x1}, \Lambda_{z1}, A_{x1}, A_{z1}, \Omega)$ 的关系如下：

$$\left.\begin{aligned}\tan A_{x1} &= \tan\Lambda_{x1} \cos\Lambda_{z1} \\ \tan A_{z1} &= \tan\Lambda_{z1} \cos\Lambda_{x1} \\ \sin\Omega &= \cos A_{z0} \cos\Lambda_z \cot\Lambda_{z1} \\ \sin\Omega &= \cos A_{x0} \cos\Lambda_x \cot\Lambda_{x1} \\ \sin\Omega &= \sqrt{\sin^2 A_{x0} + \sin^2 A_{z0}}\end{aligned}\right\} \tag{3.64}$$

3.3.7　缓冲系统各分力的计算方程

缓冲器支柱上总的轴向力为

$$F_S = F_a + F_h + F_f + F_l \tag{3.65}$$

(1) 空气弹簧力 F_a

为简便起见，记 $p_B = p_B(\gamma', V_{CO}, V_{oilo}, k_c, p_A)$，由下式迭代求解：

$$f(p_B) = u - \left\{ V_{BO}\left[1 - \left(\frac{p_0}{p_B}\right)^{1/\gamma}\right] + V_{CO}\left[1 - \left(\frac{p'_0}{p_B}\right)^{1/\gamma'}\right] + V_{oilo}(p_B - p_0)/\beta + k_c(p_B - p_0) \right\} / A_a = 0 \tag{3.66}$$

1) 单腔缓冲器。

Ⅰ) 若不考虑油液可压，也不考虑缓冲器腔体的体积膨胀，则

$$F_a = A_a\left[p_0\left(\frac{V_{BO}}{V_{BO} - A_a u}\right)^{\gamma} - p_{atm}\right] \tag{3.67}$$

Ⅱ) 若考虑油液可压和缓冲器腔体的膨胀，则

$$F_a = A_a[p_B(\gamma, 0, V_{oilo}, k_c, p_B) - p_{atm}] \tag{3.68}$$

2) 双腔缓冲器 Ⅰ 型。

Ⅰ) 若假设高、低压腔的多变指数相同，且不考虑油液可压和体积膨胀，则

$$F_a = \begin{cases} A_a\left[p_0\left(\dfrac{V_{BO}}{V_{BO} - A_a u}\right)\gamma - p_{atm}\right] & p_0 \leqslant p_B < p'_0 \\ A_a\left\{p'_0\left[\dfrac{V_{B1} + V_{CO}}{(V_{B1} + V_{CO}) - A_a u'}\right]^{\gamma} - p_{atm}\right\} & p_B \geqslant p'_0 \end{cases} \tag{3.69}$$

Ⅱ) 若设高、低压腔的多变指数不同，但不考虑油液可压和体积膨胀，则

$$F_a = \begin{cases} A_a\left[p_0\left(\dfrac{V_{BO}}{V_{BO} - A_a u}\right)^{\gamma} - p_{atm}\right] & p_0 \leqslant p_B < p'_0 \\ A_a[p_B(\gamma', V_{CO}, 0, 0, p_B) - p_{atm}] & p_B \geqslant p'_0 \end{cases} \tag{3.70}$$

Ⅲ) 若设高、低压腔的多变指数不同，且考虑油液可压和体积膨胀，则

$$F_a = \begin{cases} A_a[p_B(\gamma, 0, V_{oilo}, k_c, p_B) - p_{atm}] & p_0 \leqslant p_B < p'_0 \\ A_a[p_B(\gamma', V_{CO}, V_{oilo}, k_c, p_B) - p_{atm}] & p_B \geqslant p'_0 \end{cases} \tag{3.71}$$

3) 双腔缓冲器 Ⅱ 型。

设

$$p_h = \frac{\rho A_h^3 \dot{u}}{2C_d^2 A_d^2}|\dot{u}| \tag{3.72}$$

$$p_A = p_B + p_h \tag{3.73}$$

Ⅰ) 若设高、低压腔的多变指数相同，且不考虑油液可压和体积膨胀，则

$$F_a = \begin{cases} A_a\left[p_0\left(\dfrac{V_{BO}}{V_{BO} - A_a u}\right)^{\gamma} - p_{atm}\right] & p_0 < p'_0 - p_h \\ A_a[p_B(\gamma, V_{CO}, 0, 0, p_h) - p_{atm}] & p_B \geqslant p'_0 - p_h \end{cases} \tag{3.74}$$

这里，由于 p_A 是个不等于 p_B 且与 p_h 有关的变量，所以 p_B 的求解要更复杂些。有关 p_B 的求解公式如下：

$$u = \left\{V_{BO}\left[1 - \left(\frac{p_0}{p_B}\right)^{1/\gamma}\right] + V_{CO}\left[1 - \left(\frac{p'_0}{p_A}\right)^{1/\gamma}\right]\right\} / A_a = 0 \tag{3.75}$$

$$u_B = V_{BO}\left[1 - \left(\frac{p_0}{p_B}\right)^{1/\gamma}\right] / A_b \tag{3.76}$$

$$\dot{u}_B = \Delta u_B / \Delta t \tag{3.77}$$

$$\dot{u}_c = \dot{u}A_a / A_c - \dot{u}_B A_b / A_c \tag{3.78}$$

$$p_h = \frac{\rho A_h^2 (\dot{u} - \dot{u}_c)}{2C_d^2 A^2 d} \left| \dot{u} - \dot{u}_c \right| \tag{3.79}$$

$$p_A = p_B + p_h \tag{3.80}$$

Ⅱ）若设高、低压腔的多变指数不同，但不考虑油液可压和体积膨胀，则

$$F_a = \begin{cases} A_a \left[p_0 \left(\dfrac{V_{BO}}{V_{BO} - A_a u} \right)^{\gamma} - p_{\mathrm{atm}} \right] & p_0 \leqslant p_B < p_0' - p_h \\ A_a [p_B(\gamma', V_{CO}, 0, 0, P_A) - p_{\mathrm{atm}}] & p_B \geqslant p_0' - p_h \end{cases} \tag{3.81}$$

Ⅲ）若设高、低压腔的多变指数不同，且考虑油液可压和体积膨胀，则

$$F_a = \begin{cases} A_a [p_B(\gamma', 0, V_{\mathrm{oilo}}, k_c, p_B) - p_{\mathrm{atm}}] & p_0 \leqslant p_B < p_0' - p_h \\ A_a [p_B(\gamma', V_{CO}, V_{\mathrm{oilo}}, k_c, p_A) - p_{\mathrm{atm}}] & p_B \geqslant p_0' - p_h \end{cases} \tag{3.82}$$

4）双腔缓冲器 Ⅲ 型。

Ⅰ）若假设高、低压腔的多变指数相同，且不考虑油液可压和体积膨胀，则

$$F_a = \begin{cases} A_a \left[p_0 \left(\dfrac{V_{BO}}{V_{BO} - A_a u} \right)^{\gamma} - p_{\mathrm{atm}} \right] & p_0 \leqslant p_B < p_0' - p_h \text{ 且 } u < u_{CR} \\ A_a [p_B(\gamma, V_{CO}, 0, 0, p_A) - p_{\mathrm{atm}}] & p_B \geqslant p_0' - p_h \text{ 且 } u < u_{CR} \\ A_a (p_{B1} - p_{\mathrm{atm}}) + A_h (p_{A1} - p_{B1}) & u \geqslant u_{CR} \end{cases} \tag{3.83}$$

式(3.83)中的 p_{B1}，p_{A1} 分别由下式求解：

$$p_{B1} = p_0 \left[\frac{V_{BO}}{V_{BO} - (A_a u - A_h u'_{CR})} \right]^{\gamma} \tag{3.84}$$

$$p_{A1} = p_0' \left(\frac{V_{CO}}{V_{CO} - A_h u'_{CR}} \right)^{\gamma} \tag{3.85}$$

其中 $$u'_{CR} = u - u_{CR}$$

Ⅱ）若设高、低压腔的多变指数不同，但不考虑油液可压和体积膨胀，则

$$F_a = \begin{cases} A_a \left[p_0 \left(\dfrac{V_{BO}}{V_{BO} - A_a u} \right)^{\gamma} - p_{\mathrm{atm}} \right] & p_0 \leqslant p_B < p_0' - p_h \text{ 且 } u < u_{CR} \\ A_a [p_B(\gamma', V_{CO}, 0, 0, p_A) - p_{\mathrm{atm}}] & p_B \geqslant p_0' - p_h \text{ 且 } u < u_{CR} \\ A_a (p_{B1} - p_{\mathrm{atm}}) + A_h (p_{A2} - p_{B1}) & u \geqslant u_{CR} \end{cases} \tag{3.86}$$

式(3.86)中的 p_{B1} 由式(3.84)求解，p_{A2} 按下式求解：

$$p_{A2} = p_0' \left(\frac{V_{CO}}{V_{CO} - A_h u'_{CR}} \right)^{\gamma'} \tag{3.87}$$

Ⅲ）若设高、低压腔的多变指数不同，而且考虑油液可压和体积膨胀，则

$$F_a = \begin{cases} A_a [p_B(\gamma', 0, V_{\mathrm{oilo}}, k_e, p_B) - p_{\mathrm{atm}}] & p_0 \leqslant p_B < p_0' - p_h \text{ 且 } u < u_{CR} \\ A_a [p_B(\gamma', V_{CO}, V_{\mathrm{oilo}}, k_0, p_A) - p_{\mathrm{atm}}] & p_B \geqslant p_0' - p_h \text{ 且 } u < u_{CR} \\ A_a (p_{B1} - p_{\mathrm{atm}}) + A_h (p_{A2} - p_{B1}) & u \geqslant u_{CR} \end{cases} \tag{3.88}$$

式(3.88)中 p_{B1} 由式(3.84)求解，而式(3.88)中 p_{A2} 由式(3.87)求解。

(2) 油液阻尼力 F_h

常油孔的油液阻尼力推导过程可参见第 2 章，侧油孔阻尼力可类似推导得到。

1）常油孔，且不考虑侧油孔

$$F_h=\frac{\rho A_{h0}^3\dot{u}}{2C_d^2A_{d0}^2}|\dot{u}| \tag{3.89}$$

2) 常油孔，考虑侧油孔

$$F_h=\begin{cases}\dfrac{\rho A_{h0}^3\dot{u}}{2C_d^2A_{d0}^2}|\dot{u}|+\dfrac{\rho A_{hS}^3\dot{u}}{2C_d^2A_{nu}^2}|\dot{u}| & \dot{u}\geqslant 0\\ \dfrac{\rho A_{h0}^3\dot{u}}{2C_d^2A_{d0}^2}|\dot{u}|+\dfrac{\rho A_{hS}^3\dot{u}}{2C_d^2A_{nu}^2}|\dot{u}| & \dot{u}<0\end{cases} \tag{3.90}$$

3) 变油孔，同时考虑到侧油孔

$$F_h=\begin{cases}\dfrac{\rho A_h^3\dot{u}}{2C_d^2A_d^2}|\dot{u}|+\dfrac{\rho A_{hS}^3\dot{u}}{2C_d^2A_{nu}^2}|\dot{u}| & \dot{u}\geqslant 0\\ \dfrac{\rho A_h^3\dot{u}}{2C_d^2A_d^2}|\dot{u}|+\dfrac{\rho A_{hS}^3\dot{u}}{2C_d^2A_{nu}^2}|\dot{u}| & \dot{u}<0\end{cases} \tag{3.91}$$

式(3.91)中 A_h，A_d 均为行程 u 的函数，其中 A_d 的表达式为

$$A_d=\begin{cases}A_{d0}-\pi r_1^2 & u\leqslant 0\\ A_{d0}-\pi\left(\dfrac{r_2-r_1}{u_1}u+r_1\right)^2 & 0<u\leqslant u_1\\ A_{d0}-\pi\left[\dfrac{r_3-r_2}{u_2-u_1}(u-u_1)+r_2\right]^2 & u_1<u\leqslant u_2\\ A_{d0}-\pi\left[\dfrac{r_4-r_3}{u_3-u_2}(u-u_2)+r_3\right]^2 & u_2<u\leqslant u_3\\ A_{d0}-\pi r_4^2 & u>u_3\end{cases} \tag{3.92}$$

则 A_h 的表达式为

$$A_h=A_{h0}-(A_{d0}-A_d) \tag{3.93}$$

4) 上述各式中油液缩流因数 C_d 的求解有下列几种方法：

Ⅰ) 油液缩流因数 C_d 为一常值，如

$$C_d=0.89 \tag{3.94}$$

Ⅱ) 油液缩流因数 C_d 为行程和行程速度的函数，即

$$C_d=C_{\dot{u}}\dot{u}-C_uu+0.875\ 9 \tag{3.95}$$

对于工程单位制，系数 $C_{\dot{u}}$，C_u 的值为

$$C_{\dot{u}}=0.000\ 249\ 3\ \text{s/cm} \tag{3.96}$$

$$C_u=0.001\ 614\ 1/\text{cm} \tag{3.97}$$

Ⅲ) 油液缩流因数 C_d 为油孔几何参数和油液流动的雷诺数的函数，即

$$C_d=\begin{cases}\dfrac{1}{\sqrt{1.5+13.74\sqrt{\dfrac{L_0}{D_dRe}}}} & \dfrac{L_0}{D_dRe}<0.02\\ \dfrac{1}{\sqrt{2.28+\dfrac{64L_0}{D_dRe}}} & \dfrac{L_0}{D_dRe}\geqslant 0.02\end{cases} \tag{3.98}$$

其中

$$Re=\frac{D_dA_h}{A_d\gamma}\dot{u} \tag{3.99}$$

(3) 缓冲器结构水平刚度及摩擦力 F_f

1) 由缓冲支柱弯曲引起的缓冲器内部摩擦力。

Ⅰ) 缓冲器结构水平刚度为一常值。

Ⅱ) 缓冲器结构水平刚度为缓冲器行程的函数,把缓冲支柱(非弹性支撑质量) 近似为一简单的材料力学外伸梁模型。由材料力学即可求得缓冲器结构水平刚度为

$$K_f = \frac{3EJ}{L_u\,(L_u - L_b - u)^2} \tag{3.100}$$

求得了 K_f 后,即可求得垂直于缓冲器支柱轴的合力 N_S,即

$$N_S = -K_f X_f / \cos\phi \tag{3.101}$$

式(3.101) 中 X_f 由下式求得:

$$X_f = X_m - u\sin\phi \tag{3.102}$$

Ⅲ) 垂直于缓冲器支柱轴向的合力 N_S 为轮胎垂直反力与水平阻力的函数。

$$R_x = D\cos\Phi - V\sin\Phi \tag{3.103}$$

$$M_x = (D\sin\Phi + V\cos\phi)e \tag{3.104}$$

$$N_S = R_x \tag{3.105}$$

对于 Ⅰ)、Ⅱ),因为不考虑偏心距 e 的影响,由 N_S 可求得由于缓冲器弯曲位移引起的缓冲器内部摩擦力,即

$$N_l = N_S \frac{L_u}{L_b + u} \tag{3.106}$$

$$N_u = N_l - N_S \tag{3.107}$$

则

$$F_{f1} = \mu_b (N_u + N_l)\dot{u} / |\dot{u}| \tag{3.108}$$

对于 Ⅲ),缓冲器内部摩擦力可由 N_S(即 R_x) 与 M_z 共同求得

$$\left.\begin{aligned} N_l &= N_S \frac{L_u}{L_b + u} + \frac{M_z}{L_b + u} \\ N_u &= N_S \frac{L_u - L_b - u}{L_b + u} + \frac{M_z}{L_b + u} \end{aligned}\right\} \tag{3.109}$$

则

$$F_{f1} = \mu_b (N_u + N_l)\dot{u} / |\dot{u}| \tag{3.110}$$

若要考虑缓冲支柱的阻尼,其阻尼系数可由下式求得:

$$k_c = C_z \sqrt{K_f m} \tag{3.111}$$

对于工程单位制,若取 K_f 为 kg/cm,m 为 kg · s^2/cm,则 $C_z = 0.000\,122\,3$。

2) 由缓冲器内部压力引起的缓冲器内部摩擦力,即

$$F_{f2} = \pi \mu_b D_b H_b (p_B - p_{\mathrm{atm}})\dot{u} / |\dot{u}| \tag{3.112}$$

3) 缓冲器内部总的摩擦力为

$$F_f = F_{f1} + F_{f2} \tag{3.113}$$

(4) 缓冲器结构限制力 F_l

$$F_l = \begin{cases} K_l u_S & u < 0 \\ 0 & 0 \leqslant u \leqslant u_{\max} \\ K_l (u - u_{\max}) & u > u_{\max} \end{cases} \tag{3.114}$$

(5) 轮胎力学模型

1）地面垂直反力动力学方程。

着陆阶段
$$\delta = y_m, \quad \dot{\delta} = \dot{y}_m \tag{3.115}$$

滑跑阶段
$$\delta = y_m - y_G, \quad \dot{\delta} = \dot{y}_m - \dot{y}_G \tag{3.116}$$

$$V = (1 + C_\delta \dot{\delta}) C \delta^n \tag{3.117}$$

2）地面水平摩擦力动力学方程。

在起转阶段：

Ⅰ）轮胎水平反力为轮胎水平变形和变形率的函数，即

$$D = K_x \lambda_x + C_{\lambda_x} \dot{\lambda}_x \tag{3.118}$$

$$\lambda_x = \begin{cases} \int \dot{\varepsilon}_x \mathrm{d}t \leqslant \mu_x V / K_x & \delta > 0 \\ 0 & \delta \leqslant 0 \end{cases} \tag{3.119}$$

$$K_x = 1.2 N_t R_0 (p_t + 4 p_{rt})^3 \sqrt{\delta / (2R_0)} \tag{3.120}$$

Ⅱ）轮胎水平反力为轮胎垂直反力的函数，即

$$D = \mu_x V \tag{3.121}$$

$$\dot{\varepsilon}_x = V_x + \dot{x}_m - (R_0 - \delta/3)\omega \tag{3.122}$$

设
$$S_g = \frac{V_x + \dot{x}_m - (R_0 - \delta/3)\omega}{V_x + \dot{x}_m} \tag{3.123}$$

$$\mu_x = \begin{cases} 5.62 S_g & -0.13 < S_g \leqslant 0.13 \\ 0.77 - 0.32 S_g & 0.13 < S_g < 1.0 \end{cases} \tag{3.124}$$

在回弹阶段：

$$D = \frac{I_m (F_S \sin\Phi + N_S \cos\Phi)}{I_m + m(R_0 - \delta/3)(R_0 - \delta)} \tag{3.125}$$

3.4　摇臂式起落架落震动力学方程

3.4.1　力学模型分析以及基本假设

从摇臂式起落架的结构特点可以看出，由于缓冲支柱不参与飞机着陆时侧向载荷的平衡，因此，可以认为侧向载荷对缓冲支柱性能影响很小，同时，在飞机着陆载荷的规范中，侧向载荷通常可依据垂直载荷来确定，因此，在本节的研究中，侧向载荷没有列入考虑范畴。这样做同时可简化计算模型，依据起落架与机身结构的运动特点，着重抓住所研究问题的主要矛盾，从而解决关键的技术问题。在综合考虑各种情况之后，建立如图 3.24 所示力学模型。

在计算模型中，将质量 m_d 分为两部分，一部分为飞机机体质量 M，也称为弹性支撑质量，它包括飞机机体及与机体固定连接的起落架部分零、组件质量；另一部分质量为非弹性支撑质量 m，它包括起落架摇臂质量 m_F 和集中在机轮轮轴中心的机轮质量 m_k，$M = m_d - m$。

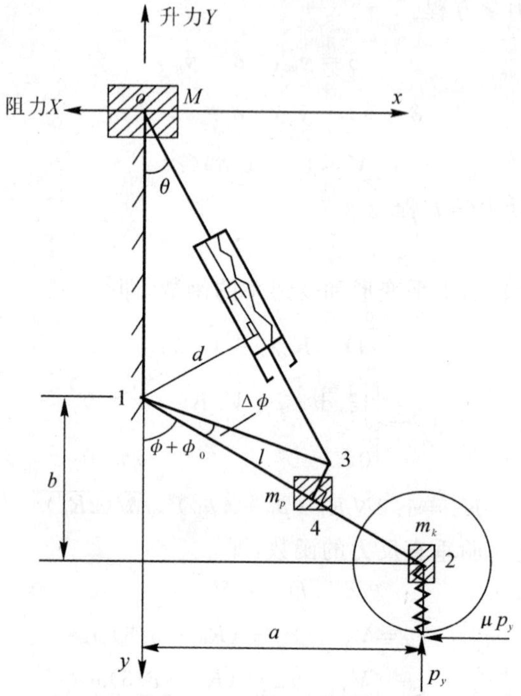

图 3.24 摇臂式起落架计算模型

于是，整个计算模型简化为：在质量 M 和 m（包括 m_F 和 m_k）之间并联一个非线性弹簧和非线性阻尼器，它们分别代表油液和空气（氮气），缓冲支柱所具有的弹簧力和阻尼力的特性。在质量 m 下有一非线性弹簧支撑，它代表充气轮胎的刚度特性。

同时，在飞机着陆过程中，依据起落架结构的运动特点，考虑两个质量体的转动惯量：

1）非弹性支撑质量绕横管的转动惯量；

2）机轮（包括轮毂、轮胎）绕轮轴的转动惯量。

模型的基本假设：

1）忽略空气阻力；

2）忽略飞机机身相对其横轴的旋转运动；

3）忽略轮胎的阻尼特性；

4）假设油液为不可压缩流体；

5）流体视为无穷多个流体质点稠密而无间隙所组成的连续介质；

6）弹性支撑结构理想化为一刚体结构，其重心位于缓冲支柱与机身的连接点处；

7）机轮重心理想化为集中在轮轴中心处；

8）摇臂质量重心理想化为集中在摇臂与缓冲支柱连接耳片与摇臂轴线的交点处。

3.4.2 动力学模型的建立

根据上文的分析和基本假设建立如图 3.25 所示摇臂式起落架几何运动简图。坐标系原点 o 建立在弹性支撑质量的质心处，理想化为在缓冲支柱与机身结构的连接点处，ox 轴为水平方向，指向航向为正，oy 轴垂直地面，指向下为正，oz 轴垂直于 xoy 平面，按右手定则确定指向左为正。

1）在计算模型假设的基础上，可认为缓冲支柱在压缩过程中，所有与机身结构连接的点，包括1点在内，同 0 点（即坐标原点 o）一样只有平移运动。在飞机着陆后，缓冲支柱和轮胎开始压缩，起落架各连接点之间存在着几何运动关系，同时弹性支撑质量 M 和非弹性支撑质量 m_F，m_k 之间的位移、速度、加速度存在着如下关系式：

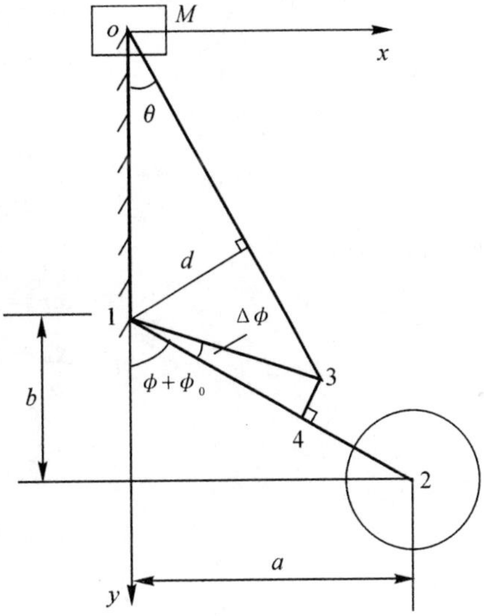

图 3.25　摇臂式起落架几何运动简图

$$\left.\begin{aligned} x_0 &= 0 \\ y_0 &= 0 \\ z_0 &= 0 \end{aligned}\right\} \tag{3.126}$$

$$\left.\begin{aligned} x_1 &= 0 \\ y_1 &= y_{10} \\ z_1 &= z_{10} \end{aligned}\right\} \tag{3.127}$$

$$\left.\begin{aligned} x_2 &= x_{20} - \Delta x \\ y_2 &= y_{20} - \Delta y \\ z_2 &= z_{20} - \Delta z \end{aligned}\right\} \tag{3.128}$$

$$\left.\begin{aligned} x_3 &= r_{13}\sin(\phi + \phi_0 + \Delta\phi) \\ y_3 &= y_{10} + r_{13}\cos(\phi + \phi_0 + \Delta\phi) \\ z_3 &= z_{30} - \Delta z = z_{30} + z_m \end{aligned}\right\} \tag{3.129}$$

式中，$\Delta x = x_M - x_{mk}$；$\Delta y = y_M - y_{mk}$；$\Delta z = z_M - z_{mk} = -z_m$。

又
$$\phi + \phi_0 = \arccos\frac{y_2 - y_{10}}{r_{12}}, \quad \theta = \arctan\frac{x_3}{y_3}$$

令

$$\left.\begin{aligned} a &= r_{12}\sin(\phi + \phi_0) \\ b &= r_{12}\cos(\phi + \phi_0) \end{aligned}\right\} \tag{3.130}$$

由式(3.128)、式(3.130)得

$$\left.\begin{aligned} x_M &= x_{mk} + x_{20} - a \\ y_M &= y_{mk} + y_{20} - y_{10} - b \end{aligned}\right\} \tag{3.131}$$

$$\left.\begin{aligned} \dot{x}_M &= \dot{x}_{mk} - b\dot{\phi} \\ \dot{y}_M &= \dot{y}_{mk} + a\dot{\phi} \end{aligned}\right\} \tag{3.132}$$

$$\left.\begin{aligned} \ddot{x}_M &= \ddot{x}_{mk} + a\dot{\phi}^2 - b\ddot{\phi} \\ \ddot{y}_M &= \ddot{y}_{mk} + b\dot{\phi}^2 + a\ddot{\phi} \end{aligned}\right\} \tag{3.133}$$

同理

$$\left.\begin{aligned} x_4 &= x_{40} - \Delta x' \\ y_4 &= y_{40} - \Delta y' \\ z_4 &= z_{40} - \Delta z' \end{aligned}\right\} \tag{3.134}$$

令 $$\Delta x' = x_M - x_p,\quad \Delta y' = y_M - y_p,\quad \Delta z' = z_M - z_p$$

$$\left.\begin{aligned} x_4 &= r_{14}\sin(\phi + \phi_0) \\ y_4 &= y_{10} + r_{14}\cos(\phi + \phi_0) \\ z_4 &= z_{40} - \Delta z = z_{40} + z_p \end{aligned}\right\} \tag{3.135}$$

设

$$\left.\begin{aligned} q &= r_{14}\sin(\phi + \phi_0) \\ w &= r_{14}\cos(\phi + \phi_0) \end{aligned}\right\} \tag{3.136}$$

则得

$$\left.\begin{aligned} x_p &= x_{mk} + x_{40} - q \\ y_p &= y_{mk} - y_{40} + y_{10} - w \end{aligned}\right\} \tag{3.137}$$

$$\left.\begin{aligned} \dot{x}_p &= \dot{x}_{mk} - (w + b)\dot{\phi} \\ \dot{y}_p &= \dot{y}_{mk} + (a + q)\dot{\phi} \end{aligned}\right\} \tag{3.138}$$

$$\left.\begin{aligned} \ddot{x}_p &= \ddot{x}_{mk} + (q + a)\dot{\phi}^2 - (w + b)\ddot{\phi} \\ \ddot{y}_p &= \ddot{y}_{mk} + (b + w)\dot{\phi}^2 + (a + q)\ddot{\phi} \end{aligned}\right\} \tag{3.139}$$

另外，机轮的垂直方向位移、速度、加速度表达式为

$$\left.\begin{aligned} y_{mk} &= \frac{D}{2} - \delta \\ \dot{y}_{mk} &= -\dot{\delta} \\ \ddot{y}_{mk} &= -\ddot{\delta} \end{aligned}\right\} \tag{3.140}$$

在式(3.140)中：(x_0, y_0, z_0) 为 0 点坐标；(x_1, y_1, z_1) 为 1 点坐标，初始坐标为$(0, y_{10}, z_{10})$；(x_2, y_2, z_2) 为 2 点坐标，初始坐标为(x_{20}, y_{20}, z_{20})；(x_3, y_3, z_3) 为 3 点坐标，初始坐标为(x_{30}, y_{30}, z_{30})；(x_4, y_4, z_4) 为 4 点坐标，初始坐标为(x_{40}, y_{40}, z_{40})。

x_M—— 弹性支撑质量水平位移；

$\dot{x}_M$—— 弹性支撑质量水平速度；

$\ddot{x}_M$—— 弹性支撑质量水平加速度；

y_M—— 弹性支撑质量垂直位移；

$\dot{y}_M$—— 弹性支撑质量垂直速度；

$\ddot{y}_M$—— 弹性支撑质量垂直加速度；

z_M—— 弹性支撑质量侧向位移，$z_M = 0$；

x_{mk}—— 机轮质量水平位移；

$\dot{x}_{mk}$—— 机轮质量水平速度；

$\ddot{x}_{mk}$—— 机轮质量水平加速度；

y_{mk}—— 机轮质量垂直位移；

$\dot{y}_{mk}$—— 机轮质量垂直速度；

$\ddot{y}_{mk}$—— 机轮质量垂直加速度；

z_{mk}—— 机轮质量侧向位移，当摇臂为刚体时，$z_{mk} = 0$；

x_p—— 摇臂质量水平位移；

$\dot{x}_p$—— 摇臂质量水平速度；

$\ddot{x}_p$—— 摇臂质量水平加速度；

y_p—— 摇臂质量垂直位移；

$\dot{y}_p$—— 摇臂质量垂直速度；

$\ddot{y}_p$—— 摇臂质量垂直加速度；

z_p—— 摇臂质量侧向位移，当摇臂为刚体时，$z_p=0$；

δ—— 轮胎垂直压缩量；

$\dot{\delta}$—— 轮胎垂直压缩速度；

$\ddot{\delta}$—— 轮胎垂直压缩加速度；

D—— 机轮直径；

ϕ_0—— 摇臂与 y 轴夹角；

ϕ—— 摇臂转动角，逆时针转向为正；

$\dot{\phi}$—— 摇臂转动角速度；

$\ddot{\phi}$—— 摇臂转动角加速度；

$\Delta\phi$——13 连线与 14 连线夹角；

r_{12}—— 摇臂在 xoy 平面上的投影长度；

r_{13}—— 摇臂与机身连接点到缓冲支柱下端点距离在 xoy 平面上的投影长度；

r_{14}——14 连线在 xoy 平面上的投影长度。

2) 支柱行程、压缩速度与摇臂转角 ϕ 的关系。

缓冲支柱在压缩过程中的瞬时长度为

$$L=\sqrt{x_3^2+y_3^2+z_3^2} \tag{3.141}$$

缓冲支柱行程为

$$u=L_0-L \tag{3.142}$$

由式(3.129)、式(3.141)可得缓冲支柱压缩过程中的运动速度为

$$\dot{u}=\frac{y_{10}x_3}{L}\dot{\phi}-\frac{z_{30}+z_{mk}}{L}\dot{z}_{mk} \tag{3.143}$$

式中，L 为缓冲支柱压缩过程中瞬时长度；L_0 为缓冲支柱全伸长长度；u 为缓冲支柱行程；$\dot{u}$ 为缓冲支柱压缩速度。

3.5 多轮支柱式起落架落震动力学方程

在 3.3 节中已经给出了一般的支柱式起落架的动力学方程，本节在此基础上具体建立多轮支柱式起落架动力学模型。选取起落架的机轮布置形式为并列双轮式。

3.5.1 力学模型的选取

为了较好地模拟起落架结构中各部分的运动特点，这里把起落架结构质量按需要划分为

3个集中质量：

1）弹性支撑质量：缓冲器中空气弹簧的上部质量，包括机身、机翼、尾翼、缓冲器外筒等质量，即空气弹簧支撑的质量。

2）非弹性支撑质量：空气弹簧的下部质量，包括缓冲器活塞杆、刹车装置、轮胎、车架等质量，即非空气弹簧支撑的质量。

3）转动质量：非弹性支撑质量的一部分，包括轮胎和刹车装置的转动部分。

该起落架动态力学模型如图3.26所示。

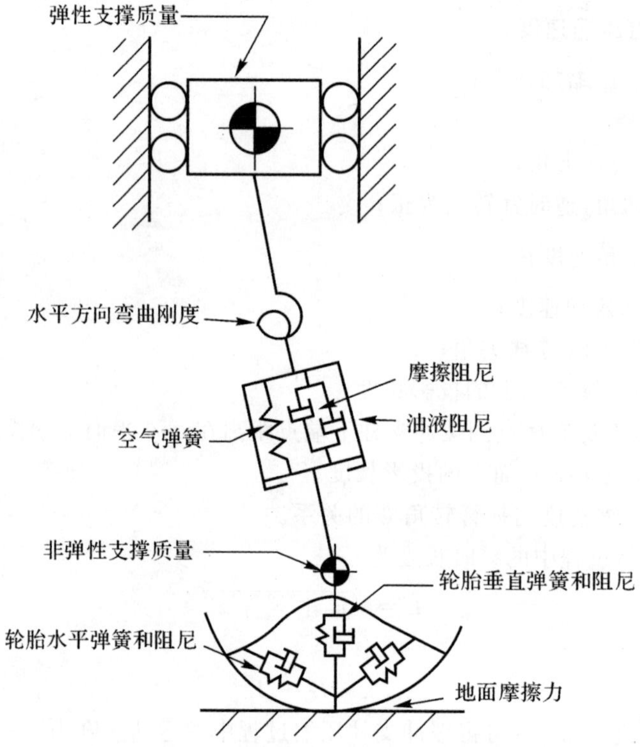

图3.26 研究样机主起落架动力学模型

3.5.2 模型的基本假设

对于所研究样机的主起落架的特点作如下假设：

1）起落架的几何图形形成一个垂直平面，所有的力作用在这个平面内。

2）忽略轴相对于缓冲器中心线的偏距。

3）弹性支撑质量重心的水平位置由缓冲器和耳轴的中心线的交点来确定。

4）弹性支撑质量可以理想化为集中在耳轴附近的刚体。

5）除了缓冲器结构的水平（前后方向）挠度变形外，忽略缓冲器结构的其他变形。

3.5.3 系统运动方程

1）坐标系：原点建立在飞机的重心处，y 坐标轴垂直向上为正，x 坐标轴垂直 y 坐标轴，航向正方向为正。坐标系随飞机的运动而运动。

2) 着陆运动方程:取起落架力学模型各个不同的分离体,根据动力学理论,可以得到下面的运动方程。各分离体受力关系如图 3.27 所示。

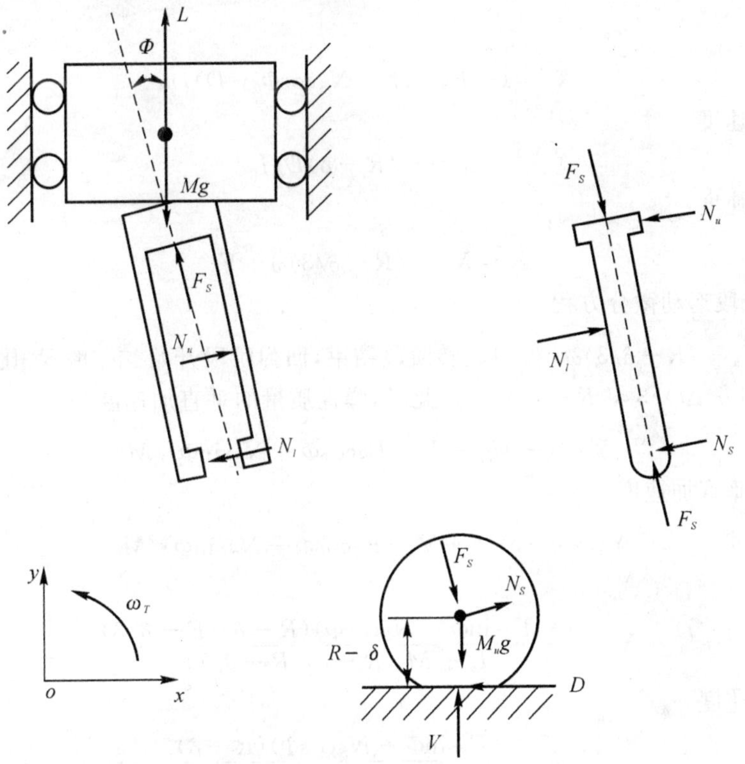

图 3.27 起落架各部分分离体示意图

a) 起转阶段运动方程。

i) 弹性支撑质量与非弹性支撑质量同步运动阶段(仅有轮胎压缩,缓冲支柱不压缩)。此时,它们具有相同的加速度,即

$$\ddot{Y}=\ddot{Y}_u=-g+(L+V)/(M+M_u) \tag{3.144}$$

水平加速度

$$\ddot{X}_u=(F_S\sin\Phi+N_S\cos\Phi-D)/M_u \tag{3.145}$$

轮胎旋转角加速度

$$\dot{\omega}_T=-(R-\delta)D/I_u \tag{3.146}$$

轮胎水平滑行速度

$$\dot{\varepsilon}_x=\dot{X}_u-(R-\delta/3)\omega_T+V_x \tag{3.147}$$

缓冲器行程与速度

$$\left.\begin{aligned}s&=(-Y+Y_u)/\cos\Phi+s_0\\ \dot{s}&=(-\dot{Y}+\dot{Y}_u)/\cos\Phi\end{aligned}\right\} \tag{3.148}$$

ii) 缓冲器开始压缩(轮胎继续压缩) 阶段。此时,弹性质量的垂直加速度

$$\ddot{Y}=(-Mg+L+F_S\cos\Phi-N_S\sin\Phi)/M \tag{3.149}$$

非弹性质量的垂直加速度

$$\ddot{Y}_u=(-M_ug+V-F_S\cos\Phi+N_S\sin\Phi)/M_u \tag{3.150}$$

水平加速度

$$\ddot{X}_u=(-F_S\sin\Phi-N_S\cos\Phi+D)/m \tag{3.151}$$

轮胎旋转角加速度

$$\dot{\omega}_T=-(R-\delta)D/I_u \tag{3.152}$$

轮胎水平滑行速度

$$\dot{\varepsilon}_x=\dot{X}_u-(R-\delta/3)\omega+V_x \tag{3.153}$$

b）回弹阶段运动微分方程。

当 $V_x+\dot{X}_u-(R-\delta/3)\omega=0$ 时起转阶段结束，回弹阶段开始。一般 R_0 比 $\delta/3$ 大得多，可以认为 $R-\delta(t+\Delta t)/3\approx R-\delta(t)/3$。此时，弹性质量的垂直加速度为

$$\ddot{Y}=(-Mg+L+F_S\cos\Phi-N_S\sin\Phi)/M \tag{3.154}$$

非弹性质量的垂直加速度

$$\ddot{Y}_u=(-M_ug+V-F_S\cos\Phi+N_S\sin\Phi)/M_u \tag{3.155}$$

水平加速度

$$\ddot{X}_u=\frac{(-F_S\sin\Phi-N_S\cos\Phi)(R-\delta)(R-\delta/3)}{I_u+M_u(R-\delta)(R-\delta/3)} \tag{3.156}$$

轮胎旋转角加速度

$$\dot{\omega}_T=\frac{(F_S\sin\Phi+N_S\cos\Phi)(R-\delta)}{I_u+M_u(R-\delta)(R-\delta/3)} \tag{3.157}$$

初始条件:起始阶段结束条件即为回弹阶段的初始条件。

回弹阶段结束条件:缓冲器行程速度 $\dot{s}<0$。

3.6 其他形式起落架落震动力学方程

上述各节讨论了支柱式起落架、摇臂式起落架以及多轮支柱式起落架的动力学方程，除此之外还有其他几种起落架类型，如简单支柱式起落架、外伸式起落架和半摇臂式起落架。这些起落架的动力学方程都可以进行类似的推导和讨论。

第4章　全机着陆与滑跑动力学

4.1　全机着陆与滑跑动力学概述

飞机是一个复杂的多自由度空间运动系统，若考虑所有的自由度，就必须列出相应数量的运动微分方程，这将使分析和求解变得极为困难，因此必须抓住一些主要的参数及自由度。建立整机的运动方程时，飞机模型应既不太复杂又能较为真实地模拟飞机系统。

现有对飞机地面运动特性的研究从飞机的着陆缓冲、滑跑减震、摆振等直线运动方面向考虑飞机偏航和滚转的综合运动方面发展，逐渐考虑在前轮操纵转弯系统和防滑刹车系统作用下飞机的动响应。起落架有多种形式，对大型飞机，可以采取多轮单支柱和多轮多支柱式起落架形式。在这些条件下，要对飞机地面运动进行分析，必须细化机身和起落架系统的建模。

4.2　全机着陆与滑跑动力学模型

4.2.1　模型的基本假设

为使所建立的模型既便于计算，又能较好地模拟实际情况，现对模型作如下假设：

1）将飞机分为弹性支撑质量和非弹性支撑质量两大部分，其中弹性支撑质量为缓冲器所支撑的质量，包括机身、机翼、缓冲器外筒等部件；非弹性支撑质量包括各起落架活塞杆、刹车装置、机轮以及车架等的质量。弹性支撑质量的运动描述体现在机体的刚体运动方程中，各非弹性支撑质量视为集中质量，具有独立的运动自由度。

2）弹性支撑质量的运动为六自由度的刚体运动，其质量集中于飞机质心处；非弹性支撑质量的运动仅考虑3个方向的平动自由度，其质量集中于机轮或车架与缓冲支柱的连接点处。对小车式起落架，考虑车架绕中心的俯仰运动。

3）考虑机体在飞机纵向平面内的前 n 阶对称弹性振动模态，模态的广义力中只考虑起落架力。

4）考虑缓冲支柱的弹性运动的航向和侧向变形。

5）各机轮具有独立的转动自由度。

6）气动力的变化在刚体运动中反映，且处理为集中力。

4.2.2 坐标系的定义和转换

地面惯性坐标系 $o_i x_i y_i z_i$:原点 o_i 在机体质心的初始位置,$o_i z_i$ 轴竖直向下;$o_i x_i$ 轴和 $o_i y_i$ 轴在水平面内;$o_i x_i$ 轴指向航向(见图 4.1)。

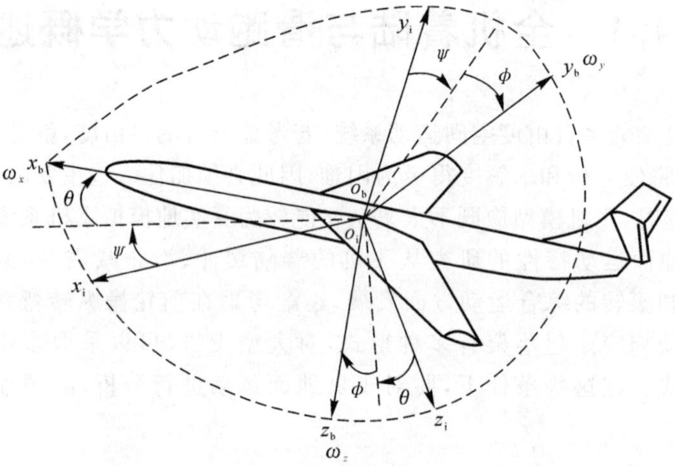

图 4.1　机体坐标系和地面惯性坐标系之间的关系

机体坐标系 $o_b x_b y_b z_b$:o_b 固连于飞机质心;$o_b x_b$ 轴平行于飞机轴线,指向机头;$o_b z_b$ 轴在飞机对称面内,竖直向下;$o_b y_b$ 轴指向右机翼(见图 4.1)。

气动坐标系 $o_a x_a y_a z_a$:o_a 固连于飞机质心;$o_a x_a$ 轴始终指向飞机的空速方向;$o_a z_a$ 轴在飞机对称面内,垂直于 $o_a x_a$ 轴,向下为正;$o_a y_a$ 轴垂直于 $x_a o_a z_a$ 平面,指向右机翼为正。

支柱坐标系 $o_{sj} x_{sj} y_{sj} z_{sj}$:坐标原点 o_{sj} 在各起落架与机身连接处,$o_{sj} z_{sj}$ 轴沿支柱轴向向下,$o_{sj} x_{sj}$ 轴位于轴平面内,指向前,轴平面为支柱轴线与飞机机体轴线组成的平面。下标 j 代表第 j 个起落架,下同(见图 4.2)。

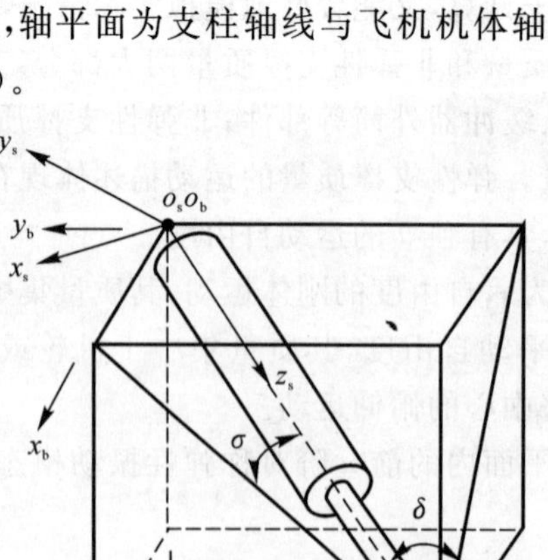

图 4.2　支柱坐标系和机体坐标系之间的关系

车架坐标系 $o_{cj} x_{cj} y_{cj} z_{cj}$:坐标原点 o_{cj} 在各小车车架与起落架连接点处,其坐标系方向与机体坐标系一致，仅相差各个车架绕中心的转动角 θ_j。

机轮坐标系 $o_{wk}x_{wk}y_{wk}z_{wk}$：原点 o_{wk} 位于机轮触地中心处；$o_{wk}x_{wk}$ 轴和 $o_{wk}y_{wk}$ 轴位于水平面内，$o_{wk}x_{wk}$ 轴位于机轮平面内指向机轮前进方向，$o_{wk}y_{wk}$ 轴指向右侧机翼，$o_{wk}z_{wk}$ 轴竖直向下。下标 k 代表第 k 个机轮，下同。

俯仰角 θ，偏航角 ψ，滚转角 ϕ 按如下规则定义：坐标系 $o_ix_iy_iz_i$ 分别依次绕 o_iz_i 轴旋转 ψ，绕 o_iy_i 轴旋转 θ，绕 o_ix_i 轴旋转 ϕ 与机体坐标系重合。机体坐标系到惯性坐标系的转换矩阵为

$$\boldsymbol{T}_{ib}=\begin{bmatrix}\cos\psi\cos\theta & -\sin\psi\cos\phi+\cos\psi\sin\theta\sin\phi & \sin\psi\sin\theta+\cos\psi\sin\theta\cos\phi\\ \sin\psi\cos\theta & \cos\psi\cos\phi+\sin\psi\sin\theta\sin\phi & -\cos\psi\sin\phi+\sin\psi\sin\theta\cos\phi\\ -\sin\theta & \cos\theta\sin\phi & \cos\theta\cos\phi\end{bmatrix} \tag{4.1}$$

侧滑角 β，迎角 α 按如下规则定义：坐标系 $o_ax_ay_az_a$ 分别依次绕 o_az_a 轴旋转 β，绕 o_ay_a 轴旋转 α 与机体坐标系重合。气动坐标系到机体坐标系的转换矩阵为

$$\boldsymbol{T}_{ba}=\begin{bmatrix}\cos\alpha\cos\beta & \sin\beta\cos\alpha & -\sin\alpha\\ -\sin\beta & \cos\beta & 0\\ \sin\alpha\sin\beta+\cos\beta\sin\alpha & \sin\alpha\sin\beta & \cos\alpha\end{bmatrix} \tag{4.2}$$

机体坐标系到支柱坐标系的转换矩阵为

$$\boldsymbol{T}_{sjb}=\begin{bmatrix}\cos\delta_j & 0 & -\sin\delta_j\\ -\sin\delta_j\sin\beta_j & \cos\beta_j & -\cos\delta_j\sin\beta_j\\ \sin\delta_j\cos\beta_j & \sin\beta_j & \cos\delta_j\cos\beta_j\end{bmatrix} \tag{4.3}$$

惯性坐标系到机轮坐标系的转换矩阵为

$$\boldsymbol{T}_{wki}=\begin{bmatrix}\cos(\psi_k+\psi) & \sin(\psi_k+\psi) & 0\\ \sin(\psi_k+\psi) & \cos(\psi_k+\psi) & 0\\ 0 & 0 & 1\end{bmatrix} \tag{4.4}$$

车架坐标系到机体坐标系的转换矩阵为

$$\boldsymbol{T}_{bcj}=\begin{bmatrix}\cos(\theta_j-\theta) & 0 & \sin(\theta_j-\theta)\\ 0 & 1 & 0\\ -\sin(\theta_j-\theta) & 0 & \cos(\theta_j-\theta)\end{bmatrix} \tag{4.5}$$

以上各式中，σ_j 为支柱相对机体的 x 向偏角；δ_j 为支柱相对机体的 y 向偏角；ψ_k 为第 k 个机轮的转向角；$\beta_j=\arctan(\tan\sigma_j\cos\delta_j)$。

4.2.3 机体动力学模型

机体质心的平动方程，在坐标系 $o_ix_iy_iz_i$ 中建立：

$$m_b\begin{bmatrix}\ddot{x}\\ \ddot{y}\\ \ddot{z}\end{bmatrix}=\boldsymbol{T}_{ib}\left(\begin{bmatrix}F_{th}\\ 0\\ 0\end{bmatrix}-\sum_j\begin{bmatrix}F_{xj}\\ F_{yj}\\ F_{zj}\end{bmatrix}\right)+\begin{bmatrix}0\\ 0\\ W_b\end{bmatrix}-\boldsymbol{T}_{ib}\boldsymbol{T}_{ba}\begin{bmatrix}D\\ -F_{ya}\\ L\end{bmatrix} \tag{4.6}$$

机体转动方程在机体坐标系 $o_bx_by_bz_b$ 中建立：

$$\boldsymbol{I}\begin{bmatrix}\dot{\omega}_x\\ \dot{\omega}_y\\ \dot{\omega}_z\end{bmatrix}=-\boldsymbol{\omega}\boldsymbol{I}\begin{bmatrix}\omega_x\\ \omega_y\\ \omega_z\end{bmatrix}+\sum_j\left(\begin{bmatrix}M_{xj}\\ M_{yj}\\ M_{zj}\end{bmatrix}-\boldsymbol{R}_{bj}\begin{bmatrix}F_{xj}\\ F_{yj}\\ F_{zj}\end{bmatrix}\right)+\begin{bmatrix}M_{xa}\\ M_{ya}\\ M_{za}\end{bmatrix} \tag{4.7}$$

$$\boldsymbol{\omega}=\begin{bmatrix}0 & -\omega_z & \omega_y\\ \omega_z & 0 & -\omega_x\\ -\omega_y & \omega_x & 0\end{bmatrix} \tag{4.8}$$

$$\boldsymbol{I}=\begin{bmatrix}I_{xx} & -I_{xy} & -I_{xz}\\ -I_{yx} & I_{yy} & -I_{yz}\\ -I_{zx} & -I_{zy} & I_{zz}\end{bmatrix} \tag{4.9}$$

$$\boldsymbol{R}_{bj}=\begin{bmatrix}0 & -z_{bj} & y_{bj}\\ z_{bj} & 0 & -x_{bj}\\ -y_{bj} & x_{bj} & 0\end{bmatrix} \tag{4.10}$$

$\boldsymbol{\omega}=[\omega_x \quad \omega_y \quad \omega_z]^{\mathrm{T}}$ 为角速度矢量在机体坐标系中的投影，其与姿态角的导数之间有如下关系：

$$\left.\begin{aligned}\dot{\psi}&=(\omega_z\cos\phi+\omega_y\sin\phi)/\cos\theta\\ \dot{\theta}&=\omega_y\cos\phi-\omega_z\sin\phi\\ \dot{\phi}&=\omega_x+\tan\theta(\omega_z\cos\phi+\omega_y\sin\phi)\end{aligned}\right\} \tag{4.11}$$

以上各式中，m_b 为机身质量；$[\ddot{x} \quad \ddot{y} \quad \ddot{z}]^{\mathrm{T}}$ 为机体质心的加速度矢量；$[F_{th} \quad 0 \quad 0]^{\mathrm{T}}$ 为飞机推力矢量；$[F_{xj} \quad F_{yj} \quad F_{zj}]^{\mathrm{T}}$ 为第 j 个起落架对机身的作用力矢量；$[0 \quad 0 \quad W_b]^{\mathrm{T}}$ 为飞机重力矢量；$[D \quad -F_{ya} \quad L]^{\mathrm{T}}$ 为飞机气动力矢量；$[\dot{\omega}_x \quad \dot{\omega}_y \quad \dot{\omega}_z]^{\mathrm{T}}$ 为飞机角加速度矢量；$[M_{xj} \quad M_{yj} \quad M_{zj}]^{\mathrm{T}}$ 为起落架作用于机身的力矩矢量；$[M_{xa} \quad M_{ya} \quad M_{za}]^{\mathrm{T}}$ 为气动力矩矢量；$\boldsymbol{\omega}$ 为机体的角速度矩阵；$\boldsymbol{I}$ 为机体的转动惯量矩阵；$\boldsymbol{R}_{bj}$ 为各起落架与机身连接点和机身质心的距离矩阵。

仅考虑机体垂直于机身水平参考面的弹性模态振动，于是

$$m_i(q_i+2\zeta_i\omega_i\dot{q}_i+\omega_i^2q_i)=\sum_j\varphi_{i,j}F_{zj} \quad i=1,2,\cdots,n \tag{4.12}$$

式中，$m_i, q_i, \zeta_i, \omega_i, \varphi_{i,j}$ 分别为机身各阶模态广义质量、广义位移、模态阻尼、固有频率和振型在各起落架与机身连接点处的值。

4.2.4 非弹性支撑质量的动力学模型

各非弹性支撑质量 3 个方向平动的动力学方程在惯性坐标系中定义为

$$M_{gj}\begin{bmatrix}\ddot{x}_{gj}\\ \ddot{y}_{gj}\\ \ddot{z}_{gj}\end{bmatrix}=\sum_k\boldsymbol{T}_{wki}^{\mathrm{T}}\begin{bmatrix}F_{xjk}\\ F_{yjk}\\ F_{zjk}\end{bmatrix}+\begin{bmatrix}0\\ 0\\ W_{gj}\end{bmatrix}+\begin{bmatrix}\widetilde{F}_{xj}\\ \widetilde{F}_{yj}\\ \widetilde{F}_{zj}\end{bmatrix} \tag{4.13}$$

式中，M_{gj} 为单个起落架非弹性支撑质量；$[\ddot{x}_{gj} \quad \ddot{y}_{gj} \quad \ddot{z}_{gj}]^{\mathrm{T}}$ 为非弹性支撑质量加速度矢量；$[F_{xjk} \quad F_{yjk} \quad F_{zjk}]^{\mathrm{T}}$ 为各个机轮所受轮胎力；W_{gj} 为非弹性支撑质量的重力；$[\widetilde{F}_{xj} \quad \widetilde{F}_{yj} \quad \widetilde{F}_{zj}]^{\mathrm{T}}$ 为起落架所受机身的反作用力。

对小车式起落架，考虑车架绕自身轴线的俯仰转动，其运动方程在车架坐标系中定义为

$$I_j\ddot{\theta}_j = M_{cj} + \sum_k M_{yjk} \tag{4.14}$$

$$\begin{bmatrix} M_{xjk} \\ M_{yjk} \\ M_{zjk} \end{bmatrix} = \boldsymbol{R}_{ck}\boldsymbol{T}_{bcj}^{T}\boldsymbol{T}_{ib}^{T}\boldsymbol{T}_{wki}^{T}\begin{bmatrix} F_{xjk} \\ F_{yjk} \\ F_{zjk} \end{bmatrix} + \boldsymbol{T}_{bcj}^{T}\boldsymbol{T}_{ib}^{T}\boldsymbol{T}_{wki}^{T}\begin{bmatrix} 0 \\ M_{wyjk} \\ M_{wzjk} \end{bmatrix} \tag{4.15}$$

$$\boldsymbol{R}_{cjk} = \begin{bmatrix} 0 & -z_{cjk} - r_{jk} & y_{cjk} \\ z_{cjk} + r_{jk} & 0 & -x_{cjk} \\ -y_{cjk} & x_{cjk} & 0 \end{bmatrix} \tag{4.16}$$

以上各式中，I_j 为车架的俯仰转动惯量；M_{cj} 为稳定缓冲器和刹车拉杆对车架作用的合力矩；$[M_{xjk}\quad M_{yjk}\quad M_{zjk}]^T$ 为各轮胎力对车架中心点的力矩在车架坐标系中的值；$[0\quad M_{wyjk}\quad M_{wzjk}]^T$ 为轮胎所受地面力矩；$\boldsymbol{R}_{cjk}$ 为轮胎力对车架中心点的作用力臂矩阵，x_{cjk}，y_{cjk}，z_{cjk} 为各机轮中心点到车架中心点的距离在车架坐标系中的位置坐标，r_{jk} 为轮胎转动半径。

各机轮的转动方程为

$$I_{wjk}\dot{\omega}_{wjk} = r_{jk}F_{xjk} - M_{wyjk} - B_{wjk} \tag{4.17}$$

式中，I_{wjk}，$\dot{\omega}_{wjk}$，F_{xjk}，M_{wyjk}，B_{wjk} 分别为机轮转动惯量、转动角加速度、阻力、阻力矩、刹车力矩。

为计算轮胎力，需确定机轮的位置和速度参数。各机轮轮轴中心的位移在惯性坐标系中的值为

$$\begin{bmatrix} x_{jk} \\ y_{jk} \\ z_{jk} \end{bmatrix} = \begin{bmatrix} x_{gj} \\ y_{gj} \\ z_{gj} \end{bmatrix} + \boldsymbol{T}_{ib}\boldsymbol{T}_{bcj}\begin{bmatrix} x_{cjk} \\ x_{cjk} \\ x_{cjk} \end{bmatrix} \tag{4.18}$$

速度为

$$\begin{bmatrix} \dot{x}_{jk} \\ \dot{y}_{jk} \\ \dot{z}_{jk} \end{bmatrix} = \begin{bmatrix} \dot{x}_{gj} \\ \dot{y}_{gj} \\ \dot{z}_{gj} \end{bmatrix} + \dot{\boldsymbol{T}}_{ib}\boldsymbol{T}_{bcj}\begin{bmatrix} x_{cjk} \\ y_{cjk} \\ z_{cjk} \end{bmatrix} + \boldsymbol{T}_{ib}\dot{\boldsymbol{T}}_{bcj}\begin{bmatrix} x_{cjk} \\ y_{cjk} \\ z_{cjk} \end{bmatrix} \tag{4.19}$$

4.2.5　小车式起落架动力学模型

对于小车式起落架，车架上安装着成对的装在前、后轴上的 4 个机轮，车架与支柱连接。支柱与车架之间的连接方式有两种，分别为固接和铰接。对于固接形式，当起落架在跑道上遇到不平的凸起时，前机轮由于受到撞击会使整个起落架抬起，前机轮受载增加，而后机轮可能不受力。对于铰接形式，当机轮着陆时，刹车引起的地面摩擦力矩将车架绕铰接头逆时针旋转，使后轮组卸载，前轮组加载，后机轮提前进入打滑状态，而前机轮刹车力矩不足，使刹车效率降低。为了解决这一问题，获得最大刹车效率，需要加装“刹车平衡装置”来传递这一载荷。

如图 4.3 所示，前后机轮刹车盘、摇臂均固接于轮轴上，轮轴与车架铰接，可绕轮轴中心线旋转。上刹车拉杆分别与支柱和前摇臂铰接，下刹车拉杆与前摇臂和后摇臂铰接。工作时，下刹车拉杆将后轮轴的刹车力矩传递到前摇臂，前摇臂将此力矩和前轮轴的刹车力矩一起传递

到上刹车拉杆，进而传递到支柱上。前、后轮刹车力矩的总作用力是通过上刹车拉杆由支柱来承受的。如图 4.4 所示，对车架进行受力分析。如果车架在刹车力 F_x、上刹车拉杆力 F_n 和通过车架旋转轴的反力 R_0（此力应通过前轮轴 O_1，使作用于前轮轴的力平衡）作用下处于平衡状态，车架就不会相对于轴 O 旋转，在各个机轮之间也不会产生力的重新分配。另外，由于力 F_x，R_0，F_n 平衡时应相交于 G 点，所以知道了 G 点的位置，便很容易确定出上刹车拉杆的方向。

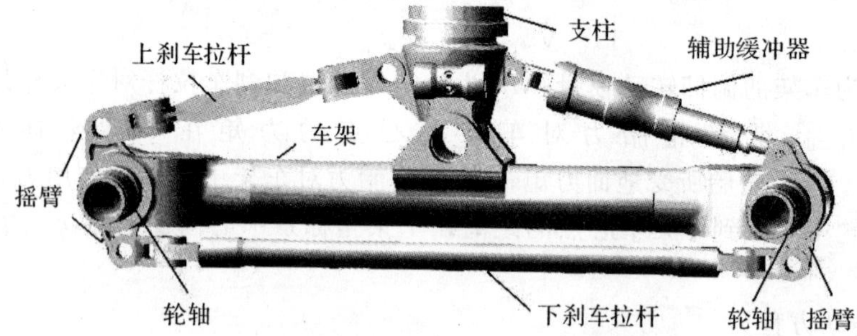

图 4.3 小车式起落架刹车平衡装置结构图

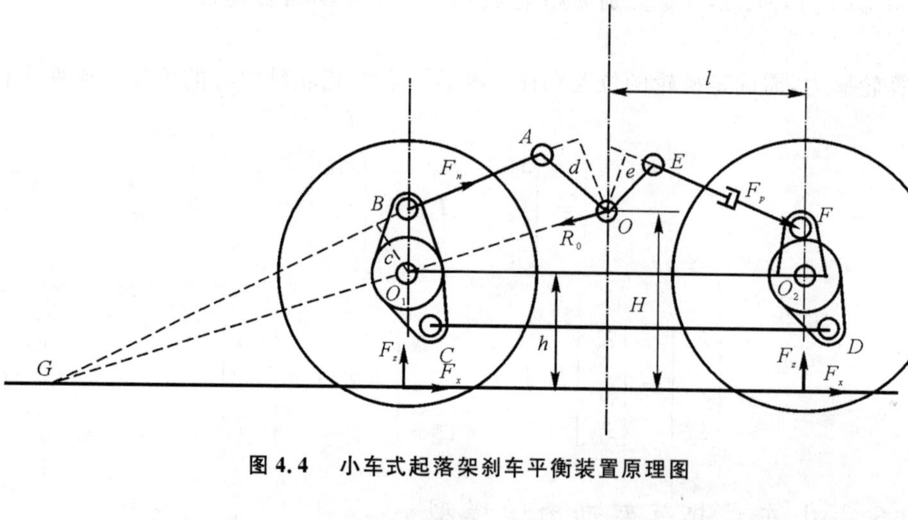

图 4.4 小车式起落架刹车平衡装置原理图

设车架处于水平位置，前、后机轮受力相同。由车架的力矩平衡条件，外力相对轮轴 O 的力矩和为零，即

$$F_n d - 4F_x H = 0 \tag{4.20}$$

同样，对于前轮轴 O_1 的总力矩也为零，即

$$F_n c - 4F_x h = 0 \tag{4.21}$$

因此由式(4.20) 和式(4.21) 可以看出

$$d/c = H/h \tag{4.22}$$

利用式(4.22) 可以确定上刹车拉杆的方向。在实际使用中，由于轮胎压缩量的变化，不可能严格满足此关系式，车架会产生一定的俯仰运动。另外，当不施加刹车力矩时，刹车平衡装置不起作用，车架可绕支柱自由旋转。因此，为阻止车架在飞机着陆和滑跑时产生剧烈的俯仰运动，一般还为小车式起落架配备了辅助缓冲器，如图 4.3 和图 4.4 所示。辅助缓冲器分别

与支柱和车架铰接，吸收车架由于剧烈俯仰运动产生的能量，使车架尽快进入平衡状态。

考虑到辅助缓冲器作用后，车架所受的合力矩（轮胎力除外）为

$$M_c = F_n d + F_p e \tag{4.23}$$

4.2.6 起落架支柱的动力学模型

假设支柱是弹性的，具有 x，y 向偏转两个自由度和沿轴向的移动自由度。

非弹性支撑质量到支柱与机身连接点的位置矢量为

$$\begin{bmatrix} x_{sj} \\ y_{sj} \\ z_{sj} \end{bmatrix} = \boldsymbol{T}_{ib}^{T} \begin{bmatrix} x_{gj} - x \\ y_{gj} - y \\ z_{gj} - z \end{bmatrix} - \begin{bmatrix} x_{bj} \\ y_{bj} \\ z_{bj} \end{bmatrix} - \begin{bmatrix} 0 \\ 0 \\ \sum_{i=1}^{n} q_i \varphi_{i,j} \end{bmatrix} \tag{4.24}$$

其速率为

$$\begin{bmatrix} \dot{x}_{sj} \\ \dot{y}_{sj} \\ \dot{z}_{sj} \end{bmatrix} = \dot{\boldsymbol{T}}_{ib}^{T} \begin{bmatrix} x_{gj} - x \\ y_{gj} - y \\ z_{gj} - z \end{bmatrix} + \boldsymbol{T}_{ib}^{T} \begin{bmatrix} \dot{x}_{gj} - \dot{x} \\ \dot{y}_{gj} - \dot{y} \\ \dot{z}_{gj} - \dot{z} \end{bmatrix} - \begin{bmatrix} 0 \\ 0 \\ \sum_{i=1}^{n} \dot{q}_i \varphi_{i,j} \end{bmatrix} \tag{4.25}$$

于是，在机体坐标系中，支柱的弹性变形和缓冲器的轴向压缩为

$$\begin{bmatrix} \Delta x_{sj} \\ \Delta y_{sj} \\ \Delta z_{sj} \end{bmatrix} = \boldsymbol{T}_{sjb} \left(\begin{bmatrix} x_{sj} \\ y_{sj} \\ z_{sj} \end{bmatrix} - \begin{bmatrix} a_j \\ b_j \\ 0 \end{bmatrix} \right) - \begin{bmatrix} 0 \\ 0 \\ l_j \end{bmatrix} \tag{4.26}$$

其速率为

$$\begin{bmatrix} \Delta \dot{x}_{sj} \\ \Delta \dot{y}_{sj} \\ \Delta \dot{z}_{sj} \end{bmatrix} = \boldsymbol{T}_{sjb} \begin{bmatrix} \dot{x}_{sj} \\ \dot{y}_{sj} \\ \dot{z}_{sj} \end{bmatrix} \tag{4.27}$$

缓冲器的行程为 $S = -\Delta z_{sj}$，行程速率为 $\dot{S} = -\Delta \dot{z}_{sj}$。

起落架作用在机身上的力和力矩在机体坐标系中表示为

$$\begin{bmatrix} F_{xj} \\ F_{yj} \\ F_{zj} \end{bmatrix} = \boldsymbol{T}_{sjb}^{T} \begin{bmatrix} -K_{xj} \Delta x_{sj} \\ -K_{yj} \Delta y_{sj} \\ f_{sj} \end{bmatrix} \tag{4.28}$$

对于小车式起落架

$$\begin{bmatrix} M_{xj} \\ M_{yj} \\ M_{zj} \end{bmatrix} = \boldsymbol{R}_{sj} \begin{bmatrix} F_{xj} \\ F_{yj} \\ F_{zj} \end{bmatrix} + \sum_{k} \boldsymbol{T}_{bcj} \begin{bmatrix} M_{xjk} \\ 0 \\ M_{zjk} \end{bmatrix} + \boldsymbol{T}_{bcj} \begin{bmatrix} 0 \\ M_{cj} \\ 0 \end{bmatrix} \tag{4.29}$$

对于非小车式起落架

$$\begin{bmatrix} M_{xj} \\ M_{yj} \\ M_{zj} \end{bmatrix} = \boldsymbol{R}_{sj} \begin{bmatrix} F_{xj} \\ F_{yj} \\ F_{zj} \end{bmatrix} + \sum_{k} \boldsymbol{T}_{bcj} \begin{bmatrix} M_{xjk} \\ -M_{yjk} \\ M_{zjk} \end{bmatrix} \tag{4.30}$$

考虑支柱的弹性变形阻尼，有

$$\begin{bmatrix} \widetilde{F}_{xj} \\ \widetilde{F}_{yj} \\ \widetilde{F}_{zj} \end{bmatrix} = \begin{bmatrix} F_{xj} \\ F_{yj} \\ F_{zj} \end{bmatrix} + \boldsymbol{T}_{\mathrm{sjb}}^{\mathrm{T}} \begin{bmatrix} -C_{xj}\Delta\dot{x}_{\mathrm{sj}} \\ -C_{yj}\Delta\dot{y}_{\mathrm{sj}} \\ 0 \end{bmatrix} \tag{4.31}$$

以上各式中，l_j 为起落架全伸长的长度；K_{xj}，K_{yj} 分别为支柱 x 向、y 向的刚度；C_{xj}，C_{yj} 分别为支柱 x 向、y 向的弹性阻尼系数；$[F_{xj} \quad F_{yj} \quad F_{zj}]^{\mathrm{T}}$，$[M_{xj} \quad M_{yj} \quad M_{zj}]^{\mathrm{T}}$ 分别为起落架作用在机身上的力和力矩；$\boldsymbol{R}_{\mathrm{s}j}$ 为起落架力作用到机身的力臂，即

$$\boldsymbol{R}_{\mathrm{s}j} = \begin{bmatrix} 0 & -z_{\mathrm{s}j} & y_{\mathrm{s}j} \\ z_{\mathrm{s}j} & 0 & -x_{\mathrm{s}j} \\ -y_{\mathrm{s}j} & x_{\mathrm{s}j} & 0 \end{bmatrix} \tag{4.32}$$

4.3 动力学模型中相关力的计算

4.3.1 轮胎动力学模型

轮胎动力学模型采用在航空轮胎中广泛使用的 TR－R－64 半经验模型，这种模型比较简单，适用于侧倾为非主要因素的情况。它把纵向滑移和横向滑移分开对待，对于不包括联合滑移的一般操纵性分析可以得到合理的结果。

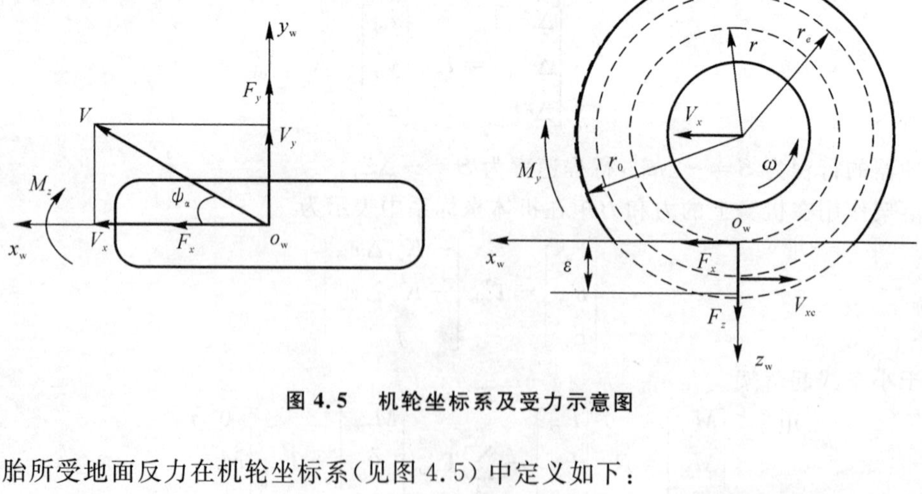

图 4.5 机轮坐标系及受力示意图

轮胎所受地面反力在机轮坐标系（见图 4.5）中定义如下：

（1）径向轮胎力

$$F_z = -(1 + c_T\dot{\varepsilon})f(\varepsilon) \tag{4.33}$$

式中，ε 为轮胎压缩量；$f(\varepsilon)$ 为轮胎静压曲线，可根据试验数据拟合；c_T 是轮胎垂直振动当量阻尼系数。

（2）纵向轮胎力

$$F_x = \mu_x F_z \tag{4.34}$$

式中，μ_x 为纵向滑动摩擦因数，其与纵向滑移率之间的关系比较复杂，在本章的计算中可由以下经验公式给出：

$$\mu_x = \begin{cases} 5.62 S_g & -0.13 < S_g \leqslant 0.13 \\ 0.77 - 0.32 S_g & 0.13 < S_g \leqslant 1 \end{cases} \tag{4.35}$$

滑移率 S_g 定义为

$$S_g = \frac{V_x - V_{xc}}{V_x} = \frac{V_x - \omega r_e}{V_x} \tag{4.36}$$

式中，r_e 为轮胎转动半径，由下式得出：

$$r_e = r_0 - \frac{1}{3}\varepsilon \tag{4.37}$$

(3) 侧向轮胎力

轮胎侧向力与轮胎侧偏角有密切的关系，侧偏角由机轮速度得出：

$$\psi_\alpha = \arctan(V_y / V_x) \tag{4.38}$$

定义转弯强度 N 及系数 ϕ 为

$$N = \left(\frac{\mathrm{d}F_y}{\mathrm{d}\psi_\alpha}\right)_{\psi_\alpha = 0}, \quad \phi = \frac{N\psi_\alpha}{\mu_\alpha F_z} \tag{4.39}$$

式中，μ_α 为侧偏阻力系数，则轮胎侧向力可表示为

$$F_y = \begin{cases} \left(\phi - \frac{4}{27}\phi\right)\mu_\alpha F_z & \phi < 1.5 \\ \mu_\alpha F_z & \phi \geqslant 1.5 \end{cases} \tag{4.40}$$

N 由以下经验公式给出：

$$N = \begin{cases} c_e(p + 0.44 p_r) w^2 [1.2\varepsilon/d - 8.8(\varepsilon/d)^2] & \varepsilon/d \leqslant 0.0875 \\ c_e(p + 0.44 p_r) w^2 (0.0674 - 0.34\varepsilon/d)) & \varepsilon/d \geqslant 0.0875 \end{cases} \tag{4.41}$$

(4) 自矫正力矩

$$M_z = \begin{cases} 0.8\phi\mu_\alpha F_z l_h & \phi \leqslant 0.1 \\ (\phi - \phi^2 - 0.01)\mu_\alpha F_z l_h & 0.1 < \phi \leqslant 0.55 \\ (0.295 - 0.1\phi)\mu_\alpha F_z l_h & \phi > 0.55 \end{cases} \tag{4.42}$$

式中，l_h 为轮胎触地面半长，即

$$l_h = 0.85 d \sqrt{\varepsilon/d - (\varepsilon/d)^2} \tag{4.43}$$

(5) 滚阻力矩

$$M_y = \mu_r r_0 F_z \tag{4.44}$$

式中，μ_r 为滚阻力矩系数。

4.3.2　缓冲器轴向力

缓冲器轴向力 f_s 主要由三部分组成：空气弹簧力 f_a、油液阻尼力 f_h 和摩擦力 f_f。另外当缓冲器全伸长状态和缓冲器压缩到最大行程时，f_s 可由缓冲器结构限制力确定。f_s 统一表示为

$$f_s=\begin{cases}K_sS & S<S_0\\ f_a+f_d+f_f & S_0\leqslant S<S_{max}\\ K_s(S-S_{max}) & S\geqslant S_{max}\end{cases} \tag{4.45}$$

式中,K_s 是缓冲器拉压结构限制刚度;S_{max} 是缓冲器最大压缩行程;S_0 是缓冲器全伸长状态时的行程,可由下式表示:

$$S_0=\frac{(1+\mu_m)A_a(p_0-p_{atm})}{K_s} \tag{4.46}$$

式中,A_a 为缓冲器气室有效压气面积;p_0 是缓冲器初始充气压力;p_{atm} 是当地大气压;μ_m 是皮碗当量摩擦因数。

(1) 空气弹簧力

$$f_a=A_a\left[p_0\left(\frac{V_{BO}}{V_{BO}-A_aS}\right)^{\nu}-p_{atm}\right] \tag{4.47}$$

式中,ν 是空气压缩多变指数,取值范围是 1.0 ~ 1.3。

(2) 油液阻尼力

$$f_d=\begin{cases}\dfrac{\rho A_h^3\dot{S}^2}{2C_d^2A_d^2}+\dfrac{\rho A_{hs}^3\dot{S}^2}{2C_{ds}^2A_n^2} & \dot{S}\geqslant 0\\[2ex] -\dfrac{\rho A_h^3\dot{S}^2}{2C_{d1}^2A_{d1}^2}-\dfrac{\rho A_{hs}^3\dot{S}^2}{2C_{ds}^2A_{n1}^2} & \dot{S}<0\end{cases} \tag{4.48}$$

式中,ρ 为油液密度;A_h 为缓冲器有效压油面积;A_d,A_{d1} 分别为正、反行程时主油孔面积;C_d,C_{d1} 分别为正、反行程时主油孔缩流因数;A_{hs},C_{ds} 分别为回油腔有效压油面积和油孔缩流因数;A_n,A_{n1} 分别为正、反行程时回油腔油孔总面积。值得注意的是,A_d,A_{d1} 对于变油孔是随行程变化的,如果有侧油孔,侧油孔面积也应包含在里面。

(3) 摩擦力

缓冲器内部摩擦力由两部分组成,其一是皮碗摩擦力;其二是由于缓冲支柱弯曲在上下支撑点产生的库仑摩擦力,即

$$f_f=f_{f1}+f_{f2} \tag{4.49}$$

f_{f1} 由下式确定:

$$f_{f1}=\mu_m f_a\frac{\dot{S}}{|\dot{S}|} \tag{4.50}$$

f_{f2} 由下式确定:

$$f_{f2}=\mu_b(|N_u|+|N_l|)\frac{\dot{S}}{|\dot{S}|} \tag{4.51}$$

式中,μ_b 为库仑摩擦因数;N_u,N_l 分别为缓冲支柱上、下支撑点处产生的正压力。

4.3.3 气动力

气动力在气动坐标系中定义:

飞机升力

$$L=1/2\rho V^2 W C_{L\alpha}(\alpha-\alpha_0)$$

飞机阻力

$$D=1/2\rho V^2 W C_D$$

俯仰力矩

$$M_{za}=1/2\rho V^2 W b_A C_{mL}$$

$$C_{mL}=C_{m0}+C_{mCL}C_L,\quad C_L=C_{L\alpha}(\alpha-\alpha_0)$$

由于侧滑而产生的侧向力

$$F_{ya}=1/2\rho V^2 W C_{y\beta}\beta$$

由于侧滑而产生的偏航力矩

$$M_{za}=1/2\rho V^2 W l_A C_{n\beta}\beta$$

由于侧滑而产生的滚转力矩

$$M_{xa}=1/2\rho V^2 W l_A C_{l\beta}\beta$$

式中，ρ 为空气密度；V 为飞机航向速度；W 为机翼面积；b_A 为平均气动弦长；l_A 为机翼展长；α_0 为飞机零升力攻角；$C_{L\alpha}$ 为飞机升力线斜率；C_D 为飞机阻力系数，由飞机极曲线确定；$C_{y\beta}$，$C_{n\beta}$，$C_{l\beta}$ 分别为侧向力系数对飞机侧滑角的倒数、偏航力矩系数对飞机侧滑角的倒数、滚转力矩系数对飞机侧滑角的倒数，其值与飞机攻角有关，根据试验结果可由下式拟合：

$$C_{y\beta}=C_{y\beta,\alpha0}+C_{y\beta,\alpha1}\alpha+C_{y\beta,\alpha2}\alpha^2 \tag{4.52}$$

$$C_{n\beta}=C_{n\beta,\alpha0}+C_{n\beta,\alpha1}\alpha+C_{n\beta,\alpha2}\alpha^2 \tag{4.53}$$

$$C_{l\beta}=C_{l\beta,\alpha0}+C_{l\beta,\alpha1}\alpha+C_{l\beta,\alpha2}\alpha^2 \tag{4.54}$$

4.4　飞机地面运动仿真分析

基于 4.2 和 4.3 节建立的分析模型，采用 MATLAB 软件编制了相应的计算软件，可对飞机着陆、滑跑和地面运动进行仿真计算，得到了飞机和起落架的动态响应，并对仿真结果进行分析。本节的分析对象为某型运输机，前三点布置，前起落架为支柱式起落架，带有两个机轮，左／右主起落架均为四轮小车式。机轮编号如图 4.6 所示，飞机总体参数见表 4.1。

表 4.1　飞机总体参数

飞机设计着陆质量	56 000 kg	转动惯量 I_{xx}	$1.298\,585\times10^6$ kg·m²
前主起落架距离	9.806 m	转动惯量 I_{yy}	$1.874\,525\times10^6$ kg·m²
重心到前起落架距离	8.702 m	转动惯量 I_{zz}	$3.120\,91\times10^6$ kg·m²
初始俯仰角	2°	转动惯量 I_{xz}	$-1.170\,597\times10^6$ kg·m²
着陆水平速度	220 km/h	下沉速度	3.05 m/s
单个发动机反向推力	7 554 N		

4.4.1　飞机对称着陆仿真

飞机对称着陆时，仿真结果如图 4.7 ～ 图 4.13 所示。

图 4.7 描述了飞机对称着陆时，飞机重心处位移、速度和加速度时间历程，图 4.8 描述了

机体俯仰角、角速度和角加速度响应，图 4.9 和图 4.10 分别描述了主起落架缓冲支柱力和主起落架轮胎垂直力的时间历程。从中可以看出，飞机重心处的最大垂直加速度为 16.4 m/s^2，最大过载为 1.67。

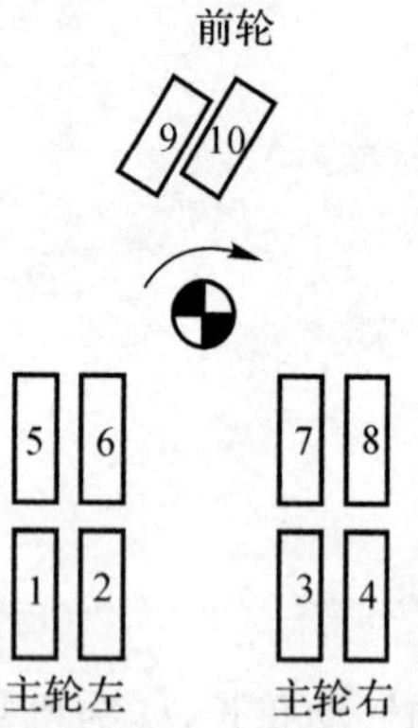

图 4.6 机轮编号示意图

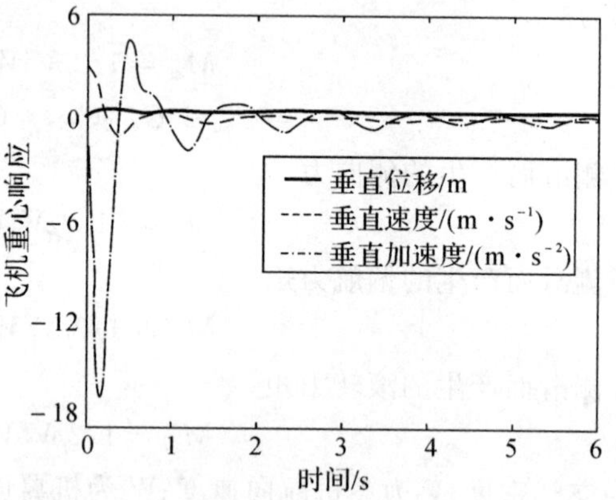

图 4.7 飞机重心处位移、速度和加速度响应

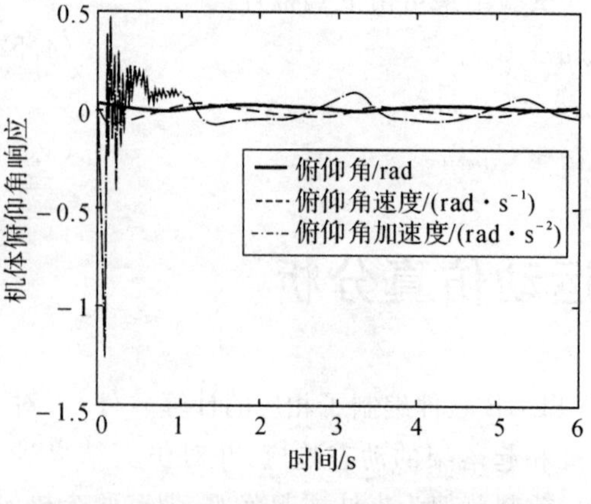

图 4.8 机体俯仰角、角速度和角加速度响应

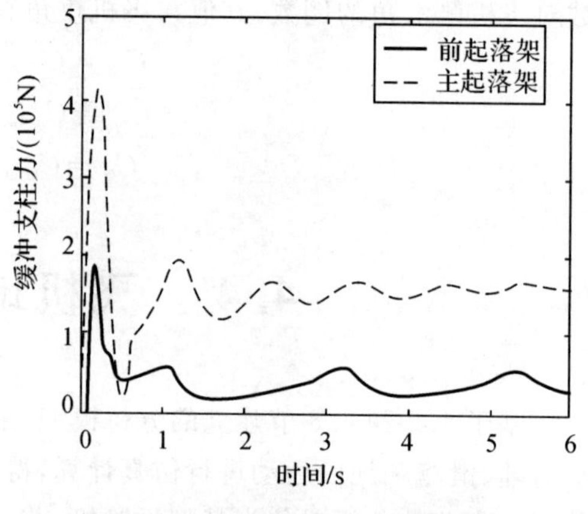

图 4.9 起落架缓冲支柱轴向力

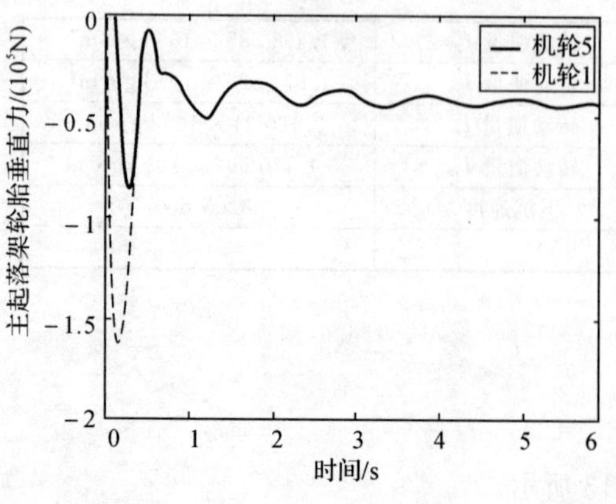

图 4.10 主起落架轮胎垂直力

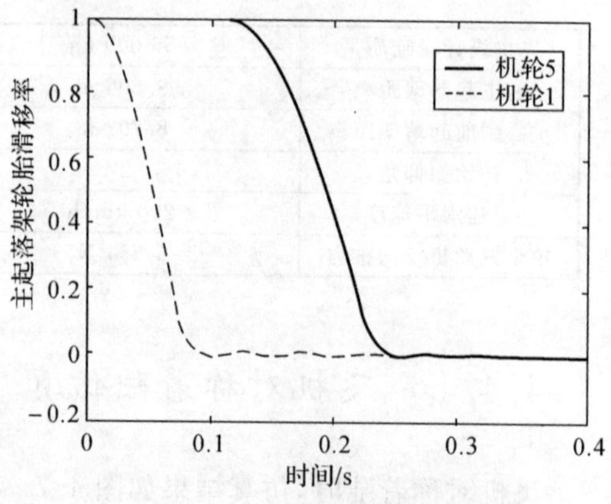

图 4.11 主起落架轮胎滑移率

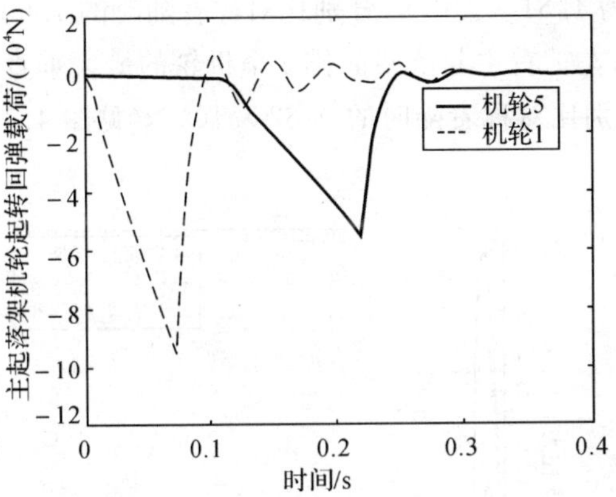

图 4.12　主起落架机轮起转回弹载荷

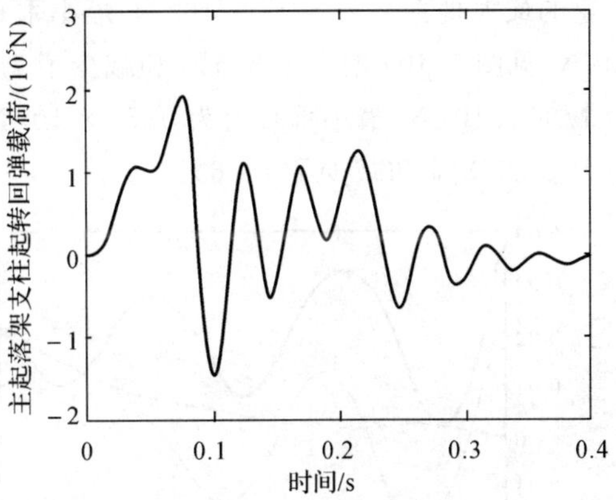

图 4.13　主起落架支柱起转回弹载荷

图 4.11～图 4.13 描述了飞机着陆时，主起落架起转和回弹的情况。飞机着陆时，机轮由静止开始转动，此时机轮的滑移率从 1 迅速减小，如图 4.11 所示。主起落架轮胎的起转回弹载荷如图 4.12 所示。当 $t=0.073$ s 时，主起落架机轮 1 的起转载荷达到最大，为 96.06 kN；当 $t=0.105$ s 时，回弹载荷达到最大，为 7.87 kN。当 $t=0.22$ s 时，主起落架机轮 5 的起转载荷达到最大，为 55.81 kN；当 $t=0.30$ s 时，回弹载荷达到最大，为 1.27 kN。图 4.13 所示为主起落架支柱在轮胎起转回弹时的受力情况，当 $t=0.076$ s 时，主起落架支柱起转载荷达到最大，为 197.38 kN；当 $t=0.101$ s 时，支柱回弹载荷达到最大，为 145.23 kN。

4.4.2　飞机非对称着陆仿真

图 4.14～图 4.19 描述了飞机以 1° 的初始滚转角着陆时的仿真结果。

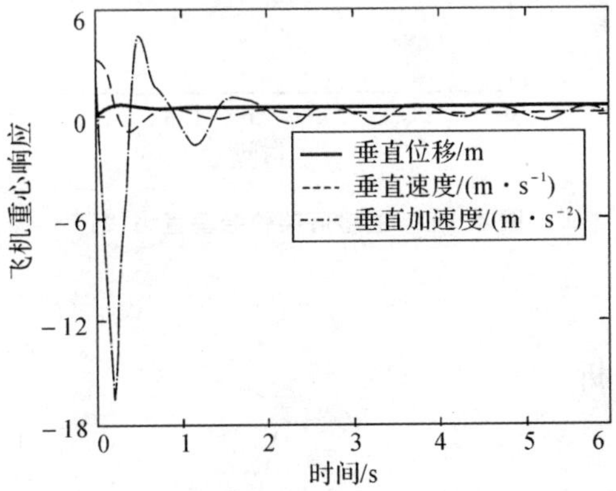

图 4.14　飞机重心处位移、速度和加速度响应

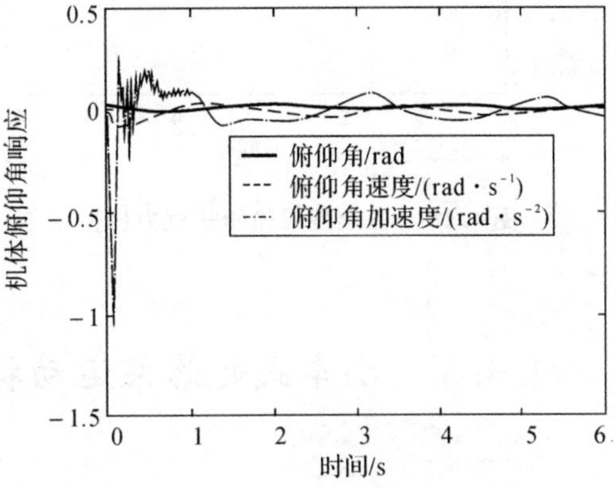

图 4.15　机体俯仰角、角速度和角加速度响应

由图 4.14～图 4.19 可知，与对称着陆相比，飞机重心的垂直加速度和机体的俯仰角加速度基本不变；由于飞机的滚转运动因而飞机产生偏航，需要纠正航向；飞机左主起落架的最大缓冲支柱轴向力为 3.72×10^5 N，右主起落架的最大缓冲支柱轴向力为 4.74×10^5 N，分别比对

称着陆时的 4.13×10^5 N(见图 4.9) 减少了 9.9% 和增大了 14.8%；左 / 右主起落架后排 4 个机轮的最大垂直力为 1.77 × 10^5 N，最小垂直力为 1.51 × 10^5 N，分别比对称着陆时的 1.63 × 10^5 N(见图 4.10) 增大了 8.6% 和减少了 7.4%；左 / 右主起落架前排 4 个机轮的最大垂直力为 1.06 × 10^5 N，最小垂直力为 0.70 × 10^5 N，分别比对称着陆时的 0.82 × 10^5 N(见图 4.10) 增大了 29.3% 和减少了 14.6%。

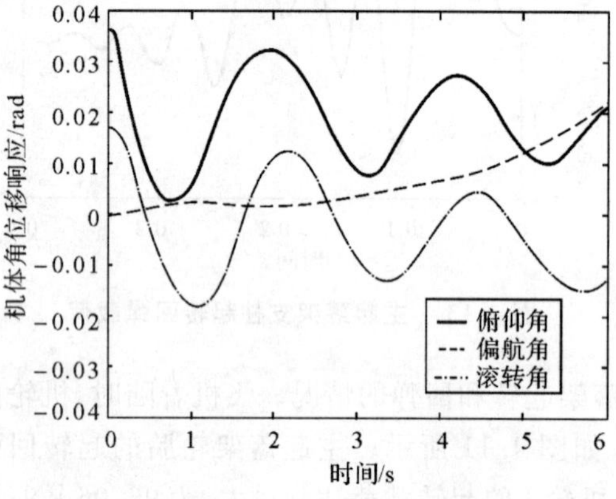

图 4.16 机体俯仰角、偏航角和滚转角响应

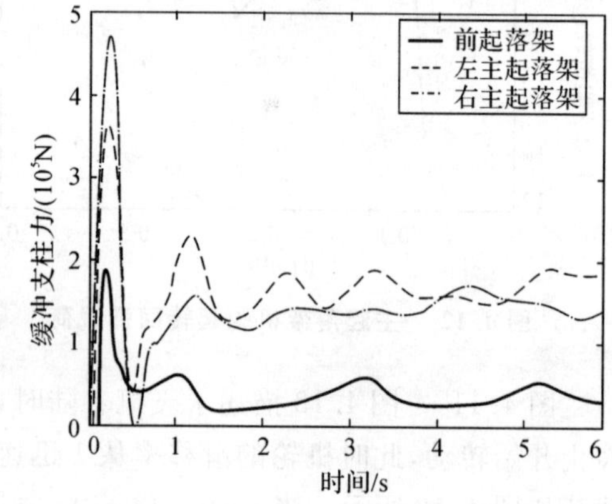

图 4.17 起落架缓冲支柱轴向力

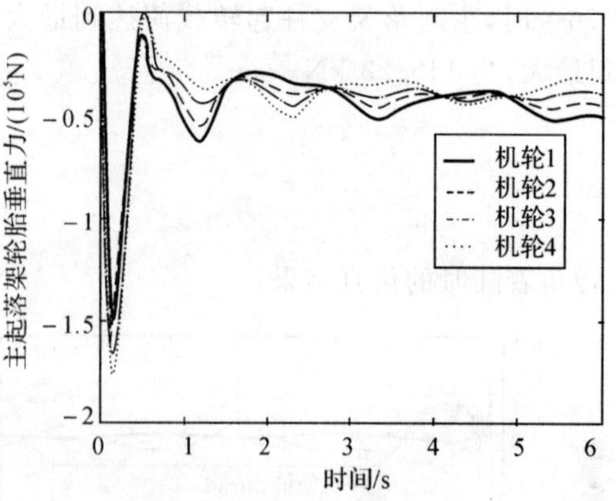

图 4.18 主起落架轮胎垂直力(1)

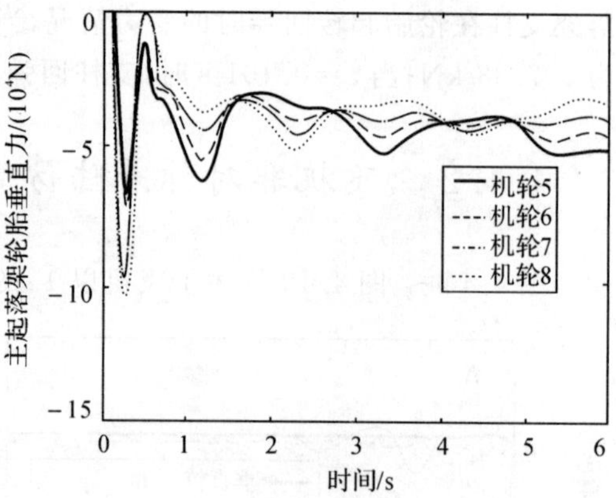

图 4.19 主起落架轮胎垂直力(2)

4.4.3 小车式起落架运动特性分析

1. 辅助缓冲器阻尼特性分析

小车式起落架飞机着陆时，车架由于前后机轮触地时间不同而产生剧烈的俯仰运动。当飞机在地面滑跑，越过障碍物或滑过凹凸路面时，车架也会产生剧烈振荡。采用辅助缓冲器产生阻尼力来吸收车架剧烈俯仰运动的能量，减缓车架的转动，有助于提高飞机的着陆安全性。

图 4.20 ～ 图 4.23 分别表示当无阻尼缓冲器、阻尼为线性($F = -c_1 u, c_1 = 1 \times 10^7$ N·s/m)、阻

尼为非线性($F=-c_2u^2, c_2=1\times10^5\ \mathrm{N\cdot s^2/m^2}$)时,车架的运动情况和机轮的受力情况。

由图 4.20 ～ 图 4.23 可以看出,采用辅助缓冲器后,飞机着陆时车架的俯仰角和俯仰角速度均大大降低,单个机轮的最大垂直载荷也降低。按本节所选取的阻尼系数,在飞机着陆过程中,线性阻尼器使车架产生的俯仰角和俯仰角速度与非线性阻尼器作用下基本一致。但对比图 4.23 和图 4.10,可以看出,非线性阻尼器不影响飞机地面滑跑时车架前、后轮胎力的分配,前、后轮胎力基本相等,而采用线性阻尼器后,飞机滑跑时车架前、后轮受力不等,将影响到飞机的刹车特性。因此,辅助缓冲器设计应当在车架俯仰角速度大时(着陆时)产生较大阻尼力,阻止剧烈振动,车架俯仰角速度小时(滑跑时)产生小的阻尼力,使车架前后轮载荷基本一致。采用具有非线性阻尼特性的辅助缓冲器能达到这一效果。

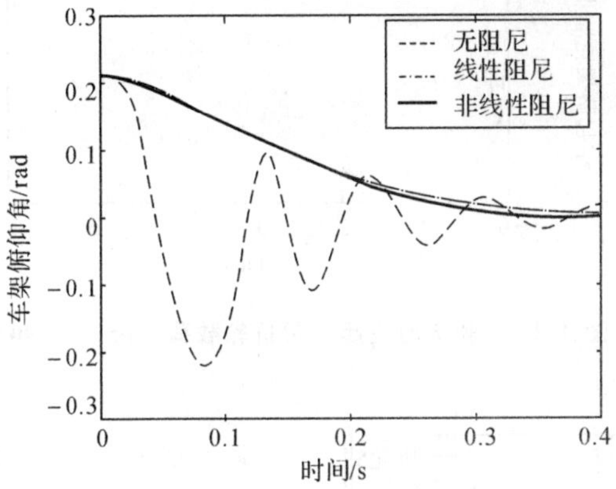

图 4.20　不同阻尼特性下车架俯仰角变化

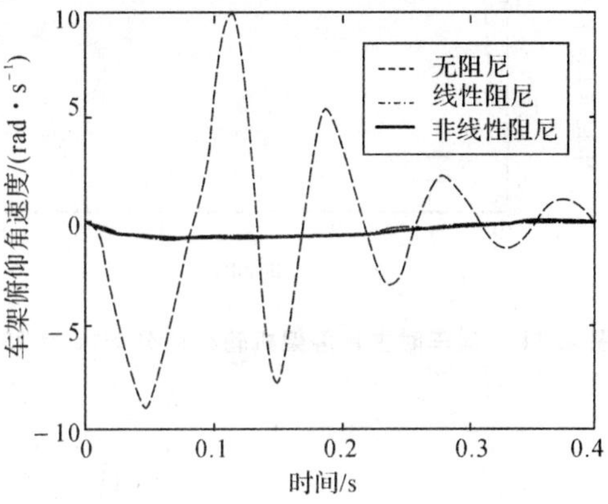

图 4.21　不同阻尼特性下车架俯仰角速度变化

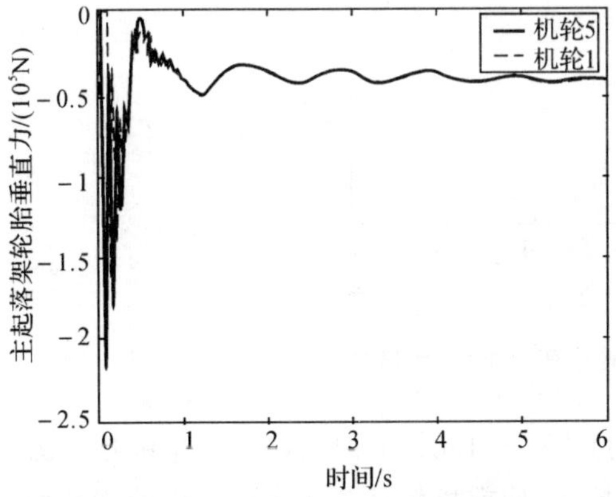

图 4.22　无辅助缓冲器时的轮胎垂直力

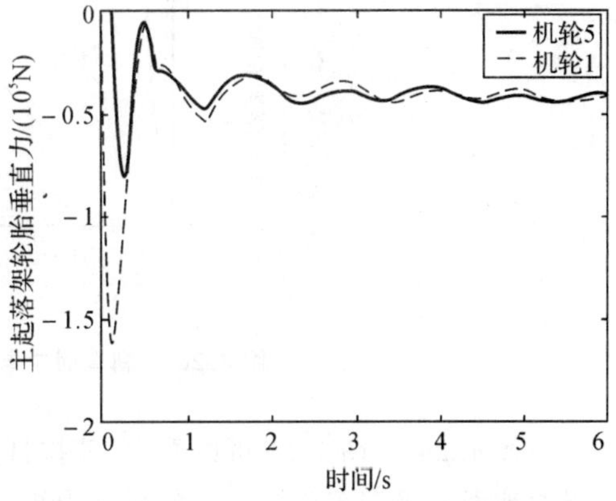

图 4.23　阻尼为线性时的轮胎垂直力

2. 刹车平衡装置作用特性分析

由 4.2.6 节可知,刹车平衡装置上刹车拉杆的位置和方向可由关系式 $d/c=H/h$ 确定,在这个关系式中,H 和 h 的大小与轮胎压缩量有关。轮胎压缩量在飞机滑跑过程中是一个变化的数值,在设计时通常需要估算一个平均值来确定拉杆的位置和方向。而通过系统仿真,以刹车时车架前后机轮载荷一致为设计目标，就可以对拉杆的位置和方向进行优化。

假定飞机着陆后 2 s 开始，给主起落架每个机轮以 5 000 N·m 的刹车力矩，飞机进入刹车状态。对刹车拉杆 AB，如图 4.4 所示，固定 B 点位置和 A 点水平方向位置，变换 A 点在竖直方向的位置，考察机轮载荷的分配情况。z 表示 A 点离 O 点在竖直方向的距离，图 4.24 ～ 图4.26 所示为 z 值的大小对于刹车时主起落架机轮载荷分配的影响。

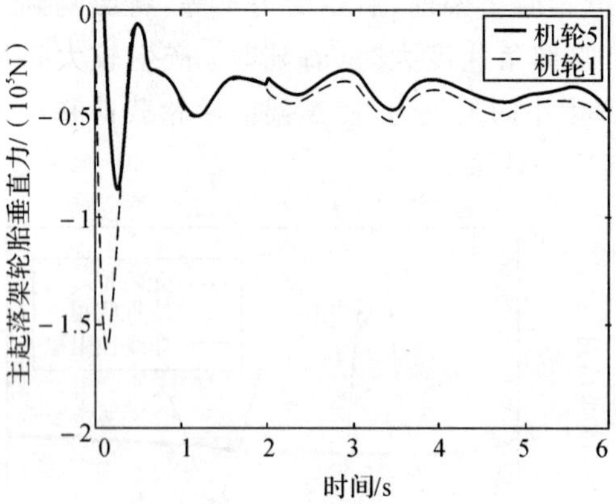

图 4.24　刹车时主起落架机轮载荷分配(z = 150)

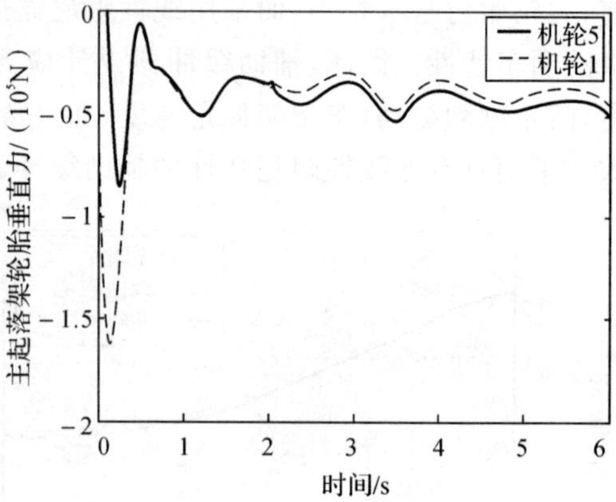

图 4.25　刹车时主起落架机轮载荷分配(z = 90)

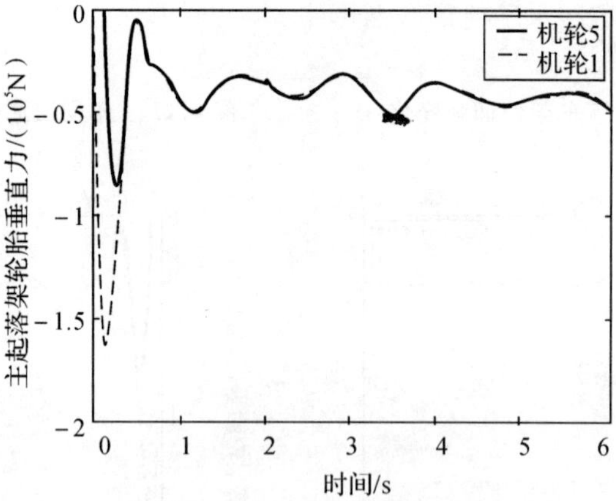

图 4.26　刹车时主起落架机轮载荷分配(z = 118)

由图 4.24 ～ 图 4.26 可以看出，若拉杆的力臂过大(z=150)，此时由拉杆产生的抬头力矩大于由地面水平刹车反力产生的低头力矩，车架将抬头，使前机轮载荷减小而后机轮载荷增大(见图 4.24)；若拉杆的力臂过小(z=90)，此时由拉杆产生的抬头力矩小于由地面水平刹车反力产生的低头力矩，车架将低头，使得前机轮载荷增大而后机轮载荷减小(见图 4.25)；当 z=118 时，由拉杆产生的抬头力矩和由地面水平刹车反力产生的低头力矩基本平衡，车架保持水平，前后机轮载荷一致(见图 4.26)。

4.5　起转回弹

本节将对轮胎的动力学问题进行讨论。

4.5.1　地面垂直反力动力学方程

着陆阶段

$$\delta = y_m, \quad \dot{\delta} = \dot{y}_m \tag{4.55}$$

滑跑阶段

$$\delta = y_m - y_G, \quad \dot{\delta} = \dot{y}_m - \dot{y}_G \tag{4.56}$$

$$V = (1 + C_\delta \dot{\delta}) C\delta^n \tag{4.57}$$

4.5.2　地面水平摩擦力动力学方程

(1) 起转阶段

1) 轮胎水平反力为轮胎水平变形和变形率的函数。

$$D = K_x \lambda_x + C_{\dot{\lambda}_x} \lambda_x \tag{4.58}$$

$$\lambda_x = \begin{cases} \int \dot{\varepsilon}_x \mathrm{d}t \leqslant \mu_x V / K_x & \delta > 0 \\ 0 & \delta \leqslant 0 \end{cases} \tag{4.59}$$

$$K_x = 1.2 N_t R_0 \ (P_t + 4P_n)^3 \sqrt{\delta/(2R_0)} \tag{4.60}$$

2) 轮胎水平反力为轮胎垂直反力的函数。

$$D = \mu_x V \tag{4.61}$$

$$\dot{\varepsilon}_x = V_x + \dot{x}_m - (R_0 - \delta/3)\omega \tag{4.62}$$

设

$$S_g = \frac{V_x + \dot{x}_m - (R_0 - \delta/3)\omega}{V_x + \dot{x}_m} \tag{4.63}$$

$$\mu_x = \begin{cases} 5.62 S_g & -0.13 < S_g \leqslant 0.13 \\ 0.77 - 0.32 S_g & 0.13 < S_g < 1.0 \end{cases} \tag{4.64}$$

(2) 回弹阶段

$$D = \frac{I_m (F_S \sin\Phi + N_S \cos\Phi)}{I_m + m(R_0 - \delta/3)(R_0 - \delta)} \tag{4.65}$$

4.5.3　起转回弹动力学方程

1. 力学模型的选取

为了使所建力学模型既便于计算，又能较好地模拟实际情况，根据起落架结构中各部分的运动特点，把起落架结构质量按需要划分为3个集中质量。

1）弹性支撑质量：缓冲器中空气弹簧的上部质量，包括机身、机翼、缓冲器外筒等质量，即空气弹簧支撑的质量；

2）非弹性支撑质量：空气弹簧的下部质量，包括缓冲器活塞筒、刹车装置、轮胎，对于小车式起落架还要包括车架横梁，即非空气弹簧支撑的质量；

3）转动质量：非弹性支撑质量的一部分，包括轮胎和刹车装置的转动部分。

起落架的结构模型如图4.27所示，动态力学模型如图4.28所示。由于转动质量属于非弹性支撑质量的一部分，因而称之为二质量模型。

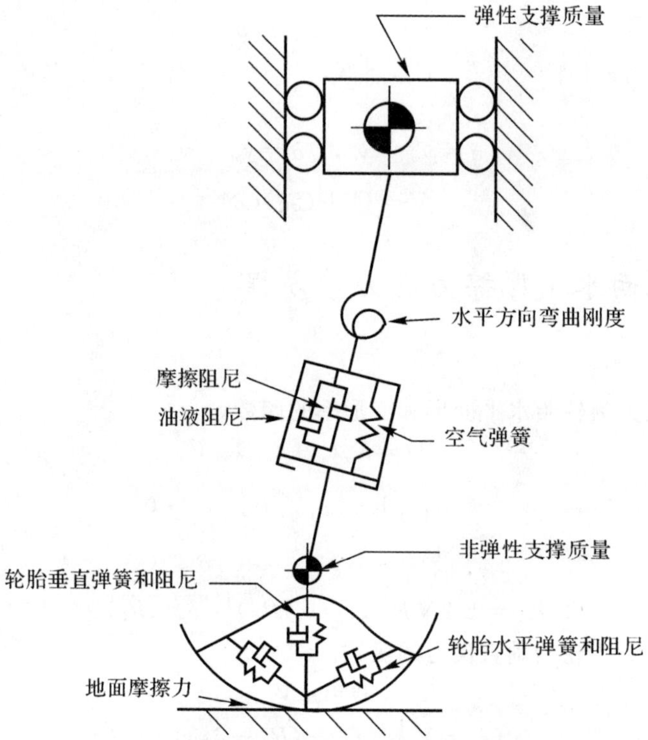

图4.27 变油孔双腔缓冲器式起落架结构模型

2. 模型的基本假设

1）起落架的几何图形形成一个垂直平面，所有的力作用在这个平面内。

2）忽略轴的相对于缓冲器中心线的偏距（若考虑时文中予以说明）。

3）弹性支撑质量重心的水平位置由缓冲器和耳轴的中心线的交点来确定。

4）弹性支撑质量可以理想化为集中在耳轴附近的刚体。

5）非弹性支撑质量、转动质量可以理想化为集中在轮轴上，对于小车式起落架而言集中在车架横梁的支点上。

6）多个轮胎起落架的轮胎特性汇集成一个当量的轮胎特性。

7）对小车式起落架而言，车架横梁的刚度汇入轮胎的刚度。

8）除了缓冲器结构的水平（前后方向）挠度变形外，忽略缓冲器结构的其他变形。

3. 系统运动微分方程

1）坐标系的原点建立在(初始触地时)非弹性支撑质量的质心上，y 坐标垂直向下为正，x 坐标垂直 y 坐标，沿航向为正。坐标系以飞机的水平速度匀速向前。

2）着陆运动方程。取起落架力学模型各个不同的分离体，根据动力学理论，可以得到下面的运动方程(见图 4.28)。

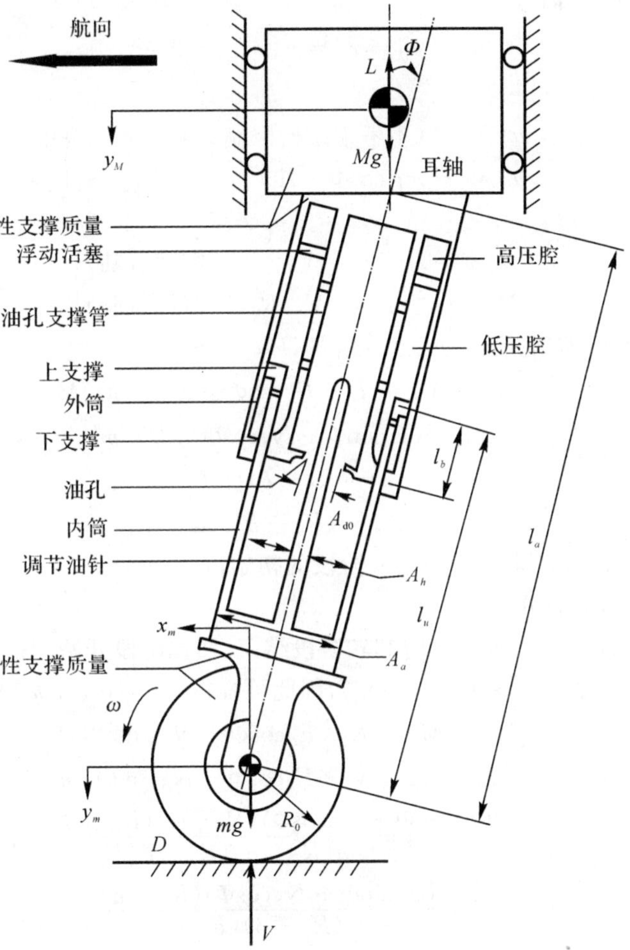

图 4.28　变油孔双腔缓冲器式起落架动态力学模型

a) 起转阶段运动方程。

i) 弹性支撑质量与非弹性支撑质量同步运动阶段(仅有轮胎压缩，缓冲支柱不可压缩)，$F_{SS} < F_{SO}$。

$$\ddot{y}_M = \ddot{y}_m = g - (L + V)/(M + m) \tag{4.66}$$

$$\ddot{x}_m = (F_S \sin\Phi + N_S \cos\Phi - D)/m' \tag{4.67}$$

$$\dot{\omega} = (R_0 - \delta)D/I_m \tag{4.68}$$

$$\dot{\varepsilon}_x = \dot{x}_m - (R_0 - \delta/3)\omega + V_x \tag{4.69}$$

m' 可由试验得到或由振动理论近似计算得到，一般可假设 m' 近似等于 m，对最终计算结果影响不大。

$$\left.\begin{aligned} F_{SS} &= [V + N_S\sin\Phi + m(\ddot{y}_m - g)]/\cos\Phi \\ F_{SO} &= F_{a0} + F_{f0} + F_{l0} \end{aligned}\right\} \tag{4.70}$$

$$\left.\begin{aligned} u &= (y_M - y_m)/\cos\Phi + u_0 \\ \dot{u} &= (\dot{y}_M - \dot{y}_m)/\cos\Phi \end{aligned}\right\} \tag{4.71}$$

初始条件：当 $t=0$ 时

$$\left.\begin{aligned} y_M &= x_m = \dot{x}_m = \varepsilon_x = 0 \\ \dot{y}_M &= \dot{y}_m = V_y \end{aligned}\right\} \tag{4.72}$$

$$\left.\begin{aligned} u_0 &= 0 \quad (\text{不考虑结构限制力}) \\ u_0 &= -[mg\cos\Phi + A_a(p_0 - p_{atm})]/K_l \end{aligned}\right\} \tag{4.73}$$

$$y_m = -u_0\cos\Phi \tag{4.74}$$

$$\left.\begin{aligned} \omega = 0,\quad V_x = V_h \quad (\text{实际着陆}) \\ V_x = 0,\quad \omega = -V_h/R_0 \quad (\text{落震试验}) \end{aligned}\right\} \tag{4.75}$$

ii) 缓冲器开始压缩(轮胎继续压缩)阶段，$F_{SS} > F_{SO}$。

$$\ddot{y}_M = (Mg - L - F_S\cos\Phi + N_S\sin\Phi)/M \tag{4.76}$$

$$\ddot{x}_m = (F_S\sin\Phi + N_S\cos\Phi - D)/m' \tag{4.77}$$

$$\dot{\omega} = (R_0 - \delta)D/I_m \tag{4.78}$$

$$\dot{\varepsilon}_x = \dot{x}_m - (R_0 - \delta/3)\omega + V_x \tag{4.79}$$

初始条件：第 i 阶段的末值即为第 ii 阶段的初始值。

(b) 回弹阶段运动微分方程。

当 $V_x + \dot{x}_m - (R_0 - \delta/3)\omega = 0$ 时起转阶段结束，回弹阶段开始。一般 R_0 比 $\delta/3$ 大得多。可以认为 $R_0 - \delta(t+\Delta t)/3 \approx R_0 - \delta(t)/3$，因此可推得其运动微分方程为

$$\ddot{y}_M = (Mg - L - F_S\cos\Phi + N_S\sin\Phi)/M \tag{4.80}$$

$$\ddot{y}_M = (mg - V + F_S\cos\Phi - N_S\sin\Phi)/m \tag{4.81}$$

$$\ddot{x}_m = \frac{(F_S\sin\Phi + N_S\cos\Phi)(R_0 - \delta)(R_0 - \delta/3)}{I_m + m(R_0 - \delta)(R_0 - \delta/3)} \tag{4.82}$$

$$\dot{\omega} = \frac{(F_S\sin\Phi + N_S\cos\Phi)(R_0 - \delta)}{I_m + m(R_0 - \delta)(R_0 - \delta/3)} \tag{4.83}$$

初始条件：起转阶段结束条件即为回弹阶段的初始条件。

回弹阶段结束条件：缓冲器行程速度 $\dot{u} \leqslant 0$。

4.6　基于 ADAMS/Aircraft 的全机着陆性能动力学分析

全机数字化虚拟样机主要有以下 5 个基本子系统：前起落架子系统、前起落架轮胎子系统、主起落架子系统、主起落架轮胎子系统和机身子系统。本节将着重介绍机身子系统的建立，并完成全机数字化虚拟样机的装配。如图 4.29 所示为实现运八全机数字化虚拟样机的工

作流程。

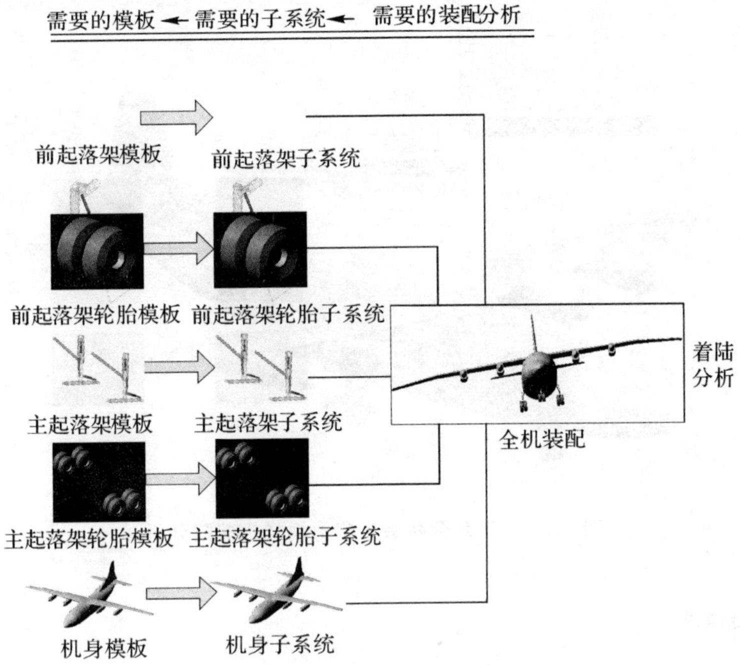

图 4.29　实现运八全机数字化虚拟样机工作流程

4.6.1　建立全机虚拟样机

在第 2 章中已经实现了运八前起落架和主起落架的数字化虚拟样机，它们将应用于本章的全机数字化虚拟样机的组装。本节着重介绍机身数字化虚拟样机的建造过程。

建立刚性机身模板的主要步骤：

1)建立全机装配的原点坐标(aircraft_origin)；

2)建立机身几何外形的参考坐标系(airframe_geometry_reference)；

3)导入机身几何外形文件；

4)建立与起落架系统和试验场系统的通信器。

4.6.2　测试仿真与结果验证

将飞机的起落架子系统、轮胎子系统和机身子系统建造完成以后，将全机进行装配以进行着陆仿真。如图 4.30 所示的是进行全机着陆仿真的界面。

对运八飞机全机数字化虚拟样机在水平着陆速度 $V_h = 55.6$ m/s，垂直着陆速度为 $V_v = 3.396$ m/s 的情况进行了对称和非对称着陆分析。对称着陆情况下俯仰角 α 为 2°；非对称着陆情况下俯仰角 α 为 2°，滚转角为 1°。

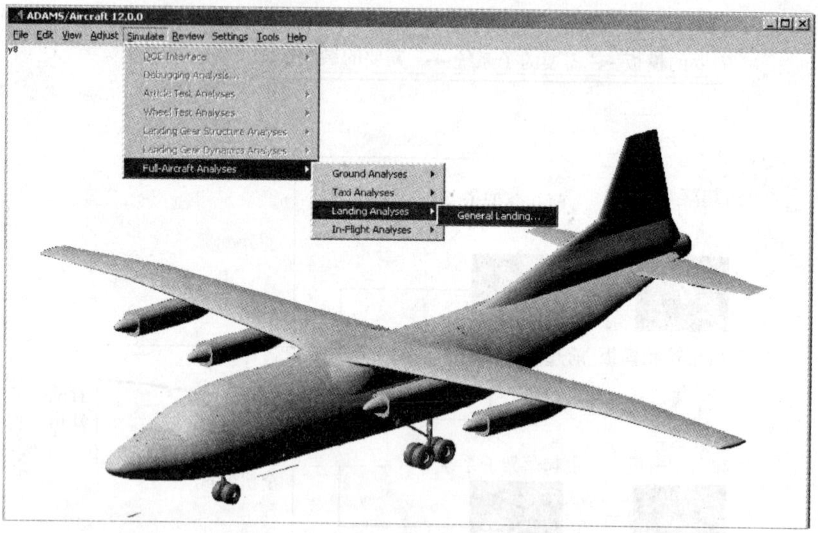

图 4.30 运八全机数字化虚拟样机着陆分析

1. 对称着陆情况

如图 4.31 所示的是全机对称着陆时前起落架功量图与第 2 章中前起落架虚拟样机的功量图对比。从图中可以看出，在全机数字化虚拟样机着陆仿真中，前起落架所受到的载荷远大于实际情况，产生这种现象的原因将在 4.6.3 节中进行分析。

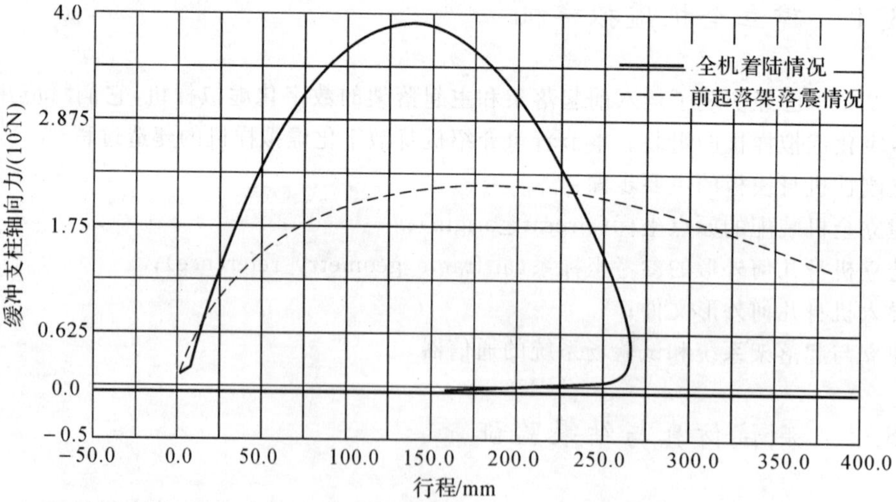

图 4.31 全机与单独的前起落架数字化虚拟样机功量图对比

如图 4.32 所示的是全机对称着陆时主起落架功量图与第 2 章中主起落架虚拟样机的功量图对比。从图中可以看出，在全机数字化虚拟样机着陆仿真中，主起落架的动态响应与实际情况吻合较好。

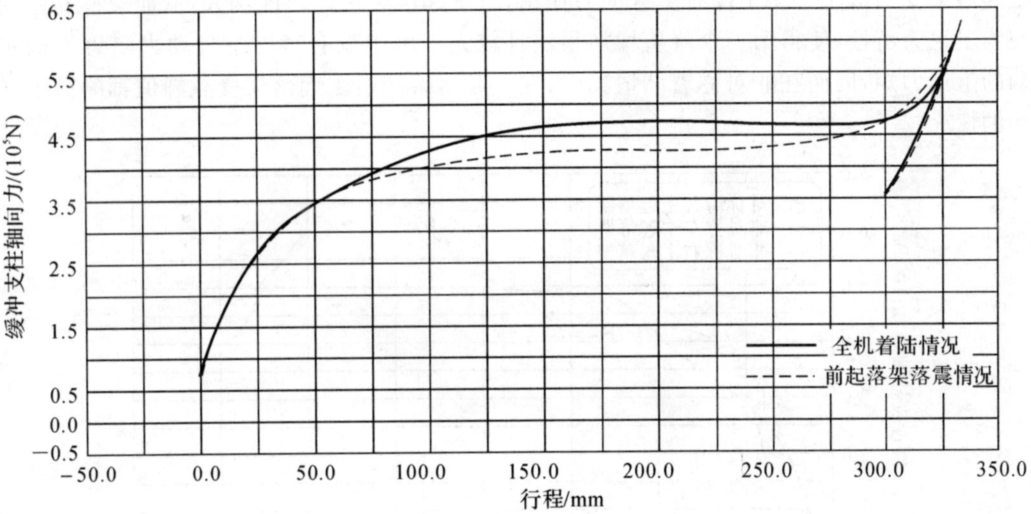

图 4.32 全机与单独的主起落架数字化虚拟样机功量图对比

2. 非对称着陆情况

在非对称着陆情况的计算中，假定滚转角为 1°。在仿真过程中，机轮左主起落架首先接地，然后右主起落架和前起落架依次接地。如图 4.33 所示的是全机飞机对称着陆时前起落架与非对称着陆时前起落架缓冲支柱力-行程对比。从图中可以看出，与对称着陆情况相比，前起落架所受到的冲击载荷更大，不符合实际情况。

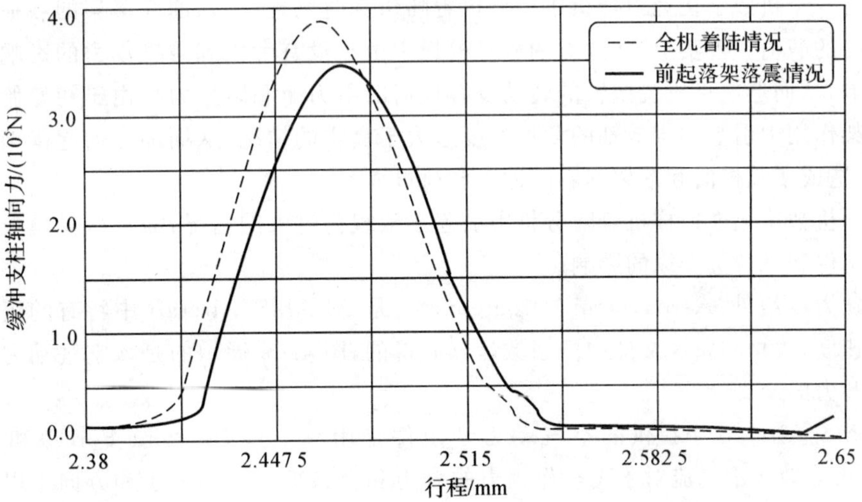

图 4.33 全机对称与非对称着陆前起落架缓冲支柱力-行程对比

如图 4.34 所示的是全机非对称着陆时左、右主起落架与对称着陆时主起落架缓冲支柱力-时间对比。从图中可以看出，右主起落架大约滞后左主起落架 0.02 s 接地。右主起落架接地以前，左主起落架缓冲支柱力略高于对称着陆情况，但差别微小。右主起落架接地以后，左主起落架受力减小。由于没有空气动力作用，右主起落架接地速度偏大，从而缓冲支柱受力表现为阻尼力特性，使得第一个峰值增加很快且较大。由于没有考虑空气动力阻碍飞机相对转动的阻尼力矩，因而在非对称着陆情况中，左主起落架和右主起落架受载峰值都略高于对称着陆的情况。

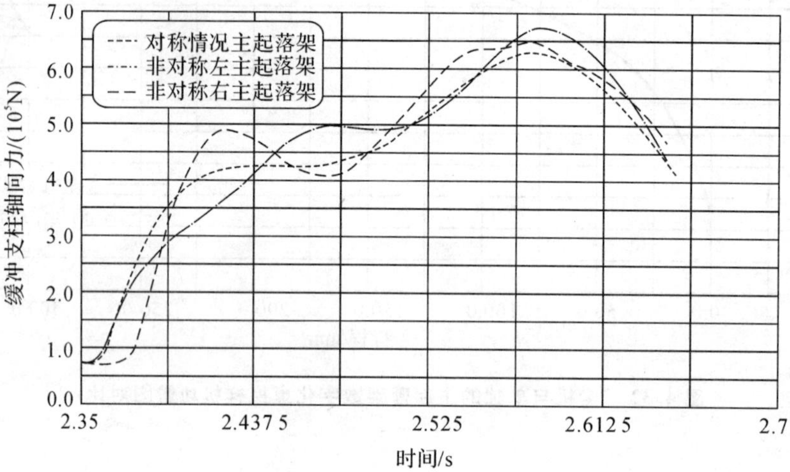

图 4.34 全机对称与非对称着陆主起落架缓冲支柱力-时间历程对比

4.6.3 全机虚拟样机的改进

在对运八全机数字化虚拟样机进行全机着陆仿真时发现，运八前起落架的载荷要远大于落震分析时的载荷。事实上，在建立的机身模板中由于没有考虑到空气动力的影响和飞行员操纵的影响，从而造成飞机绕横轴的转动没有任何的阻力矩和阻尼力。由于初始俯仰角和飞机主起落架作用力引起的绕横轴的角加速度远大于真实的情况，从而加在前起落架处的当量载荷过大，造成了飞机前起落架的着陆冲击载荷过大。

针对全机数字化虚拟样机着陆分析中前起落架载荷过大的情况，需在机身模板中加入空气动力学组件和飞行员操纵的影响。

空气动力学组件(Aerodynamics Component)是 ADAMS/Aircraft 中特有的组件。这些组件是由速度、攻角和属性文件中的系数计算而得的，图 4.35 展示的是该空气动力学组件的符号定义和力的定义。

ADAMS/Aircraft 中提供的空气动力学组件是用一个点力(Point Force)和一个力矩(Torque)来等效表示气流对于飞机作用力的合力和合力矩。力的大小和方向由以下几点共同确定：飞机的攻角 α、攻角的变化速度 $\dot{\alpha}$、俯仰速度 $\dot{\theta}$ 和侧滑角(Side Slip Angle)β。

飞机攻角 α 和侧滑角 β 用来在空气动力学属性文件中作为参数来插值确定非线性的载荷系数，俯仰速度 $\dot{\theta}$ 和攻角变化速度 $\dot{\alpha}$ 用来计算俯仰阻尼力矩。空气动力的计算是在全局坐标系(Global Axes System)、机体坐标系(Body-Fixed Axes System)和固定坐标系(Stability Axes System)中进行的。

在图 4.35 中，阐释了机体坐标系和固定坐标系的相对关系，并定义了速度、系数以及载荷的正方向。图示的状态是分析过程中的一般状态，而在分析起始时刻，机体坐标系将被强制与全局坐标系一致。这就导致机体坐标系的正 O_bX，O_bY 和 O_bZ 各轴的正向分别指向机尾、右侧机翼和上方。

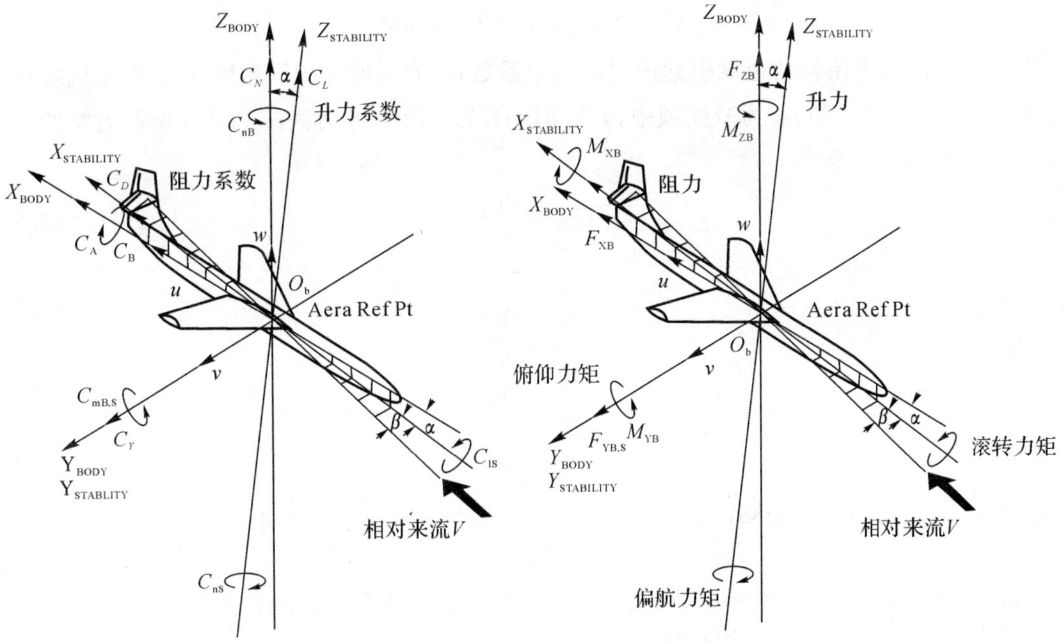

图 4.35　空气动力学组件的定义

X_{BODY}— 机体坐标系 X 轴；Y_{BODY}— 机体坐标系 Y 轴；Z_{BODY}— 机体坐标系 Z 轴；$X_{STABILITY}$— 全局坐标系 X 轴；$Y_{STABILITY}$— 全局坐标系 Y 轴；$Z_{STABILITY}$— 全局坐标系 Z 轴

在 ADAMS/Aircraft 中计算空气动力单元，首先要定义一个标定坐标系，叫做 I Coordinate Marker。这个标定坐标系的位置和方向信息用来定义机身参考坐标系，同时作用在机身上的空气动力速度矢量也要通过其进行定义。

相对来流速度 V 的计算由两部分组成：一部分是地面来流速度，另一部分是机身的运动，两个部分的矢量和即为相对来流速度。地面来流速度是通过在提交分析时，给定来流在全局坐标系下的 x，y 和 z 向分量；机身运动速度在全局坐标系下的 x，y 和 z 向分量是通过 ADAMS/Aircraft 中的 VX 函数、VY 函数和 VZ 函数对 I Coordinate Marker 进行求解而得的。

得到相对来流速度在全局坐标系下的 x，y 和 z 向分量以后，将其转换到机体坐标系中。坐标转换在 ADAMS/Aircraft 中是通过 BODY—3[3,2,1]策略进行转换的，转换中用到的角度分别通过调用 YAW 函数、负的 PITCH 函数和 ROLL 函数求解而得。转换后，在机体坐标系中相对来流速度的 x，y 和 z 向分量分别为 u，v 和 w。

求解出相对来流速度在机体坐标系中的速度矢量以后，攻角和侧滑角的表达式分别为

$$\alpha = \arctan(w/u) \tag{4.84}$$

$$\beta = \arcsin(v/V) \tag{4.85}$$

α 和 β 从属性文件中由插值得到，用于在固定坐标系中计算空气动力的系数，以升力因数 C_L 为例：

$$C_L = \mathrm{AKISPL}(\alpha, \beta, C_{L\_}\mathrm{Spline}) \tag{4.86}$$

同样也可以采用这种方法得到阻力系数 C_D 和侧向力系数 C_S 等。

空气动力单元除了产生升力、阻力和侧向力以外，还会附加俯仰阻尼力矩、偏航阻尼力矩和滚转阻尼力矩。以计算俯仰阻尼力矩 C_m 为例：

$$C_m = C_{m\dot{\theta}} \hat{q} qS\bar{c} + C_{m\dot{\alpha}} \kappa_c qS\bar{c} \tag{4.87}$$

式中，$C_{m\dot{\theta}}$ 为由飞机俯仰角速度引起的阻尼力矩系数；$\hat{q}$ 为无量纲俯仰速度；$C_{m\dot{\alpha}}$ 为飞机攻角变化引起的阻尼力矩系数；κ_c 为减缩频率；q 为动压；S 为机翼参考面积；$\bar{c}$ 为计算俯仰力矩的特征长度，例如平均气动弦长。

$$C_{m\dot{\theta}} = \frac{\partial C_m}{\partial q} \tag{4.88}$$

$$\hat{q} = \frac{\dot{\theta}\bar{c}}{2V} \tag{4.89}$$

$$C_{m\dot{\alpha}} = \frac{\partial C_m}{\partial \kappa_c} \tag{4.90}$$

$$\kappa_c = \frac{\dot{\alpha}\bar{c}}{2V} \tag{4.91}$$

空气升力 L 的计算表达式为

$$L = C_L qS \tag{4.92}$$

最后，利用 ADAMS/Aircraft 将以上在固定坐标系下计算而得的各力和力矩转换到机体坐标系中，用于仿真计算时作用在机身上的空气动力。

将改进后的数字化虚拟样机进行三点式着陆、对称着陆和非对称着陆性能的动力学仿真分析，仿真结果如下：

如图 4.36 所示的是三点式着陆、后两点着陆和单侧主起落架轮胎首先着陆情况下前起落架缓冲支柱力-时间历程图。从图中可以看出，三点式着陆情况下飞机前起落架载荷要略大于另外两种情况；而后两点着陆和单侧主起落架轮胎首先着陆情况下的载荷基本一致，差别不大。总体而言，全机着陆情况下的前起落架载荷要小于落震试验得到的载荷。

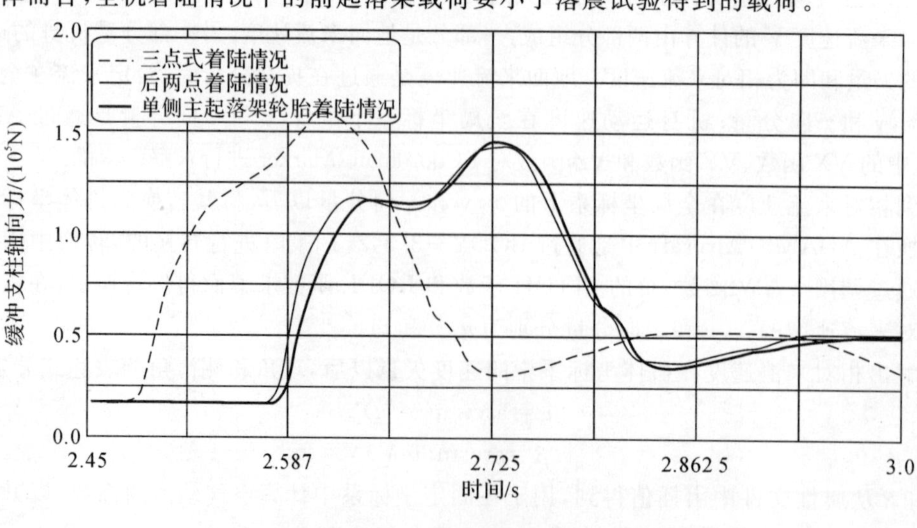

图 4.36 3 种算例情况前起落架缓冲支柱力-时间历程图

如图 4.37 所示的是三点式着陆、后两点着陆和单侧主起落架轮胎首先着陆情况下主起落架缓冲支柱力-时间历程图。从图中可以看出，在 3 种着陆情况下，飞机接地姿态角的不同对于主起落架的载荷峰值影响不大。对于单侧主起落架轮胎首先着陆的情况，两侧主起落架所受到的冲击载荷在第一个载荷峰值处有明显差异，而在最大峰值载荷处却基本一致。这是由于第一个峰值载荷主要表现为阻尼力特性，而第二个峰值载荷则表现为空气弹簧力特性。

如图 4.38 所示的是三点式着陆、后两点着陆和单侧主起落架轮胎首先着陆情况下机身姿态-时间历程图。

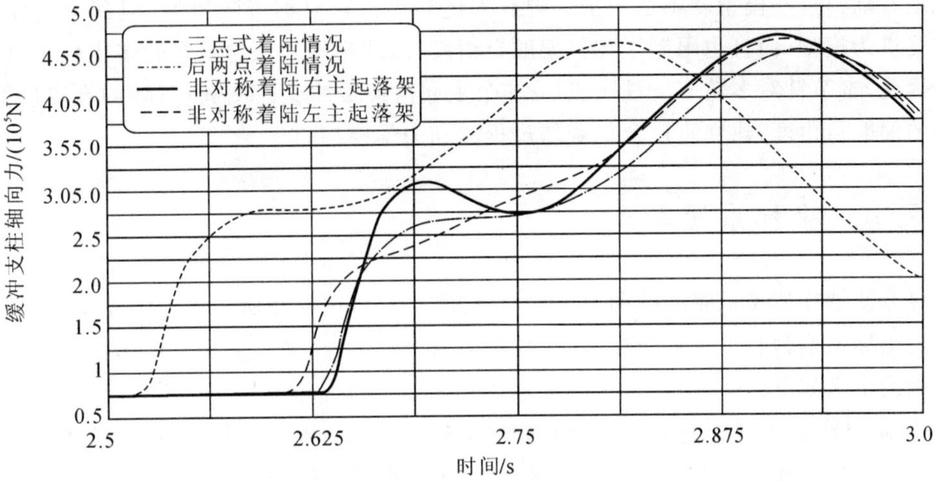

图 4.37　3 种算例情况主起落架缓冲支柱力-时间历程图

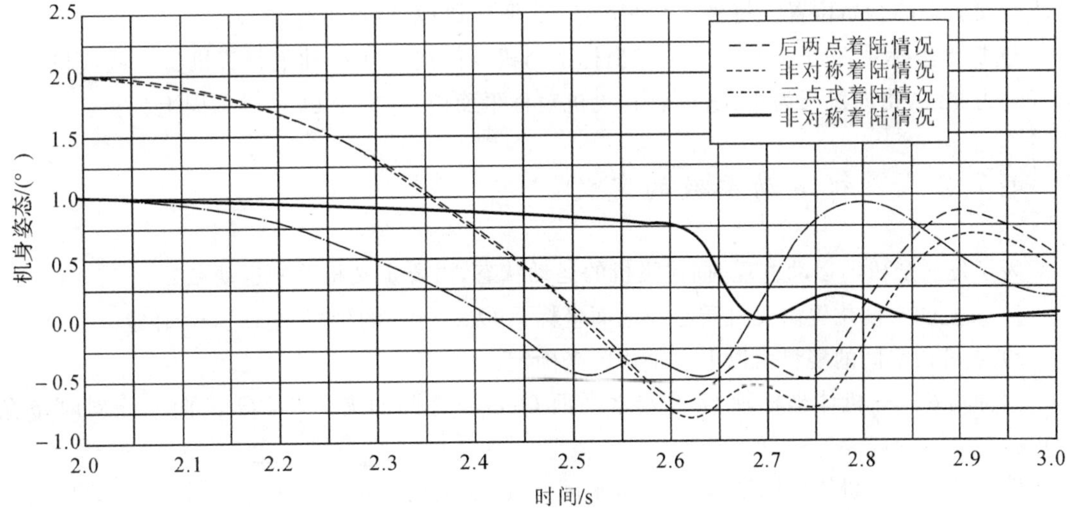

图 4.38　3 种算例情况机身姿态-时间历程图

从结果分析可以看出，改进后的全机数字化虚拟样机可以较好地模拟运八飞机的着陆过程。

4.7 多轮多支柱飞机着陆动力学分析

飞机着陆、滑行过程中的动力学问题涉及机体、起落架载荷以及响应分析等问题。目前，国内外普遍以起落架的落震模型和全机对称着陆、滑行模型为主，对飞机承受的载荷和起落架缓冲性能进行分析、设计。但是对于飞机非对称着陆情况(如滚转角不为零时，飞机一侧主起落架触地着陆)，这些模型就不适用了。曾有人建立飞机非对称着陆模型，但其中仅以普通的前三点飞机为模型，而且也限制了飞机偏航自由度，因此根本无法分析多轮多支柱飞机的侧滑响应。因此，本节针对多轮多支柱飞机(含4个主起落架缓冲支柱飞机)着陆的真实过程，不限制飞机的偏航自由度，建立飞机全机着陆过程的动力学模型。

4.7.1 坐标系的定义

为更方便地描述飞机着陆的动态过程，首先须确定研究问题所采用的坐标系。在本章中，所定义的坐标系均为右手直角坐标系，并且除地面坐标系外，坐标系原点 O 均在飞机质心上。各坐标系的定义如下：

1) 地面坐标系Ⅰ：$O_d x_d y_d z_d$—— 地面坐标系Ⅰ与大地固连。原点 O_d 在机体质心的初始位置，$O_d y_d$ 轴垂直向上。$O_d x_d$ 轴和 $O_d z_d$ 轴构成水平平面，其中 $O_d x_d$ 轴的方向沿飞机航向，向前为正。

2) 地面坐标系Ⅱ：$O_u x_u y_u z_u$—— 地面坐标系Ⅱ与大地固连。原点 O_u 在起落架非弹性支撑质量块质心的初始位置。将坐标系 $O_d x_d y_d z_d$ 平移到 O_u 即得坐标系 $O_u x_u y_u z_u$。

3) 机体坐标系：$O_t x_t y_t z_t$—— 机体坐标系与机身固连。$O_t x_t$ 轴平行于机身轴线或机翼平均气动力弦线，指向机头为正；$O_t y_t$ 轴在飞机对称平面内，垂直于 $O_t x_t$ 轴指向上为正。

4.7.2 飞机运动参数的定义

为了建立全机的运动方程，描述飞机的运动状态，需要定义相关的运动参数。

1) 飞机的空间位置由飞机质心在地面坐标系 $O_d x_d y_d z_d$ 的坐标 x_O, y_O, z_O 确定。

2) 飞机在空间的姿势由以下3个角度来确定：

俯仰角 θ—— 机体坐标轴 $O_t x_t$ 与水平面 $O_d x_d z_d$ 之间的夹角，当 $O_t x_t$ 向上倾斜时，θ 角为正。

偏航角 ψ—— 机体坐标轴 $O_t x_t$ 在水平面 $O_d x_d z_d$ 上的投影与地面坐标轴 $O_d x_d$ 之间的夹角；依照右手法则绕轴 $O_d y_d$ 从坐标轴 $O_d x_d$ 转到该投影为正。

滚转角(倾斜角)γ—— 飞机对称面 $O_t x_t y_t$ 与通过坐标轴 $O_t x_t$ 的铅垂平面之间的夹角；依照右手法则绕 $O_t x_t$ 从铅垂平面转到飞机对称面为正(或右机翼向下为正)。

同时，这3个角度也决定了机体坐标系 $O_t x_t y_t z_t$ 同地面坐标系 $O_d x_d y_d z_d$ 之间的相互位置关系。

4.7.3　坐标系的定义和转换

对于不同的参考坐标系，飞机各部分的运动方程有所不同。因此，这里有必要给出研究所采用的各个坐标系之间的转换关系，各个坐标系之间的转换如下：

(1) 地面坐标系 $O_d x_d y_d z_d$ 与机体坐标系 $O_t x_t y_t z_t$ 之间的转换

为描述方便，这里将机体坐标系 $O_t x_t y_t z_t$ 的坐标原点 O_t、地面坐标系 $O_d x_d y_d z_d$ 的坐标原点 O_d 均置于飞机质心 O 点处。地面坐标系 $O_d x_d y_d z_d$ 与机体坐标系之间的相互关系可用如图 4.39 所示的 ψ,θ,γ 确定。

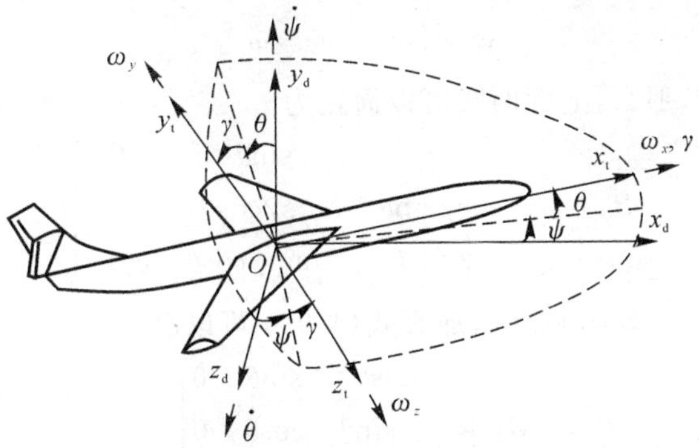

图 4.39　机体坐标系与地面坐标系的转换关系图

从地面坐标系到机体坐标系的转换由以下的旋转实现：先将地面坐标系绕 Ox_d 轴旋转角度 γ，然后将变换后的机体坐标系绕 Oz_t 轴旋转角度 θ，最后将变换后的机体坐标系绕 Oy_d 轴旋转角度 ψ，三次旋转的变换矩阵分别为

$$\left.\begin{aligned}
\boldsymbol{B}_{d1}^{t} &= \begin{bmatrix} 1 & 0 & 0 \\ 0 & \cos\gamma & \sin\gamma \\ 0 & -\sin\gamma & \cos\gamma \end{bmatrix} \\
\boldsymbol{B}_{d2}^{t} &= \begin{bmatrix} \cos\theta & \sin\theta & 0 \\ -\sin\theta & \cos\theta & 0 \\ 0 & 0 & 1 \end{bmatrix} \\
\boldsymbol{B}_{d3}^{t} &= \begin{bmatrix} \cos\psi & 0 & \sin\psi \\ 0 & 1 & 0 \\ -\sin\psi & 0 & \cos\psi \end{bmatrix}
\end{aligned}\right\} \tag{4.93}$$

综合以上各式，由地面坐标系 $O_d x_d y_d z_d$ 转换到机体坐标系 $O_t x_t y_t z_t$ 的变换矩阵为

$$\boldsymbol{B}_{d}^{t} = \boldsymbol{B}_{d1}^{t}\boldsymbol{B}_{d2}^{t}\boldsymbol{B}_{d3}^{t} = \begin{bmatrix} \cos\theta\cos\psi & \sin\theta & -\cos\theta\sin\psi \\ -\cos\gamma\sin\theta\cos\psi + \sin\gamma\sin\psi & \cos\gamma\cos\theta & \cos\gamma\sin\theta\sin\psi + \sin\gamma\cos\psi \\ \sin\gamma\sin\theta\cos\psi + \cos\gamma\sin\psi & -\sin\gamma\cos\theta & -\sin\gamma\sin\theta\sin\psi + \cos\gamma\cos\psi \end{bmatrix} \tag{4.94}$$

式(4.94)中 $\boldsymbol{B}_{d}^{t}$ 的含义是由坐标系 $O_d x_d y_d z_d$ 转换到 $O_t x_t y_t z_t$，如果由 $O_t x_t y_t z_t$ 转换到 $O_d x_d y_d z_d$ 系，只要将式(4.94)转置即可，即 $\boldsymbol{B}_{t}^{d}$。

对式(4.94)求导数,可得

$$\dot{\boldsymbol{B}}_{\mathrm{d}}^{\mathrm{t}} = -\boldsymbol{\omega}\boldsymbol{B}_{\mathrm{d}}^{\mathrm{t}} \tag{4.95}$$

或

$$\dot{\boldsymbol{B}}_{\mathrm{t}}^{\mathrm{d}} = \boldsymbol{B}_{\mathrm{t}}^{\mathrm{d}}\boldsymbol{\omega} \tag{4.96}$$

式中

$$\boldsymbol{\omega} = \begin{bmatrix} 0 & -\omega_z & \omega_y \\ \omega_z & 0 & -\omega_x \\ -\omega_y & \omega_x & 0 \end{bmatrix} \tag{4.97}$$

式中,$[\omega_x \quad \omega_y \quad \omega_z]^{\mathrm{T}}$ 是机体角速度 $\boldsymbol{\omega}$ 在机体坐标系 $O_{\mathrm{t}}x_{\mathrm{t}}y_{\mathrm{t}}z_{\mathrm{t}}$ 中的分量,即

$$\boldsymbol{\omega} = [\omega_x \quad \omega_y \quad \omega_z]^{\mathrm{T}} \tag{4.98}$$

如果 $\psi \equiv 0, \dot{\psi} \equiv 0$,那么,上面两式可以简化为

$$\boldsymbol{B}_{\mathrm{d}}^{\mathrm{t}} = \begin{bmatrix} \cos\theta & \sin\theta & 0 \\ -\cos\gamma\sin\theta & \cos\gamma\cos\theta & \sin\gamma \\ \sin\gamma\sin\theta & -\sin\gamma\cos\theta & \cos\gamma \end{bmatrix} \tag{4.99}$$

如果 $\psi \equiv 0, \dot{\psi} \equiv 0, \gamma \equiv 0, \dot{\gamma} \equiv 0$,那么式(4.99)可以简化为

$$\boldsymbol{B}_{\mathrm{d}}^{\mathrm{t}} = \begin{bmatrix} \cos\theta & \sin\theta & 0 \\ -\sin\theta & \cos\theta & 0 \\ 0 & 0 & 1 \end{bmatrix} \tag{4.100}$$

(2) 地面坐标系 $O_{\mathrm{u}}x_{\mathrm{u}}y_{\mathrm{u}}z_{\mathrm{u}}$ 与机体坐标系 $O_{\mathrm{t}}x_{\mathrm{t}}y_{\mathrm{t}}z_{\mathrm{t}}$ 之间的转换

地面坐标系 $O_{\mathrm{u}}x_{\mathrm{u}}y_{\mathrm{u}}z_{\mathrm{u}}$ 与机体坐标系 $O_{\mathrm{t}}x_{\mathrm{t}}y_{\mathrm{t}}z_{\mathrm{t}}$ 之间的转换矩阵同式(4.94)。

4.7.4 机身动力学模型

以某型多轮多支柱起落架飞机(含4个主起落架缓冲支柱)为例进行全机着陆动力学分析。力学模型的基本假设如下:

1) 飞机无偏航、滚转、俯仰转动时,即 $\psi \equiv 0, \dot{\psi} \equiv 0, \gamma \equiv 0, \dot{\gamma} \equiv 0, \theta \equiv \theta_0, \dot{\theta} \equiv 0$,转换矩阵 $\boldsymbol{B}_{\mathrm{d}}^{\mathrm{t}}$ 用式(4.100)表示。

2) 飞机机身简化为刚性体。

3) 除缓冲器机构的水平(前后方向)挠度变形外,忽略缓冲器结构的其他变形。

4) 忽略轴的相对于缓冲器中心线的偏距。

5) 飞机机身所受的气动力简化为一个气动升力、一个气动阻力和一个俯仰力矩。

机体受力关系如图4.40所示,按照假设可知,机体运动有以下自由度:

1) 在坐标系 $O_{\mathrm{d}}x_{\mathrm{d}}y_{\mathrm{d}}z_{\mathrm{d}}$ 中,机体上存在水平、垂直、侧向3个方向刚体平动(x_0, y_0, z_0)。

2) 在坐标系 $Ox_{\mathrm{t}}y_{\mathrm{t}}z_{\mathrm{t}}$ 中绕坐标轴的3个方向刚体转动($\omega_x, \omega_y, \omega_z$)。

机身的刚体运动自由度($x_0, y_0, z_0, \omega_x, \omega_y, \omega_z$)共6个,但运动方程的独立变量为9个($x_0, y_0, z_0, \omega_x, \omega_y, \omega_z, \gamma, \psi, \theta$),因此,求解方程式时,需加上3个运动学方程。

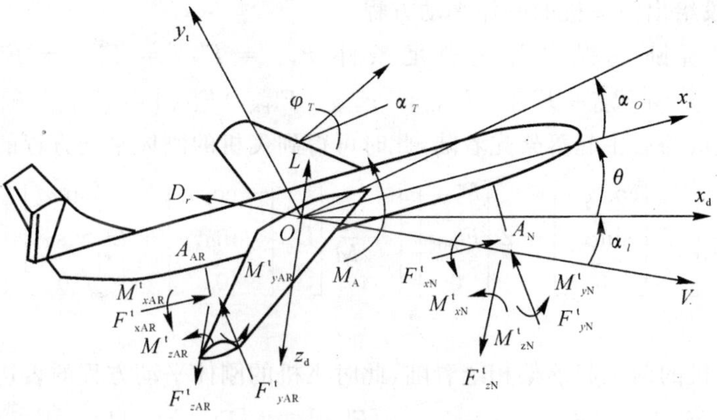

图 4.40　机体受力关系图

(1) 运动学方程

角度 ψ,θ,γ 及其导数与飞机角速度 $\boldsymbol{\omega}$ 在机体坐标系上的投影关系方程为

$$\left.\begin{aligned}\dot{\gamma}&=\omega_x-\tan\theta\times(\omega_y\cos\gamma-\omega_z\sin\gamma)\\\dot{\theta}&=\omega_y\sin\gamma+\omega_z\cos\gamma\\\dot{\psi}&=(\omega_y\cos\gamma-\omega_z\sin\gamma)/\cos\theta\end{aligned}\right\}\tag{4.101}$$

(2) 刚体平动方程

在坐标系 $O_dx_dy_dz_d$ 中，机体质心 O 处的平动方程建立如下：

$$\begin{bmatrix}\ddot{x}_0\\\ddot{y}_0\\\ddot{z}_0\end{bmatrix}=\frac{\boldsymbol{B}_t^d}{M}\left[4T\begin{bmatrix}\cos\varphi_T\\\sin\varphi_T\\0\end{bmatrix}+\begin{bmatrix}F^t_{xN}\\F^t_{yN}\\F^t_{zN}\end{bmatrix}+\begin{bmatrix}F^t_{xFR}\\F^t_{yFR}\\F^t_{zFR}\end{bmatrix}+\begin{bmatrix}F^t_{xFL}\\F^t_{yFL}\\F^t_{zFL}\end{bmatrix}+\begin{bmatrix}F^t_{xAR}\\F^t_{yAR}\\F^t_{zAR}\end{bmatrix}+\begin{bmatrix}F^t_{xAL}\\F^t_{yAL}\\F^t_{zAL}\end{bmatrix}\right]+$$

$$\frac{1}{M}\left[D_r\begin{bmatrix}-\cos\alpha_l\\\sin\alpha_l\\0\end{bmatrix}+L\begin{bmatrix}\sin\alpha_l\\\cos\alpha_l\\0\end{bmatrix}\right]+\begin{bmatrix}0\\-g\\0\end{bmatrix}\tag{4.102}$$

随着飞机着陆条件的不同，公式中的各项也有所不同。只考虑飞机对称着陆的情况，对于含 4 个主起落架缓冲支柱的多轮多支柱飞机，其着陆过程可分为 3 个阶段，飞机在不同着陆阶段的姿势如图 4.41 所示。

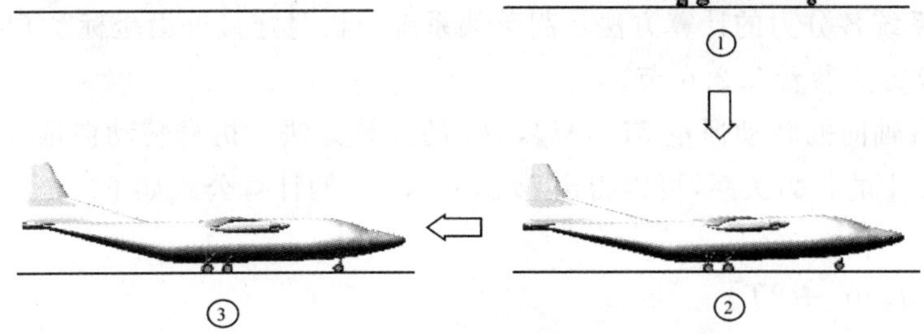

图 4.41　研究样机对称着陆过程示意图

下面将分阶段给出该飞机的刚体平动方程。

飞机在对称着陆过程中首先满足条件 $F^{t}_{zN}=F^{t}_{zFR}=F^{t}_{zFL}=F^{t}_{zAR}=F^{t}_{zAL}=0$，$[F^{t}_{xAR}\quad F^{t}_{yAR}\quad F^{t}_{zAR}]=[F^{t}_{xAL}\quad F^{t}_{yAL}\quad F^{t}_{zAL}]$，$[F^{t}_{xFR}\quad F^{t}_{yFR}\quad F^{t}_{zFR}]=[F^{t}_{xFL}\quad F^{t}_{yFL}\quad F^{t}_{zFL}]$。

第一阶段：飞机的后主起落架先着陆，此时可得到飞机的刚体平动方程的表达式为

$$\begin{bmatrix}\ddot{x}_0\\ \ddot{y}_0\\ \ddot{z}_0\end{bmatrix}=\frac{\boldsymbol{B}^{\mathrm{d}}_{\mathrm{t}}}{M}\left[4T\begin{bmatrix}\cos\varphi_T\\ \sin\varphi_T\\ 0\end{bmatrix}+2\begin{bmatrix}F^{t}_{xAR}\\ F^{t}_{yAR}\\ 0\end{bmatrix}\right]+\frac{1}{M}\left[D_r\begin{bmatrix}-\cos\alpha_l\\ \sin\alpha_l\\ 0\end{bmatrix}+L\begin{bmatrix}\sin\alpha_l\\ \cos\alpha_l\\ 0\end{bmatrix}\right]+\begin{bmatrix}0\\ -g\\ 0\end{bmatrix} \tag{4.103}$$

第二阶段：飞机的前主起落架相继着陆，此时飞机的刚体平动方程的表达式为

$$\begin{bmatrix}\ddot{x}_0\\ \ddot{y}_0\\ \ddot{z}_0\end{bmatrix}=\frac{\boldsymbol{B}^{\mathrm{d}}_{\mathrm{t}}}{M}\left[4T\begin{bmatrix}\cos\varphi_T\\ \sin\varphi_T\\ 0\end{bmatrix}+2\begin{bmatrix}F^{t}_{xFR}\\ F^{t}_{yFR}\\ F^{t}_{zFR}\end{bmatrix}+2\begin{bmatrix}F^{t}_{xAR}\\ F^{t}_{yAR}\\ F^{t}_{zAR}\end{bmatrix}+\begin{bmatrix}F^{t}_{xAL}\\ F^{t}_{yAL}\\ F^{t}_{zAL}\end{bmatrix}\right]+$$
$$\frac{1}{M}\left[D_r\begin{bmatrix}-\cos\alpha_l\\ \sin\alpha_l\\ 0\end{bmatrix}+L\begin{bmatrix}\sin\alpha_l\\ \cos\alpha_l\\ 0\end{bmatrix}\right]+\begin{bmatrix}0\\ -g\\ 0\end{bmatrix} \tag{4.104}$$

第三阶段：飞机的前起落架着陆，此时飞机的刚体平动方程的表达式见式(4.102)。

式中，$[\ddot{x}_0\quad \ddot{y}_0\quad \ddot{z}_0]^{\mathrm{T}}$ 为机体质心 O 在坐标系 $O_dx_dy_dz_d$ 中沿各坐标轴的加速度分量；$[F^{t}_{xN}\quad F^{t}_{yN}\quad F^{t}_{zN}]^{\mathrm{T}}$ 为飞机前起落架所受外力沿坐标系 $O_dx_dy_dz_d$ 各轴的分量；下标 FR,FL,AR,AL 分别代表前主起落架右侧支柱、左侧支柱、后主起落架右侧支柱、左侧支柱。

(3) 刚体转动方程

$$\boldsymbol{J}\begin{bmatrix}\dot{\omega}_x\\ \dot{\omega}_y\\ \dot{\omega}_z\end{bmatrix}+\boldsymbol{\omega J}\begin{bmatrix}\omega_x\\ \omega_y\\ \omega_z\end{bmatrix}=\begin{bmatrix}M_{xt}\\ M_{yt}\\ M_{zt}\end{bmatrix} \tag{4.105}$$

运动方程中各力的表达式如下：

a) 空气动力的计算方法。

$$L=qS_W\left[C_{L_0}+C_{L_\alpha}\left(\alpha_0+\theta+\arctan\frac{\dot{Z}}{\dot{X}}\right)\right] \tag{4.106}$$

$$D_r=qS_W(C_{D_0}+C_DC_L^2) \tag{4.107}$$

$$M_A=qS_W\bar{C}\left[C_{M_0}+C_{M_\alpha}\left(\alpha_0+\theta+\arctan\frac{\dot{Z}}{\dot{X}}\right)\right] \tag{4.108}$$

b) 起落架系统各分力的计算方法。起落架系统与机身连接处沿坐标系 $Ox_ty_tz_t$ 各坐标轴的轴向力的计算方法参看 3.2.6 节。

c) 机身沿各轴向的转动惯量 M_{xt},M_{yt},M_{zt} 的计算方法。机身转动惯量计算如图 4.42 所示，依据图 4.42 中的各力关系，可以得出 M_{xt},M_{yt},M_{zt} 的计算公式如下：

$$\begin{bmatrix}M_{xt}\\ M_{yt}\\ M_{zt}\end{bmatrix}=M_A\begin{bmatrix}0\\ 0\\ 1\end{bmatrix}+2T\begin{bmatrix}0\\ 0\\ (\sin\alpha_T\cdot x_C+\cos\alpha_T\cdot y_C)+(\sin\alpha_T\cdot x_D+\cos\alpha_T\cdot y_D)\end{bmatrix}+$$

$$\begin{bmatrix} M^t_{xN} \\ M^t_{yN} \\ M^t_{zN} \end{bmatrix} + \begin{bmatrix} M^t_{xN} \\ M^t_{yN} \\ M^t_{zN} \end{bmatrix} + \begin{bmatrix} F_{yN}z_N - F_{zN}y_N \\ F_{zN}x_N - F_{xN}z_N \\ F_{xN}y_N - F_{yN}x_N \end{bmatrix} + [F^t_{xM} \quad F^t_{yM} \quad F^t_{zM}][x_M \quad y_M \quad z_M] \tag{4.109}$$

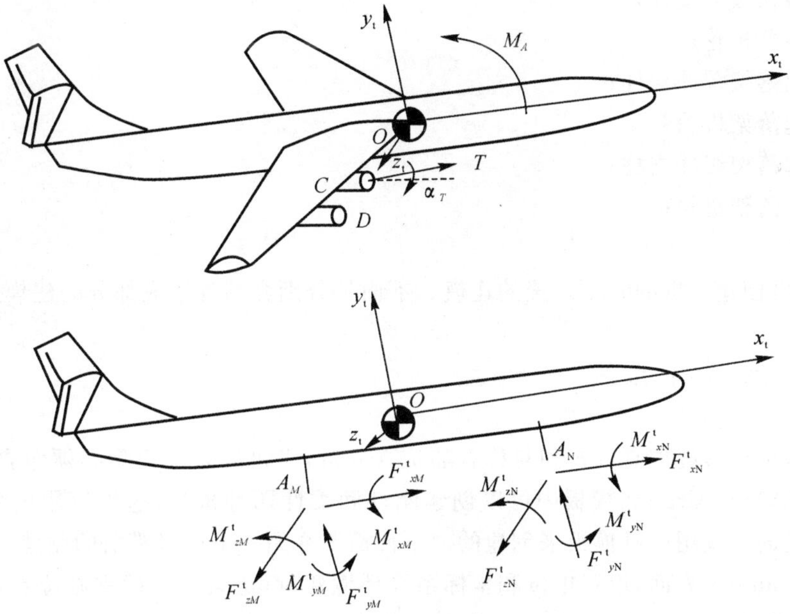

图 4.42　机身转动惯量计算示意图

这里，$[F^t_{xM} \quad F^t_{yM} \quad F^t_{zM}][x_M \quad y_M \quad z_M]$ 的表达式如下：

$$\begin{aligned}[F^t_{xM} \quad F^t_{yM} \quad F^t_{zM}][x_M \quad y_M \quad z_M] = &\begin{bmatrix} F^t_{yFR}z_{FR} - F^t_{zFR}y_{FR} \\ F^t_{zFR}x_{FR} - F^t_{xFR}z_{FR} \\ F^t_{xFR}y_{FR} - F^t_{yFR}x_{FR} \end{bmatrix} + \begin{bmatrix} F^t_{yFL}z_{FL} - F^t_{zFL}y_{FL} \\ F^t_{zFL}x_{FL} - F^t_{xFR}z_{FL} \\ F^t_{xFL}y_{FL} - F^t_{yFR}x_{FL} \end{bmatrix} + \\ &\begin{bmatrix} F^t_{yAR}z_{AR} - F^t_{zAR}y_{AR} \\ F^t_{zAR}x_{AR} - F^t_{xAR}z_{AR} \\ F^t_{xAR}y_{AR} - F^t_{yAR}x_{AR} \end{bmatrix} + \begin{bmatrix} F^t_{yAL}z_{AL} - F^t_{zAL}y_{AL} \\ F^t_{zAL}x_{AL} - F^t_{xAL}z_{AL} \\ F^t_{xAL}y_{AL} - F^t_{yAL}x_{AL} \end{bmatrix}\end{aligned} \tag{4.110}$$

4.7.5　建立多轮多支柱飞机全机着陆虚拟样机

在建立全机动力学分析模型之前需作如下的简化和假设：

1) 所有的零部件都被认为是刚体；

2) 所有零部件之间的连接简化为刚性连接；

3) 机身子系统与起落架子系统之间的连接简化为刚性固接。

在 ADAMS/Aircraft 模块中的动力学仿真模型都是以模板为基础的，然后调用模板生成子系统，最后在 ADAMS/Aircraft 的标准界面下将这些子系统装配起来进行分析，因此在进行全机落震仿真分析和对称着陆仿真分析之前需要依据飞机的结构将飞机划分为机身、前起落架缓冲支柱、前起落架机轮、主起落架缓冲支柱、主起落机轮和刹车装置。由于这里所研究的为多轮多支柱飞机(含 4 个主起落架缓冲支柱)并考虑到该飞机起落架沿机身布局的特殊性,因此,在本研究中将该飞机分析模型划分成如下几部分:

1)前起落架缓冲支柱;

2)前起落架机轮;

3)前主起落架缓冲支柱;

4)前主起落架机轮;

5)后主起落架缓冲支柱;

6)后主起落架机轮;

7)机身。

这里,不再创建飞机的刹车系统的建模。下面将分别介绍各组成部分的建模过程。

4.7.6 机身子系统

为了进行全机落震仿真分析和对称着陆仿真分析,飞机的装配模型必须包含一个机身子系统。在 ADAMS/Aircraft 模板中可以创建刚性和柔性两种机身,这里使用的是刚性机身。机身子系统是通过调用机身模板来创建的。下面简要介绍一下机身模板的创建方法。首先进入 Template Builder 界面,设置单位和坐标系等环境变量,定义飞机的重心位置,即机体坐标系的原点;然后通过调入后缀名为. shl 的文件生成飞机机身的几何外形,. shl 文件可以从其他三维绘图软件(如 ProE,Ug 和 Catia 等)中导入生成,在 ADAMS 中留有和这些软件的接口;最后根据需要进行约束处理和添加通信器完成机身模板的创建。生成模板后,进入 Standard Interface 界面,创建机身子系统,如果在创建过程中有其他改动,可以有限制地进行某些参数的修改。对于所研究的多轮多支柱飞机来说,建立后的机身子系统如图 4.43 所示。

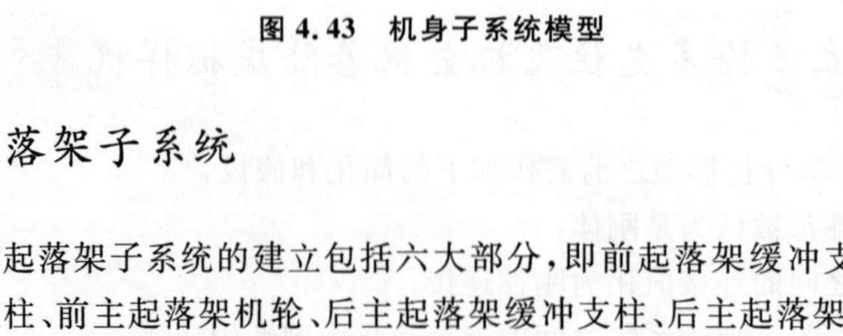

图 4.43 机身子系统模型

4.7.7 起落架子系统

所研究飞机的起落架子系统的建立包括六大部分,即前起落架缓冲支柱、前起落架机轮、前主起落架缓冲支柱、前主起落架机轮、后主起落架缓冲支柱、后主起落架机轮。

(1)缓冲支柱子系统的创建

起落架缓冲支柱子系统的建立所采用的方法是:先在 ADAMS/Aircraft 模块的 Template

Builder 界面中依据起落架的实际结构建立结构模型，然后生成子系统，具体创建步骤如图4.44所示。

由于所要研究的飞机起落架系统由两个相同的主起落架子系统和一个前起落架子系统构成，因而这里仅以该飞机的前起落架缓冲支柱和前主起落架缓冲支柱为例说明起落架缓冲支柱子系统的创建过程。

这里，详细介绍起落架缓冲系统中的典型部件——缓冲器的建模过程。

1）首先在 ADAMS/Aircraft 模块的 Template Builder 界面中依据起落架缓冲器的结构尺寸建立缓冲器各组成部件的空间位置点（硬点）。

2）创建缓冲器中两个相互作用的构件（即缓冲器外筒和内筒）。在 ADAMS/Aircraft 模块中，依据前一步中创建的关键硬点定义创建两个组件的参考平面，并在此基础上生成该部件的几何外形，然后定义其质量、转动惯量等与该部件相关的物理属性。

3）定义缓冲器两个组件之间的连接关系。这里，定义上述两个相互作用的部件间的连接副采用圆柱副。

4）定义缓冲支柱的轴向力。由于该飞机的前起落架和主起落架分别采用的是双气腔式油液缓冲器和单气腔式缓冲器，故在 ADAMS/Aircraft 模块中定义缓冲支柱轴向力有很大的不同。定义前起落架缓冲支柱轴向力时，应该分别打开 Build 菜单下的 Shock Strut Axial Forces 子菜单中的 Double-Stage Equation Air Spring，Equation Based Oil Damper 和 Table-Lookup Stoppers 定义作用在两个组成部件上的空气弹簧力、油液阻尼力及结构限制力。对于该飞机的主起落架缓冲器轴向力来说，定义是只需打开 Build 菜单下的 Shock Strut Axial Forces 子菜单中的 Table Lookup Air-Oil-Stopper 选项定义该缓冲器的空气弹簧力、油液阻尼力及结构限制力即可。

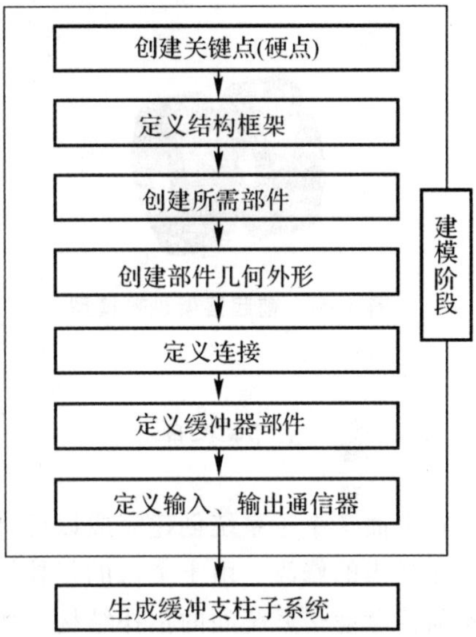

图 4.44　建立起落架缓冲支柱子系统步骤

建立后的多轮多支柱飞机的缓冲支柱子系统如图 4.45 和图 4.46 所示。

图 4.45　前起落架缓冲支柱子系统

图 4.46　前主起落架缓冲支柱子系统

(2)机轮子系统的创建

这里仅以前起落架和前主起落架的机轮模型为例说明起落架轮胎子系统的创建过程。

在ADAMS/Aircraft模块中内置一种轮胎模型——FIALA轮胎模型,该模型将轮胎视为一个在弹性基础上,具有垂直线性阻尼的梁。Ghiringhelli在文献中应用FIALA轮胎模型开发了起落架地面操纵模型,仿真结果表明,应用FIALA轮胎模型开发的起落架地面操纵模型的误差落在允许的范围内。所建立的轮胎子系统采用的是ADAMS/Aircraft模块中现有的FIALA轮胎模型,依据机轮的实际架构,修改外形尺寸、特征参数及后缀名为.tir的轮胎特性文件建立起来的。首先在轮胎修改对话框里修改机轮质量、半径、机轮垂直振动当量阻尼系数和机轮转动惯量,然后在轮胎特性文件里给出轮胎静压曲线即完成轮胎模板的定义。最后,将创建好的轮胎模型导入ADAMS/Aircraft模块的Standard Interface中生成机轮子系统。

建立后的机轮模型如图4.47和图4.48所示。

图4.47 前起落架机轮模型

图4.48 前主起落架机轮模型

4.7.8 全机装配

在上面7个子系统创建完成以后,即可使用装配命令来组装全机装配模型,然后根据需要可以作适当的修改。由于全机的拓扑结构在装配中已有定义,装配时只需要确定各个子系统,而不需要考虑子系统间的拓扑结构。所创建的飞机全机模型如图4.49所示。

图4.49 全机装配模型

全机装配模型完成后,整个建模过程也就结束了,紧接着进行落震仿真分析和对称着陆仿真分析以确定飞机在着陆过程中各主要载荷及载荷分布。

4.7.9 全机着陆仿真分析

这里所进行的全机着陆仿真分别是在以下条件下进行的,即不考虑升力情况下的全机进行落震仿真分析和考虑升力情况下的全机着陆仿真分析。本节只研究飞机在对称着陆情况下飞机着陆载荷在各起落架上的分布情况。

1. 落震仿真分析

仿真分析前首先要设置分析参数，这里考虑飞机机轮最低点距离地面 474.6 mm 到飞机平稳滑跑之间的仿真分析，这一过程包括飞机降落和落震两个阶段。之所以考虑飞机机轮最低点距离地面 474.6 mm，是为了保证起落架垂直接地速度达到 3 050 mm/s。在 ADAMS/Aircraft 模块中，预定义了各种模板和仿真分析设置，并设计出良好的用户界面，用户可以方便地设定仿真分析参数，并给出或定义飞机跑道、飞机降落情况等属性文件，开始仿真分析。由于没有确切的实际路面属性，因此本节所进行的仿真采用了软件自带的路面属性文件，调用了文件名为“sf28r_sev. rfd”的文件，跑道为“San Francesco Runway 28R”。该型飞机着陆分析时一些主要参数的取值大小见表 4.2（质量单位：kg，长度单位：mm，角度单位：(°)，时间单位：s）。

表 4.2　落震仿真分析的主要参数表

飞机质量：40 000	飞机重心距离原始重心的 x 轴初始值：13 966
飞机质量重心的 x 坐标：0	飞机重心距离原始重心的 y 轴初始值：0
飞机质量重心的 y 坐标：0	机轮最低点距离跑道初始垂直距离：474.6
飞机质量重心的 z 坐标：0	飞机的初始偏航角：0
重心处 x 轴的初始速度：55 555.6	飞机的初始俯仰角：0.75，2.0
重心处 z 轴的初始速度：0	飞机的初始滚转角：0
在 z 轴方向上的重力加速度：1g	机轮的初始旋转角：0

本节分别研究了初始俯仰角为 0.25°，0.5°，0.75°，1.0°，1.25°，1.5°，1.75°，2.0° 时飞机着陆载荷在飞机各起落架上的分布关系。由于飞机在以 0.75° 和 2.0° 的初始俯仰角着陆时情况较为特殊，故这里仅给出飞机在这两种情况下对称着陆时地面载荷的结果曲线，其余的主要结果见表 4.3 和表 4.4。

表 4.3　飞机对称着陆时各起落架的最大垂直载荷

初始俯仰角 /(°)	0.25	0.5	0.75	1.0	1.25	1.5	1.75	2.0
前主起落架 /N	516 120	491 240	488 350	491 450	490 960	491 680	491 690	494 400
后主起落架 /N	532 240	524 600	534 130	549 260	558 800	570 290	580 250	585 850
前起落架 /N	165 605	175 720	192 785	212 590	229 510	246 150	261 940	269 720

表 4.4　飞机对称着陆时各起落架的最大水平载荷

初始俯仰角 /(°)	0.25	0.5	0.75	1.0	1.25	1.5	1.75	2.0
前主起落架 /N	272 450	257 800	263 050	263 790	261 780	258 820	260 930	263 030
后主起落架 /N	274 510	265 680	249 330	243 260	239 000	236 650	231 260	233 490
前起落架 /N	40 931	43 361	48 364	52 470	65 830	85 893	75 997	86 122

这里，如图 4.50 和图 4.51 所示为当飞机以 0.75° 的初始俯仰角对称着陆时飞机所受的地面载荷随时间的变化关系，如图 4.52 和图 4.53 所示为当飞机以 2° 的初始俯仰角对称着陆时

飞机所受的地面载荷随时间的变化关系。

在不考虑飞机升力的情况下，当该样机以 0.75° 的初始俯仰角着陆时，飞机前起落架、前主起落架及后主起落架所受到的最大垂直载荷分别为 192 785 N，488 350 N，534 130 N，出现时间分别是 2.40 s，2.40 s，2.46 s。3 个起落架轮胎所受的最大水平阻力分别为 48 364 N，263 050 N，249 330 N，出现时间分别是 2.34 s，2.38 s，2.36 s。当该样机以 2.0° 的初始俯仰角着陆时，飞机前起落架、前主起落架及后主起落架所受到的最大垂直载荷分别为 269 720 N，494 400 N，585 850 N，出现时间分别是 2.40 s，2.38 s，2.36 s。此时，3 个起落架轮胎所受的最大水平阻力分别为 86 122 N，263 030 N，233 490 N，出现时间分别是 2.34 s，2.39 s，2.48 s。从上述结果可以看出，3 个起落架最大垂直及水平载荷出现的时间差较实际的短，这是由于在实际的飞机着陆滑跑过程中飞行员通常要对飞机施加一定的操纵力矩，而在本着陆仿真分析过程中由于实际条件有限未能很好对研究模型添加操纵模块，因而会引起前起落架较早地接触地面，但对于飞机起落架所受的最大载荷影响不大。

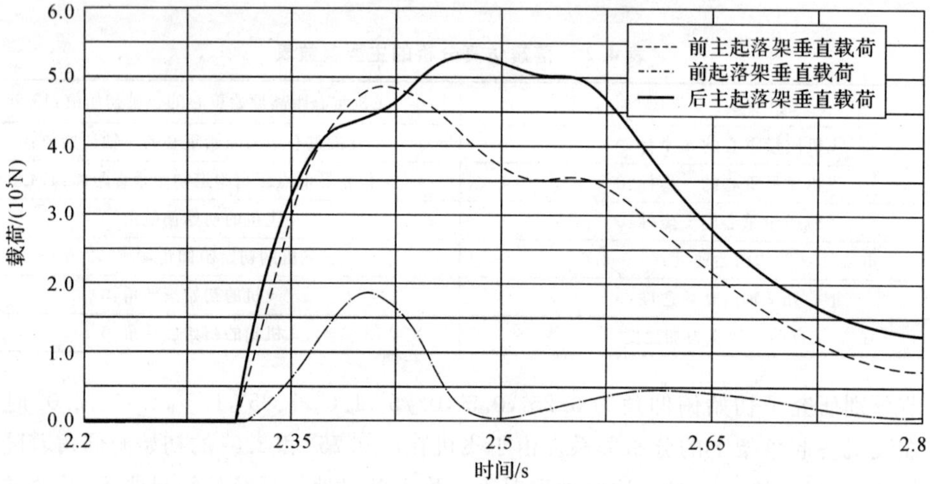

图 4.50 起落架垂直载荷随时间的变化关系(0.75°)

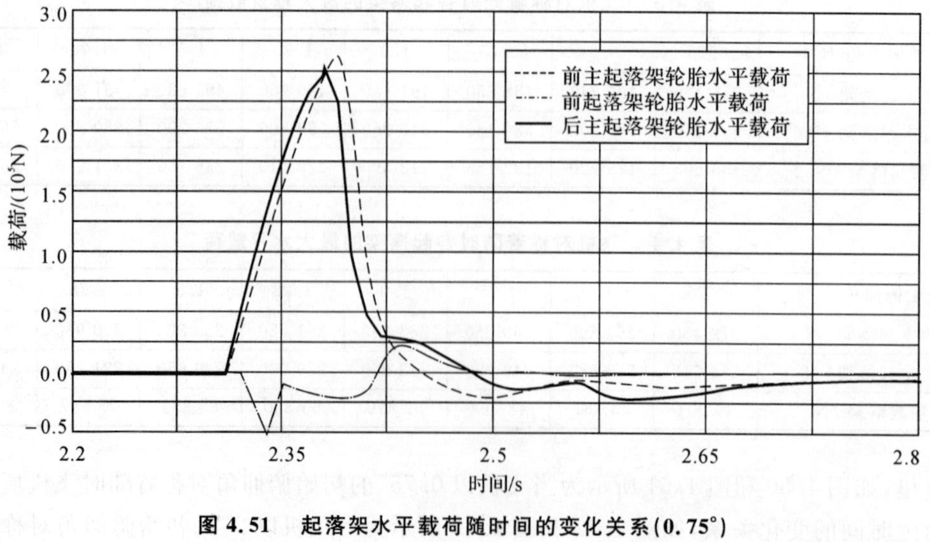

图 4.51 起落架水平载荷随时间的变化关系(0.75°)

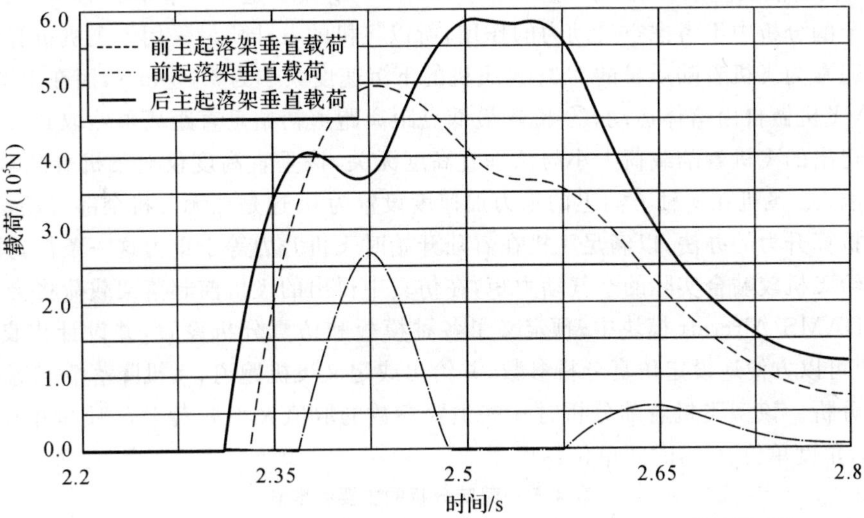

图 4.52　起落架垂直载荷随时间的变化关系(2.0°)

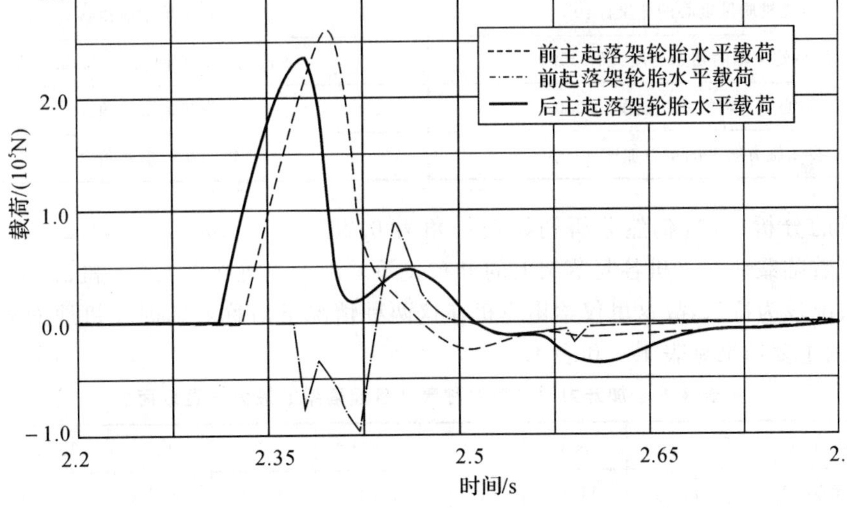

图 4.53　起落架水平载荷随时间的变化关系(2.0°)

表 4.3 和表 4.4 中给出了该样机在不同初始俯仰角下着陆时作用在样机各起落架上的最大垂直载荷及水平载荷值。

2. 着陆仿真分析

与上一小节不同的是:在本小节的仿真中,考虑到了飞机在着陆过程中气动升力对飞机地面载荷的影响。

仿真分析的分析参数设置见表 4.5,这里考虑飞机机轮最低点距离地面 474.6 mm 到飞机平稳滑跑之间的仿真分析,这一过程包括飞机降落和着陆两个阶段。与表 4.2 中的不同之处在于：① 飞机着陆质量取飞机总质量，大小为56 000 kg而不是上一节中的40 000 kg，这是由于在上一节的分析中不考虑空气动力的作用，所以飞机的着陆质量采用了飞机折算质量，折算着陆质量通常为飞机着陆质量的2/3；② 飞机的下沉速度大小为3.05 m/s，而在上节的落震仿真分析中，飞机做自由落体运动；③ 机轮最低点距离跑道初始垂直距离虽然取474.6 mm，在本分析中得出的飞机着陆载荷大小与该垂直高度无关，该垂直高度仅对飞机着陆载荷出现的时间有影响；④ 飞机在 z 轴方向上的重力加速度设置为0，这是在无飞机全部气动参数的情况下采取的折算升力的办法，以满足飞机在着陆开始时飞机升力等于重力这一条件，其缺点是由于无法带给飞机较贴合实际的空气动力矩，在仿真中得出的飞机前起落架载荷将会偏大。

在ADAMS/Aircraft模块中，预定义了各种模板和仿真分析设置，并设计出良好的用户界面，用户可以方便地设定仿真分析参数，并给出或定义飞机跑道、飞机降落情况等属性文件，开始仿真分析。该型飞机着陆分析时一些主要参数的取值大小见表4.5（质量单位：kg，长度单位：mm，角度单位：(°)，时间单位：s）。

表4.5 着陆分析的主要参数表

飞机质量：56 000	飞机重心距离原始重心的 x 轴初始值：13 966
飞机质量重心的 x 坐标：0	飞机重心距离原始重心的 y 轴初始值：0
飞机质量重心的 y 坐标：0	机轮最低点距离跑道初始垂直距离：474.6
飞机质量重心的 z 坐标：0	飞机的初始偏航角：0
重心处 x 轴的初始速度：55 555.6	飞机的初始俯仰角：0.75，2.0
重心处 z 轴的初始速度：3 050	飞机的初始滚转角：0
在 z 轴方向上的重力加速度：0g	机轮的初始旋转角：0

同上节的分析一样，仍然分析初始俯仰角为0.25°，0.5°，0.75°，1.0°，1.25°，1.5°，1.75°，2.0°时飞机着陆载荷在飞机各起落架上的分布关系。由于飞机在以0.75°和2.0°的初始俯仰角着陆时情况较为特殊，故这里仅给出飞机在这两种情况下对称着陆时飞机地面载荷的结果曲线，其余的主要结果见表4.6和表4.7。

表4.6 加升力时飞机对称着陆各起落架的最大垂直载荷

初始俯仰角 /(°)	0.25	0.5	0.75	1.0	1.25	1.5	1.75	2.0
前主起落架 /N	413 140	411 030	408 180	404 210	401 910	398 670	395 110	391 590
后主起落架 /N	412 250	417 910	428 090	436 150	443 060	447 670	450 640	452 740
前起落架 /N	143 070	154 550	171 360	189 040	205 310	219 750	231 510	241 630

表4.7 加升力时飞机对称着陆各起落架的最大水平载荷

初始俯仰角 /(°)	0.25	0.5	0.75	1.0	1.25	1.5	1.75	2.0
前主起落架 /N	237 240	234 950	234 190	232 980	231 120	227 670	225 860	224 510
后主起落架 /N	241 050	229 650	222 230	213 080	208 950	208 300	209 630	211 820
前起落架 /N	48 385	52 399	60 376	67 713	73 939	71 576	86 383	89 615

如图 4.54 和图 4.55 所示为飞机以 0.75° 的初始俯仰角对称着陆时飞机所受的地面载荷随时间的变化关系，如图 4.56 和图 4.57 所示为飞机以 2° 的初始俯仰角对称着陆时飞机所受的地面载荷随时间的变化关系。

在考虑飞机升力的情况下，当该样机以 0.75° 的初始俯仰角着陆时，飞机前起落架、前主起落架及后主起落架所受到的最大垂直载荷分别为 171 360 N，408 180 N，428 090 N，出现时间分别是 2.24 s，2.25 s，2.31 s。3 个起落架轮胎所受的最大水平阻力分别为 60 376 N，234 190 N，222 230 N，出现时间分别是 2.34 s，2.38 s，2.36 s。当该样机以 2.0° 的初始俯仰角着陆时，飞机前起落架、前主起落架及后主起落架所受到的最大垂直载荷分别为 241 630 N，391 590 N，452 740 N，出现时间分别是 2.27 s，2.28 s，2.35 s。此时，3 个起落架轮胎所受的最大水平阻力分别为 89 615 N，224 510 N，211 820 N，出现时间分别是 2.23 s，2.22 s，2.27 s。

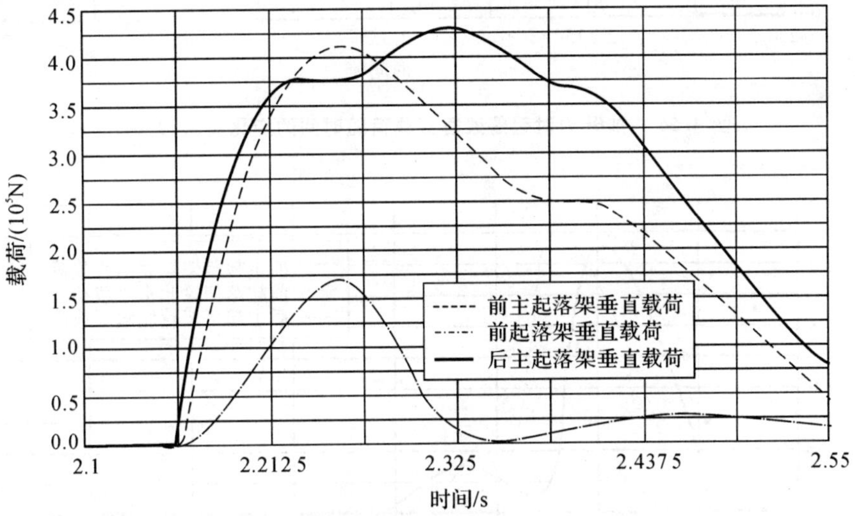

图 4.54　加升力时起落架垂直载荷随时间的变化关系(0.75°)

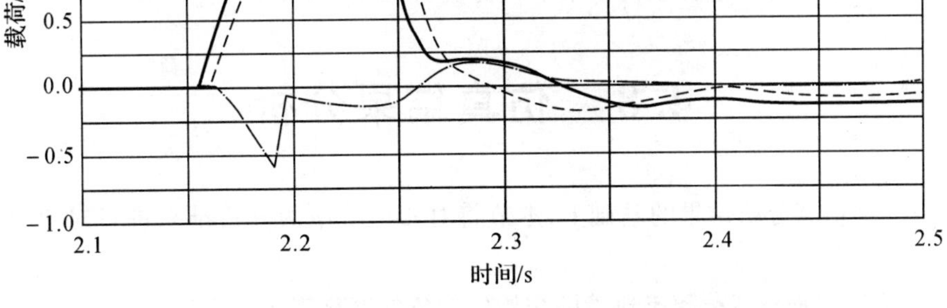

图 4.55　加升力时起落架水平载荷随时间的变化关系(0.75°)

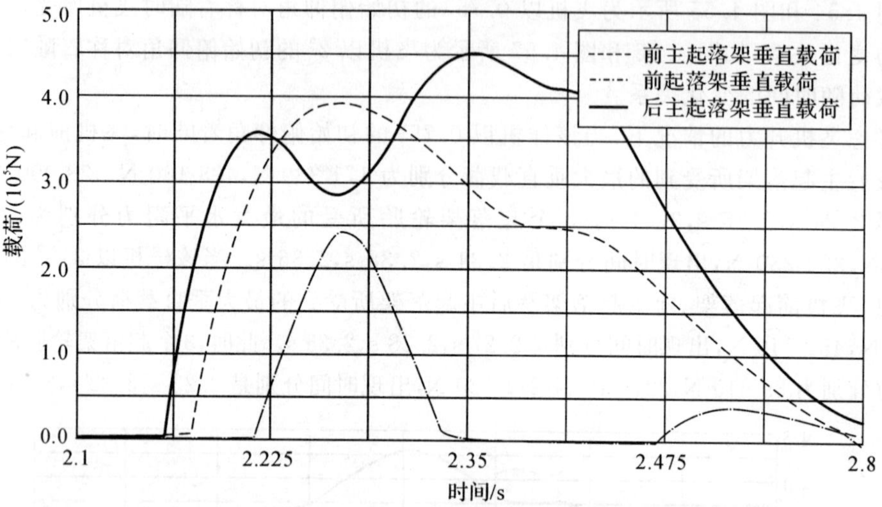

图 4.56　加升力时起落架垂直载荷随时间的变化关系(2.0°)

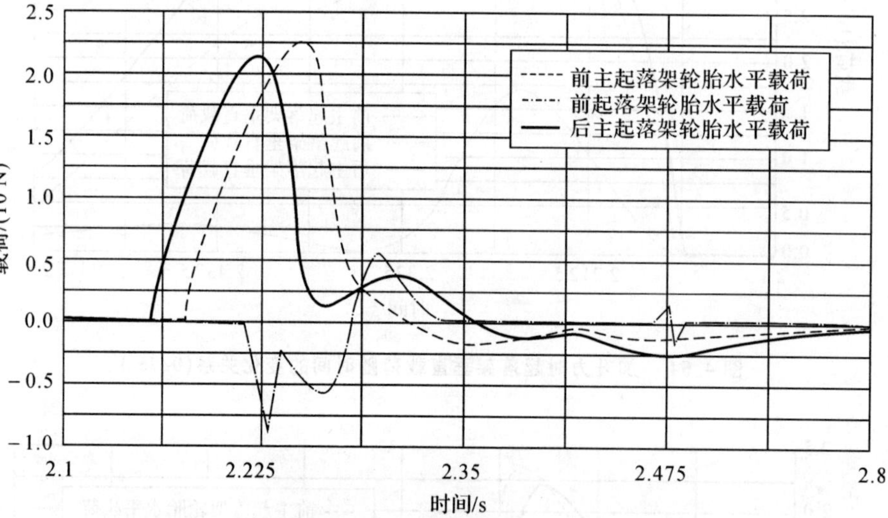

图 4.57　加升力时起落架水平载荷随时间的变化关系(2.0°)

表 4.6 和表 4.7 中为当考虑空气升力作用时,研究样机在不同初始俯仰角下着陆时作用在样机各起落架上的最大垂直载荷及水平载荷值。

4.8　仿真结果分析

在 4.7 节中仿真分析结果的基础上,本节将对 4.7 节中的分析结果进行对比分析。本分析分为以下三部分:

1) 起落架最大垂直载荷随飞机着陆初始俯仰角的变化规律;

2）飞机着陆冲击载荷在各起落架上的分布关系；

3）起落架轮胎最大水平载荷随飞机着陆初始俯仰角的变化规律。

下面将依次对该飞机在对称着陆时的载荷关系进行分析。

4.8.1 起落架最大垂直载荷随飞机着陆初始俯仰角的变化规律

1）对于该样机的后主起落架，其最大垂直载荷随飞机着陆初始俯仰角的变化关系如图 4.58 所示。

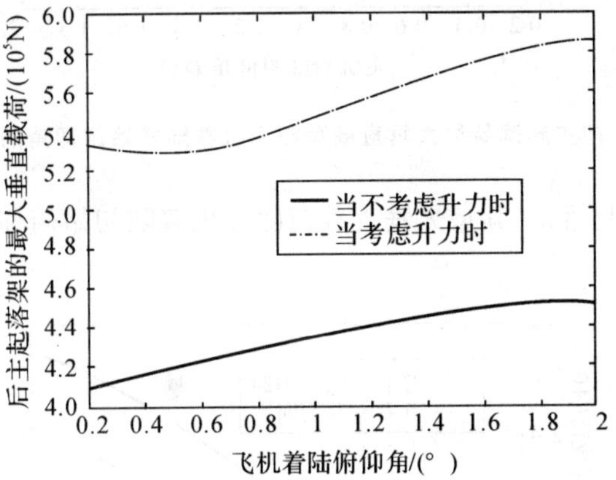

图 4.58　后主起落架最大垂直载荷随飞机着陆初始俯仰角的变化曲线

由图 4.58 可以得出以下结论：

a）与飞机不考虑升力时进行的仿真分析结果相比，飞机在考虑升力情况下进行着陆仿真所得出的后主起落架缓冲支柱的最大垂直载荷要小得多，其平均值减小了 94 490 N。

b）当考虑空气动力对飞机进行着陆仿真时，随着飞机着陆时初始俯仰角的增加，飞机后主起落架最大载荷增大。当飞机在以 2° 的初始俯仰角着陆时，飞机后主起落架最大垂直载荷为最大。当未考虑升力时，飞机后主起落架的最大垂直载荷值为 585 850 N；当考虑空气升力时，飞机后主起落架的最大垂直载荷值则为 452 740 N。

2）如图 4.59 所示为样机前主起落架的最大垂直载荷随飞机着陆俯仰角的变化关系。

由图 4.59 可以得出以下结论：

a）与飞机不考虑升力时的仿真分析结果相比，飞机在考虑升力情况下进行着陆仿真所得出的前主起落架缓冲支柱的最大垂直载荷要小得多，其平均值要小于 91 510 N。

b）当考虑空气动力对飞机进行着陆仿真时，随着飞机着陆时初始俯仰角的增加，飞机前主起落架最大载荷减小。当不考虑空气动力对飞机进行落震仿真分析时，随着飞机着陆时初始俯仰角的增加，飞机前主起落架最大载荷先减小后增大，其转折点在 0.75°。这可能是由于该飞机的固有攻角所致，该飞机的固有攻角为 0.62°。

c）但当飞机在以 2° 的初始俯仰角着陆时，飞机前主起落架最大垂直载荷为最小。对于未考虑升力的情况，飞机前主起落架的最大垂直载荷值为 516 120 N；对于考虑空气升力的情况，飞机前主起落架的最大垂直载荷值则为 413 140 N。

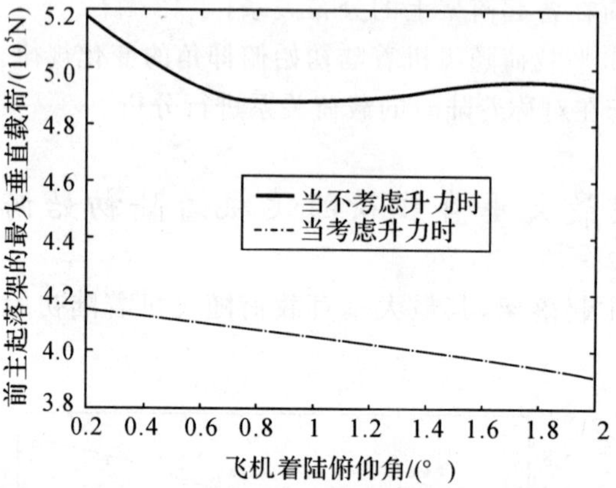

图 4.59 前主起落架最大垂直载荷随飞机着陆初始俯仰角的变化曲线

3）对于该样机的前起落架，其最大垂直载荷随飞机着陆初始俯仰角的变化关系如图 4.60 所示。

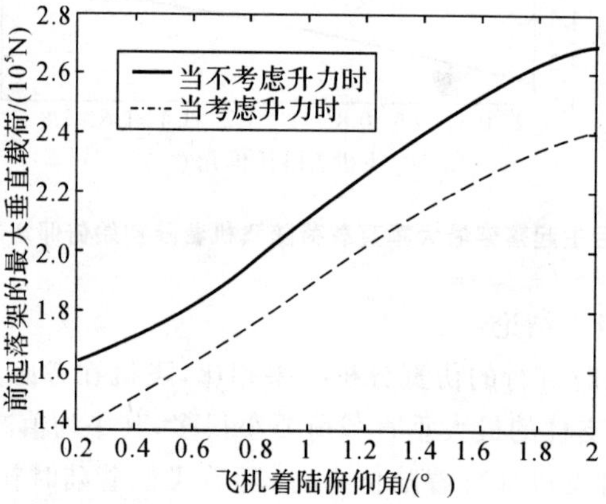

图 4.60 前起落架最大垂直载荷随飞机着陆初始俯仰角的变化曲线

由图 4.60 得出的结论如下：

a）随着飞机着陆时初始俯仰角的增加，飞机前起落架最大载荷不断增大，而且增加幅度较大。这是由于飞机重心位置处于前主起落架之前，当飞机以一定的初始着陆俯仰角着陆时，在飞机重心处产生的低头力矩增加，而在飞机着陆的过程中空气动力为飞机提供的俯仰力矩在不断减少，因而会对前起落架缓冲支柱产生较大的冲击载荷。

b）飞机在以 2°的初始俯仰角着陆时，飞机前起落架最大垂直载荷达到最大值。对于未考虑升力的情况，飞机前起落架的最大垂直载荷值为 269 720 N；对于考虑空气升力的情况，飞机前主起落架的最大垂直载荷值则为 241 630 N。

4.8.2 飞机着陆冲击载荷在各起落架上的分布关系

本小节分别给出了该样机在落震仿真分析和对称着陆仿真分析过程中飞机着陆载荷在该

样机各个起落架上的分布关系，其结果曲线如图 4.61 和图 4.62 所示。

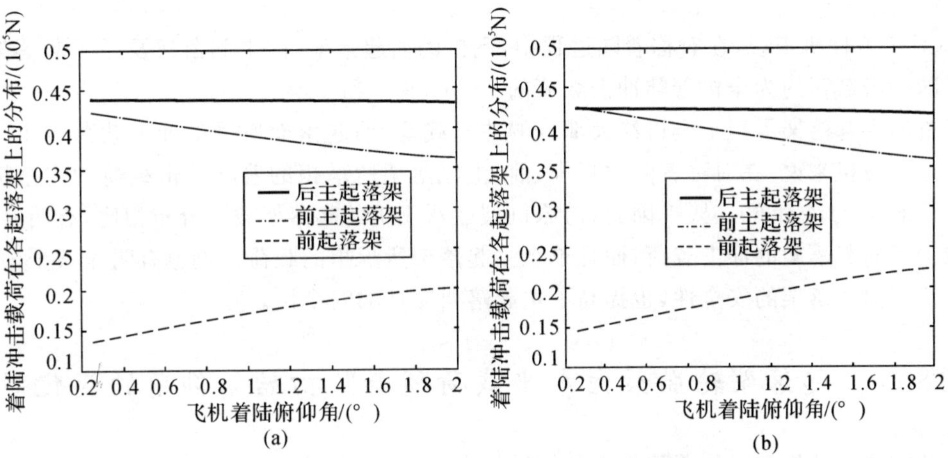

图 4.61　仿真分析中飞机冲击载荷在各起落架的分布

(a) 当不考虑升力时；(b) 当考虑升力时

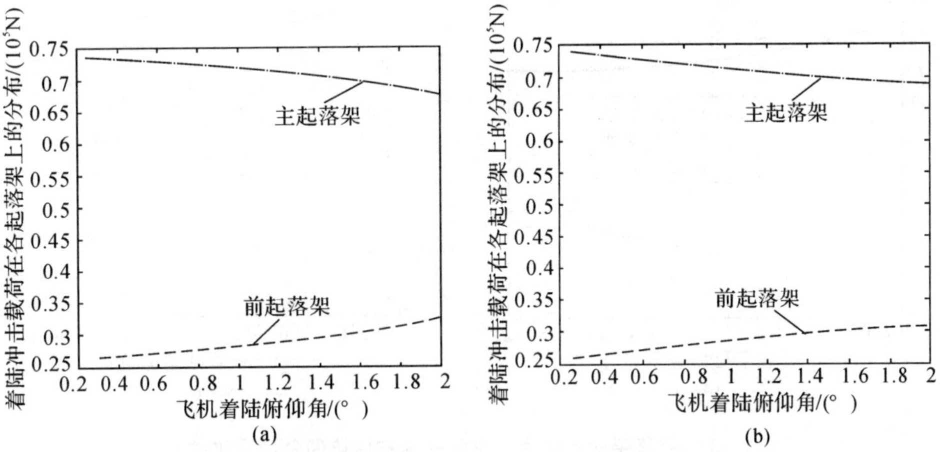

图 4.62　运八飞机对称着陆时冲击载荷在各起落架的分布

(a) 当不考虑升力时；(b) 当考虑升力时

由图 4.61 和图 4.62 可以得出如下结论：

1) 后主起落架承受绝大部分着陆冲击载荷，且当飞机以不同的初始俯仰角着陆时变化幅度不大。在对称着陆仿真过程中，后主起落架所承担的着陆冲击载荷约为全机着陆冲击载荷的 42.2%；在进行的落震仿真过程中，飞机的后主起落架所承担的着陆冲击载荷约为全机着陆冲击载荷的 43.7%。

2) 前主起落架承受较大的着陆冲击载荷。随着飞机着陆初始俯仰角的增大，前主起落架所承受的载荷占全机着陆冲击载荷的比例明显减小。前主起落架所承受的载荷占全机着陆冲击载荷的比例的均值为 39.07%。

3) 前起落架承受的冲击载荷较小。在对称着陆仿真过程中，后主起落架所承担的着陆冲击载荷约为全机着陆冲击载荷的 17.2%；在落震仿真过程中，飞机的后主起落架所承担的着陆冲击载荷约为全机着陆冲击载荷的 18.72%。但是随着飞机着陆初始俯仰角的增大，前起落架所承受的着陆冲击载荷在全机着陆冲击载荷的比例明显增加,这一比例最大时可达到 20.11%。

4) 对于该样机来说,在对称着陆过程中,飞机的前起落架、前主起落架及后主起落架所承担的着陆冲击载荷约为全机着陆冲击载荷的 18%,39% 和 43%。

飞机的主起落架承担了全机绝大部分的冲击载荷,前起落架所受的冲击载荷较小。对于原机型运八飞机来说,在对称着陆过程中,前、主起落架所承担的着陆冲击载荷约占全机着陆冲击载荷的 30.4% 和 69.6%。因此,与原机型运八飞机的起落架载荷分布相比,有明显改善,不仅减少了前起落架的冲击载荷,而且单个主起落架所承担的载荷比例也有明显减少。这样,不仅提高了前起落架的安全性,也提高了主起落架支柱的安全性。

4.8.3 起落架轮胎最大水平载荷随着陆初始俯仰角的变化规律

在落震仿真分析和对称着陆仿真分析过程中,该样机起落架轮胎最大水平载荷随着陆初始俯仰角的变化曲线分别如图 4.63(a) 和 4.63(b) 中所示。

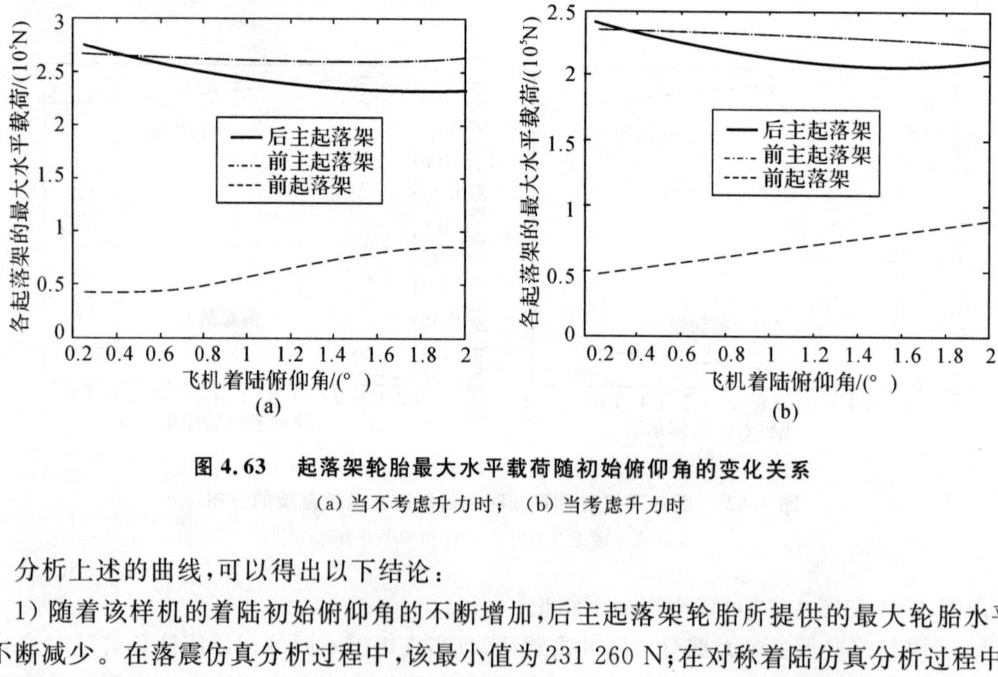

图 4.63 起落架轮胎最大水平载荷随初始俯仰角的变化关系

(a) 当不考虑升力时; (b) 当考虑升力时

分析上述的曲线,可以得出以下结论:

1) 随着该样机的着陆初始俯仰角的不断增加,后主起落架轮胎所提供的最大轮胎水平载荷不断减少。在落震仿真分析过程中,该最小值为 231 260 N;在对称着陆仿真分析过程中,该最小值为 211 820 N。

2) 与飞机的后主起落架相比,该飞机前主起落架轮胎所提供的最大轮胎水平载荷要大一些,这与预期的结果相反。同样,随着该样机的着陆初始俯仰角的不断增加,前主起落架所承受的最大轮胎水平载荷不断减少。在落震仿真分析过程中,该最小值为 258 820 N;在对称着陆仿真分析过程中,该最小值为 231 120 N。

3) 但是,该样机的前起落架轮胎所提供的最大水平载荷却随着该样机的着陆初始俯仰角的不断增加而增大。这是因为该样机在飞机着陆过程中最大垂直载荷不断增大的缘故。

第5章　起落架收放动力学

起落架收放系统是飞机的重要组成部分，该系统的工作性能直接影响到飞机的安全性和机动性。在地面对起落架收放功能的验证是飞机设计的一个重要环节。为了减小飞行中的阻力，现代飞机的起落架通常是可收放的。经验证明：阻力是随飞机速度大大增加的，因此起落架收于飞机内可以抵消飞机质量增加带来的不利影响。采用收放式起落架后，当飞机速度为250 km/h时，阻力减少6%；当速度为400 km/h时，阻力减少8%～10%。

由于现代飞机空地循环周期缩短，寿命期内地面运动距离增长，因而致使起落架结构所承受的动载荷较大，造成系统工作环境复杂，出现故障较多。在现代飞机起落架的各个工作部件中，收放机构在使用中发生失效的概率是比较高的。2009年11月28日，由上海浦东机场起飞的一架津巴布韦货机，起飞时冲出跑道，飞机解体起火，该飞机坠毁的一个主要原因是起飞前起落架没有收起，滑跑速度明显不够，随后冲出跑道坠落。2009年9月15日，德国斯图加特机场一架客机紧急迫降，该事故主要原因为主起落架未能放下（见图5.1）。2000年某运八型飞机相继发生3起起落架收放系统故障。

图5.1　德国一客机主起落架未放下，紧急迫降

现代飞机起落架收放机构故障：收放机构出现疲劳裂纹，特别是连接部位反复受载更易导致关键部位出现疲劳损坏；减震装置密封损坏而漏油泄气，使减震性能下降而载荷增大，可导致收放到位但不能上锁；收放机构变形过大导致卡阻或者纠偏装置失效；位置锁失效而无法上锁；等等。经调查研究发现，由于收放机构中的构件损伤而导致起落架放不到位，致使飞机迫降事故发生的概率为34.4%，所以进一步加深对起落架收放系统的研究显得迫切而重要。

5.1　起落架收放形式及运动学分析

5.1.1　起落架收藏方式

起落架的配置方案，在主支柱的安装位置确定之后，需结合飞机的内部安排、装载情况及结构承力系统方案综合选取。如图 5.2 所示的几种常见的收藏方式如下：

(a)主轮收入机身；

(b)主轮沿展向收入机翼；

(c)主轮沿展向部分收入机翼，即支柱收入机翼，机轮转一角度后再收入机身；

(d)重型飞机的主起落架沿展向部分收入机翼(支柱收入机翼，小车式机轮收入机身)；

(e)主轮沿弦向收入机翼上的专用短舱；

(f)主轮收入机身的专用短舱；

(g)主轮沿航向收入机翼上的发动机短舱；

(h)自行车式起落架的主轮收入机身，翼下辅助轮收入机翼短舱。

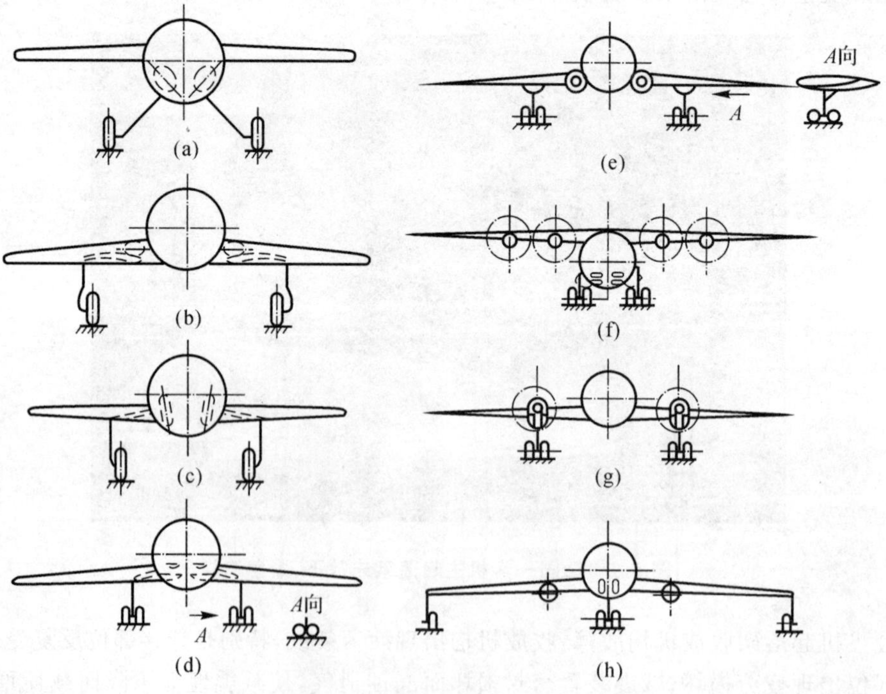

图 5.2　起落架收藏的典型方式

5.1.2　起落架收放形式

由于飞机总体布局的不同，有着各种不同的起落架收置方法。前起落架收置在前机身内，而主起落架则可收置在机翼内、机翼和机身内、机身内、发动机短舱内或收在专门的起落架短舱内。

收放式起落架的受力形式和运动图有一系列的特点：

a. 起落架的受力形式为梁架式；

b. 在收放平面内的载荷作用下，起落架的受力形式在结构力学上属于静定力系；

c. 按机械原理，在收放过程中起落架的运动图形成四连杆机构或四连杆铰链机构，用来保证受力系统的几何不变性和收放运动；

d. 作动筒应留有适当的备用行程；

e. 在收放运动中需避免作动筒上的力有过大的变化，收放运动的效率应⩾50%；

f. 支柱须有可靠的支撑，以承受来自垂直收放平面的力；

g. 收放结构的零件之间须有足够的间隙。

根据收放式起落架的上述特征，其形式可分为四类。在以下示意图中，起落架与机体的固定接头用阿拉伯数字表示，收放机构用大写英文字母 A，B 表示，而保证受力系统几何不变性的锁则用“锁”字样表示。

(1)第一类起落架形式

第一类起落架收放形式如图 5.3～图 5.5 所示，其结构特点如下：

a. 受力系统在放下位置的几何不变性靠零位杆系及锁来保证，或借代替零位杆系的锁来保证；

b. 收放作动筒不是受力系统的承力杆。

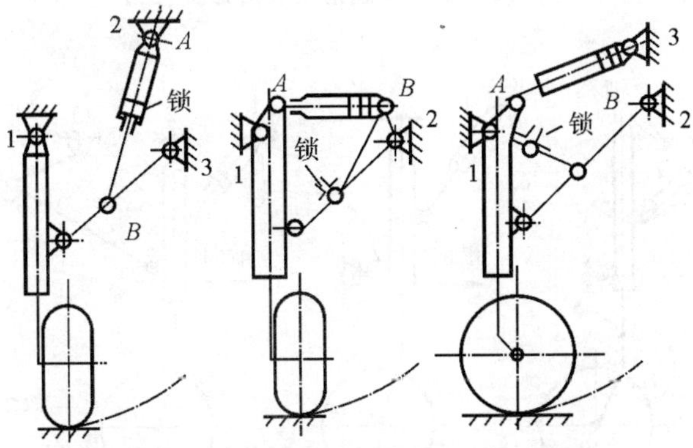

图 5.3　第一类起落架收放形式(一)

(2)第二类起落架形式

第二类起落架收放形式如图 5.6 所示，其结构特点如下：

a. 受力系统在放下位置借助承力锁来保证几何不变性，该锁将起落架的承力撑杆或梁直接固定在飞机结构上；

b. 收放作动筒不是受力系统的承力杆；

c. 这种受力形式的下位锁承受很大的地面载荷，其变形等可能影响锁的可靠性，从而降低起落架收放的可靠性。

故用此种形式时，对起落架收放的可靠性应予以充分注意，可靠性设计和试验均应考虑地面载荷。

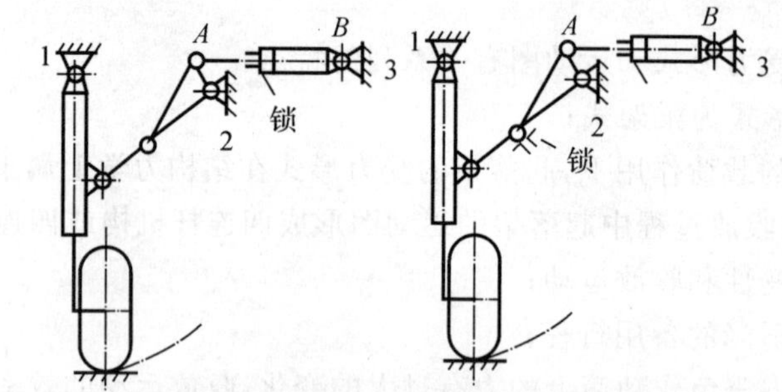

图 5.4　第一类起落架收放形式(二)

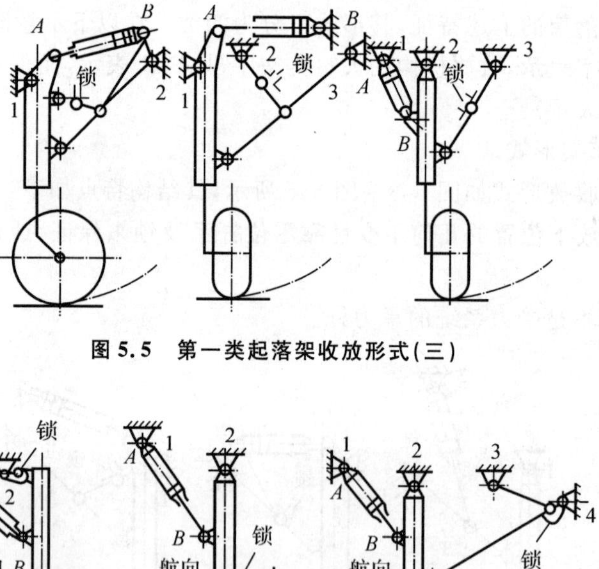

图 5.5　第一类起落架收放形式(三)

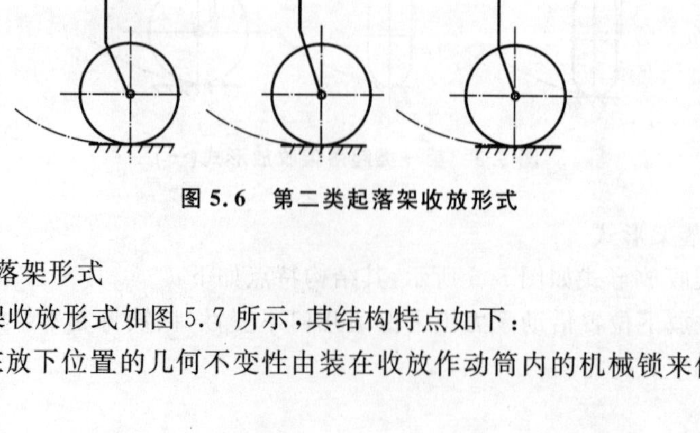

图 5.6　第二类起落架收放形式

(3)第三类起落架形式

第三类起落架收放形式如图 5.7 所示，其结构特点如下：

a. 受力系统在放下位置的几何不变性由装在收放作动筒内的机械锁来保证；

b. 收放作动筒也是受力系统的承力杆。

这类受力形式与其他两类结构相比，具有许多重要优点：

a. 承力构件数量最少（总共只支撑梁和承力作动筒两件，斜撑杆同时又是收放作动筒）；

b. 铰链接头数量最少（3个）；

c. 接头数量最少（3个）；

d. 能保护承力机械锁免受外界不利因素（沙、灰尘、水、冰等）的作用；

e. 接头和铰链的变形及间隙对计算受力系统毫无影响，由于作用在各构件上的设计载荷确定得较精确，因而减小了结构质量；

f. 在某些情况下，可将承力机械锁保留在液压锁的筒体内；

g. 由于减少了零件总数，结构的可靠性较高，机械锁的保护性较好，使用中定期检修所需的劳动量较少。

第三类受力形式一般缺点是收放作动筒承受很大的地面载荷，使其尺寸过大。如果起落架是向后收的，应急放起落架要具有较大能量，因需用的冷气量过大而增重。

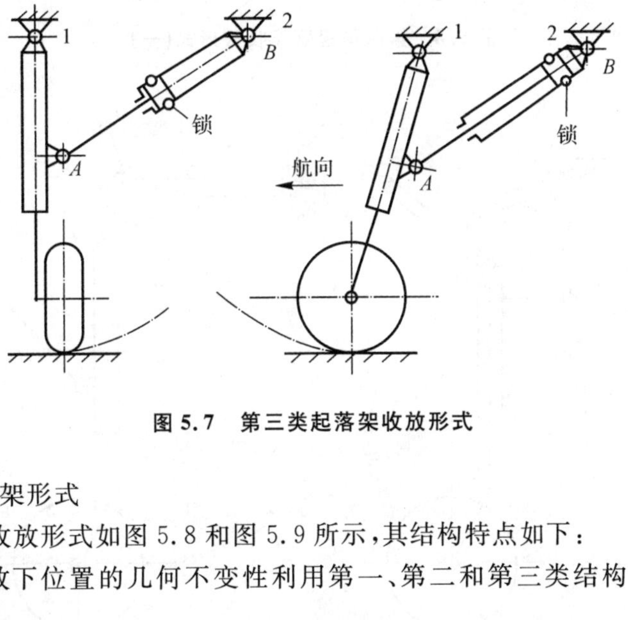

图5.7　第三类起落架收放形式

(4)第四类起落架形式

第四类起落架收放形式如图5.8和图5.9所示，其结构特点如下：

a. 受力系统在放下位置的几何不变性利用第一、第二和第三类结构中所采取的方法来保证；

b. 起落架梁由两部分组成（CD 和 DE 两节）。

这类形式适用于起落架高度较大的飞机。这种情况下，使用其他类型的起落架将会增大所占的空间，并切断机体结构的承力构件。但是应当看到，在体积方面的优点引起结构加重，由于支撑梁分为两部分，所以增加了铰链、接头和承力构件。

目前，为合理地收置起落架，缩小它所占的空间和协调机体及起落架受力系统，可采取各种方法使缓冲器和带摇臂的机轮相对于起落架梁移动和旋转，并且还装设了第二套收放机构。上述措施可在以上四类形式的起落架的任何一类中采用。

选定受力形式时应当特别注意起落架放下的可靠性及其在放下位置锁住的可靠性。当借助气动力和重力保证起落架放出，并靠自身作用力保证放下位置的几何不变性时，其可靠性总要高得多。因此，前、主起落架向前收、向后放时的可靠性要高得多。

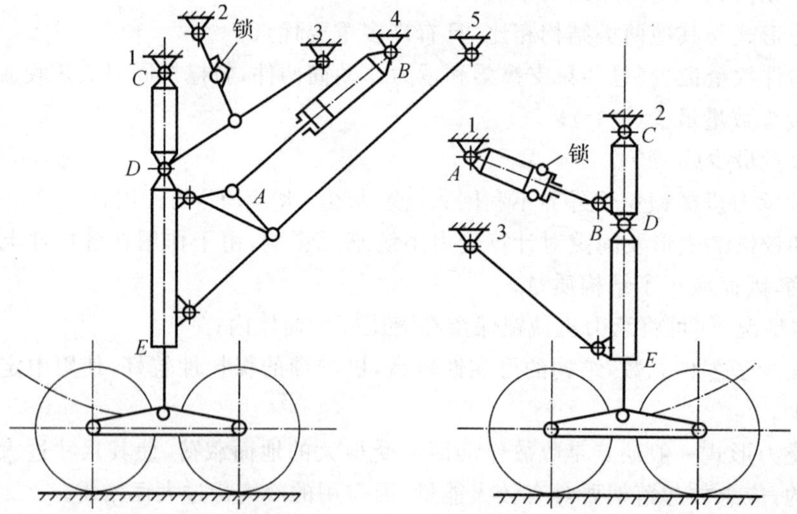

图 5.8 第四类起落架收放形式(一)

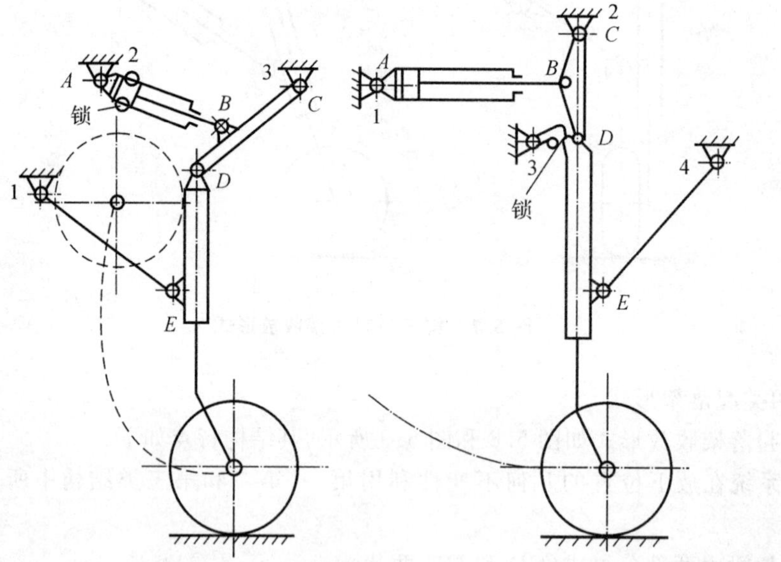

图 5.9 第四类起落架收放形式(二)

选定起落架受力形式的同时也选定了缓冲器的安装方式。如果起落架具有足够的高度并且缓冲器行程及其轴套之间的初始距离不受限制，那么套筒支柱可减小起落架质量。

套筒支柱式缓冲器不适用于在土跑道上使用的飞机，因为这种缓冲器对路面不平引起的、作用在机轮上的迎面冲击载荷的承受能力不佳。在起落架高度不高或高度受限制的飞机上应采用摇臂式安装的缓冲器或外悬式缓冲器。在这种情况下，甚至高度较低的起落架也允许机轮在缓冲器压缩时得到较大的移动量，从而减小了作用载荷，并补偿了缓冲器自身的增重。在起落架结构中也采用缓冲器的其他安装方式。

5.1.3　起落架收放运动学分析

1. 收放机构结构分析

结构分析是对一个实际机构进行分析的首要步骤。结构分析的关键是通过研究机构的组成及工作原理，画出其机构运动简图。绘制机构运动简图时，首要的是分析该机械的实际构造和运动传递情况，以确定其原动件和执行部分，以及中间的各传动构件和运动副类型，以便于正确绘出其机构运动的简图，从而为进行该机构的运动学分析和动力学分析打下良好的基础。

在某型飞机起落架收放机构的基础上作了一定程度的简化，并省去了部分与所研究内容联系不太紧密的次要构件，得到如图 5.10 所示收放机构运动简图。

图 5.10 中 1 杆为主支柱，2 为撑杆作动筒。图示状态为起落架放下锁好，起落架收上时，杆 2 伸长推动起落架收上。通过结构分析可知，该型飞机起落架收放结构形式可归类为四连杆结构的一种演变形式——曲柄摇块机构。收放时，液压油进入油缸推动活塞杆，主支柱 1 绕轴线 A 转动，实现起落架的收放。

机构运动分析的方法主要有图解法和解析法。采用解析法并借助计算机，可以精确分析机构在整个运动循环过程中的运动特性。平面四连杆机构运动分析的解析法常用的有矢量方程解析法、复数法和矩阵法。下面以该起落架收放机构为例，介绍平面机构运动分析的复数法。

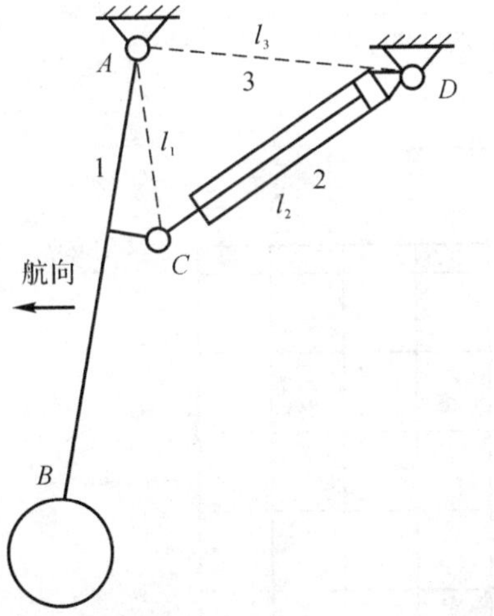

图 5.10　某型飞机起落架收放机构运动简图

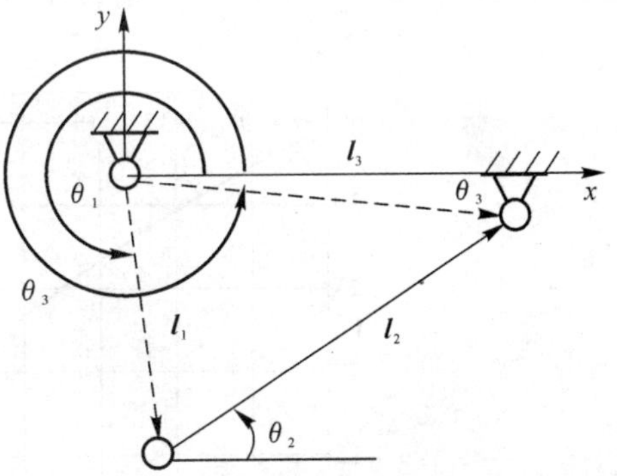

图 5.11　机构的运动分析图

2. 收放机构位置分析

为了对机构进行运动分析，如图 5.11 所示，建立坐标系，将各构件表示为杆矢量，各构件杆矢量的方位角均由 x 轴正向开始，沿逆时针方向为正。可知该机构的封闭矢量方程为

$$\boldsymbol{l}_1 + \boldsymbol{l}_2 = \boldsymbol{l}_3 \tag{5.1}$$

采用复数法进行分析，令 $l_1 = |\boldsymbol{l}_1|, l_2 = |\boldsymbol{l}_2|, l_3 = |\boldsymbol{l}_3|$，将各构件用指数形式的复数表示，

从而该机构的封闭矢量方程式可表达为

$$l_1 e^{i\theta_1} + l_2 e^{i\theta_2} = l_3 e^{i\theta_3} \tag{5.2}$$

利用欧拉公式 $e^{i\theta} = \cos\theta + i\sin\theta$ 将式(5.2)的实部和虚部分开，得

$$\left.\begin{aligned} l_1\cos\theta_1 + l_2\cos\theta_2 = l_3\cos\theta_3 \\ l_1\sin\theta_1 + l_2\sin\theta_2 = l_3\sin\theta_3 \end{aligned}\right\} \tag{5.3}$$

解此非线性方程组，即可求到以 l_2 为自变量的函数 θ_1 和 θ_2，其中 l_1，l_3，θ_3 为常数。

根据机构已知参数输入：$l_1 = 865$ mm；$l_3 = 1\,162$ mm；$\theta_3 = -8.9°$。利用MATLAB进行仿真计算，其结果用位置线图表示，θ_1 和 θ_2 相对于 l_2 的变化情况如图5.12和图5.13所示。

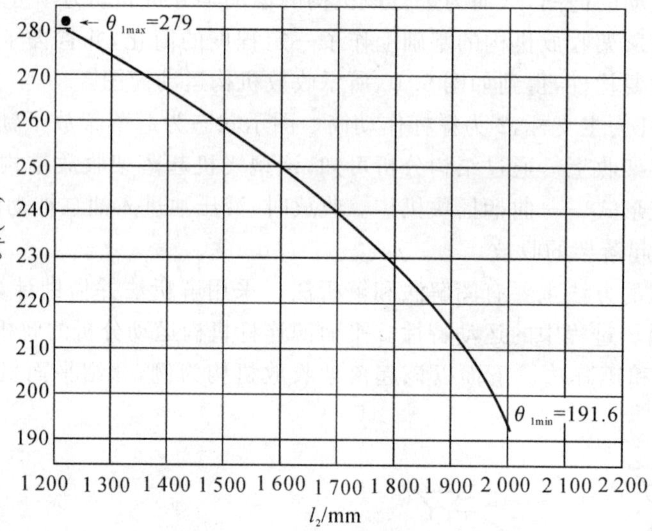

图5.12 θ_1 随 l_2 变化曲线

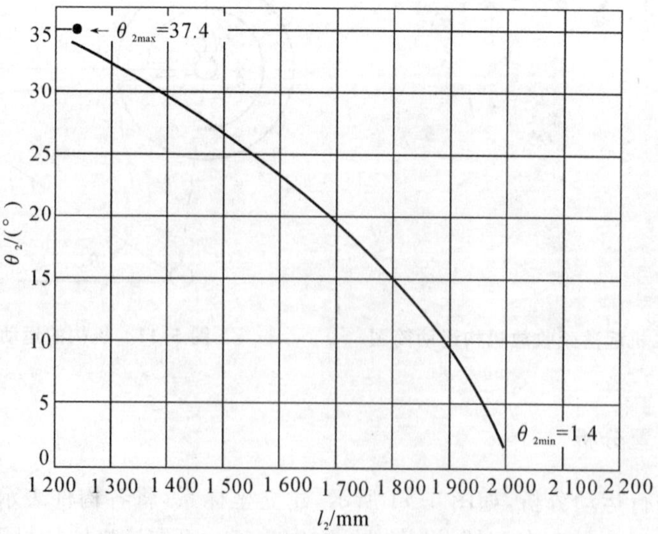

图5.13 θ_2 随 l_2 变化曲线

图 5.12 和图 5.13 给出了 l_1,l_2 的角度随 l_2 的变化曲线,随着 l_2 的逐渐增大,θ_1 逐渐减小,θ_2 亦逐渐减小。根据机构的初始位置及最终位置,θ_1 在初始位置时有最大值 $\theta_{1\max}=279°$,在最终位置时有最小值 $\theta_{1\min}=191.6°$,即起落架收起角度为 87.4°;θ_2 在初始位置时有最大值 $\theta_{2\max}=37.4°$,在最终位置时有最小值 $\theta_{2\min}=1.4°$。

3. 收放机构速度分析

将式(5.2) 对时间求导,可得

$$\mathrm{i}\omega_1 l_1 \mathrm{e}^{\mathrm{i}\theta_1}+\mathrm{i}\omega_2 l_2 \mathrm{e}^{\mathrm{i}\theta_2}+\boldsymbol{v}_2 \mathrm{e}^{\mathrm{i}\theta_2}=\mathrm{i}\omega_3 l_3 \mathrm{e}^{\mathrm{i}\theta_3} \tag{5.4}$$

式中,$\boldsymbol{v}_2$ 为 l_2 轴向速度,由于 l_3 杆为机架,$\omega_3=0$,所以式(5.4) 可简化为

$$\omega_1 l_1 \mathrm{e}^{\mathrm{i}\theta_1}+\omega_2 l_2 \mathrm{e}^{\mathrm{i}\theta_2}+\boldsymbol{v}_2 \mathrm{e}^{\mathrm{i}\theta_2}=0 \tag{5.5}$$

利用欧拉公式 $\mathrm{e}^{\mathrm{i}\theta}=\cos\theta+\mathrm{i}\sin\theta$ 将式(5.5) 的实部和虚部分开,得

$$\left.\begin{aligned}\omega_1 l_1\cos\theta_1+\omega_2 l_2\cos\theta_2+|\boldsymbol{v}_2|\sin\theta_2=0\\ \omega_1 l_1\sin\theta_1+\omega_2 l_2\sin\theta_2-|\boldsymbol{v}_2|\cos\theta_2=0\end{aligned}\right\} \tag{5.6}$$

θ_1,θ_2 在式(5.3) 中解出,解式(5.6) 即可求得以 l_2 为自变量的函数 ω_1 和 ω_2。

假定 $\boldsymbol{v}_2$ 为匀速,并假定收起或放下时间为 8 s,根据机构初始位置,利用 MATLAB 进行仿真计算,ω_1 和 ω_2 结果在其过程中均为负值,为方便分析,取其绝对值,用角速度图表示,在 l_2 匀速增大过程中,ω_1 绝对值逐渐增大,由最小值 7.2°/s 增加到 11.66°/s;ω_2 绝对值由无穷大值减小到 1.89°/s。

图 5.14 和图 5.15 给出了 l_1,l_2 的角速度随 l_2 的变化曲线,从图中看出两图在收放运动末端角速度变化过快,因为此阶段 l_1 运动到接近水平位置,l_2 变化较小时即可引起在竖直方向较大的变化,在实际结构中,一般在起落架作动筒里设置溢流阀,在收起末阶段对作动筒速率进行限制,防止速度增加太快引起的冲击等破坏。

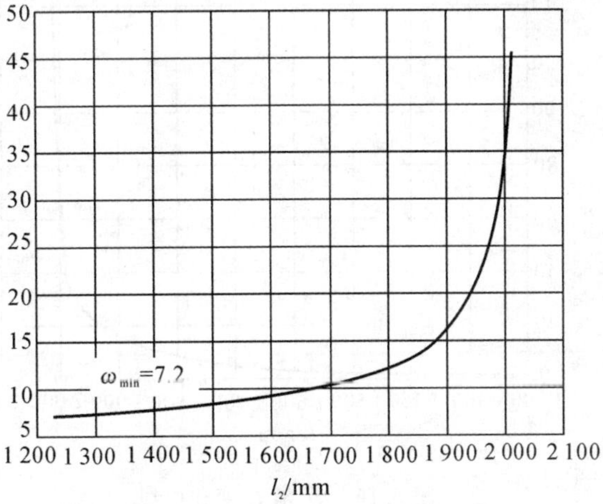

图 5.14　ω_1 随 l_2 变化曲线

4. 收放机构加速度分析

将式(5.5) 对时间求导,可得

$$i\omega_1^2 l_1 e^{i\theta_1} + i\omega_2^2 l_2 e^{i\theta_2} + \alpha_1 l_1 e^{i\theta_1} + \alpha_2 l_2 e^{i\theta_2} = 0 \tag{5.7}$$

利用欧拉公式 $e^{i\theta} = \cos\theta + i\sin\theta$ 将式(5.7)的实部和虚部分开，得

$$\left.\begin{aligned} \alpha_1 l_1 \sin\theta_1 + \alpha_2 l_2 \sin\theta_2 &= -\omega_2^2 l_2 \cos\theta_1 - \omega_1^2 l_1 \cos\theta_1 + |\boldsymbol{v}_2| \cos\theta_2 \\ \alpha_1 l_1 \cos\theta_1 + \alpha_2 l_2 \cos\theta_2 &= \omega_2^2 l_2 \sin\theta_2 + \omega_1^2 l_1 \sin\theta_1 + |\boldsymbol{v}_2| \sin\theta_2 \end{aligned}\right\} \tag{5.8}$$

式中，α_1 和 α_2 分别为 l_1 和 l_2 的角加速度。

解此方程组即可求到以 l_2 为自变量的函数 α_1 和 α_2，图 5.16 和图 5.17 给出了角加速度 α_1，α_2 随 l_2 的变化曲线。

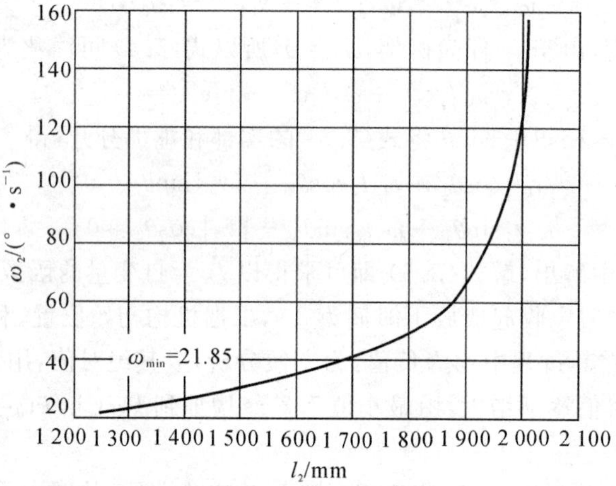

图 5.15 ω_2 随 l_2 变化曲线

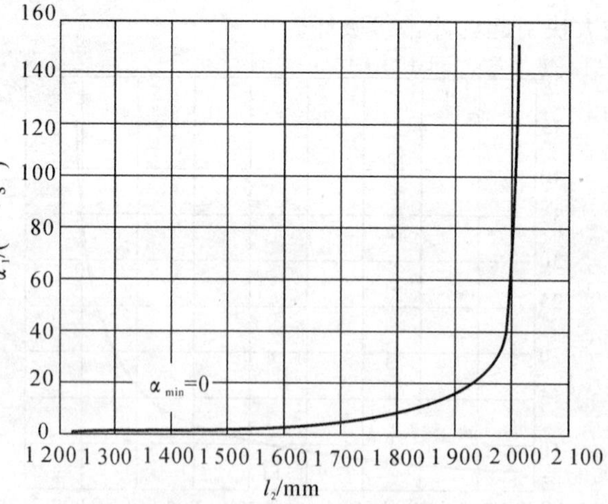

图 5.16 α_1 随 l_2 变化曲线

从图 5.16 和图 5.17 可以看出，在收放运动末端角加速度突增，此种情况一般对起落架结构不利，实际设计中应避免该种情况，一般收起过程末端在起落架作动筒里设置溢流阀，放下过程初始过程设置节流阀，在加速度突增阶段对作动筒速度进行限制，防止速度增加太快引起的冲击等破坏等。

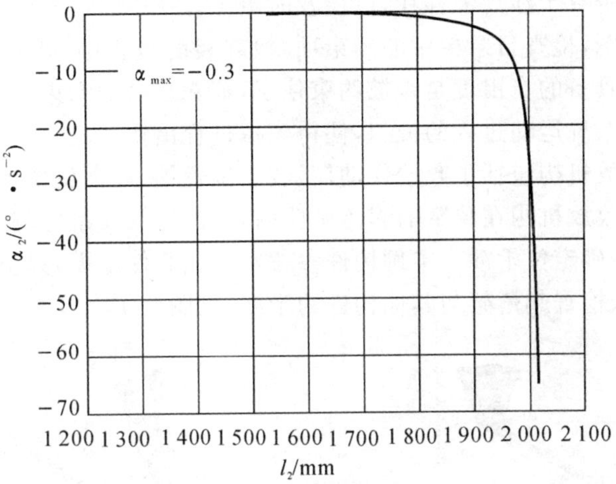

图 5.17　α_2 随 l_2 变化曲线

5.1.4　起落架收放运动学虚拟仿真

数字样机技术又称为机械系统动态仿真技术，它采用基于物理的建模和仿真方法，利用数字产品模型，在产品实际加工之前对产品的性能、行为和制造性进行预测，从而对设计方案进行评估和优化，其核心是机械系统运动学和动力学仿真技术。

数字样机技术的实现途径是在实际制造物理样机之前，利用计算机技术建立产品系统的数字化模型，进行仿真分析并以图形方式显示该系统在真实工程条件下的各种特性，从而修改并得到最优设计方案的技术。数字样机应同时具有产品的几何结构特性、实物样机所具有的功能以及对产品的目标期望(如功能、舒适性等)。因此，数字样机必须采用基于物理的建模，反映实际产品的空间几何关系、运动学和动力学的特性等。

以某型起落架为参考建立模型。由于起落架结构的复杂性，通过对起落架各个构件的分析，将前起落架收放系统模型适当简化。简化后的零件包括主支柱、轮轴、扭力臂、斜撑杆(左、右共 2 个)、撑杆作动筒等。

在 CATIA 环境下，进入菜单中的装配设计模块，插入已有的上述零件的元件，选择参考面，通过对起落架空间几何关系的分析，对模型中各个元件间设置约束关系，形成一个起落架实体模型。

在起落架收放系统的设计过程中，采用的是自下而上的装配方法。主要思路为在装配设计模块下依次导入设计好的各个零件，边导入边装配，通过添加装配约束将各个零部件组合成装配体。

装配过程中可能会出现由于尺寸不匹配导致的零件与零件之间发生干涉，还会出现其他问题，如空间位置过约束引起的零件无法安装等，都要对零件进行重新约束、重新装配，出现问题再进行修改。如此重复下去，直到每个零件都符合要求。装配好的起落架模型如图 5.18 所示。

完成零件设计、建模装配以后，运用 CATIA 的 DMU 模块来模拟起落架收放系统的运动，并检查运动过程中是否有干涉现象存在，以便及时更正。

对已完成的装配图，检查目录树中的约束项，检查装配过程中的约束关系是否有重复的，特别是收放运动时应具备的自由度是否被约束住了，解除多余的约束。在运动模拟时，过约束则会影响起落架收放系统运动过程的模拟，使得模拟过程出错。

实际的起落架收放机构包括了收放作动筒、收上位置锁、放下位置锁、起落架支柱、舱门机构、应急收放系统等，收放机构在狭窄的起落架舱内布置，运动关系比较复杂，此种情况应利用干涉检查功能，方便准确定位干涉。本例构件参考实体试验件建模，只检查了起落架本身收放过程中的干涉情况，未检查起落架与其他构件的干涉(见图 5.19)。

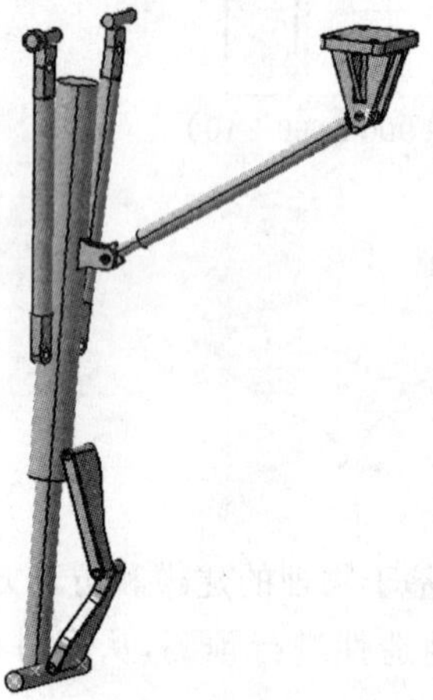

图 5.18 起落架虚拟装配模型

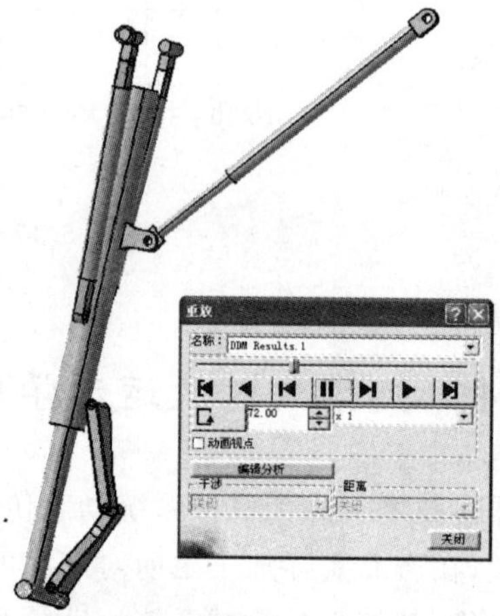

图 5.19 运动干涉分析

5.2 起落架收放载荷

对起落架收放运动进行动力学仿真，首先需要分析起落架在收放运动过程中所受的载荷以及各种可能对收放运动产生影响的因素。

当飞机以起落架收放设计速度飞行时，结构必须能够承受住起落架收放到任意位置的载荷。在起落架收放过程中，收放机构(作动筒)的载荷是通过与所有其他载荷对起落架旋转轴力矩的平衡条件求得的。这些载荷包括起落架的质量力、气流产生的迎面阻力、起落架运动的惯性力、摩擦力、上锁阻力等。如果是带动舱门机构，还应包括舱门机构传来的力。计算时要根据收放运动全过程选出其中最危险的载荷计算收放机构的强度。

(1) 质量力

质量力作用在转动零件的重心上，其方向始终指向地面。在稳定气流中飞行的质量力 P_m 由下式确定：

$$P_m = n^u_{g,d} G_t \tag{5.9}$$

式中，G_t 为转动部分重力，单位为 N；$n^u_{g,d}$ 为起落架收放时的使用过载，由下式决定：

$$n^u_{g,d} = 1 + 0.5 K C^a_y \frac{\rho_0 V w}{G_a / S} \tag{5.10}$$

式中，$n_{g,d}^{u}$ 不能小于 2.0；$V=V_{g,d}^{\max}$ 为允许收放起落架的最大飞行速度；$w=10$ m/s 为突风速度；G_a 为飞机起飞或者着陆时的重力，单位为 N；S 为翼面面积，单位为 m^2；C_y^α 为飞机法向力系数对迎角的导数，根据风洞试验确定；K 为由下式确定的系数：

$$K=0.8\frac{1-e^{-\lambda}}{\lambda} \tag{5.11}$$

$$\lambda=0.5C_y^\alpha\frac{\rho_H gL}{G_a/S} \tag{5.12}$$

式中，ρ_H 为飞行高度的空气密度，一般取 $\rho_H=\rho_0=1.2\ \mathrm{kg/m^3}$，为海平面空气密度；$g$ 为重力加速度；$L=30$ m，为突风强度扩散段长度。

质量力的力矩 M_m 是上述质量力 P_m 对转轴之矩，其值为

$$M_m=P_m a \tag{5.13}$$

式中，a 为质量力到转轴 O 的距离，其值随收放运动而改变(见图 5.20)。

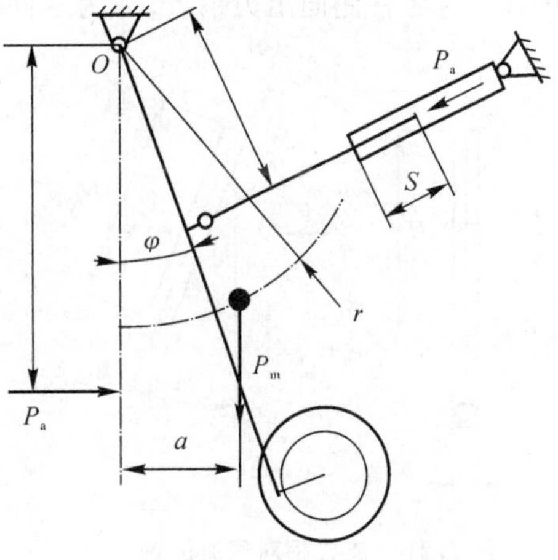

图 5.20　起落架收放运动简图

(2) 气动阻力

起落架各零件的气动阻力作用在压力中心(简称压心)上，且指向顺气流方向

$$P_{adi}=C_{xi}qS_i \tag{5.14}$$

式中，P_{adi} 为起落架各零件上的气动阻力；C_{xi} 为起落架各零件上的阻力系数；S_i 为起落架各零件在垂直于气流平面上的投影面积；q 为速压，由下式确定：

$$q=\frac{1}{2}\rho_0\left(V_{g,d}^{\max}\right)^2 \tag{5.15}$$

起落架阻力系数可按以下三部分计算。

a. 圆形截面的支柱(活塞杆)，当气流与支柱轴线垂直时，阻力系数 C_{x0} 见表 5.1。

表 5.1　阻力系数 C_{x0} 随机轮宽径比 W/D 的变化

W/D	1	2	5	10	20	40
C_{x0}	0.64	0.68	0.76	0.80	0.92	0.98

在起落架收放过程中，支柱与气流夹角不断改变(见图 5.21)，在此情况下，支柱阻力系数按下式计算：

$$C_{x\alpha}=C_{x0}\cos(1.225\alpha)\quad 当\ 0^\circ<\alpha<60^\circ\ 时 \tag{5.16}$$

$$C_{x\alpha}=C_{x0}\cos\alpha\quad 当\ \alpha>60^\circ\ 时 \tag{5.17}$$

b. 机轮迎面阻力系数 C_{xw} 可按图 5.22 所示曲线查取，从 $C_{xw}=f(W/D)$ 关系曲线可知，宽度 W 与直径 D 比值越大，则 C_{xw} 越小。

对于双轮或多轮同轴起落架，C_{xw} 与机轮空隙有关，当空隙大于机轮的宽度时，可按单轮选取系数，否则 C_{xw} 值将增大。

c. 对于起落架轮叉、固定在起落架上的护板等零件，可按板的阻力系数计算。

$C_{xh}=1.28$，如果起落架沿展向收放时，则侧向气流的气动力(见图 5.23) 计算可取侧滑角

为 $\beta=6^\circ$ 时的气动力：

$$Q_i=C_{Zi}qS_i\sin\beta \tag{5.18}$$

式中，C_{Zi} 为零件侧向阻力系数；S_i 为零件侧面积在飞机对称面上的投影。

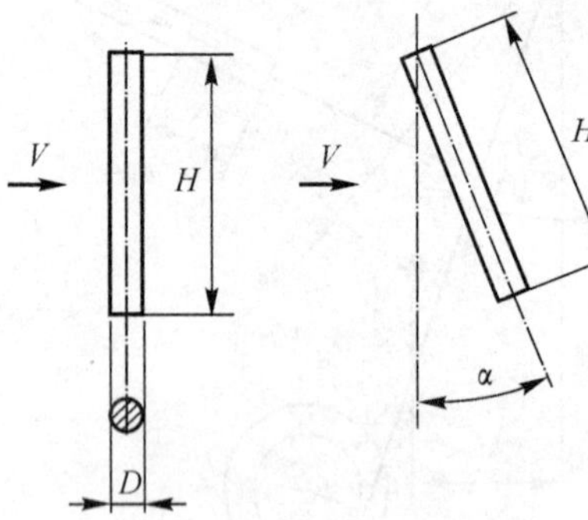

图 5.21　支柱相对气流位置

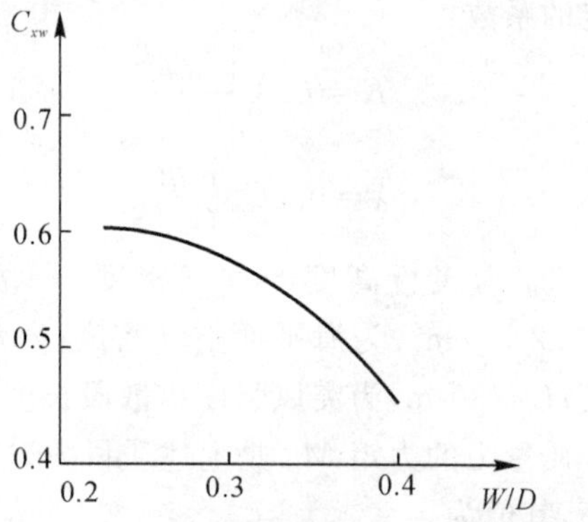

图 5.22　不同宽径比机轮的阻力系数曲线

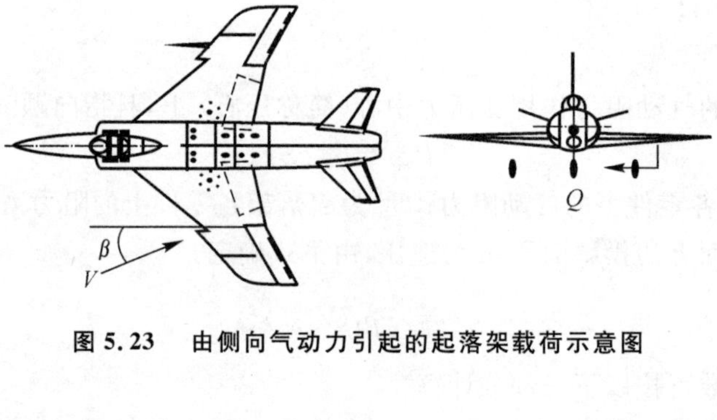

图 5.23　由侧向气动力引起的起落架载荷示意图

气动力力矩

$$M_{ad}=\sum\overline{P}_{adi}b_i \tag{5.19}$$

式中，$\overline{P}_{adi}$ 为各零件气动合力，随收放运动改变；b_i 为各零件气动合力到旋转轴力臂，其值随收放运动改变。

(3) 惯性力

在较短时间内收放起落架，则可能出现较大的惯性力，惯性力对起落架转轴的力矩与旋转角加速度的方向相反。

$$M_g=-J\frac{\mathrm{d}^2\varphi}{\mathrm{d}t^2} \tag{5.20}$$

式中，M_g 为惯性力矩；J 为起落架对转轴的转动惯量，且 $J=\int r^2\mathrm{d}m$；m 为起落架转动部分质量；r 为转动部分重心至转轴 O 点的距离(见图 5.20)；$\frac{\mathrm{d}^2\varphi}{\mathrm{d}t^2}$ 为起落架对转动角加速度，其值与作动筒力及起落架阻力矩等有关。

当起落架转角为 φ，作动筒的行程为 S 时，具有下列函数关系：

$$S=S(\varphi) \tag{5.21}$$

对 S 求导可以写成如下形式：

$$\frac{\mathrm{d}S}{\mathrm{d}t}=\frac{\mathrm{d}\varphi}{\mathrm{d}t}S'(\varphi) \tag{5.22}$$

式(5.22)中，$\frac{\mathrm{d}S}{\mathrm{d}t}$ 为收放作动筒活塞杆的运动速度，用 V 表示，则

$$V=\frac{\mathrm{d}S}{\mathrm{d}t}$$

由式(5.22)有

$$\frac{\mathrm{d}\varphi}{\mathrm{d}t}=\frac{V}{S'(\varphi)} \tag{5.23}$$

将式(5.23)对 φ 两边求导得

$$\frac{\mathrm{d}}{\mathrm{d}\varphi}\left(\frac{\mathrm{d}\varphi}{\mathrm{d}t}\right)=\frac{\left(\frac{\mathrm{d}V}{\mathrm{d}\varphi}\right)S'(\varphi)-VS''(\varphi)}{[S'(\varphi)]^2} \tag{5.24}$$

由式(5.23)求得

$$\mathrm{d}\varphi=\frac{V}{S'(\varphi)}\mathrm{d}t \tag{5.25}$$

将式(5.25)代入式(5.24)左边，整理后得

$$\frac{\mathrm{d}^2\varphi}{\mathrm{d}t^2}=\frac{V\left(\frac{\mathrm{d}V}{\mathrm{d}\varphi}\right)S'(\varphi)-V^2S''(\varphi)}{[S'(\varphi)]^3} \tag{5.26}$$

将式(5.26)代入式(5.20)，求得惯性力矩 M_g 为

$$M_g=J\frac{V^2S''(\varphi)-V\left(\frac{\mathrm{d}V}{\mathrm{d}\varphi}\right)S'(\varphi)}{[S'(\varphi)]^3} \tag{5.27}$$

活塞杆的运动速度 V 取决于输入作动筒工作腔的液体流量。当近似地认为流量为常数时，活塞杆的运动速度也为常数，则 $\mathrm{d}V/\mathrm{d}\varphi=0$，将此值带入式(5.27)，则得到需要的惯性力矩 M_g 的表达式，即

$$M_g=J\frac{V^2S''(\varphi)}{[S'(\varphi)]^3} \tag{5.28}$$

(4) 摩擦力

总的摩擦力在收放作动筒上引起的附加载荷 p_f 约为

$$p_f=(0.18\sim0.3)p_{aa} \tag{5.29}$$

式中，p_{aa} 为由质量力和气动力引起的作动筒载荷。

(5) 上锁阻力

当起落架在收上或放下位置时必须用锁来固定，上锁时需要增加作动筒载荷，近似取为

$$p_1=(0.75\sim1)G_{\mathrm{t}} \tag{5.30}$$

(6) 舱门及机构的载荷

对于由起落架带动舱门机构收放舱门的起落架，舱门机构将引起收放载荷的增加。由舱门机构计算可得到增加的收放载荷 p_{hd}。

(7) 收放作动筒载荷

收放作动筒载荷为上述各情况引起的载荷之和，可按下式计算：

$$p_{act}=\frac{M_m+M_{ad}+M_I}{d}+p_f+p_l+p_{hd} \tag{5.31}$$

式中，d 为收放作动筒对转轴的力臂，其值随收放过程而改变。

以上的计算，如果质量力矩与其他力矩相反，使作动筒力减小，则取质量力矩计算的过载 $n_{gd}^{u}=0$ 来计算作动筒力。

由式(5.29)和式(5.31)计算出的载荷为需要作动筒提供的载荷。设计时往往留出一些余量，故设计的作动筒压力大于需要的力。在校核作动筒及其连接接头的强度时，应以作动筒液压载荷校核。此时的安全系数取1.5。对作动筒受液压压力的校核，其试验压力为最大系统压力的1.5倍；强度计算压力为试验压力的2.0倍。

(8) 其他载荷

由于设计起落架收放机构有些需要撑杆及上位锁机构，因此介绍一下地面载荷和飞行载荷两个概念。

a. 地面载荷。对于某些收放机构(作动筒)，除承受以上的载荷外，还承受起落架地面载荷。例如撑杆作动筒，应按地面载荷的危险情况进行强度计算。

b. 飞行载荷。飞行机动载荷主要用于起落架上位锁。计算时应考虑飞行中最大正过载与负过载情况，如果舱门载荷作用于起落架上位锁，还应考虑舱门及机构传来的载荷。

起落架上位锁还应检查飞机在不稳定气流中的动载荷情况。

除上述载荷外，起落架收放机构的强度还应针对离地后急刹旋转机轮时产生的力检查。起落架收放机构的设计应保证柔和收放起落架且无撞击。

5.3 起落架收放动力学仿真

本节将以某型飞机前起落架的建模过程来介绍起落架功能虚拟样机的实现流程。整个过程包括建立模板、子系统和装配模型，模型装配完成后对前起落架进行收放仿真测试。进行前起落架虚拟样机的收放仿真分析需要两个基本子系统：支柱式起落架子系统和轮胎子系统。

5.3.1 建立模板

在起落架动力学分析建模之前作如下简化：

1) 所有的零部件都被认为是刚体；

2) 所有零部件之间的连接简化为刚性连接。

起落架模型共包括2个子系统：起落架悬架子系统和起落架轮胎子系统。子系统由模板组成，模板是创建起落架功能虚拟样机的基础。本节的起落架模板和轮胎模板都是在ADAMS/Aircraft的基于模板模式，即在ADAMS/Aircraft中Template Builder模块下进行的。模板的创建既可直接调用已有的公共模板修改参数后得到，也可创建全新的模板。如前所述，前起落架虚拟样机来自三维设计软件CATIA中已建立的数字模型，需要利用SimDesigner软件的接口功能。

1. 模型导入

以 MSC. SimDesigner for CATIA V5 R17 版本为例，运行 SimDesigner，它与 CATIA 的界面几乎一样，但增加了一些工具，如数字模型模块下多了 SD Motion Workbench 功能。进入此界面，打开 CATIA 模型，选择 SD Motion 工具栏下面的 New Mechanism 图标，将几何模型转换为用于运动分析的刚体模型，软件将自动生成模型各零件的质量属性和运动副，刚体间的运动副也可以手动添加。最后选择 Export to ADAMS/View 图标，将模型保存成 ADAMS 中可用的数字虚拟模型 ADAMS View 文件(.cmd)。

2. 模型的载入和修改

(1)载入模型及定位

由于这两种软件功能的差异，导入的模型位置不确定，需要在 ADAMS 中重新定位，这样用户可以根据具体要求确定模型中心的位置，为下一步建立的其他零件模型的位置作参考坐标。

模型的重新定位有多种方法，本书所用方法为：

首先在 Template 模块下建立一个空白模板，在其中确定全机功能虚拟样机的坐标原点，根据实际物理飞机装配数据和起落架结构参数数据确定虚拟起落架的方向、位置，并用硬点和构造坐标框表示。

切换进入 View 模块，载入上一步中转化好的.cmd 模型文件，利用 Merge 功能将此模型文件和上一步的模板混合。再利用 Group 功能将所有起落架零件集合成一个组，下一步打开 Move 对话框，参考上面建立的前起落架硬点和构造坐标框，挪动整个数字模型到合适的方向、位置。用户可以自由地定义整体模型的任意位置。

(2)修改模型

重新规划模型。起落架模型的整体位置确定后，开始分析具体的零件，可以删掉其中一些对动力学分析无影响的部件，以使模型在动力学仿真过程中的运动简单明晰。在简化模型构件过程中，删掉了对收放动力学分析影响不大的收放锁机构，新建了代表机身构件的子框架零件。由于本书重点考虑非着陆情况下的起落架收放运动，所以不研究缓冲器的性能，为了进一步简化模型，将与缓冲器相关的零件如支柱、活塞杆等全部用固定副约束。另外，软件功能的差异使导入的模型各零件名称在 ADAMS 中杂乱而无法识别，为了便于在下面的建模和仿真过程中利用这些零件，需要手动修改零件名称，使之符合 ADAMS/Aircraft 中的命名规则(如为主起落架则要满足零件左右对称要求)，便于软件识别。

(3)建立通信器

通信器是 ADAMS/Aircraft 中的关键构件，它可以实现装配件中的信息在不同的子系统之间或者子系统与试验台之间的交换。为了提供子系统之间的双向数据交换，装配件需要两种类型的通信器——输入和输出通信器，输入型通信器将信息从其他子系统或试验台中传入装配件，而输出通信器将信息从装配件传入其他子系统或试验台。

将起落架模板(Template)分别与试验台和机轮子系统相连，以组成进行仿真的装配件，为了能让其运行正常，需要在模板中定义通信器，以确保起落架悬挂件正确地连接到起落架动力学试验台以及机轮子系统上。根据需要仿真的对象建立所需要的通信器。

模型共有7个输入通信器和6个输出通信器，分别与动力学试验台和机轮子系统进行信息交换。它们的实体类别决定了它们的作用，如“mount”表示模型中与其他子系统相连接的零件，“location”及“orientation”分别表示连接的位置和方向等。

一般情况下，ADAMS/Aircraft会自动生成大部分仿真分析常用的request，然而实际使用中，具体的仿真分析过程要求用户建立针对不同研究对象的分析结果。本节研究的对象为受载情况下起落架的收放运动。大致调整好的前起落架的结构模型如图5.24所示。

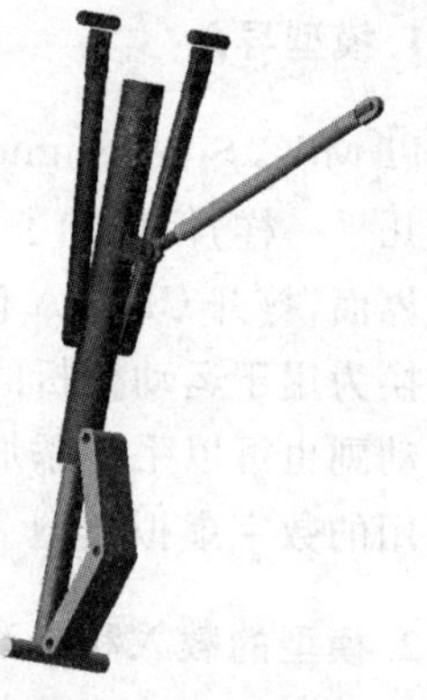

图5.24 ADAMS中前起落架的结构模型

5.3.2 建立子系统和装配

对模板进行基本的修改和调整后，即可建立子系统和装配件，此过程需在标准模块下完成。在标准模块下，不能对模板的几何结构进行修改，只能在子系统上进行操作，如改变设计参数和仿真所需要的输入参数等。首先建立起落架子系统，只需简单调用前面建好的模板即可。建立机轮子系统所用的模板由软件中原有模板修改而得到，这里所用的轮胎文件参数为某型飞机机轮的实际参数。有了起落架子系统和机轮子系统后，就可以建立动力仿真的载体——装配件。图5.25简单描述了模板、子系统和装配件的关系，以及它们在仿真过程中的作用。

利用SimDesigner软件将在CATIA中建立的起落架数字样机模型导入ADAMS，进一步分析起落架所受载荷，并给模型加载，模拟主要载荷，利用该模型分析起落架气动阻力、起落架质量、起落架收放作动筒参数等因素对起落架收放性能的影响，从而对起落架的设计和优化提出参考意见。

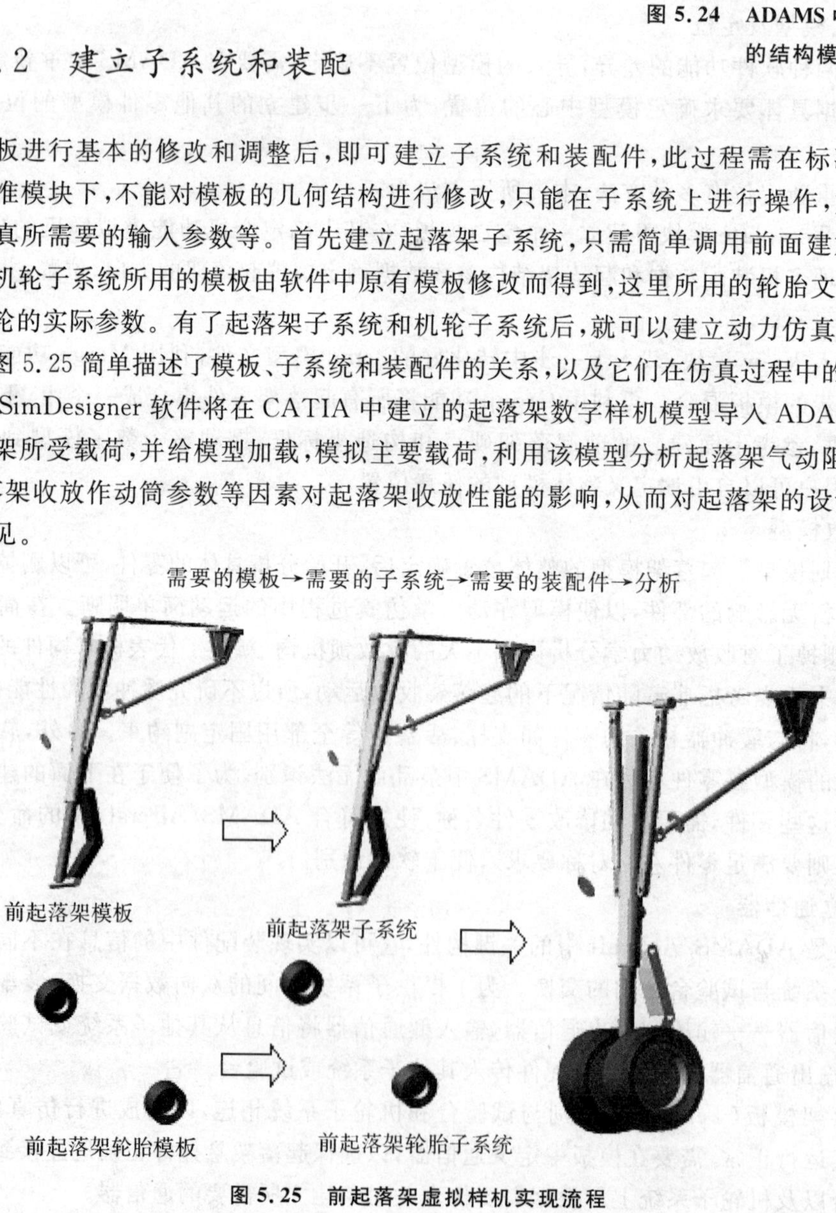

图5.25 前起落架虚拟样机实现流程

5.4 动力学模型的载荷建模

经上述分析，影响起落架的收放载荷种类多且计算复杂，在实际建模仿真过程中确定几种对收放影响较大的载荷，即确定收放过程中的关键因素，然后对关键因素进行重点分析。

5.4.1 质量力加载

质量力在起落架收放过程中是一项重要影响因素，尤其是对本例起落架来讲，当接近收上到位时或打开上位锁进行放下时，起落架质量力对收放的影响较大，质量力属于关键载荷，要重点考虑。

前面在软件 SimDesigner 中已经生成了模型中各零件的质量属性文件，且零件的质量属性会随着模型一并导入 ADAMS 中，也就是说，从 CATIA 导入的 ADAMS 的模型既具有几何特性，也有质量属性。在 ADAMS 中软件会自动根据各零件的质量属性产生重力，作用点在零件的质心，也可以自己定义重力加速度的方向和大小。

5.4.2 气动阻力的加载

由于起落架气动阻力的变化规律相对复杂，因而对它的模拟是整个仿真过程中的一个难点。起落架气动阻力在飞机起飞和着陆中必然存在，而且往往对起落架收放性能有着较大的影响。气动载荷加载一般有两种方式：一种是气动载荷-时间曲线用函数表达式读入收放动力学模型。在某速度下，作用在起落架上的气动载荷由机身制造商提供，一般是根据起落架 CFD 模型计算得出。另一种是利用 ADAMS/Aircraft 模块中的气动加载功能来加载。这里采用后一种方案模拟起落架气动阻力对收放运动的影响。

在 ADAMS/Aircraft 模块中，有专门为起落架试验准备的气动力加载功能，用户可以新建或修改起落架空气动力文件，并将其加载到起落架模板中。Property File 为空气动力属性文件，ADAMS 中带有样本属性文件，用户可根据自己所研究的实际情况对样本进行修改，保存为自己的气动力属性文件，以供各种加载情况时调用。本例修改气动力属性文件的内容见表 5.2。

本例研究对象为舰载机前起落架，舰载机起飞或着舰要逆风进行，故主要受到来自航向的风载，侧风影响可忽略不计，根据此种工况修改气动力属性文件。首先计算出起落架在角度为 0°情况下，实际风载作用面积约为 0.878 m^2，压力中心可近似认为在模型的重心位置，经过测量可知重心 z 方向坐标为 －1.06 m（以垂直方向向上为正），根据结构对称性可知 y 方向坐标为 0。经过计算得出起落架模型转动到不同角度位置时的风载作用面积和重心位置后，对文件中迎风面积部分进行修改。将气动力属性文件修改定义完成后，只需在接下来的收放仿真过程中输入实际工况气流速度，就可以近似模拟飞机正常飞行过程中所受气动载荷作用效果了。

5.4.3 起落架收放作动筒液压力

作动筒的液压力为起落架收放运动的主要驱动力，作动筒载荷是通过与所有其他载荷对起落架旋转轴力矩的平衡条件求得的。作动筒液压载荷的大小关系到整个收放系统的性能。因此，收放作动筒的各参数确定需要符合飞机起落架收放系统的设计要求。

在 ADAMS/Aircraft 中所用液压作动筒参数见表 5.2。

表 5.2 液压作动筒主要参数

参数名称	参数值	
初始行程	0.76 m	
作动筒活塞直径	0.045 m	
作动筒活塞杆直径	0.035 m	
无杆腔初始压力	1.38 MPa	
有杆腔初始压力	28 MPa	
无杆腔节流阀缩流因数	收起激励	0.1
	放下激励	0.1
有杆腔节流阀缩流因数	收起激励	0.5
	放下激励	0.5
流动特殊引力因数	0.85	

5.5 动力学仿真结果分析

仿真分析之前，需要提交的参数如下：

1)重力加速度。

2)收-放液压力转换时间。这个参数表示液压驱动力从收上驱动力转换为放下驱动力所需要的时间。转换时间过短，则需要考虑惯性力的影响，一般取 0.3 s 为默认值。

3)收上液压力作用时间。仿真要求在这个时间之内，起落架应能完成收上到规定的位置的过程，且留有一定的空余时间，结合本例前起落架实际情况取 8 s。

4) x 方向风速。根据文献，飞机在速度为 220 ~ 280 km/h 时放下起落架，受到的来自飞机航向的气流速度，反映了正风影响。

5) y 方向风速。起落架在飞机正常飞行过程中，受到的来自飞机侧向的气流速度，代表了侧风影响，仿真过程中取 $V_y=0$。

5.5.1 起落架气动阻力影响

在起落架收放过程中，气动载荷对收放性能影响较大，将气动力加载到起落架重心上。这里只研究正向气流的作用。

在起落架达到收上位置之后，气动载荷会消失，会有气动载荷收起加快的趋势。为了减少收上位置的冲击载荷和振动，一般会在作动筒上设置节流阀等缓冲机构，但在 ADAMS 模块中没有此项，一般可以添加函数模拟。

如图 5.26 所示为起落架收放运动过程中在不同速度下受到的气动载荷。来流方向与飞机前进方向相反，起落架收上时，气流对起落架的阻力对其有阻碍作用，做负功，而起落架放下时，气流阻力对其有推动作用，做正功。

由图 5.26 可知，当相对气流速度增大时，起落架所受气动载荷逐渐增大，会使得起落架收起更加困难，当速度进一步增大时，有可能会导致起落架收不到位。图 5.26 中收上、放下过程不完全对称，载荷的最大位置不同，收上过程(2 ～ 7 s) 气动载荷不是出现在初始收起位置，而是在收起一定角度后气动载荷出现最大值，放下载荷在接近放下到位后出现最大值，收放过程中最大载荷基本相同，这说明相对于飞机起飞或着陆速度，起落架收放速度可忽略。

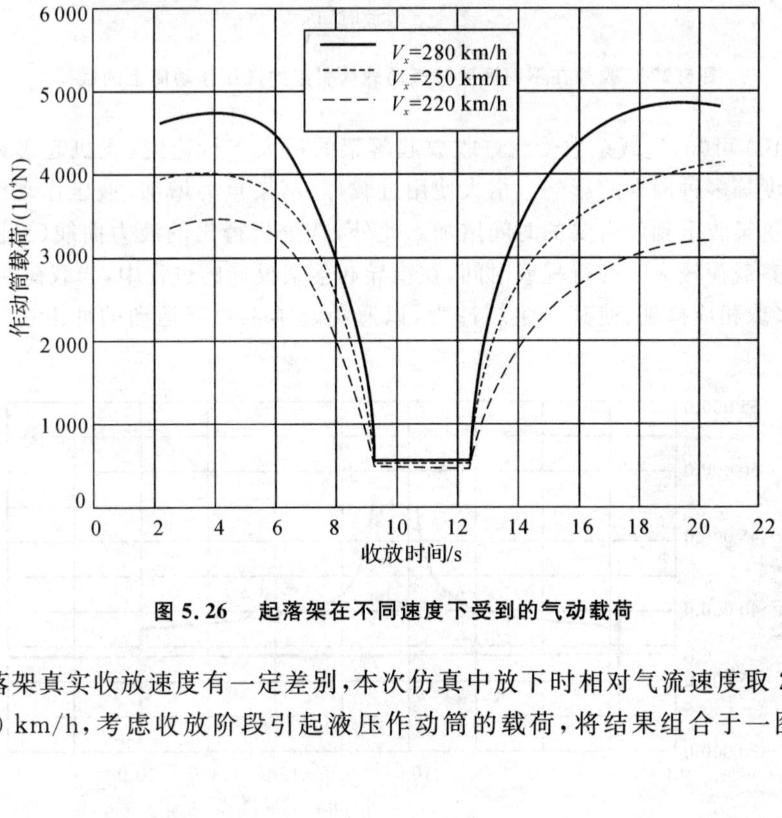

图 5.26　起落架在不同速度下受到的气动载荷

飞机起落架真实收放速度有一定差别，本次仿真中放下时相对气流速度取 280 km/h，收起速度为 220 km/h，考虑收放阶段引起液压作动筒的载荷，将结果组合于一图，如图 5.27 所示。

5.5.2　起落架质量力影响

这里是通过改变起落架收放仿真过程的重力加速度的值，来分析起落架质量力改变的影响。

由式(5.9) 可知起落架的质量力 p_m 为过载系数($n_{g,d}^u$) 和重力的乘积，因此在仿真过程中，过载系数和重力加速度都应作为主要输入参数，但是 ADAMS/Aircraft 中并没有特别针对 $n_{g,d}^u$ 的输入参数，而输入参数重力加速度的值一般情况下为 1.0，则可通过设置重力加速度的值来体现 $n_{g,d}^u$ 的效果，即直接将 $n_{g,d}^u$ 的值输入作为输入参数重力加速度的值。

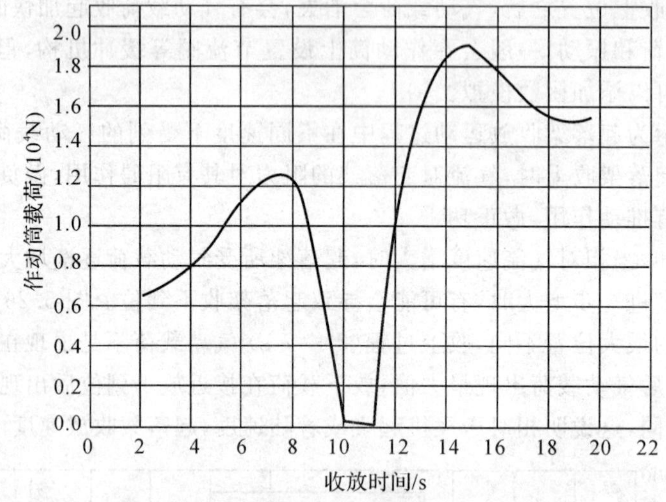

图 5.27 收放在不同速度时气动载荷引起的液压作动筒上的载荷

由式(5.10)可知,过载系数受允许收放起落架的最大飞行速度、飞机起飞或者着陆时的重力、突风速度等多种因素的影响。增大使用过载,起落架重力增加,液压作动筒负载也相应增加了,则起落架收上到位需要的时间增加。此外,在分析得出的液力曲线(见图 5.28)的基础上,可以观察载荷较大时的行程或时间,在指导起落架设计的过程中,当载荷冲击最大时,调节节流阀或采取相应措施,使其产生缓冲力,以避免起落架收起运动的冲击过大而影响飞机性能。

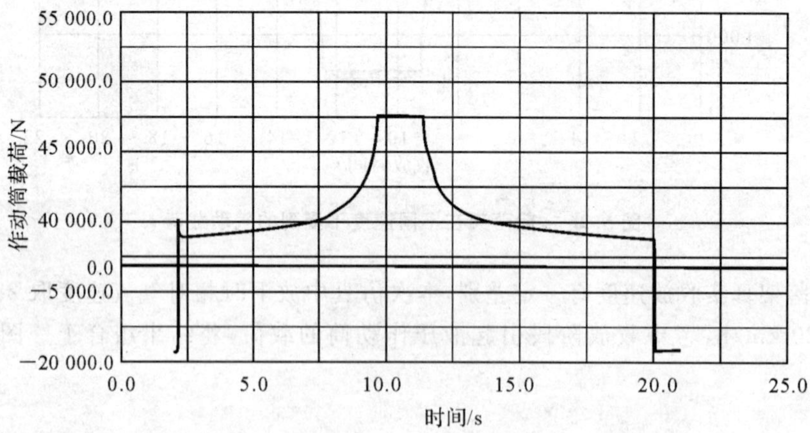

图 5.28 质量力引起作动筒液压力随时间变化的曲线

5.5.3 起落架收放作动筒参数改变的影响

如图 5.29 所示,当起落架开始收起时,收上腔进油而放下腔回油,收上腔压力推动活塞杆做功用来克服起落架的气动力、质量力及惯性力等,起落架转过 60° 之前压力 p 随着转角 θ 线性增加较慢,当起落架转过 60° 时,压力迅速增大,因为一方面此时质量力矩增加较大,同时气动载荷发生变化，此时系统必须依靠增大压力才能将起落架收上，当起落架接近上位锁时，由于作动筒节流口的节流作用，抑制了起落架的收上速度，起落架逐渐运动至上锁到位，此后压力维持在平稳状态。在收上过程中，气动阻力做负功，因此在气流相对速度较大的情况下，推动起落架先收上到位；而在放下过程中，气动阻力做正功，因此在气流相对速度较大的情况下，起落架受阻也大，后放下到位。

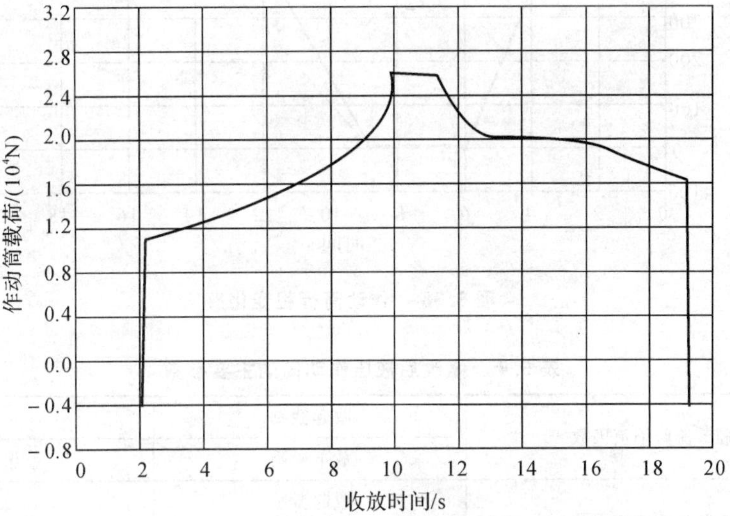

图 5.29　液压作动筒载荷随运动时间变化的曲线

在飞机实际飞行中，如果飞机飞行速度很大，即当来流相对速度很大或侧风速度很大时，本例采用起落架朝前收、朝后放的方式，考虑利用气动力来帮助起落架放下，则可提高起落架放下到位的可靠度。如果不考虑其他因素的影响，放下起落架时借助来流方向气动载荷将有利于放下到位，放下时间也可适当减小；但在收起落架时气动载荷起阻碍作用，使液压作动筒载荷增大，有可能出现液压作动筒所提供的液压力达不到所要求的载荷，则起落架可能不能在规定时间内收上到位。若不考虑其他因素，适当降低飞机收起飞行速度有利于起落架收上到位。

参数的微小变化对起落架收放运动过程的影响相当明显（见图 5.30）。在起落架的设计过程中，节流阀的各项参数的选取非常关键，例如，在起落架设计中会专门针对节流阀尺寸大小进行优化设计。

其中，Hydraulic 工况 1 和工况 2 的参数分别见表 5.3 和表 5.4。

表 5.3　修改后液压作动筒的主要参数

无杆腔节流阀缩流因数	收起激励	0.1
	放下激励	0.1
有杆腔节流阀缩流因数	收起激励	0.5
	放下激励	0.9

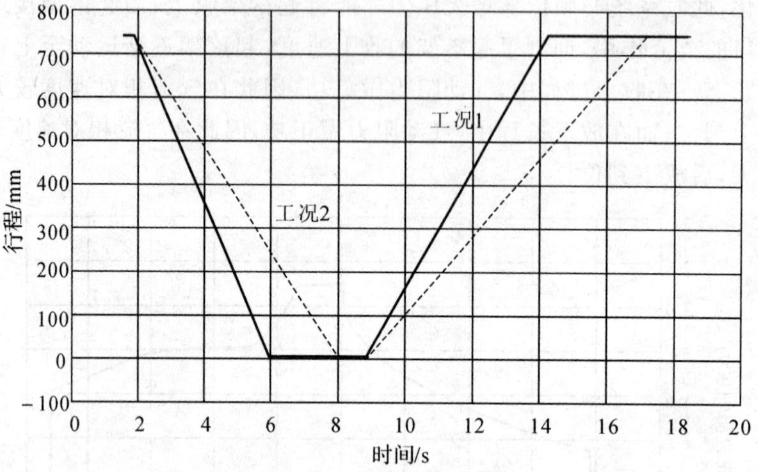

图 5.30 作动筒行程变化

表 5.4 修改后液压作动筒的主要参数

无杆腔节流阀缩流因数	收起激励	0.15
	放下激励	0.15
有杆腔节流阀缩流因数	收起激励	0.5
	放下激励	0.5

此外,在分析液压作动筒参数影响的仿真过程中,在分别改变两腔液压缸的初始压力后,出现起落架收不上和放不下以及收上过快或过慢的情况,这都表明起落架收放系统无法正常工作。因此,液压缸的初始压力是一个重要的参数,在设计该参数的过程中,除了依靠现有成熟机型的经验值,还需要调整仿真试验来符合实际情况。

第6章　飞机起落架摆振动力学

飞机起落架的摆振(Shimmy)是飞机在滑跑过程中出现的有害的自激振动现象。说来也很有趣,“摆振”一词得名于20世纪20至30年代非洲裔美国人所跳的一种舞蹈——“西迷舞”。

自1925年法国人Broulhiet发表第一篇关于汽车前轮摆振的文章算起,摆振问题研究的历史已经历了80多年。国外关于飞机机轮摆振的理论分析和实验研究在20世纪40至60年代大量进行,发表了大量的文献。德国在二战之前就建立了15个专门实验设备;美国的WADC机构于1951年起进行了摆振研究的规划,计算了2 000多个例子。这一时期,大批的专家和学者参与了摆振的分析和实验研究工作,做出了许多贡献,主要有Moreland,Carbon,Smiley,Stevens,Pacejka,Von Schlippe,Collins等。其中Carbon等作者最早比较清楚地阐明摆振中的轮胎现象,以后按照对轮胎变形假设的不同,区分为点接触理论和张线理论。前者有Moreland,Black,Pacejka,Carbon等的文章,后者有Smiley,Schlippe等的文章。

在线性摆振分析方面,NASA关于摆振的最新文献显示,国外飞机前轮摆振分析模型主要考虑的因素有飞机机身弹性、起落架与机身的连接、起落架的弹性、机身结构与起落架结构的耦合、外激励的特性、所有支持点的间隙特性、起落架结构与减摆装置之间的相互作用和轮胎力学特性及其对摆振的影响等。

在非线性摆振分析方面,J. T. Gordon用多重尺度法研究了减摆器提供速度二次方阻尼的影响;D. T. Grossman用分段线性化方法分别研究了具有间隙、库仑摩擦、速度二次方阻尼的前轮非线性摆振系统的稳定性;T. D. Burton用描述函数法对操纵系统内的非线性项进行研究。S. Currey Norman的关于起落架设计的著作*Aircraft Landing Gear Design: Principles and Practices*中指出摆振要求应按非线性动力学分析确定。在摆振仿真领域,A. Fong和P. Eng利用多体系统动力学仿真分析软件ADAMS研究了飞机起落架系统的摆振问题;Chris Hetreed利用多体动力学软件MSC. ADAMS/Aircraft模块对飞机前轮摆振进行了仿真研究。

此外,美国对航天飞机摆振问题的研究也使问题涉及飞行器的高速滑跑情形,NASA已研制开发出了可以研究航天飞机在高速滑跑情况下摆振特性的实验测试系统——LLT(Landing Loads Track)系统。

国内的摆振分析工作则从20世纪60年代开始,限于当时的研究能力,主要是对国外摆振分析方法的引进、吸收和发展。事实上,我国摆振分析的代表著作是诸德培等人编著的《摆振理论及防摆措施》,它基本反映了国外20世纪70年代及国内的摆振分析现状。此后,王学军考虑了配重、机身刚体运动、机身弹性振动、双轮共转建立了线性摆振稳定性分析模型并用描述函数法研究了前支柱结构上的间隙、库仑摩擦和非线性防摆阻尼对摆振稳定区域的影响,建立了非线性摆振稳定性分析模型并用Fortran语言编制了一套摆振稳定性分析程序进行计算;王光颖考虑了支柱弹性、非线性阻尼及库仑摩擦对前轮摆振的影响,建立了非线性分析模型并编制了摆振稳定性分析程序进行了计算;顾宏斌考虑了机身弹性和油液压缩性对摆振特性的影响并在考虑机轮倾转运动时认为支柱是等截面悬臂弹性梁，但认为支柱倾转运动时是刚性的，建立了前轮摆振分析模型并编制了摆振稳定性分析程序进行了计算；周进雄研究了轮胎偏滚刚度对飞机机轮摆振的影响并把摆振区分为“轮胎型”摆振和“结构型”摆振分别研究，他还首次研究了阻尼参数摆振问题，提出了一种消除非线性振动系统摄动解中奇异项的方法并首次运用增量谐波平衡法、打靶法和连续法求解了非线性系统的周期解。

综上所述，飞机前轮摆振的研究已经进行了相当长的时间，然而仍然有许多型号的飞机存在着摆振问题，并且至今还不能完全预防摆振现象的发生。从国内的飞机研制和使用情况来看，如 JH—7，J—8II，Y—12 以及 Y—8 等型号飞机都不同程度地遭遇了摆振问题。从国内的摆振分析和实验研究现状来看，现有分析和实验水平以及分析手段与国外一些飞机研究机构和专业起落架制造公司相比，还存在相当大的差距。因此，为了彻底防止摆振，解决机轮摆振设计问题，除了进一步积累实际经验外，进一步研究飞机机轮摆振产生的机理，建立能够反映飞机前轮摆振主要特征的摆振分析模型，深入研究引起和影响摆振的各种因素，从而为新机的防摆设计和现役飞机的防摆维护提供理论依据和经验参考，进而减少或消除摆振的发生，具有重要的理论意义和工程应用价值。

6.1 起落架摆振分析动力学建模

本书根据动力学平衡原理及其他相关理论分别建立了前轮摆振稳定性分析的线性和非线性模型，并基于下列假设：

1）假设旋转轴是垂直的；

2）假设飞机滑跑速度 V 为常数；

3）不考虑飞机垂直方向的运动；

4）假设轮胎在滚动时没有滑移。

6.1.1 起落架摆振分析动力学方程

实际的前起落架系统可以简化为 3 种典型动力学元件 —— 惯性元件、弹簧元件和阻尼元件，即简化为带有减摆阻尼的集中质量框架系统。在此模型下，当轮胎滚动时，应受到地面作用于轮胎上的侧向力 F_n 和力矩 M_n 的共同作用，如图 6.1 所示。

典型摆振分析模型的运动方程组通常具有如下形式：

$$\boldsymbol{M}_{ij}\ddot{\boldsymbol{q}}+\boldsymbol{C}_{ij}\dot{\boldsymbol{q}}+\boldsymbol{K}_{ij}\boldsymbol{q}=\boldsymbol{Q},(i=1,2,\cdots,N;j=1,2,\cdots,N) \tag{6.1}$$

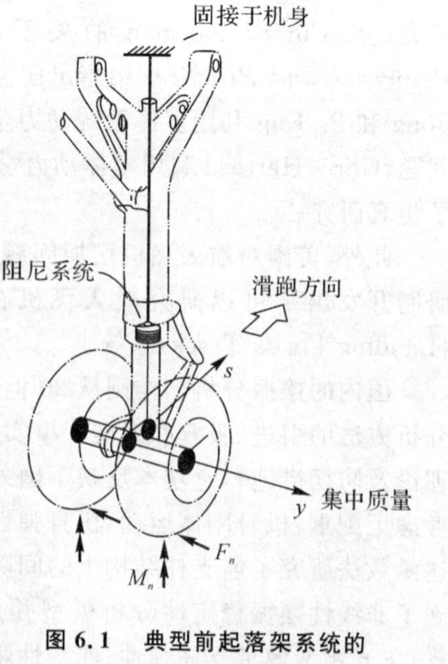

图 6.1 典型前起落架系统的摆振分析模型

式中，$\boldsymbol{M}_{ij}$ 为系统的广义惯性质量矩阵；$\boldsymbol{C}_{ij}$ 为系统的等效阻尼矩阵；$\boldsymbol{K}_{ij}$ 为系统的刚度系数矩阵；$\boldsymbol{q}$ 为系统的广义坐标向量；$\boldsymbol{Q}$ 为系统所受的广义力；N 为系统的广义坐标数。

方程组式(6.1)可简化为更一般的常系数齐次微分方程组

$$\overline{\boldsymbol{M}}\ddot{\boldsymbol{q}}+\overline{\boldsymbol{C}}\dot{\boldsymbol{q}}+\overline{\boldsymbol{K}}\boldsymbol{q}=\boldsymbol{O} \tag{6.2}$$

因此,前轮摆振稳定性分析在数学上可归结为常系数线性齐次微分方程组的稳定性分析,并通过分析方程组中的系数矩阵来判别系统稳定与否。

对方程组式(6.2)进行变量代换,并进行降阶处理,以化为状态空间内的方程组,则

$$\boldsymbol{M}\dot{\boldsymbol{X}}+\boldsymbol{K}\boldsymbol{X}=\boldsymbol{O} \tag{6.3}$$

式中,$\boldsymbol{M}$ 为系统的惯性质量矩阵;$\boldsymbol{K}$ 为含有阻尼及弹性系数的矩阵;$\boldsymbol{X}$ 为状态矩阵,$\boldsymbol{X}=[x_1\quad x_2\quad \cdots\quad x_i\quad \cdots\quad x_N]$。

为分析方便,取

$$\dot{x}_i=\ddot{q}_i\quad (i=1,2,\cdots,N) \tag{6.4}$$

$$x_{i+j}=q_i\quad (i=1,2,\cdots,N;j=1,2,\cdots,N) \tag{6.5}$$

若令动力矩阵

$$\boldsymbol{D}=-\boldsymbol{M}^{-1}\boldsymbol{K} \tag{6.6}$$

方程组可以简化为

$$\dot{\boldsymbol{X}}=\boldsymbol{D}\boldsymbol{X} \tag{6.7}$$

由上述方程组可以看出,摆振系统的稳定性分析就变为方程组式(6.7)中的系数矩阵 $\boldsymbol{D}$ 复特征值分析问题。

当摆振系统矩阵 $\boldsymbol{D}$ 的复特征值的实部均为负时,亦即满足

$$\sigma_j<0\quad (j=1,2,\cdots,N) \tag{6.8}$$

摆振系统是渐近稳定的。其中 σ_j 为复特征值的实部;当复特征值中有一对共轭特征值的实部趋于零,而其他特征值的实部均小于零时,即

$$\sigma_k=\sigma_{k+1}=0,\quad \sigma_j<0\ (j\neq k,k+1)(j=1,2,\cdots,k-1,k+2,\cdots,N) \tag{6.9}$$

这时认为摆振系统达到临界状态。对某一特征值 $\lambda_i=\sigma_i+\mathrm{j}\Omega_i(\mathrm{j}=\sqrt{-1})$,当 σ_j 趋于零时,$\lambda_i=\mathrm{j}\Omega_i$,对应的特征值的虚部 Ω_j 的绝对值就为对应的摆振频率。

采用 Powell 方法优化特征值实部,可以确定摆振频率以及各种临界参数曲线,取优化函数如下:

$$F(V)=\min|\sigma_j|\quad V>0(j=1,2,\cdots,n) \tag{6.10}$$

式中,V 为飞机滑跑速度;σ_j 为特征值实部;n 为系数矩阵 $\boldsymbol{D}$ 的阶数。

在系数矩阵 $\boldsymbol{D}$ 的复特征值中,当有实部为正的特征值时,σ_j 取具有正实部的复特征值中较大的实部;当实部均小于零时,σ_j 取实部绝对值最小的复特征值的实部。

如图 6.2 所示,对于某一给定的速度 V_0,在进行计算前首先给出摆振频率以及防摆阻尼的优化初值 Ω_0 和 C_t,将计算得到的具有实部绝对值最小特征值的虚部 Ω_k 作为下次迭代的初值,取

$$e_k=|\ \Omega_{k+1}-\Omega_k\ | \tag{6.11}$$

作为频率迭代的精度,当 e_k 小于某一指定的精度时再进行对 C_t 的迭代,直至

$$\min|\ \sigma_j^{(k)}\ |<\varepsilon_k(j=1,2,\cdots,n) \tag{6.12}$$

式中,ε_k 为指定的迭代精度,此时系统对应的频率 Ω_c 和速度 C_t 就为给定某一参数的前轮摆振

系统的临界频率和临界速度，然后再选择另一个V重复上述过程，就可以求出前轮摆振系统的临界参数，进而可以绘出临界参数曲线。

临界参数曲线边界哪一边是稳定区域，可以根据改变减摆阻尼的大小来判别，当临界点的防摆阻尼减小时，如果系统出现一对具有正的实部的共轭特征值时，则可以判定对应的区域是不稳定的，否则是稳定的。

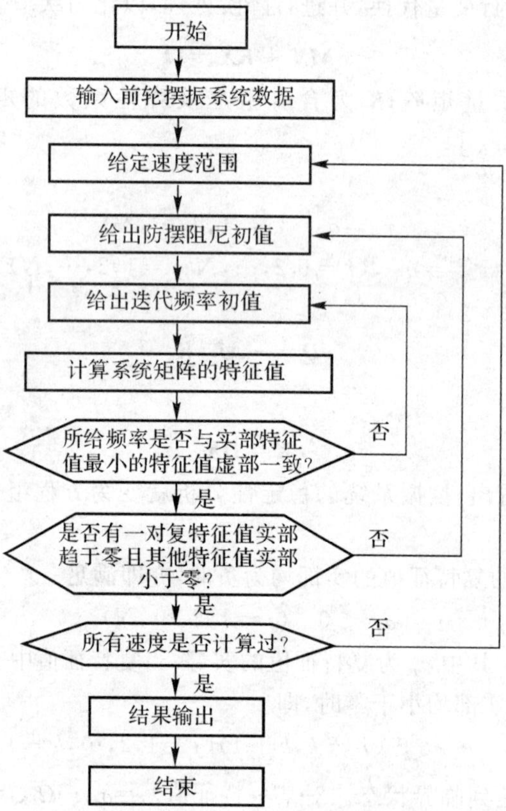

图 6.2 稳定性分析算法流程图

6.1.2 轮胎动力学模型

建模与分析采用了二阶近似的张线理论，即改进的 Von Schlippe线性轮胎力学理论，或称 Smiley 轮胎力学理论。

1) 基于 Smiley 轮胎力学理论，地面作用在轮胎上的力和力矩可以表示为

$$F_n = K_\lambda \lambda_0 + C_\lambda \dot{\lambda}_0 \tag{6.13}$$

$$M_n = K_\varphi \varphi_0 + C_\varphi \dot{\varphi}_0 \tag{6.14}$$

式中，K_λ 为轮胎侧向刚度系数；K_φ 为轮胎扭转刚度系数；C_λ 为轮胎侧向阻尼系数；C_φ 为轮胎扭转阻尼系数。C_λ，C_φ 均是摆振频率 Ω 的函数，λ_0 和 φ_0 分别是轮胎的侧向弹性变形及扭转弹性变形。

由图 6.3 可知，λ_0 和 φ_0 可以表示为如下的形式：

$$\lambda_0 = y_0 - (H+R)\alpha - (L_T + L_g)\theta_s \tag{6.15}$$

$$\varphi_0 = -\dot{y}_0 / V - \theta_s \tag{6.16}$$

式中，y_0 为轮胎触地面中心点的侧向偏移；H 为旋转轴到轮心的垂直距离；R 为轮胎的滚动半径；α 为前轮围绕旋转轴轴线的侧向转动；L_T 为前轮机械稳定距；L_g 为前轮几何稳定距；V 为飞机滑跑速度；θ_s 为前轮摆动角。

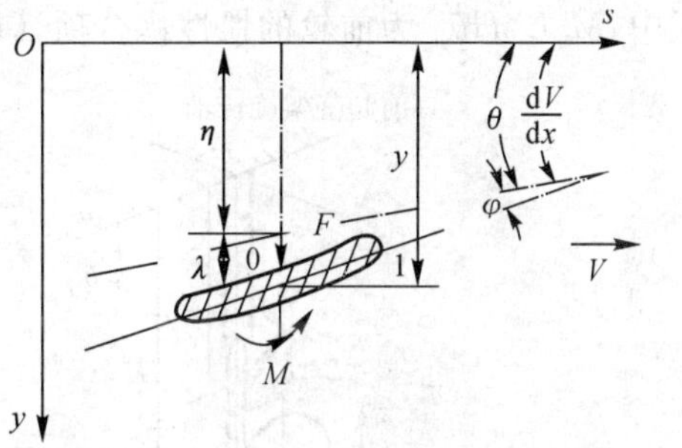

图 6.3　轮胎分析模型

2) 轮胎滚动约束方程。由滚动轮胎的连续性条件可知，机轮滚过距离 H_{CA} 之后，图 6.3 中的原前缘点 1 就变成了触地中心点 0，用公式表示则为

$$y_1(s) = y_0(s + H_{CA}) \tag{6.17}$$

将式(6.17) 按 Taylor 级数展开，并忽略级数中的高次项，就可以形成不同的轮胎近似约束方程，从而有 Smiley 二阶近似公式为

$$l_2\ddot{y}_0 + Vl_1\dot{y}_0 + V^2\lambda_0 + V^2 l_1\theta_s = 0 \tag{6.18}$$

式中，$l_2 = H_{CA}(H_{CA} + 2L_R)/2$；$l_1 = H_{CA} + L_R$；$H_{CA}$ 为轮胎触地面半长；L_R 为轮胎松弛长度。

6.1.3　起落架摆振稳定性分析

1. 支柱上端固支、具有单轮的摆振稳定性分析

(1) 摆振分析模型

设前起落架支柱上端固支，若忽略机身运动对前轮的侧向运动的影响，可使用 5 个自由度来描述前轮的摆振运动。这 5 个自由度分别为：

α—— 前轮围绕前起落架旋转轴轴线的侧向转动；

θ_s—— 前轮围绕支柱轴线的摆动角；

θ_1—— 减摆器处围绕支柱轴线的转动角；

y_0—— 轮胎触地面中心点的侧向偏移；

φ_0—— 轮胎弹性扭转角。

轮胎的弹性变形 λ_0 和 φ_0 并不是两个独立的自由度，二者均可以用上述的几个自由度线性表示，形如式(6.15) 和式(6.16) 所示。图 6.4 给出了单前轮侧向运动的分析模型，图 6.5 给出了单前轮扭转分析模型。

图 6.4 中标示了自由度 $\alpha, \theta_s, \theta_1$ 的符号规定，y_0 的符号规定可参见图 6.3 的轮胎分析模型。

(2) 摆振分析方程组

作用在前轮上的力矩包括惯性力矩、陀螺力矩、弹性恢复力矩以及外部作用力矩，由动力学平衡原理考虑围绕前起落架的旋转轴处的力矩总和等于零，即得前轮侧向动力学方程

$$I_{LG}\ddot{\alpha} + M_w L_T H \ddot{\theta}_s + I_{wp}\frac{V}{R}\dot{\theta}_s + K_s\alpha + [W_{LG}H_{cg} - F_z(H+R)]\alpha - (L_T + L_g)F_z\theta_s + M_w G L_T\theta_s = (H+R)F_n \tag{6.19}$$

式中，$M_wL_TH\ddot{\theta}_s$ 为前轮的惯性耦合项；$(I_{wp}V/R)\dot{\theta}_s$ 为陀螺力矩耦合项。

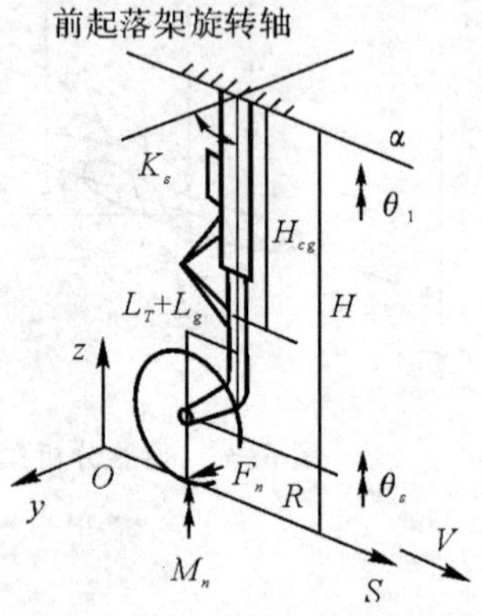

图 6.4　单前轮侧向运动分析模型

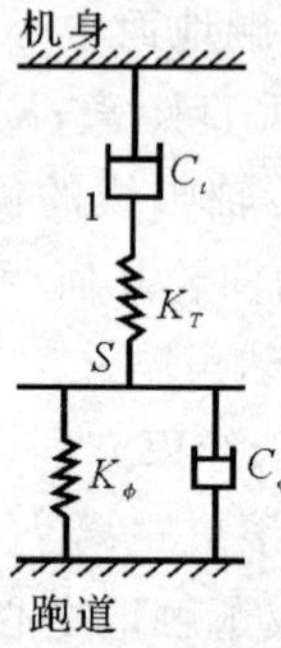

图 6.5　单前轮扭转分析模型

同理，可得前轮扭转方向的动力平衡方程

$$I_{TG}\ddot{\theta}_s + M_wL_TH\ddot{\alpha} - I_{wp}\frac{V}{R}\dot{\alpha} + M_wGL_T\alpha + C_t\dot{\theta}_1 = M_n + (L_T + L_g)F_n \qquad (6.20)$$

如图 6.5 中的“1”点位置所示，利用减摆器处的平衡条件，可得方程

$$C_t\dot{\theta}_1 - K_T(\theta_s - \theta_1) = 0 \qquad (6.21)$$

将方程式(6.19) ～ 式(6.21) 与 6.1.2 节表示轮胎弹性力、力矩及约束条件的方程式(6.13) ～ 式(6.18) 组合在一起，即形成一组完整的支柱上端固支、具有单轮的前轮摆振稳定性分析方程组。

(3) 摆振方程组的化简

将方程式(6.13) 代入前轮侧向运动方程式(6.19)，并用 $a_i, b_j, c_k (i = 1,2,\cdots,6; j = 1,2,\cdots,9; k = 1,2,\cdots,11)$ 分别表示方程中的惯性项系数、阻尼项系数及弹性项系数，即

$$a_1 = I_{LG}$$
$$a_2 = M_wL_TH$$
$$b_1 = C_\lambda (H + R)^2$$
$$b_2 = I_{wp}V/R + C_\lambda(H + R)(L_T + L_g)$$
$$b_3 = -C_\lambda(H + R)$$
$$c_1 = K_s + W_{LG}H_{cg} - (H + R)F_z + K_\lambda (H + R)^2$$
$$c_2 = M_wGL_T - (L_T + L_g)F_z + K_\lambda(H + R)(L_T + L_g)$$
$$c_3 = -K_\lambda(H + R)$$

因此，可将方程式(6.19) 化为如下形式：

$$a_1\ddot{\alpha} + a_2\ddot{\theta}_s + b_1\dot{\alpha} + b_2\dot{\theta}_s + b_3\dot{y}_0 + c_1\alpha + c_2\theta_s + c_3y_0 = 0 \qquad (6.22)$$

为简化前轮扭转运动方程式(6.20)，设

$$a_3 = M_wL_TH$$
$$a_4 = I_{TG}$$
$$a_5 = C_\varphi/V$$

$$b_4 = -I_{wp}V/R + C_\lambda(H+R)(L_T+L_g)$$
$$b_5 = C_\varphi + C_\lambda(L_T+L_g)^2$$
$$b_6 = K_\varphi/V - C_\lambda(L_T+L_g)$$
$$b_7 = C_t$$
$$c_4 = M_wGL_T + K_\lambda(H+R)(L_T+L_g)$$
$$c_5 = K_\varphi + K_\lambda(L_T+L_g)^2$$
$$c_6 = -K_\lambda(L_T+L_g)$$

因此，方程式(6.20) 可简化为

$$a_3\ddot{\alpha} + a_4\ddot{\theta}_s + a_5\ddot{y}_0 + b_4\dot{\alpha} + b_5\dot{\theta}_s + b_6\dot{y}_0 + b_7\dot{\theta}_1 + c_4\alpha + c_5\theta_s + c_6y_0 = 0 \tag{6.23}$$

在轮胎滚动约束方程式(6.17) 简化中

$$a_6 = H_{CA}(2L_R + H_{CA})$$
$$b_8 = 2V(L_R + H_{CA})$$
$$c_7 = -2V^2(H+R)$$
$$c_8 = 2V^2(L_R + H_{CA} - L_T - L_g)$$
$$c_9 = 2V^2$$

即方程式(6.17) 简化为

$$a_6\ddot{y}_0 + b_8\dot{y}_0 + c_7\alpha + c_8\theta_s + c_9y_0 = 0 \tag{6.24}$$

对平衡方程式(6.21) 的简化，只要令

$$b_9 = C_t$$
$$c_{10} = -K_T$$
$$c_{11} = K_T$$

方程式(6.21) 可简化为

$$b_9\dot{\theta}_1 + c_{10}\theta_s + c_{11}\theta_1 = 0 \tag{6.25}$$

将方程式(6.22) ～ 式(6.25) 作如下变量代换，可将上述 4 个方程化为状态空间内的方程组，即令

$$x_1 = \dot{\alpha},\quad x_2 = \dot{\theta}_s,\quad x_3 = \dot{y}_0,\quad x_4 = \alpha,\quad x_5 = \theta_s,\quad x_6 = y_0,\quad x_7 = \theta_1 \tag{6.26}$$

由上述变量代换，可得如下关系式：

$$\dot{x}_4 = x_1,\quad \dot{x}_5 = x_2,\quad \dot{x}_6 = x_3 \tag{6.27}$$

将上述变量代换式代入方程式(6.22) ～ 式(6.25)，摆振方程组就可以化为如下形式：

$$\boldsymbol{m}_{ij}^{(1)}\dot{\boldsymbol{X}} + \boldsymbol{k}_{ij}^{(1)}\boldsymbol{X} = \boldsymbol{O}\quad (i=1,2,\cdots,7;\ j=1,2,\cdots,7) \tag{6.28}$$

式中

$$\boldsymbol{X} = [\dot{\alpha}\quad \dot{\theta}_s\quad \dot{y}_0\quad \alpha\quad \theta_s\quad y_0\quad \theta_1]^{\mathrm{T}} \tag{6.29}$$

$$\boldsymbol{m}_{ij}^{(1)} = \begin{bmatrix} a_1 & a_2 & 0 & 0 & 0 & 0 & 0 \\ a_3 & a_4 & a_5 & 0 & 0 & 0 & b_7 \\ 0 & 0 & a_6 & 0 & 0 & 0 & 0 \\ 0 & 0 & 0 & 1 & 0 & 0 & 0 \\ 0 & 0 & 0 & 0 & 1 & 0 & 0 \\ 0 & 0 & 0 & 0 & 0 & 1 & 0 \\ 0 & 0 & 0 & 0 & 0 & 0 & b_9 \end{bmatrix} \tag{6.30}$$

$$
\boldsymbol{k}_{ij}^{(1)}=\begin{bmatrix} b_1 & b_2 & b_3 & c_1 & c_2 & c_3 & 0 \\ b_4 & b_5 & b_6 & c_4 & c_5 & c_6 & 0 \\ 0 & 0 & b_8 & c_7 & c_8 & c_9 & 0 \\ -1 & 0 & 0 & 0 & 0 & 0 & 0 \\ 0 & -1 & 0 & 0 & 0 & 0 & 0 \\ 0 & 0 & -1 & 0 & 0 & 0 & 0 \\ 0 & 0 & 0 & 0 & c_{10} & 0 & c_{11} \end{bmatrix} \tag{6.31}
$$

令动力矩阵为

$$
\boldsymbol{D}_1=-\boldsymbol{m}_{ij}^{(1)\,-1}\boldsymbol{k}_{ij}^{(1)} \tag{6.32}
$$

可将方程组式(6.28)化为更为简单的形式：

$$
\dot{\boldsymbol{X}}=\boldsymbol{D}_1\boldsymbol{X} \tag{6.33}
$$

由方程组式(6.33)可以看出，摆振稳定性分析将变为动力矩阵 $\boldsymbol{D}_1$ 的复特征值分析，根据系统的复特征值的实部均为负则系统是渐近稳定的原则来进行稳定性分析。

2. 支柱上端固支、具有双轮共转的摆振稳定性分析

(1) 摆振分析模型

当双轮作曲线运动时，内、外道机轮轴心的前进速度不同；又当轮轴侧倾时，两个轮胎的几何滚动半径也不同；当双轮共转时，它们的滚动角速度互相制约(轮轴为刚体时相等)，因此机轮轴心前进速度和轮胎滚动线速度就存在差异，引起轮胎附加的纵向力，从而形成附加转向力矩。

如图6.6所示为双轮共转形式的前轮摆振侧向运动分析模型，扭转分析模型可参见图6.3。

分析中使用5个自由度描述前轮摆振运动，其具体意义说明如下：

α—— 前轮围绕前起落架旋转轴轴线的侧向转动；

θ_s—— 前轮围绕支柱轴线的摆动角；

θ_1—— 减摆器处围绕支柱轴线的转动角；

Φ—— 机轮围绕轮轴的弹性扭转；

λ_0—— 轮胎的侧向偏移。

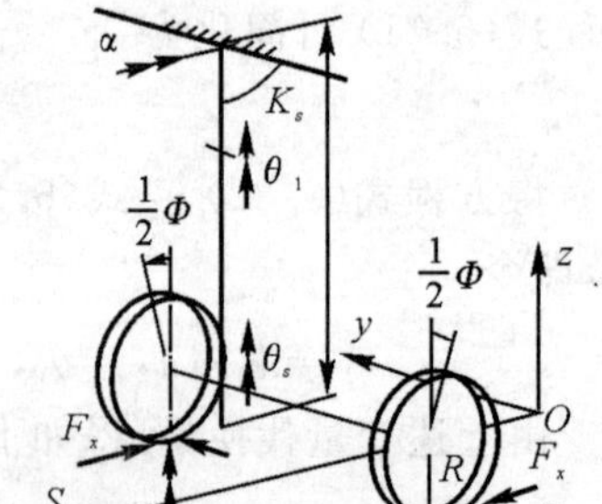

图6.6 双轮共转前轮侧向运动分析模型

自由度 $\alpha,\theta_s,\Phi,\lambda_0,\theta_1$ 的符号规定如图6.6中所示。

(2) 摆振分析方程组

双轮共转摆振分析方程组的推导过程与单轮摆振分析方程组的推导过程类似，为避免重复，以下不再给出推导过程，只列出摆振分析方程组和分析程序中所需的公式。

$$
\begin{aligned} & I_{LG}\ddot{\alpha}+M_wL_TH\ddot{\theta}_s+I_{wp}\frac{V}{R}\dot{\theta}_s+K_s\alpha+[W_{LG}H_{cg}-F_z(H+R)]\alpha- \\ & (L_T+L_g)F_z\theta_s+M_wGL_T\theta_s=(H+R)2F_n \end{aligned} \tag{6.34}
$$

$$
\begin{aligned} & I_{TG}\ddot{\theta}_s+M_wL_TH\ddot{\alpha}-I_{wp}\frac{V}{R}\dot{\alpha}+M_wGL_T\alpha+C_t\dot{\theta}_1+2L_{ax}F_x= \\ & 2M_n+(L_T+L_g)2F_n \end{aligned} \tag{6.35}
$$

$$I_{wp}\ddot{\Phi}+4K_{ax}\Phi=4RF_x \tag{6.36}$$

$$F_x=\frac{R_0K_x}{V}\left(L_{ax}\dot{\theta}_s-\frac{1}{2}R\dot{\Phi}\right) \tag{6.37}$$

将式(6.34)～式(6.37)与式(6.21)、式(6.13)～式(6.16)和式(6.18)组合在一起就组成了完整的支柱上端固支、具有双轮共转的摆振分析方程组。将方程组系数整理、简化、变量代换，再代入状态空间内的方程组，最后可以转化为动力矩阵 $\boldsymbol{D}_2$ 的复特征值分析。

$$\boldsymbol{D}_2=-\boldsymbol{m}_{ij}^{(2)\,-1}\boldsymbol{k}_{ij}^{(2)} \tag{6.38}$$

式中

$$\boldsymbol{m}_{ij}^{(2)}=\begin{bmatrix} a_1 & a_2 & 0 & 0 & 0 & 0 & 0 & 0 & 0\\ a_3 & a_4 & 0 & a_5 & 0 & 0 & 0 & 0 & 0\\ 0 & 0 & a_6 & 0 & 0 & 0 & 0 & 0 & 0\\ a_7 & a_8 & 0 & a_9 & 0 & 0 & 0 & 0 & 0\\ 0 & 0 & 0 & 0 & 1 & 0 & 0 & 0 & 0\\ 0 & 0 & 0 & 0 & 0 & 1 & 0 & 0 & 0\\ 0 & 0 & 0 & 0 & 0 & 0 & 1 & 0 & 0\\ 0 & 0 & 0 & 0 & 0 & 0 & 0 & 1 & 0\\ 0 & 0 & 0 & 0 & 0 & 0 & 0 & 0 & b_{12} \end{bmatrix} \tag{6.39}$$

$$\boldsymbol{k}_{ij}^{(2)}=\begin{bmatrix} 0 & b_1 & 0 & b_2 & c_1 & c_2 & 0 & c_3 & 0\\ b_3 & b_4 & b_5 & b_6 & c_4 & c_5 & 0 & c_6 & c_7\\ 0 & b_7 & b_8 & 0 & 0 & 0 & c_8 & 0 & 0\\ b_9 & b_{10} & 0 & b_{11} & 0 & c_9 & 0 & c_{10} & 0\\ -1 & 0 & 0 & 0 & 0 & 0 & 0 & 0 & 0\\ 0 & -1 & 0 & 0 & 0 & 0 & 0 & 0 & 0\\ 0 & 0 & -1 & 0 & 0 & 0 & 0 & 0 & 0\\ 0 & 0 & 0 & -1 & 0 & 0 & 0 & 0 & 0\\ 0 & 0 & 0 & 0 & 0 & c_{11} & 0 & 0 & c_{12} \end{bmatrix} \tag{6.40}$$

系数如下：

$$a_1=I_{LG},\quad a_2=M_wL_TH$$

$$a_3=M_wL_TH+2C_\varphi(H+R)/V,\quad a_4=I_{TG}+2C_\varphi(L_T+L_g)/V$$

$$a_5=2C_\varphi/V,\quad a_6=I_{wp},\quad a_7=H_{CA}(2L_R+H_{CA})(H+R)$$

$$a_8=H_{CA}(2L_R+H_{CA})(L_T+L_g),\quad a_9=H_{CA}(2L_R+H_{CA})$$

$$b_1=I_{wp}V/R,\quad b_2=-2(H+R)C_\lambda$$

$$b_3=-I_{wp}V/R+2K_\varphi(H+R)/V,\quad b_4=2L_{ax}R_0K_x/V+2K_\varphi(L_T+L_g)/V+2C_\varphi$$

$$b_5=-L_{ax}R_0RK_x/V,\quad b_6=2K_\varphi/V-2C_\lambda(L_T+L_g)$$

$$b_7=-4R_0RL_{ax}K_x/V,\quad b_8=2R_0R^2K_x/V$$

$$b_9=2V(L_R+H_{CA})(H+R),\quad b_{10}=2V(L_R+H_{CA})(L_T+L_g)$$

$$b_{11}=2V(L_R+H_{CA}),\quad b_{12}=C_t$$

$$c_1=K_s+W_{LG}H_{cg}-(H+R)F_z,\quad c_2=M_wGL_T-(L_T+L_g)F_z$$

$$c_3 = -2(H+R)K_\lambda,\quad c_4 = M_w G L_T$$
$$c_5 = K_T + 2K_\varphi,\quad c_6 = -2K_\lambda(L_T + L_g)$$
$$c_7 = -K_T,\quad c_8 = 4K_{ax}$$
$$c_9 = 2V^2(L_R + H_{CA}),\quad c_{10} = 2V^2$$
$$c_{11} = -K_T,\quad c_{12} = K_T$$

3. 支柱上端固支、双轮不共转的摆振稳定性分析

(1) 摆振分析模型

对于双轮不共转的情形，不存在由于机轮轴心前进速度和轮胎滚动线速度差异所引起的轮胎附加转向力矩。

如图 6.7 所示为双轮不共转形式的前轮摆振侧向运动分析模型，扭转分析模型可参见图 6.3，分析中使用了 5 个自由度用于描述前轮摆振运动，自由度说明和支柱上端固支、具有单轮的情况一致，这里不再赘述。

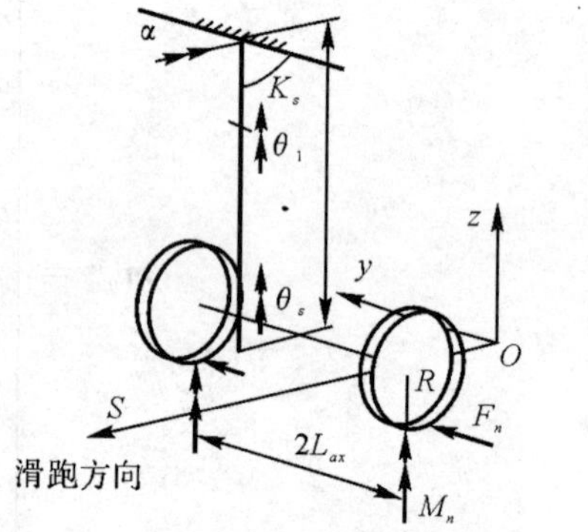

图 6.7　双轮不共转形式的前轮摆振侧向运动分析模型

(2) 摆振分析方程组

双轮不共转摆振分析方程组的推导过程与单轮摆振分析方程组的推导过程类似，以下只给出摆振分析方程组和分析程序中所需的公式。

$$I_{LG}\ddot{\alpha} + M_w L_T H\ddot{\theta}_s + I_{wp}\frac{V}{R}\dot{\theta}_s + K_s\alpha + [W_{LG}H_{cg} - F_z(H+R) + 2K_\delta L_{ax}^2]\alpha - (L_T + L_g)F_z\theta_s + M_w G L_T\theta_s = (H+R)2F_n \tag{6.41}$$

$$I_{TG}\ddot{\theta}_s + M_w L_T H\ddot{\alpha} - I_{wp}\frac{V}{R}\dot{\alpha} + M_w G L_T\alpha + C_t\dot{\theta}_1 = 2M_n + (L_T + L_g)2F_n \tag{6.42}$$

将式(6.41)、式(6.42)与式(6.21)、式(6.13) ～ 式(6.16) 和式(6.18) 联立就形成了完整的支柱上端固支、双轮不共转的摆振分析方程组。

同样，将上述方程组系数整理、简化、变量代换，再代入状态空间内的方程组，最后可化为对动力矩阵 $\boldsymbol{D}_3$ 的复特征值分析。

$$\boldsymbol{D}_3 = -\boldsymbol{m}_{ij}^{(3)\,-1}\boldsymbol{k}_{ij}^{(3)} \tag{6.43}$$

式中

$$\boldsymbol{m}_{ij}^{(3)} = \begin{bmatrix} a_1 & a_2 & 0 & 0 & 0 & 0 & 0 \\ a_3 & a_4 & a_5 & 0 & 0 & 0 & 0 \\ a_6 & a_7 & a_8 & 0 & 0 & 0 & 0 \\ 0 & 0 & 0 & 1 & 0 & 0 & 0 \\ 0 & 0 & 0 & 0 & 1 & 0 & 0 \\ 0 & 0 & 0 & 0 & 0 & 1 & 0 \\ 0 & 0 & 0 & 0 & 0 & 0 & b_9 \end{bmatrix} \tag{6.44}$$

$$
\boldsymbol{k}_{ij}^{(3)} = \begin{bmatrix} 0 & b_1 & b_2 & c_1 & c_2 & c_3 & 0 \\ b_3 & b_4 & b_5 & c_4 & c_5 & c_6 & c_7 \\ b_6 & b_7 & b_8 & 0 & c_8 & c_9 & 0 \\ -1 & 0 & 0 & 0 & 0 & 0 & 0 \\ 0 & -1 & 0 & 0 & 0 & 0 & 0 \\ 0 & 0 & -1 & 0 & 0 & 0 & 0 \\ 0 & 0 & 0 & 0 & c_{10} & 0 & c_{11} \end{bmatrix} \tag{6.45}
$$

上述矩阵中的系数如下：

$$a_1 = I_{LG}, \quad a_2 = M_w L_T H$$

$$a_3 = M_w L_T H + 2C_\varphi (H+R)/V, \quad a_4 = I_{TG} + 2C_\varphi (L_T + L_g)/V$$

$$a_5 = 2C_\varphi /V, \quad a_6 = H_{CA}(2L_R + H_{CA})(H+R)$$

$$a_7 = H_{CA}(2L_R + H_{CA})(L_T + L_g), \quad a_8 = H_{CA}(2L_R + H_{CA})$$

$$b_1 = I_{wp} V/R, \quad b_2 = -2(H+R)C_\lambda$$

$$b_3 = -I_{wp} V/R + 2K_\varphi (H+R)/V, \quad b_4 = 2C_\varphi + 2K_\varphi (L_T + L_g)/V$$

$$b_5 = 2K_\varphi /V - 2C_\lambda (L_T + L_g), \quad b_6 = 2V(L_R + H_{CA})(H+R)$$

$$b_7 = 2V(L_R + H_{CA})(L_T + L_g), \quad b_8 = 2V(L_R + H_{CA}), \quad b_9 = C_t$$

$$c_1 = K_s + W_{LG} H_{cg} - (H+R)F_z + 2K_\delta L_{ax}^2, \quad c_2 = M_w G L_T - (L_T + L_g)F_z$$

$$c_3 = -2(H+R)K_\lambda, \quad c_4 = M_w G L_T, \quad c_5 = K_T + 2K_\varphi$$

$$c_6 = -2K_\lambda (L_T + L_g), \quad c_7 = -K_T$$

$$c_8 = 2V^2 (L_R + H_{CA}), \quad c_9 = 2V^2$$

$$c_{10} = -K_T, \quad c_{11} = K_T$$

4. 支柱上端固支、考虑配重影响的摆振稳定性分析

(1) 摆振分析模型

在扭力臂顶点处增加了配重，在分析模型中将支柱的扭转刚度分为两个部分，从扭力臂顶点处到支柱上端的这一部分的扭转刚度系数用 K_{T1} 表示，从轮轴到扭力臂顶点处的这一部分扭转刚度用 K_{T2} 表示，如图 6.9 所示。

在分析中使用 5 个自由度用以描述前轮摆振运动，自由度说明如下：

α—— 前轮围绕前起落架旋转轴轴线的侧向转动；

θ_s—— 前轮围绕支柱轴线的摆动角；

θ_1—— 减摆器处围绕支柱轴线的转动角；

y_0—— 轮胎触地面中心点的侧向偏移；

θ_2—— 配重 M_b 围绕支柱轴线的转动。

上述自由度中的 $\alpha, \theta_s, \theta_2, \theta_1$ 的符号规定参见图 6.8 和图 6.9 中的说明，y_0 的符号规定参见轮胎分析模型图 6.3 中的说明。

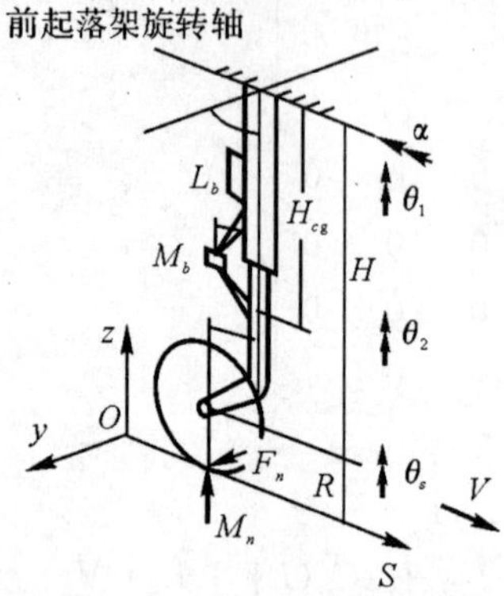

图 6.8 考虑配重影响前轮侧向运动模型

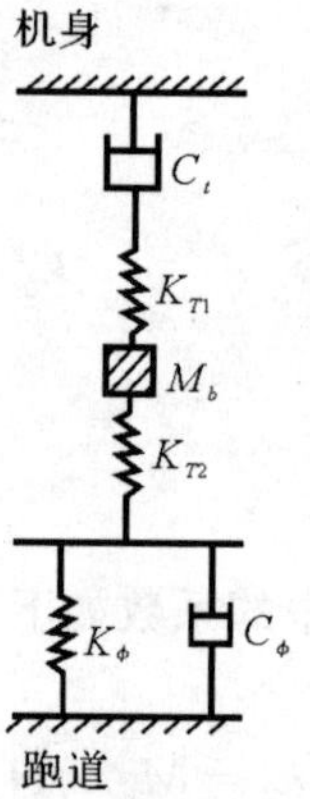

图 6.9 考虑配重影响前轮扭转运动模型

(2) 摆振分析方程组

考虑配重影响的摆振方程组的推导过程与单轮摆振分析方程组的推导过程类似，下面给出完整的摆振分析方程组。

$$I_{LG}\ddot{\alpha}+M_wL_TH\ddot{\theta}_s+I_{wp}\frac{V}{R}\dot{\theta}_s+K_s\alpha+[W_{LG}H_{cg}-F_z(H+R)]\alpha-(L_T+L_g)F_z\theta_s+M_wGL_T\theta_s=(H+R)F_n \tag{6.46}$$

$$I_{TG}\ddot{\theta}_s+M_wL_TH\ddot{\alpha}-I_{wp}\frac{V}{R}\dot{\alpha}+M_wGL_T\alpha+K_{T2}(\theta_s-\theta_2)=M_n+(L_T+L_g)F_n \tag{6.47}$$

$$M_bL_b^2\ddot{\theta}_2+K_{T1}(\theta_2-\theta_1)-K_{T2}(\theta_s-\theta_2)=0 \tag{6.48}$$

$$C_t\dot{\theta}_1-K_{T1}(\theta_2-\theta_1)=0 \tag{6.49}$$

将式(6.46)～式(6.49)与式(6.21)、式(6.13)～式(6.16)和式(6.18)组合在一起就组成了完整的支柱上端固支、考虑配重影响的摆振分析方程组。将上述方程组系数整理、简化、变量代换，再代入状态空间内的方程组，最后可以转化为动力矩阵 $\boldsymbol{D}_4$ 的复特征值分析。

$$\boldsymbol{D}_4=-\boldsymbol{m}_{ij}^{(4)\,-1}\boldsymbol{k}_{ij}^{(4)} \tag{6.50}$$

式中

$$\boldsymbol{m}_{ij}^{(4)}=\begin{bmatrix} a_1 & a_2 & 0 & 0 & 0 & 0 & 0 & 0 & 0\\ a_3 & a_4 & a_5 & 0 & 0 & 0 & 0 & 0 & 0\\ 0 & 0 & a_6 & 0 & 0 & 0 & 0 & 0 & 0\\ 0 & 0 & 0 & a_7 & 0 & 0 & 0 & 0 & 0\\ 0 & 0 & 0 & 0 & 1 & 0 & 0 & 0 & 0\\ 0 & 0 & 0 & 0 & 0 & 1 & 0 & 0 & 0\\ 0 & 0 & 0 & 0 & 0 & 0 & 1 & 0 & 0\\ 0 & 0 & 0 & 0 & 0 & 0 & 0 & 1 & 0\\ 0 & 0 & 0 & 0 & 0 & 0 & 0 & 0 & b_8 \end{bmatrix} \tag{6.51}$$

$$
\boldsymbol{k}_{ij}^{(4)}=\begin{bmatrix}
b_1 & b_2 & b_3 & 0 & c_1 & c_2 & c_3 & 0 & 0\\
b_4 & b_5 & b_6 & 0 & c_4 & c_5 & c_6 & c_7 & 0\\
0 & 0 & b_7 & 0 & c_8 & c_9 & c_{10} & 0 & 0\\
0 & 0 & 0 & 0 & 0 & c_{11} & 0 & c_{12} & c_{13}\\
-1 & 0 & 0 & 0 & 0 & 0 & 0 & 0 & 0\\
0 & -1 & 0 & 0 & 0 & 0 & 0 & 0 & 0\\
0 & 0 & -1 & 0 & 0 & 0 & 0 & 0 & 0\\
0 & 0 & 0 & -1 & 0 & 0 & 0 & 0 & 0\\
0 & 0 & 0 & 0 & 0 & 0 & 0 & c_{14} & c_{15}
\end{bmatrix} \tag{6.52}
$$

上述矩阵中的系数如下：

$$a_1=I_{LG},\quad a_2=M_wL_TH$$
$$a_3=M_wL_TH,\quad a_4=I_{TG}$$
$$a_5=C_\varphi/V,\quad a_6=H_{CA}(2L_R+H_{CA}),\quad a_7=M_bL_b^2$$
$$b_1=C_\lambda(H+R)^2,\quad b_2=I_{wp}V/R+C_\lambda(H+R)(L_T+L_g)$$
$$b_3=-C_\lambda(H+R),\quad b_4=-I_{wp}V/R+C_\lambda(H+R)(L_T+L_g)$$
$$b_5=C_\varphi+C_\lambda(L_T+L_g)^2,\quad b_6=K_\varphi/V-C_\lambda(L_T+L_g)$$
$$b_7=2V(L_R+H_{CA}),\quad b_8=C_t$$
$$c_1=K_s+W_{LG}H_{cg}-(H+R)F_z+K_\lambda(H+R)^2$$
$$c_2=M_wGL_T-(L_T+L_g)F_z+K_\lambda(H+R)(L_T+L_g)$$
$$c_3=-K_\lambda(H+R),\quad c_4=M_wGL_T+K_\lambda(H+R)\cdot(L_T+L_g)$$
$$c_5=K_{T2}+K_\varphi+K_\lambda(L_T+L_g)^2,\quad c_6=-K_\lambda(L_T+L_g)$$
$$c_7=-K_{T2},\quad c_8=-2V^2(H+R)$$
$$c_9=2V^2(L_R+H_{CA}-L_T-L_g),\quad c_{10}=2V^2$$
$$c_{11}=-K_{T2},\quad c_{12}=K_{T1}+K_{T2}$$
$$c_{13}=-K_{T1},\quad c_{14}=-K_{T1},\quad c_{15}=K_{T1}$$

5. 考虑机身刚体运动影响的摆振稳定性分析

(1) 摆振分析模型

假设机身为一刚体，采用 3 个自由度描述机身的刚体运动，用 5 个自由度描述前轮摆振运动，同时忽略气动力对飞机滑跑时前轮摆振稳定性的影响。机身分析模型可参见图 6.10，如图 6.11 所示为前轮侧向运动分析模型，前轮扭转运动分析模型可参见图 6.5，全部 8 个自由度及其定义为：

y_f—— 机身重心 O_f 的侧向偏移；

ψ_f—— 机身围绕通过重心 O_f 且垂直地面的 z_f 轴的转动；

α_f—— 机身围绕机身轴线的转动；

α—— 前轮围绕前起落架旋转轴轴线的侧向转动；

θ_s—— 前轮围绕支柱轴线的摆动角；

θ_1—— 减摆器处围绕支柱轴线的转动角；

y_0—— 轮胎触地面中心点的侧向偏移；

θ_2—— 配重 M_b 围绕支柱轴线的转动。

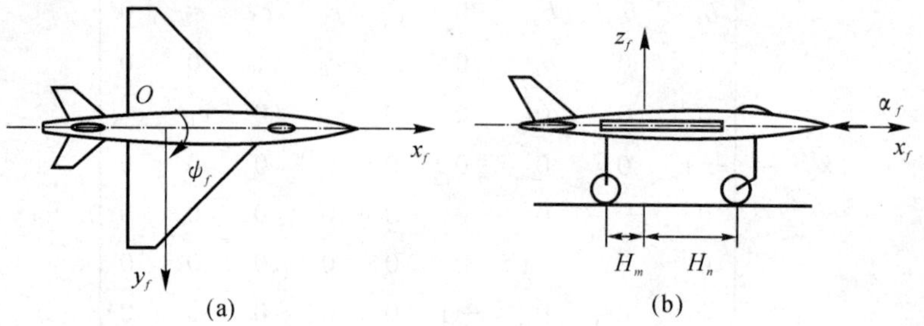

图 6.10 机身分析模型

机身运动分析模型中的各自由度的符号规定可参见图 6.10 中的符号说明，前轮侧向运动自由度及扭转方向自由度可参见图 6.11 中的符号说明。

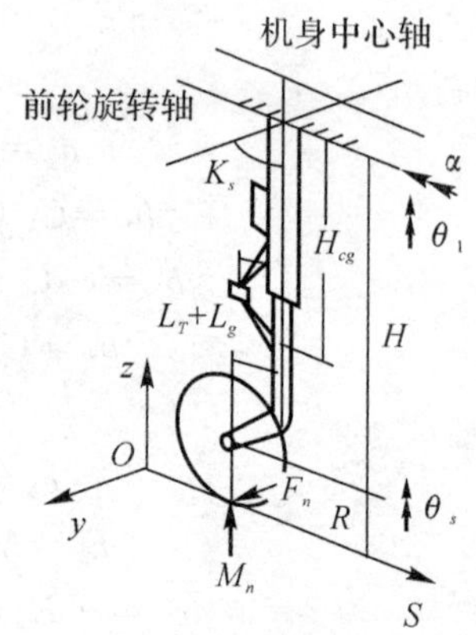

图 6.11 考虑机身刚体运动影响的前轮侧向运动分析模型

(2) 摆振分析方程组

在分析中必须考虑主起落架轮胎弹性变形所产生的恢复力及力矩对机身刚体运动的影响，假设主起落架轮胎的弹性变形为 λ_m 和 φ_m，由图 6.10 可以知道，主轮触地面中心点的侧向偏移 y_m 可以用如下公式表示：

$$y_m = y_f + \lambda_m - H_m\psi_f + H_{cf}\alpha_f \tag{6.53}$$

由主起落架轮胎的约束方程可知

$$\frac{\mathrm{d}y_m}{\mathrm{d}x} = \psi_f - \varphi_m \tag{6.54}$$

$$\dot{y}_f - H_m\dot{\psi}_f + H_{cf}\dot{\alpha}_f + \dot{\lambda}_m = V(\psi_f - \varphi_m) \tag{6.55}$$

在分析中忽略主起落架轮胎侧向变形小量，由式(6.55)可以推出主起落架轮胎扭转变形 φ_m 为

$$\varphi_m = \psi_f - \frac{1}{V}(\dot{y}_f + H_{cf}\dot{\alpha}_f - H_m\dot{\psi}_f) \tag{6.56}$$

由于主起落架轮胎的弹性恢复力及力矩可以表示为

$$F_m = N_m\varphi_m \tag{6.57}$$

$$M_m = K_{\varphi m}\varphi_m \tag{6.58}$$

因此将方程式(6.56)代入上两式中就可以求出地面作用于主起落架轮胎上的侧向力及力矩为

$$F_m = N_m\left[\psi_f - \frac{1}{V}(\dot{y}_f + H_{cf}\dot{\alpha}_f - H_m\dot{\psi}_f)\right] \tag{6.59}$$

$$M_m = K_{\varphi m}\left[\psi_f - \frac{1}{V}(\dot{y}_f + H_{cf}\dot{\alpha}_f - H_m\dot{\psi}_f)\right] \tag{6.60}$$

式中，N_m 为主起落架轮胎的偏滚刚度。

事实上，机身的扭转刚度一般很大，因此在飞机的滑行过程中，机身围绕机身轴线的转动 α_f 非常小，在摆振方程组中可忽略这一自由度的影响。由动力学平衡原理推出考虑机身刚体

运动影响的前轮摆振分析方程组为

$$M_f\ddot{y}_f = F_n + 2F_m \tag{6.61}$$

$$I_{zf}\ddot{\psi}_f = F_nH_n - 2F_mH_m - M_n - 2M_m + \mu F_z[(H_n + L_T + L_g)(\theta_s + \psi_f) + (H+R)\alpha] \tag{6.62}$$

$$M_{LG}H_{cg}(\ddot{y}_f + H_n\ddot{\psi}_f) + I_{LG}\ddot{\alpha} + M_wL_TH\ddot{\theta}_s + I_{wp}\frac{V}{R}\dot{\theta}_s + K_s\alpha + [W_{LG}H_{cg} - F_z(H+R)]\alpha - (L_T + L_g)F_z\theta_s + M_wGL_T\theta_s = (H+R)F_n \tag{6.63}$$

$$M_wL_T(\ddot{y}_f + H_n\ddot{\psi}_f) + I_{TG}\ddot{\theta}_s + M_wL_TH\ddot{\alpha} - I_{wp}\frac{V}{R}\dot{\alpha} + M_wGL_T\alpha + K_{T2}(\theta_s - \theta_2) = M_n + (L_T + L_g)F_n \tag{6.64}$$

$$M_bL_b^2\ddot{\theta}_2 + K_{T1}(\theta_2 - \theta_1) - K_{T2}(\theta_s - \theta_2) = 0 \tag{6.65}$$

$$C_t\dot{\theta}_1 - K_{T1}(\theta_2 - \theta_1) = 0 \tag{6.66}$$

$$H_{CA}(2L_R + H_{CA})\ddot{y}_0 + 2V(L_R + H_{CA})\dot{y}_0 + 2V^2y_0 - 2V^2y_f - 2V^2(H+R)\alpha - 2V^2(H_n + L_R)\psi_f + 2V^2(L_R + H_{CA} - L_T - L_g)\theta_s = 0 \tag{6.67}$$

$$F_n = K_\lambda[y_0 - y_f - H_n\psi_f - (H+R)\alpha - (L_T + L_g)\theta_s] + C_\lambda[\dot{y}_0 - \dot{y}_f - H_n\dot{\psi}_f - (H+R)\dot{\alpha} - (L_T + L_g)\dot{\theta}_s] \tag{6.68}$$

$$M_n = K_\varphi\left(-\frac{1}{V}\dot{y}_0 - \theta_s + \psi_f\right) + C_\varphi\left(-\frac{1}{V}\ddot{y}_0 - \dot{\theta}_s + \dot{\psi}_f\right) \tag{6.69}$$

地面作用在主起落架轮胎上的力及力矩由方程式(6.59)和式(6.60)给出。

将上述方程组系数整理、简化、变量代换，再代入状态空间内的方程组，最后可以转化为动力矩阵 $\boldsymbol{D}_5$ 的复特征值分析。

$$\boldsymbol{D}_5 = -\boldsymbol{m}_{ij}^{(5)\,-1}\boldsymbol{k}_{ij}^{(5)} \tag{6.70}$$

式中

$$\boldsymbol{m}_{ij}^{(5)} = \begin{bmatrix} a_1 & 0 & 0 & 0 & 0 & 0 & 0 & 0 & 0 & 0 & 0 & 0 & 0 \\ 0 & a_2 & 0 & 0 & a_3 & 0 & 0 & 0 & 0 & 0 & 0 & 0 & 0 \\ a_4 & a_5 & a_6 & a_7 & 0 & 0 & 0 & 0 & 0 & 0 & 0 & 0 & 0 \\ a_8 & a_9 & a_{10} & a_{11} & a_{12} & 0 & 0 & 0 & 0 & 0 & 0 & 0 & 0 \\ 0 & 0 & 0 & 0 & a_{14} & 0 & 0 & 0 & 0 & 0 & 0 & 0 & 0 \\ 0 & 0 & 0 & 0 & 0 & a_{13} & 0 & 0 & 0 & 0 & 0 & 0 & 0 \\ 0 & 0 & 0 & 0 & 0 & 0 & 1 & 0 & 0 & 0 & 0 & 0 & 0 \\ 0 & 0 & 0 & 0 & 0 & 0 & 0 & 1 & 0 & 0 & 0 & 0 & 0 \\ 0 & 0 & 0 & 0 & 0 & 0 & 0 & 0 & 1 & 0 & 0 & 0 & 0 \\ 0 & 0 & 0 & 0 & 0 & 0 & 0 & 0 & 0 & 1 & 0 & 0 & 0 \\ 0 & 0 & 0 & 0 & 0 & 0 & 0 & 0 & 0 & 0 & 1 & 0 & 0 \\ 0 & 0 & 0 & 0 & 0 & 0 & 0 & 0 & 0 & 0 & 0 & 1 & 0 \\ 0 & 0 & 0 & 0 & 0 & 0 & 0 & 0 & 0 & 0 & 0 & 0 & b_{22} \end{bmatrix} \tag{6.71}$$

$$
\boldsymbol{k}_{ij}^{(5)}=\begin{bmatrix}
b_1 & b_2 & b_3 & b_4 & b_5 & 0 & c_1 & c_2 & c_3 & c_4 & c_5 & 0 & 0\\
b_6 & b_7 & b_8 & b_9 & b_{10} & 0 & c_6 & c_7 & c_8 & c_9 & c_{10} & 0 & 0\\
b_{11} & b_{12} & b_{13} & b_{14} & b_{15} & 0 & c_{11} & c_{12} & c_{13} & c_{14} & c_{15} & 0 & 0\\
b_{16} & b_{17} & b_{18} & b_{19} & b_{20} & 0 & c_{16} & c_{17} & c_{18} & c_{19} & c_{20} & c_{21} & 0\\
0 & 0 & 0 & 0 & b_{21} & 0 & c_{25} & c_{26} & c_{27} & c_{28} & c_{29} & 0 & 0\\
0 & 0 & 0 & 0 & 0 & 0 & 0 & 0 & 0 & c_{22} & 0 & c_{23} & c_{24}\\
-1 & 0 & 0 & 0 & 0 & 0 & 0 & 0 & 0 & 0 & 0 & 0 & 0\\
0 & -1 & 0 & 0 & 0 & 0 & 0 & 0 & 0 & 0 & 0 & 0 & 0\\
0 & 0 & -1 & 0 & 0 & 0 & 0 & 0 & 0 & 0 & 0 & 0 & 0\\
0 & 0 & 0 & -1 & 0 & 0 & 0 & 0 & 0 & 0 & 0 & 0 & 0\\
0 & 0 & 0 & 0 & -1 & 0 & 0 & 0 & 0 & 0 & 0 & 0 & 0\\
0 & 0 & 0 & 0 & 0 & -1 & 0 & 0 & 0 & 0 & 0 & 0 & 0\\
0 & 0 & 0 & 0 & 0 & 0 & 0 & 0 & 0 & 0 & 0 & c_{30} & c_{31}
\end{bmatrix} \tag{6.72}
$$

系数如下：

$$a_1=M_f,\quad a_2=I_{zf}$$

$$a_3=-C_\varphi/V,\quad a_4=M_{LG}H_{cg}$$

$$a_5=M_{LG}H_{cg}H_n,\quad a_6=I_{LG}$$

$$a_7=M_wL_TH,\quad a_8=M_wL_T$$

$$a_9=M_wH_nL_T,\quad a_{10}=M_wL_TH$$

$$a_{11}=I_{TG},\quad a_{12}=C_\varphi/V$$

$$a_{13}=M_bL_b^2,\quad a_{14}=H_{CA}(2L_R+H_{CA})$$

$$b_1=C_\lambda+2K_{\lambda m}N_m/V,\quad b_2=C_\lambda H_n-2K_{\lambda m}N_mH_m/V$$

$$b_3=C_\lambda(H+R),\quad b_4=C_\lambda(L_T+L_g)$$

$$b_5=-C_\lambda,\quad b_6=C_\lambda H_n-2K_{\lambda m}N_mH_m/V-2K_{\varphi m}/V$$

$$b_7=C_\lambda H_n^2+2K_{\lambda m}N_mH_m^2/V+2K_{\varphi m}H_m/V+C_\varphi$$

$$b_8=C_\lambda H_n(H+R),\quad b_9=C_\lambda H_n(L_T+L_g)-C_\varphi$$

$$b_{10}=-C_\lambda H_n-K_\varphi/V,\quad b_{11}=C_\lambda(H+R)$$

$$b_{12}=C_\lambda H_n(H+R),\quad b_{13}=C_\lambda(H+R)^2$$

$$b_{14}=I_{wp}V/R+C_\lambda(H+R)(L_T+L_g),\quad b_{15}=-C_\lambda(H+R)$$

$$b_{16}=C_\lambda(L_T+L_g),\quad b_{17}=C_\lambda H_n(L_T+L_g)-C_\varphi$$

$$b_{18}=-I_{wp}V/R+C_\lambda(H+R)(L_T+L_g),\quad b_{19}=C_\varphi+C_\lambda(L_T+L_g)^2$$

$$b_{20}=K_\varphi/V-C_\lambda(L_T+L_g),\quad b_{21}=2V(L_R+H_{CA})$$

$$b_{22}=C_t,\quad c_1=K_\lambda$$

$$c_2=K_\lambda H_n-2K_{\lambda m}N_m,\quad c_3=K_\lambda(H+R)$$

$$c_4=K_\lambda(L_T+L_g),\quad c_5=-K_\lambda,\quad c_6=K_\lambda H_n$$

$$c_7=K_\lambda H_n^2+2K_{\lambda m}N_mH_m+2K_{\varphi m}+K_\varphi-\mu F_z(H_n+L_T+L_g)$$

$$c_8 = K_\lambda H_n(H+R) - \mu F_z(H+R)$$

$$c_9 = K_\lambda H_n(L_T+L_g) - K_\varphi - \mu F_z(H_n+L_T+L_g),\quad c_{10} = -K_\lambda H_n$$

$$c_{11} = K_\lambda(H+R),\quad c_{12} = K_\lambda H_n(H+R)$$

$$c_{13} = K_s + W_{LG}H_{cg} - (H+R)F_z + K_\lambda\,(H+R)^2$$

$$c_{14} = M_w G L_T - (L_T+L_g)F_z + K_\lambda(H+R)(L_T+L_g)$$

$$c_{15} = -K_\lambda(H+R),\quad c_{16} = K_\lambda(L_T+L_g),\quad c_{17} = K_\lambda H_n(L_T+L_g) - K_\varphi$$

$$c_{18} = M_w G L_T + K_\lambda(H+R)(L_T+L_g),\quad c_{19} = K_{T2} + K_\varphi + K_\lambda\,(L_T+L_g)^2$$

$$c_{20} = -K_\lambda(L_T+L_g),\quad c_{21} = -K_{T2}$$

$$c_{22} = -K_{T2},\quad c_{23} = K_{T1} + K_{T2}$$

$$c_{24} = -K_{T1},\quad c_{25} = -2V^2$$

$$c_{26} = -2V^2(H_n+L_R),\quad c_{27} = -2V^2(H+R)$$

$$c_{28} = 2V^2(L_R+H_{CA}-L_T-L_g),\quad c_{29} = 2V^2$$

$$c_{30} = -K_{T1},\quad c_{31} = K_{T1}$$

6. 考虑机身弹性振动影响的摆振稳定性分析

机身弹性振动对前轮摆振稳定区域有一定的影响，一般来说，机身运动对总的起落架侧向运动的贡献占 24%，支柱弯曲变形占 76%，为了分析这种影响，将机身假设为一变参数的悬臂弹性梁，利用模态综合法使用机身的前三阶模态用以描述对前轮摆振有影响的机身运动，模型中共有 10 个自由度，其中 6 个自由度用以描述机身运动，另外 4 个自由度用以描述前轮摆振运动。

(1) 摆振分析模型

在分析模型中，将机身简化为一个在飞机重心处固支的悬臂梁，用机身的前三阶模态描述机身的弹性振动，在分析中忽略机身的横向振动与机身轴线的扭转振动之间的相互耦合影响和跑道不平度对前轮摆振的影响。

如图 6.12 所示为计及机身弹性振动影响的前轮侧向运动分析模型，如图 6.13 所示为计及机身弹性振动影响的前轮扭转分析模型。如图 6.12 所示，在支柱轴线和机身轴线的交点 O_n 处取机身的横向振动 y_f，纵向扭转振动 φ_f 以及机身在 O_n 点处的横向转动 ψ_f，用以描述对前轮侧向运动有影响的机身弹性振动，利用模态综合法取机身的前三阶振动模态用于描述机身的弹性振动，如下式所示：

$$y_f(x_f,t) = \sum_{i=1}^{3} Y_i(x_f)y_i(t) \tag{6.73}$$

$$\varphi_f(x_f,t) = \sum_{i=1}^{3} \Phi_i(x_f)\varphi_i(t) \tag{6.74}$$

式中，$Y_i(x_f)$，$\Phi_i(x_f)(i=1,2,3)$ 为机身的前三阶振动模态；$y_i(t)$，$\varphi_i(t)(i=1,2,3)$ 为机身振动的广义坐标。

(2) 摆振分析方程组

在分析中按照机身结构的特点将机身分成 n 段，并将机身的质量及扭转惯量集中分配到所分的节点上，由拉格朗日方程可以得出有关机身运动的方程组。

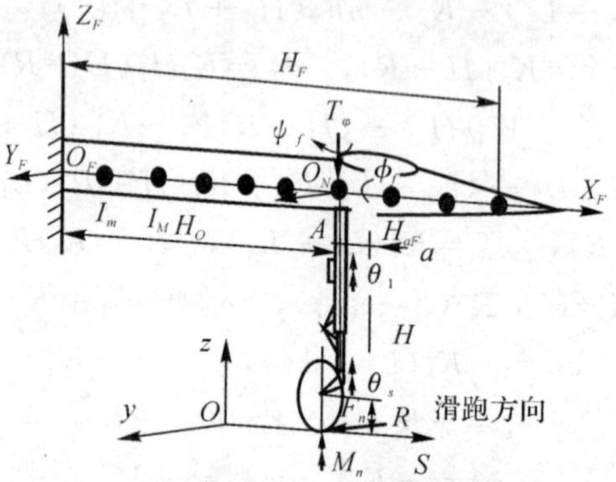

图 6.12 计及机身弹性振动影响的前轮侧向运动分析模型

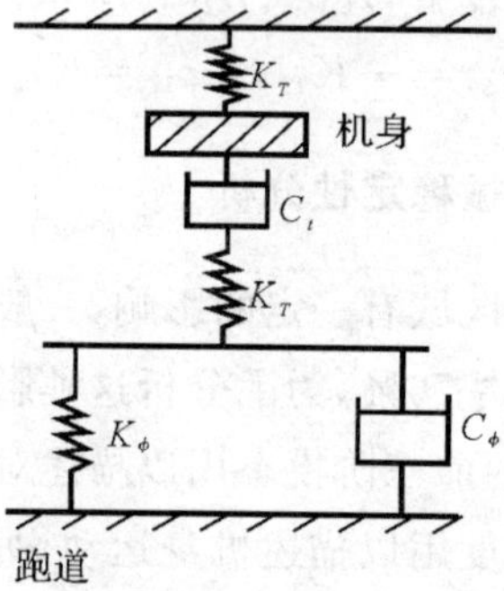

图 6.13 计及机身弹性振动影响的前轮扭转分析模型

飞机在滑跑过程中机身的振动响应 $y_f(x_f,t)$ 和 $\varphi_f(x_f,t)$ 由式(6.73) 和式(6.74) 给出，由此使得机身结构产生一定的动能和势能，机身动能用 T 表示，势能用 U 表示为

$$T = T_1 + T_2 \tag{6.75}$$

$$U = U_1 + U_2 \tag{6.76}$$

式中，T_1 和 T_2 分别为机身横向振动和扭转振动所产生的动能；U_1 和 U_2 分别为机身横向振动和扭转振动所产生的势能。其中

$$T_1 = \frac{1}{2}\int_0^{H_f} m(x_f)\left[\frac{\partial y_f(x_f,t)}{\partial t}\right]^2 \mathrm{d}x_f = \frac{1}{2}\begin{bmatrix}\dot{y}_1\\ \dot{y}_2\\ \dot{y}_3\end{bmatrix}\boldsymbol{M}_{ij}\begin{bmatrix}\dot{y}_1 & \dot{y}_2 & \dot{y}_3\end{bmatrix} \tag{6.77}$$

式中

$$\boldsymbol{M}_{ij} = \int_0^{H_f} m(x_f)Y_i(x_f)Y_j(x_f)\mathrm{d}x_f \tag{6.78}$$

$$T_2 = \frac{1}{2}\int_0^{H_f} I_p(x_f)\left[\frac{\partial \varphi(x_f,t)}{\partial t}\right]^2 \mathrm{d}x_f \tag{6.79}$$

用前三阶模态近似取代机身的振动模态，式(6.79) 可变为

$$T_2=\frac{1}{2}\begin{bmatrix}\dot{\varphi}_1\\ \dot{\varphi}_2\\ \dot{\varphi}_3\end{bmatrix}\boldsymbol{J}_{ij}\begin{bmatrix}\dot{\varphi}_1 & \dot{\varphi}_2 & \dot{\varphi}_3\end{bmatrix}\tag{6.80}$$

式中

$$\boldsymbol{J}_{ij}=\int_0^{H_f}I_p(x_f)\Phi_i(x_f)\Phi_j(x_f)\mathrm{d}x_f\tag{6.81}$$

$$U_1=\frac{1}{2}\int_0^{H_f}E(x_f)I(x_f)\left[\frac{\partial^2 y(x_f,t)}{\partial x_f^2}\right]^2\mathrm{d}t=\frac{1}{2}\begin{bmatrix}y_1\\ y_2\\ y_3\end{bmatrix}\boldsymbol{K}_{ij}\begin{bmatrix}y_1 & y_2 & y_3\end{bmatrix}\tag{6.82}$$

式中

$$\boldsymbol{K}_{ij}=\int_0^{H_f}E(x_f)I(x_f)Y''_i(x_f)Y''_j(x_f)\mathrm{d}x_f\tag{6.83}$$

$$U_2=\frac{1}{2}\int_0^{H_f}G_p(x_f)I_p(x_f)\left[\frac{\partial^2\varphi(x_f,t)}{\partial x_f^2}\right]^2\mathrm{d}x_f=\frac{1}{2}\begin{bmatrix}\varphi_1\\ \varphi_2\\ \varphi_3\end{bmatrix}\boldsymbol{K}_{ij}^{\mathrm{T}}\begin{bmatrix}\varphi_1 & \varphi_2 & \varphi_3\end{bmatrix}\tag{6.84}$$

而

$$\boldsymbol{K}_{ij}^{\mathrm{T}}=\int_0^{H_f}G_p(x_f)I_p(x_f)\Phi'_i(x_f)\Phi'_j(x_f)\mathrm{d}x_f\tag{6.85}$$

将式(6.75)和式(6.76)代入拉格朗日方程

$$\frac{\mathrm{d}}{\mathrm{d}t}\left(\frac{\partial T}{\partial\dot{q}_i}\right)-\frac{\partial T}{\partial q_i}+\frac{\partial U}{\partial q_i}=Q_i\tag{6.86}$$

并将所得方程写成矩阵形式，就可以求得有关机身运动的方程组

$$\boldsymbol{M}_{ij}\begin{bmatrix}\ddot{y}_1\\ \ddot{y}_2\\ \ddot{y}_3\end{bmatrix}+\boldsymbol{K}_{ij}\begin{bmatrix}y_1\\ y_2\\ y_3\end{bmatrix}=\begin{bmatrix}\boldsymbol{Q}_1\\ \boldsymbol{Q}_2\\ \boldsymbol{Q}_3\end{bmatrix}\tag{6.87}$$

$$\boldsymbol{J}_{ij}\begin{bmatrix}\ddot{\varphi}_1\\ \ddot{\varphi}_2\\ \ddot{\varphi}_3\end{bmatrix}+\boldsymbol{K}_{ij}^{\mathrm{T}}\begin{bmatrix}\varphi_1\\ \varphi_2\\ \varphi_3\end{bmatrix}=\begin{bmatrix}\boldsymbol{Q}_1^{\mathrm{T}}\\ \boldsymbol{Q}_2^{\mathrm{T}}\\ \boldsymbol{Q}_3^{\mathrm{T}}\end{bmatrix}\tag{6.88}$$

上述方程组中的 $\boldsymbol{Q}_i$ 和 $\boldsymbol{Q}_i^{\mathrm{T}}(i=1,2,3)$ 为作用在机身上的广义力，由图6.11可以看出，前轮作用在支柱轴线和机身轴线的交点 O_n 上的力 F_y，T_ψ 和 T_Φ，显然有

$$F_y=K_s(\alpha-\varphi_f)H\tag{6.89}$$

$$T_\psi=-C_t\dot{\theta}_1=-K_T(\theta_2-\theta_1)\tag{6.90}$$

$$T_\Phi=K_s(\alpha-\varphi_f)(H^2+HH_{nf})\tag{6.91}$$

由式(6.89)～式(6.91)，可求出机身结构上的广义力 $\boldsymbol{Q}_i$ 和 $\boldsymbol{Q}_i^{\mathrm{T}}$ 为

$$\boldsymbol{Q}_i=F_yY_i(H_0)+T_\psi Y'_i(H_0)\tag{6.92}$$

$$\boldsymbol{Q}_i^{\mathrm{T}}=T_\Phi\boldsymbol{\Phi}_i(H_0)\tag{6.93}$$

式中，$i=1,2,3$。

由假设模态法可知，式(6.73)和式(6.74)中的 $Y_i(x_f)$ 和 $\Phi_i(x_f)$ 分别为机身横向振动和扭转振动的假设模态，这种假设模态一般是满足指定边值条件的容许函数。对于一个具体问

题来说，容许函数可以有许多种取法，例如用有限元方法分析得到的机身固有模态或者均匀悬臂梁横向振动和扭转振动的固有模态作为容许函数，这里选择后者作为容许函数，也即作为机身假设模态。

悬臂梁的固有模态由如下公式给出：

$$Y_i(x_f)=\mathrm{ch}(\beta_i x_f)-\cos(\beta_i x_f)+\zeta_i[\mathrm{sh}(\beta_i x_f)-\sin(\beta_i x_f)] \tag{6.94}$$

式中

$$\zeta_i=-\frac{\mathrm{sh}(\beta_i H_f)-\sin(\beta_i H_f)}{\mathrm{ch}(\beta_i H_f)+\cos(\beta_i H_f)}\quad(i=1,2,3) \tag{6.95}$$

式中，β_i 为对应模态的特征值；$\beta_i H_f$ 的取值参见有关振动理论的书籍，这里未列出。

同理，一端固定、一端自由的轴的扭转振动模态可以由下式给出：

$$\Phi_i(x_f)=\sin\left(\frac{2i-1}{2}\frac{\pi x_f}{H_f}\right) \tag{6.96}$$

将式(6.94)和式(6.96)代入式(6.73)和式(6.74)，可求出机身结构任一点响应 $y_f(x_f,t)$ 和 $\phi_f(x_f,t)$，其中支柱轴线和机身轴线的交点处的响应可以用如下公式求出：

$$y_f(H_0,t)=\sum_{i=1}^{3}Y_i(H_0)y_i(t) \tag{6.97}$$

$$\varphi_f(H_0,t)=\sum_{i=1}^{3}\Phi_i(H_0)\varphi_i(t) \tag{6.98}$$

取

$$\left.\begin{aligned}CC_i&=Y_i(H_0)\\DD_i&=Y'_i(H_0)\\EE_i&=\Phi_i(H_0)\end{aligned}\right\} \tag{6.99}$$

将式(6.99)代入式(6.92)和式(6.93)中，则得

$$\boldsymbol{Q}_i=K_s(\alpha-\varphi_f)HCC_i-K_T(\theta_s-\theta_1)DD_i \tag{6.100}$$

$$\boldsymbol{Q}_i^{\mathrm{T}}=K_s(\alpha-\varphi_f)(H^2+HH_{nf})EE_i \tag{6.101}$$

将式(6.97)和式(6.98)代入描述机身运动的方程组式(6.87)和式(6.88)中，同时考虑前轮的摆振运动方程，根据动力学平衡方程就可以推出考虑机身弹性振动影响的前轮摆振运动方程组。

$$\begin{bmatrix}M_{11}&M_{12}&M_{13}\\M_{21}&M_{22}&M_{23}\\M_{31}&M_{32}&M_{33}\end{bmatrix}\begin{bmatrix}\ddot{y}_1\\\ddot{y}_2\\\ddot{y}_3\end{bmatrix}+\begin{bmatrix}\boldsymbol{K}_{11}&\boldsymbol{K}_{12}&\boldsymbol{K}_{13}\\\boldsymbol{K}_{21}&\boldsymbol{K}_{22}&\boldsymbol{K}_{23}\\\boldsymbol{K}_{31}&\boldsymbol{K}_{32}&\boldsymbol{K}_{33}\end{bmatrix}\begin{bmatrix}y_1\\y_2\\y_3\end{bmatrix}=\begin{bmatrix}\boldsymbol{Q}_1\\\boldsymbol{Q}_2\\\boldsymbol{Q}_3\end{bmatrix} \tag{6.102}$$

$$\begin{bmatrix}J_{11}&J_{12}&J_{13}\\J_{21}&J_{22}&J_{23}\\J_{31}&J_{32}&J_{33}\end{bmatrix}\begin{bmatrix}\ddot{\varphi}_1\\\ddot{\varphi}_2\\\ddot{\varphi}_3\end{bmatrix}+\begin{bmatrix}\boldsymbol{K}_{11}^{\mathrm{T}}&\boldsymbol{K}_{12}^{\mathrm{T}}&\boldsymbol{K}_{13}^{\mathrm{T}}\\\boldsymbol{K}_{21}^{\mathrm{T}}&\boldsymbol{K}_{22}^{\mathrm{T}}&\boldsymbol{K}_{23}^{\mathrm{T}}\\\boldsymbol{K}_{31}^{\mathrm{T}}&\boldsymbol{K}_{32}^{\mathrm{T}}&\boldsymbol{K}_{33}^{\mathrm{T}}\end{bmatrix}\begin{bmatrix}\varphi_1\\\varphi_2\\\varphi_3\end{bmatrix}=\begin{bmatrix}\boldsymbol{Q}_1^{\mathrm{T}}\\\boldsymbol{Q}_2^{\mathrm{T}}\\\boldsymbol{Q}_3^{\mathrm{T}}\end{bmatrix} \tag{6.103}$$

$$M_{LG}H_{cg}(\ddot{y}_{of}+H_{nf}\ddot{\Phi}_{of})+I_{LG}\ddot{\alpha}+M_wL_TH\ddot{\theta}_s+I_{wp}\frac{V}{R}\dot{\theta}_s+K_sH^2(\alpha-\Phi_{of})+$$
$$[W_{LG}H_{cg}-F_z(H+R)]\alpha-(L_T+L_g)F_z\theta_s+M_wGL_T\theta_s=(H+R)F_n \tag{6.104}$$

$$M_wL_T(\ddot{y}_{of}+H_{nf}\ddot{\Phi}_{of})+I_{TG}\ddot{\theta}_s+M_wL_TH\ddot{\alpha}-I_{wp}\frac{V}{R}\dot{\alpha}+M_wGL_T\alpha+K_T(\theta_s-\theta_1)=$$

$$M_n + (L_T + L_g)F_n \tag{6.105}$$

$$C_t\dot{\theta}_1 - K_{T1}(\theta_2 - \theta_1) = 0 \tag{6.106}$$

$$F_n = K_\lambda \lambda_0 + C_\lambda \dot{\lambda}_0 \tag{6.107}$$

$$M_n = K_\varphi \varphi_0 + C_\varphi \dot{\varphi}_0 \tag{6.108}$$

$$\varphi_0 = -\frac{1}{V}\dot{y}_0 - \theta_s + \psi_f \tag{6.109}$$

$$y_0 = y_{of} + H_{nf}\varphi_{of} + (H+R)\alpha + (L_T + L_g)\theta_s + \lambda_0 \tag{6.110}$$

$$\frac{1}{2}H_{CA}(H_{CA} + 2L_R)\ddot{y}_0 + V(H_{CA} + L_R)\dot{y}_0 + V^2(H_{CA} + L_R)\theta_s + V^2\lambda_0 - L_R V^2 \psi_{of} = 0 \tag{6.111}$$

方程组中的 y_{of} 和 ψ_{of} 以及 φ_{of} 是支柱轴线和机身轴线的交点处的响应，可表示为

$$y_{of} = CC_1 y_1 + CC_2 y_2 + CC_3 y_3 \tag{6.112}$$

$$\psi_{of} = DD_1 y_1 + DD_2 y_2 + DD_3 y_3 \tag{6.113}$$

$$\varphi_{of} = EE_1 \varphi_1 + EE_2 \varphi_2 + EE_3 \varphi_3 \tag{6.114}$$

方程组中的广义力 $\boldsymbol{Q}_i$ 和 $\boldsymbol{Q}_i^{\mathrm{T}}$ 由式(6.100)和式(6.101)给出。

将上述方程组系数整理、简化、变量代换，再代入状态空间内的方程组，最后可以转化为动力矩阵 $\boldsymbol{D}_6$ 的复特征值分析。

$$\boldsymbol{D}_6 = -\boldsymbol{m}_{ij}^{(6)\,-1}\boldsymbol{k}_{ij}^{(6)} \tag{6.115}$$

式中

$$\boldsymbol{m}_{ij}^{(6)} = \begin{bmatrix}
a_1 & a_2 & a_3 & 0 & 0 & 0 & 0 & 0 & 0 & 0 & 0 & 0 & 0 & 0 & 0 & 0 & 0 & 0 & 0 \\
a_4 & a_5 & a_6 & 0 & 0 & 0 & 0 & 0 & 0 & 0 & 0 & 0 & 0 & 0 & 0 & 0 & 0 & 0 & 0 \\
a_7 & a_8 & a_9 & 0 & 0 & 0 & 0 & 0 & 0 & 0 & 0 & 0 & 0 & 0 & 0 & 0 & 0 & 0 & 0 \\
0 & 0 & 0 & a_{10} & a_{11} & a_{12} & 0 & 0 & 0 & 0 & 0 & 0 & 0 & 0 & 0 & 0 & 0 & 0 & 0 \\
0 & 0 & 0 & a_{13} & a_{14} & a_{15} & 0 & 0 & 0 & 0 & 0 & 0 & 0 & 0 & 0 & 0 & 0 & 0 & 0 \\
0 & 0 & 0 & a_{16} & a_{17} & a_{18} & 0 & 0 & 0 & 0 & 0 & 0 & 0 & 0 & 0 & 0 & 0 & 0 & 0 \\
a_{19} & a_{20} & a_{21} & a_{22} & a_{23} & a_{24} & a_{25} & a_{26} & 0 & 0 & 0 & 0 & 0 & 0 & 0 & 0 & 0 & 0 & 0 \\
a_{27} & a_{28} & a_{29} & a_{30} & a_{31} & a_{32} & a_{33} & a_{34} & a_{35} & 0 & 0 & 0 & 0 & 0 & 0 & 0 & 0 & 0 & 0 \\
a_{36} & a_{37} & a_{38} & a_{39} & a_{40} & a_{41} & a_{42} & a_{43} & a_{44} & 0 & 0 & 0 & 0 & 0 & 0 & 0 & 0 & 0 & 0 \\
0 & 0 & 0 & 0 & 0 & 0 & 0 & 0 & 0 & 1 & 0 & 0 & 0 & 0 & 0 & 0 & 0 & 0 & 0 \\
0 & 0 & 0 & 0 & 0 & 0 & 0 & 0 & 0 & 0 & 1 & 0 & 0 & 0 & 0 & 0 & 0 & 0 & 0 \\
0 & 0 & 0 & 0 & 0 & 0 & 0 & 0 & 0 & 0 & 0 & 1 & 0 & 0 & 0 & 0 & 0 & 0 & 0 \\
0 & 0 & 0 & 0 & 0 & 0 & 0 & 0 & 0 & 0 & 0 & 0 & 1 & 0 & 0 & 0 & 0 & 0 & 0 \\
0 & 0 & 0 & 0 & 0 & 0 & 0 & 0 & 0 & 0 & 0 & 0 & 0 & 1 & 0 & 0 & 0 & 0 & 0 \\
0 & 0 & 0 & 0 & 0 & 0 & 0 & 0 & 0 & 0 & 0 & 0 & 0 & 0 & 1 & 0 & 0 & 0 & 0 \\
0 & 0 & 0 & 0 & 0 & 0 & 0 & 0 & 0 & 0 & 0 & 0 & 0 & 0 & 0 & 1 & 0 & 0 & 0 \\
0 & 0 & 0 & 0 & 0 & 0 & 0 & 0 & 0 & 0 & 0 & 0 & 0 & 0 & 0 & 0 & 1 & 0 & 0 \\
0 & 0 & 0 & 0 & 0 & 0 & 0 & 0 & 0 & 0 & 0 & 0 & 0 & 0 & 0 & 0 & 0 & 1 & 0 \\
0 & 0 & 0 & 0 & 0 & 0 & 0 & 0 & 0 & 0 & 0 & 0 & 0 & 0 & 0 & 0 & 0 & 0 & b_{21}
\end{bmatrix} \tag{6.116}$$

$$
\boldsymbol{k}_{ij}^{(6)}=\begin{bmatrix}
0&0&0&0&0&0&0&0&0&c_1&c_2&c_3&c_4&c_5&c_6&c_7&c_8&0&c_9\\
0&0&0&0&0&0&0&0&0&c_{10}&c_{11}&c_{12}&c_{13}&c_{14}&c_{15}&c_{16}&c_{17}&0&c_{18}\\
0&0&0&0&0&0&0&0&0&c_{19}&c_{20}&c_{21}&c_{22}&c_{23}&c_{24}&c_{25}&c_{26}&0&c_{27}\\
0&0&0&0&0&0&0&0&0&0&0&0&c_{28}&c_{29}&c_{30}&c_{31}&0&0&0\\
0&0&0&0&0&0&0&0&0&0&0&0&c_{32}&c_{33}&c_{34}&c_{35}&0&0&0\\
0&0&0&0&0&0&0&0&0&0&0&0&c_{36}&c_{37}&c_{38}&c_{39}&0&0&0\\
0&0&0&0&0&0&0&b_1&b_2&0&0&0&c_{40}&c_{41}&c_{42}&c_{43}&c_{44}&c_{45}&0\\
b_3&b_4&b_5&b_6&b_7&b_8&b_9&b_{10}&b_{11}&c_{46}&c_{47}&c_{48}&0&0&0&c_{49}&c_{50}&c_{51}&c_{52}\\
b_{12}&b_{13}&b_{14}&b_{15}&b_{16}&b_{17}&b_{18}&b_{19}&b_{20}&c_{53}&c_{54}&c_{55}&0&0&0&0&c_{56}&c_{57}&0\\
-1&0&0&0&0&0&0&0&0&0&0&0&0&0&0&0&0&0&0\\
0&-1&0&0&0&0&0&0&0&0&0&0&0&0&0&0&0&0&0\\
0&0&-1&0&0&0&0&0&0&0&0&0&0&0&0&0&0&0&0\\
0&0&0&-1&0&0&0&0&0&0&0&0&0&0&0&0&0&0&0\\
0&0&0&0&-1&0&0&0&0&0&0&0&0&0&0&0&0&0&0\\
0&0&0&0&0&-1&0&0&0&0&0&0&0&0&0&0&0&0&0\\
0&0&0&0&0&0&-1&0&0&0&0&0&0&0&0&0&0&0&0\\
0&0&0&0&0&0&0&-1&0&0&0&0&0&0&0&0&0&0&0\\
0&0&0&0&0&0&0&0&-1&0&0&0&0&0&0&0&0&0&0\\
0&0&0&0&0&0&0&0&0&0&0&0&0&0&0&0&c_{58}&0&c_{59}
\end{bmatrix}
\tag{6.117}
$$

系数如下：

$$a_1=m_{11},\quad a_2=m_{12},\quad a_3=m_{13}$$

$$a_4=m_{21},\quad a_5=m_{22},\quad a_6=m_{23}$$

$$a_7=m_{31},\quad a_8=m_{32},\quad a_9=m_{33}$$

$$a_{10}=J_{11},\quad a_{11}=J_{12},\quad a_{12}=J_{13}$$

$$a_{13}=J_{21},\quad a_{14}=J_{22},\quad a_{15}=J_{23}$$

$$a_{16}=J_{31},\quad a_{17}=J_{32},\quad a_{18}=J_{33}$$

$$a_{19}=CC_1M_{LG}H_{cg},\quad a_{20}=CC_2M_{LG}H_{cg}$$

$$a_{21}=CC_3M_{LG}H_{cg},\quad a_{22}=EE_1M_{LG}H_{cg}H_{nf}$$

$$a_{23}=EE_2M_{LG}H_{cg}H_{nf},\quad a_{24}=EE_3M_{LG}H_{cg}H_{nf}$$

$$a_{25}=I_{LG},\quad a_{26}=M_wL_TH$$

$$a_{27}=CC_1M_wL_T+CC_1C_\varphi/V,\quad a_{28}=CC_2M_wL_T+CC_2C_\varphi/V$$

$$a_{29}=CC_3M_wL_T+CC_3C_\varphi/V,\quad a_{30}=EE_1M_wL_TH_{nf}+EE_1H_{nf}C_\varphi/V$$

$$a_{31}=EE_2M_wL_TH_{nf}+EE_2H_{nf}C_\varphi/V,\quad a_{32}=EE_3M_wL_TH_{nf}+EE_3H_{nf}C_\varphi/V$$

$$a_{33}=M_wL_TH+C_\varphi(H+R)/V,\quad a_{34}=I_{TG}+C_\varphi(L_T+L_g)/V$$

$$a_{35}=C_\varphi/V,\quad a_{36}=CC_1(H_{CA}+2L_R)H_{CA}/2$$

$$a_{37}=CC_2(H_{CA}+2L_R)H_{CA}/2,\quad a_{38}=CC_3(H_{CA}+2L_R)H_{CA}/2$$

$$a_{39}=EE_1H_{nf}(H_{CA}+2L_R)H_{CA}/2,\quad a_{40}=EE_2H_{nf}(H_{CA}+2L_R)H_{CA}/2$$

$$a_{41}=EE_3H_{nf}(H_{CA}+2L_R)H_{CA}/2,\quad a_{42}=H_{CA}(H_{CA}+2L_R)(H+R)/2$$
$$a_{43}=H_{CA}(H_{CA}+2L_R)(L_T+L_g)/2,\quad a_{44}=H_{CA}(H_{CA}+2L_R)/2$$
$$b_1=I_{wp}V/R,\quad b_2=-C_\lambda(H+R)$$
$$b_3=CC_1K_\varphi/V-DD_1C_\varphi,\quad b_4=CC_2K_\varphi/V-DD_2C_\varphi$$
$$b_5=CC_3K_\varphi/V-DD_3C_\varphi,\quad b_6=EE_1K_\varphi H_{nf}/V$$
$$b_7=EE_2K_\varphi H_{nf}/V,\quad b_8=EE_3K_\varphi H_{nf}/V$$
$$b_9=-I_{wp}V/R+K_\varphi(H+R)/V,\quad b_{10}=K_\varphi(L_T+L_g)/V+C_\varphi$$
$$b_{11}=K_\varphi/V-C_\lambda(L_T+L_g),\quad b_{12}=CC_1V(H_{CA}+L_R)$$
$$b_{13}=CC_2V(H_{CA}+L_R),\quad b_{14}=CC_3V(H_{CA}+L_R)$$
$$b_{15}=EE_1H_{nf}V(H_{CA}+L_R),\quad b_{16}=EE_2H_{nf}V(H_{CA}+L_R)$$
$$b_{17}=EE_3H_{nf}V(H_{CA}+L_R),\quad b_{18}=(H+R)V(H_{CA}+L_R)$$
$$b_{19}=(L_T+L_g)V(H_{CA}+L_R),\quad b_{20}=V(H_{CA}+L_R),\quad b_{21}=C_t$$
$$c_1=K_{11},\quad c_2=K_{12},\quad c_3=K_{13}$$
$$c_4=CC_1EE_1K_sH,\quad c_5=CC_1EE_2K_sH,\quad c_6=CC_1EE_3K_sH$$
$$c_7=-CC_1K_sH,\quad c_8=DD_1K_T,\quad c_9=-DD_1K_T$$
$$c_{10}=K_{21},\quad c_{11}=K_{22},\quad c_{12}=K_{23}$$
$$c_{13}=CC_2EE_1K_sH,\quad c_{14}=CC_2EE_2K_sH,\quad c_{15}=CC_2EE_3K_sH$$
$$c_{16}=-CC_2K_sH,\quad c_{17}=DD_2K_T,\quad c_{18}=-DD_2K_T$$
$$c_{19}=K_{31},\quad c_{20}=K_{32},\quad c_{21}=K_{33}$$
$$c_{22}=CC_3EE_1K_sH,\quad c_{23}=CC_3EE_2K_sH,\quad c_{24}=CC_3EE_3K_sH$$
$$c_{25}=-CC_3K_sH,\quad c_{26}=DD_3K_T,\quad c_{27}=-DD_3K_T$$
$$c_{28}=\boldsymbol{K}_{11}^{\mathrm{T}}+EE_1EE_1K_s(H^2+HH_{nf}),\quad c_{29}=\boldsymbol{K}_{12}^{\mathrm{T}}+EE_1EE_2K_s(H^2+HH_{nf})$$
$$c_{30}=\boldsymbol{K}_{13}^{\mathrm{T}}+EE_1EE_3K_s(H^2+HH_{nf}),\quad c_{31}=-EE_1K_s(H^2+HH_{nf})$$
$$c_{32}=\boldsymbol{K}_{21}^{\mathrm{T}}+EE_2EE_1K_s(H^2+HH_{nf}),\quad c_{33}=\boldsymbol{K}_{22}^{\mathrm{T}}+EE_2EE_2K_s(H^2+HH_{nf})$$
$$c_{34}=\boldsymbol{K}_{23}^{\mathrm{T}}+EE_2EE_3K_s(H^2+HH_{nf}),\quad c_{35}=-EE_2K_s(H^2+HH_{nf})$$
$$c_{36}=\boldsymbol{K}_{31}^{\mathrm{T}}+EE_3EE_1K_s(H^2+HH_{nf}),\quad c_{37}=\boldsymbol{K}_{32}^{\mathrm{T}}+EE_3EE_2K_s(H^2+HH_{nf})$$
$$c_{38}=\boldsymbol{K}_{33}^{\mathrm{T}}+EE_3EE_3K_s(H^2+HH_{nf}),\quad c_{39}=-EE_3K_s(H^2+HH_{nf})$$
$$c_{40}=-EE_1K_sH^2,\quad c_{41}=-EE_2K_sH^2,\quad c_{42}=-EE_3K_sH^2$$
$$c_{43}=W_{LG}H_{cg}-F_z(H+R)+K_sH^2,\quad c_{44}=-F_z(L_T+L_g)+M_wGL_T$$
$$c_{45}=-K_\lambda(H+R),\quad c_{46}=-DD_1K_\varphi,\quad c_{47}=-DD_2K_\varphi$$
$$c_{48}=-DD_3K_\varphi,\quad c_{49}-M_wGL_T,\quad c_{50}=K_T+K_\varphi$$
$$c_{51}=-K_\lambda(L_T+L_g),\quad c_{52}=-K_T,\quad c_{53}=-DD_1L_RV^2$$
$$c_{54}=-DD_2L_RV^2,\quad c_{55}=-DD_3L_RV^2,\quad c_{56}=V^2(H_{CA}+L_R)$$
$$c_{57}=V^2,\quad c_{58}=-K_T,\quad c_{59}=K_T$$

7. 摆振的类型及减摆器阻尼系数选取范围的确定

装置减摆阻尼器是防止机轮摆振最有效的方法。若减摆器阻尼偏小，会发生“轮胎型”摆振，即以轮胎的偏摆运动为主的摆振。但这并不意味着减摆器阻尼越大越好，当减摆器阻尼过高时，“轮胎型”摆振会变得非常稳定，但起落架的结构振动仍然可能不稳定，会发生“结构型”

摆振，这个概念最早由 Collins 提出，此时摆动角主要由起落架支柱或减摆器传动系统弹性变形提供。与“轮胎型”摆振相比，“结构型”摆振的频率较高而摆幅较小。

通常，发生“轮胎型”摆振时的减摆器阻尼临界值较小，是减摆器设计阻尼的下临界值；而发生“结构型”摆振时的减摆器阻尼临界值相对较高，是减摆器设计阻尼的上临界值。减摆器阻尼必须选在下临界值和上临界值之间，并且上、下临界值相差足够大，这样才能避免摆振的发生。

诱发飞机机轮发生“结构型”摆振的主要原因是起落架支柱扭转刚度不足或减摆器传动系统扭转刚度太小而减摆器阻尼偏大。对于某些未装置减摆器的主轮（相当于阻尼为无穷大），实践证明也可能发生“结构型”摆振。对于减摆器设计阻尼必须大于下临界值这一概念，许多设计人员是很熟悉的，但对于设计阻尼必须小于上临界值这一思想，相对比较陌生。若仅知道前者而对后者不甚清楚，在处理某些“结构型”摆振比较突出的问题时，企图一味地加大减摆器阻尼来防止摆振的发生，结果会适得其反。

6.2　起落架非线性摆振稳定性分析

6.2.1　起落架摆振分析中的非线性因素

为了判断摆振稳定性，考虑到在实际设计中都有足够的稳定储备度，应用线性理论就足够了，但为了更正确地描述摆振运动，或研究稳定边界附近的情况，就要应用非线性理论。非线性因素包括大振幅时的几何非线性、结构和轮胎特性非线性、触地面滑移引起的非线性等许多方面，通常只考虑库仑摩擦、间隙和速度二次方项阻尼的影响。

6.2.2　起落架非线性摆振动力学方程

在摆动过程中，角速度 $\dot{\theta}$ 和角位移 θ 的关系称为运动的相迹，等幅摆振的相迹称为极限环，它包括稳定的和不稳定的两种情况。这里还是采用复特征值优化的方法来判断极限环的稳定性，如果减小振幅得到一对具有正实部的复特征值，增大振幅得到一对具有负实部的复特征值，那么这时的极限环是稳定的；否则就是不稳定的。当飞机滑跑速度超过临界速度时，前轮的中立位置平衡点是不稳定的，任意微小的干扰都可以使系统开始摆振，最后趋于某一极限环所代表的稳态振动。

6.2.3　非线性摆振稳定性分析方法

1. 描述函数法及非线性方程组的准线性化

(1) 描述函数法

非线性项的准线性化是用一相应的线性项来近似非线性项的一种方法，而这种线性项依赖于原非线性项的输入特性，即是振幅和频率的函数。描述函数法是一种用于分析自激振动非常方便的准线性化方法，这种方法使用一线性函数代替原非线性项，并且使得二者之间的误差最小。输入信号一般取正弦信号或高斯随机信号，因为这里仅局限于前轮自激振动的研究，因此输入信号采用 $x = A\sin\Omega t$。

对于某一给定的非线性项 $F_N(x, \dot{x})$，采用正弦输入信号 $x = A\sin\Omega t$，使用描述函数法可以将非线性项 $F_N(x, \dot{x})$ 准线性化：

$$F_L = N_1 x + \frac{N_2}{\Omega}\dot{x} \tag{6.118}$$

式中

$$N_1 = \frac{1}{\pi A}\int_0^{2\pi} F_N(A\sin\Omega t, A\Omega\cos\Omega t)\sin\Omega t\,\mathrm{d}\Omega t \tag{6.119}$$

$$N_2 = \frac{1}{\pi A}\int_0^{2\pi} F_N(A\sin\Omega t, A\Omega\cos\Omega t)\cos\Omega t\,\mathrm{d}\Omega t \tag{6.120}$$

使用描述函数法的条件要求在系统中尽管存在着非线性项的影响，但在一定条件下其定常解仍然是近于简谐的，根据前轮摆振试验可以知道，前轮摆振运动基本上是简谐的。

利用上述描述函数法可以将支柱结构上的 3 个非线性项准线性化，求出对应的等效刚度系数和等效线性阻尼系数。

(2) 非线性方程组的准线性化

1) 带有间隙的扭转刚度。如图 6.14 所示，设前轮围绕支柱轴线的扭转角 $\theta_s = A_{\theta_s}\sin\Omega t$，由于间隙的影响，由前轮摆动角 θ_s 而产生的弹性恢复力矩可表示为

$$M_T(\theta_s) = \begin{cases} 0 & k\pi - \gamma \leqslant \Omega t \leqslant k\pi + \gamma \\ K_T(\theta_s - \theta_{FP}) & 2k\pi + \gamma \leqslant \Omega t \leqslant (2k+1)\pi - \gamma \\ K_T(\theta_s + \theta_{FP}) & (2k-1)\pi + \gamma \leqslant \Omega t \leqslant 2k\pi - \gamma \end{cases} \tag{6.121}$$

式中，$k = 1, 2, 3, \cdots$；γ 为由于间隙影响而产生的相位角。

$$\gamma = \arcsin\frac{\theta_{FP}}{A_{\theta_s}} \tag{6.122}$$

式中，A_{θ_s} 为前轮摆动角的振幅。由描述函数法可知

$$N_1 = \frac{1}{\pi A}\int_0^{2\pi} M_T(\theta_s)\sin\Omega t\,\mathrm{d}\Omega t = K_T\left\{1 - \frac{2}{\pi}\left[\arcsin\frac{\theta_{FP}}{A_{\theta_s}} + \frac{\theta_{FP}}{A_{\theta_s}}\sqrt{1 - \left(\frac{\theta_{FP}}{A_{\theta_s}}\right)^2}\right]\right\} \tag{6.123}$$

$$N_2 = 0 \tag{6.124}$$

因此，等效的线性刚度系数可以表示为

$$K_{Te} = K_T\left\{1 - \frac{2}{\pi}\left[\arcsin\frac{\theta_{FP}}{A_{\theta_s}} + \frac{\theta_{FP}}{A_{\theta_s}}\sqrt{1 - \left(\frac{\theta_{FP}}{A_{\theta_s}}\right)^2}\right]\right\} \tag{6.125}$$

2) 库仑摩擦。由图 6.15 可以知道，由支柱之间以及轮胎与地面之间产生的库仑摩擦力矩可表示为

$$M_c(\dot{\theta}_s) = (T_{CF} + G_{CF})\,\mathrm{sgn}(\dot{\theta}_s) \tag{6.126}$$

由描述函数法可以求出等效的阻尼系数 C_{ce} 为

$$C_{ce} = \frac{4}{\pi A_{\theta_s}\Omega}(T_{CF} + G_{CF}) \tag{6.127}$$

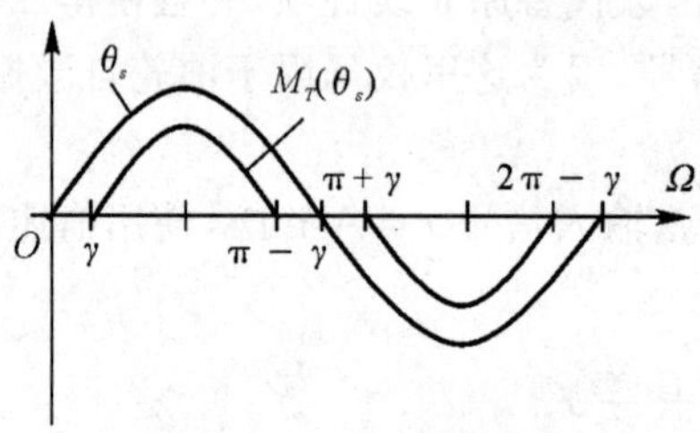

图 6.14　带有间隙的扭转刚度

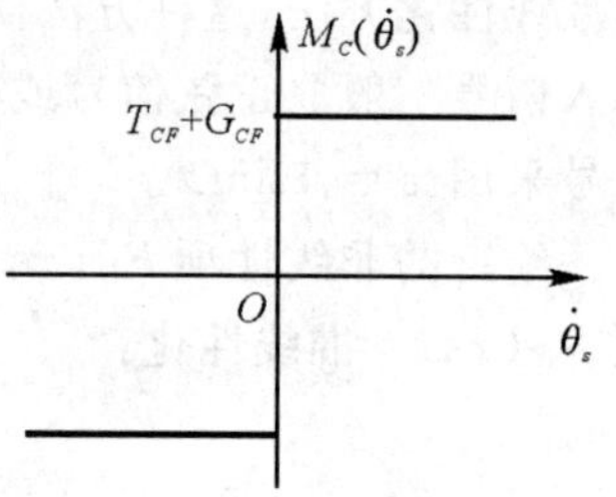

图 6.15　库仑摩擦力矩

3）带有间隙的线性项阻尼和二次方项阻尼。

如图 6.16 所示，设 $\overline{\theta}_1$ 为减摆器的实际角位移，θ_1 为等效的角位移，取

$$\theta_1 = A_{\theta_1}\sin(\Omega t+\beta) \tag{6.128}$$

式中，β 为 θ_s 和 θ_1 之间的相位差。

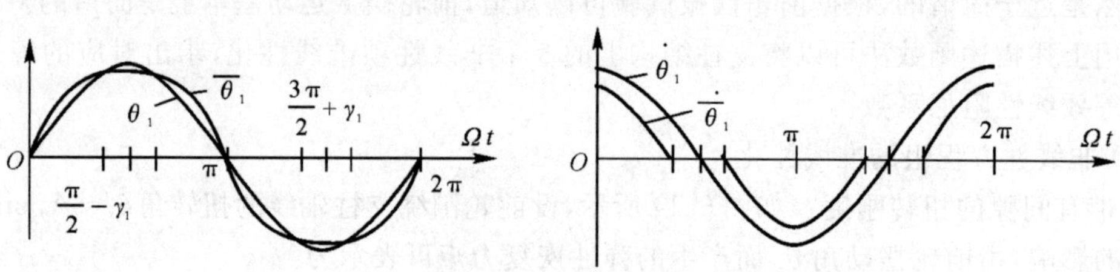

图 6.16　带有间隙的阻尼

因此，带有间隙的线性项阻尼力矩可表示为

$$M_{DL}(\dot{\theta}_1)=\begin{cases}0 & \left(\dfrac{1}{2}k'\pi-\gamma_1-\beta\leqslant\Omega t\leqslant\dfrac{1}{2}k'\pi+\gamma_1-\beta\right)\\ C_t\dot{\theta}_1 & \left(\dfrac{1}{2}k\pi+\gamma_1-\beta<\Omega t<\dfrac{1}{2}(k+2)\pi-\gamma_1-\beta\right)\end{cases} \tag{6.129}$$

式中，$k'=1,3,5,\cdots$；$k=1,2,3,\cdots$；γ_1 为由于间隙引起的相位角。

$$\gamma_1=\arcsin\frac{\theta_{FP}}{A_{\theta_1}} \tag{6.130}$$

式中，θ_{FP} 为间隙；A_{θ_1} 为减摆器角位移 θ_1 的振幅。

同理，带有间隙的二次方项阻尼力矩可表示为

$$M_{DN}(\dot{\theta}_1)=\begin{cases}0 & \left(\dfrac{1}{2}k'\pi-\gamma_1-\beta\leqslant\Omega t\leqslant\dfrac{1}{2}k'\pi+\gamma_1-\beta\right)\\ C_d\dot{\theta}_1^2\,\mathrm{sgn}(\dot{\theta}_1) & \left(\dfrac{1}{2}k\pi+\gamma_1-\beta<\Omega t<\dfrac{1}{2}(k+2)\pi-\gamma_1-\beta\right)\end{cases} \tag{6.131}$$

同样 $k'=1,3,5,\cdots$；$k=1,2,3,\cdots$。

利用描述函数法可以求出式(6.129) 和式(6.131) 中的等效线性阻尼系数 C_{De}^L 和 C_{De}^N 分别为

$$C_{De}^L=C_t\left[1-\frac{2}{\pi}\arcsin\frac{\theta_{FP}}{A_{\theta_1}}+\frac{2}{\pi}\frac{\theta_{FP}}{A_{\theta_1}}\sqrt{1-\left(\frac{\theta_{FP}}{A_{\theta_1}}\right)^2}\right] \tag{6.132}$$

$$C_{De}^{N}=\frac{8}{3\pi}C_{d}A_{\theta_1}\Omega\left[1+\frac{1}{2}\left(\frac{\theta_{FP}}{A_{\theta_1}}\right)^{2}\right]+\sqrt{1-\left(\frac{\theta_{FP}}{A_{\theta_1}}\right)^{2}} \tag{6.133}$$

2. 前轮摆振角振幅小于间隙值

(1) 摆振分析模型

当前轮摆振角振幅小于或等于间隙值时，支柱的扭转刚度不起作用，减摆器也不提供防摆阻尼，仅依靠支柱内的以及轮胎和地面间的库仑摩擦抑制摆振发生，因此摆振分析模型可以简化为如图 6.17 所示的形式，非线性系统包括 4 个自由度，其中 2 个自由度代表轮胎的弹性变形，自由度说明如下：

α—— 前轮围绕前起落架旋转轴轴线的侧向转动；

θ_s—— 前轮围绕支柱轴线的摆动角；

y_0—— 轮胎触地面中心点的侧向偏移；

ψ_0—— 轮胎的弹性扭转角。

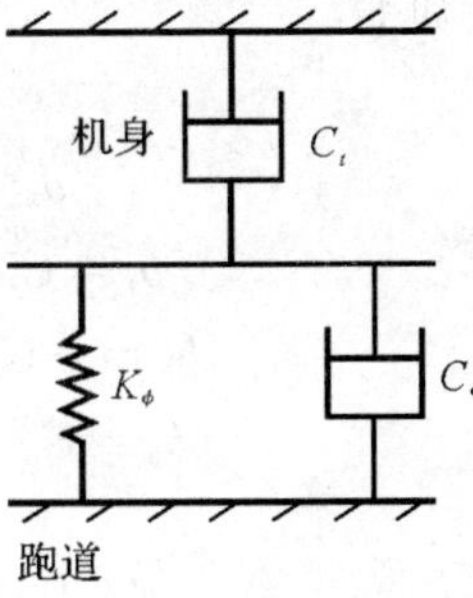

图 6.17　非线性前轮扭转运动分析模型

(振幅小于间隙)

前轮侧向运动分析模型参见图 6.4，如图 6.17 所示为前轮扭转运动分析模型。

(2) 摆振分析方程组

根据动平衡原理，得到

$$I_{LG}\ddot{\alpha}+M_wL_TH\ddot{\theta}_s+I_{wp}\frac{V}{R}\dot{\theta}_s+K_s\alpha+[W_{LG}H_{cg}-F_z(H+R)]\alpha-(L_T+L_g)F_z\theta_s+M_wGL_T\theta_s=(H+R)F_n \tag{6.134}$$

$$I_{TG}\ddot{\theta}_s+M_wL_TH\ddot{\alpha}-I_{wp}\frac{V}{R}\dot{\alpha}+M_wGL_T\alpha+(T_{CF}+G_{CF})\operatorname{sgn}(\dot{\theta}_s)=M_n+(L_T+L_g)F_n \tag{6.135}$$

将式(6.134)、式(6.135) 与式(6.13) ~ 式(6.16) 和式(6.18) 组合在一起就组成了完整的摆振分析方程组。将与库仑摩擦阻尼系数等效的线性阻尼系数式(6.127) 代入上述方程组中，非线性方程组可以准线性化为线性方程组，然后将上述方程组系数整理、简化、变量代换，再代入状态空间内的方程组，可转化为动力矩阵 $\boldsymbol{D}_N^{(1)}$ 的复特征值分析，过程和线性摆振稳定性分析部分类似，所不同的是摆动角的振幅 A_{θ_s} 在分析中需作为分析变量来考虑。最后，再按照本节开始时介绍的方法来判别极限环的稳定与否。

$$\boldsymbol{D}_N^{(1)}(A_{\theta_s},\Omega,V)=-\boldsymbol{m}_{ij}^{(1)}(A_{\theta_s},\Omega,V)^{-1}\boldsymbol{k}_{ij}^{(1)}(A_{\theta_s},\Omega,V) \tag{6.136}$$

式中

$$\boldsymbol{m}_{ij}^{(1)}(A_{\theta_s},\Omega,V)=\begin{bmatrix} a_1 & a_2 & 0 & 0 & 0 & 0\\ a_3 & a_4 & a_5 & 0 & 0 & 0\\ 0 & 0 & a_6 & 0 & 0 & 0\\ 0 & 0 & 0 & 1 & 0 & 0\\ 0 & 0 & 0 & 0 & 1 & 0\\ 0 & 0 & 0 & 0 & 0 & 1 \end{bmatrix} \tag{6.137}$$

$$\boldsymbol{k}_{ij}^{(1)}(A_{\theta_s},\Omega,V)=\begin{bmatrix} b_1 & b_2 & b_3 & c_1 & c_2 & c_3 \\ b_4 & b_5 & b_6 & c_4 & c_5 & c_6 \\ 0 & 0 & b_7 & c_7 & c_8 & c_9 \\ -1 & 0 & 0 & 0 & 0 & 0 \\ 0 & -1 & 0 & 0 & 0 & 0 \\ 0 & 0 & -1 & 0 & 0 & 0 \end{bmatrix} \tag{6.138}$$

系数如下：

$$a_1=I_{LG},\quad a_2=M_wL_TH,\quad a_3=M_wL_TH$$

$$a_4=I_{TG},\quad a_5=C_\varphi/V,\quad a_6=H_{CA}(2L_R+H_{CA})/2$$

$$b_1=C_\lambda(H+R)^2,\quad b_2=I_{wp}V/R+C_\lambda(H+R)(L_T+L_g)$$

$$b_3=-C_\lambda(H+R),\quad b_4=-I_{wp}V/R+C_\lambda(H+R)(L_T+L_g)$$

$$b_5=C_{ce}+C_\varphi+C_\lambda(L_T+L_g)^2,\quad b_6=K_\varphi/V-C_\lambda(L_T+L_g)$$

$$b_7=V(L_R+H_{CA})$$

$$c_1=K_s+W_{LG}H_{cg}-(H+R)F_z+K_\lambda(H+R)^2$$

$$c_2=M_wGL_T-(L_T+L_g)F_z+K_\lambda(H+R)(L_T+L_g)$$

$$c_3=-K_\lambda(H+R),\quad c_4=M_wGL_T+K_\lambda(H+R)(L_T+L_g)$$

$$c_5=K_\varphi+K_\lambda(L_T+L_g)^2,\quad c_6=-K_\lambda(L_T+L_g)$$

$$c_7=-V^2(H+R),\quad c_8=V^2(L_R+H_{CA}-L_T-L_g),\quad c_9=V^2$$

3. 前轮摆振角振幅大于间隙值

(1) 摆振分析模型

当前轮摆振角振幅大于间隙值时，支柱的扭转刚度起作用，减摆器提供防摆阻尼，同时支柱内的以及轮胎和地面间的库仑摩擦也起作用。此时的非线性项包括库仑摩擦、间隙、速度二次方项阻尼。因此，摆振分析模型可以简化为如图 6.17 所示的形式，非线性系统包括 5 个自由度，自由度说明和支柱上端固支、具有单轮的情况一致，这里不再赘述。

前轮侧向运动分析模型参见图 6.4，如图 6.18 所示为前轮扭转运动分析模型。

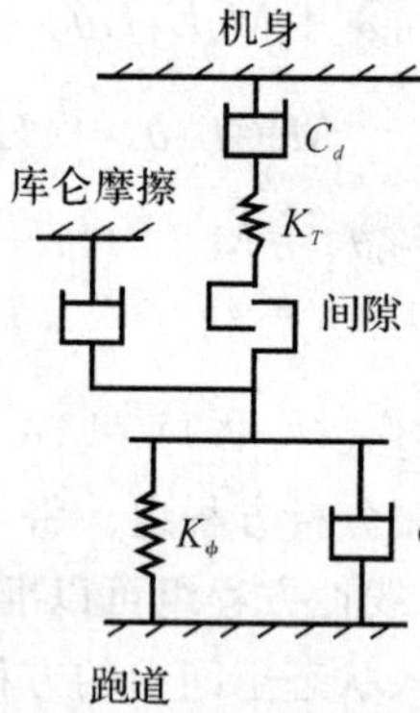

图 6.18 非线性前轮扭转分析模型
(振幅大于间隙)

(2) 摆振分析方程组

根据动平衡原理，得

$$I_{LG}\ddot{\alpha}+M_wL_TH\ddot{\theta}_s+I_{wp}\frac{V}{R}\dot{\theta}_s+K_s\alpha+[W_{LG}H_{cg}-F_z(H+R)]\alpha-(L_T+L_g)F_z\theta_s+ M_wGL_T\theta_s=(H+R)F_n \tag{6.139}$$

$$I_{TG}\ddot{\theta}_s+M_wL_TH\ddot{\alpha}-I_{wp}\frac{V}{R}\dot{\alpha}+M_wGL_T\alpha+K_T[|\theta_s-\theta_1|-\theta_{FP}]\mathrm{sgn}(\theta_s-\theta_1)+ (T_{CF}+G_{CF})\mathrm{sgn}(\dot{\theta}_s)=M_n+(L_T+L_g)F_n \tag{6.140}$$

$$C_D\dot{\theta}_1^2\mathrm{sgn}(\dot{\theta}_1)+K_T[|\theta_s-\theta_1|-\theta_{FP}]\mathrm{sgn}(\theta_s-\theta_1)=0 \tag{6.141}$$

$$C_t\dot{\theta}_1+K_T[|\theta_s-\theta_1|-\theta_{FP}]\mathrm{sgn}(\theta_s-\theta_1)=0 \tag{6.142}$$

将式(6.139) ~ 式(6.142) 与式(6.13) ~ 式(6.16) 及式(6.18) 组合在一起，便组成完整的摆振分析方程组。方程式(6.141) 考虑了二次方项阻尼的影响，或者只考虑了线性阻尼的影响，如方程式(6.142) 所示，其中 sgn(x) 为符号函数，含义如下：

$$\operatorname{sgn}(x)=\begin{cases}1 & (x>0)\\ 0 & (x=0)\\ -1 & (x<0)\end{cases} \tag{6.143}$$

利用描述函数法得到的线性等效系数式(6.125)、式(6.127) 以及式(6.132) 或式(6.133) 代入摆振角振幅大于间隙值时的非线性方程组中，就将非线性摆振方程组简化为等效的线性摆振方程组，然后将上述方程组系数整理、简化、变量代换，再代入状态空间内的方程组，最后可以转化为动力矩阵 $\boldsymbol{D}_N^{(2)}$ 的复特征值分析，过程和线性摆振稳定性分析部分类似，所不同的是摆动角的振幅 A_{θ_s} 在分析中需作为分析变量来考虑。然后再按照本节开始时介绍的方法来判别极限环的稳定与否。

$$\boldsymbol{D}_N^{(2)}(A_{\theta_s},A_{\theta_1},\Omega,V)=-\boldsymbol{m}_{ij}^{(2)}(A_{\theta_s},A_{\theta_1},\Omega,V)^{-1}\boldsymbol{k}_{ij}^{(2)}(A_{\theta_s},A_{\theta_1},\Omega,V) \tag{6.144}$$

式中

$$\boldsymbol{m}_{ij}^{(2)}(A_{\theta_s},A_{\theta_1},\Omega,V)=\begin{bmatrix} a_1 & a_2 & 0 & 0 & 0 & 0 & 0\\ a_3 & a_4 & a_5 & 0 & 0 & 0 & 0\\ 0 & 0 & a_6 & 0 & 0 & 0 & 0\\ 0 & 0 & 0 & 1 & 0 & 0 & 0\\ 0 & 0 & 0 & 0 & 1 & 0 & 0\\ 0 & 0 & 0 & 0 & 0 & 1 & 0\\ 0 & 0 & 0 & 0 & 0 & 0 & b_8 \end{bmatrix} \tag{6.145}$$

$$\boldsymbol{k}_{ij}^{(2)}(A_{\theta_s},A_{\theta_1},\Omega,V)=\begin{bmatrix} b_1 & b_2 & b_3 & c_1 & c_2 & c_3 & 0\\ b_4 & b_5 & b_6 & c_4 & c_5 & c_6 & c_7\\ 0 & 0 & b_7 & c_8 & c_9 & c_{10} & 0\\ -1 & 0 & 0 & 0 & 0 & 0 & 0\\ 0 & -1 & 0 & 0 & 0 & 0 & 0\\ 0 & 0 & -1 & 0 & 0 & 0 & 0\\ 0 & 0 & 0 & 0 & c_{11} & 0 & c_{12} \end{bmatrix} \tag{6.146}$$

其中的系数说明如下：

$$a_1=I_{LG},\quad a_2=M_wL_TH$$
$$a_3=M_wL_TII,\quad a_4-I_{TG}$$
$$a_5=C_\varphi/V,\quad a_6=H_{CA}(2L_R+H_{CA})/2$$
$$b_1=C_\lambda(H+R)^2,\quad b_2=I_{wp}V/R+C_\lambda(H+R)(L_T+L_g)$$
$$b_3=-C_\lambda(H+R),\quad b_4=-I_{wp}V/R+C_\lambda(H+R)(L_T+L_g)$$
$$b_5=C_{ce}+C_\varphi+C_\lambda(L_T+L_g)^2,\quad b_6=K_\varphi/V-C_\lambda(L_T+L_g)$$
$$b_7=V(L_R+H_{CA}),\quad b_8=C_{De}$$
$$c_1=K_s+W_{LG}H_{cg}-(H+R)F_z+K_\lambda(H+R)^2$$
$$c_2=M_wGL_T-(L_T+L_g)F_z+K_\lambda(H+R)(L_T+L_g)$$
$$c_3=-K_\lambda(H+R),\quad c_4=M_wGL_T+K_\lambda(H+R)(L_T+L_g)$$

$$c_5 = K_{Te} + K_\varphi + K_\lambda (L_T + L_g)^2, \quad c_6 = -K_\lambda (L_T + L_g)$$

$$c_7 = -K_{Te}, \quad c_8 = -V^2 (H + R)$$

$$c_9 = V^2 (L_R + H_{CA} - L_T - L_g), \quad c_{10} = V^2$$

$$c_{11} = -K_{Te}, \quad c_{12} = -K_{Te}$$

4. 减摆器具有非线性阻尼 $M_{\theta_1} = C_t\dot{\theta}_1 + C_d\dot{\theta}_1^2 \mathrm{sgn}(\dot{\theta}_1)$ 的情况

(1) 摆振分析模型

在分析中假设前起落架支柱上端固支，同时考虑减摆器的线性阻尼和速度二次方阻尼，以及库仑摩擦力矩、支柱扭转刚度非线性项的影响。前轮侧向运动分析模型参见图 6.4，如图 6.19 所示为前轮扭转运动分析模型。

采用 5 个自由度描述前轮摆振运动，自由度说明和支柱上端固支、具有单轮的情况一致，这里不再赘述。

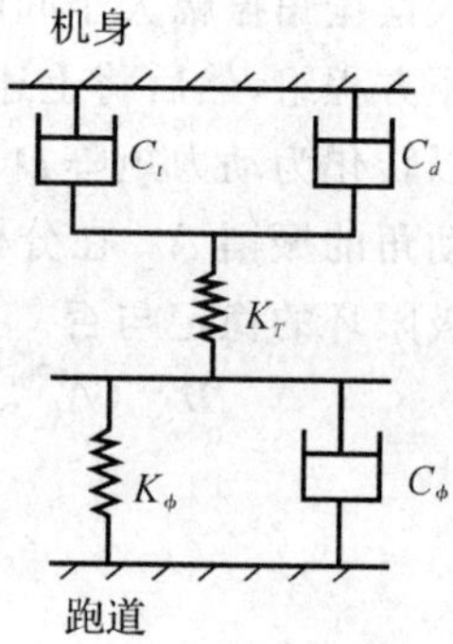

图 6.19 具有非线性阻尼 $M_{\theta_1} = C_t\dot{\theta}_1 + C_d\dot{\theta}_1^2 \mathrm{sgn}(\dot{\theta}_1)$ 的前轮扭转模型

(2) 摆振分析方程组

根据动平衡原理，得

$$I_{LG}\ddot{\alpha} + M_w L_T H\ddot{\theta}_s + I_{wp}\frac{V}{R}\dot{\theta}_s + K_s\alpha + [W_{LG}H_{cg} - F_z(H+R)]\alpha - (L_T + L_g)F_z\theta_s + M_w G L_T\theta_s = (H+R)F_n \tag{6.147}$$

$$I_{TG}\ddot{\theta}_s + M_w L_T H\ddot{\alpha} - I_{wp}\frac{V}{R}\dot{\alpha} + M_w G L_T\alpha + K_T(\theta_s - \theta_1) = M_n + (L_T + L_g)F_n \tag{6.148}$$

$$C_t\dot{\theta}_1 + C_d\dot{\theta}_1^2 \mathrm{sgn}(\dot{\theta}_1) + K_T(\theta_s - \theta_1) = 0 \tag{6.149}$$

将式(6.147) ~ 式(6.149) 与式(6.13) ~ 式(6.16) 及式(6.18) 组合在一起，便得到完整的摆振分析方程组。

利用描述函数法可以得到等效的线性阻尼系数

$$C_{De} = \frac{8}{3\pi}C_d A_{\theta_1}\Omega \tag{6.150}$$

因此

$$M_{\theta_1} = C_t\dot{\theta}_1 + C_d\dot{\theta}_1^2 \mathrm{sgn}(\dot{\theta}_1) \approx (C_t + C_{De})\dot{\theta}_1 \tag{6.151}$$

将式(6.151) 代入摆振方程组中的式(6.149) 中，就可以得到一组准线性化以后的摆振方程组，然后将上述方程组系数整理、简化、变量代换，再代入状态空间内的方程组，最后可以转化为动力矩阵 $\boldsymbol{D}_N$ 的复特征值分析，过程和线性摆振稳定性分析部分类似，所不同的是摆动角的振幅 A_{θ_s} 在分析中需作为分析变量来考虑。然后再按照本节开始时介绍的方法来判别极限环的稳定与否。

$$\boldsymbol{D}_N(A_{\theta_1}, \Omega, V) = -\boldsymbol{m}_{ij}(A_{\theta_1}, \Omega, V)^{-1}\boldsymbol{k}_{ij}(A_{\theta_1}, \Omega, V) \tag{6.152}$$

式中

$$\boldsymbol{m}_{ij}(A_{\theta_1},\Omega,V)=\begin{bmatrix} a_1 & a_2 & 0 & 0 & 0 & 0 & 0 \\ a_3 & a_4 & a_5 & 0 & 0 & 0 & 0 \\ 0 & 0 & a_6 & 0 & 0 & 0 & 0 \\ 0 & 0 & 0 & 1 & 0 & 0 & 0 \\ 0 & 0 & 0 & 0 & 1 & 0 & 0 \\ 0 & 0 & 0 & 0 & 0 & 1 & 0 \\ 0 & 0 & 0 & 0 & 0 & 0 & b_8 \end{bmatrix} \tag{6.153}$$

$$\boldsymbol{k}_{ij}(A_{\theta_1},\Omega,V)=\begin{bmatrix} b_1 & b_2 & b_3 & c_1 & c_2 & c_3 & 0 \\ b_4 & b_5 & b_6 & c_4 & c_5 & c_6 & c_7 \\ 0 & 0 & b_7 & c_8 & c_9 & c_{10} & 0 \\ -1 & 0 & 0 & 0 & 0 & 0 & 0 \\ 0 & -1 & 0 & 0 & 0 & 0 & 0 \\ 0 & 0 & -1 & 0 & 0 & 0 & 0 \\ 0 & 0 & 0 & 0 & c_{11} & 0 & c_{12} \end{bmatrix} \tag{6.154}$$

其中的系数说明如下：

$$a_1=I_{LG},\quad a_2=M_wL_TH$$

$$a_3=M_wL_TH,\quad a_4=I_{TG}$$

$$a_5=C_\varphi/V,\quad a_6=H_{CA}(2L_R+H_{CA})/2$$

$$b_1=C_\lambda(H+R)^2,\quad b_2=I_{wp}V/R+C_\lambda(H+R)(L_T+L_g)$$

$$b_3=-C_\lambda(H+R),\quad b_4=-I_{wp}V/R+C_\lambda(H+R)(L_T+L_g)$$

$$b_5=C_{ce}+C_\varphi+C_\lambda(L_T+L_g)^2,\quad b_6=K_\varphi/V-C_\lambda(L_T+L_g)$$

$$b_7=V(L_R+H_{CA}),\quad b_8=C_t+C_{De}$$

$$c_1=K_s+W_{LG}H_{cg}-(H+R)F_z+K_\lambda(H+R)^2$$

$$c_2=M_wGL_T-(L_T+L_g)F_z+K_\lambda(H+R)(L_T+L_g)$$

$$c_3=-K_\lambda(H+R),\quad c_4=M_wGL_T+K_\lambda(H+R)(L_T+L_g)$$

$$c_5=K_{Te}+K_\varphi+K_\lambda(L_T+L_g)^2,\quad c_6=-K_\lambda(L_T+L_g)$$

$$c_7=-K_{Te},\quad c_8=-V^2(H+R)$$

$$c_9=V^2(L_R+H_{CA}-L_T-L_g),\quad c_{10}=V^2$$

$$c_{11}=-K_{Te},\quad c_{12}=-K_{Te}$$

6.3　起落架摆振分析示例

根据本章所建立的各种摆振分析模型，基于 Visual C＋＋ 6.0 开发了“飞机前轮摆振稳定性分析软件系统 Shimmy View 1.0”，该系统融合了前述的各种摆振稳定性分析理论与算法，界面友好，操作简单便捷。本节将其应用于某型飞机前起落架的摆振分析。

分析计算模型中采用了 Smiley 和 Horne 的轮胎特性经验公式，利用自主开发的飞机前轮摆振稳定性分析软件 Shimmy View 对某型运输机进行了前轮线性摆振稳定性分析计算，确定了摆振稳定区域。

数据输入:计算模型中的相关数据见表 6.1。

表 6.1　某型运输机摆振动稳定性分析模型输入数据

F_z	87 000 N	P	55 000 000 N/m^2	I_{LG}	100 kg · m^2
D	0.9 m	L_T	0.23 m	I_{wp}	25 kg · m^2
W	0.3 m	H	1.5 m	I_{TG}	2.38 kg · m^2
δ	0.18 m	H_{cg}	1 m	W_{LG}	3 507 N
P_r	55 000 000 N/m^2	M_w	45.0 kg	K_s	10 000 N · m/rad
K_T	200 000 N · m/rad	N_T	7	L_{ax}	0.246 m

1. 计算结果与分析

(1) 防摆阻尼与速度间的关系

由计算模型并运行计算软件 Shimmy View,可得防摆所需阻尼与飞机滑跑速度的关系曲线,如图 6.20 所示。从该图中可以清楚地看到,随着飞机滑行速度的增大,防摆所需的临界阻尼逐渐增大。临界曲线的上部是摆振稳定区域,下部为摆振不稳定区域。

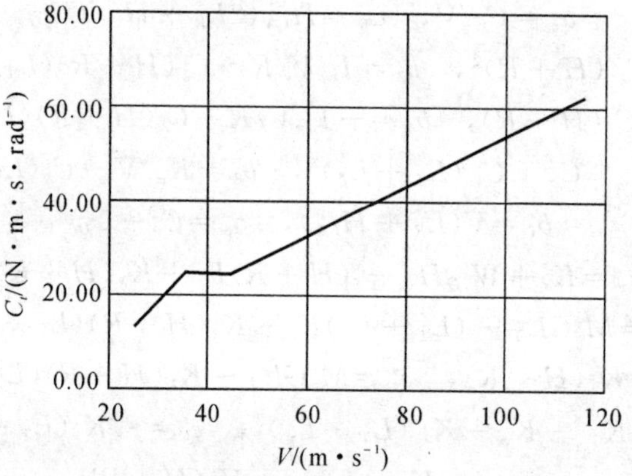

图 6.20　减摆阻尼 C_t 与速度 V 的关系曲线

(2) 起落架缓冲支柱弯曲刚度 K_s 的影响

如图 6.21 所示,支柱弯曲刚度对摆振稳定区域的影响很小,在速度较小的范围内还有一些影响,当速度大于 35 m/s 时,其影响可忽略。

(3) 起落架缓冲支柱扭转刚度 K_T 的影响

如图 6.22 所示,支柱扭转刚度对摆振稳定区域有着非常明显的影响,增大支柱的扭转刚度会减小摆振稳定区域,所需防摆阻尼相应增大,对防摆不利。

(4) 机轮绕轮轴的转动惯量 I_{wp} 的影响

如图 6.23 所示,增大机轮绕轮轴的转动惯量 I_{wp} 可以改变摆振稳定性能,增加所需的防摆阻尼,减小摆振稳定区域,对防摆不利。

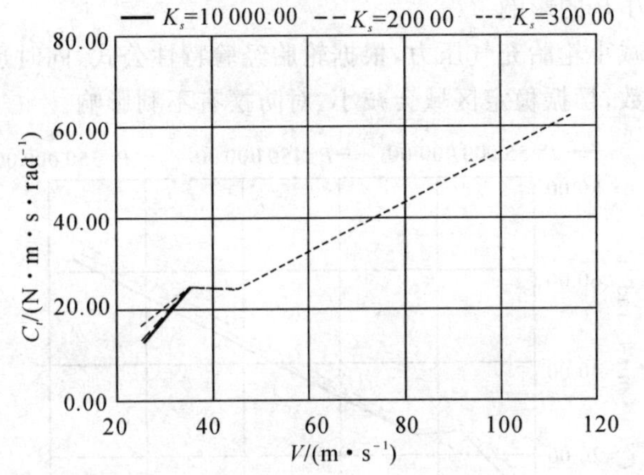

图 6.21　K_s 对摆振稳定区域的影响

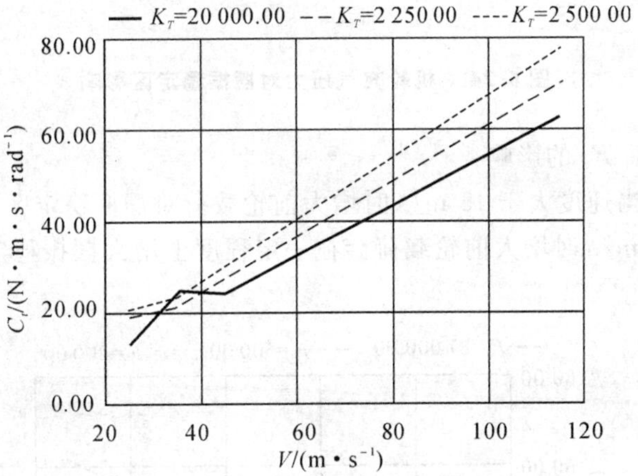

图 6.22　K_T 对摆振稳定区域的影响

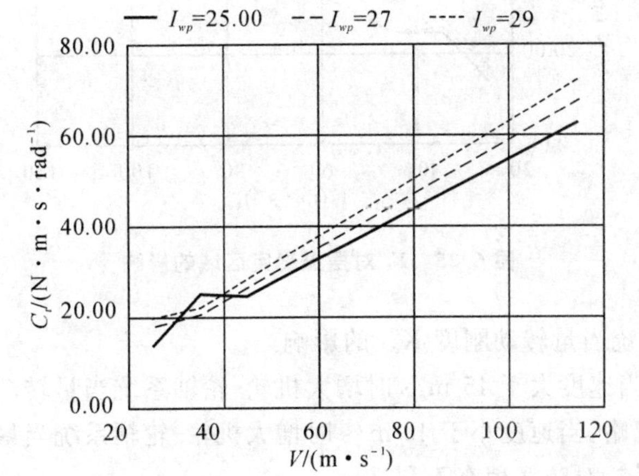

图 6.23　I_{wp} 对摆振稳定区影响

(5) 轮胎充气压力 P 的影响

如图 6.24 所示,减小轮胎充气压力,根据轮胎经验特性公式,同时也减小了轮胎的侧向刚度系数和扭转刚度系数,摆振稳定区域会减小,对防摆有不利影响。

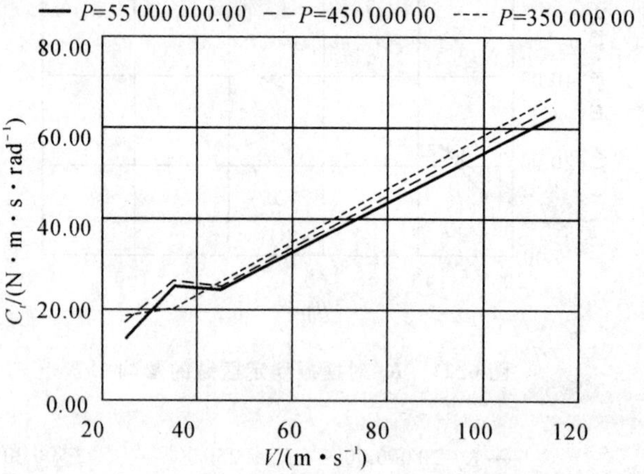

图 6.24　机轮充气压力对摆振稳定区影响

(6) 前轮侧向载荷 F_z 的影响

如图 6.25 所示,当速度大于 45 m/s 时增大前轮载荷对摆振稳定区域几乎没有影响,可以忽略,当速度小于 45 m/s 时增大前轮载荷会在一定程度上增大摆振稳定区域,降低所需的防摆阻尼。

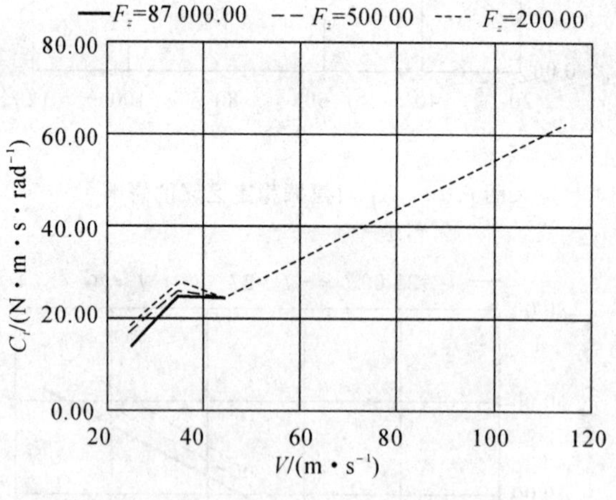

图 6.25　F_z 对摆振稳定区域的影响

(7) 机轮-轮轴系统当量转动刚度 K_{ax} 的影响

如图 6.26 所示,当速度大于 45 m/s 时增大机轮-轮轴系统当量转动刚度对摆振稳定区域几乎没有影响,可以忽略,当速度小于 45 m/s 时增大机轮-轮轴系统当量转动刚度会在一定程度上减小摆振稳定区域,对防摆稍有不利。

综上所述,利用 Shimmy View 软件可以给出在给定的起落架的结构参数和轮胎参数以及所有可能速度、载荷下飞机前轮摆振的临界曲线,据此用户可以判断摆振的稳定区域,合理选择参数,使飞机前轮始终处于摆振稳定区域,不发生摆振。减小支柱扭转刚度,或减小机轮绕轮轴的转动惯量,或增大轮胎的充气压力会增大摆振的稳定区域,对防摆有利,据此起落架设计人员可以采取相应的措施改进起落架的防摆性能。

需要注意的是,作为算例这里只给出了单一参数对摆振性能的影响,事实上,影响摆振的参数之间具有耦合作用,一个参数改变了,其他参数也会相应发生改变。

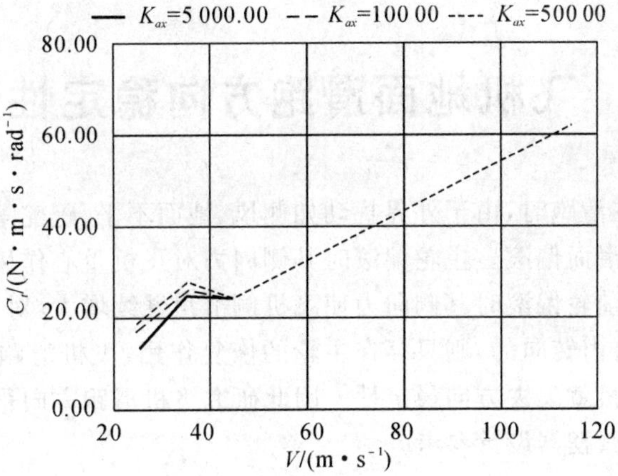

图 6.26　K_{ax} 对摆振稳定区域的影响

第 7 章　飞机地面操纵和刹车系统设计与动力学分析

7.1　飞机地面滑跑方向稳定性分析

当前三点式飞机在滑跑时，由于外界扰动如侧风、地面不平、蹬舵等原因，使飞机产生一个侧滑角，机轮因飞机侧滑而偏滚。主轮偏滚时其侧向力对飞机重心作用一个恢复力矩，对飞机滑跑方向起稳定作用；前轮偏滚时其侧向力使飞机侧滑角继续增大，对飞机滑跑方向起不稳定作用。若前轮是完全自由转向的，则只存在主轮的恢复作用，飞机滑跑方向是稳定的；反之当减摆器阻尼过大时，飞机就失去方向稳定性。因此研究飞机滑跑方向稳定性，导出减摆器阻尼上限的一种条件，可供减摆器设计参考。

7.1.1　坐标系的建立及基本假设

采用地面坐标系 $Osyz$，Os 轴为当飞机受扰动时的运动方向，Oy 轴向右，Oz 轴向上，Ox 为机体纵轴(见图 7.1)。

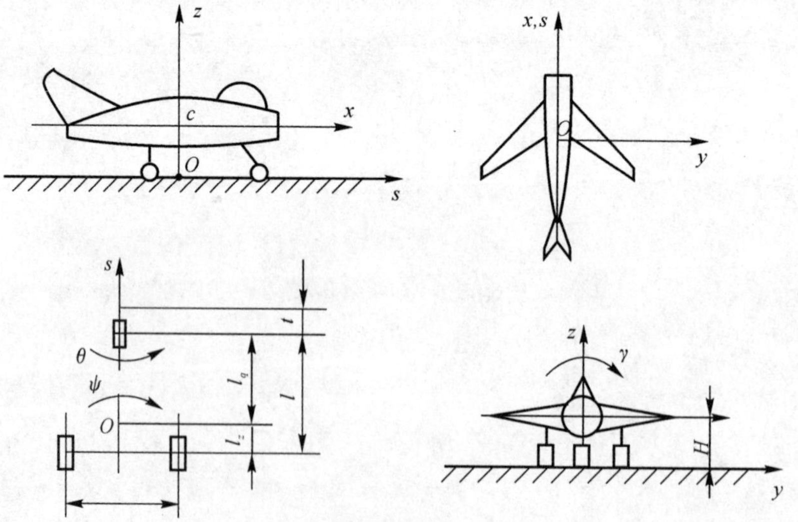

图 7.1　飞机滑跑运动示意图

基本假设：

1) 飞机为刚体，只有侧向、偏航和横滚扰动运动，没有俯仰和垂直跳跃，即

$$w_y = 0, \quad V_z = 0 \tag{7.1}$$

2）略去飞机气动升力、阻力和其他气动力耦合项以及地面不平度的影响；

3）略去全机运动和前轮摆动间的惯性耦合作用，即：在全机动力平衡条件中略去前轮偏摆引起的惯性力，在摆动的动力平衡条件中略去全机运动加速度的影响；

4）飞机的滑跑速度 V 保持常数。

7.1.2　典型的滑跑稳定性分析模型及分析方法

典型稳定性分析模型（见图 7.2）的运动方程组一般可以写成如下形式：

$$\boldsymbol{M}_{ij}\ddot{\boldsymbol{q}}+\boldsymbol{C}_{ij}\dot{\boldsymbol{q}}+\boldsymbol{K}_{ij}\boldsymbol{q}=\boldsymbol{Q}\quad(i=1,2,\cdots,N;j=1,2,\cdots,N)\tag{7.2}$$

方程组式(7.2)可以简化为更一般的常系数齐次微分方程组

$$\overline{\boldsymbol{M}}\ddot{\boldsymbol{q}}+\overline{\boldsymbol{C}}\dot{\boldsymbol{q}}+\overline{\boldsymbol{K}}\boldsymbol{q}=\boldsymbol{O}\tag{7.3}$$

这样，滑跑稳定性分析在数学上归结为常系数线性齐次微分方程组的稳定性分析，通过分析方程组中的系数矩阵来判别系统的稳定与否。

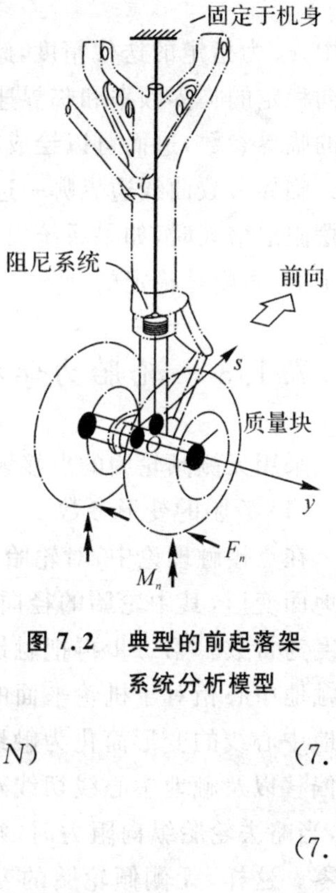

图 7.2　典型的前起落架系统分析模型

将方程组式(7.3)进行变量代换，进行降阶处理，化成状态空间内的方程组，如下式所示：

$$\boldsymbol{M}\dot{\boldsymbol{X}}+\boldsymbol{K}\boldsymbol{X}=\boldsymbol{O}\tag{7.4}$$

以上各式中，$\boldsymbol{M}_{ij}$ 为系统的广义惯性质量矩阵；$\boldsymbol{C}_{ij}$ 为系统的等效阻尼矩阵；$\boldsymbol{K}_{ij}$ 为系统的刚度系数矩阵；$\boldsymbol{q}$ 为系统的广义坐标向量；$\boldsymbol{Q}$ 为系统所受的广义力；N 为系统的广义坐标数。

在分析中取

$$\dot{x}_i=\ddot{q}_i\quad(i=1,2,\cdots,N)\tag{7.5}$$

$$x_{i+j}=q_i\quad(i=1,2,\cdots,N;j=1,2,\cdots,N)\tag{7.6}$$

令

$$\boldsymbol{D}=-\boldsymbol{M}^{-1}\boldsymbol{K}\tag{7.7}$$

因此方程组可以简化为如下形式：

$$\dot{\boldsymbol{X}}=\boldsymbol{D}\boldsymbol{X}\tag{7.8}$$

由上述方程组可以看出，稳定性分析就变为方程组式(7.8)中的系数矩阵 $\boldsymbol{D}$ 复特征值分析问题。

当系统矩阵 $\boldsymbol{D}$ 的复特征值的实部均为负时，也即满足

$$\sigma_j<0\ (j=1,2,\cdots,N)\tag{7.9}$$

系统是渐近稳定的，其中 σ_j 为复特征值的实部；当复特征值中有一对共轭特征值的实部趋于零，而其他特征值的实部均小于零时，即

$$\sigma_k=\sigma_{k+1}=0\quad\sigma_j<0\ (j\neq k,k+1)\qquad(j=1,2,\cdots,k-1,k+2,\cdots,N)\tag{7.10}$$

这时可以认为系统达到临界状态，对于某一特征值 $\lambda_j=\sigma_j+\Omega_j\mathrm{i}(\mathrm{i}=\sqrt{-1})$，当 σ_j 趋于零时，$\lambda_j=\Omega_j\mathrm{i}$，对应的特征值的虚部 Ω_j 的绝对值就为对应的滑跑方向的振动频率。

优化特征值实部,从而确定振动频率以及各种临界参数曲线,取优化函数如下:

$$F(V)=\min|\sigma_j| \quad V>0 \quad (j=1,2,\cdots,N) \tag{7.11}$$

其中在系数矩阵$\boldsymbol{D}$的复特征值中,当有实部为正的特征值时,σ_j 取具有正实部的复特征值中较大的实部;当实部均小于零时,σ_j 取实部绝对值最小的复特征值的实部。

对于某一给定的速度 V_0,在进行计算前首先给出滑跑扰动频率以及防摆阻尼的优化初值 Ω_0 和 C_t,将计算得到的具有实部绝对值最小特征值的虚部 Ω_k 作为下次迭代的初值,取

$$e_k=|\Omega_{k+1}-\Omega_k| \tag{7.12}$$

作为频率迭代的精度,当 e_k 小于某一指定的精度时再进行对速度 C_t 的迭代,一直使

$$\min|\sigma_j^{(k)}|<\varepsilon_k \quad (j=1,2,\cdots,N) \tag{7.13}$$

式中,ε_k 为指定的迭代精度,此时系统对应的频率 Ω_c 和速度 C_t 就为给定某一参数的飞机滑跑方向稳定的临界频率和临界速度,然后再选择另一个V重复上述过程,就可以求出滑跑方向稳定的临界参数,进而可以绘成临界参数曲线。

临界参数曲线边界哪一边是稳定区域,可以根据改变减摆阻尼的大小来判别,当临界点的防摆阻尼增大时,如果系统出现一对具有正的实部的共轭特征值,则可以判定对应的区域是不稳定的,否则是稳定的。

7.1.3 轮胎力学模型

采用无侧倾轮胎的点接触理论:

(1) 轮胎的变形参数

在点接触理论中,对轮胎变形作出如下简化。第一步先把轮胎空间的变形简化为平面的触地面变形,其中轮胎的径向压缩及触地面半长、宽度为常数。第二步再把触地面复杂的变形简化为触地中心相对于机轮平面的变形。第三步又把触地中心线的变形简化为触地中心对于机轮平面的偏移以及触地中心线切线对于机轮的平面的偏转,当略去轮胎纵向阻力时,触地中心的纵向偏移为零。这样,无侧倾轮胎的变形完全由下列两个变形参数决定:

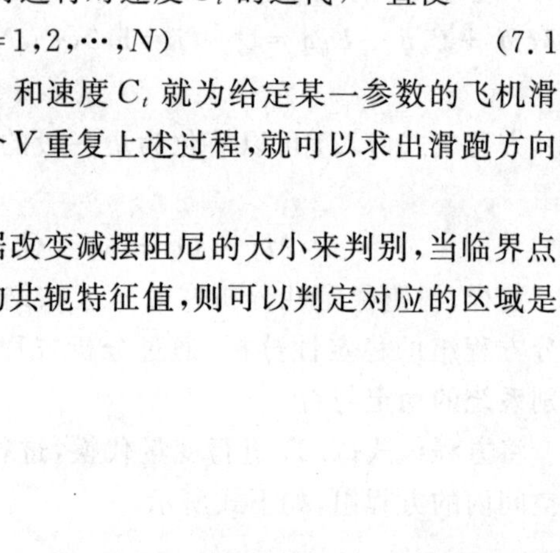

图 7.3 轮胎力学特性示意图

λ—— 触地中心的侧向偏移,表示轮胎的侧向变形,向右为正;

φ—— 触地中心处切线的偏转,表示轮胎的扭转变形,逆时针为正。

在点接触理论中,轮胎滚动的轨迹完全由触地中心的轨迹代表。轮胎力学特性示意图如图 7.3 所示。

(2) 轮胎的刚度特性

在简化理论的假设下,轮胎的作用力和变形间的关系完全由静态的刚度特性决定,呈正比例函数关系:

$$F=a\lambda \tag{7.14}$$

$$M=b\varphi \tag{7.15}$$

式中，F 为轮胎侧向力；M 为轮胎扭矩；a 为轮胎侧向刚度系数；b 为轮胎扭转刚度系数。

轮胎的刚度特性 a，b 取决于轮胎的型号、内压和垂直载荷（或径向压缩量）。

(3) 轮胎的滚动特性

在没有滑移的假设下，轮胎的滚动有两个约束条件。

第一个约束条件是：任一瞬时触地中心处的轨迹方向和该触地中心线的切线方向一致，这一条件是根据触地中心区域没有滑动直接得到的，用公式表示如下：

$$\frac{\mathrm{d}y}{\mathrm{d}s}=-(\theta+\varphi) \tag{7.16}$$

式中，y 为轨迹的侧向坐标；s 为轨迹的纵向坐标，即滑跑路程；θ 为机轮摆角；φ 为轮胎扭转角。

在刚性支柱的假设下

$$y=t\theta+\lambda \tag{7.17}$$

代入式(7.16)得

$$t\frac{\mathrm{d}\theta}{\mathrm{d}s}+\frac{\mathrm{d}\lambda}{\mathrm{d}s}=-(\theta+\varphi) \tag{7.18}$$

这是简化理论中的第一个滚动条件方程式，它表示了机轮摆角和轮胎变形间的一个约束关系。

第二个约束条件是：轨迹的曲率完全取决于轮胎的变形 λ，φ，在线性理论中，曲率是变形的线性函数，用公式表示如下：

$$-\frac{\mathrm{d}^2y}{\mathrm{d}s^2}=\alpha\lambda-\beta\varphi \tag{7.19}$$

式中，$-\frac{\mathrm{d}^2y}{\mathrm{d}s^2}$ 为小扰动理论中轨迹的曲率；α 为轮胎侧向滚动系数；β 为轮胎扭转滚动系数。

若略去轨迹的曲率，则式(7.19)变为

$$\lambda=\frac{\beta}{\alpha}\varphi \tag{7.20}$$

7.1.4　飞机滑跑小扰动运动方程

为便于列出动力平衡方程，在前述基本假设的条件下，先写出各力项如下：

惯性力项为

$$\frac{\mathrm{d}^2}{\mathrm{d}\tau^2}\begin{bmatrix} m_c & 0 & 0 & 0 \\ 0 & I_c & 0 & 0 \\ 0 & 0 & I_X & 0 \\ 0 & 0 & 0 & I \end{bmatrix}\begin{bmatrix} y \\ \psi \\ \gamma \\ \theta \end{bmatrix} \tag{7.21}$$

气动力项为

$$qs\begin{pmatrix} -C_{qd}\frac{\mathrm{d}}{\mathrm{d}s} & C_{qd} & 0 & 0 \\ -m_{qd}^{\dot{\psi}}L_y\frac{\mathrm{d}^2}{\mathrm{d}\tau\mathrm{d}s}-m_{qd}^{\psi}L_y\frac{\mathrm{d}}{\mathrm{d}s} & m_{qd}^{\dot{\psi}}L_y\frac{\mathrm{d}}{\mathrm{d}\tau}+m_{qd}^{\psi}L_y & 0 & 0 \\ 0 & 0 & m_x^{\dot{\gamma}}L_y\frac{\mathrm{d}}{\mathrm{d}\tau} & 0 \\ 0 & 0 & 0 & 0 \end{pmatrix}\begin{bmatrix} y \\ \psi \\ \gamma \\ \theta \end{bmatrix} \tag{7.22}$$

起落架系统阻尼力及弹性力项为

$$\begin{bmatrix} 0 & 0 & 0 & 0 \\ 0 & 0 & 0 & 0 \\ 0 & 0 & h_\gamma \dfrac{\mathrm{d}}{\mathrm{d}\tau}+K_\gamma & 0 \\ 0 & 0 & 0 & h\dfrac{\mathrm{d}}{\mathrm{d}\tau} \end{bmatrix} \begin{bmatrix} y \\ \psi \\ \gamma \\ \theta \end{bmatrix} \tag{7.23}$$

轮胎侧向力及扭矩项为

$$\begin{bmatrix} 1 & 2 & 0 & 0 \\ l_q & -2l_z & -1 & -2 \\ -H & -2H & 0 & 0 \\ t & 0 & 1 & 0 \end{bmatrix} \begin{bmatrix} F_q \\ F_z \\ M_q \\ M_z \end{bmatrix} \tag{7.24}$$

采用无侧倾轮胎一阶近似的简化理论，式中

$$\left.\begin{aligned} F_q &= a_q\lambda_q = N_q\varphi_q \\ F_z &= a_z\lambda_z = N_z\varphi_z \\ M_q &= b_q\varphi_q \\ M_z &= b_z\varphi_z \end{aligned}\right\} \tag{7.25}$$

飞机轮胎的运动约束方程为$\left(\dot{}\text{代表}\dfrac{\mathrm{d}}{\mathrm{d}\tau}\right)$

$$\left.\begin{aligned} \dot{y}+l_q\dot{\psi}+t\dot{\theta}-H\dot{\gamma}+\dot{\lambda}_q &= V(\psi-\theta-\varphi_q) \\ \dot{y}-l_z\dot{\psi}-H\dot{\gamma}+\dot{\lambda}_z &= V(\psi-\varphi_z) \end{aligned}\right\} \tag{7.26}$$

为了简化，略去小量 λ_q，λ_z 的影响，并引入符号：

$$\left.\begin{aligned} & c_1 = N_q+2N_z, \quad c_2 = N_q l_q - 2N_z l_z \\ & c_s = N_q l'_q - 2N_z l'_z, \quad c_4 = N_q l_q l'_q + 2N_z l_z l'_z \\ & l'_q = l_q-\varepsilon_q, \quad l'_z = l_z+\varepsilon_z, \quad t' = t+\varepsilon_q \\ & \varepsilon_q = \frac{b_q}{N_q}, \quad \varepsilon_z = \frac{b_z}{N_z} \end{aligned}\right\} \tag{7.27}$$

最后将式(7.25) ～ 式(7.27) 带入式(7.24)，经整理得轮胎侧向力及扭矩项为

$$\begin{bmatrix} c_1\dfrac{\mathrm{d}}{\mathrm{d}s} & c_1-c_2\dfrac{\mathrm{d}}{\mathrm{d}s} & -Hc_1\dfrac{\mathrm{d}}{\mathrm{d}s} & N_q\left(t\dfrac{\mathrm{d}}{\mathrm{d}s}+1\right) \\ c_3\dfrac{\mathrm{d}}{\mathrm{d}s} & c_3-c_4\dfrac{\mathrm{d}}{\mathrm{d}s} & -Hc_3\dfrac{\mathrm{d}}{\mathrm{d}s} & N_q l'_q\left(t\dfrac{\mathrm{d}}{\mathrm{d}s}+1\right) \\ -Hc_1\dfrac{\mathrm{d}}{\mathrm{d}s} & H\left(c_1-c_2\dfrac{\mathrm{d}}{\mathrm{d}s}\right) & H^2c_1\dfrac{\mathrm{d}}{\mathrm{d}s} & HN_q\left(t\dfrac{\mathrm{d}}{\mathrm{d}s}+1\right) \\ N_q t'\dfrac{\mathrm{d}}{\mathrm{d}s} & N_q t'\left(1-l_q\dfrac{\mathrm{d}}{\mathrm{d}s}\right) & -N_q t' H\dfrac{\mathrm{d}}{\mathrm{d}s} & N_q t'\left(t\dfrac{\mathrm{d}}{\mathrm{d}s}+1\right) \end{bmatrix} \begin{bmatrix} y \\ \psi \\ \gamma \\ \theta \end{bmatrix} \tag{7.28}$$

轮胎垂直力及阻力项为

$$\begin{bmatrix} 0 & 0 & 0 & 0 \\ 0 & 0 & \mu\left(h_\gamma \dfrac{\mathrm{d}}{\mathrm{d}\tau} + K_\gamma - GH\right) & \mu N(l_q + t) \\ 0 & 0 & GH & -Nt \\ 0 & 0 & 0 & 0 \end{bmatrix} \begin{bmatrix} y \\ \psi \\ \gamma \\ \theta \end{bmatrix} \tag{7.29}$$

动力平衡方程即可由上列各力项组成，并注意 $s = V\tau$：

$$\text{式}(7.21) + \text{式}(7.22) + \text{式}(7.23) = \text{式}(7.28) + \text{式}(7.29) \tag{7.30}$$

略去飞机的气动力，则得简化的飞机滑跑小扰动运动的动力平衡方程如下：

$$\left.\begin{aligned} & Vm_c\ddot{y} + c_1\dot{y} + c_2\dot{\psi} - Vc_1\psi + VN_q\left(\frac{t}{V}\dot{\theta} + \theta\right) - Hc_1\dot{\gamma} = 0 \\ & c_3\dot{y} + VI_\varepsilon\ddot{\psi} + c_4\dot{\psi} - Vc_3\psi + N_q l'_q t\dot{\theta} - V(N_q l'_q - \mu N l_q)\theta + (V\mu h_y - Hc_3)\dot{\gamma} + V\mu(K_y - GH)\gamma = 0 \\ & \dot{y} + l_q\dot{\psi} - V\psi + \frac{VI}{N_q t'}\ddot{\theta} + \left(\frac{Vh}{N_q t'} + t\right)\dot{\theta} + V\theta - H\dot{\gamma} = 0 \\ & -Hc_1\dot{y} + Hc_2\dot{\psi} - VHc_1\psi + HN_q t\dot{\theta} + V(HN_q - Nt)\theta + VI_x\ddot{\gamma} + (Vh_y + H^2c_1)\dot{\gamma} + V(K_y + GH)\gamma = 0 \end{aligned}\right\} \tag{7.31}$$

设

$$a_1 = Vm_c$$
$$a_2 = VI_c$$
$$a_3 = \frac{VI}{N_q t'}$$
$$a_4 = VI_x$$
$$b_1 = c_1$$
$$b_2 = c_2$$
$$b_3 = N_q t$$
$$b_4 = -Hc_1$$
$$b_5 = c_3$$
$$b_6 = c_4$$
$$b_7 = N_q l'_q t$$
$$b_8 = V\mu h_y - Hc_3$$
$$b_9 = 1$$
$$b_{10} = l_q$$
$$b_{11} = t + \frac{hV}{N_q t'}$$
$$b_{12} = -H$$
$$b_{13} = -Hc_1$$
$$b_{14} = Hc_2$$
$$b_{15} = HN_q t$$
$$b_{16} = Vh_y + H^2c_1$$
$$d_1 = -Vc_1$$
$$d_2 = VN_q$$

$$d_3 = 0$$
$$d_4 = -Vc_3$$
$$d_5 = V[N_q l'_q - \mu N(l_q + t)]$$
$$d_6 = V\mu(K_y - GH)$$
$$d_7 = -V$$
$$d_8 = V$$
$$d_9 = 0$$
$$d_{10} = -VHc_1$$
$$d_{11} = V(HN_q - Nt)$$
$$d_{12} = V(K_y + GH)$$

$$x_1 = \dot{y},\quad x_2 = \dot{\psi},\quad x_3 = \dot{\theta},\quad x_4 = \dot{\gamma},\quad x_5 = y,\quad x_6 = \psi,\quad x_7 = \theta,\quad x_8 = \gamma$$
$$\dot{x}_5 = x_1,\quad \dot{x}_6 = x_2,\quad \dot{x}_7 = x_3,\quad \dot{x}_8 = x_4$$

则质量矩阵为

$$\boldsymbol{M}_{ij} = \begin{bmatrix} a_1 & 0 & 0 & 0 & 0 & 0 & 0 & 0 \\ 0 & a_2 & 0 & 0 & 0 & 0 & 0 & 0 \\ 0 & 0 & a_3 & 0 & 0 & 0 & 0 & 0 \\ 0 & 0 & 0 & a_4 & 0 & 0 & 0 & 0 \\ 0 & 0 & 0 & 0 & 1 & 0 & 0 & 0 \\ 0 & 0 & 0 & 0 & 0 & 1 & 0 & 0 \\ 0 & 0 & 0 & 0 & 0 & 0 & 1 & 0 \\ 0 & 0 & 0 & 0 & 0 & 0 & 0 & 1 \end{bmatrix} \tag{7.32}$$

刚度矩阵为

$$\boldsymbol{K}_{ij} = \begin{bmatrix} b_1 & b_2 & b_3 & b_4 & 0 & d_1 & d_2 & d_3 \\ b_5 & b_6 & b_7 & b_8 & 0 & d_4 & d_5 & d_6 \\ b_9 & b_{10} & b_{11} & b_{12} & 0 & d_7 & d_8 & d_9 \\ b_{13} & b_{14} & b_{15} & b_{16} & 0 & d_{10} & d_{10} & d_{12} \\ -1 & 0 & 0 & 0 & 0 & 0 & 0 & 0 \\ 0 & -1 & 0 & 0 & 0 & 0 & 0 & 0 \\ 0 & 0 & -1 & 0 & 0 & 0 & 0 & 0 \\ 0 & 0 & 0 & -1 & 0 & 0 & 0 & 0 \end{bmatrix} \tag{7.33}$$

$$\boldsymbol{D} = -\boldsymbol{M}_{ij}^{-1}\boldsymbol{K}_{ij} \tag{7.34}$$

$$\dot{\boldsymbol{X}} = \boldsymbol{DX} \tag{7.35}$$

当矩阵 $\boldsymbol{D}$ 的特征根的实部均为负时，解是衰减的，系统是稳定的。进一步可求出关于减摆器阻尼的稳定域，其上限即为滑跑方向稳定性所允许的减摆器最大阻尼值。

7.1.5 算例分析

对某机型进行滑跑方向稳定性分析，探讨影响飞机地面滑跑方向稳定性的关键因素。

如图 7.4 所示曲线的上部为滑跑方向不稳定区域，下部为滑跑方向稳定区域，即由滑跑方向稳定性可以确定减摆器的阻尼上限，和定性分析的结果一致。从图 7.4 可以看出，随着飞机滑行速度的增大，飞机滑跑方向稳定所设的减摆器临界阻尼上限逐渐减小。

由图 7.5 可以看出，重心位置对飞机滑跑方向稳定性有影响，重心后移将减少稳定区域，减摆器的阻尼上限将减小；由图 7.6 可以看出，主轮充气压力对飞机滑跑方向稳定性影响较大，增大主轮充气压力将增大稳定区域；由图 7.7 可以看出，前轮稳定距对飞机滑跑方向稳定性有很大的影响，增大前轮稳定距将增大飞机滑跑方向稳定区域。

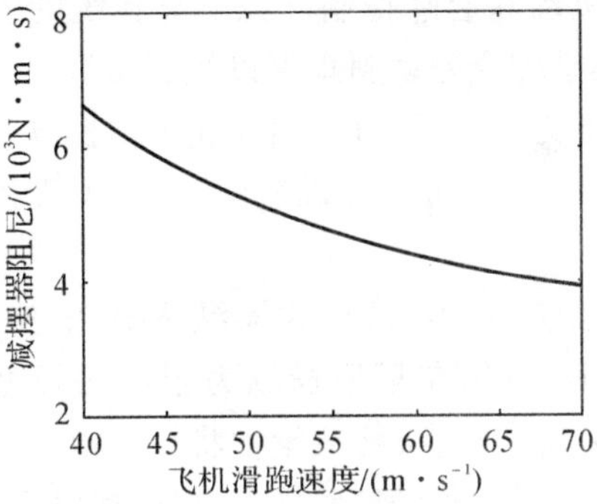

图 7.4　临界稳定曲线

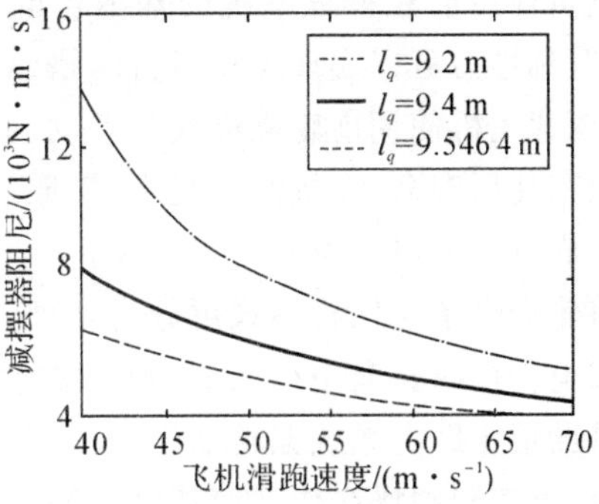

图 7.5　重心位置对稳定性的影响

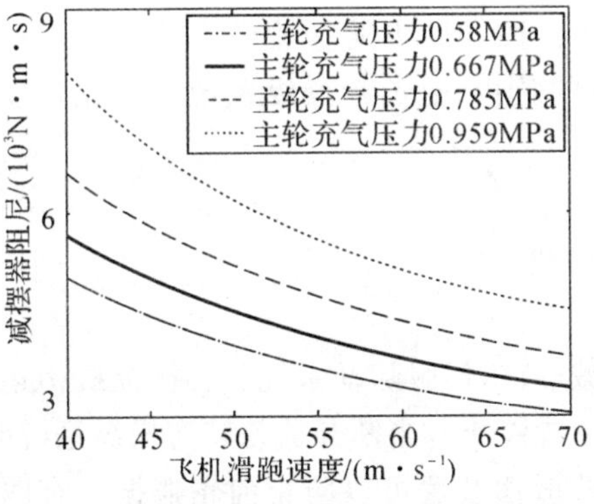

图 7.6　主轮充气压力对稳定性的影响

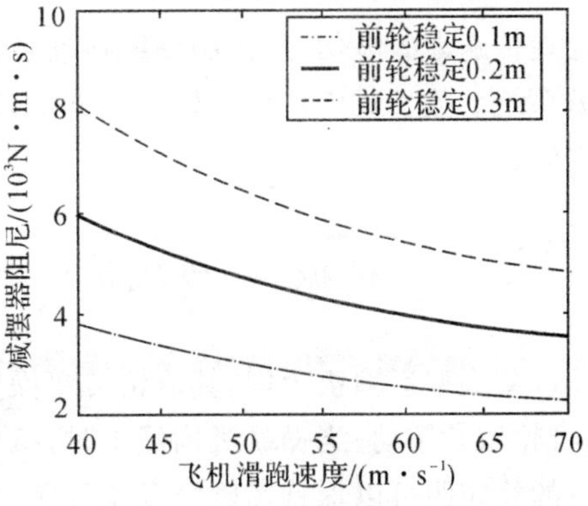

图 7.7　前轮稳定距对稳定性的影响

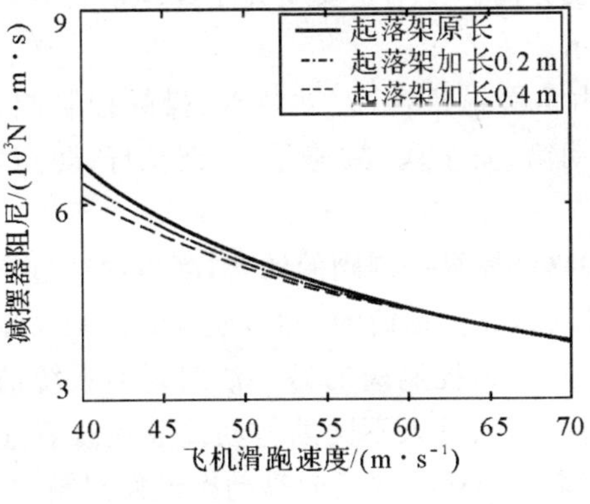

图 7.8　起落架长度对稳定性的影响

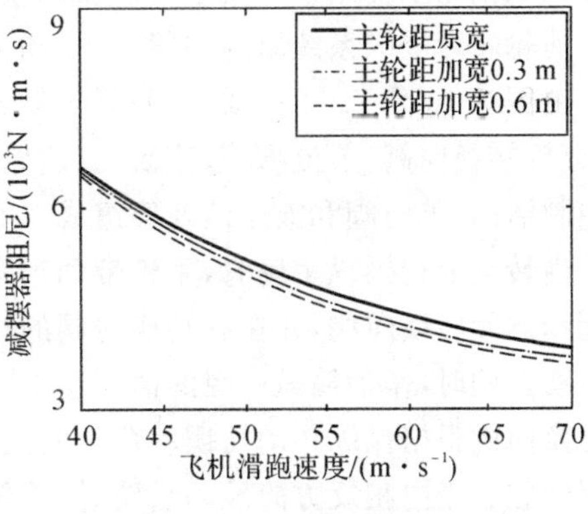

图 7.9　主起落架轮距对稳定性的影响

从图 7.8 和图 7.9 可以看出，起落架加长或主起落架轮距加宽对飞机滑跑方向稳定性影响很小，稳定区几乎不变。

7.2 前轮操纵系统原理及分析

飞机使用前轮操纵系统的基本目的是实现滑行机动和起降控制。虽然靠传统的差动刹车、非对称推力可以实现飞机滑行时操纵转向，舵面操纵配合差动刹车可以控制飞机起降的航向，但现代飞机使用前轮操纵代替差动刹车和非对称推力的主要原因是：前轮方向操纵技术可改善刹车使用寿命，在抗侧风起降、轮胎偶然爆破事故中能够纠正飞机航向，在减少飞机起降事故方面具有无可比拟的突出效果。

前轮操纵系统结构形式可分为 4 种：机械式操纵系统、机械-液压式操纵系统、电传操纵、数字式电传操纵。其中机械式操纵系统操纵力比较小，只用在早期操纵力很小的轻型飞机上。借助液压助力系统偏转前轮的机械-液压式操纵系统，通过机构或钢索将操纵指令传送到控制阀，由控制阀操纵作动筒伸缩偏转前轮，其结构简单，使用可靠，经济性良好，操纵力大，因而广泛地用于民航飞机和大型运输机及早期战斗机上。电传操纵是对飞行员人性化的设计，飞行员在座舱内只需操纵电门来代替手轮和脚蹬操纵，由电导线传送操纵指令，通过操纵控制盒处理传送来的电信号，控制操纵作动器伸缩偏转前轮。西方战斗机上，普遍装有电传式前轮操纵系统。数字式电传操纵最大限度地减轻了飞行员的负担，是前轮操纵系统向智能化发展的方向。

7.2.1 机械-液压式前轮操纵系统原理

以某大型运输机为例，其前轮转弯操纵系统为机械-液压伺服随动系统。当操纵机构运动时，机轮跟随转动；当操纵机构停止时，机轮转到相应位置停止。当断开前轮转弯操纵系统时，前轮的稳定距可以保持飞机沿直线滑跑，前起落架上的减摆装置可以防止前轮摆振。有两种方式操纵前轮，手操纵和脚蹬舵操纵。手操纵前轮主要用于飞机低速滑行大角度转弯运动，脚蹬舵操纵前轮主要用于飞机起降阶段调整飞机速度方向。本书主要研究手操纵前轮方式。

前轮转弯操纵系统原理如图 7.10 和 7.11 所示。

由图 7.10 和 7.11 可知，前轮转弯操纵系统由手操纵机构、差动装置、操纵控制阀、电磁阀、分旋转换向阀、节流嘴、节流活门、前轮转弯作动筒、安全阀、减速器、反馈拉杆、防扭臂、舵板控制活门、单向阀和液压油滤等组成。

当转动前轮操纵手轮时，手轮带动钢索运动并移动操纵控制阀的活塞，高压油经过操纵控制阀到达旋转换向阀，并在旋转换向阀的控制下进入操纵作动筒的一腔，使操纵作动筒带动前轮转动。同时，作动筒另一腔的油液经旋转换向阀和操纵控制阀的另一油路返回系统油箱。旋转换向阀根据操纵作动筒摆动角度的变化，控制高压油进入不同的作动筒腔室或者连通作动筒两腔。当向相反方向转动手轮时，手轮带动钢索反向运动并反向移动操纵控制阀的活塞，进而机轮也就向相反方向转动。

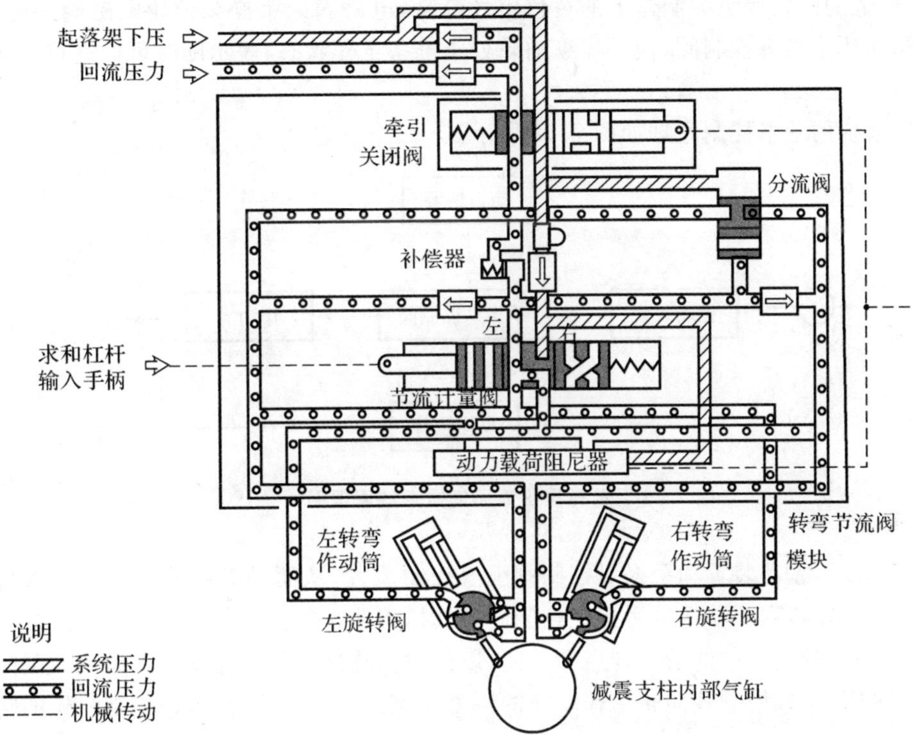

图 7.10　前轮操纵系统原理图

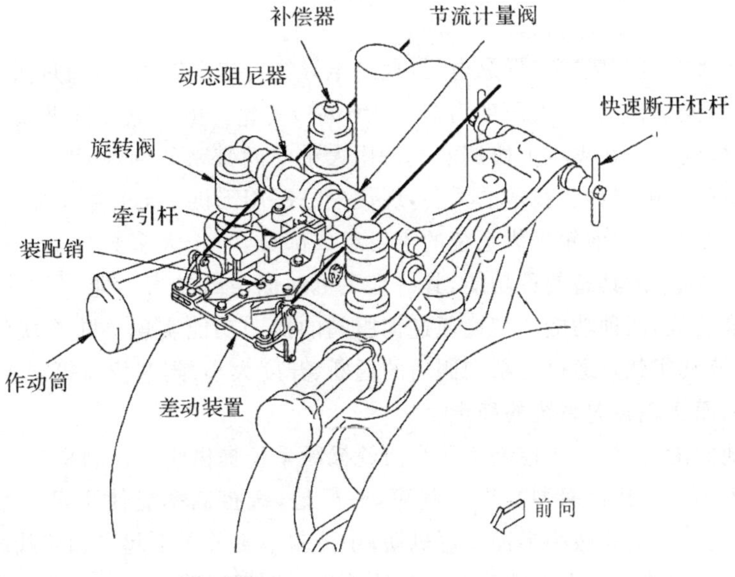

图 7.11　前轮操纵系统示意图

在转动前轮过程中，前轮通过反馈装置对手操纵控制阀实现反馈操纵。当手轮停止转动时，机轮便停留在和手轮相对应的角度上，是典型的机械位置随动系统。

手操纵前轮时，先把装在飞行员右前方的操纵手轮拉出，此时，手操纵机构上的微动开关接通，装在手轮旁的前轮操纵控制盒上的黄色信号灯亮，电磁阀的手操纵前轮电磁阀通电，压力油经电磁阀到达手操纵控制阀，使手操纵前轮处于准备工作状态，表示随时可以进行手操纵前轮。

前轮转弯系统的基本控制原理如图 7.12 所示。

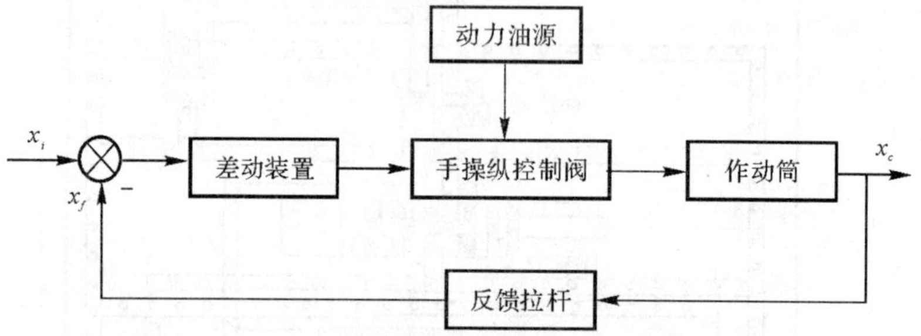

图 7.12 前轮操纵液压伺服系统原理图

如图 7.12 所示，差动装置和手操纵控制阀组成控制装置，从而操纵前轮。差动装置将手轮的操纵信号按一定传送比输送给手操纵控制阀；同时，将前轮的反馈信号再传入手操纵控制阀，从而控制手操纵控制阀中的滑阀开启和关闭，以便对前轮进行随动控制。手操纵控制阀是滑阀式液压操纵阀，可以控制输向转弯作动筒的压力油流向和供油的大小，即控制前轮的转动方向和快慢。

7.2.2 电传操纵前轮转弯系统原理

电传操纵是飞行员在座舱内操纵电门，通过电导线传递操纵指令，通过操纵控制盒处理传来的电信号，控制操纵作动器（液压助力器）伸缩偏转前轮。由于电传操纵只通过导线传递信息，避免了机械传动零件在飞机上协调安装占用大量空间带来的麻烦，因此，特别为现代战斗机设计人员所青睐。随着科学技术的需要，现代先进民用飞机中也开始使用。

液压伺服控制是飞机前轮操纵系统的主要组成部分，对于大多数具有可操纵前轮的飞机来说，前轮操纵系统一般具备两种功能，其一是飞机地面滑行转弯功能，其二是通过液压的飞机操纵前轮减摆功能，两种功能的切换通过伺服阀的换向功能实现。随着现代航空工业的发展，液压转向系统其实就是通过一系列阀门的通断、开度大小、阀芯位移等来控制液体的压力、流量、温度等，从而实现转向系统的稳定。

当飞机在地面滑行时，电子控制单元为前轮操纵系统提供闭环控制指令。前轮操纵时，根据飞机速度的大小可以选择两种操纵控制率，一般地，大控制率能使飞机产生较大的转向角度，使飞机在跑道上掉头和做小半径转弯机动；小控制率主要用于起飞和着陆高速滑跑时纠正由于侧风和其他不对称载荷引起的偏航。前轮减摆由液压回路内的小孔阻尼实现。前轮电传操纵系统包括指令电位计、反馈电位计、操纵开关、控制率选择开关、操纵控制盒、组合液压阀、操纵作动筒等。

电传操纵系统的原理图如图 7.13 所示。

前轮操纵系统可以分成 4 个组，BSCU（刹车和操控单元）、液压部分、机械部分和机轮。前轮操纵系统包括系统本身和控制系统。

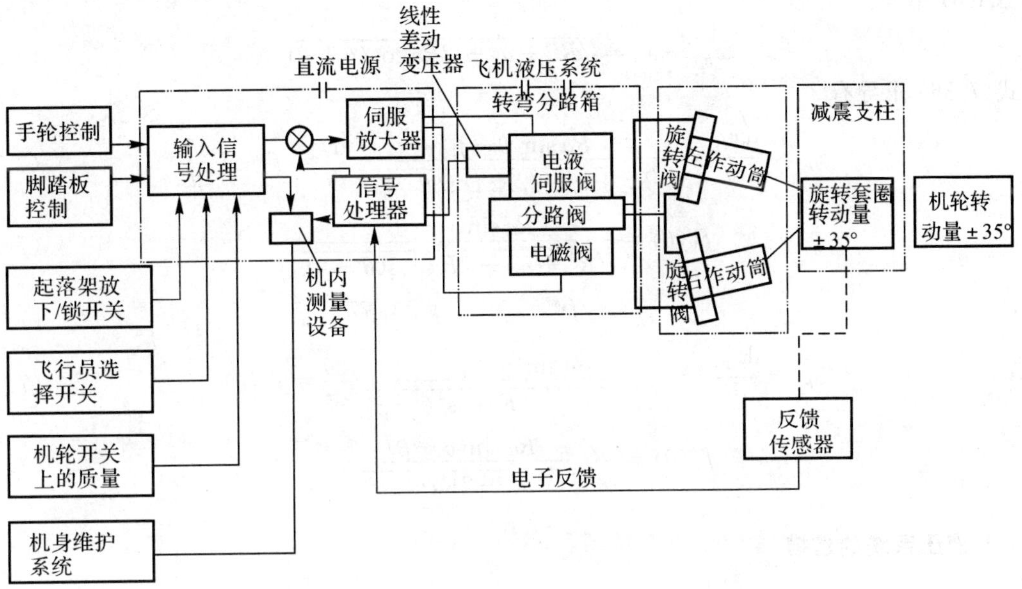

图 7.13　电传操纵系统原理图

1. 转弯机构的几何和运动学关系

根据前轮转弯系统的工作原理，并假定所有连接管道都是短而粗的，管道内的摩擦损失、流体质量影响和管道的动态影响均忽略不计，液压缸整个工作腔内各处的压力相同，油液温度和体积弹性模量可认为是常数，液压缸内的内外泄漏为层流流动。

两作动筒的位移、速率关系：

如图 7.14 所示为前轮操纵系统的液压作动原理图，其几何简图如图 7.15 所示。

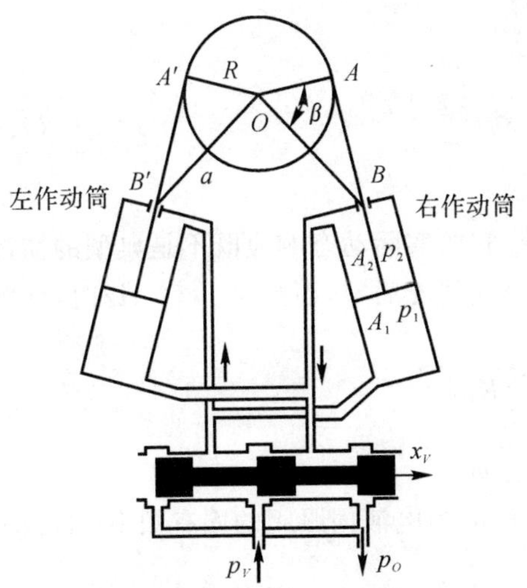

图 7.14　前轮操纵系统的液压作动原理图

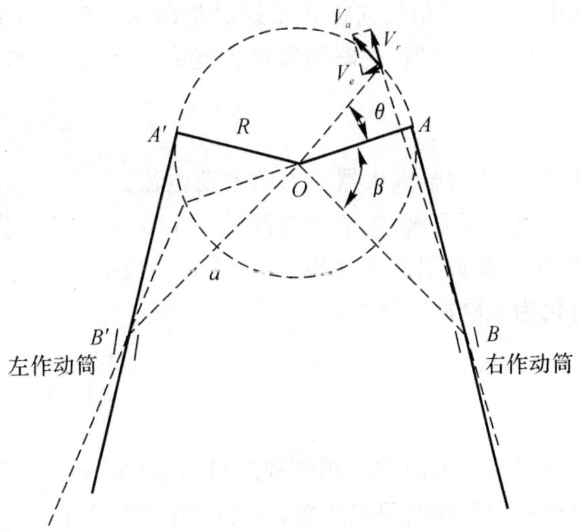

图 7.15　前轮操纵系统的几何简图

当前轮处于中立位置($\theta=0$)时,$AB=A'B'=x_0$,当前轮转弯时(假设逆时针为正),在三角形 ΔAOB 中

$$x_{p_1}+x_0=\sqrt{R^2+a^2-2Ra\cos(\theta+\beta)} \tag{7.36}$$

对式(7.36)求导有

$$v_{p_1}=\frac{\mathrm{d}x_{p_1}}{\mathrm{d}t}=\frac{Ra\sin(\theta+\beta)}{\sqrt{R^2+a^2-2Ra\cos(\theta+\beta)}}\frac{\mathrm{d}\theta}{\mathrm{d}t}=f_1(\theta)\frac{\mathrm{d}\theta}{\mathrm{d}t} \tag{7.37}$$

$$f_1(\theta)=\frac{Ra\sin(\theta+\beta)}{\sqrt{R^2+a^2-2Ra\cos(\theta+\beta)}} \tag{7.38}$$

$$x_{p_2}+x_0=\sqrt{R^2+a^2-2Ra\cos(\theta-\beta)} \tag{7.39}$$

$$v_{p_2}=\frac{\mathrm{d}x_{p_2}}{\mathrm{d}t}=\frac{Ra\sin(\theta-\beta)}{\sqrt{R^2+a^2-2Ra\cos(\theta-\beta)}}\frac{\mathrm{d}\theta}{\mathrm{d}t}=f_2(\theta)\frac{\mathrm{d}\theta}{\mathrm{d}t} \tag{7.40}$$

$$f_2(\theta)=\frac{Ra\sin(\theta-\beta)}{\sqrt{R^2+a^2-2Ra\cos(\theta-\beta)}} \tag{7.41}$$

2. 液压系统的建模

从以上的分析可知,两作动筒同时运动的速度大小不一样,且当前轮转过一定角度时两缸伸出和缩回的长度不一样,两作动筒的位移和速率都是转角 θ 的函数。因此,起落架在转弯时存在着静、动态特性的协调问题。解决这个问题的一种办法就是采用一个伺服阀来控制作动筒的转向。

(1) 系统组成

偏差信号:指令信号电压 u_i 与反馈信号电压 u_f 相比较得出的偏差信号电压

$$u_e=u_i-u_f \tag{7.42}$$

反馈回路:

$$u_f=k_f\theta \tag{7.43}$$

式中,k_f 为转角反馈传感器的增益;θ 为前轮转向角度。

伺服放大器:忽略伺服放大器的动态特性,其静态增益

$$k_i=\frac{i_e}{u_e} \tag{7.44}$$

式中,i_e 为伺服放大器输出的差动电流。

电液伺服阀:电液伺服阀是一个复杂的闭环系统,它的实际动态响应既不是典型的惯性环节,也不是典型的振荡环节,其传递函数的简化要视具体情况而定,当频率$>$50 Hz时,伺服阀简化为二阶振荡环节:

$$G_v(s)=\frac{Q_0(s)}{\Delta I(s)}=\frac{K_{sv}}{\dfrac{s^2}{\omega_v^2}+\dfrac{2\xi_v}{\omega_v}+1} \tag{7.45}$$

式中,K_{sv} 为电液伺服阀空载流量增益($\mathrm{m^3\cdot s^{-1}\cdot A^{-1}}$);$\omega_v$ 为电液伺服阀的固有频率(rad/s);ξ_v 为电液伺服阀的阻尼系数;s 为拉普拉斯算子。

(2) 伺服阀流量方程

两个缸的进油面积为 A_1+A_2,出油面积为 A_1+A_2,两者相等。由于两个作动筒作动速度

相差甚微，可以认为用一个伺服阀控制两个非对称缸的伺服阀流量方程与阀控对称缸的伺服阀流量方程一样。伺服阀阀口线性流量方程为

$$Q_L = K_q x_v - K_c p_L \tag{7.46}$$

式中，Q_L 为电液伺服缸的负载流量(m^3/s)；K_q 为伺服阀阀口流量增益(m^2/s)；x_v 为伺服阀主阀阀芯开口量(m)；K_c 为伺服阀阀口流量压力系数($m^3 \cdot s^{-1} \cdot Pa^{-1}$)；$p_L$ 为伺服缸的负载压力(Pa)。

将式(7.46)拉氏变换得

$$Q_{L(s)} = K_q x_v(s) - K_c p_L(s) \tag{7.47}$$

(3) 阀控缸流量方程

假定没有管道现象，温度和密度均为常数，对每个作动筒应用连续方程可得

$$Q_1 - C_{im}(p_1 - p_2) - C_{em} p_1 = \frac{dV_1}{dt} + \frac{V_1 dp_1}{\beta_e dt} \tag{7.48}$$

$$C_{im}(p_1 - p_2) - C_{em} p_2 - Q_2 = \frac{dV_2}{dt} + \frac{V_2 dp_2}{\beta_e dt} \tag{7.49}$$

式中，C_{im} 为液压缸的内泄漏系数($m^2 \cdot s^{-1} \cdot Pa$)；$C_{em}$ 为液压缸的外泄漏系数($m^2 \cdot s^{-1} \cdot Pa$)；$\beta_e$ 为工作油液的有效体积弹性模量(N/m^2)；V_1 为进油腔体积(包括右作动筒的下腔，左作动筒的上腔)(m^3)；V_2 为回油腔体积(包括右作动筒的上腔，左作动筒的下腔)(m^3)。

$$V_1 = 2V_0 + A_1 x_{p_1} - A_2 x_{p_2} \tag{7.50}$$

$$V_2 = 2V_0 + A_1 x_{p_2} - A_2 x_{p_1} \tag{7.51}$$

求导得体积的变化速率

$$\frac{dV_1}{dt} = A_1 \dot{x}_{p_1} - A_2 \dot{x}_{p_2} \tag{7.52}$$

$$\frac{dV_2}{dt} = A_1 \dot{x}_{p_2} - A_2 \dot{x}_{p_1} \tag{7.53}$$

将式(7.50)和式(7.51)代入式(7.52)和式(7.53)，得

$$\frac{dV_1}{dt} = [A_1 f_1(\theta) + A_2 f_2(\theta)] \frac{d\theta}{dt} \tag{7.54}$$

$$-\frac{dV_2}{dt} = [A_1 f_2(\theta) + A_2 f_1(\theta)] \frac{d\theta}{dt} \tag{7.55}$$

由于伺服阀进出油近似相等，所以可认为下式近似成立：

$$A_1 x_{p_1} - A_2 x_{p_2} = A_2 x_{p_1} - A_1 x_{p_2} = f_3(\theta) \tag{7.56}$$

$$V_t = V_1 + V_2 = 4V_0 \tag{7.57}$$

综合整理以上各式可得

$$Q_L = A_{me}[f_1(\theta) + f_2(\theta)] \frac{d\theta}{dt} + C_{tm} p_L + \frac{V_0}{\beta_e} \frac{d(p_1 - p_2)}{dt} + \frac{f_3(\theta)}{2\beta_e}\left(\frac{dp_1}{dt} + \frac{dp_2}{dt}\right) \tag{7.58}$$

如果假定 $f_3(\theta) = V_0$，即可证明 $dp_1/dt + dp_2/dt = 0$，将式(7.58)进行拉氏变化可得

$$Q_L = D_p \theta s + C_{tm} p_L + \frac{V_t p_L s}{4\beta_e} \tag{7.59}$$

式中，$A_{me} = (A_1 + A_2)/2$ 为平均活塞面积；$D_p = A_{me}[f_1(\theta) + f_2(\theta)]$；$C_{tm} = (C_{im} + C_{em})/2$ 为

油缸的总泄漏系数；$p_L = p_1 - p_2$ 为负载压差(Pa)。

(4) 操纵力矩平衡方程

$$T_g = A_1 p_1 f_1(\theta) + A_2 p_1 f_2(\theta) - A_2 p_2 f_1(\theta) - A_1 p_2 f_2(\theta) = J_t \frac{\mathrm{d}^2\theta}{\mathrm{d}t^2} + B_p \frac{\mathrm{d}\theta}{\mathrm{d}t} + G\theta + T_L \tag{7.60}$$

若阀控系统进出油近似相等，则

$$p_1 = \frac{p_s + p_L}{2}, \quad p_2 = \frac{p_s - p_L}{2} \tag{7.61}$$

将上边两式代入式(7.60)进行拉氏变换，得到

$$D_p p_L = J_t \theta s^2 + B_p \theta s + G\theta + T \tag{7.62}$$

式中，J_t 为前起落架转动部分折算到转轴上的总的转动惯量($\mathrm{kg \cdot m^2}$)；B_p 为前起落架转动部分及地面对起落架总的黏性阻尼系数($\mathrm{N \cdot m \cdot s \cdot rad^{-1}}$)；$G$ 为前起落架的扭转刚度系数($\mathrm{N \cdot m \cdot s}$)；$T = T_L + T_{ad}$，$T_{ad}$ 为外干扰力矩($\mathrm{N \cdot m}$)；$T_{ad} = [A_1 f_1(\theta) + A_2 f_2(\theta) - A_2 f_1(\theta) - A_1 f_2(\theta)] p_s / 2$。

(5) 系统的数学模型

结合以上式(7.46)、式(7.59)、式(7.62)，求得系统的传递函数为

$$\theta(s) = \frac{\dfrac{K_q}{D_p} x_v - \dfrac{K_{ce}}{D_p^2}\left(1 + \dfrac{V_t}{4\beta_e K_{ce}} s\right) T}{\dfrac{V_t J_t}{4\beta_e D_p^2} s^3 + \left(\dfrac{K_{ce} J_t}{D_p^2} + \dfrac{B_p V_t}{4\beta_e D_p^2}\right) s^2 + \left(1 + \dfrac{B_p K_{ce}}{D_p^2} + \dfrac{G V_t}{4\beta_e D_p^2}\right) s + \dfrac{K_{ce} G}{D_p^2}} \tag{7.63}$$

式中，$K_{ce} = K_c + C_{em}$ 为总的流量-压力系数($\mathrm{m^3 \cdot s^{-1} \cdot Pa^{-1}}$)，式(7.63)给出了转轴对阀的位移和负载力矩输入的响应特性。在一般情况下，量 D_p^2 / K_{ce} 是主要由阀产生的阻尼系数，其值一般比 B_p 大得多，因此，在式(7.63)中，$B_p K_{ce}$ 这一项与 1 相比就可忽略，同时暂且假定没有弹性负载，即 $G=0$，这样就简化为

$$\theta(s) = \frac{\dfrac{K_q}{D_p} x_v - \dfrac{K_{ce}}{D_p^2}\left(1 + \dfrac{V_t}{4\beta_e K_{ce}} s\right) T}{s\left(\dfrac{s^2}{\omega_{he}^2} + \dfrac{2\xi_{he}}{\omega_{he}} s + 1\right)} \tag{7.64}$$

式中

$$\omega_{he} = \frac{\sqrt{4\beta_e D_p^2}}{\sqrt{V_t J_t}} = \frac{\sqrt{\beta_e D_p^2}}{\sqrt{V_0 J_t}}$$

$$\xi_{he} = \frac{K_{ce}\sqrt{\beta_e J_t}}{D_p \sqrt{V_t}} + \frac{B_p \sqrt{V_t}}{4 D_p \sqrt{\beta_e J_t}}$$

ω_{he} 为无阻尼系统固有频率(rad/s)；ξ_{he} 为系统无阻尼系数，无因次。

由于 $f_1(\theta)$，$f_2(\theta)$ 是角 θ 的函数，因此，系统是一个时变系统，系统方块图如图 7.16 所示。为分析简便起见，当研究系统在一定角度 θ 附近小范围内的特性时，可用 $f_1(\theta_0)$，$f_2(\theta_0)$ 来代替 $f_1(\theta)$，$f_2(\theta)$，这样的简化对分析结果不会带来大的误差。有关文献指出，当活塞处于中间位置时，稳定性问题更加尖锐，因此一般以中位，即当 $\theta = 0°$ 时来讨论该系统的动静态特性。

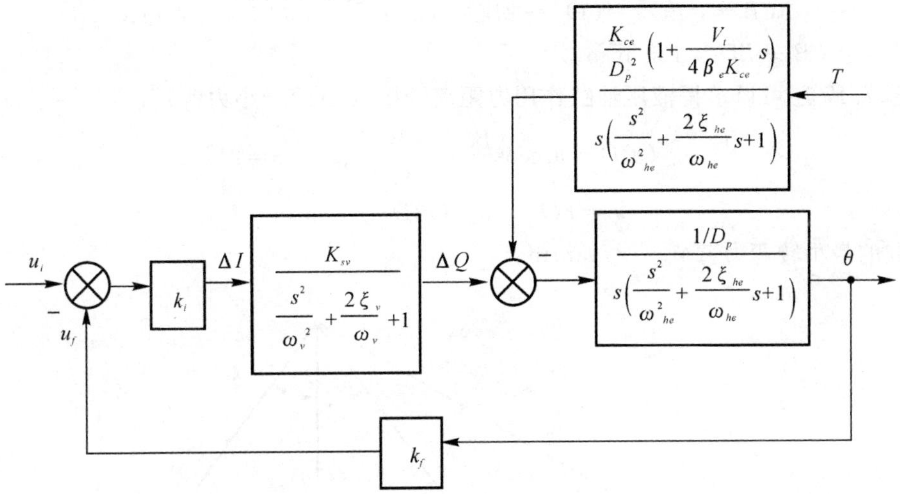

图 7.16　系统方块图

3. 操纵系统的参数计算

(1) 操纵力矩的计算

作动筒提供的操纵力矩是按照国军标 GJB67.4 的 2.4.2 要求,GJB 3217－1998《飞机前轮转弯系统通用规范》,即飞机在地面作承受 0.5g 侧向加速度转弯运动时所需的操纵力矩。通过计算前轮轮胎侧向力确定所需操纵力矩。

$$F_y = \frac{0.5Gb}{L} \tag{7.65}$$

$$M = F_y a_t = \frac{0.5Gb}{L} a_t \tag{7.66}$$

式中,a_t 是前轮动态总稳定距。由所需操纵力矩可以确定作动筒输出的最大力为

$$F_{\max} = \frac{M}{L_a} \tag{7.67}$$

式中,L_a 是操纵作动筒的作用力臂。

$L_w = 0.23$ m,　$m = 56\ 000$ kg,　$b = 1$ m,　$L = 9.58$ m,　$M = 6\ 800$ N·m

(2) 液压缸的行程计算

液压缸是一种将液体的压力能转换成机械能,用来驱动工作机构作直线或摆动运动的液压执行元件。由于两个液压缸对称分布,它们有相同的行程,以单个为例。

液压缸的行程是由机轮的转动角度和安装位置来决定的,如图 7.17 所示。B 点为液压缸固定位置,A 点为机轮不转向时液压缸与转向臂的铰接点,C,D 两点分别为机轮转向时液压缸与转向臂铰接点的两个极限位置,O 点为转向臂与轴的铰接点,即转向支柱与轴的铰接点。

由液压缸转向 CAD 示意图可知以下数据:$OA = OC = OD = 110$ mm,$\angle AOB = 60°$,$BO = 220$ mm。前轮最大转向角度为 ±35°,如图 7.17 所示。由此可以计算液压缸行程:$AC = 191$ mm,两个极限角度 $\angle BOD = 25°$,$\angle BOC = 95°$,故

$$BD = \sqrt{BO^2 + DO^2 - 2BO \cdot OD \cdot \cos\angle BOD} = 129 \text{ mm}$$

$$CB=\sqrt{BO^2+CO^2-2BO\cdot OC\cdot\cos\angle BOC}=254\ \text{mm}$$

故行程为 $L=CB-BD=125$ mm。

由图 7.17 还可以求得液压油缸作用力距离铰接点 O 的最小力臂 $r_{\min}$：

$$\angle OBD=\arccos\frac{BO^2+BD^2-OD^2}{2BO\cdot BD}=21^\circ$$

$$r=BO\cdot\sin\angle OBD=79\ \text{mm}$$

故液压缸的最小转弯力臂 $r_{\min}=79$ mm。

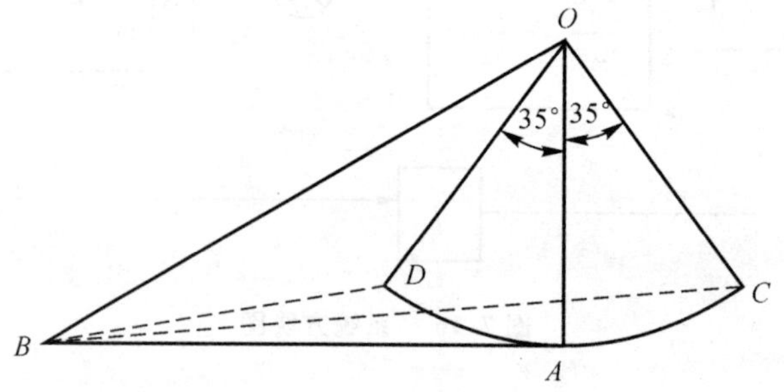

图 7.17 液压缸行程示意图

7.3 前轮操纵系统的模型

以 7.2.1 节的机械液压式前轮操纵系统为例，采用 EASY5 软件建立其仿真模型。

7.3.1 EASY5 简介

MSC.EASY5 是一套面向多学科动态系统和控制系统的仿真软件，用于在产品的概念和系统级设计阶段快速地建立完整、可靠的功能虚拟样机。

MSC.EASY5 (Engineering Analysis System) 是美国波音公司根据航空技术发展需要开发的多专业动态系统仿真分析软件包。

MSC.EASY5 仿真软件包含了液压系统、气动系统、环境控制系统、机械系统、热力系统等专业模块，其中液压系统模块主要针对液压元器件进行建模计算，主要包括基本液压库和高级液压库。这里采用的是高级液压库，它包含所有基本液压库的元件，同时还提供了一些高级元件。

EASY5 软件兼具完全的图形化建模环境、强大的仿真和分析能力、连接其他多种工程软、硬件的开放结构，可以用来仿真各种由微分、差分和代数方程描述的动态系统。它的独到之处在于：

1) 强大的控制系统仿真分析能力，可以建立完整的线性或非线性控制系统模型，进行包括稳态分析、线性系统分析、频域响应、根轨迹分析等各种分析和控制律的设计；

2) 其多学科的专业应用库，借助专业应用库中的预定义模型，向用户提供独一无二的建立系统级模型和研究多学科系统耦合问题的能力；

3）卓越的代码生成和求解器，可以由图形化系统模型自动生成相应的 FORTRAN 或 C 源代码，这些代码可以通过编译生成可执行文件，并被用户调用；

4）便捷的高级建模和二次开发功能，方便用户创建自己的模型文件，并可调用外 FORTRAN 或 C 子程序；

5）与其他 CAE 软件良好的集成能力，可以将不同 CAE 软件所建立的模型集成到 EASY5 软件中建立完整的虚拟样机，并进行仿真。同时，可以有效地帮助用户对各类系统进行参数选定、功能评价、响应分析或控制逻辑设计。

EASY5 的分析过程：

用 EASY5 建模仿真一般分为 6 部分：

① 分析液压原理图；

② 在高级液压库中找到相应的元器件；

③ 按照 EASY5 中的连接规则连接各个元件为一完整的回路；

④ 输入各个元件的参数；

⑤ 做静态分析，找到静态工作点；

⑥ 在静态工作点的基础上做动态分析。

7.3.2　液压控制回路

前轮液压系统是由液压元件和基本回路组成的。液压元件按照功能和任务的不同，可分为液压动力元件、液压执行元件、液压控制元件和辅助元件四大类，所组成的基本控制回路包括压力控制回路、速度控制回路等。

1. 调压回路

调压回路可以使液压系统整体或某一部分的压力保持恒定或不超过某个数值。所采用的回路如图 7.18 所示，通过该调压回路来调节油泵的供油压力，使其压力保持恒定。

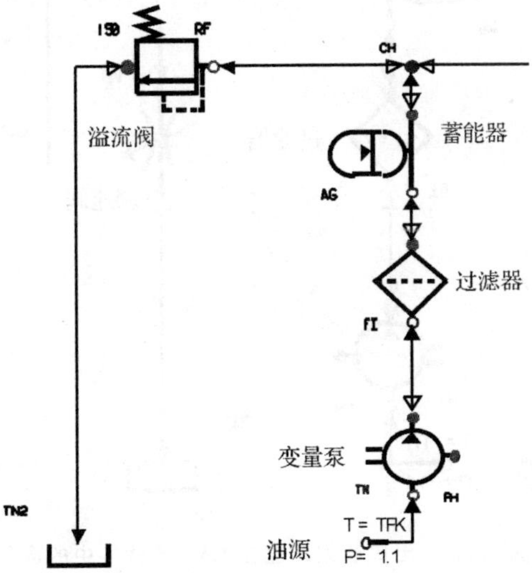

图 7.18　单级调压回路

2. 节流调速回路

对于定量泵供油的系统，节流调速回路是通过改变节流控制元件（节流阀或调速阀）的节流口开度，即通过控制供给执行元件的液流量，来调节执行元件速度。根据节流阀在液压回路中不同的安装位置，节流调速回路可分为进油路、回油路和旁路节流调速。

图 7.19 所示为出口节流调速回路。进入液压缸的流量 Q_1 受到回油路上排油量 Q_2 的限制，使用节流阀来调节液压缸排油量 Q_2，从而调节液压缸进油量 Q_1，实现速度调节。

缸的运动速度为

$$v=\frac{Q_2}{A_2}=\frac{C_d A_T\sqrt{2/\rho}\,\Delta p^m}{A_2} \tag{7.68}$$

式中，A_2 为液压缸有杆腔的有效面积；A_T 为节流阀节流口面积；C_d 为节流阀节流口流量系数；Δp 为节流阀前后压差；ρ 为油液密度；m 为节流指数。

由式(7.68)可知，当其他条件不变时，液压缸活塞的运动速度与节流阀的节流口面积成正比。即增大节流口面积可加快活塞运动速度，反之亦然。

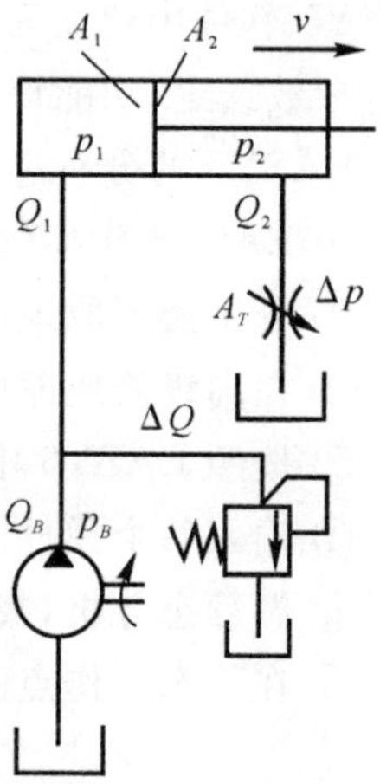

图 7.19 出口节流调速回路

如图 7.20 所示为出口节流调速在 EASY5 软件中的应用。

基于以上关键基本回路，有效提高了前轮操纵系统的转向性能和控制精度。

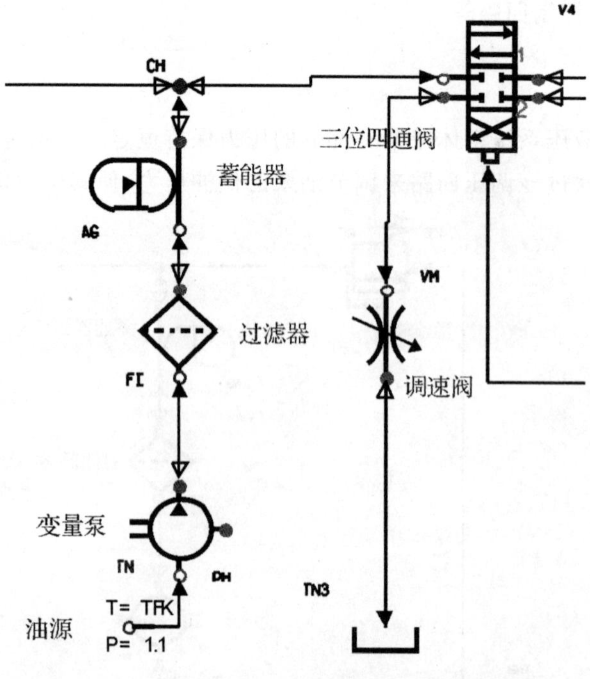

图 7.20 出口节流调速在 EASY5 软件中的应用

7.3.3　系统主要液压元件建模

(1) 液压泵

飞机前轮操纵液压系统没有单独的液压油源，它由飞机总的右系统供油，其工作压力为 150×10^6 Pa，在本系统中采用定量泵 PH。

(2) 差动装置与手操纵活门

在 EASY5 的液压元件库中没有此元件，根据差动装置与手操纵活门的工作原理，采用惯性元件和三位四通阀来模拟其功能(见图 7.21)。三位四通阀的输入信号为手轮输入信号与反馈信号的差值，并通过惯性元件来控制阀的方向和开度。当飞行员左转手轮输入操纵信号时，高压油通过控制阀 1 出口进入作动筒的无杆腔推动活塞杆运动。当飞行员右转手轮输入操纵信号时，高压油通过控制阀 2 出口进入作动筒的有杆腔推动活塞运动。当手轮停止转动时，活塞就会停止在与之对应的位置，实现位置的跟随性。

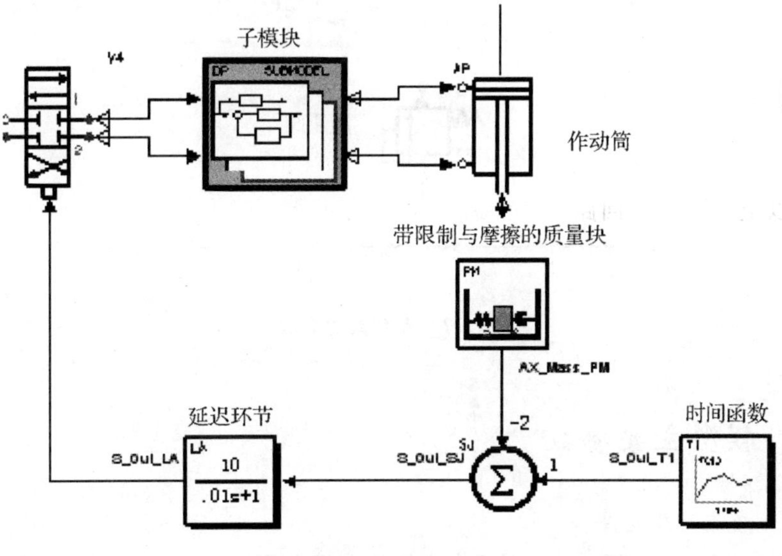

图 7.21　差动操纵实现

(3) 安全阀

安全阀是为了防止操纵油路压力过高，或在操纵机构过载太大时起保护作用。木系统采用溢流阀来防止作动筒两腔油压差过大。在正常工作时溢流阀是关闭的，只有当系统压力过载时才打开，如图 7.22 所示。

(4) 作动筒

选用 EASY5 提供的 AP 双腔作动筒，该作动筒是以活塞位置、速度为输入，输出为力。

作动筒提供的操纵力矩是按照国军标 GJB67.4 的 2.4.2 要求，即飞机在地面作承受 $0.5g$ 侧向加速度转弯运动时所需的操纵力矩。通过计算前轮轮胎侧向力确定所需操纵力矩，即

$$F_y = \frac{0.5Gb}{L} \tag{7.69}$$

$$M=F_yL_W=\frac{0.5Gb}{L}L_W \tag{7.70}$$

式中，L_W 是前轮动态总稳定距。由所需操纵力矩可以确定作动筒输出的最大力

$$F_{\max}=\frac{M}{L_a} \tag{7.71}$$

式中，L_a 是操纵作动筒的作用力臂。

根据作动筒最大输出力及系统的工作压力可以确定作动筒的结构尺寸，继而确定系统流量等参数。

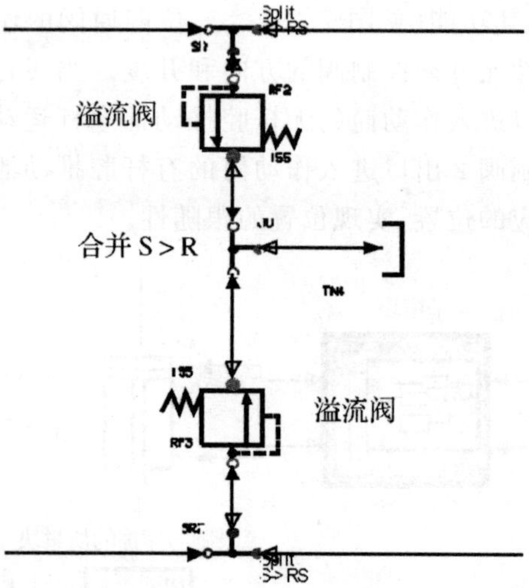

图 7.22 安全阀的实现

7.3.4 模型主要参数

(1)FP——液体属性元件

每个模型中必须包含 FP 元件，用于指定液体属性和系统单位。

UN:0 表示系统单位为公制；

FC:4 回路的流体代码，YH－10；

DER:1 黏性阻尼系数，一般取 0.5～1.5；

TCX:0 (fixed to TC) 冻结温度标识符，表示系统不考虑热效应。

(2)PH——泵

泵的转速 n＝2 070 r/min，流量为 25 L/min 。

RPM: 2 070 转速；

DPR: 12 排量；

EO: 0.86 总效率；

EV: 0.9 体积效率。

(3)AP——作动筒

APE:70　无杆腔活塞面积;

APR:66　有杆腔活塞有效面积;

VOE:750　活塞在初始位置时,无杆腔的体积;

VOR:1 500　活塞在初始位置时,有杆腔的体积;

DMP:10　黏性阻尼系数。

(4)T1——输入信号

飞行员转动手轮的输入信号如图 7.23 所示。

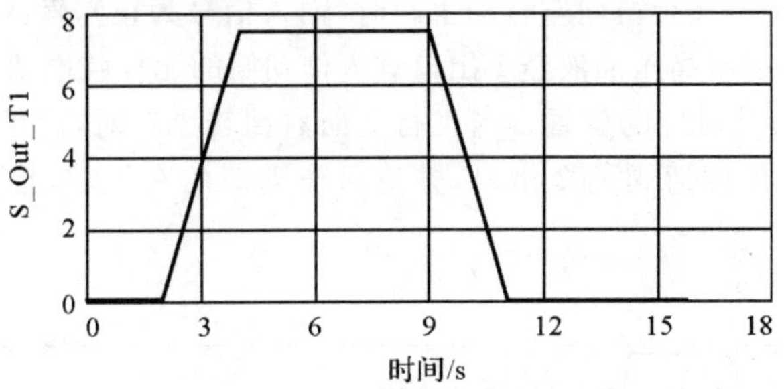

图 7.23　模型输入信号

通过对飞机前轮操纵液压系统基本控制回路和液压元件功能的分析,即可基于 EASY5 软件建立某飞机前轮操纵液压系统的仿真模型(见图 7.24)。

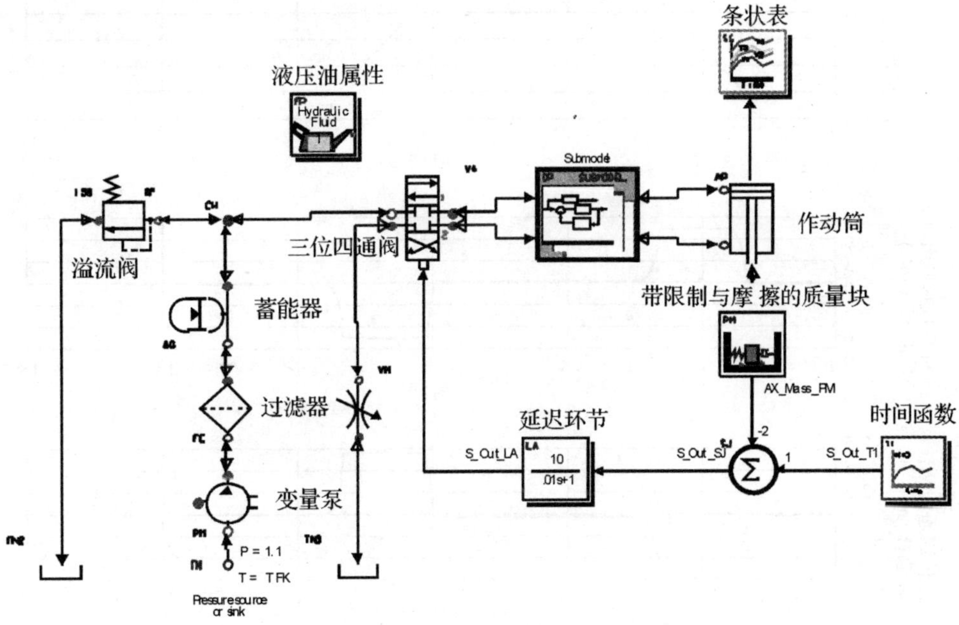

图 7.24　前轮操纵液压系统仿真模型

7.3.5　模型分析与验证

液压系统仿真分析包括两个过程:稳态分析和瞬时分析。稳态分析用于确保模型的收敛。

瞬态分析的目的是获得系统某一瞬时的流量、压力和温度,机械系统的力、位移、速度等,通过观察这些物理量的变化来调整系统的结构,改进设计以满足系统性能指标。

在给定如图 7.23 所示的输入情况下,对所建的液压系统进行仿真。首先通过稳定分析寻找静态操作点。可以认为计算静态工作点就是找一个平衡点,在这点上既无压力、温度的变化,又无活塞杆的加速过程。而实际工作系统的负载力常常是连续变化的,求出的静态工作点只能表示某一时刻对应负载的情况。

然后,将静态操作点作为仿真分析的初始点进行瞬态分析。图 7.25 给出了部分分析结果曲线,从图中可以看出,当飞行员向左转动手轮时(输入信号为正),输入信号经惯性元件控制三位四通阀开口打开,这时高压油液经 1 出口进入作动筒的无杆腔推动活塞运动,当手轮停止转动时,活塞停留在与其对应的位置。当飞行员向右回转手轮时,由于反馈信号大于输入信号,高压油液接通了三位四通阀的 2 出口,并进入作动筒的有杆腔,推动活塞杆回复到初始位置。

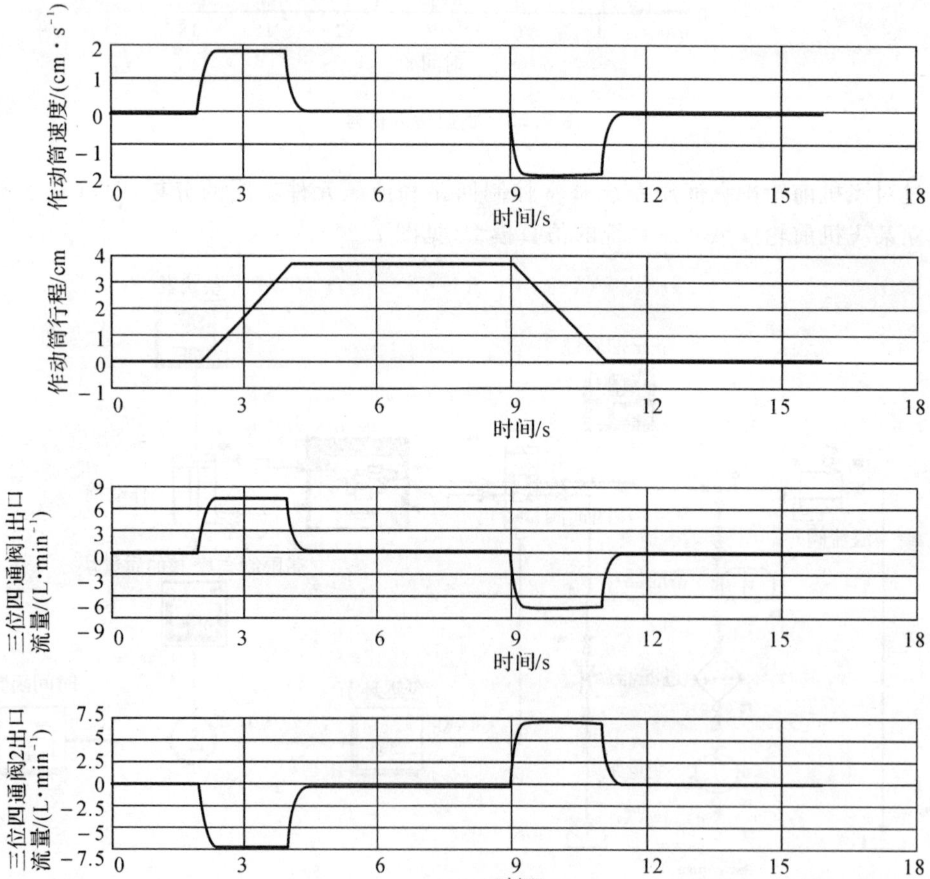

图 7.25 仿真结果曲线

比较图 7.23 中的操纵输入曲线和图 7.25 中作动筒活塞杆的行程曲线可知,系统有良好的位置跟随性。

7.4　飞机操纵前轮转弯运动联合仿真

关于飞机操纵前轮地面转弯运动的研究，一般都是直接给定机轮转角情况下得到飞机动态响应。为了深入研究飞机在飞行员输入操纵前轮信号时，飞机的动态响应及受力情况，本节在飞机地面运动动力学模型中引入前轮操纵液压控制系统，可以更有效地模拟飞机在给定飞行员输入情况下的转弯运动。

鉴于 MSC. ADAMS 和 MSC. EASY5 具有强大的接口交互通信能力，本节将基于 MSC. ADAMS 和 MSC. EASY5 软件所建立的飞机地面运动动力学模型和飞机前轮操纵液压系统模型，通过控制导入模式，实现飞机操纵前轮地面运动动力学联合仿真，以便有效研究飞机操纵前轮转弯地面运动特性。

为实现飞机前轮操纵地面运动联合仿真，首先基于 MSC. ADAMS 建立飞机全机地面转弯运动的动力学模型，然后采用 MSC. EASY5 软件建立飞机前轮机械-液压操纵系统模型，如图 7.26 所示。在仿真过程中，液压操纵系统输出操纵力矩推动前轮偏转，同时将前轮产生的转角和转动速度信号反馈给液压模型中的作动筒元件，从而建立前轮操纵联合仿真模型的闭环控制数据传输通道，如图 7.27 所示。

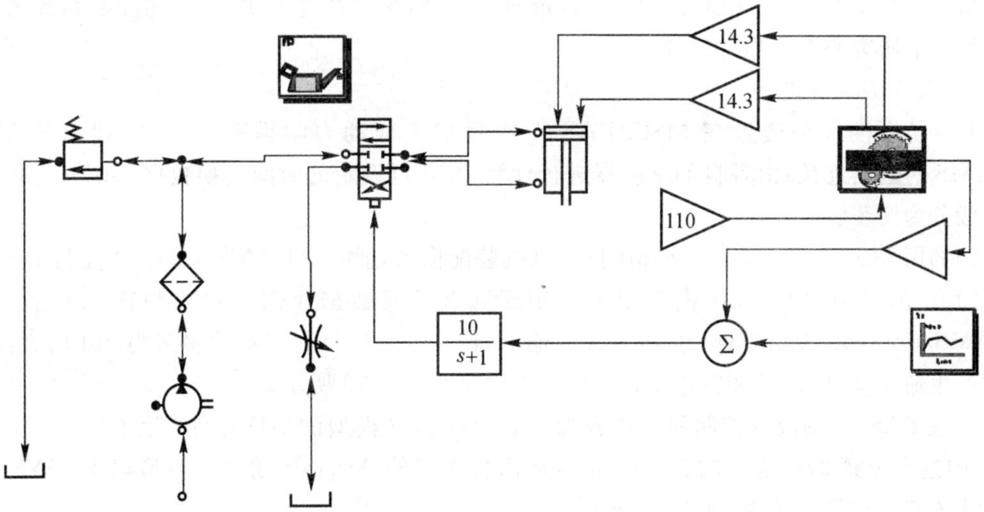

图 7.26　联合仿真液压系统模型

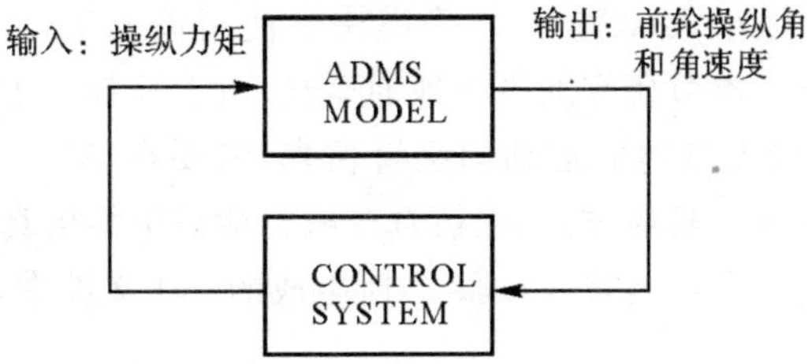

图 7.27　MSC. ADAMS 和 MSC. EASY5 数据通信

7.4.1 联合仿真的方式

实现 MSC. ADAMS - MSC. EASY5 联合仿真有 3 种基本方式：联合仿真模式、函数评价模式和控制导入模式。

1)联合仿真模式：

由 MSC. ADAMS 和 MSC. EASY5 求解器求解各自模型；

根据设定的时间步长相互进行数据通信。

2)函数评价模式：

将 MSC. ADAMS 所建立的多体动力学模型导入 MSC. EASY5；

将 MSC. ADAMS 模型作为一套常微分方程(ODE)加入到 MSC. EASY5；

采用 MSC. EASY5 求解器积分计算所有的模型。

3)控制导入模式：

将 MSC. EASY5 所建立的控制与多学科系统导入 MSC. ADAMS；

将 MSC. EASY5 模型作为一套 GSE 方程加入到 MSC. ADAMS(dll 动态链接库形式引入)；

采用 MSC. ADAMS 求解器积分计算所有的模型；

采用 MSC. ADAMS 中对控制系统性能进行评估，采用此种方式，可以在控制系统预置参数的情况下研究整个模型的性能。

(1)联合仿真模式

联合仿真模式是通过在 MSC. EASY5 中添加表征动力学模型的元件，建立与 MSC. ADAMS 的通信连接，由各自的求解器进行计算，并通过设定的时间交换数据。该方式联合仿真一般分为四步：

1)利用 MSC. ADAMS/Aircraft 打开全机装配模型，插入 ADAMS/Control 控制模块。

2)在 ADAMS/Aircraft 模型中定义用于联合仿真数据通信的输入和输出变量，通过 ADAMS/Control Plant Export，将定义的输入、输出变量信息保存在后缀名为. inf 的文件中，同时产生命令文件. cmd 和数据文件. adm，其过程如图 7.28 所示。

3)在 EASY5 的液压控制回路中添加代表 ADAMS 模型的 AD 元件，通过在 AD 元件的 CDT 中选定步骤 2)中输出的文件(. inf)，从而将输出的 Aircraft 动力学模型以 EASY5 元件的形式连接于液压系统中，如图 7.29 所示。

4)基于 EASY5 进行联合仿真。

上述四步法适用于在 ADAMS/View 中建立的模型，而对于动力学模型由模板(Template)组成的模块，比如 Car，Aircraft 等模块要使用该方法，需要对步骤 2)生成的. inf 文件中修改一些参数。对于本节研究的飞机地面运动，由于步骤 2)所生成的模型中不包含跑道模型，因此不能直接实现飞机地面运动的联合仿真，需要在 ADAMS/Aircraft 中所建立的动力学模型中添加跑道模型。具体方式：在仿真分析对话框中将仿真模式选择为 file_only，并将生成的以. acf 为后缀名的文件名写入步骤 2)所生成的. inf 文件中，如图 7.30 所示。

(2)函数评价模式

函数评价模式与联合仿真模式的实现过程基本相同，只是在步骤 3)中在 AD 元件 CDT

对话框中选择 Function Evaluation 求解模式。

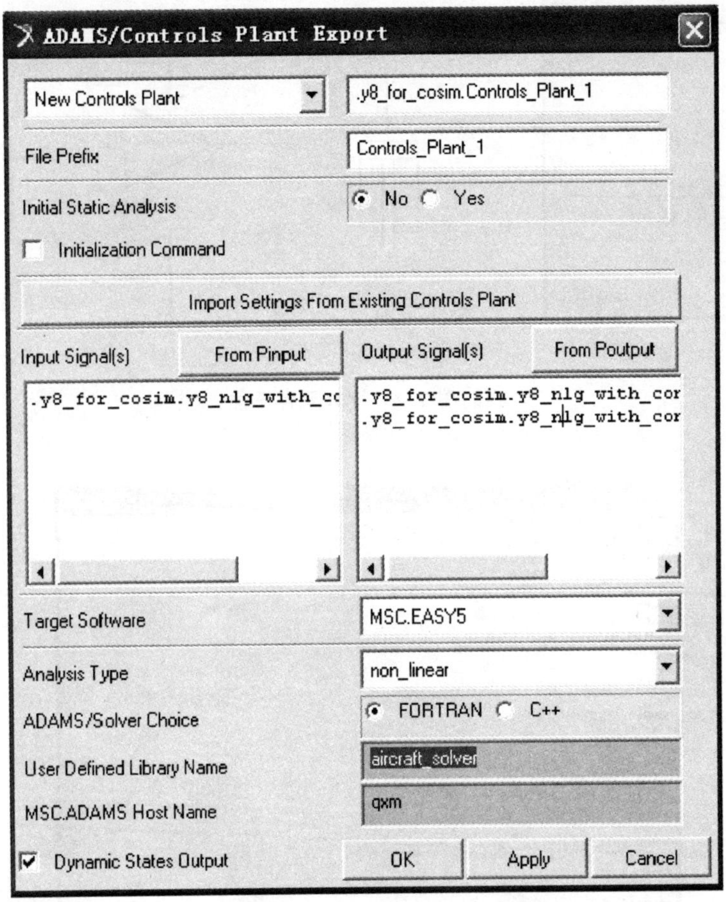

图 7.28　ADAMS 模型变量输出

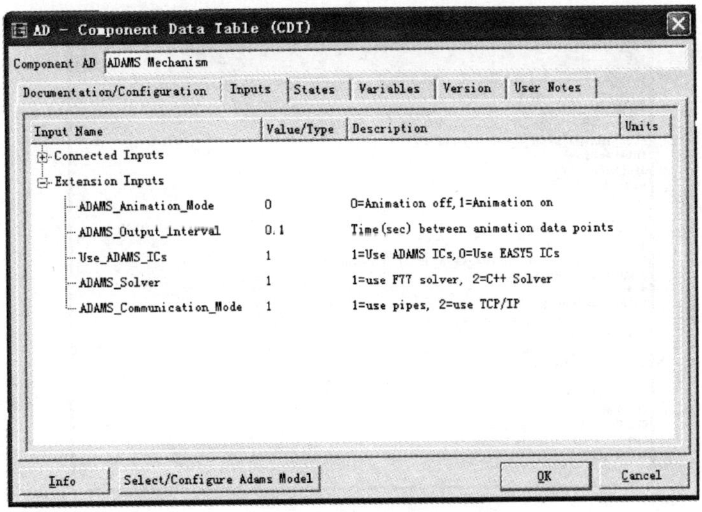

(a)

图 7.29　AD 元件添加

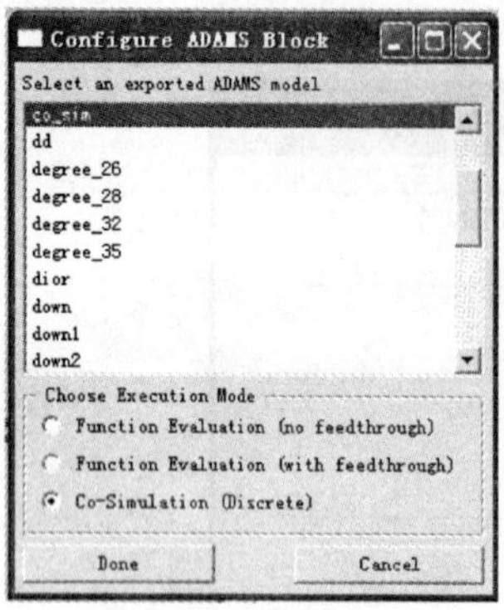

(b)

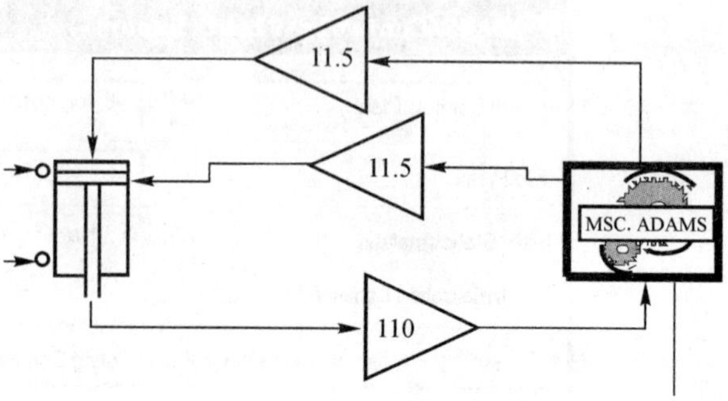

(c)

(续)图 7.29　AD 元件添加

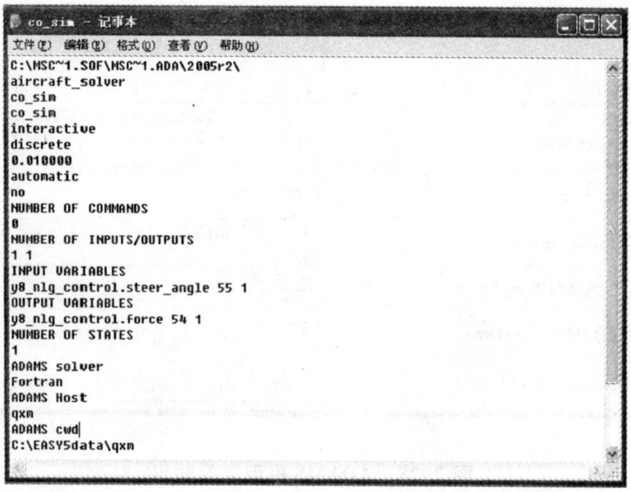

(a)

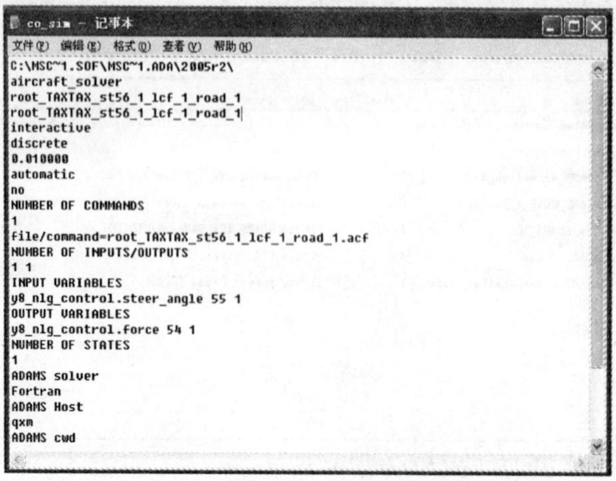

(b)

图 7.30　修改模型 acf 文件

(3)控制导入模式

控制导入模式是将 EASY5 的控制模型作为 GSE(General System Equation)方程导入到 Aircraft,由 ADAMS 求解器计算模型,其实现过程如下:

1)输出 EASY5 模型:该过程包含了联合仿真模式的前三步骤,在第三步 AD 元件选择模型时,执行模式设定为 Function Evaluation(no feed through)。从 Build 菜单中选择 Export Model as Adams External System Library,出现如图 7.31 所示对话框,完成对话框后生成 . dll和. xfe 后缀名文件。

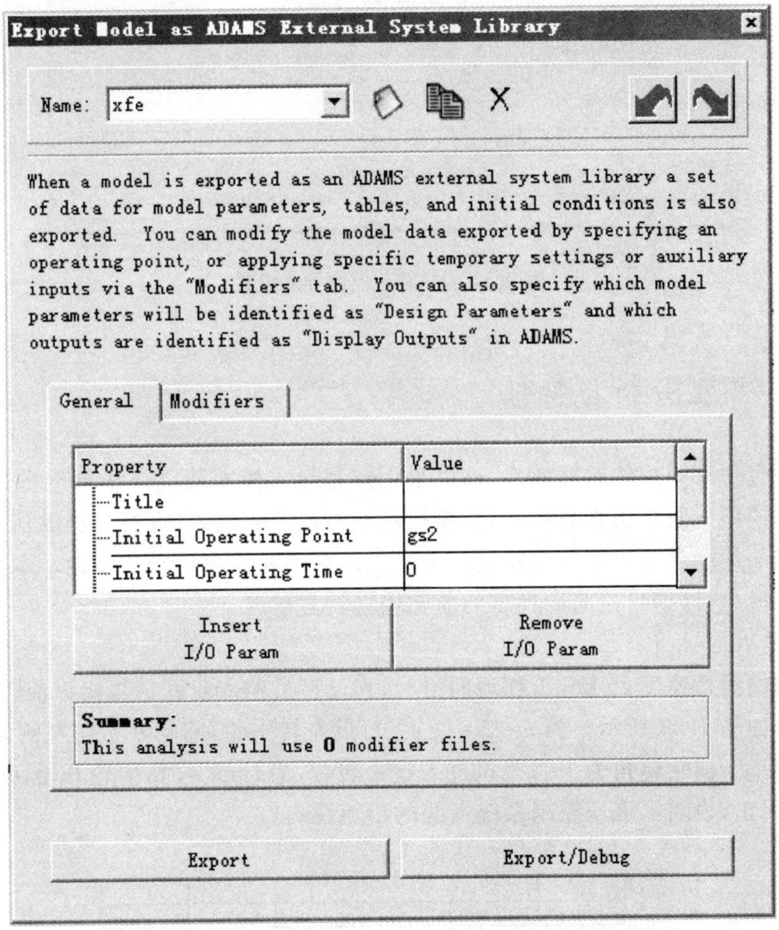

图 7.31 输出 EASY5 控制模型

该对话框中包含液压系统的初始操作点、初始操作时间、用户自定义参数和用户自定义图形输出。对于选择输出图形的参数,可以在 ADAMS/Aircraft 后处理中绘制曲线。

2)在 ADAMS/Aircraft 中插入 ADAMS/Control,将 EASY5 控制模型作为 GSE 方程导入到 ADAMS/Aircraft 中,如图 7.32 所示。

3)在 ADAMS/Aircraft 中进行联合仿真。

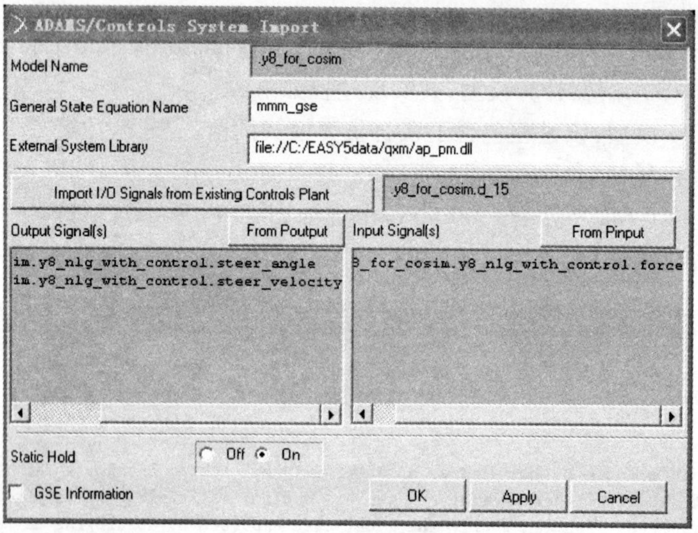

图 7.32　EASY5 模型导入设置

7.4.2　模型分析与验证

考虑到联合仿真模型的运算效率，这里采用控制导入模式建立飞机操纵前轮地面运动动力学联合仿真模型。联合仿真分析时，只要给定液压系统的输入（飞行员操纵信号）、飞机初始滑行速度和路面情况就可以研究滑跑过程中飞机操纵前轮转弯运动的特性。本节将基于该动力学联合仿真模型，详细讨论两种典型的前轮操纵转弯情况。

(1)阶跃输入信号

飞机以初始滑行速度 25 km/h 在地面滑行，当飞行员输入阶跃信号操纵前轮偏转时，前轮产生的操纵角如图 7.33 所示。当 $t=2$ s 时，飞行员左转手轮，前轮开始向左侧偏转，当$t=4$ s 时，手轮停止转动，前轮转角为 15°，飞机进入定常转弯，当 $t=9$ s 时，前轮开始回正，当 $t=11$ s 时，轮胎完全回正，表明了液压控制系统良好的跟随性。

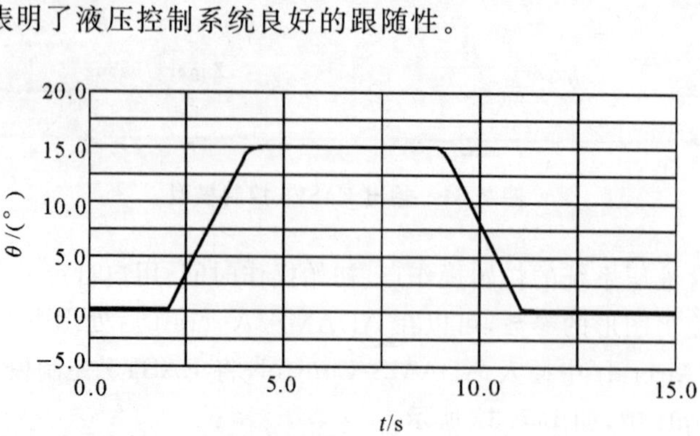

图 7.33　输入操纵信号产生的前轮操纵角

图 7.34 所示为操纵作动筒两腔压力随时间的变化。由图 7.34 可知，作动筒的两腔压力随时间没有出现较大波动，从而保证了前轮转动过程的平稳性。图 7.35 描述了作动筒活塞杆运动速度与时间的关系。可见，该过程中活塞杆速度较为平稳。

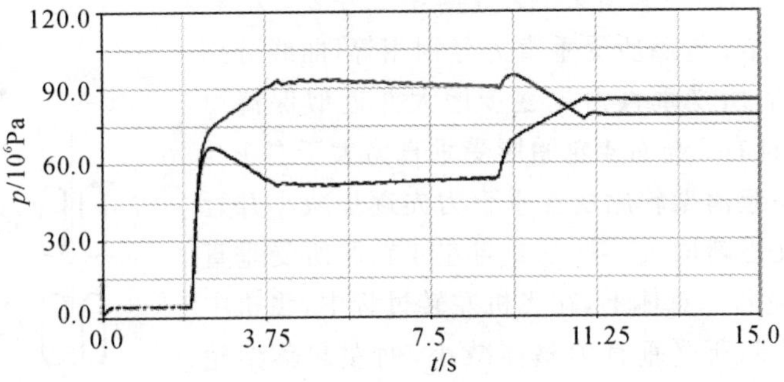

图 7.34 作动筒两腔压力随时间的变化关系

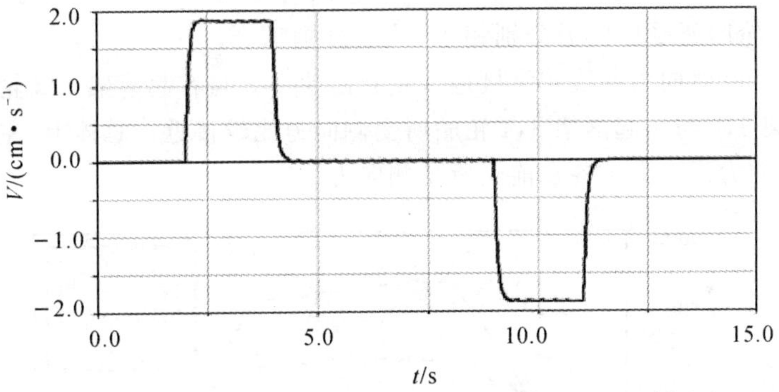

图 7.35 作动筒活塞杆运动速度随时间的变化关系

图 7.36 描述了飞机转弯过程中质心在 xOy 平面的运动轨迹，基本符合真实飞机在跑道上的转弯情况。

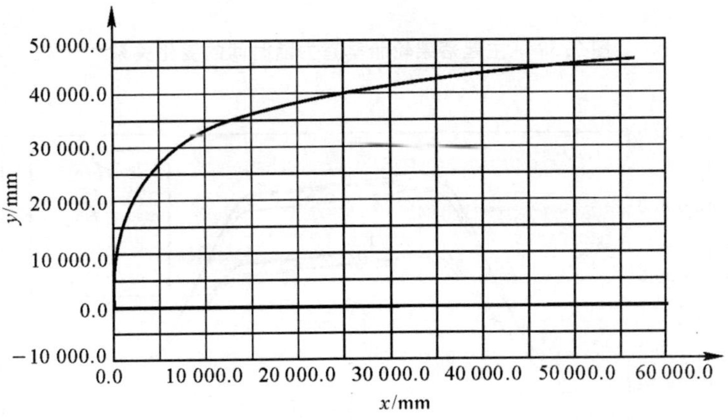

图 7.36 飞机质心运动轨迹

图7.37所示为飞机机轮俯视分布图，以方便描述飞机转弯过程中各机轮的受力情况。

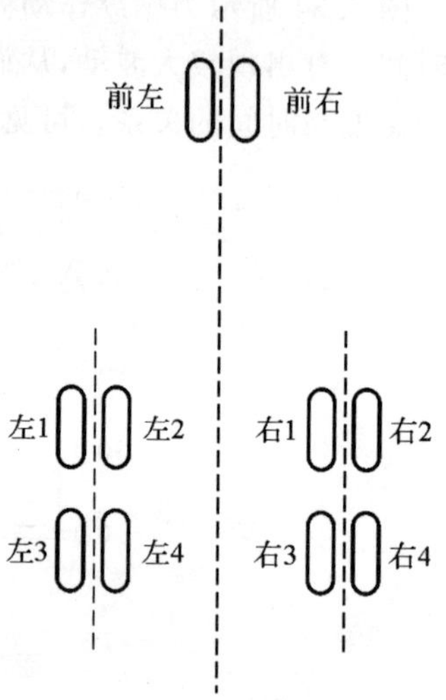

图 7.37　飞机机轮俯视分布图

图7.38所示为飞机转弯过程中8个主起落架轮胎所受垂直力。由图7.38可知，主起落架的左1与左3、左2与左4、右1与右3、右2与右4轮胎所受垂直力分别相等，曲线分别重合。右起落架轮胎所受垂直力先逐步增大并近似保持恒值，然后逐渐减小，且右2与右4轮胎所受垂直力大于右1与右3轮胎。同时，左起落架轮胎所受垂直力先逐步减小并近似保持恒值，然后又逐渐增大。且左2与左4轮胎所受垂直力大于左1与左3轮胎。总体上，在飞机左转过程中，飞机主起落架、左起落架轮胎所受垂直力整体减小，而左起落架轮胎所受垂直力整体增大。

如图7.39所示为飞机转弯过程中8个主起落架轮胎所受侧向力。由图7.39可知，主起落架的左1与左2、右1与右2、右3与右4轮胎所受侧向力分别相等，曲线分别重合，左3与左4轮胎所受侧向力曲线非常接近。左起落架1,2与右起落架1,2轮胎所受侧向力比较接近，左起落架3,4与右起落架3,4轮胎所受侧向力比较接近。总体上，左右两侧主起落架轮胎后轮所受侧向力明显大于各自前轮所受侧向力。

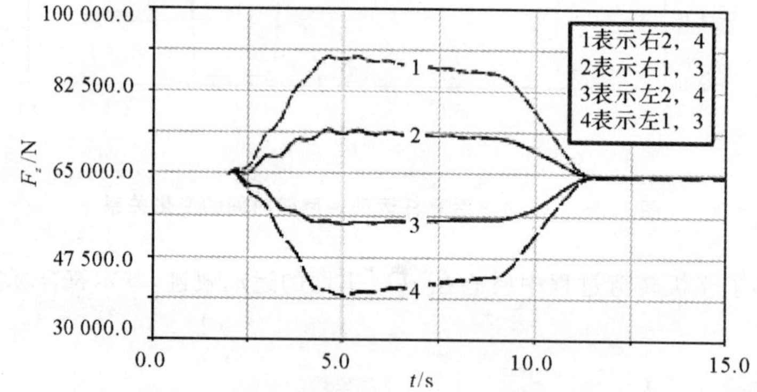

图 7.38　主起落架轮胎垂直力随时间的变化关系

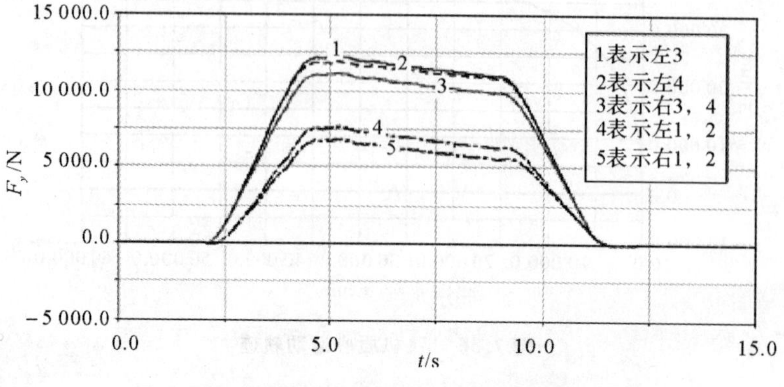

图 7.39　主起落架轮胎侧向力随时间的变化关系

由图 7.38 和图 7.39 可知，在飞机左转过程中，左起落架的 1，3 轮胎比其他主轮胎所承受的垂直力小，因此，这两个轮胎的临界侧偏角较小，容易发生侧向滑动。同时，左 3 轮胎所受侧向力比左 1 轮胎的大，两者相比左 3 轮胎更容易发生侧滑。因此在后续分析中，将重点研究该轮胎的受力特性。

图 7.40 所示为前轮所受侧向力随时间的变化，两个曲线重合。侧向力曲线在前轮偏转过程中出现小幅度波动，这是由于操纵作动筒的两腔压力波动引起的。

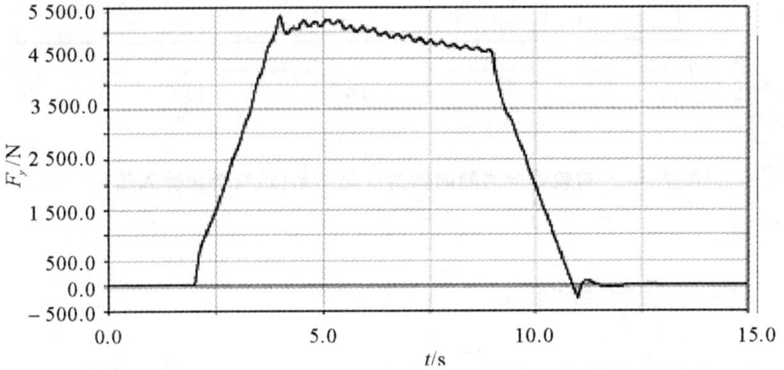

图 7.40　前轮侧向力随时间的变化关系(阶跃输入信号)

(2) 定常转角输入信号

定常转弯：飞机操纵前轮偏转 15° 开始进入定常转弯。由于轮胎侧偏的作用，质心运动轨迹为近似椭圆的螺旋形而非圆弧，如图 7.41 所示。图 7.42 描述了飞机前轮侧向力随时间的变化。由图 7.42 可知，当飞机直线滑行时，即前轮没有侧偏时，其所受侧向力为零。当前轮开始偏转时，侧向力随着转角的增加而迅速增大，然后前轮侧向力逐渐趋于稳定。

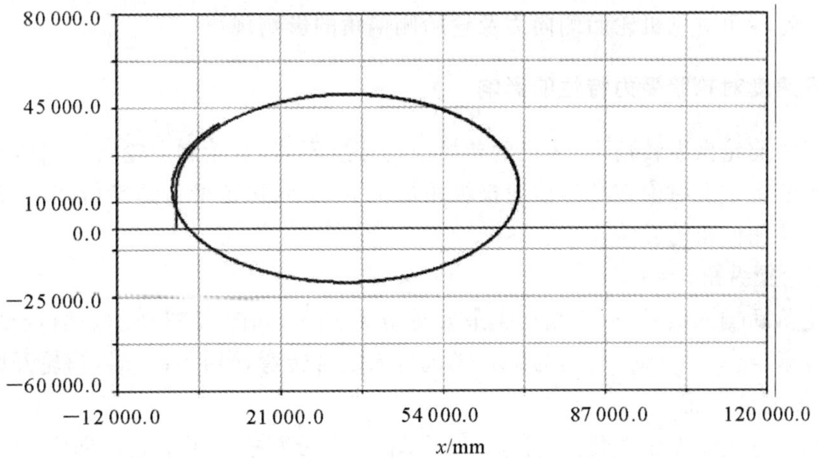

图 7.41　飞机质心运动轨迹

基于所建联合仿真动力学模型，详细分析了两种操纵前轮转弯运动方式下模型的力学响应，结果与实际经验情况基本一致，表明了所建模型的合理性和有效性。

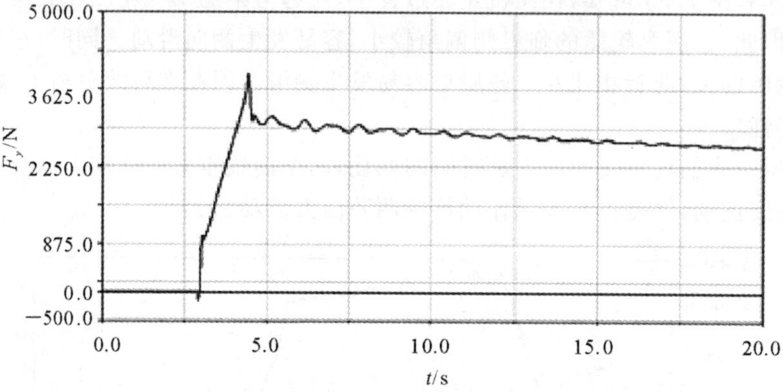

图 7.42 前轮侧向力随时间的变化关系(定常转角输入信号)

7.4.3 参数分析与讨论

在飞机地面操纵前轮转弯运动期间，前轮或主轮的侧向滑动会直接影响飞机地面机动运动，尤其是主轮的侧滑会使得飞机急剧转弯，可能导致飞机翻倒。轮胎在地面运动中是否引起侧滑，取决于飞机上诸力导致轮胎侧向力是否超过轮胎与地面的侧向摩擦力。当轮胎侧向力超过轮胎与地面间的摩擦力时引起侧滑。国内外试验表明，轮胎与地面间的极限摩擦力取决于轮胎尺寸、轮胎内压力、地面径向反力、机轮的偏转角、轮胎表面形状和道面情况，而轮胎侧向力则与飞机地面受力情况、滑行速度和机轮转角有关。

因此，研究飞机前轮操纵转弯过程中的轮胎侧向力及轮胎侧偏角等，对于有效分析飞机转弯运动特性，进而防止飞机因侧滑而发生翻倒具有十分重要的意义。下面将着重讨论初始滑行速度和机轮转角对飞机轮胎侧向力及轮胎侧偏角的影响规律。

1. 滑行速度对轮胎受力特性的影响

在相同的前轮操纵转角下，飞机的初始滑行速度不同，前轮和主轮所受到的力学响应将发生改变。本节将重点讨论在两种前轮操纵角情况下，不同初始滑行速度(简称为滑行速度)对轮胎侧向力及侧偏角的影响规律。

(1) 前轮操纵角 $\theta=15°$

在给定阶跃输入信号下，前轮产生最大转角 θ 为 15°，如图 7.33 所示。当 $t=2$ s 时，前轮开始向左侧转弯，当 $t=4$ s 时，转角为 15°，飞机进入定常转弯，当 $t=9$ s 时，前轮开始回正，当 $t=11$ s 时，轮胎完全回正。

当飞机滑行速度发生变化时，图 7.43 ～ 图 7.49 分别描述了前轮侧向力、前轮侧偏角、左起落架左 3 主轮侧向力、左起落架左侧主轮侧滑时主轮的侧向力、轮胎侧滑时的相关曲线、左起落架左 3 主轮侧偏角和飞机质心运动轨迹随时间的变化曲线。

如图 7.43 所示为飞机前轮侧向力随时间的变化曲线。当飞机直线滑跑时，前轮侧向力为 0。进入转弯行程以后，随着滑行速度的增加，飞机前轮侧向力总体持续增大。当 t 为 2 ～ 4 s 时，随着滑行速度的增大，前轮侧向力均近似按线性迅速增大；当 t 为 4 ～ 9 s时，随着滑行速度从 15 km/h 增大到 28 km/h，该过程中前轮侧向力曲线较为平缓，随着滑行速度的进一步增加，前轮侧向力曲线由平滑逐渐增大向上凸起；当 t 为 9 ～ 11 s时，前轮侧向力均近似按线性递减至 0。

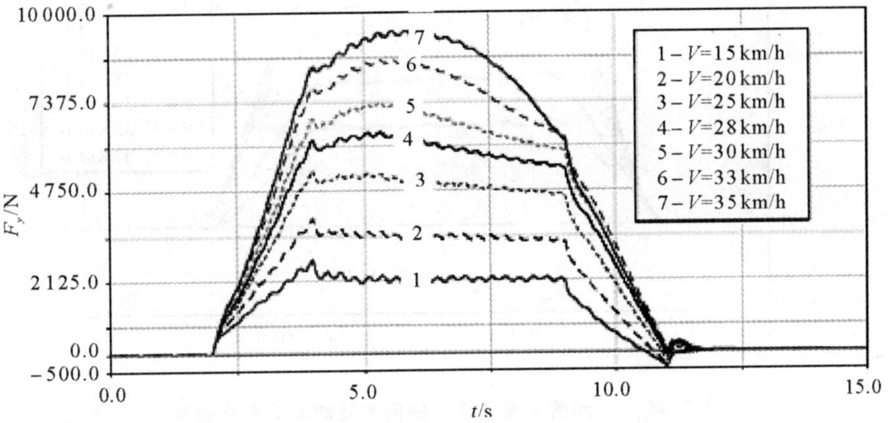

图 7.43　前轮侧向力随时间的变化关系

如图 7.44 所示为飞机前轮侧偏角随时间的变化曲线。飞机直线滑跑时，前轮没有发生侧偏，其转角为 0°。进入转弯行程以后，随着滑行速度的增加，飞机前轮侧偏角总体持续增大。当 t 为 2 ～ 4 s时，随着滑行速度的增大，前轮侧偏角均近似按线性迅速增大；当 t 为 4 ～ 9 s时，随着滑行速度从 15 km/h 增大到 28 km/h，该过程中前轮侧偏角变化不大，随着滑行速度的进一步增加，前轮侧偏角曲线由平滑逐渐增大向下凸起。当 t 为 9 ～ 11 s时，前轮侧偏角按线性递减至 0°。

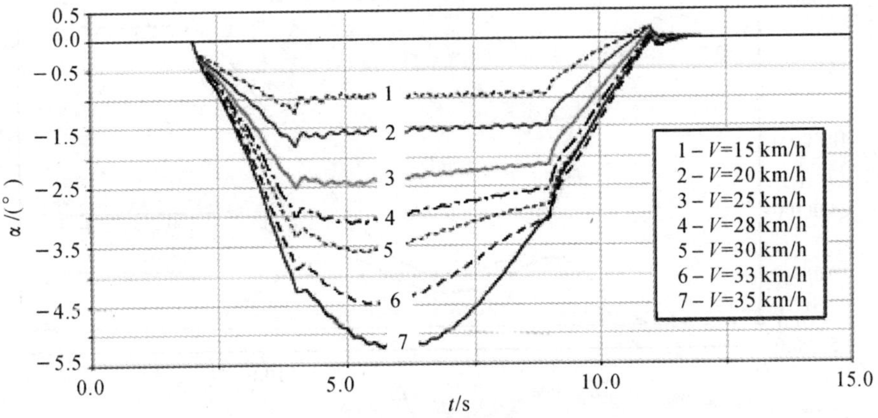

图 7.44　前轮侧偏角随时间的变化关系

如图 7.45 所示为飞机左起落架左 3 主轮侧向力随时间的变化曲线。飞机直线滑跑时，侧向力为 0。进入转弯行程以后，随着滑行速度的增加，飞机左起落架左后主轮侧向力总体持续增大，但当速度大于 30 km/h时，情况有所不同。当 t 为 2 ～ 4 s时，随着滑行速度的增大，左起落架左后主轮侧向力均近似按线性迅速增大；当 t 为 4 ～ 9 s时，随着滑行速度从 18 km/h 增大到 30 km/h，该过程中侧向力曲线较为平滑，随着滑行速度的进一步增加，当滑行速度达到 35 km/h 左右时，侧向力迅速减小后又急剧增大，曲线发生向下凹陷现象。

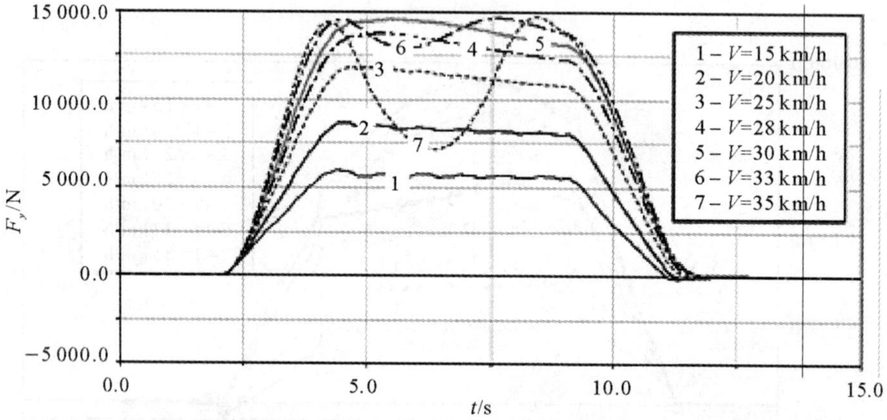

图 7.45　主起落架左 3 轮胎侧向力随时间的变化关系

为了进一步研究左 3 主轮侧向力出现下凹现象的原因，图 7.46 给出了当飞机滑行速度为 35 km/h时，该轮胎的侧向力和法向力曲线。图 7.47 给出了该速度下左 3 轮胎的侧向力、回正力矩曲线。根据 7.1.3 节轮胎模型中定义的临界侧偏角来判断轮胎是否发生侧滑。由于临界侧偏角正比于法向力，当法向力减小时，临界侧偏角也随之减小。在法向力不变化的情况下，当侧偏角等于临界侧偏角时，轮胎的侧向力达到最大值；当侧偏角大于临界侧偏角时，轮胎发生侧滑，且侧向力开始减小。回正力矩在轮胎发生侧滑时，其值为零。综合图 7.46、图 7.47 和图 7.48 可知，主起落架左 3 轮胎侧向力下凹是由于该轮胎发生侧滑引起的。

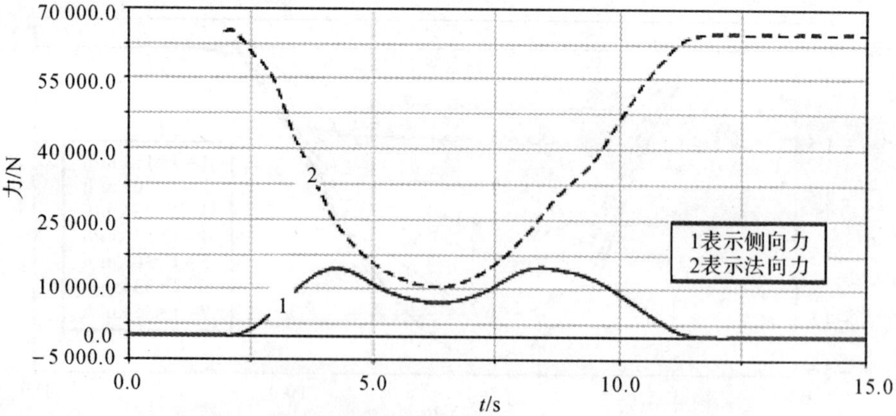

图 7.46　主起落架左 3 轮胎发生侧滑侧向力和法向力曲线

由于侧向力是侧偏角和法向力的函数，且随之增大而增大。当 t 为 2 ～ 4 s时，侧偏角增大占主要因素，侧向力随之增大，当 t 为 4 s 时，侧向力达到最大值并随着侧偏角的增大而减小，但此时轮胎并未发生侧滑，因为此刻回正力矩不为零。侧向力减小是由于法向力减小占主要因素而导致的，当 t 为 5.1 s时回正力矩为零，轮胎发生侧滑。

根据同样的分析方法，左 1 轮胎也发生侧滑。

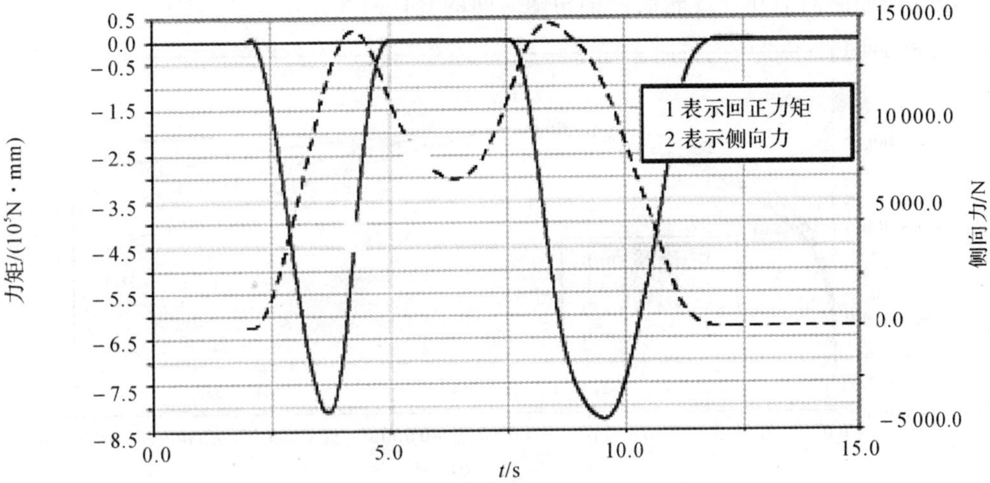

图 7.47　主起落架左 3 轮胎发生侧滑侧向力和回正力矩曲线

如图 7.48 所示是主起落架左 3 轮胎侧偏角随时间的变化曲线。随着滑行速度的增加，飞机主起落架左 3 轮胎的侧向角逐步增大。当 t 为 2 ～ 4 s 时，随着滑行速度的增大，偏角均近似按线性迅速增大；当 t 为 4 ～ 9 s 时，随着滑行速度从 18 km/h 增大到 28 km/h，该过程中侧偏角变化不大，随着滑行速度的进一步增加，侧偏角曲线由平滑逐渐增大向下凸起，当 t 为 9 ～ 11 s 时，侧偏角均近似按线性递减至 0°。

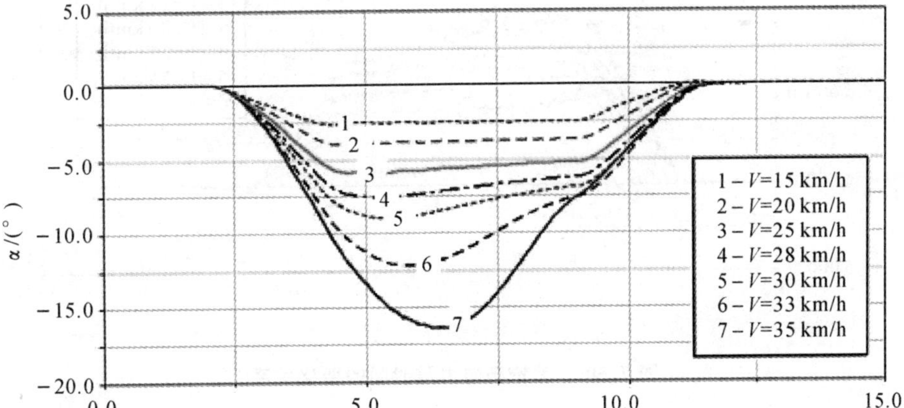

图 7.48　主起落架左 3 轮胎侧偏角随时间的变化关系

如图 7.49 所示为飞机质心运动轨迹曲线。通过比较发现主轮轮胎发生侧滑后质心运动轨迹曲线的曲率增大，飞机转弯半径变小。

(2) 前轮操纵角 $\theta = 28°$

在给定飞行员操纵信号下，前轮产生最大转角 θ 为 28°，如图 7.49 所示。当 $t=2$ s 时，前轮开始向左侧转弯，当 $t=4$ s 时，转角为 28°，飞机进入定常转弯，当 t＝9 s 时，前轮开始回正，当 $t=11$ s 时，轮胎完全回正。

当飞机滑行速度发生变化时，图 7.50 ～ 图 7.53 分别描述了前轮侧向力、前轮侧偏角、主起落架左3轮胎侧向力和左3轮胎侧偏角随时间的变化曲线。

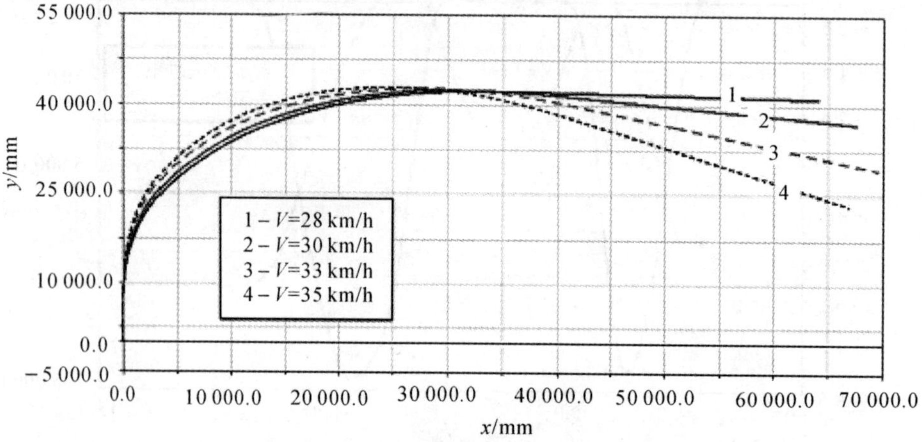

图 7.49　飞机质心运动轨迹

如图7.50所示为前轮侧向力随时间的变化曲线，随着滑跑速度的增加侧向力也逐步增大。如图7.51所示为飞机前轮侧偏角随时间的变化曲线，随着滑跑速度的增加侧偏角逐步增大。

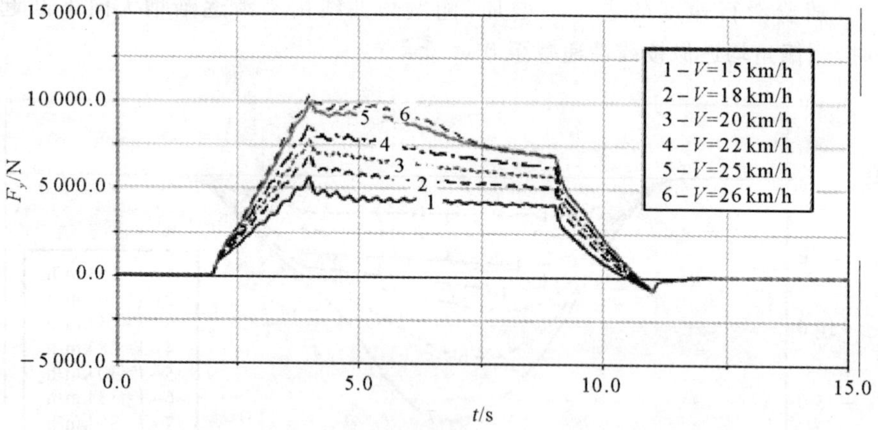

图 7.50　前轮侧向力随时间的变化关系

如图7.52所示为飞机主起落架左3轮胎侧向力随时间的变化曲线。随着滑行速度的增加，飞机左3主轮胎侧向力总体持续增大，当速度为26 km/h左右时，左起落架左后主轮侧向力迅速减小后又急剧增大，曲线发生向下凹陷现象，这主要是由于左侧主轮发生了滑动所引起的现象。若速度继续增大，将导致整体侧滑，进而导致飞机发生翻倒。

如图7.53所示为飞机主起落架左3轮胎侧偏角随时间的变化曲线。随着滑行速度的增加，飞机左侧主轮侧偏角总体持续增大。当t为2～4 s时，随着滑行速度的增大，左侧主轮侧偏角均近似按线性迅速增大；当t为4～9 s时，随着滑行速度从18 km/h增大到22 km/h，该过程中左起落架左后主轮侧偏角变化不大，随着滑行速度的进一步增加，左侧主轮侧偏角曲线由平滑逐渐增大向下凸起。

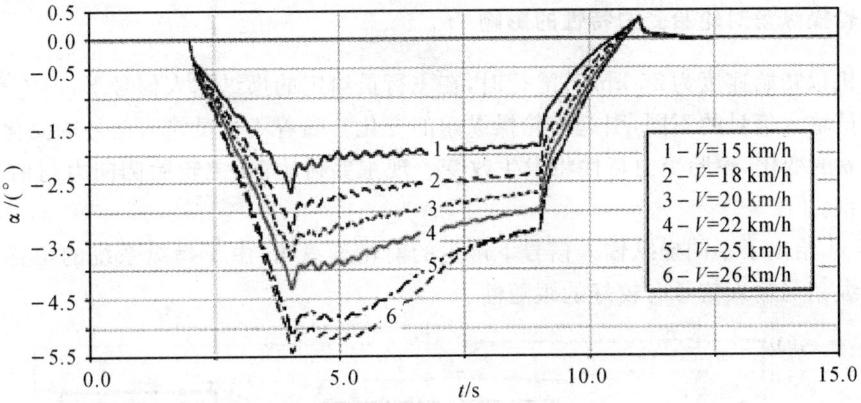

图 7.51　前轮侧偏角随时间的变化关系

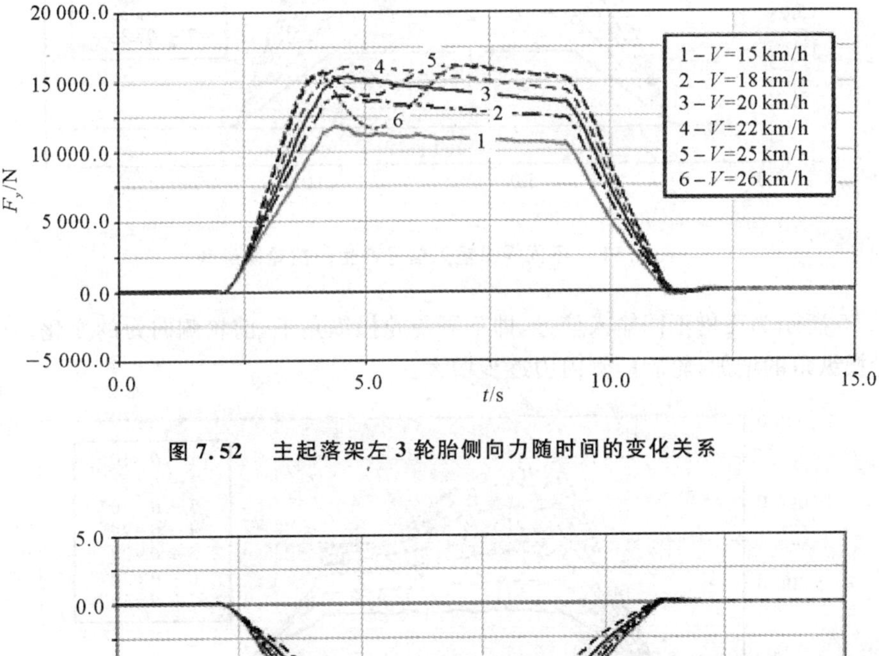

图 7.52　主起落架左 3 轮胎侧向力随时间的变化关系

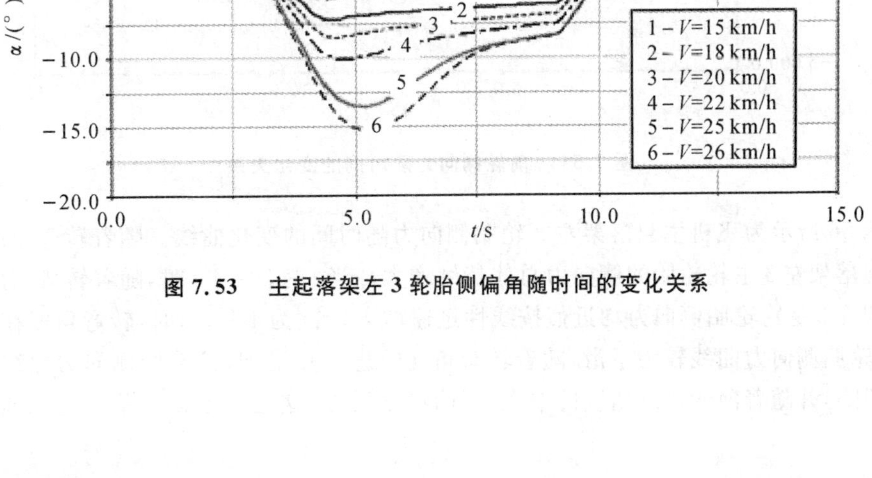

图 7.53　主起落架左 3 轮胎侧偏角随时间的变化关系

2. 前轮操纵角对轮胎受力特性的影响

当飞机以初始速度为25 km/h滑行时，在飞行员给定的操纵输入信号下，前轮产生偏转。由于飞行员输入信号的不同，引起前轮操纵角的变化。随着飞行员输入信号的变化，也就是前轮操纵角 θ 的变化，轮胎受力特性将发生改变。现主要讨论前、主轮胎侧向力与前轮操纵角 θ 之间的关系。

图 7.54 给出了不同操纵输入信号下产生的前轮操纵角，由于操纵系统的位置反馈，产生的前轮操纵角与输入信号有较好的跟随性。

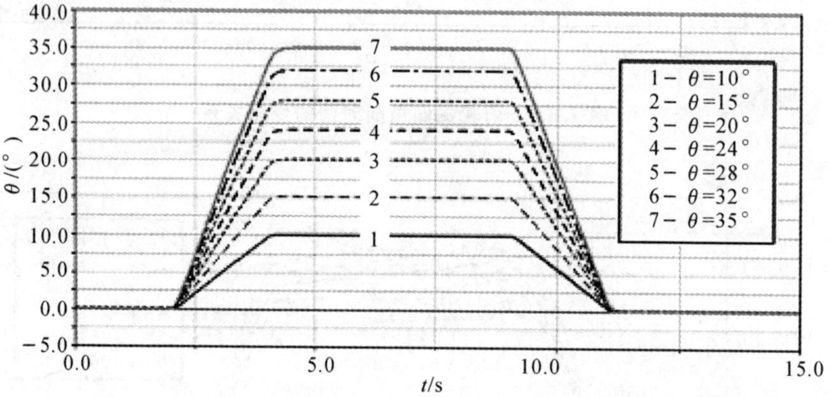

图 7.54 不同操纵输入信号产生的前轮操纵角

图 7.55 所示为飞机不同输入信号，即不同前轮操纵角下，前轮侧向力的变化。可以看出，随着前轮操纵角的增加，轮胎的侧向力逐步增大。

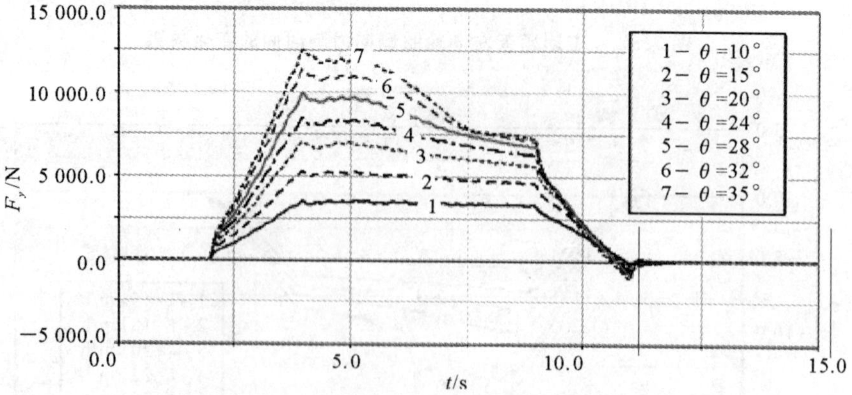

图 7.55 前轮侧向力随时间的变化关系

图 7.56 所示为飞机主起落架左 3 轮胎侧向力随时间的变化曲线。随着转弯角度的增加，飞机主起落架左 3 主轮轮胎的侧向力总体持续增大。当 t 为 2～4 s时，随着转弯角度的增大，主起落架左 3 主轮轮胎侧向力均近似按线性迅速增大；当 t 为 4～9 s时，转弯角度在 10° 到 24° 之间，该轮胎侧向力曲线较为平滑，随着转弯角度的进一步增加，该轮胎侧向力曲线由平滑变为向下凹陷，并随着前轮操纵角度的增大，下凹幅度增加，这是由于该轮胎发生侧向滑动引起

的侧向力的急剧减小。

图7.56表明:当滑行速度为25 km/h时,转弯角度大于24°,容易发生主起落架左侧主轮局部侧滑现象,若角度持续增大,就可能引起飞机翻倒。

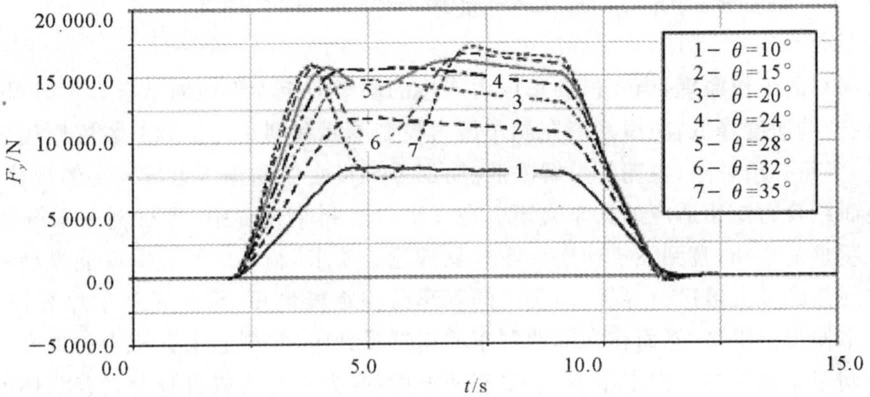

图7.56 主起落架左3轮胎侧向力随时间的变化关系

以上研究表明:飞机前轮操纵角和飞机初始滑行速度对轮胎受力特性有着非常显著的影响。在轮胎几何参数及地面摩擦因数不变的情况下,通过分析及讨论前轮操纵角与飞机滑行速度的关系,有助于防止主轮侧滑现象发生,从而保证飞机地面前轮操纵运动的安全性。

经分别研究前轮操纵角为10°,15°,20°,24°,28°,32°,35°时,主轮产生侧滑的极限速度,绘制出主轮临界侧滑的前轮转角与滑行速度关系曲线,如图7.57所示。可见,随着飞机前轮操纵角的增大,飞机临界侧滑的速度随之减小,曲线下方为操纵前轮转弯的安全区域。

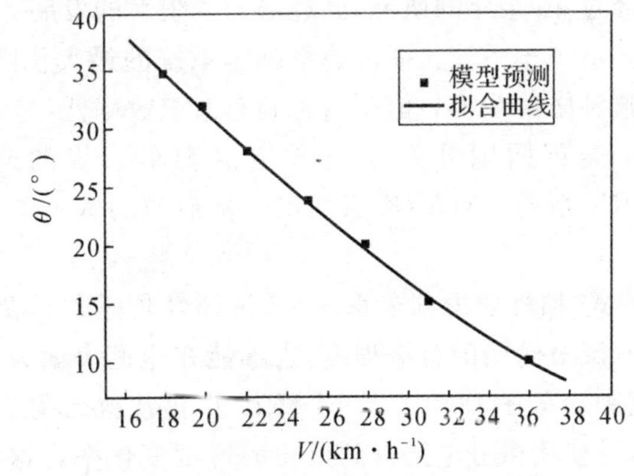

图7.57 主轮侧滑前轮操纵角与滑行速度的关系曲线

7.5 防滑刹车系统分析

防滑刹车系统对飞机起飞、着陆安全起着重要的作用,刹车系统性能的好坏直接影响到飞机及机载人员的安全。由于飞机着陆过程持续时间比较短,工作环境复杂,会受到各种外部因素和内部不稳定因素的影响，所以要求防滑刹车系统必须安全、可靠、迅速，确保安全刹停飞机。

7.5.1 防滑刹车系统工作原理

防滑刹车的工作原理：当飞机刹车压力产生的刹车力矩大于地面结合力矩时，机轮便会打滑，刹车机轮的速度降低，防滑系统在刹车压力控制单元和刹车力矩调节装置作用下刹车力矩随着降低，机轮打滑解除；机轮打滑解除后，防滑系统又会使刹车压力按一定的规律上升，重新寻找与地面结合力矩相适应的刹车力矩。在飞机着陆刹车过程中，飞机刹车系统就是这样周而复始不断重复工作，直到飞机速度为零。从理论上要求，刹车控制装置应能自动地对轮胎和跑道摩擦因数的最大值进行寻优，使飞机的刹车滑跑距离最短，轮胎和刹车片磨损量最小，这样刹车效率便得以提高，然而在实际的刹车控制器设计中，实现起来有相当的难度。

影响刹车系统性能的因素很多，主要有两方面：一方面是飞机自身及其着陆环境的物理特性，如飞机非对称着陆、飞机着陆速度、着陆场上的风力和风向状况、路面状况、飞机起落架和轮胎情况等；另一方面是防滑刹车系统的高效性和可靠性，它需要综合利用液压传动技术、电子技术、伺服控制技术和材料科学技术，并能根据前一方面因素的变化来充分利用地面提供的摩擦力，安全、可靠、快速地刹停飞机。因此飞机刹车系统是一个具有不确定性与时变参数的复杂非线性系统。

7.5.2 防滑刹车系统现状及发展趋势

飞机防滑刹车系统经过70余年的研究，已经取得了很大的发展。最早的防滑刹车系统是以俄罗斯为代表的惯性防滑刹车系统。惯性防滑刹车系统的最大优点是可靠性高，俄罗斯至今仍在新型飞机上装备这种防滑系统。但是这种刹车系统效率低，着陆距离长，刹车不稳定。

20世纪40年代初，美英两国开始了电子防滑刹车系统的研制，最著名的是美国Hydro-Aire公司的MARK系列。MARK系列现已从最初的MARK Ⅰ型发展到最先进的MARK Ⅴ型。

MARK Ⅰ型为机械式-惯性防滑刹车系统，通过惯性传感器检测直接操作液压阀，因此无法仔细区分跑道表面状况及轮胎的打滑程度，也不能在跑道表面大范围变化的情况下获得好的刹车性能。因此，这种刹车在1960年被MARK Ⅱ型代替。调节式MARK Ⅱ型使用速度传感器测量机轮速度，并使用微分电路得到机轮的速度变化率。这种方式使得刹车的效率更高，刹车也更加平稳。20世纪60年代初，为了适应飞机大推力、大载荷和高降落速度的要求，美国推出了基于模拟信号闭环反馈的MARK Ⅲ型刹车系统。该型刹车系统具有非常精确的机轮速度检测机构、轮胎打滑误差检测机构、压力偏调和相位补偿元件，与调节式的MARK Ⅱ相比，MARK Ⅲ型的控制律也有了本质的变化。近几年来，随着微电子技术的飞速发展和单片微控制器的不断出现，电子防滑系统的数字化成为刹车系统的发展方向之一。20世纪70年代后期数字式防滑刹车系统出现，20世纪80年代初期，世界上第一个使用微处理器的数字式防滑刹车系统MARK Ⅳ问世。该型刹车系统除了一般模拟式电子防滑刹车系统的优点外，还有响应快、工作平稳、自适应性强、刹车效率高、自检测功能和维护方便等优点。

Boeing 757 和 Boeing 767 采用了 MARK Ⅳ 系统。

我国在引进消化吸收的基础上，也相继研制出了多种带防滑控制的飞机刹车系统，并研究改进了如过分胎损、低速打滑加深、非正常跑道下刹车效率低等问题。国内有关专家和研究所从 20 世纪 60 年代末开始相继研制了 4 种模拟电子防滑刹车系统，其中仿美式 MARK Ⅰ的速率系统已经运用于运十飞机上，1981 年研制的模拟式速度差式电子防滑刹车系统也已经在运七和 FBC—1 上使用。近年来，电子防滑刹车系统在国内有了一定的发展，先后为 J8 Ⅲ，J7E，JH7A，Y7 等机种研制了配套电子防滑刹车系统，有些已批量装备部队。其水平相当于美国的 MARK Ⅲ系统和英国的 OSCAR系统。这两种系统均属于国外20世纪70年代研制的模拟式电子防滑刹车系统。我国的 10 号工程采用了数字式防滑刹车控制系统，它采用的是两余度电传防滑刹车控制系统，在国内属领先水平，总体技术接近于美国 F—16 飞机的刹车系统，但是在防滑控制的可靠性、可维修性以及刹车效率和冗余技术等方面存在较大的差距，有待进一步研究。

为了提高飞机在小结合系数跑道上的性能和安全性，要考虑防滑刹车与地面滑行方向的综合控制，即把防滑刹车、前轮转弯和方向舵控制的功能通过计算机协调来实现飞机滑行速度的控制，该综合控制系统主要用于光滑跑道和战时环境。国外已经在这个问题上进行了相当深入的研究，国内也有必要开展这方面的研究工作。由于液压系统容易起火，并且难于维修，以及考虑到“多电飞机”的应用，近年来，国外已经开始了全电刹车系统的研究，实验证明全电刹车的刹车效率远优于液压刹车系统，所以全电刹车系统也是我国今后研究的重要方向。

7.5.3　防滑控制方式分析

飞机防滑刹车系统分为两大类：脉冲式刹车、打滑监控式刹车。第一类系统工作时，不管机轮是否打滑，按预先设定的时间间隔交替进行刹车、松刹，直到飞机刹停为止。这类系统的刹车效率次优，但性能稳定。第二类系统通过传感器监测飞机的运动，根据机轮是否打滑进行控制，这类系统的刹车性能可望达到最优。按系统被控量与控制方式的差别，第二类系统可分为 4 种：开关式防滑刹车系统、速度变化率加压力偏调控制的防滑刹车系统、滑移速度控制式防滑刹车系统和滑移率控制式防滑刹车系统。

开关式防滑刹车系统包括机械式防滑刹车系统和机械-电气式防滑刹车系统，后者也称为惯性防滑刹车系统，如 MARK Ⅰ，这种系统的控制量是机轮的减速度，通过减速度的大小控制刹车装置运作。由于系统的给压或放压为开关式，刹车效率低，工作不平稳，起落架受力状况差。

速度变化率加压力偏调控制的系统，控制量仍为减速度，因为使用压力偏调，每次松刹车，防滑系统不必像 MARK Ⅰ 系统那样使刹车压力回零，所以刹车效率大幅度提高，工作平稳，起落架受力状态明显改善。MARK Ⅱ 系统就是这一种类型。

滑移速度控制式防滑刹车系统也具有压力偏调功能，控制量是准滑移速度。滑移速度是飞机沿跑道的纵向速度与刹车机轮线速度的差值，系统用参考速度代替飞机速度计算滑移速度，得出准滑移速度。系统在干跑道上的性能较好，在混合跑道上性能较差。Boeing 飞机装备的MARK Ⅲ 和MARK Ⅳ 防滑刹车装置就是这种原理，我国自行研制的电子防滑系统也是这种原理。

滑移率控制式防滑刹车系统控制飞机的滑移率，即控制滑移速度与飞机速度的比率。在诸多外界因素中，滑移率对结合系数的影响最大。系统尽力把滑移率控制在与结合系数最大值对应的滑移率附近，使系统刹车效率最高。计算滑移率的飞机速度通常用自由滚动前轮的速度代替。这种系统不带压力偏调，预先设定期望的滑移率，与实际计算的滑移率比较，然后进行控制。欧洲的一些商用或军用喷气式飞机采用这种原理的防滑刹车系统。

为了研究恶劣天气条件下飞机防滑刹车系统性能恶化的原因，NASA对各种原理的刹车系统进行了试验，试验结果见表7.1。可以看出，在干跑道上，滑移率控制式系统和滑移速度控制式系统的性能相当，刹车效率最高，速度变化率控制式系统性能次之，惯性防滑刹车系统最差。在湿跑道上，惯性防滑刹车系统和滑移率控制式系统刹车效率较高，滑移速度控制式较差，速度变化率控制式系统的性能最差。

实际装机防滑刹车系统控制律常采用PID或PID＋PBM控制进行设计，PID＋PBM中的积分级与常规的积分级不同，积分级既可以增加，又可以减小，称之为压力偏调级，简称PBM。

表7.1 几种防滑刹车系统性能比较(试验车)

系统名称	跑道状况	刹车效率		
		由刹车压力计算	由刹车力矩计算	由结合系数计算
速度变化率控制式系统(带PBM)	干跑道	0.85	0.83	0.81
	湿跑道	0.69	0.67	0.66
滑移速度控制式系统(带PBM)	干跑道	0.91	0.93	0.91
	湿跑道	0.70	0.71	0.68
滑移率控制式系统	干跑道	0.89	0.93	0.94
	湿跑道	0.70	0.75	0.81
惯性防滑刹车系统	干跑道	0.81	0.76	0.74
	湿跑道	0.71	0.78	0.69

7.5.4 防滑刹车系统的评判指标

刹车系统的评判指标是衡量刹车系统设计好坏的标准，目前还没有统一的定量指标，但遵循的原则是：系统在各种情况下能安全可靠地工作，轮胎磨损均匀，系统工作稳定，没有抖动，刹车效率高，能保持航向的稳定等。其常用定量指标主要有3种：刹车效率、失效速度和刹车距离。

刹车效率包括压力效率、力矩效率、结合系数效率，分别指在一定时间内各自参数的实际值占理想值的平均百分比。对刹车系统来说，按照不同的时间段进行计算而得到的效率值差别较大，但一般取最能代表系统工作状态的时间段，即选择飞机速度处于中高速阶段的参数进行计算。刹车效率具体定义：沿实测曲线(一般是结合系数曲线)第一次打滑产生点与最后一次松刹之间结合系数平均值同刹车过程中最大结合系数平均值之比，如图7.58所示。

A：第一次打滑开始点，B：最后一次松刹点。图中实线表示实际测量值。A点到B点的虚线连线表示打滑峰点值的连线，刹车效率定义为

$$\eta_b = S_{曲} / S_{直} \times 100\% \tag{7.72}$$

失效速度是指在飞机着陆过程的最后，由于防滑控制系统反应迟钝，灵敏性低，系统不能再解除机轮打滑时的飞机速度。

刹车距离是指飞机从刹车系统开始工作到飞机被完全刹停时的整个防滑刹车控制过程中飞机的滑行距离。

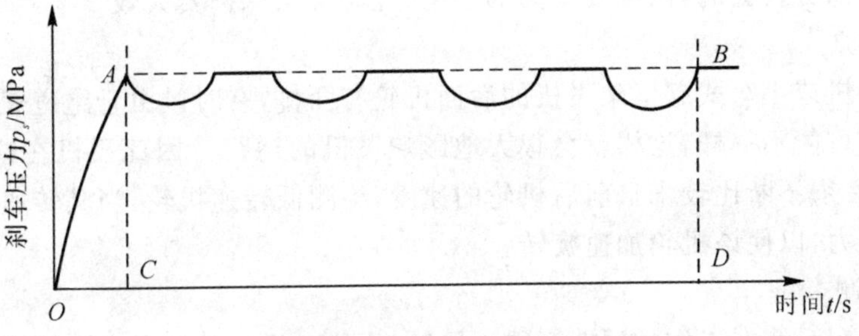

图 7.58　刹车效率计算定义

7.5.5　防滑刹车系统的技术要求

1. 某机型的性能指标

1) 正常刹车系统最大刹车压力：(7.5±0.5)MPa。

2) 正常液压刹车系统刹车压力上升时间：小于或等于 1.5 s(压力从零上升到 90% 额定刹车压力)；刹车压力下降时间：小于或等于 1.5 s(压力从额定刹车压力下降到 10% 额定刹车压力)。

3) 防滑系统工作的有效速度：失效速度～263 km/h(263 km/h 为在高原条件下起飞质量为 56 吨时的中止起飞刹车速度)。

4) 防滑系统的失效速度为(30±5)km/h。

5) 刹车距离要求：正常着陆速度为 220 km/h，着陆刹车距离不大于 750 m；中止起飞刹车速度为 263 km/h，着陆刹车距离不大于 1 300 m。

6) 防滑刹车不能引起明显的偏航和俯仰现象。

7) 防滑系统失效后不能影响正常刹车。

2. 辅助功能

(1) 接地保护

在飞机着陆过程中，从机轮着地开始刹车计时，由于机轮刚着地时瞬时速度为零，没有得到充分加速，此时轮胎与地面的结合力非常小。为了防止造成机轮深滑动以及爆胎，因此起初并不能对系统加压，而是让机轮速度迅速跟随上飞机速度，等到飞机大部分重力落在地面后，才对系统施加刹车压力，让机轮速度迅速下降，从而启动防滑开始正常工作。

(2) 侧间保护(交叉保护)

飞机降落时跑道表面的状况极少一致。当一个机轮或某一侧起落架上的全部机轮遭遇一段结合系数极低的区域时，如果不采取措施，机轮速度受刹车压力影响，马上就会下降。当飞机两边轮子速度不一样时，飞机就会偏离轨道，危险很大。因此飞机在这种情况下要保证系统的性能，必须不断比较来自飞机两侧机轮的速度，检测低转速机轮，当其转速小于门限时，则马上解除刹车压力，以使该机轮加速旋转。但是，当飞机在低速时，要靠这种差动刹车允许飞机两侧的机轮有不同的刹车压力，以保证前轮转弯系统发生故障时，飞机仍具有转弯能力；或飞机一侧刹车压力部分丧失时，两侧刹车力的平衡，此时交叉保护要失效。

(3) 自锁保护

一些大型飞机或小车式起落架飞机的后面机轮有两排，有时候由于跑道表面状况不一致，前后机轮的速度可能不一样，这样就会很大地影响飞机的运行。因此飞机在这种情况下要保证系统的性能，必须不断比较来自前后机轮的速度，检测低转速机轮，当其转速小于门限时，则马上解除刹车压力，以使该机轮加速旋转。

(4) 低速探测

由于防滑刹车系统在工作的后期变得不灵敏，不能对机轮的打滑予以解除，可能造成机轮严重拖胎。而且在低速时，为了便于驾驶员灵活地对飞机进行操作，防滑控制盒应在机轮速度达到设置的失效速度(30 km/h) 时，强制防滑刹车系统停止工作。

7.6 防滑刹车系统组成及数学模型

由速度传感器、控制盒、电液压力伺服阀组成防滑控制系统。速度传感器感应刹车主机轮速度，将机轮速度信号送给防滑刹车控制盒，防滑控制盒按照一定的控制策略，输出一个与机轮打滑深度对应的阀门电流信号，调节电液压力伺服阀的输出刹车压力，改变刹车机轮的刹车力矩，使机轮解除打滑并在打滑解除后继续实施刹车。该系统通过对刹车压力的调节，使飞机达到最佳的刹车效果，如图 7.59 所示。

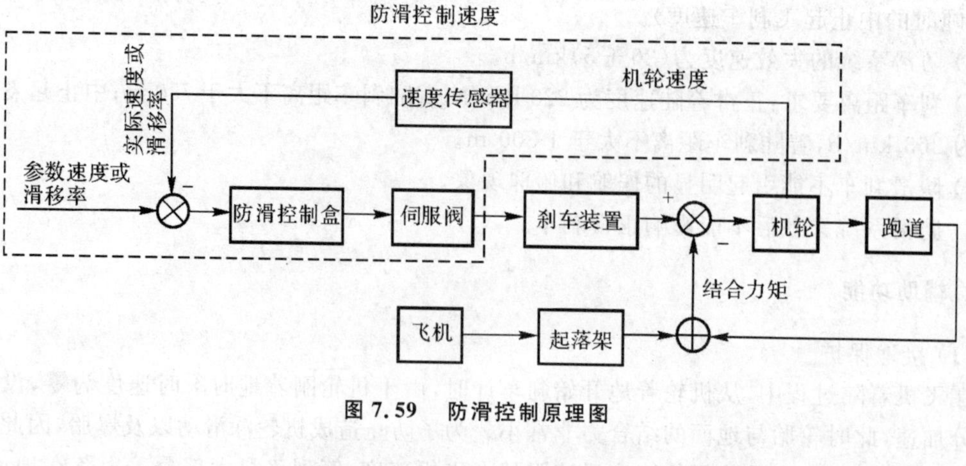

图 7.59 防滑控制原理图

7.6.1 机轮和轮胎数学模型

机轮在刹车力矩作用下的动力学方程为

$$\dot{w}=\frac{M_b-\mu_x F_z r_e}{I} \tag{7.73}$$

式中，w 为机轮角速度；M_b 为刹车力矩；F_z 为轮胎垂直压力；μ_x 为轮胎与地面的结合系数；r_e 为机轮滚动半径；I 为机轮绕轮轴的转动惯量。

在飞机重力一定的情况下，结合系数是影响飞机与地面结合力的主要因素。结合系数受很多因素影响，比如飞机速度、滑移率、垂直载荷、轮胎侧倾角、滑移角、轮胎的新旧程度、轮胎的花纹形式、跑道表面状况等。而且在刹车过程中，由于刹车时要产生大量的摩擦热，会造成轮胎弹性的降低，因此 μ_x 值要不断地发生变化，单纯地想把 μ_x 值精确地控制在最大值实际上是非常困难的。其中，滑移率的影响最为重要。由图 7.60 可看出，结合系数最大点处的滑移率就是最佳滑移率。因此，要达到最大的刹车效率，就必须保证飞机在整个刹车过程中，滑移率保持在最佳位置附近，从而保证飞机始终能获得最大结合系数，进而能获得最高刹车效率。

若不考虑飞机速度对轮胎结合系数的影响，根据 Pacejka 轮胎模型得到的计算结合系数的仿真模型为

$$干跑道：\mu_x=0.8\sin[1.534\,4\arctan(14.032\,6\sigma)] \tag{7.74}$$

$$湿跑道：\mu_x=0.4\sin[2.019\,2\arctan(8.209\,8\sigma)] \tag{7.75}$$

$$积雪跑道：\mu_x=0.2\sin[2.087\,5\arctan(7.201\,788\sigma)] \tag{7.76}$$

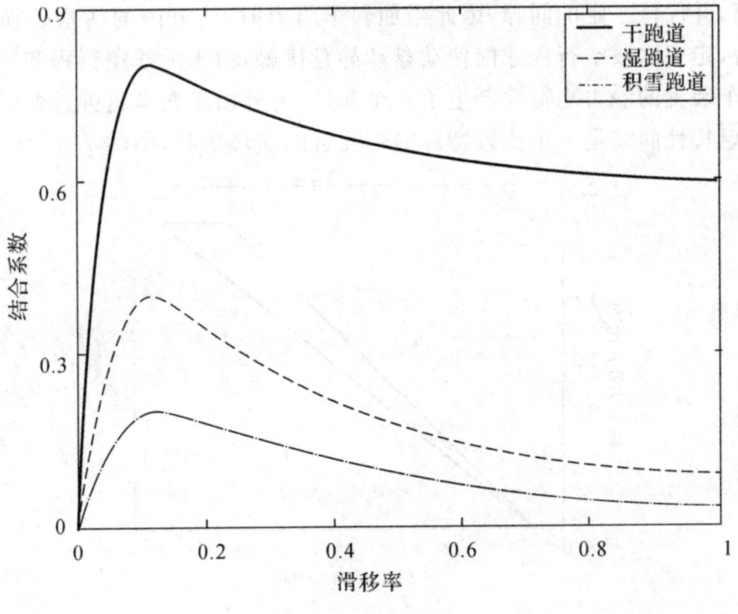

图 7.60　不同跑道状态下的滑移率与结合系数之间的关系

7.6.2　刹车装置数学模型

刹车过程中的剧烈热冲击效应和复杂应力状态，使刹车装置处于苛刻的工作条件。对摩擦材料要求具有足够的摩擦因数，摩擦因数随温度、速度和压力等条件的变化而变化，要有良好的耐磨性，足够的强度、韧度和抗疲劳性能，良好的热物理性能和良好的抗黏性、抗卡滞性

能，以便确保飞机的使用安全可靠。目前，碳／碳复合刹车材料已经在飞机刹车系统中得到广泛应用。

刹车装置的主要功能是把传输来的刹车压力转换成刹车力矩。刹车装置位于机轮轮毂内，飞机着陆时其动盘由轮毂带动并随机轮一起转动，静盘通过刹车壳体与轮轴相连，不随机轮转动，多片动盘与静盘相互交错装配以增大摩擦面，当刹车压力输送到刹车装置的汽缸座时，汽缸座活塞移动，传力至承压盘，由于承压盘将力均匀地作用到动静盘上，使动盘和静盘相互挤压，由于动盘和静盘之间存在相对运动，因此可以产生很大的摩擦力矩，即刹车力矩，使机轮制动。

由刹车压力计算刹车力矩的数学公式如下：

$$M_s = \mu_{mc} N_{mc} p_b (R + r)/2 \tag{7.77}$$

式中，M_s 为刹车力矩；μ_{mc} 为摩擦因数；N_{mc} 为摩擦面面数；p_b 为刹车压力；R 为静盘外半径；r 为动盘内半径。

刹车装置的静力矩特性是摩擦材料所提供的静力矩随输送到刹车装置中刹车压力的变化曲线。实际上静力矩特性受到多种因素的影响，其变化曲线并不是纯粹的线性关系，分析如下：当对机轮彻底卸除刹车压力时，要求动盘和静盘可靠脱开，不产生任何残余刹车力矩，因此刹车装置气缸座内有活塞回力弹簧，回力弹簧可以在没有刹车压力的情况下推动静盘，使动盘和静盘完全脱离，并保持一定的间隙，因此当加刹车压力时，气缸内的活塞必须先克服这个回力弹簧的预紧力，走完这段空行程才能使动盘和静盘接触，由于活塞空行程和回力弹簧预紧力的存在，致使刹车装置的静力矩特性产生了一个死区，另外由于刹车盘弹性变形和机械摩擦的原因，刹车静力矩特性曲线是一个比较特殊的带死区的滞环形状，如图 7.61 所示。

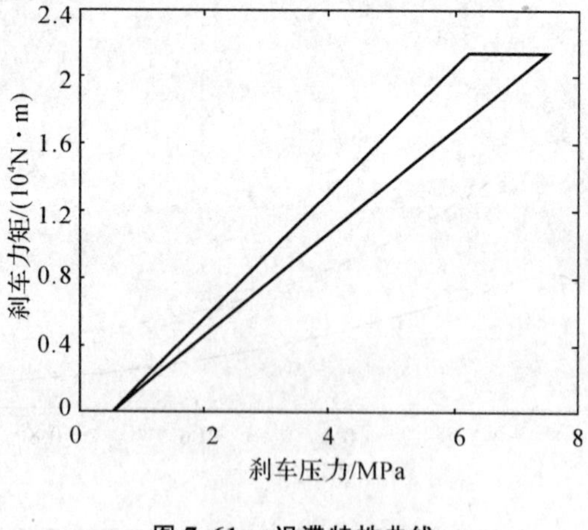

图 7.61 迟滞特性曲线

建立数学模型的时候，可借鉴下述的经验公式：

$$M_b = \begin{cases} 0 & p_b < p_0 \\ k_2 \times (p_b - p_0) & p_0 \leqslant p_b < M_1/k_2 + p_0 \\ M_{sm} & M_1/k_2 + p_0 \leqslant p_b < rp \\ M_{sm} & rp \leqslant p_b < M_1/k_1 + p_0 \\ k_1 \times (p_b - p_0) & M_1/k_1 + p_0 \leqslant p_b \leqslant p_m \end{cases} \tag{7.78}$$

式中，M_b 为刹车力矩；p_b 为刹车压力；M_{sm} 为最大刹车力矩；p_0 为刹车压力损失；p_m 为最大刹车压力；p_x 为最大迟滞刹车压力；M_1 为上次输出力矩；rp 为上次输入压力；$k_1=M_{sm}/(p_m-p_0)$；$k_2=M_{sm}/(p_x-p_0)$。

7.6.3　液压伺服系统数学模型

液压系统动态特性主要取决于电液压力伺服阀。调节电液伺服阀的控制电流即防滑电流，利用该防滑电流去控制伺服阀喷嘴大小，从而改变刹车压力，实现刹车控制。防滑电流与刹车压力之间存在着一种近似的线性关系。

对液压系统建模没有从具体结构出发，分析各部分的功能及工作状态来建立整个伺服阀的数学模型，因为这样的建模不仅非常困难，涉及众多的机械方面的知识，而且不是工作重点所在。所以建模就遵循了初步模拟液压系统特性这个原则，模型对液压系统做了一定的简化，只考虑了液压阀、管道及其损失。这种近似的动态模型在工程上是完全可以接受的，而且极大地减轻了建模工作量，基本上对仿真结果的正确性不会产生什么不良影响。在一般液压伺服系统中，为了简便，并适用于工程应用，常把电液伺服阀动态特性简化成一个线性系统模型。在实际使用中，若工作频率大于 50 Hz，则伺服阀的模型可简化为下面二阶传递函数形式：

$$M(s)=\frac{1}{s^2+2\xi\omega_n s+\omega_n^2} \tag{7.79}$$

式中，ω_n 为伺服阀的固有频率；ξ 为伺服阀的相对阻尼系数。根据飞机刹车系统的大量实验数据考证可知，伺服阀的动态性能指标 $\sigma\%=30\%$，频带宽（闭环系统频率特性幅值，由其初始值 $M(0)$ 减小到 $0.707M(0)$ 时的频率）为 25 Hz。由公式

$$e^{\frac{-\xi}{\sqrt{1-\xi^2}}}=30\% \tag{7.80}$$

可得到 $\xi=0.36$，然后由频带宽为 25 Hz 可得

$$M(25)=0.707M(0) \tag{7.81}$$

传递函数中令 $s=j\omega$ 代入式(7.79)，解得 $\omega_n=17.74$。将上述计算得到的 ξ，ω_n 代入二阶系统的表达式中，于是就得到了伺服阀的模型：

$$\frac{1}{s^2+12.772\,8s+314.707\,6}$$

根据机轮刹车系统惯性台的实验经验，系统的管道模型可简化为如下惯性环节：

$$\frac{K}{Ts+1}\quad（其中等效时间常数\ T=0.01）$$

另外，防滑电流在 0～4 mA 之间存在一个死区，当电流大于 4 mA 时，就按照压力与电流的函数关系计算输出压力；当电流在 0～4 mA 之间时，就把输出电流锁定为 0 mA，然后再按照这个电流来计算压力。

最后，在液压系统建模中，还存在一个多相开关。这个多相开关主要是用来对系统不同时刻的压力进行选择。在飞机着陆过程中，从机轮着地开始刹车计时，由于机轮刚着地时瞬时速度为零，没有得到充分加速，为了防止造成机轮深滑动以及爆胎，所以起初并没有对系统加压（通过保持防滑电流为最大值来实现），而是让机轮速度迅速跟随上飞机速度，2s 后才对系统施加最大刹车压力，让机轮速度迅速下降，从而启动防滑开始正常工作，这也是系统的一种接

地保护措施。防滑工作后，液压系统的输出就由防滑电流来调节。

7.6.4 防滑刹车控制律数学模型

1. PID＋PBM 滑移速度控制

经典PID控制作为一种传统控制方法，其控制技术的发展已经非常成熟，并且对于具有精确控制对象的系统控制非常有效。但就飞机刹车系统本身而言，系统是一个复杂的非线性时变系统，其被控对象具有严重的不确定性。因此应用常规的PID控制方法对防滑刹车系统进行调节，其控制效果并不理想，难以达到系统高性能控制的要求。

经过深入的研究，带压力偏压调级的PID控制方法应运而生。这也是目前国内实际装机很普遍使用的飞机防滑刹车系统的控制方式。这种控制方式是一种多门限的PID设计方法，其中积分级与常规的积分级不同，该积分级的值既可以增加，也可以减小，称之为压力偏调级，简称PBM(见图7.62)。采用这种控制方法对刹车系统进行控制调节，其控制效果比最初使用PID调节产生的控制效果明显要好。

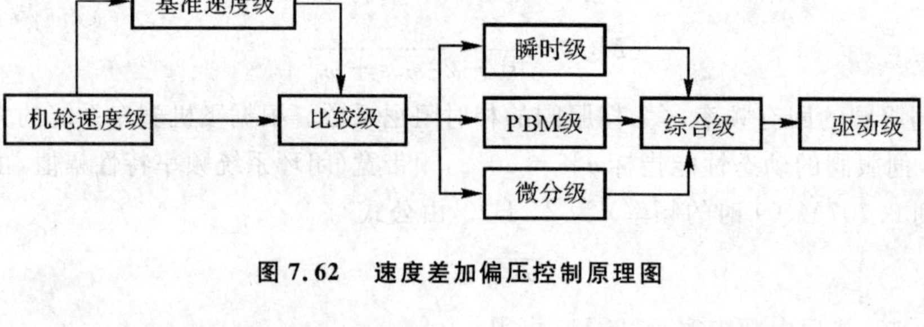

图7.62 速度差加偏压控制原理图

由于飞机的瞬时滑跑速度不易测量和难以实时传输，所以目前在实际系统中常以一定规律的基准速度来代替飞机速度。基准级的输出应能反映飞机速度的主要特征，即能响应地面结合系数的随机变化。基准速度级要求当机轮速度大于基准速度时，则以机轮速度为基准速度，而当机轮速度小于基准速度时，基准速度以某一大于飞机实际减速率的固定速率衰减。本级的输出表达式如下：

$$V_r=\begin{cases}V_w & V_r\leqslant V_w\\ V_r^0-at & V_r>V_w\end{cases}\tag{7.82}$$

式中，V_r 为基准速度；V_r^0 为转换点处的机轮速度；V_w 为机轮速度；a 为参考速度的减速率。

式(7.82)中的参考速度的减速率是一个很重要的参数，若设置偏大，参考速度下降很快，则会使比较级输出的速度差偏小，且不能保持足够的时间宽度，使控制盒能及时做出反应，表现为系统不灵敏，不能及时解除机轮的打滑现象；若设置过小，参考速度下降变慢，比较级输出的速度差过大而且持续时间长，造成控制盒的长时间输出电流过大，机轮打滑速度过快，不能充分利用地面结合系数，势必造成防滑系统工作效率降低。因此必须根据跑道的不同，对 a 作适当的调整。

PBM级也称为偏压调制级，是控制盒最为关键的一部分，刹车效率的提高主要是通过对这一级的放电特性进行改善而取得的。PBM级要求，当比较级的输出大于某一门限值时，

PBM 级的输出应逐步增大，且误差小时增长率小，误差大时增长率大。这样设置的原因是，当机轮打滑较浅但持续时间较长时，说明刹车力矩与结合力矩相差不是很大，机轮速度低于参考速度的量比较小，应使控制盒输出一个缓慢增加的控制电流，以减少刹车压力，解除机轮长时间的轻度打滑。当机轮滑移量较大时，速度差也变得很大，随着打滑时间的延长，使 PBM 输出一个快速增大的控制电流，让机轮脱离深打滑状态。当机轮不打滑时，由于机轮速度与基准速度相差很小甚至为零，此时控制盒输出电流由 PBM 级控制，所以这种情况下，应该输出一个逐步下降的电流，提高刹车力矩以重新寻找地面最大结合系数，提高系统刹车效率。

$$V_l=\begin{cases} V'_{l0}+\int(\Delta V_c-\Delta V_{IT1})\mathrm{d}t & \Delta V_{IT1}\leqslant \Delta V_c < \Delta V_{IT2} \\ V''_{l0}+\int K_{l1}\,\mathrm{d}t & \Delta V_c \geqslant \Delta V_{IT2} \\ V'''_{l0}-\iint K_{l2}\,\mathrm{d}t\mathrm{d}t & \Delta V_c < \Delta V_{IT1} \end{cases} \tag{7.83}$$

式中，V_l 是 PBM 级的输出电压；V'_{l0}，V''_{l0}，V'''_{l0} 表示转换点处的 V_l 值；ΔV_{IT1}，ΔV_{IT2} 为 PBM 级的门限值；K_{l1} 是升压速度；K_{l2} 为放电加速度。

综合级的主要作用是把瞬时级、微分级和 PBM 级的输出按各自的权值叠加，并且限制一个最大输出。驱动级的主要作用是把综合级的电压输出经功率放大并转换成恒流源输出。

2. 滑移率控制

滑移率是影响飞机与地面结合系数的最直接因素，因此，控制轮胎的滑移率在最佳滑移率附近，有望获得最大刹车阻力。

如图 7.63 所示，预先设定一期望滑移率，根据飞机速度和机轮速度得到机轮的实际滑移率，用期望滑移率和实际滑移率的差值去控制刹车力矩的变化。实际装机时，飞机速度一般用自由滚动的前轮速度来代替。在仿真分析中，考虑到缓冲支柱的弹性变形，各个机轮轮心处的速度和飞机的速度并不完全一致，为排除干扰，各个机轮的实际滑移率用轮心处的速度计算。

滑移率控制式防滑系统不用压力偏调装置，用常规的 PID 控制器即能满足要求。

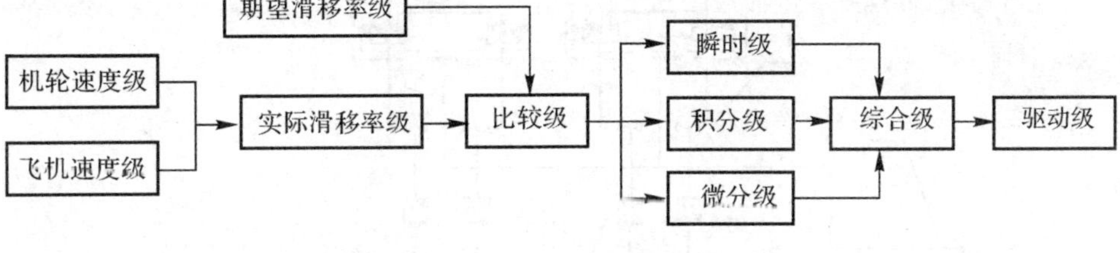

图 7.63　滑移率控制原理

7.7　多轮多通道防滑刹车系统设计

以某型国产小车式运输机为例，其技术要求如下所述。

7.7.1 防滑刹车系统的技术要求

技术要求参考 7.5.5 小节。

7.7.2 多轮多通道防滑刹车系统设计原理

在实际刹车过程中，机场侧风、不均匀气流及两侧跑道不对称等情况都会使飞机的各个机轮载荷不平衡，左右机轮的载荷不平衡会直接导致左右轮所受的结合力不平衡，进而使两侧机轮运动状态和载荷情况将不一致，如果左右两轮采取同样的控制规律，将使左右机轮产生不同的打滑结果，导致飞机偏航运动更加剧烈。小车式起落架飞机滑跑时，由于车架的俯仰运动，使车架前后机轮的载荷不同，前后机轮的打滑程度不同。所以必须采用多通道控制方式，对左右两侧和前后两向的机轮刹车分别控制。

如图 7.64 所示为某型运输机多通道防滑刹车系统结构图。正常刹车用脚蹬机械操纵形式，正副驾驶均可实现刹车，系统具有串联刹车功能，并能保证左右差动刹车。驾驶员通过脚踏板施加一个刹车操纵力给减压活门，减压活门输出刹车压力的大小与施加的刹车操纵力成正比例。该压力通过电液压力伺服阀、转换活门、定量器到机轮刹车装置，对飞机实施正常刹车。

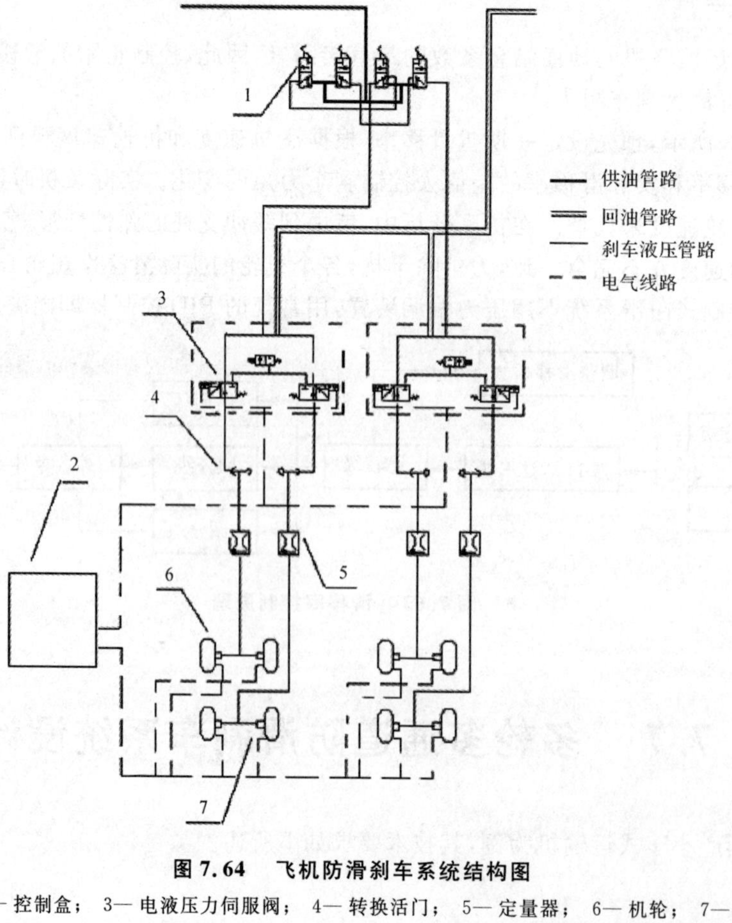

图 7.64 飞机防滑刹车系统结构图

1— 减压活门； 2— 控制盒； 3— 电液压力伺服阀； 4— 转换活门； 5— 定量器； 6— 机轮； 7— 机轮速度传感器

多通道控制原理图如图 7.65 所示。在采用多通道控制过程中，被控制的左右机轮速度差不能太大，如果太大，会导致飞机的侧滑或者翻滚现象，其运动将呈 S 形，偏离正常航线，威胁飞机安全。由于同一个车架左右两个机轮的运动状态差别不大，对此两个机轮可采用相同的控制通道，所以控制方式简化为两对侧间双通道控制和两对前后向双通道控制。其控制思想是：将左右两侧前向或后向两个机轮编为一个机轮组；对每一个机轮组，取其中速度较小者的轮速为本机轮组的轮速；每一个机轮组采用单独的通道进行防滑控制，当各个机轮组之间的轮速相差不大时，交叉保护和自锁保护不起作用；当前后机轮组轮速相差过大时，自锁保护开始工作，当左右机轮组轮速相差过大时，交叉保护起作用。

交叉保护和自锁保护的思想：以打滑较浅的机轮组为基准，对打滑严重的机轮组，当两者的差值超过某门限值时，强行促使该组机轮的刹车压力尽快卸除，从而使此机轮组速度上升，退出打滑状态，维持航向的稳定或车架的稳定，提高刹车效率。

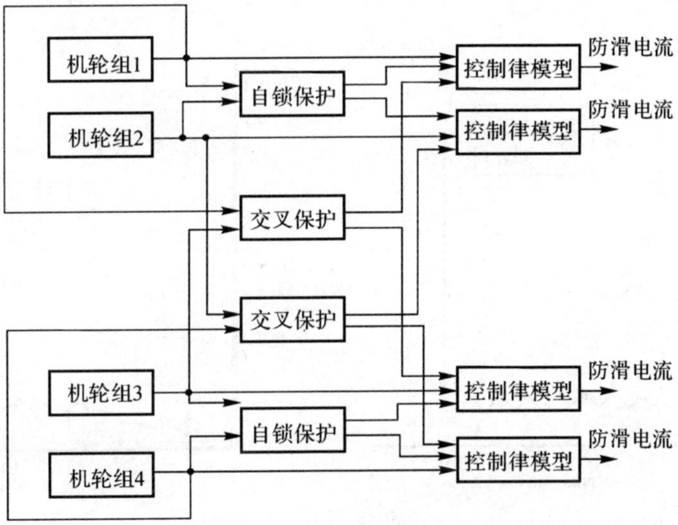

图 7.65　多通道控制原理图

7.7.3　仿真分析

飞机总体参数见第 4 章表 4.1，飞机着陆 2 s 后对其施加防滑控制。

1. 对称条件下刹车仿真结果

滑移速度控制，干燥跑道下的仿真结果如图 7.66 ～ 图 7.73 所示。

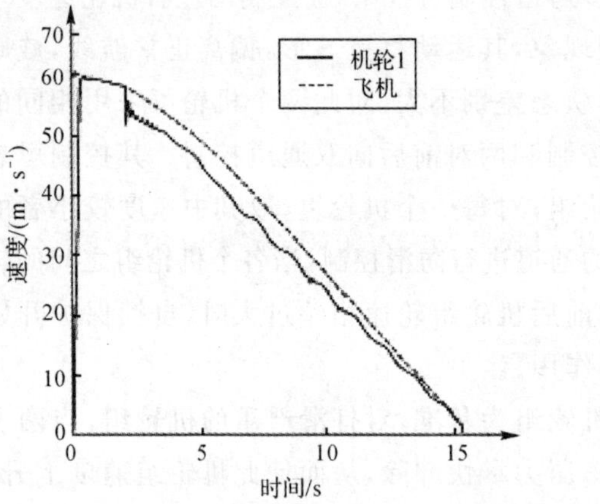

图 7.66 飞机速度与机轮速度的比较(1)

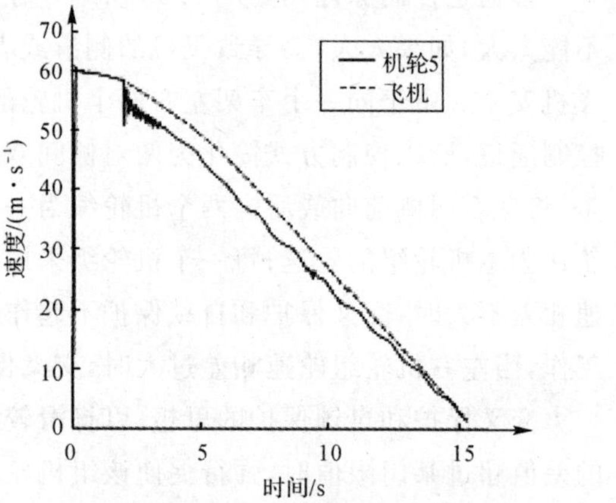

图 7.67 飞机速度与机轮速度的比较(2)

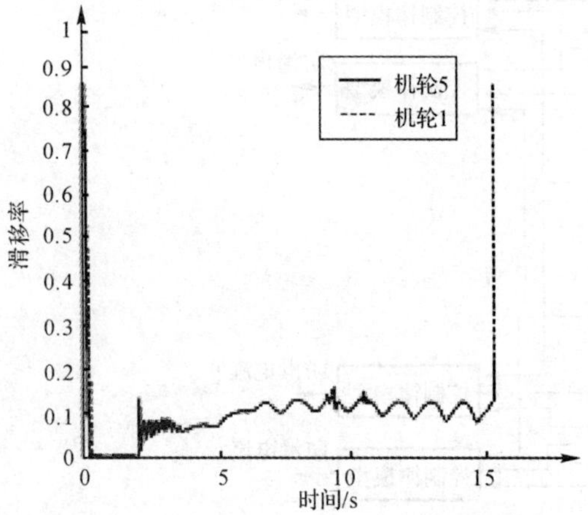

图 7.68 各个机轮滑移率的比较(1)

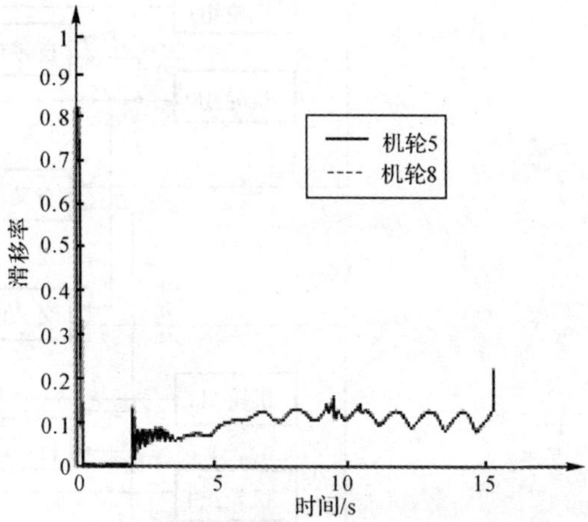

图 7.69 各个机轮滑移率的比较(2)

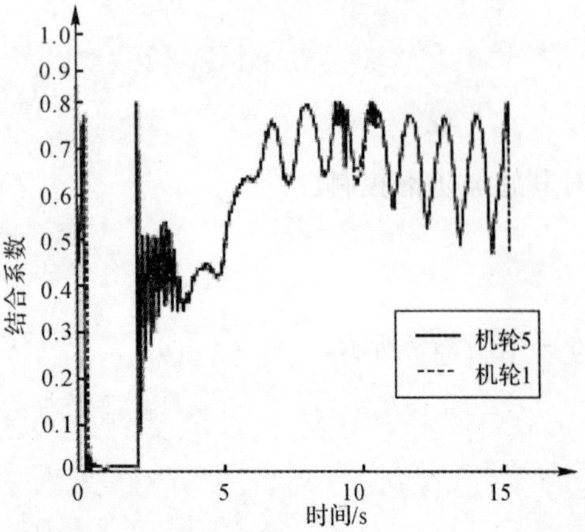

图 7.70 各个机轮结合系数的比较(1)

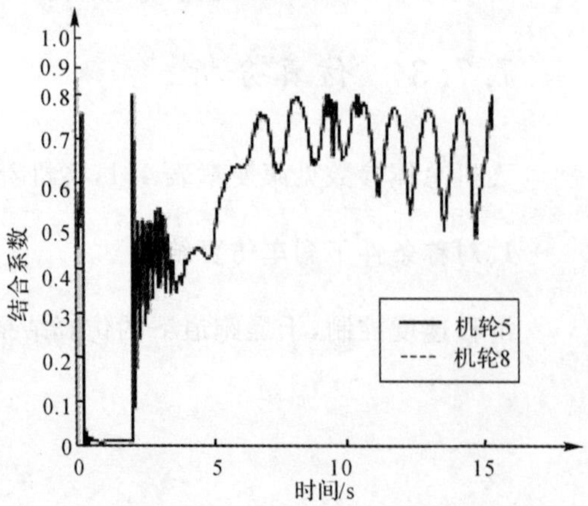

图 7.71 各个机轮结合系数的比较(2)

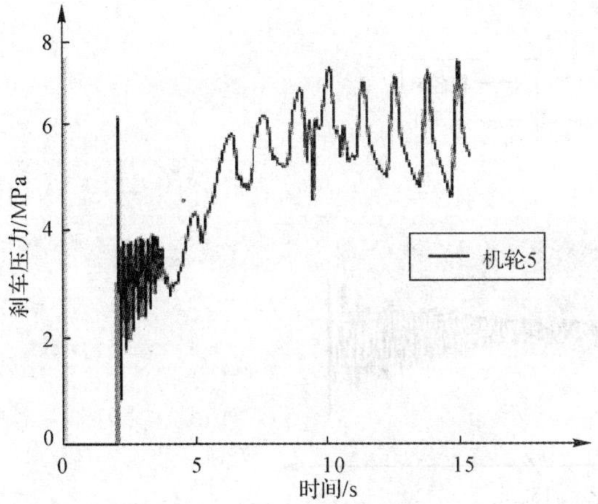

图 7.72 刹车压力

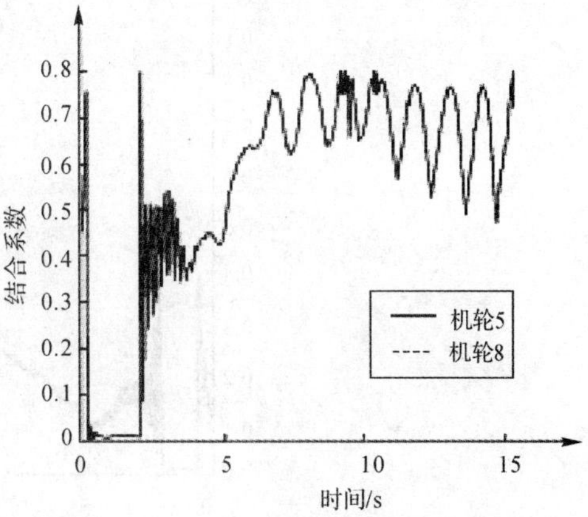

图 7.73 刹车力矩

滑移速度控制,湿滑跑道下的仿真结果如图 7.74 ~ 图 7.81 所示。

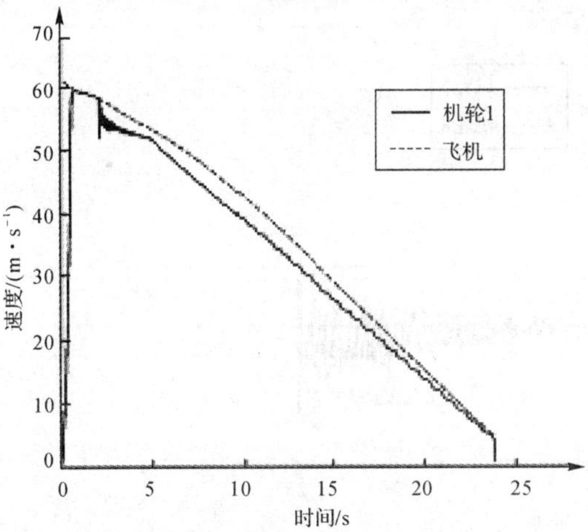

图 7.74 飞机速度与机轮速度的比较(1)

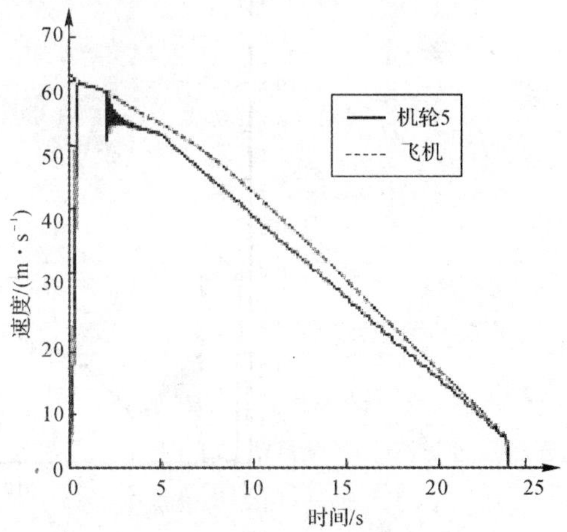

图 7.75 飞机速度与机轮速度的比较(2)

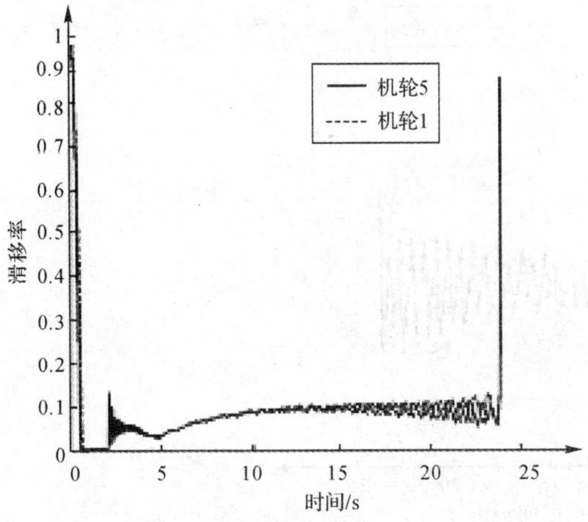

图 7.76 各个机轮滑移率的比较(1)

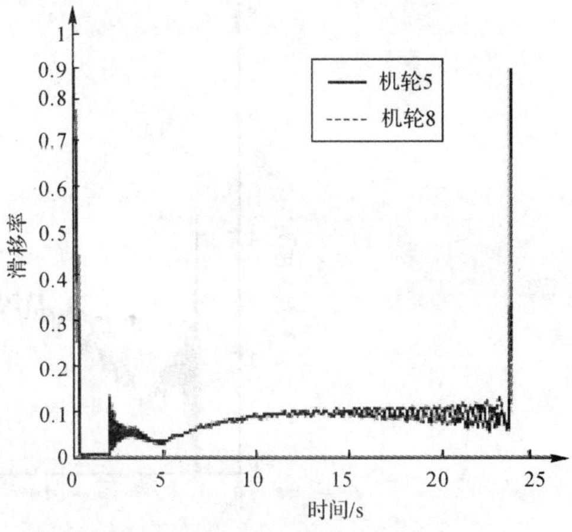

图 7.77 各个机轮滑移率的比较(2)

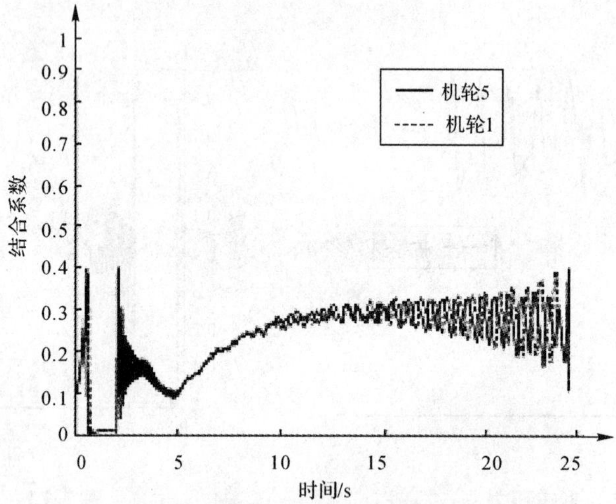

图 7.78 各个机轮结合系数的比较(1)

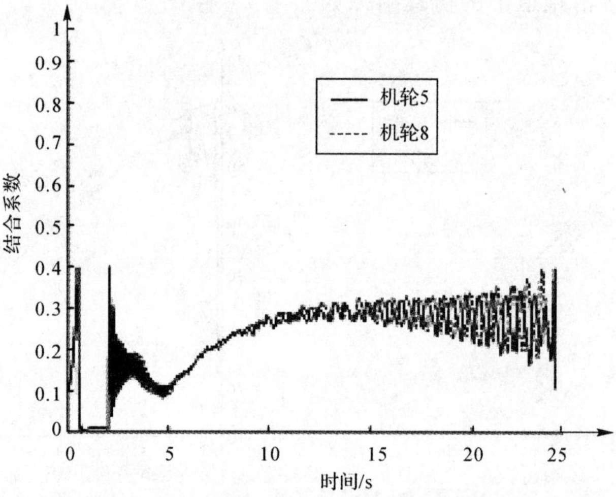

图 7.79 各个机轮结合系数的比较(2)

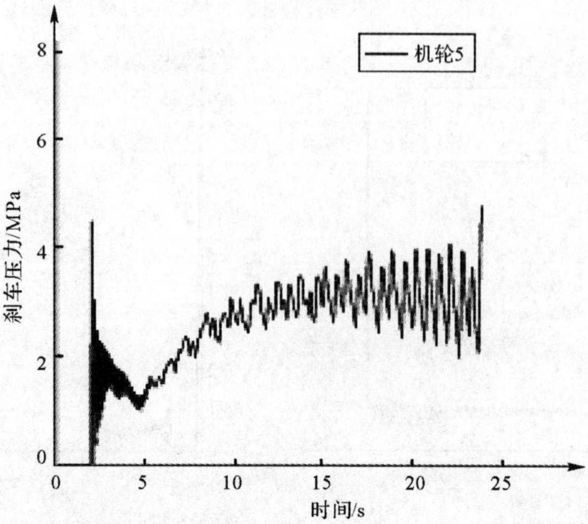

图 7.80 刹车压力

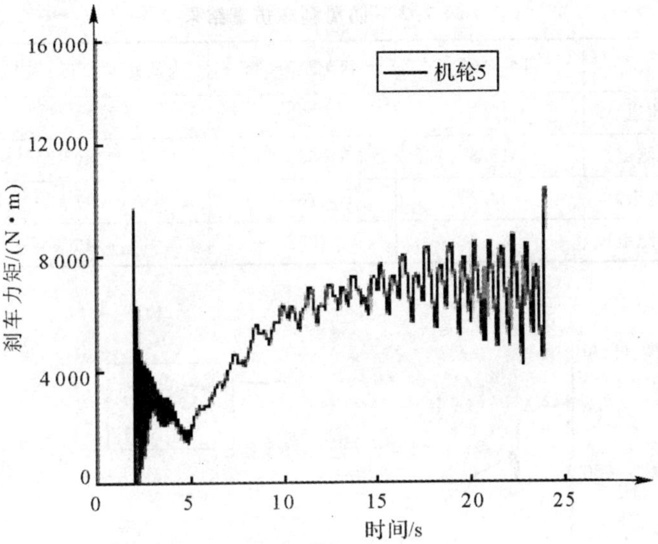

图 7.81　刹车力矩

滑移率控制,干燥跑道下的仿真结果如图 7.82 ～ 图 7.89 所示。

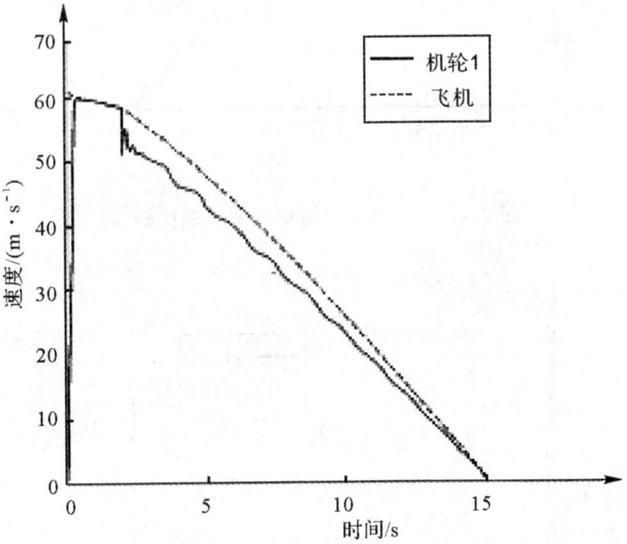

图 7.82　飞机速度与机轮速度的比较(1)

滑移率控制,湿滑跑道下的仿真结果如图 7.90 ～ 图 7.97 所示。

由仿真结果可以看出,飞机在着陆滑行的初始阶段,由于速度较大,升力大,地面对轮胎的垂直作用力小,因此达到同样的结合系数所需的刹车力矩和刹车压力小。随着滑行速度的降低,地面对轮胎的垂直作用力增大,为达到同样的结合系数,在防滑控制系统的作用下,刹车压力和刹车力矩逐渐增大。

记录飞机从开始着陆到防滑刹车系统失效时的飞机速度、所经历的时间、滑跑距离以及刹车效率(见表 7.2),进行对比分析。

表 7.2 防滑刹车仿真结果

仿真工况	刹车时间 /s	刹车距离 /m	失效速度 /(m·s^{-1})	刹车效率 /(%)
滑移率控制(干燥跑道)	15.0	532	0.55	82.5
滑移速度控制(干燥跑道)	15.3	550	1.49	77.5
滑移率控制(湿滑跑道)	22.2	767	1.17	77.7
滑移速度控制(湿滑跑道)	23.9	858	4.46	63.3

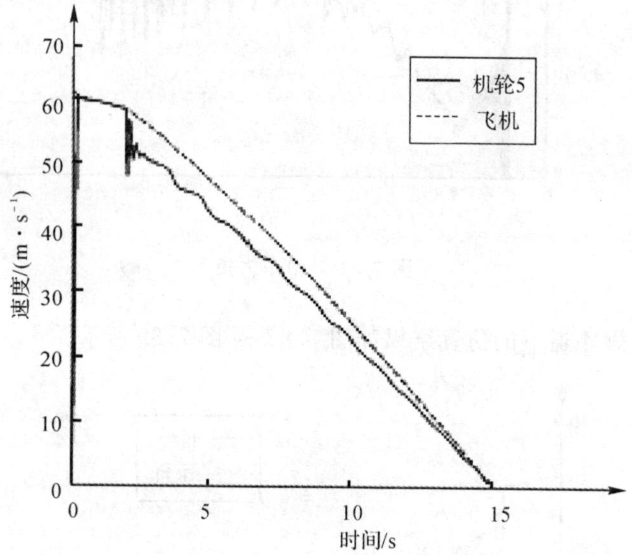

图 7.83 飞机速度与机轮速度的比较(2)

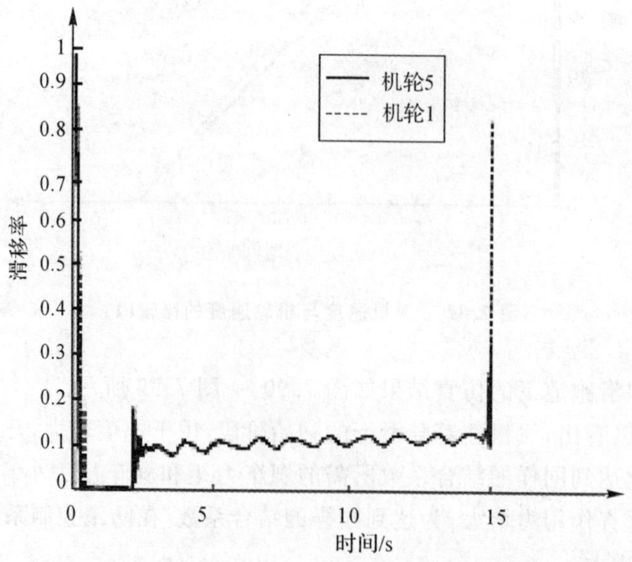

图 7.84 各个机轮滑移率的比较(1)

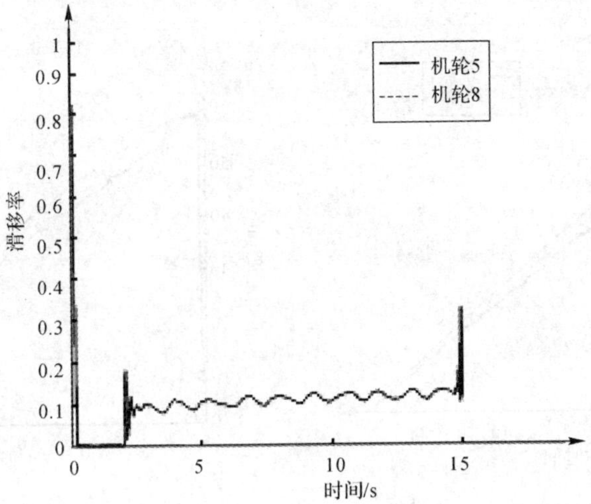

图 7.85　各个机轮滑移率的比较(2)

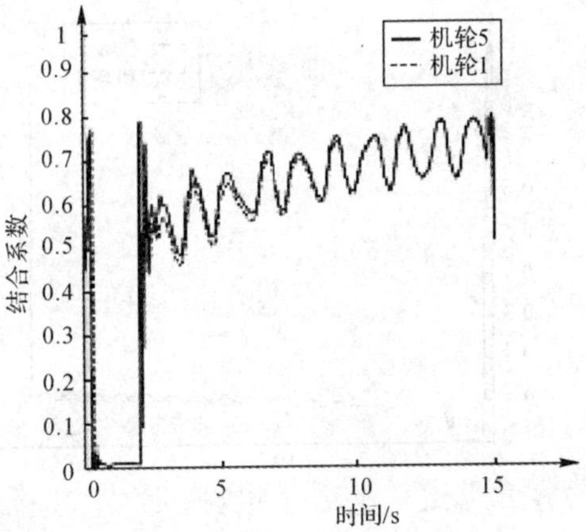

图 7.86　各个机轮结合系数的比较(1)

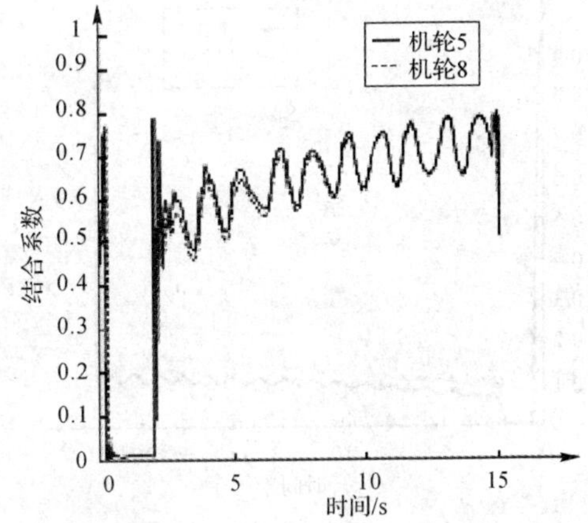

图 7.87　各个机轮结合系数的比较(2)

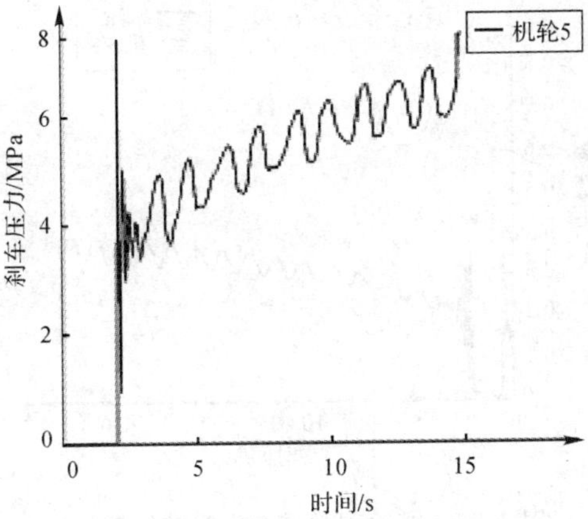

图 7.88　刹车压力

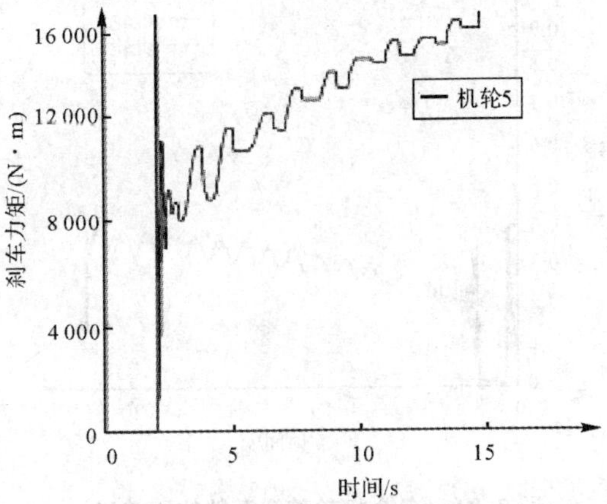

图 7.89　刹车力矩

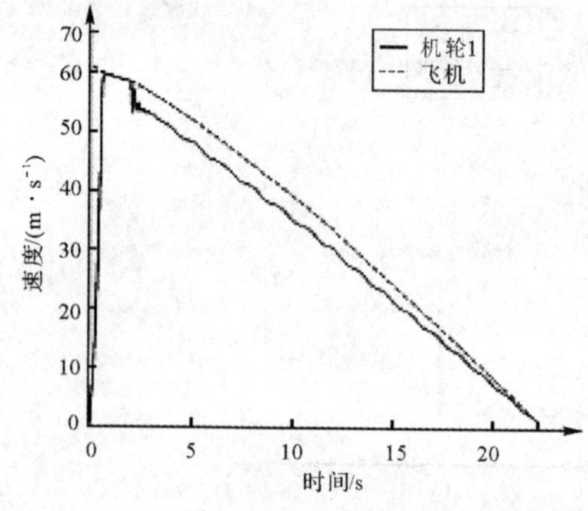

图 7.90 飞机速度与机轮速度的比较(1)

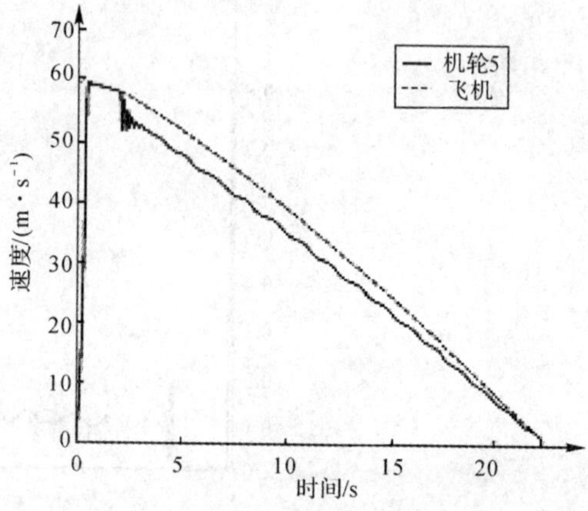

图 7.91 飞机速度与机轮速度的比较(2)

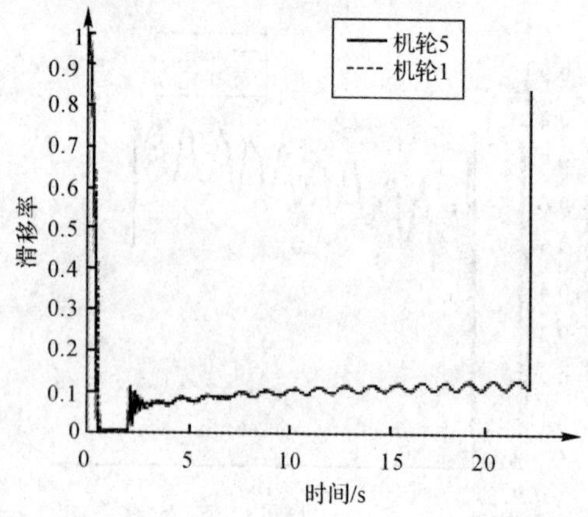

图 7.92 各个机轮滑移率的比较(1)

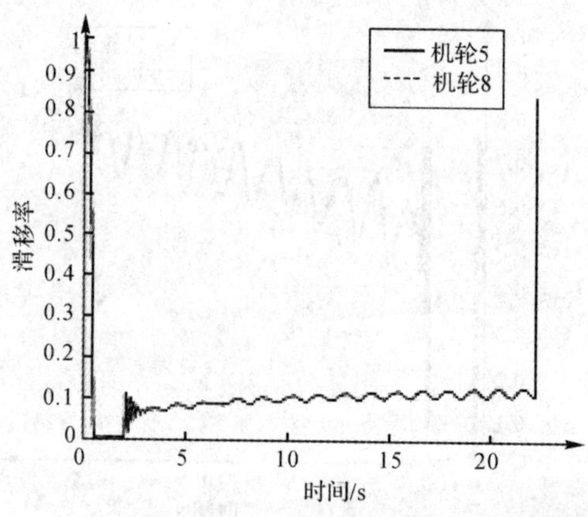

图 7.93 各个机轮滑移率的比较(2)

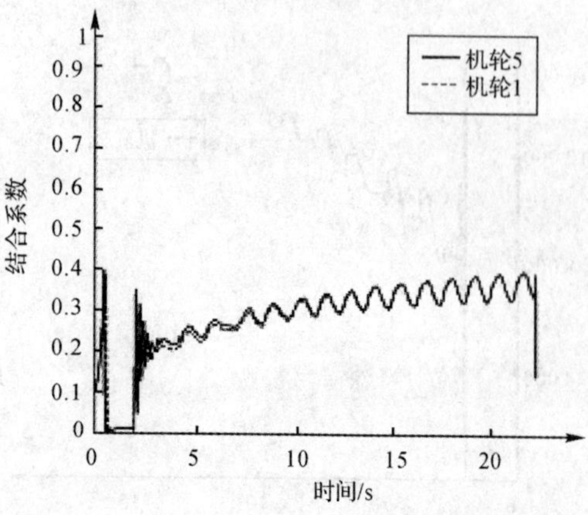

图 7.94 各个机轮结合系数的比较(1)

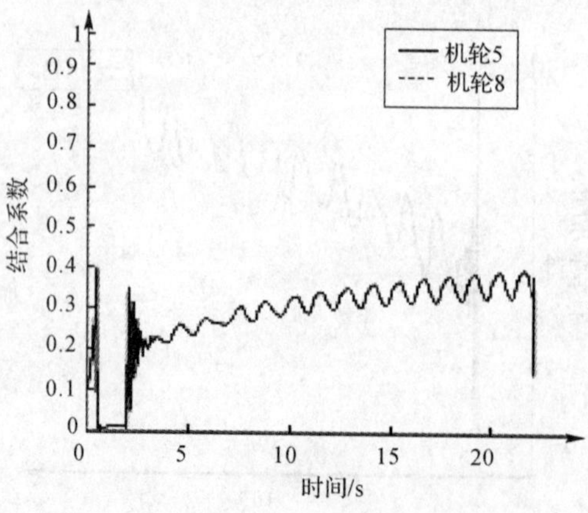

图 7.95 各个机轮结合系数的比较(2)

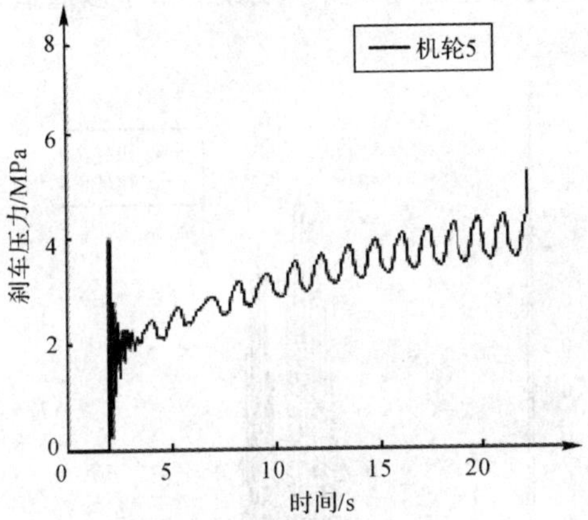

图 7.96　刹车压力

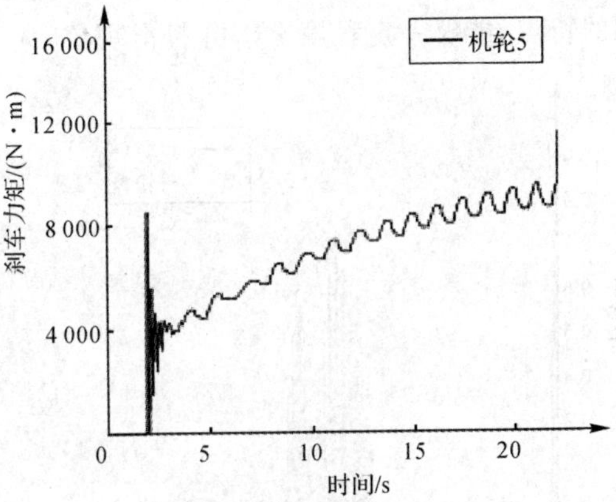

图 7.97　刹车力矩

从仿真结果可以看出，滑移率控制方式在干燥跑道和湿滑跑道上均能得到满意的控制效果，在干燥跑道上刹车效率稍高；滑移速度式控制方式在干燥跑道上能得到满意的控制效果，在湿滑跑道上控制效果较差，在低速阶段刹车力矩振荡严重，容易出现打滑现象。仿真结果与前面的分析结论基本一致。

在下面的分析中，选择刹车效率较高的滑移率控制式防滑刹车系统，对其施加交叉保护和自锁保护，然后在非对称条件下进行仿真分析。

2. 非对称条件下刹车仿真结果

飞机在干燥跑道滑跑时，假设在 7 ～ 9 s 时间内，右主起落架机轮经过湿滑跑道，考察在此非对称条件下飞机的动响应和防滑刹车系统性能。

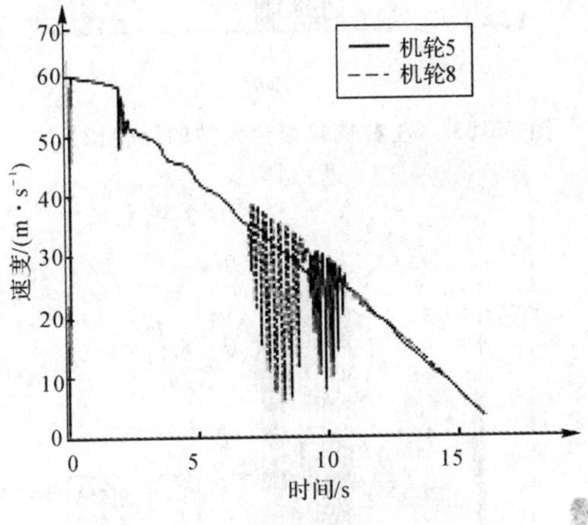

图 7.98　左右机轮速度的比较(1)

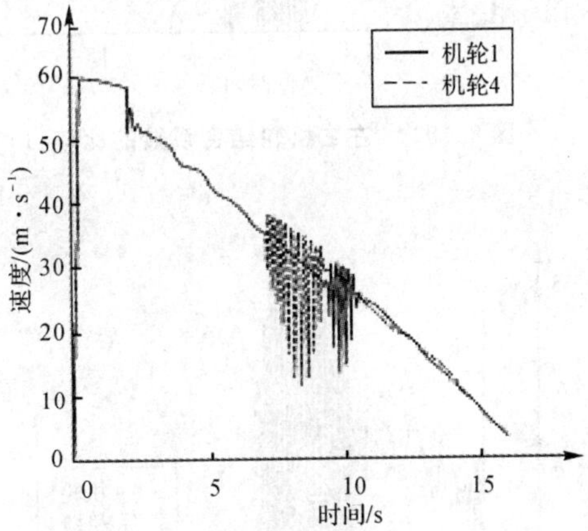

图 7.99　左右机轮速度的比较(2)

图 7.98 ～ 图 7.109 所示为不加交叉保护和自锁保护模块的滑移率控制多通道防滑系统作用下，当飞机右侧机轮经过湿滑跑道时飞机的动响应。由仿真结果可以看出，飞机右侧机轮经过湿滑跑道时，结合系数迅速降低，滑移率增大，机轮速度降低，右侧机轮很快进入深打滑状

态。同时，飞机产生偏航运动。经过湿滑跑道后，左侧机轮也出现深打滑现象。由于多通道控制的特点，能够一定程度上解除打滑现象，纠正航向。

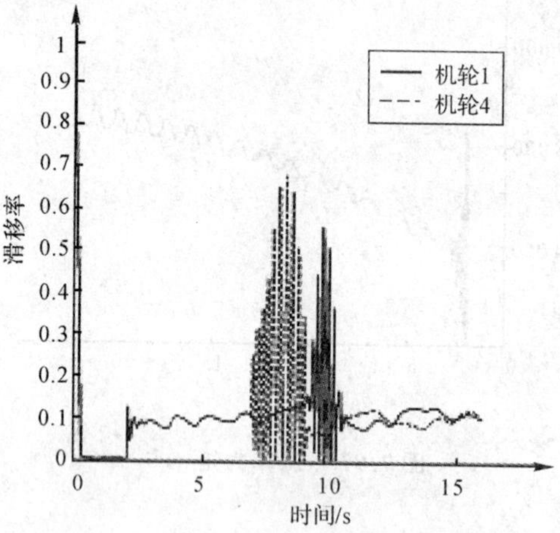

图 7.100 左右机轮滑移率的比较(1)

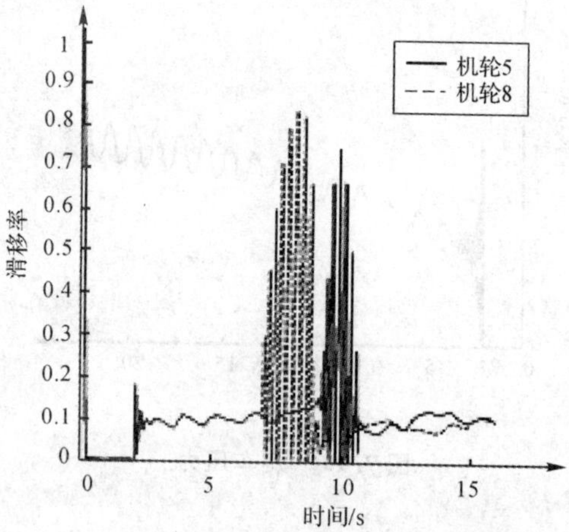

图 7.101 左右机轮滑移率的比较(2)

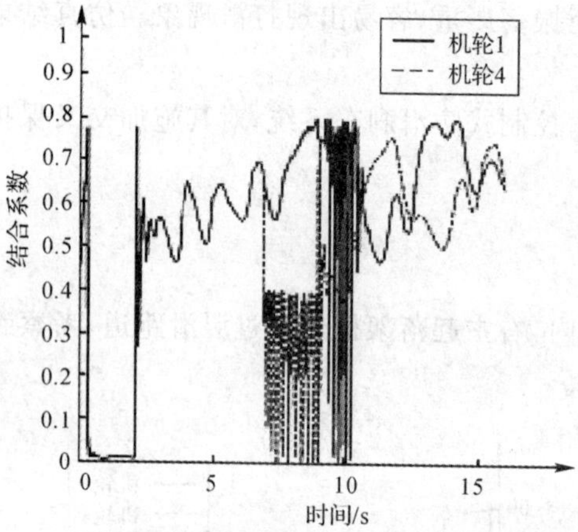

图 7.102 左右机轮结合系数的比较(1)

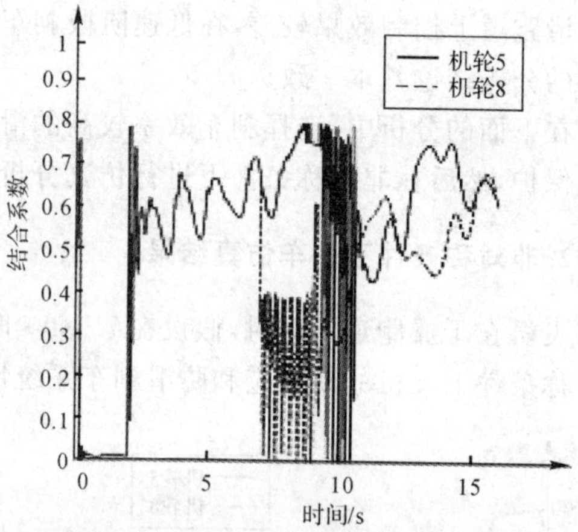

图 7.103 左右机轮结合系数的比较(2)

图 7.104 左右机轮刹车压力的比较(1)

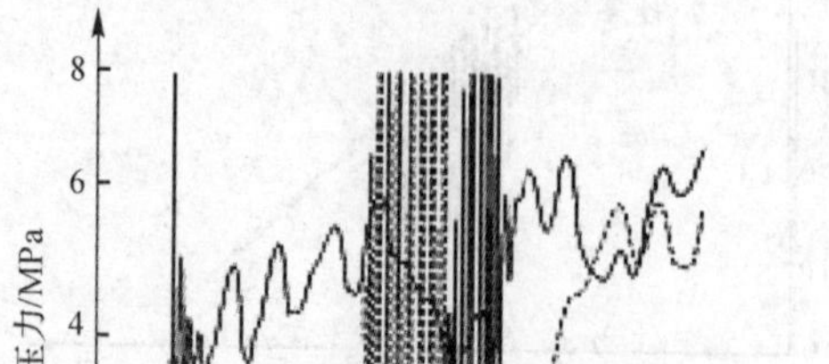

图 7.105 左右机轮刹车压力的比较(2)

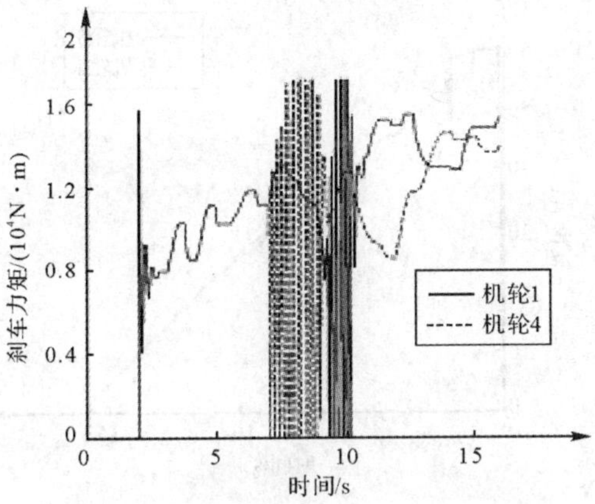

图 7.106 左右机轮刹车力矩的比较(1)

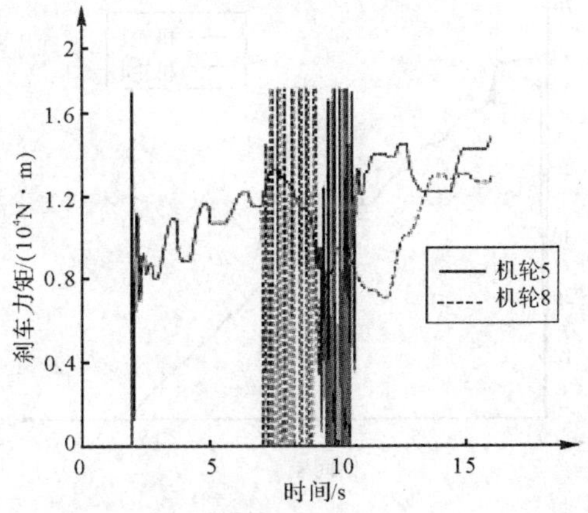

图 7.107 左右机轮刹车力矩的比较(2)

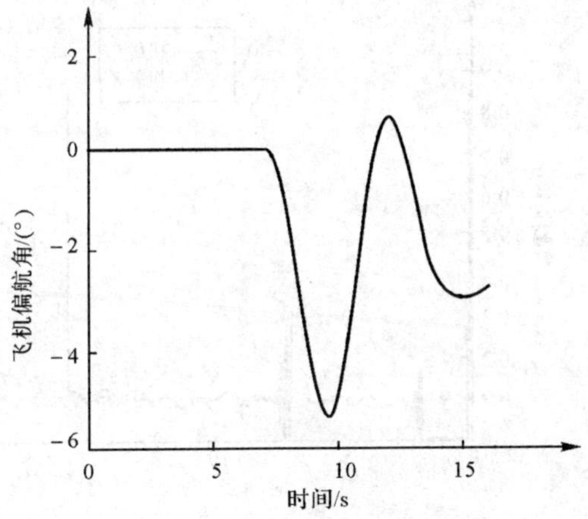

图 7.108 飞机偏航角

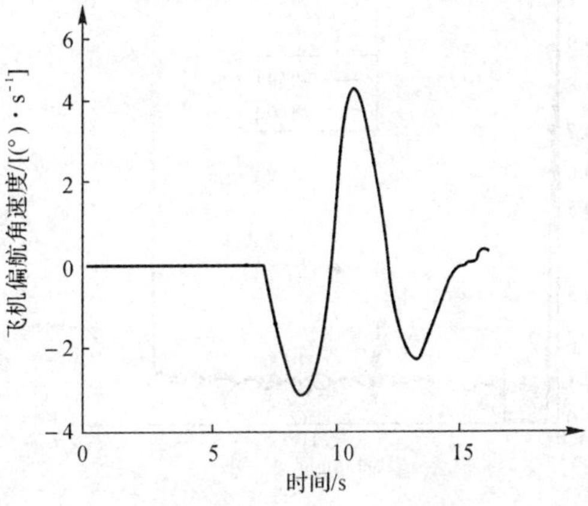

图 7.109 飞机偏航角速度

图 7.110～图 7.121 所示为对系统施加交叉保护和自锁保护后飞机的动响应。当飞机右侧机轮经过湿滑跑道时，在防滑控制系统的作用下，右侧机轮的刹车压力迅速降低，机轮速度增大，解除打滑状态，并使右侧机轮的滑移率仍保持在较佳滑移率。在整个过程中，左右机轮的速度差始终保持在较小范围内，使飞机不会产生剧烈的偏航运动。但是，由于湿跑道和干燥跑道的结合系数不同，导致地面对飞机的刹车阻力不同，飞机仍会产生偏航，但与不施加保护时相比，最大偏航角和偏航角速度要小。这里的仿真结果是在无操纵的状况下进行的，当飞机实际滑行时，要使飞机在非对称载荷情况下仍保持原航向，仅仅依靠刹车系统的调节还不够，必须同时操纵前轮转弯系统和方向舵，纠正航向。

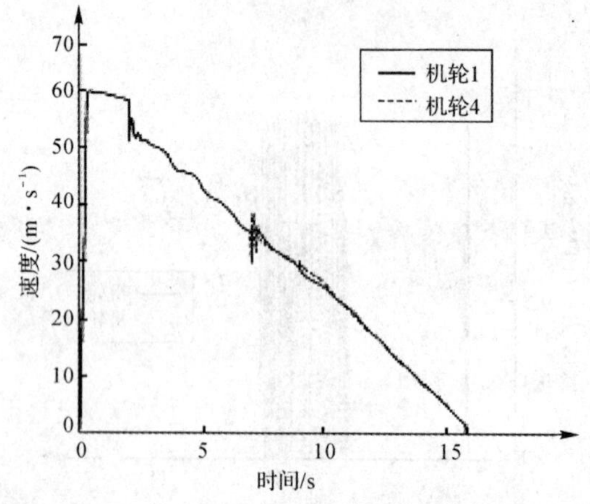

图 7.110 左右机轮速度的比较(1)

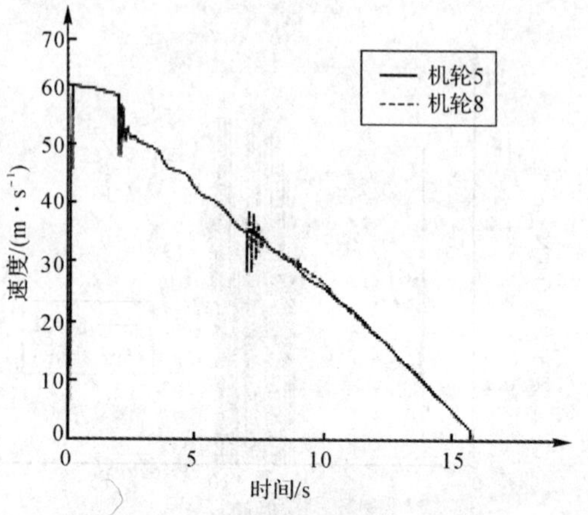

图 7.111 左右机轮速度的比较(2)

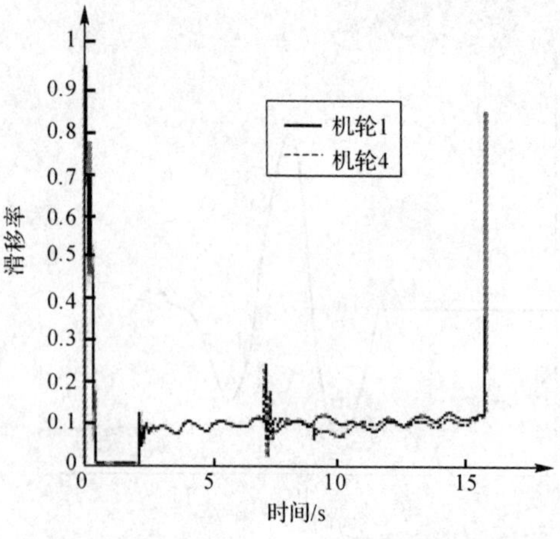

图 7.112 左右机轮滑移率的比较(1)

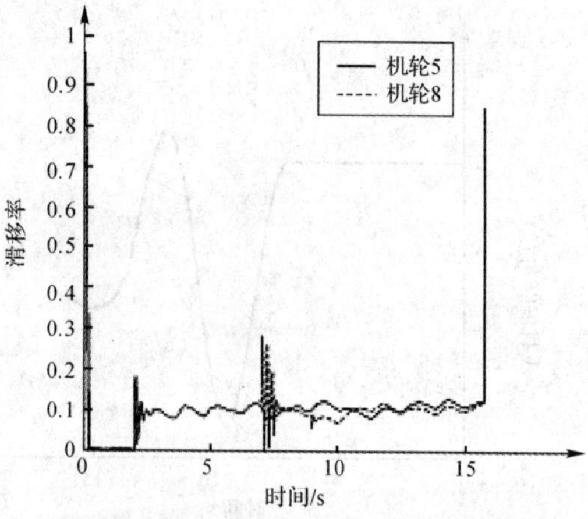

图 7.113 左右机轮滑移率的比较(2)

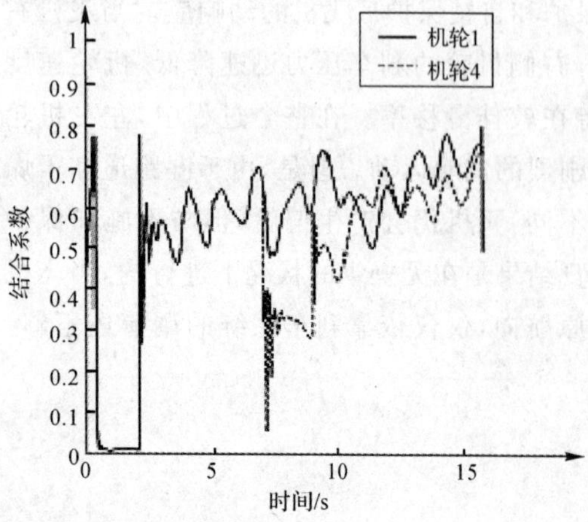

图 7.114 左右机轮结合系数的比较(1)

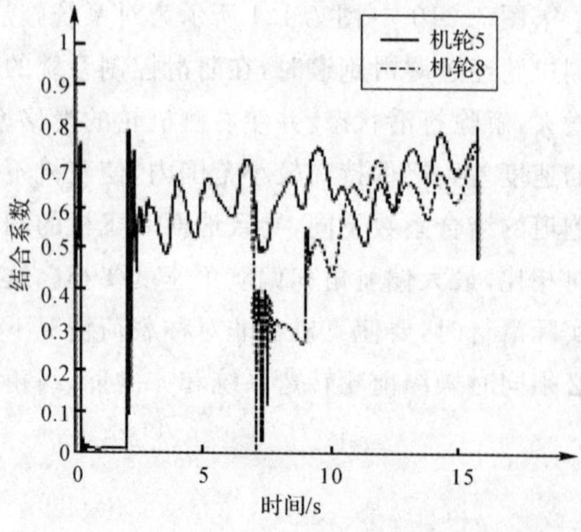

图 7.115 左右机轮结合系数的比较(2)

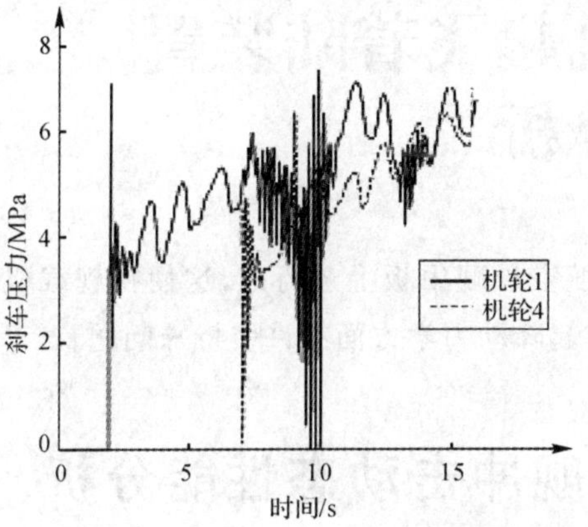

图 7.116　左右机轮刹车压力的比较(1)

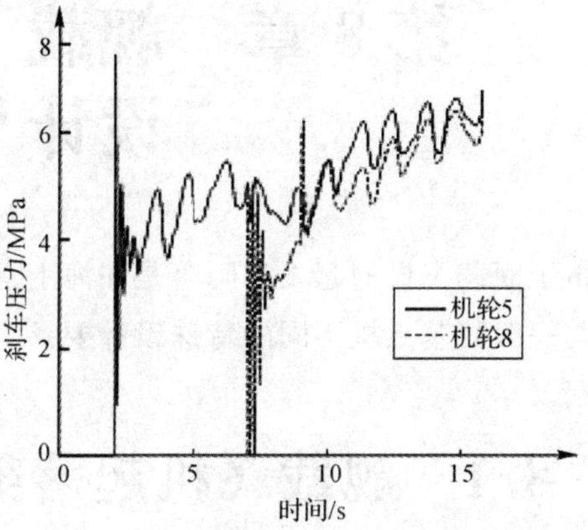

图 7.117　左右机轮刹车压力的比较(2)

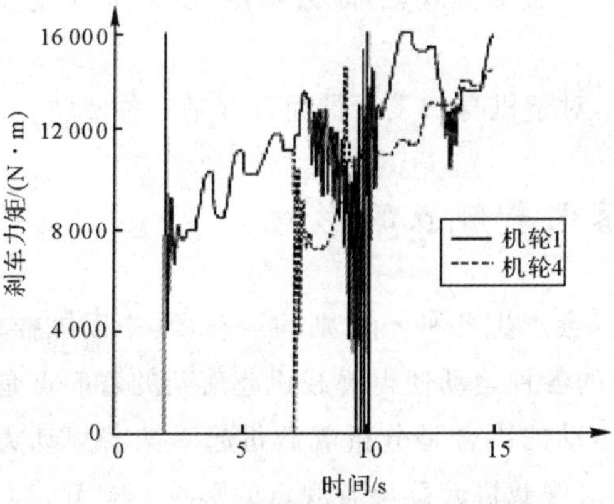

图 7.118　左右机轮刹车力矩的比较(1)

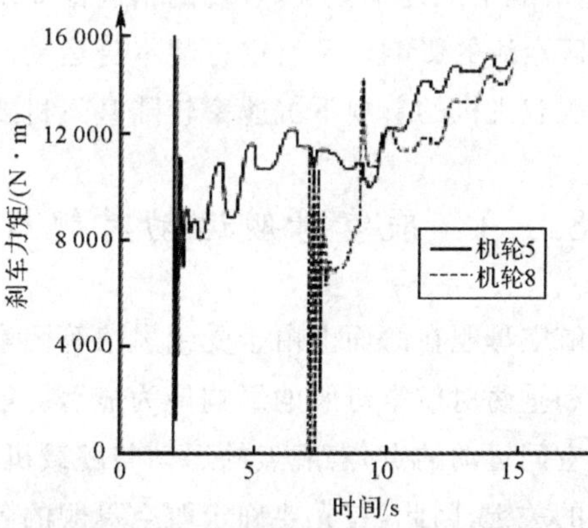

图 7.119　左右机轮刹车力矩的比较(2)

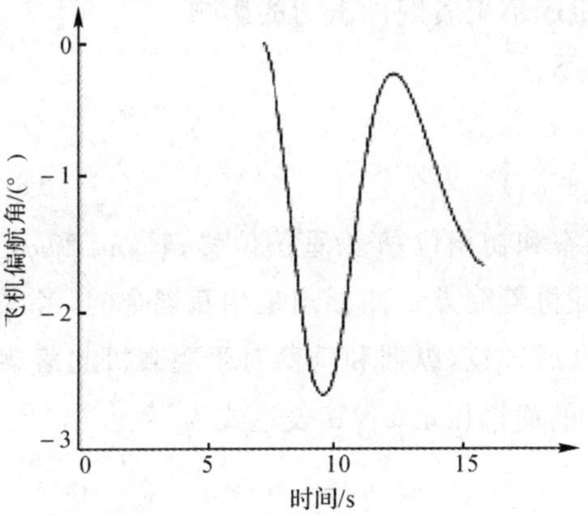

图 7.120　飞机偏航角

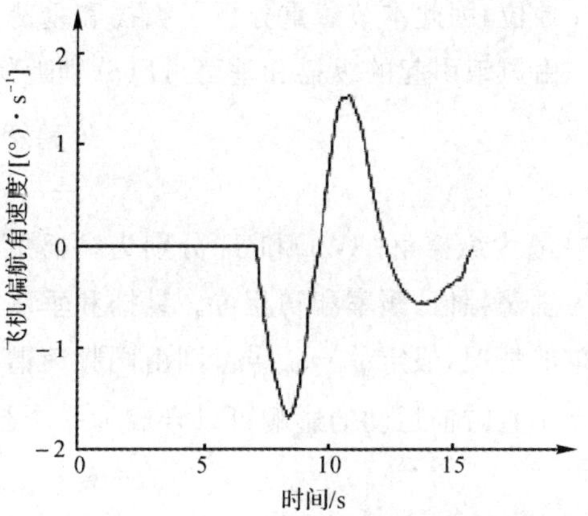

图 7.121　飞机偏航角速度

第 8 章 舰载飞机起飞着陆装置设计与分析

由于舰载飞机的起飞和降落是在海上运动的航空母舰甲板上进行的，这使得舰载机具有一些与一般陆基飞机不同的特殊设计要求，尤其在起降动力学方面有许多特殊问题。

8.1 舰载飞机起落架着舰冲击动态性能分析

航空母舰是一个空间有限的运动机场。舰载机着舰与陆基飞机着陆相比，具有以下几个特点：着舰下沉速率更快，着舰的精确性要求更高，受到航空母舰尾部"公鸡尾"状下沉气流和着舰区紊流的影响以及航空母舰本身运动的影响。

舰载飞机的着舰下沉速率较陆基飞机要大得多，对于机身和飞行员而言都是一种威胁。

8.1.1 航空母舰运动对舰载机起落架着舰点的影响

航空母舰在海面上由于受到风浪等因素的影响，会产生各种不规则的运动，其中以纵摇、横荡和垂荡对航空母舰的影响最为显著。航空母舰的各种运动使得舰载机起落架的着舰点是一个空间运动的点，着舰点的运动与舰载机起落架运动的耦合是分析舰载机起落架着舰动力响应的关键，因此，首先要确定航空母舰的各种运动对舰载机起落架着舰点的影响。本节着力于模拟单个起落架在考虑航空母舰运动的基础上落震的情况。横摇对舰载机起落架着舰点垂直方向运动的影响相对较小，纵摇和垂荡对舰载机着舰点垂直方向运动的影响相对较大，处于主导地位，因此本节着重分析了纵摇和垂荡对舰载机起落架着舰冲击力的影响。

由风浪引起的纵摇和垂荡可以分别近似表示如下：

$$\theta = A\sin\left(\omega_\theta t + \varphi_0\right) \tag{8.1}$$

$$h = h_m \sin\left(\omega_h t + \varphi_1\right) \tag{8.2}$$

式中，θ 为纵摇角；A，ω_θ 和 φ_0 分别为纵摇角幅值、频率和初相位；h 为垂荡位移；h_m，ω_h 和 φ_1 分别为垂荡幅值、频率和初相位。纵摇和垂荡对于舰载机着舰点处的影响是相互耦合的，考虑最简单的情况，假定 $\omega_\theta = \omega_h = \omega$，则由同频简谐振动的合成知道，纵摇和垂荡对于舰载机起落架着舰点垂直方向运动的影响可以合成为一个频率为 ω 的简谐振动 z_c，其表达式为

$$z_c = z_{cm}\sin(\omega t + \varphi_2) \tag{8.3}$$

考虑到航空母舰的质量远远大于着舰起落架的当量质量，且航空母舰纵摇角很小，在本节的分析中，将航空母舰的运动对于舰载机着舰的影响简化为一个以简谐振动为基础的振动。z_{cm}，ω 和 φ_2 分别为振动幅值、频率和初相位。

8.1.2　舰载机起落架着舰动力学模型

1. 系统坐标系

舰载机起落架着舰系统示意图如图 8.1 所示。起落架模型沿用经典的二质量模型，而航空母舰运动模型如式(8.3) 所示。

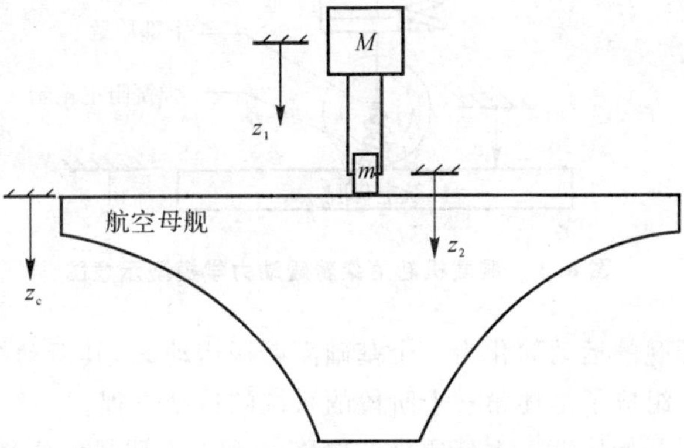

图 8.1　舰载机起落架着舰系统示意图

坐标系的定义：

z_1，固定坐标系，坐标原点在舰载机起落架轮胎与甲板接触时起落架上部质量的重心位置，坐标轴方向以垂直向下为正；

z_2，固定坐标系，坐标原点在舰载机起落架轮胎与甲板接触时起落架下部质量的重心位置，坐标轴方向以垂直向下为正；

z_c，固定坐标系，坐标原点在舰载机起落架轮胎与甲板接触时甲板上接触点的位置，坐标轴方向以垂直向下为正。

2. 系统运动方程

加入航空母舰的振动模型以后，舰载机起落架着舰的系统运动方程可以描述如下：

起落架部分的动力学模型沿用经典的二质量模型，而航空母舰的运动被简化为一个简谐振动。其简化的动力学模型示意图如图 8.2 所示。

系统运动方程可以分为两个阶段来描述：第一阶段为舰载机起落架轮胎接触到甲板到缓冲器开始压缩这段时间；第二阶段为缓冲器开始压缩到第一次着陆冲击基本完成这段时间。

第一阶段，缓冲器不压缩。上部质量和下部质量同步运动，故而有 $z_1 = z_2 = z$。起落架部分的运动方程可以描述为

$$\frac{W}{g}\ddot{z} + F_{\mathrm{Vg}} + W(K_L - 1) = 0 \tag{8.4}$$

式中，W 为起落架着舰的当量总重力；g 为重力加速度；$\ddot{z}$ 为起落架整体的 z 向加速度；K_L 为升力因数；F_{Vg} 为舰面垂直反力，在本阶段的计算表达式为

$$F_{\mathrm{Vg}} = m(z - z_c)^r \tag{8.5}$$

式中，m 和 r 是和轮胎特性相关的系数。

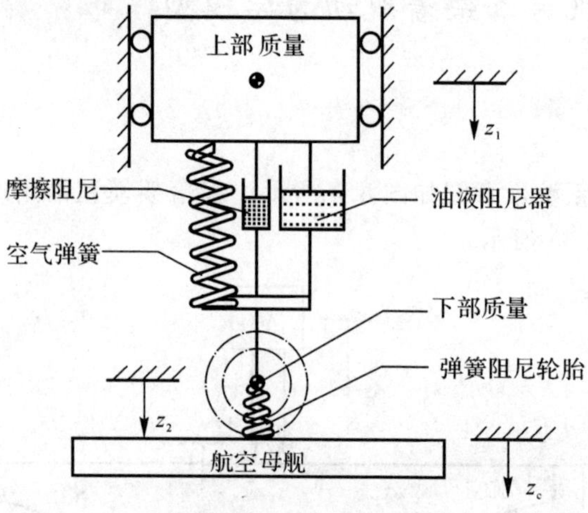

图 8.2　舰载机起落架着舰动力学模型示意图

根据假设，航空母舰的运动简化为一个基础简谐振运动 z_c，其运动描述如式(8.3) 所示。由式(8.3) 和式(8.4) 组成了描述第一个阶段的系统的运动方程。

第二阶段，缓冲器开始压缩。上部质量的位移 z_1 和下部质量的位移 z_2 开始不同步运动。根据受力分析，可以得到该阶段起落架部分的运动方程描述如下：

对于上部质量

$$\frac{W_1}{g}\ddot{z}_1 = F_s + F_L - W_1 \tag{8.6}$$

式中，W_1 为上部质量的重力；F_L 为升力；F_s 为缓冲器的轴向力，其计算表达式为

$$F_s = F_a + F_h + F_f \tag{8.7}$$

式中，F_a 为空气弹簧力；F_h 为油液阻尼力；F_f 为轴向摩擦力。

$$F_a = p_{a0}A_a\left(\frac{V_0}{V_0 - A_a s}\right)^n \tag{8.8}$$

式中，p_{a0} 为缓冲器空气腔初始压力；A_a 为压气面积；V_0 为空气腔初始体积；s 为缓冲器行程；n 为理想气体压缩多变指数。

$$F_h = \frac{\dot{s}}{|\dot{s}|}\frac{\rho A_h^3}{2(C_d A_n)^2}\dot{s}^2 \tag{8.9}$$

式中，$\dot{s}$ 为缓冲器速度；ρ 为油液密度；A_h 为压油面积；C_d 为油液缩流因数；A_n 为油孔面积。

$$F_f = \frac{\dot{s}}{|\dot{s}|}(\mu_1|F_1| + \mu_2|F_2|) \tag{8.10}$$

式中，μ_1 为上轴承处的摩擦因数；F_1 为上轴承处正压力；μ_2 为下轴承处摩擦因数；F_2 为下轴承处正压力。

对于下部质量

$$\frac{W_2}{g}\ddot{z}_2 = F_s + W_2 - F_{Vg} \tag{8.11}$$

式中，W_2 为下部质量的重力；此阶段的地面垂直反力 F_{Vg} 按照下式进行计算：

$$F_{Vg} = m(z_2 - z_c)^r \tag{8.12}$$

从而由式(8.3)、式(8.6)和式(8.11)组成描述第二个阶段的系统的运动方程。

3. 仿真计算

根据上面得出的舰载机起落架着舰的动力学模型，本节结合某型轻型飞机给出其仿真计算结果。

图 8.3 对比了飞机在陆地和在考虑航空母舰运动的情况下降落时，起落架传递给机身的载荷随时间的变化曲线。

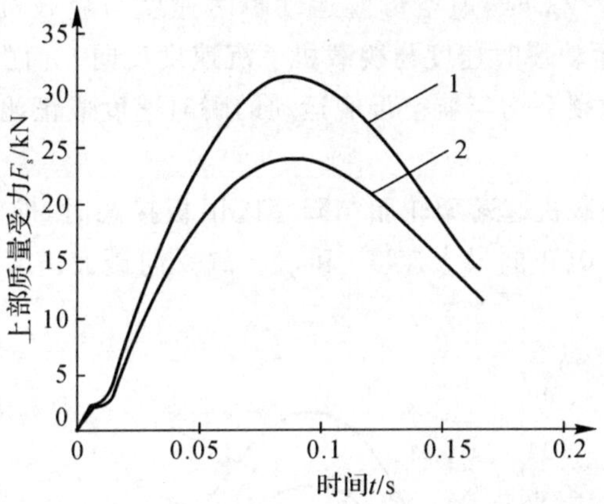

图 8.3　飞机着陆与着舰时弹性支撑质量受力时间历程图

1— 着陆；　2— 着舰

由图 8.3 可以看出，在当前的航空母舰的运动状态下，舰载机起落架在航空母舰上着舰降落时，起落架传给机身的冲击载荷要小于在陆地上降落的情况。

实际上，在当前情况下，舰载机起落架接触舰面的瞬时，基础简谐运动的相位角 $\varphi_0=0^\circ$。在起落架轮胎接触舰面以后，航空母舰上着舰点同时还在向下运动，从而造成起落架传给机身的冲击载荷小于在陆地上降落的情况。而航空母舰各运动参数对于舰载机起落架着舰冲击载荷的影响将在下节进行分析研究。

舰载机起落架在陆地上和在考虑航空母舰运动的情况下降落时，起落架传给机身的冲击载荷峰值的结果对比见表 8.1。

表 8.1　机身受载的结果对比

	着陆 /N	着舰 /N	减少的百分比 /(%)
机身受载	31 029	23 987	22.7

4. 参数分析

从上面的分析中可以看出，在考虑航空母舰的运动以后，舰载机起落架降落过程的冲击力明显不同。本节就分析航空母舰的运动参数对于舰载机起落架降落过程的冲击力的影响。

对于特定的飞机起落架，对降落过程冲击载荷最主要的影响因素为飞机的下沉速率，即飞机起落架和着陆基础垂直方向的相对速度。相对速度越大，则降落过程的冲击载荷越大。在

考虑航空母舰的运动以后，舰载机起落架和着陆基础垂直方向的相对速度 $\dot{z}_{\sin k}$ 可以表达为

$$\dot{z}_{\sin k}=\dot{z}_{\mathrm{Asin\,k}}-\dot{z}_{\mathrm{c}} \tag{8.13}$$

式中，$\dot{z}_{\mathrm{Asin\,k}}$ 是舰载机的下沉速度，既定；$\dot{z}_{\mathrm{c}}$ 是航空母舰运动的瞬时速度，其可由式(8.3)求导而得

$$\dot{z}_{\mathrm{c}}=\omega z_{\mathrm{cm}}\cos(\omega t+\varphi_0) \tag{8.14}$$

从航空母舰运动瞬时速度 $\dot{z}_{\mathrm{c}}$ 的表达式中可以发现，航空母舰运动的3个描述参数对于航空母舰运动瞬时速度的影响。初始相位角 φ_0 决定着航空母舰瞬时运动速度的方向，当 $0\leqslant\varphi_0<\pi/2$ 或 $3\pi/2\leqslant\varphi_0<2\pi$ 时，航空母舰运动瞬时速度与舰载机下沉速度同向；当 $\pi/2\leqslant\varphi_0<3\pi/2$ 时，航空母舰运动瞬时速度与舰载机下沉速度反向。而由式(8.14)亦可以看出，航空母舰运动的振幅和振动频率均与航空母舰运动的瞬时速度成正比。

(1) 初相位的影响

初始相位角决定着舰载机起落架轮胎与降落区甲板接触时，航空母舰和舰载机运动方向的关系。本小节选取 $\varphi_0=0$(正向最大速度)和 $\varphi_0=\pi$(反向最大速度)这两种情况进行计算，计算结果对比如图8.4所示。

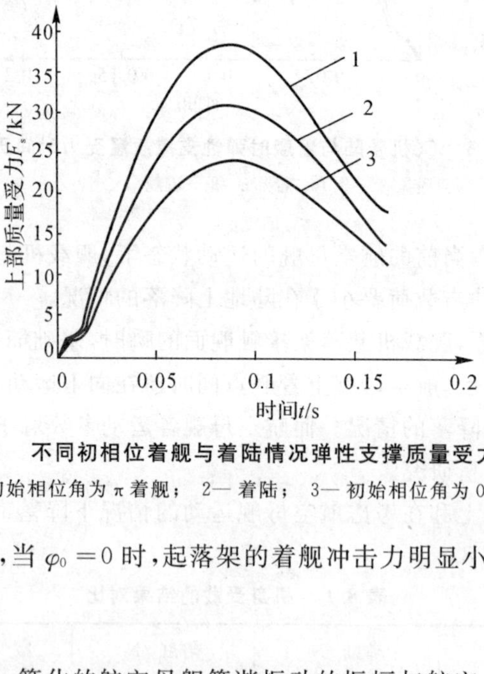

图8.4　不同初相位着舰与着陆情况弹性支撑质量受力对比

1— 初始相位角为π着舰；　2— 着陆；　3— 初始相位角为0着舰

从图8.4中可以看出，当 $\varphi_0=0$ 时，起落架的着舰冲击力明显小于陆基情况。而当 $\varphi_0=\pi$ 时，则正好相反。

(2) 振幅的影响

由式(8.14)可以看出，简化的航空母舰简谐振动的振幅与航空母舰垂直方向的瞬时速度成正比例。本节取振幅 z_{cm} 分别为0.762 m，1.524 m和2.286 m三种情况进行计算，并以舰载机起落架上部质量受力为例给出其结果，如图8.5所示。

从图8.5中可以看出，仿真计算结果与之前的分析基本吻合。当振幅为2.286 m时，轮胎在0.063 s附近发生刚性压缩。

(3) 振动频率的影响

由式(8.14)可以看出，航空母舰的振动频率与航空母舰运动的瞬时速度成正比。取航空母舰运动的振动频率分别为 $\omega=\pi/5$，$\omega=2\pi/15$ 和 $\omega=\pi/10$ 三种情况进行计算，并以舰载机起落架上部质量受力为例给出其结果，如图8.6所示。

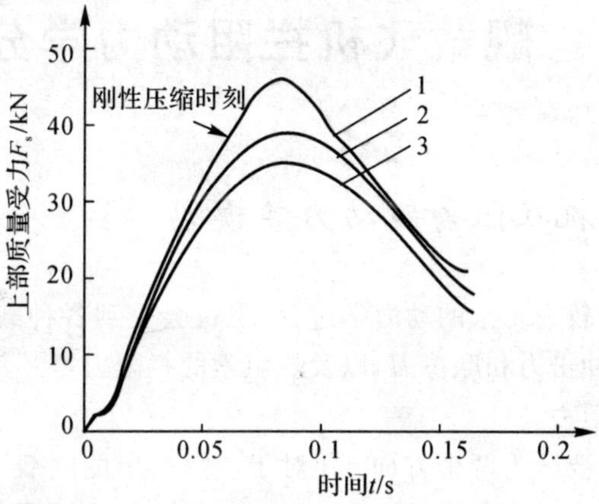

图 8.5 不同基础振幅情况弹性支撑质量受力对比

1— 振幅为 2.286 m； 2— 振幅为 1.524 m； 3— 振幅为 0.762 m

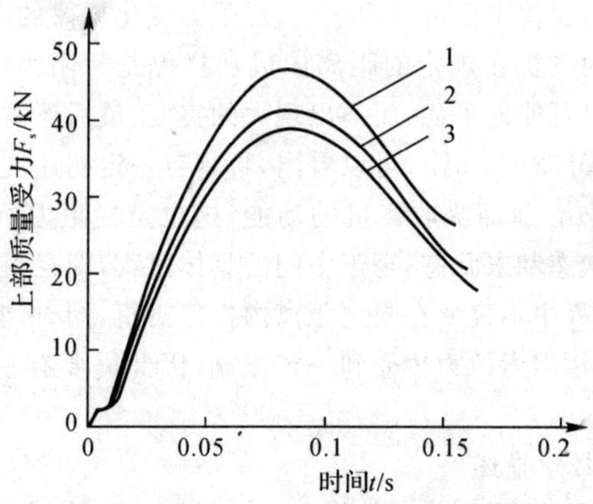

图 8.6 不同基础振动频率情况弹性支撑质量受力对比

1—$\omega = \pi/5$； 2—$\omega = 2\pi/15$； 3—$\omega = \pi/10$

从图 8.6 中可以看出，仿真计算结果与之前的分析基本吻合。

5. 结论

航空母舰的基础振动对于舰载机起落架降落过程的冲击载荷有着显著的影响。舰载机起落架与舰面垂直方向相对速度由舰载机的下沉速度和着舰点垂直方向的运动速度相加而成。航空母舰各运动参数对于着舰点垂直方向运动速度的影响：初始相位角 φ_0 决定着航空母舰瞬时运动速度的方向，而航空母舰运动的振幅和振动频率均与航空母舰运动的瞬时速度成正比。

需要指出的是，以上的分析都是针对单个参数的，但在实际中这些参数之间可能存在着相互耦合。例如，当初始相位角处于航空母舰与舰载机下沉速度同速度方向区域时，较大的振幅和振动频率对于着舰冲击载荷的减小是有利的。

8.2 舰载飞机拦阻动力学分析

8.2.1 舰载飞机拦阻着舰动力学模型

舰载飞机着舰是一个较为复杂的动力学过程，飞机会受到各种载荷，其中包括空气阻力、发动机推力、来自甲板的冲击力和摩擦力，以及拦阻索的拦阻力等。其中影响舰载飞机着舰最重要的因素之一，就是拦阻力。

关于拦阻力的讨论主要分为两个方面：① 对于参数一定的舰载飞机，拦阻力应该满足何种条件，才能将该飞机安全地拦阻着舰；② 对于参数一定的拦阻机如何确定其输出的拦阻力。

1. 拦阻力约束条件及范围的初步确定

在拦阻飞机的过程中，要使飞机可靠而平稳，拦阻力变化规律的设计及控制非常关键。将一定质量、一定着舰速度的飞机在规定的距离内成功拦停是拦阻力必须满足的首要条件；其次，总希望拦阻力的变化尽可能地平稳，而不出现大的突变；最后还需要满足其他参数要求。

运用动能定理 $W=mv_t^2/2-mv_0^2/2$ 可以看出，将具有一定初速度的飞机成功拦停，本质上就是依靠拦阻力对飞机做功，从而吸收飞机的动能，这也是拦阻力所要满足的首要条件。但是，动能定理只限制了初状态和末状态，至于中间的具体过程，即拦阻力的变化过程并不唯一，有无穷多解。由于拦阻过程中不仅要在限定距离内拦停飞机，同时，鉴于飞机的结构强度和人员安全问题，飞机的过载、拦阻索拉力也受到一定限制，因此需要有一种确定拦阻力范围的一般方法。

(1) 问题基本假设和数学描述

飞机在拦阻着舰的过程中，受到的总的拦阻力包括：甲板摩擦力、空气阻力、拦阻索对飞机的作用力。其中，拦阻索的拦阻力对飞机的着舰过程起着决定性的作用，这也是讨论的重点。因此，本节中所论及的拦阻力均指拦阻索对飞机的作用力。

设飞机着舰质量为 m，着舰速度为 v_0，拦阻索拉力为 F_t，飞机航向过载为 n，在拦阻的过程中，总希望拦阻力能在最低水平，且能平稳地变化，因此可以充分利用降落跑道的甲板长度，从而降低拦阻索中的应力水平，故拦停距离取最大许用值 S_{max}，则

$$0 \leqslant n \leqslant n_{max}, \quad 0 \leqslant F_l \leqslant F_{max} \tag{8.15}$$

式中，n_{max}，F_{max} 分别为过载和拦阻索应力的最大许用值。

(2) 拦阻索最大许用拉力对拦阻力的限制

在拦阻过程中，随着飞机尾钩将拦阻索从拦阻机中不断拉出，拦阻力也随之从零开始变化，如图 8.7 所示。其中，D 为甲板滑轮间距离，S 为飞机拦阻着舰后的位移，θ 为拦阻索与其初始位置夹角，F_s 为飞机尾钩所受拦阻力，F_l 为拦阻索拉力，v 为飞机速度。

$$F_s = 2F_l\sin\theta \tag{8.16}$$

式中

$$\sin\theta=\frac{S}{\sqrt{S^2+\left(\frac{D}{2}\right)^2}} \tag{8.17}$$

将式(8.16) 带入式(8.17)，得

$$F_s=\frac{4F_1S}{\sqrt{4S^2+D^2}} \tag{8.18}$$

由式(8.18) 可以看出，F_s 随着 F_1 和 S 的增大而增大，所以

$$F_s\leqslant\frac{4F_{max}S}{\sqrt{4S^2+D^2}}\quad(0\leqslant S\leqslant S_{max}) \tag{8.19}$$

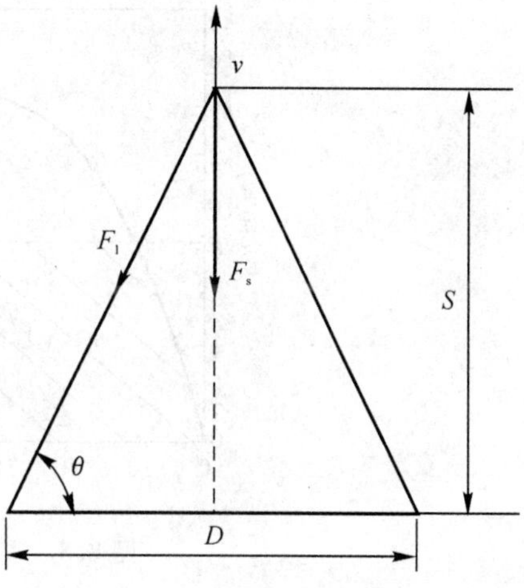

图 8.7　飞机拦阻简图

(3) 飞机最大过载对拦阻力的限制

拦阻着舰时，根据牛顿第二定律，飞机在航向上的受力可以表示为

$$F_s+F_f-F_T=nmg \tag{8.20}$$

式中，F_f 为飞机所受的阻力(空气阻力、甲板摩擦力等)；F_T 为发动机推力；n 为飞机航向过载。

若假设 F_f 和 F_T 在拦阻过程中恒定不变，过载取最大许用过载 n_{max}，则

$$F_s\leqslant n_{max}mg+F_T-F_f \tag{8.21}$$

需要说明的是，由于舰载飞机在着舰时，考虑到尾钩挂索失败需要复飞的情况，飞机着舰时并不关闭发动机。同时，若忽略 F_T，则不等式(8.21) 右边会偏小，使得拦阻力最大许用值偏小。若按照此结果设计拦阻机最大输出拦阻力，则在实际使用中，由于飞机不关闭发动机，最终会导致拦阻机无法在规定距离内拦停飞机，或者直接导致拦阻机被破坏。所以，此处考虑发动机推力 F_T 是必要的。

(4) 拦阻力范围的初步确定

从上述两节，可以得出拦阻力需要满足的初步条件为

$$\left.\begin{aligned}&F_s\leqslant\frac{4F_{max}S}{\sqrt{4S^2+D^2}}\quad 0\leqslant S<S_{max}\\&F_s\leqslant n_{max}mg+F_T-F_f\end{aligned}\right\} \tag{8.22}$$

显然，确定拦阻力的具体范围需要对具体情况进行分类讨论。

当 $n_{max}mg+F_T-F_f\leqslant\frac{4F_{max}S_{max}}{\sqrt{4S_{max}^2+D^2}}$ 时，式(8.22) 可改写为

$$\left.\begin{aligned}&F_s\leqslant\frac{4F_{max}S}{\sqrt{4S^2+D^2}}\qquad 0\leqslant S\leqslant S_1\\&F_s\leqslant n_{max}mg+F_T-F_f\quad S_1\leqslant S\leqslant S_{max}\end{aligned}\right\} \tag{8.23}$$

以下列数据进行计算：$m=25\ 000$ kg，$n_{max}=3$，$F_{max}=836\ 298$ N，$S_{max}=104$ m，$F_f=17\ 650$ N，$F_T=98\ 000$ N，$D=36.5$ m，此处发动机推力按照飞机重力的 40% 给出，结果如图 8.8 所示。

图 8.8 中阴影部分即为由式(8.23) 确定的拦阻力范围。

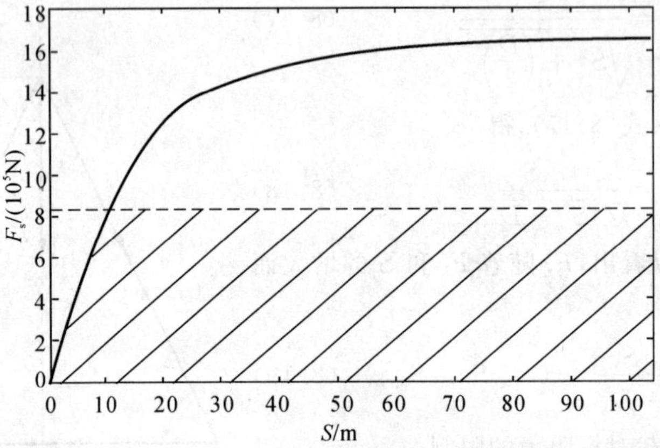

图 8.8 第一种情况下,拦阻力范围确定

当 $\frac{4F_{\max}S_{\max}}{\sqrt{4S_{\max}^2+D^2}} \leqslant n_{\max}mg + F_T - F_f$ 时,式(8.22)可改写为

$$F_s \leqslant \frac{4F_{\max}S}{\sqrt{4S^2+D^2}} \quad 0 \leqslant S \leqslant S_{\max} \tag{8.24}$$

以下列数据进行计算:$m = 33\ 000$ kg,$n_{\max}=3$,$F_{\max}=836\ 298$ N,$S_{\max}=104$ m,$F_f=17\ 650$ N,$F_T=13\ 000$ N,$D=36.5$ m,此处发动机推力按照飞机重力的 40% 给出,结果如图 8.9 所示。

图 8.9 中阴影部分即为由式(8.24)确定的拦阻力范围。

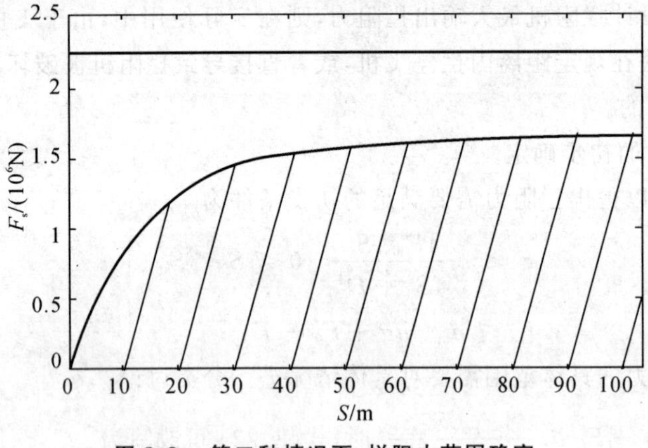

图 8.9 第二种情况下,拦阻力范围确定

2. 拦阻力的确定

根据各种要求和工况设计建造拦阻机之后,需要对拦阻机的各种性能参数进行计算,并以此与设计要求对比,包括液压缸最大许用压力、绳索最小破裂强度等。其中,较为重要的就是其拦阻力的输出状况能否与设计要求相吻合。这就需要对拦阻力进行计算。

以美国 MK.7Mod.3 型拦阻机为例,进行拦阻力的公式推导。

MK.7Mod.1,2,3 拦阻机是美国现役航空母舰上使用的拦阻机,其中 MK.7Mod.3 型拦阻机又是其中滑跑冲程最大，工作冲程内吸收能量最多的一种。

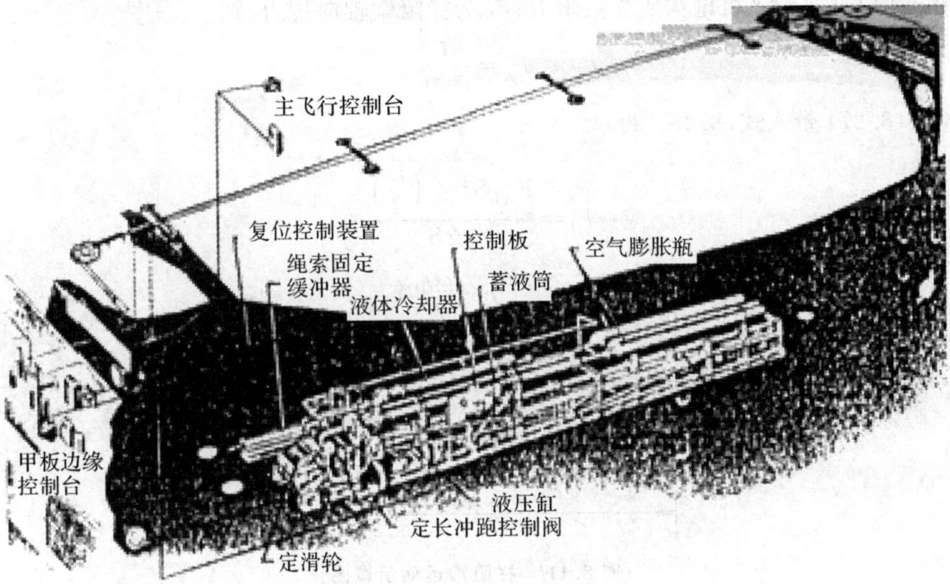

图 8.10　MK. 7Mod. 3 型拦阻机

MK. 7Mod. 3 型拦阻机主要由液压缓冲装置、绳索装置以及各种缓冲和控制装置组成，液压缓冲装置为拦阻机最重要的结构，也是本节讨论的重点。

液压缓冲装置通过 18 个动滑轮组以及绳索缓冲机构与甲板拦阻索连接，飞机成功挂索后，其尾钩将拦阻索不断拉出，液压缓冲装置的活塞杆在拦阻索拉力的作用下被压进液压缸。飞机的动能被逐渐转化为液压缸的压力势能，从而使飞机减速、停止。

(1) 问题的基本假设及分析方法

考虑到拦阻机本身结构的复杂性，以及研究的重点，做出以下基本假设：

1) 将拦阻机简化为由动滑轮组和液压缸构成的液压缓冲装置；

2) 不考虑各部件之间的摩擦力；

3) 拦阻索和各部分之间应力传播迅速，没有缓冲。

由于液压缸的结构与变油孔的油液阻尼器相类似，所以本书是基于油液阻尼器的阻尼力公式(8.9) 进行问题的阐述和理论推导的。

$$F_h = \frac{\rho A_h^3 \dot{u}^2}{2C_d^2 A_d^2} \tag{8.25}$$

(2) 拦阻力的确定

1) 拦阻索运动学及受力分析。拦阻索在拦阻过程中被飞机不断拉出，其运动状况如图 8.11 所示。

其中，v 为飞机的航向速度，由图 8.11 可知：

$$v_l = v\sin\theta \tag{8.26}$$

$$\sin\theta = \frac{S}{\sqrt{S^2 + \left(\frac{D}{2}\right)^2}} \tag{8.27}$$

拦阻索的拉力构成了对飞机的拦阻力，其受力分析如图 8.12 所示。

图 8.12 中，F 为飞机尾钩所受拦阻力；F_1 为拦阻索轴向拉力，则

$$F_1=\frac{F}{2\sin\theta} \tag{8.28}$$

将式(8.27) 带入式(8.28)，得

$$F_1=\frac{F\sqrt{S^2+\left(\frac{D}{2}\right)^2}}{2S} \tag{8.29}$$

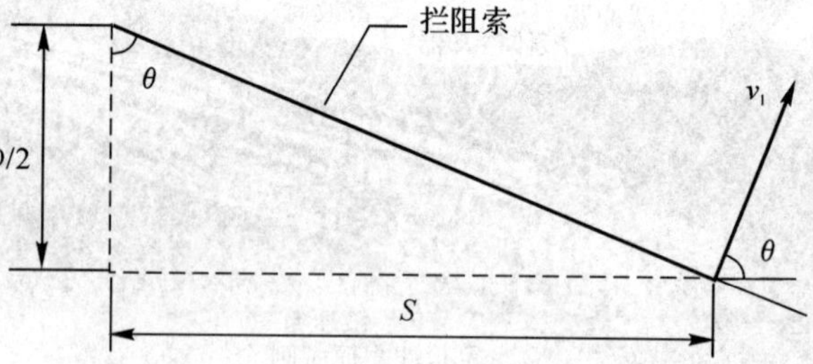

图 8.11　拦阻索运动示意图

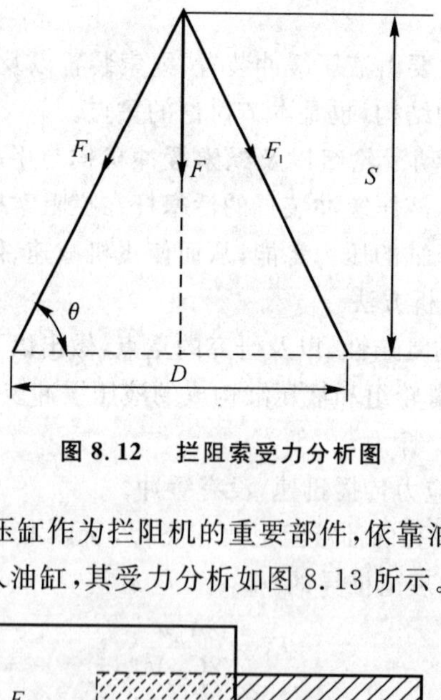

图 8.12　拦阻索受力分析图

2）液压缸受力分析。液压缸作为拦阻机的重要部件，依靠油液产生的阻尼力来吸收飞机的动能。拦阻力将活塞杆压入油缸，其受力分析如图 8.13 所示。

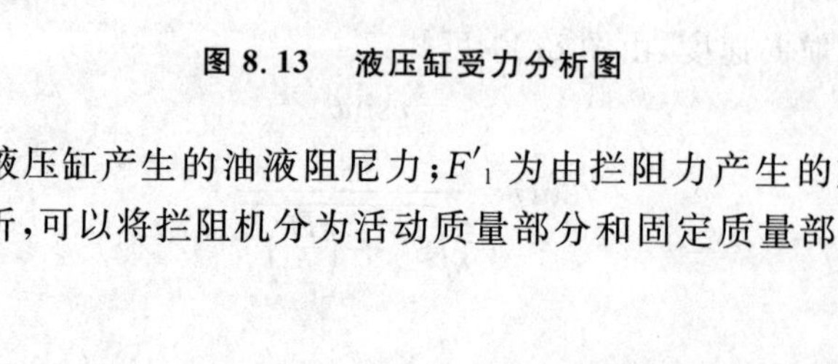

图 8.13　液压缸受力分析图

图 8.13 中 F_h 为液压缸产生的油液阻尼力；F'_1 为由拦阻力产生的施加在活塞杆上的压力。为了便于问题分析，可以将拦阻机分为活动质量部分和固定质量部分。活动质量部分主

要包括拦阻索、活塞杆，以及连接在活塞杆上，和活塞杆一起运动的部件。而固定质量部分主要指液压缸。

设活动质量部分质量为 m，活动质量部分的位移，即活塞杆的行程为 u，由牛顿第二定理知

$$F_l' - F_h = m\ddot{u} \tag{8.30}$$

由于活塞杆通过 18 个动滑轮组与拦阻索相连，所以

$$F'_l = 18F_l \tag{8.31}$$

$$u = \frac{1}{18}\left(\sqrt{S^2 + \left(\frac{D}{2}\right)^2} - \frac{D}{2}\right) \tag{8.32}$$

$$v_l = 18\dot{u} \tag{8.33}$$

$$\dot{u} = \frac{1}{18}\dot{S}\sin\theta \tag{8.34}$$

$$\ddot{u} = \frac{1}{18}\left(\ddot{S}\sin\theta + \frac{D\dot{S}^2}{2S^2}\sin^2\theta\cos\theta\right) \tag{8.35}$$

3) 拦阻力 F 与飞机位移 S 的关系函数。

将式(8.31) 带入式(8.30) 得

$$18F_l - F_h = m\ddot{u} \tag{8.36}$$

式(8.36) 是运用牛顿第二定理对活动质量部分分析的结果，将 F_l 和 F_h 的表达式带入式(8.36)，并与式(8.34) 和式(8.35) 联立，得

$$\left.\begin{aligned}
&\frac{9F\sqrt{S^2 + \left(\frac{D}{2}\right)^2}}{S} - \frac{\rho A_h^3 \dot{u}^2}{2C_d^2 A_d^2} = m\ddot{u} \\
&\dot{u} = \frac{1}{18}\dot{S}\sin\theta \\
&\ddot{u} = \frac{1}{18}\left(\ddot{S}\sin\theta + \frac{D\dot{S}^2}{2S^2}\sin^2\theta\cos\theta\right)
\end{aligned}\right\} \tag{8.37}$$

式(8.37) 就是所求的拦阻力和位移关系的微分方程，需要说明的是：① 方程的初始条件需要根据具体的飞机参数来设定，包括飞机的质量和初始速度。② 方程组中的参数 A_d 代表油孔面积。在实际使用当中，往往会根据不同飞机参数来调整油孔变化的情况，因此，油孔面积实际上是活塞杆行程的函数，即 $A_d = A_d(u)$。③C_d 代表油液的缩流因数，是描述油孔对油液流动阻力的参数。缩流因数的大小和行程、压缩速度、油孔几何参数以及油液雷诺数有关。

3. 全机着舰动力学方程

舰载飞机着舰后的运动方程与陆基飞机着陆后的运动方程基本一致，只不过前者多了一个拦阻力，其运动方程为

$$m(U' - VR + WQ) = -mg\sin\theta + F_{Gx} + F_{Ax} + F_{Tx} + F_{Hx} \tag{8.38}$$

$$m(V' - WP + UR) = mg\cos\theta\sin\phi + F_{Gy} + F_{Ay} + F_{Ty} + F_{Hy} \tag{8.39}$$

$$m(W' - UQ + VP) = mg\cos\theta\cos\phi + F_{Gz} + F_{Az} + F_{Tz} + F_{Hz} \tag{8.40}$$

$$I_{xx}P' - I_{xz}(R' + PQ) + (I_{zz} - I_{yy})RQ = L_A + L_G + L_T + L_H \tag{8.41}$$

$$I_{yy}Q' + I_{xz}(P^2 - R^2) + (I_{xx} - I_{zz})PR = M_A + M_G + M_T + M_H \tag{8.42}$$

$$I_{zz}R' + I_{xz}(-P' + RQ) + (I_{yy} - I_{xx})PQ = N_A + N_G + N_T + N_H \quad (8.43)$$

$$P = \phi' - \Psi' \sin\theta \quad (8.44)$$

$$Q = \theta' \cos\phi + \Psi' \cos\theta \sin\phi \quad (8.45)$$

$$R = \Psi' \cos\theta \cos\phi - \theta' \sin\phi \quad (8.46)$$

以上各式中下标 G, A, T, H 所标识的量分别表示舰面反力、空气动力、发动机推力和拦阻力的力分量及力矩。

8.2.2 基于ADAMS的舰载飞机拦阻着舰动态性能分析

在第2章中，已经介绍了多体动力学仿真软件ADAMS在起落架动力学分析中的应用，并着重介绍了其Aircraft模块。ADAMS/Aircraft属于ADAMS中的专业模块，而更为一般的动力学问题，可以在ADAMS/View模块中进行建模。

本节将在ADAMS/View界面中建立一个舰载飞机拦阻着舰的简化模型。

1. 舰载飞机拦阻着舰模型的建立

舰载飞机拦阻着舰模型包括飞机子系统、绳索子系统以及甲板子系统，下文将对建模过程进行介绍。

(1) 飞机及起落架模型的导入和修改

全机模型一共包括5个子系统，分别是机身子系统、前起落架子系统、主起落架子系统、前起落架轮胎子系统和主起落架轮胎子系统。调用共享数据库中的各个子系统，然后在Aircraft模块中进行装配。

将装配好的模型导入至View模块，由于Aircraft与View两模块之间一些部件不能兼容，所以，必须对模型进行修改，把不能通用的部件替换为View模块中相应的部件，主要包括对起落架油液缓冲器、空气弹簧以及轮胎的修改。

1) 缓冲系统的修改(见图8.14)。将原有的空气弹簧和油液阻尼器替换为View模块下的Spring-Damper，点击右键，可以在Spring-Damper属性对话框中对刚度和阻尼等各参数进行设置修改。

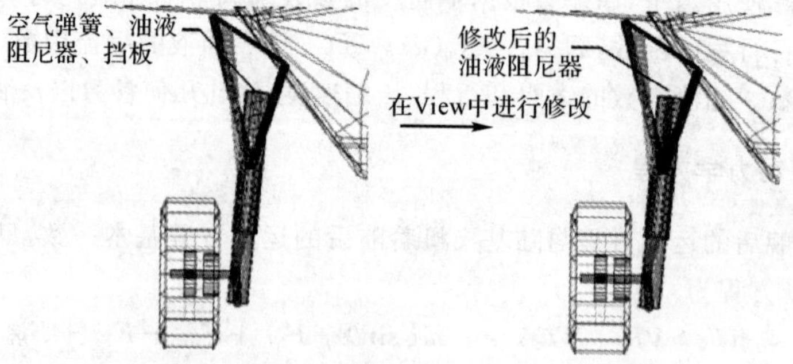

图8.14 缓冲器结构模型的修改

如果需要对缓冲系统进行更详细的设计和参数设置，可以使用单作用力工具，通过对其作用函数进行编辑来模拟更为详细的起落架动力学特性。

2) 轮胎模型的修改。由于无法识别 Aircraft 中的轮胎模型，所以必须重新建立轮胎系统。将原有轮胎删除，利用 View 模块的工具栏建立新的轮胎模型，建立轮胎时需要确定轮胎的安装位置以及方向，另外还需要指定道面文件，关于轮胎的各种参数，都可以在对应的属性文件里进行修改。

(2) 甲板模型(见图 8.15) 的建立

作为舰载飞机的载体，甲板的建立相对比较简单，建立长方体平板，作为甲板的模型。

图 8.15　甲板模型

(3) 拦阻系统的建立

拦阻模型系统是舰载飞机着舰模型重要的组成部分。它包括拦阻索、拦阻索固定装置、拦阻机、拦阻钩等。

1) 拦阻索的建立。View 模块并没有提供专门的建立像绳索一类具有大变形特性构件的方法，因此，考虑将柔性的绳索用很多离散的刚体来替代。离散刚体的数目越大，其与绳索的特性就越相近，但考虑到计算机的计算能力问题，故该离散程度不宜过大。所使用的拦阻索长度为 40 m，共分成 401 个刚体圆柱，如图 8.16 所示，每个离散刚体部件直径为 30 mm，长为 60 mm，圆柱间间隔为 40 mm。

由于圆柱体数目较大(共 401 个)，如果一个一个手动建立模型工作量太大，ADAMS/View 的 Command 语言提供了方便的建模方法。

2) 拦阻索的固定及装配。在建立了拦阻索模型之后，需要将其固定在甲板上。因此，在甲板两侧建立甲板滑轮模型，并将其固定在甲板上。甲板滑轮(见图 8.17) 主要用于拦阻索中飞机冲击载荷以及应力波的传播和导向。

3) 拦阻钩的建立及安装。拦阻钩作为舰载飞机和拦阻索直接接触的传力部件，在模型中起到很重要的作用。

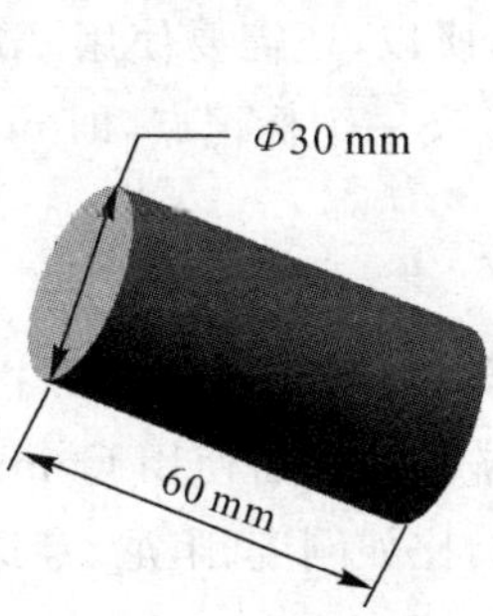

图 8.16　离散刚体

图 8.17　甲板滑轮

拦阻钩可以利用CAD软件绘制，然后导入ADAMS，也可以在ADAMS/View中直接绘制，这里就使用这种方法，如图8.18所示。

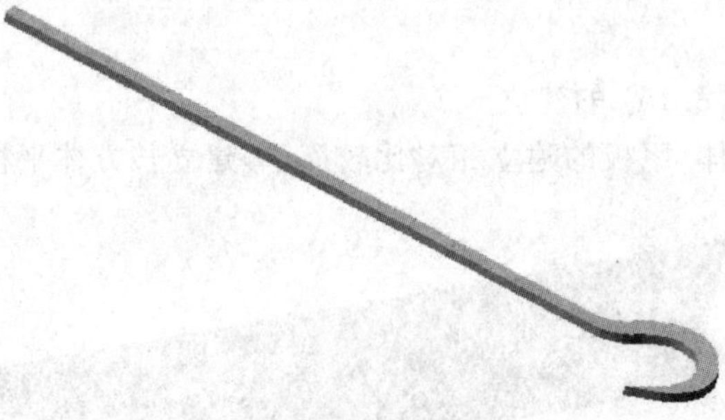

图8.18 拦阻钩

绘制好的拦阻钩用旋转铰连接在飞机尾部(见图8.19)。

图8.19 拦阻钩安装图

2. 模型约束的添加以及驱动和载荷的建立

在模型部件建立好之后，需要对各个子系统之间建立约束、运动以及施加载荷，主要包括组成拦阻索的小段刚体之间的运动副、拦阻索和甲板滑轮的接触力的建立以及甲板的驱动添加。

(1) 拦阻索运动副的添加

考虑到绳索离散之后的各个部分之间不存在相对的位移，而只存在相对转动，因此将各个刚体小段用球铰连接起来。

ADAMS/View所提供的球铰Spherical对部件提供了3个平动方向的约束。但由于绳索离散之后各部件数目众多，一个一个添加约束，工作量太大，所以，还需要使用ADAMS/View的Command语言，在添加运动副之前，需要在每个刚体上定义一个标记点，即marker。

运行命令结束后，拦阻索结构如图8.20所示。

(2) 拦阻索与甲板滑轮接触力的建立

拦阻索需要通过甲板两侧的定滑轮来改变拦阻力的传导方向，这就必须在拦阻索与甲板滑轮之间建立接触力，同建立球铰约束一样，因为部件数目较大，仍需使用Command语言来实现。在该命令中，可以方便地设置关于接触力的各种参数，比如刚度、阻尼、穿透量等。

(3) 甲板驱动的建立

使用ADAMS/View的一般点运动(General point motion)工具可以方便地对甲板施加6个自由度的运动，如图8.21所示。

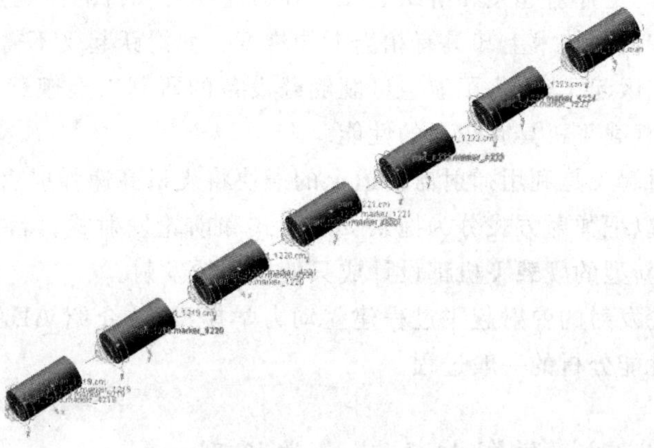

图 8.20　拦阻索添加约束示意图

3. 全机模型的装配

对所有子系统和部件添加约束之后就要将其装配在一起，使用 ADAMS/View 移动工具可以方便地将各个部件移动到正确的位置上，完整的舰载飞机着舰模型如图 8.22 所示。

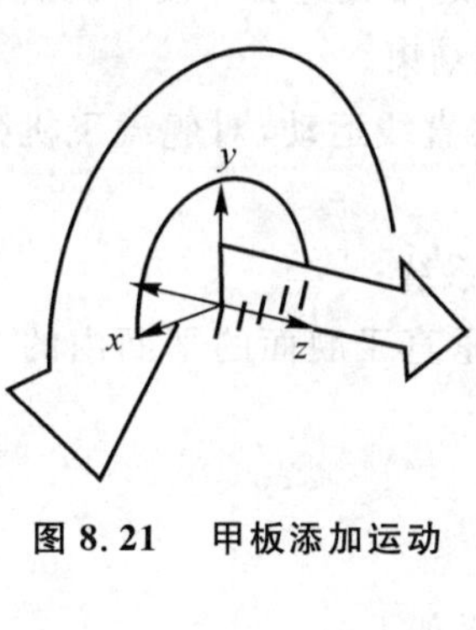

图 8.21　甲板添加运动

图 8.22　舰载飞机拦阻着舰装配模型

8.3　舰载飞机弹射起飞动态性能分析

舰载机是以航空母舰为基地的海上固定翼飞机，是航空母舰的主要攻防武器，也是形成航空母舰战斗群作战能力的基础和根本。因此，舰载机能否迅速、可靠地起飞是保证航空母舰战斗力最主要的技术条件之一。在航空母舰舰载机中，除垂直／短距起降飞机和直升机能实现垂直起飞以外，其余的固定翼舰载机均要经过适当距离的滑跑，达到一定的末速度，才能离舰起飞。

舰载飞机的起飞技术经历了局部／全通式甲板自主式滑跑起飞、弹射起飞和滑跃起飞的阶段，目前在使用中的是弹射起飞和滑跃起飞。弹射起飞对飞机的性能要求不高，但是在弹射器本身的设计制造和使用技术上却具有相当大的难度。而滑跃起飞不需要附加动力即可从航空母舰上有限的起飞区起飞，简化了航空母舰舰载设备的研制以及舰载飞机与航空母舰的适配性问题，但是要求舰载飞机具有较高的性能。

舰载飞机的弹射起飞是利用弹射器轨道上的滑块将飞机高速弹射出去。依据舰载飞机与滑块的连接方式，可以把弹射方式分为拖索/短索式和前轮发射式。目前的航空母舰同时支持这两种方式，但是新型的舰载飞机都设计成只使用前轮发射。

本节就针对前轮发射的弹射起飞过程建立动力学模型，并介绍 ADAMS/Aircraft 模块下进行弹射起飞动态性能分析的一般过程。

8.3.1 舰载飞机弹射起飞动力学模型

舰载飞机弹射起飞的全部过程主要包括弹射就位、预紧、释放、弹射动力行程、自由甲板滑跑、离舰和地效丧失后的离舰上升等 6 个阶段。在前轮发射法中，将飞机连接到弹射器上的发射杆和飞机上的牵制组件都安装在前起落架上，与前起落架一同收放。从弹射开始到离舰升空，驾驶员不能操纵飞机，因此舰载飞机弹射起飞时，要根据舰载飞机的起飞性能，由飞行员预置好操纵面位置，发动机推杆至最大位置，弹射器同时开始工作。在达到牵制杆释放载荷后，飞机脱离牵制杆的约束，在弹射力和发动机推力的共同作用下，飞机开始滑跑，当到达弹射动力行程的末端时，发射杆与弹射器拖曳组件分离，飞机继续在发动机推力作用下加速滑跑，当其速度等于或大于最小离舰起飞速度时即可离舰。飞机离舰后通常先经历一段下沉后再转入爬升。一般认为，飞机达到起飞速度、脱离甲板面即为弹射过程结束。

舰载飞机在航空母舰舰面上的弹射滑跑运动是沿着甲板的直线运动，对舰载飞机弹射起飞的过程作如下假设：

1）航空母舰相对静止，作为描述舰载飞机弹射起飞的惯性系统；

2）舰载飞机在弹射滑跑过程中的运动是在包含弹射轨道垂直于舰面的平面内的对称运动，即机体只有 3 个运动自由度，飞机对称面与运动平面重合；

3）机体是刚性的，其质量集中在飞机质心；

4）不考虑轮胎压缩。

在假设的基础上，定义用以描述舰载飞机弹射起飞的坐标系如下：

1）舰面坐标系 $S_c(O_c x_c y_c z_c)$：固连于舰面，作为描述弹射运动的惯性系。其坐标原点 O_c 定义在舰载飞机弹射就位位置处，x_c 轴沿甲板弹射轨道中心线指向舰艏，y_c 轴垂直于舰平面指向上，z_c 轴垂直于 $O_c x_c y_c$ 平面指向右。

2）机体坐标系 $S_t(O_t x_t y_t z_t)$：固连于飞机，坐标原点 O_t 是飞机质心，x_t 轴平行于机身轴线指向前，y_t 轴在飞机对称面内垂直于 x_t 轴指向上，z_t 轴垂直于飞机对称面指向右。

3）气流坐标系 $S_q(O_q x_q y_q z_q)$：固连于飞机，坐标原点 O_q 是飞机质心，x_q 轴沿飞机空速矢量方向，y_q 轴在机身对称面内垂直 x_q 轴指向上，z_q 轴垂直于平面 $O_q x_q y_q$ 指向右。

舰载飞机弹射过程中的作用力和坐标系如图 8.23 所示，ϑ 是俯仰角，α 是迎角。在舰面坐标系下，建立飞机弹射滑跑运动的动力学方程如下：

$$\left.\begin{aligned} m\frac{\mathrm{d}v_x}{\mathrm{d}t} &= F_{\mathrm{ts}}\cos\beta_{\mathrm{ts}} + p\cos(\vartheta+\varphi_{\mathrm{p}}) - Q\cos(\vartheta-\alpha) - \\ &\quad Y\sin(\vartheta-\alpha) - \mu(F_{\mathrm{N}}+F_{\mathrm{M}}) \\ m\frac{\mathrm{d}v_y}{\mathrm{d}t} &= -F_{\mathrm{ts}}\sin\beta_{\mathrm{ts}} - F_{\mathrm{qz}}\sin\beta_{\mathrm{qz}} + p\sin(\vartheta+\varphi_{\mathrm{p}}) - Q\sin(\vartheta-\alpha) + \\ &\quad Y\cos(\vartheta-\alpha) - mg + F_{\mathrm{N}} + F_{\mathrm{M}} \\ I_z\frac{\mathrm{d}\omega_z}{\mathrm{d}t} &= \sum M \end{aligned}\right\} \tag{8.47}$$

式中，m 是飞机质量；I_z 是飞机绕机体 z_{t} 轴的转动惯量；v_x, v_y, ω_z 分别是飞机在舰面坐标系下的速度和角速度分量；F_{ts} 是弹射杆作用在前起落架支柱上的拉力；p 是发动机推力；Q 是气动阻力；Y 是升力；F_{N} 和 F_{M} 分别是舰面对前、主起落架的作用力；$\sum M$ 表示上述各力对飞机质心的合力矩。

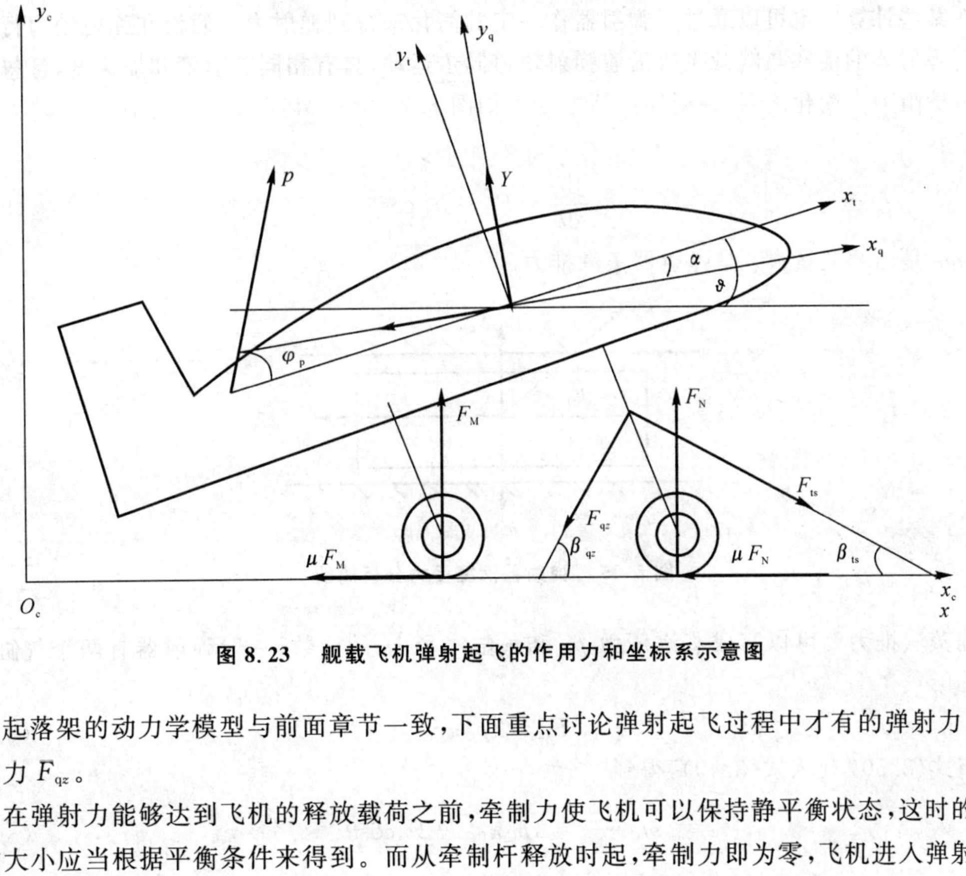

图 8.23　舰载飞机弹射起飞的作用力和坐标系示意图

起落架的动力学模型与前面章节一致，下面重点讨论弹射起飞过程中才有的弹射力 F_{ts} 和牵制力 F_{qz}。

在弹射力能够达到飞机的释放载荷之前，牵制力使飞机可以保持静平衡状态，这时的牵制力的大小应当根据平衡条件来得到。而从牵制杆释放时起，牵制力即为零，飞机进入弹射动力行程阶段。

弹射力 F_{ts} 与弹射器的蒸汽压力、峰值力、弹射力建立的速度和弹射器的工作行程等因素有关，一般应由实验获得。通过一些实验以及仿真的结果可以看出，弹射力与弹射开始时的预紧力 F_{ts0} 以及活塞的行程 s_{C} 有关，如图 8.24 所示，这样弹射力可以近似地写成

$$F_{ts} = F_{ts0} + k_{ts}s_C \tag{8.48}$$

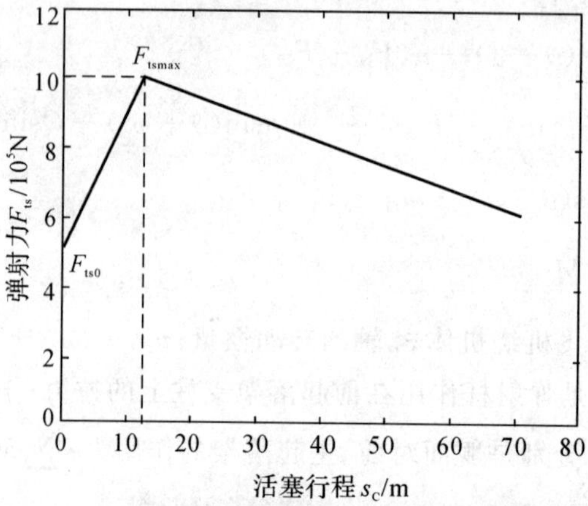

图 8.24　弹射力与活塞行程的关系

在某些计算中也可以通过对弹射器作一定的简化来得到弹射力。假设在弹射动力行程结束之前弹射器的活塞与舰载飞机沿着弹射轨道同步运动，具有相同的速度和加速度，且忽略活塞的摩擦阻力。简化之后，弹射器的活塞受力如图 8.25 所示，其在动力行程阶段的动力学方程如下：

$$m_C\frac{\mathrm{d}v_x}{\mathrm{d}t} = F_C - F_{ts}\cos\beta_{tz} \tag{8.49}$$

式中，m_C 是活塞质量；F_C 是弹射器蒸汽推力。

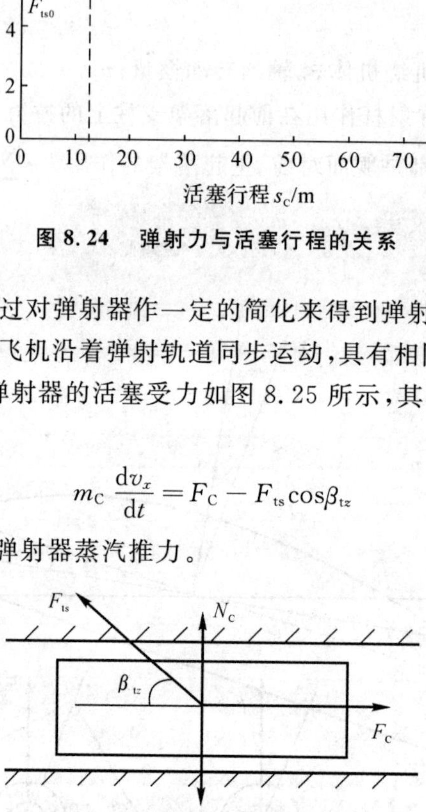

图 8.25　弹射器活塞受力分析简图

而蒸汽推力又可以写成蒸汽压力 p_C 和气缸半径 r_C 的函数，一般弹射器有两个气缸，因而有

$$F_C = 2p_C\pi r_C^2 \tag{8.50}$$

将式(8.50)代入式(8.49)，得到

$$m_C\frac{\mathrm{d}v_x}{\mathrm{d}t} = 2p_C\pi r_C^2 - F_{ts}\cos\beta_{tz} \tag{8.51}$$

考虑到弹射动力行程的时间很短，可以将这一过程中弹射器内的蒸汽做功看作绝热膨胀过程，因而对每个气缸内的气体都有绝热方程

$$\frac{p_C}{p_{C0}} = \left(\frac{V_{C0}}{V_C}\right)^k \tag{8.52}$$

式中，p_C 和 V_C 是瞬时压力和容积；p_{C0} 和 V_{C0} 是初始压力和初始容积；k 是蒸汽的绝热指数。

由于瞬时容积 V_C 可以由初始容积 V_{C0} 和活塞的位移 s_C 来表示为

$$V_C = V_{C0} + \pi r_C^2 s_C \tag{8.53}$$

将式(8.53)代入式(8.52)，得到

$$\frac{p_C}{p_{C0}} = \left(\frac{V_{C0}}{V_{C0} + \pi r_C^2 s_C}\right)^k \tag{8.54}$$

这样，在给定弹射器初始蒸汽压力、容积和气缸半径等弹射器参数的情况下，便可以通过式(8.53)和式(8.54)计算任意时刻的弹射力。需要注意的是，这里所谓的初始蒸汽压力 p_{C0} 指的是当牵制杆释放时对应的气缸内蒸汽压力，它的改变可以用来模拟不同的牵制杆释放条件。

8.3.2 基于 ADAMS 的舰载飞机弹射起飞动态性能分析

用 ADAMS/Aircraft 模块分析舰载飞机弹射起飞的动态性能是指对飞机从释放开始到达到离舰速度这一过程进行仿真。

弹射起飞分析所用的模型和全机地面滑跑分析所用的模型没有本质的差别，只是需要在前起落架模板中添加弹射杆和弹射力。这里把弹射杆作为前起落架支柱的一个附加几何体来建模，弹射力沿弹射杆的方向，其大小按图 8.24 计算，有关参数见表 8.2。

表 8.2 弹射模型参数

弹射参数	参考值
弹射杆与甲板间的夹角 β_{tz}	30°
活塞动力冲程 s_0	70.6 m
弹射预紧力 F_{ts0}	5×10^5 N
弹射峰值力 F_{tsmax}	10×10^5 N
弹射峰值力对应的活塞冲程 s_1	12.5 m

弹射起飞的滑跑过程包括弹射动力滑跑和甲板自由滑跑两段，弹射力只作用在前一段上。可以通过 ADAMS 中的 IF 函数实现对弹射力作用区间的控制，IF 函数的具体应用形式为

$$\mathrm{IF}(s_C - s_0 : F_{ts}, 0, 0) \tag{8.55}$$

即当滑跑的距离 s_C 小于活塞的动力行程 s_0 时，有弹射力 F_{ts} 作用，当滑跑距离大于等于动力行程时，没有弹射力作用。而弹射力 F_{ts} 本身又以分段函数的形式表达，可以再通过一个 IF 函数来实现。嵌套后的函数表示成

$$\mathrm{IF}(s_C - s_0 : \mathrm{IF}(s_C - s_1 : F_{ts1}, F_{tsmax}, F_{ts2}), 0, 0) \tag{8.56}$$

式中

$$F_{ts} = \begin{cases} F_{ts1} = 5 + 0.4 s_C & 0 < s_C \leqslant s_1 \\ F_{ts2} = 10 - 0.067(s_C - s_1) & s_1 < s_C \leqslant s_0 \end{cases} \tag{8.57}$$

在标准界面下，进行初始速度为零的全机地面滑跑分析。结果的后处理和前面的介绍相同，这里只列出弹射器作用力随活塞位移的变化曲线以及弹射起飞过程弹射作用力、弹射起飞重心

x 方向位置、弹射起飞速度和前起落架载荷随时间的变化曲线，分别如图 8.26～图 8.30 所示。

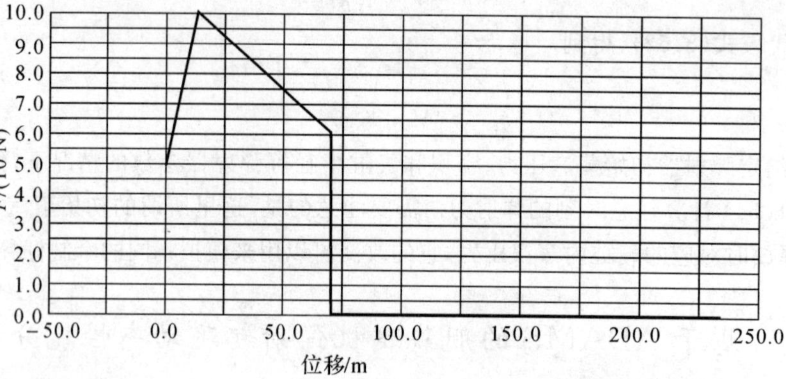

图 8.26 弹射器作用力随活塞位移的变化曲线

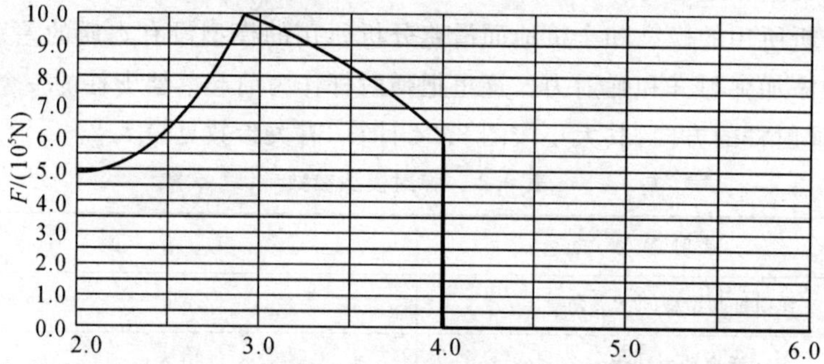

图 8.27 舰载飞机弹射起飞过程弹射器作用力随时间的变化曲线

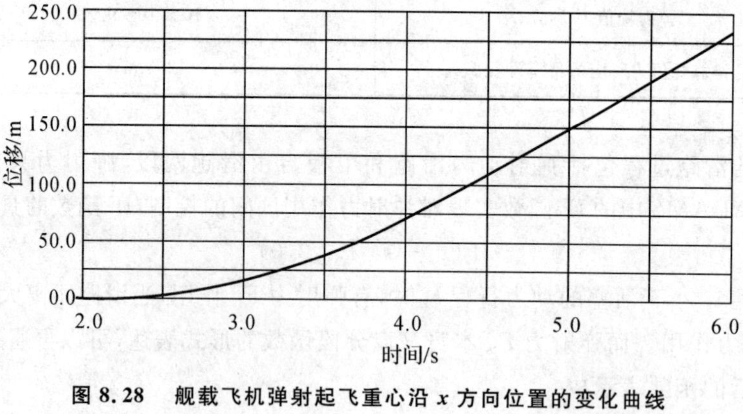

图 8.28 舰载飞机弹射起飞重心沿 x 方向位置的变化曲线

根据图 8.30 中曲线可以看到，IF 函数合理地实现了所要求的弹射力；弹射动力阶段历时仅 2 s，但却使飞机得到了比较大的速度，之后在发动机推力的作用下继续自由滑跑一段距离后就可以离舰起飞；当弹射动力行程结束时，弹射力消失，前起落架突伸，飞机获得一个较大的迎角，从而产生了较大的升力，有利于起飞。

另外，ADAMS/Aircraft 2005 还提供了一个弹射的静平衡试验台，用来模拟舰载飞机弹

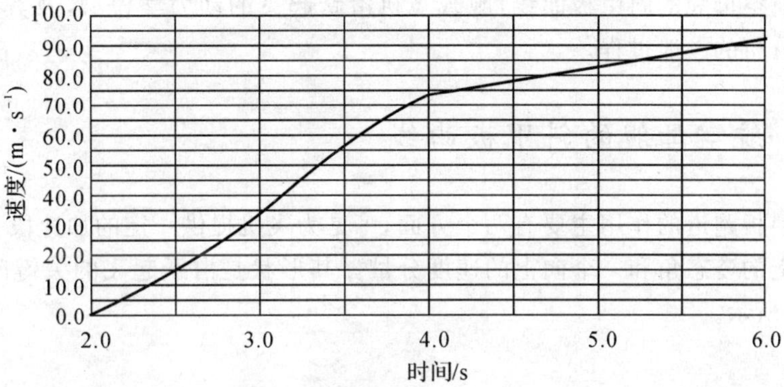

图 8.29　舰载飞机弹射起飞速度的变化曲线

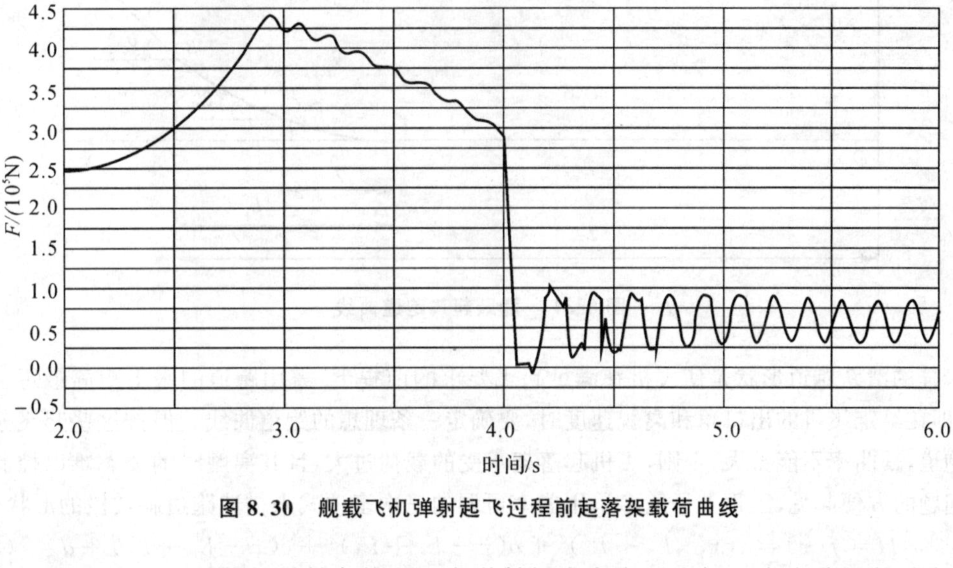

图 8.30　舰载飞机弹射起飞过程前起落架载荷曲线

射就位预紧阶段，需要设置的弹射参数主要有弹射杆力在全局坐标 x 方向分量的最大值、弹射杆长度、牵制杆长度、弹射杆前端距甲板的高度、牵制杆后端距甲板的高度等参数。这个试验台在 ADAMS/Aircraft 2005r2 中已经取消。

8.4　舰载飞机滑跃起飞动态性能分析

滑跃起飞又称斜板跃飞或斜曲面甲板起飞。它是指舰载机先依靠自身动力首先在航空母舰的水平甲板上滑跑，后经航空母舰舰艏斜曲面甲板(一般与水平面呈 6° ～ 20° 斜面)，使舰载机在离舰瞬间被赋予一定的航迹倾斜角和向上的垂直分速度。舰载机跃入空中后，舰载飞机的升力和发动机推力的垂直分量不足以克服重力，但是舰载飞机的发动机推力明显大于阻力。因此，借助于上翘斜甲板提供的离舰爬升率和爬升角，舰载飞机在离舰爬升率和爬升角损失过程中进一步增速。同时及时建立更加有利的飞行迎角，使升力和推力分量逐步克服重力，保证离舰后具有满意的航迹以实现舰上安全起飞。

本节介绍航空母舰的斜甲板曲线，舰载飞机滑跃起飞的动力学模型，及其在 ADAMS 中进行动态性能分析的一般过程。

8.4.1 航空母舰的斜甲板曲线

航空母舰甲板跑道的作用主要有两个方面，一是为飞机提供一定的加速段；二是使飞机在离舰时获得一定的姿态角和一个向上的速度分量。其形状是滑跃起飞的关键问题之一，跑道曲线如图 8.31 所示。

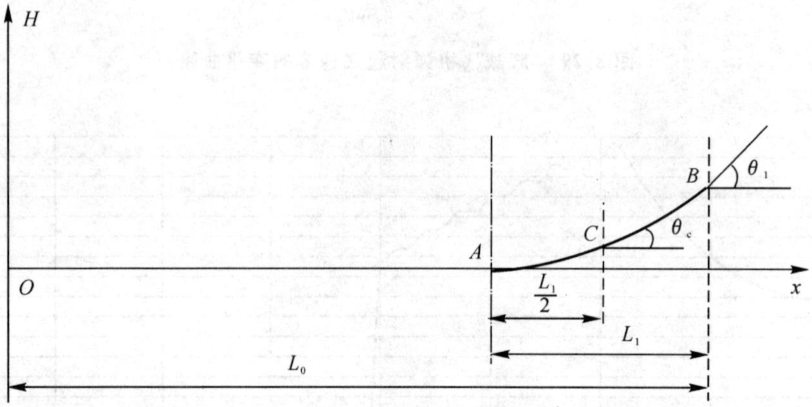

图 8.31 滑跃起飞跑道曲线

最佳的滑跃跑道形状是使飞机在满足起飞要求的前提下，需用跑道的水平距离最短。换而言之，即在给定飞机的出口角和离舰速度时，要确定一条理想的跑道曲线。但按这些起飞条件构造的跑道，其曲率不能太大，否则，飞机起落架承受的载荷过大，且其离舰时的姿态难以控制。为研究问题的方便起见，工程上一般多采用曲率可调的三次多项式来描述跑道斜坡段的形状，即

$$H=f(x)=a(x-L_0+L_1)^3+b(x-L_0+L_1)^2+c(x-L_0+L_1)+d \quad (8.58)$$

由起始点 A 的端点条件，$x=L_0-L_1$ 时，$H=0, H'=0$，可以确定 $c=0, d=0$。若要求舰载飞机的出口角为 θ_1，则 B 点的端点条件为 $x=L_0$ 时 $H'=\tan\theta_1$。

仅由 A,B 两点的端点条件还不能唯一地确定跑道斜坡段的曲线。为此在曲线的中央取一控制点 C，有

$$\theta_c=f\theta_1 \quad 0<f<1 \quad (8.59)$$

式中，f 为控制参数，它可以用来调节跑道曲率的分布。f 越大，曲线前段的曲率越大，后段较平缓；反之，则曲线前段平缓而后段陡。

B,C 两点的条件可以确定曲线表达式的另外两个系数：

$$a=\frac{2[\tan\theta_1-2\tan(f\theta_1)]}{3L_1^2} \quad (8.60)$$

$$b=\frac{4\tan(f\theta_1)-\tan\theta_1}{2L_1} \quad (8.61)$$

若已知跑道的最大上翘高度为 H_m，则控制系数的大小可由下式确定：

$$f=\frac{\arctan\left(\frac{3H_m}{2L_1}-\frac{\tan\theta_1}{4}\right)}{\theta_1} \tag{8.62}$$

斜甲板的曲率半径为

$$\rho=\left|\frac{(1+f'(x)^2)^{\frac{3}{2}}}{f''(x)}\right| \tag{8.63}$$

跃飞甲板的曲率也是影响飞机起飞效果的因素之一。理想的跃飞甲板曲线应该是渐开曲线。在航空母舰上安装的跃飞甲板末端还有一个向下反折的半圆弧状曲线面，这是为了使甲板风能够顺利流过舰艏，以免产生影响飞机起飞的不利气流并减小航空母舰行驶阻力。

如用上述三次曲线描述"库兹涅佐夫"级航空母舰的斜坡甲板。该级航空母舰最大排水量超过 60 000 t，舰长 300 m，舰艏为上翘 12° 的斜板。上翘斜甲板长 60 m，最大上翘高度为 6 m。该级航空母舰有 3 个起飞点，其中前面两个距舰艏约 150 m(水平段长 90 m)，后面一个距舰艏约200 m(水平段长 140 m)。计算中，假设航空母舰甲板平直段的海拔高度为零，即未考虑航空母舰距海平面的高度，离舰点距海平面 6 m，则可取 $f=0.461\ 0$，对应的跑道中点的坡度为 5.532°。

8.4.2　舰载飞机滑跃起飞动力学模型

当斜板滑跳起飞时，先用舰上的起飞拦阻挡把飞机固定在起飞点上，飞行员配平驾驶杆位置，调整舰载飞机的舵面偏度。在发动机达到最大起飞推力后，挡板前倾，飞机沿平甲板加速滑跑，进而冲上上翘的斜板继续滑跑，获得爬升航迹角和出口速度，进入半抛物线飞行段，在此过程中舰载飞机的速度增加至预定速度，且爬升到一定飞行高度，如飞行高度达到 30 m后(大约高于舰首15 m后)，可以进行正常爬升飞行或正常平飞加速飞行，即纵向过载不小于1，此后飞行员开始介入操纵，收油门至 95% 最大需用推力位置并收起舰载飞机的起落架，操纵舰载飞机向预定高度爬升和转入预定航向，结束滑跃起飞过程。

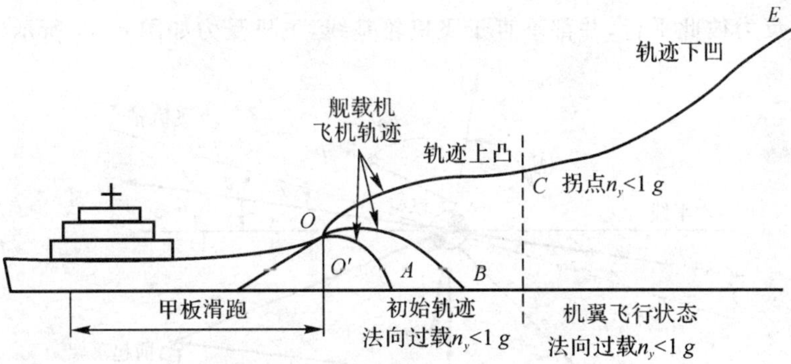

图 8.32　舰载飞机滑跃起飞过程

滑跃起飞过程如图 8.32 所示，可以看出起飞速度对舰载机飞行航迹有很大影响。舰载飞机离舰起飞速度太低，飞机就不能得到一个正的爬升率，可能会掉入海中；太高则会占用长距离的跑道，同时增加飞机的结构载荷。在拐点 C 处能产生一个临界的纵向过载为 1 的离舰起飞速度，就是最小的起飞速度。整个起飞过程主要由 3 个阶段组成，即甲板上加速滑跑、半抛物段飞行和正常加速爬升。

滑跃起飞过程的假设与弹射起飞相同，坐标系相类似，示意图如图 8.33 所示。

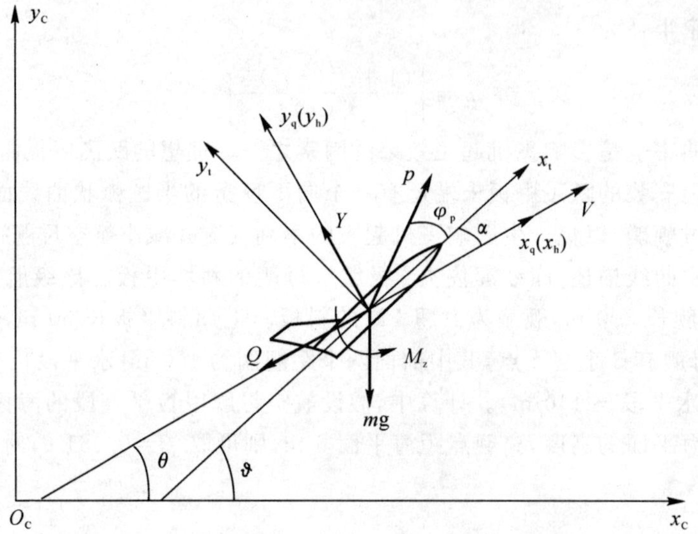

图 8.33　舰载飞机滑跃起飞的作用力和坐标系

舰载飞机的全机动力学模型包括机体模型(指机翼和机身等部分) 和起落架模型(指缓冲支柱和机轮等部分) 两部分。起落架的动力学模型在前面的章节中已有论述，这里只介绍舰载飞机滑跃起飞的机体模型。

根据飞机在斜甲板上的位置，将起飞过程分为 3 个阶段：三轮滑跑段，斜坡两轮滑跑段，主轮离地到能正常平飞。由于飞机起飞的各个阶段的受力情况都不相同，飞机的运动状态也相差较大，因此下面对各起飞阶段分别建模。

(1) 三轮滑跑段

在飞机的航迹坐标系上建立方程。由于起飞斜板的曲率一般很小，因此，近似认为飞机前、主起落架支反力彼此平行，并都垂直于飞机轮基线，飞机受力如图 8.34 所示。

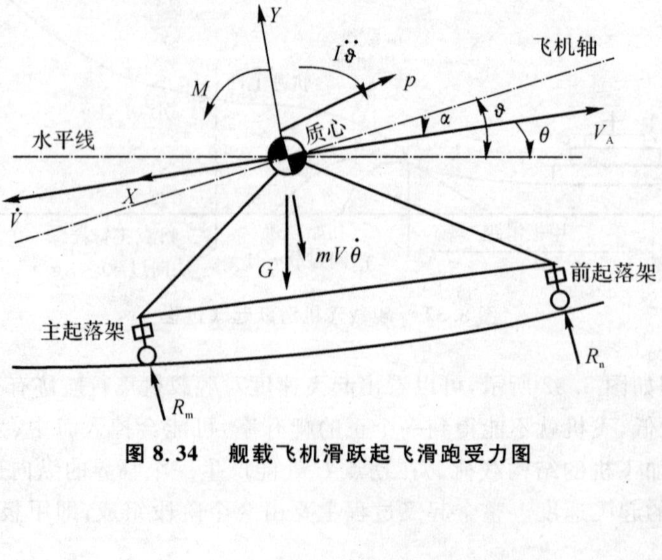

图 8.34　舰载飞机滑跃起飞滑跑受力图

假设飞机质心垂线与甲板交点的切线方向与飞机的轮基线平行，即飞机所受的地面支反力垂直于飞机重心对应的斜甲板的切线方向。三轮滑跑段的运动方程为

$$\left.\begin{aligned}
&m\frac{\mathrm{d}V}{\mathrm{d}t}=p\cos(\alpha+\varphi_{\mathrm{p}})-Q-mg\sin\theta-\mu(F_{\mathrm{n}}+F_{\mathrm{m}})\\
&mV\frac{\mathrm{d}\theta}{\mathrm{d}t}=p\sin(\alpha+\varphi_{\mathrm{p}})+Y-mg\cos\theta+F_{\mathrm{n}}+F_{\mathrm{m}}\\
&I_z\frac{\mathrm{d}\omega_z}{\mathrm{d}t}=M+F_{\mathrm{n}}l_{\mathrm{n}}-F_{\mathrm{m}}l_{\mathrm{m}}-\mu(F_{\mathrm{n}}+F_{\mathrm{m}})h-pe_{\mathrm{p}}\\
&\frac{\mathrm{d}x_{\mathrm{d}}}{\mathrm{d}t}=V\cos\theta\\
&\frac{\mathrm{d}y_{\mathrm{d}}}{\mathrm{d}t}=V\sin\theta\\
&\frac{\mathrm{d}\vartheta}{\mathrm{d}t}=\omega_z\\
&\alpha=\vartheta-\theta
\end{aligned}\right\}\tag{8.64}$$

式中，F_{n} 是前起落架支反力；F_{m} 是主起落架支反力；l_{n} 是前起落架距质心距离；l_{m} 是主起落架距质心距离；h 是机轮与质心的垂直距离。

在平直滑跑段，飞机的运动模型与在陆基上的模型无多大差别，只是在分析问题时要考虑航空母舰运动及地面效应等因素的影响。例如，地面效应使机翼升力因数增加。初始俯仰角 ϑ 近似为飞机停机角 ϑ_{s}，故 $\omega_z=0$。

当舰载飞机在上翘甲板上滑行时，由甲板形状曲线确定质心各点的 θ。

起落架支柱在斜坡滑跑阶段的压缩量由飞机瞬时质心位置和斜甲板的形状决定。具体计算表达式可以统一写成

$$\left.\begin{aligned}
&L=(Z_g-H_g)\cos\vartheta+l\tan\vartheta\\
&u=L-L_{\max}\\
&\dot{u}=(v_y-k_g)\cos\vartheta-u\tan\vartheta+l
\end{aligned}\right\}\tag{8.65}$$

式中，L 是起落架支柱长度；u 是起落架支柱的压缩量；$\dot{u}$ 是起落架支柱的压缩速度；Z_g 是飞机质心在地面坐标系中的高度；H_g 是飞机质心在斜甲板投影处的甲板高度值；l 是起落架与机身连接处到飞机质心的距离（体轴系下）；$L_{\max}$ 是起落架全伸展时的长度；v_y 是飞机质心垂直方向速度；k_g 是飞机质心在斜甲板投影处的斜甲板曲率值。

(2) 斜坡两轮滑跑段

两轮滑跑段从飞机前轮离开甲板开始，到后轮离开甲板结束；换言之，即从飞机的前轮支反力为零开始，到后轮支反力为零结束。这时风速的方向与飞机运动的方向有一个夹角。

设航空母舰的航速为 V_{C}，风速为 V_{w}，它们的速度三角形如图 8.35 所示，则飞机运动的空速为

$$V_{\mathrm{A}}=\sqrt{V^2+(V_{\mathrm{C}}+V_{\mathrm{w}})^2+2V(V_{\mathrm{C}}+V_{\mathrm{w}})\cos\theta}\tag{8.66}$$

舰载飞机在两轮滑跑段的几何关系如图 8.36 所示，飞机起落架后轮与斜坡接触点的坐标为 (x_1,H_1)，接触点到飞机质心的距离为 l_1，则有

$$l_1^2=h^2+l_{\mathrm{m}}^2\tag{8.67}$$

式中，l_{m} 是主起落架与机身连接处到飞机质心的距离（体轴系下）。

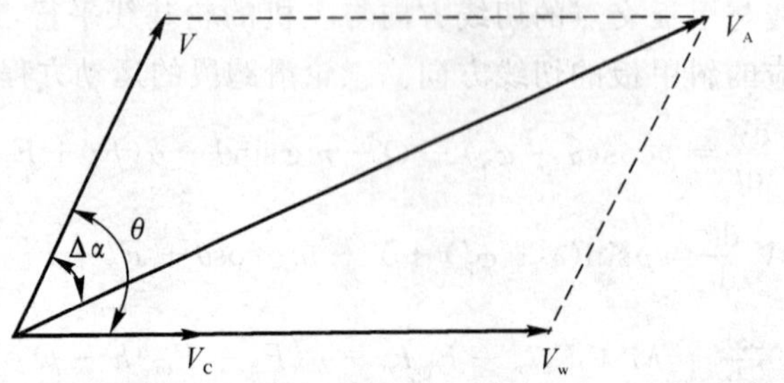

图 8.35 舰载飞机滑跃起飞两轮滑跑段的飞机运动速度三角形

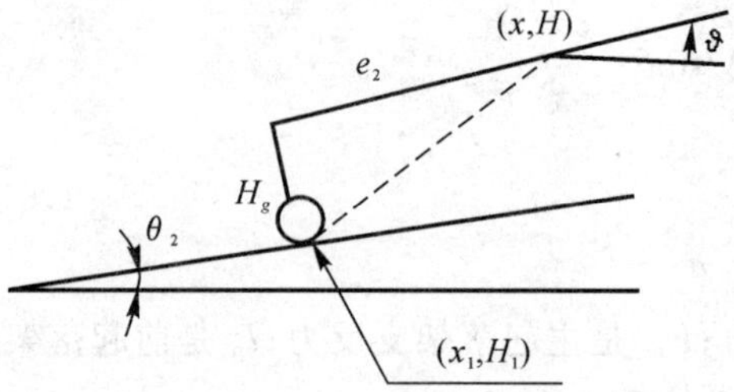

图 8.36 舰载飞机滑跃起飞两轮滑跑段的几何关系

设接触点与质心的连线与水平线的夹角为 λ，与飞机机体轴的夹角为 λ_1，则有

$$\lambda = \vartheta + \lambda_1 \tag{8.68}$$

式中，$\lambda_1 = \arctan(h/l_m)$ 为常量。

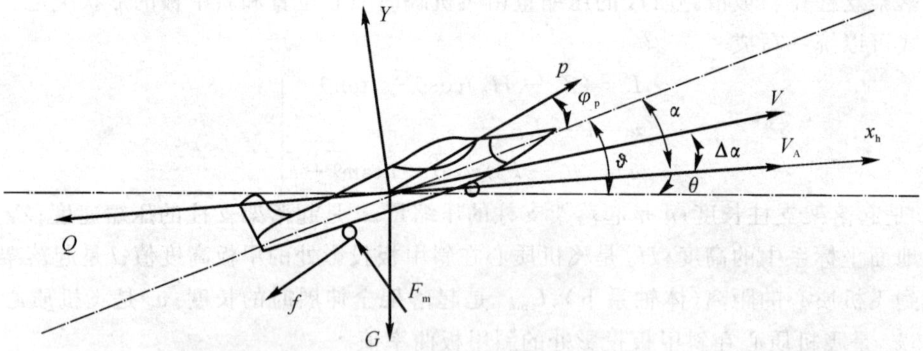

图 8.37 舰载飞机滑跃起飞两轮滑跑段受力分析

飞机在斜坡两轮滑跑段的受力如图 8.37 所示，其运动方程为

$$\left.\begin{aligned}
&m\frac{dV_A}{dt} = p\cos(\alpha+\varphi_p) - mg\sin\theta - Q + f\cos(\theta-\theta_2) + F_m\sin(\theta-\theta_2)\\
&mV_A\frac{d\theta}{dt} = p\sin(\alpha+\varphi_p) - mg\cos\theta + Y - f\sin(\theta-\theta_2) + F_m\cos(\theta-\theta_2)\\
&I_z\frac{d\omega_z}{dt} = M - F_m l_m - \mu F_m h - pe_p\\
&\omega_z = \frac{d\vartheta}{dt}
\end{aligned}\right\} \tag{8.69}$$

式中，θ_2 为主轮接触点的航迹角，即航空母舰的甲板的斜率角。

由于飞机承受的支反力无法直接知道，必须引入边界约束条件，即飞机主轮一直沿着斜坡滑跑，才能联立求飞机的运动方程组。

飞机质心与滑动点之间有如下几何关系式：

$$\left.\begin{aligned} x &= x_1 + l\cos\lambda \\ H &= H_1 + l\sin\lambda \end{aligned}\right\} \tag{8.70}$$

求导可以得到滑动点(x_1,H_1)与(x,H)的速度牵连运动关系式

$$\left.\begin{aligned} \dot{x} &= \dot{x}_1 - l\frac{\mathrm{d}\lambda}{\mathrm{d}t}\sin\lambda \\ \dot{H} &= \dot{H}_1 + l\frac{\mathrm{d}\lambda}{\mathrm{d}t}\cos\lambda \end{aligned}\right\} \tag{8.71}$$

继续求导得到加速度的牵连运动关系式

$$\left.\begin{aligned} \ddot{x} &= \ddot{x}_1 - l\frac{\mathrm{d}^2\lambda}{\mathrm{d}t^2}\sin\lambda - l\left(\frac{\mathrm{d}\lambda}{\mathrm{d}t}\right)^2\cos\lambda \\ \ddot{H} &= \ddot{H}_1 + l\frac{\mathrm{d}^2\lambda}{\mathrm{d}t^2}\cos\lambda - l\left(\frac{\mathrm{d}\lambda}{\mathrm{d}t}\right)^2\sin\lambda \end{aligned}\right\} \tag{8.72}$$

对式(8.68)求导，得到

$$\left.\begin{aligned} \frac{\mathrm{d}\lambda}{\mathrm{d}t} &= \frac{\mathrm{d}}{\mathrm{d}t}(\lambda_1 + \vartheta) = \frac{\mathrm{d}\vartheta}{\mathrm{d}t} = \omega_z \\ \frac{\mathrm{d}^2\lambda}{\mathrm{d}t^2} &= \frac{\mathrm{d}\omega_z}{\mathrm{d}t} \end{aligned}\right\} \tag{8.73}$$

将其带入式(8.72)可以得到

$$\left.\begin{aligned} \ddot{x} &= \ddot{x}_1 - l\sin\lambda\frac{\mathrm{d}\omega_z}{\mathrm{d}t} - l\cos\lambda\,\omega_z^2 \\ \ddot{H} &= \ddot{H}_1 + l\cos\lambda\frac{\mathrm{d}\omega_z}{\mathrm{d}t} - l\sin\lambda\,\omega_z^2 \end{aligned}\right\} \tag{8.74}$$

根据飞机的运动学方程，有

$$\left.\begin{aligned} \dot{x} &= V\cos\theta \\ \dot{H} &= V\sin\theta \end{aligned}\right\} \tag{8.75}$$

求导得到

$$\left.\begin{aligned} \ddot{x} &= \frac{\mathrm{d}V}{\mathrm{d}t}\cos\theta - V\frac{\mathrm{d}\theta}{\mathrm{d}t}\sin\theta \\ \ddot{H} &= \frac{\mathrm{d}V}{\mathrm{d}t}\sin\theta + V\frac{\mathrm{d}\theta}{\mathrm{d}t}\cos\theta \end{aligned}\right\} \tag{8.76}$$

滑动点的运动轨迹为斜坡曲线关系式

$$H_1 = f(x_1) \tag{8.77}$$

求导得到

$$\left.\begin{aligned} &\dot{H}_1 = f'(x_1)\dot{x}_1 \\ &\ddot{H}_1 = f''(x_1)\dot{x}_1 + f'(x_1)\ddot{x}_1 = f''(x_1)\left(V\cos\theta + l\frac{\mathrm{d}\lambda}{\mathrm{d}t}\sin\lambda\right)^2 + f'(x_1)\ddot{x}_1 \end{aligned}\right\} \tag{8.78}$$

这样，通过式(8.69)～式(8.78)就可以求解飞机在斜板两轮滑跑段的运动特性。

(3) 主轮离地能够正常平飞

飞机离开甲板，地效作用消失，引起飞机的升力因数减小，从而影响飞行轨迹，大致为半个抛物线曲线。飞机在这一过程中的受力分析如图 8.38 所示。

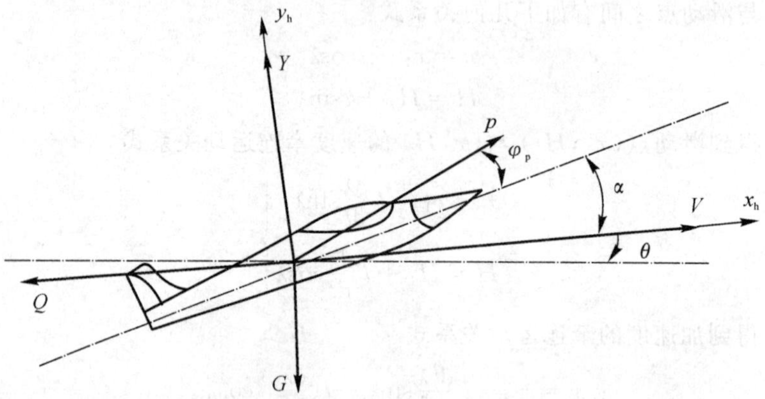

图 8.38 舰载飞机滑跃起飞半抛物线飞行段的受力分析

这一过程的运动方程为

$$\left.\begin{aligned} m\frac{\mathrm{d}V}{\mathrm{d}t} &= p\cos(\alpha+\varphi_p) - Q - mg\sin\theta \\ mV\frac{\mathrm{d}\theta}{\mathrm{d}t} &= p\sin(\alpha+\varphi_p) + Y - mg\cos\theta \\ I_z\frac{\mathrm{d}\omega_z}{\mathrm{d}t} &= M - pe_p \end{aligned}\right\} \tag{8.79}$$

8.4.3 基于 ADAMS 的舰载飞机滑跃起飞动态性能分析

在 ADAMS/Aircraft 中进行舰载飞机滑跃起飞的动态性能分析与飞机的滑跑分析完全相同，只是采用了不同的路面属性文件。对于滑跃起飞，滑跑的路面即是跃飞甲板，通过编写道面特性文件来创建滑跃起飞的专用甲板道面即可。

甲板的属性文件主要是采用将若干道面上的点连接起来的方法，来模拟道面的，因此要建立上翘甲板的模型就必须根据甲板上翘段的曲线方程计算点的坐标值，将测得的点坐标编入属性文件，系统在仿真时就会自动生成斜甲板，建立的甲板模型如图 8.39 所示。由甲板图形可以看出，使用三点确定一个平面的方法绘制三维的路面。在平甲板段形状简单，因此选取的节点很少。为了详细描述斜板曲线，所取节点很多，网格很密，因此很难分辨。

在 ADAMS 软件中有多种建立路面的方法，之所以采用其中的三角网格构建路面法，是因为三角网格法适于建立三维虚拟路面，它所生成的路面文件在 ADAMS/View，ADAMS/Aircraft 和 ADAMS/Car 中都可以使用，具有很强的通用性。其基本元素是节点(NODE)和三角路面单元(ELEMENT)，3 个节点连接形成一个路面单元，各单元按要求连在一起组成路面。节点的定义由节点序号和该节点的三维坐标构成，三角单元的定义由构成它的 3 个节点序号和该单元的摩擦因数组成。图 8.40 所示为 A，B，C，D 4 个三角单元连接成的一段路面，箭头方向为三角单元的法线方向，需用 6 个节点。由 ADAMS 路面文件的构成可知，只要知道构成路面的节点坐标和构建路面的三角网格时节点之间的连接关系，就可以生成相应的路面文件。根据这种方法，可以很容易地生成理想的水平路面，也可以根据规则分布的节点之间的连接规律编制属性文件，生成一些不太复杂的路面。

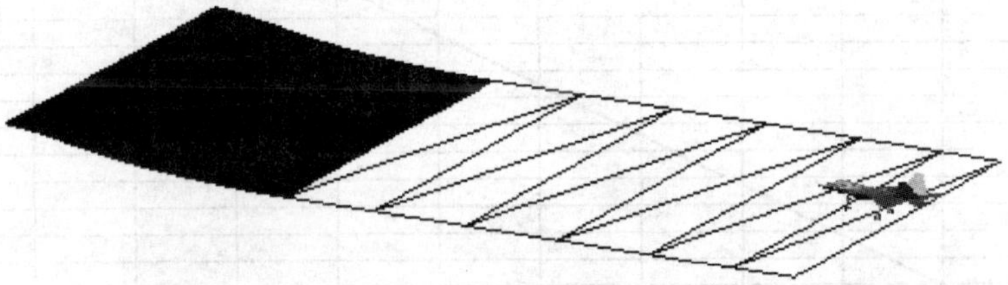

图 8.39 舰载飞机滑跃起飞的甲板模型

滑跃起飞的全机虚拟样机模型如图 8.41 所示。

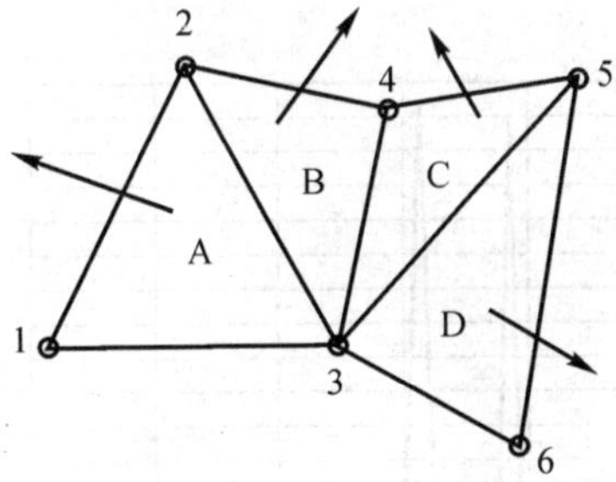

图 8.40 ADAMS 软件中路面示意图

图 8.41 滑跃起飞的全机虚拟样机模型

使用以上道面文件和全机模型进行全机地面滑跑分析，仿真分析参数与 8.3 节相同。仿真结果的后处理不再详述，只给出飞机重心的位置与速度变化曲线，以及主起落架载荷曲线，分别如图 8.42～图 8.44 所示。

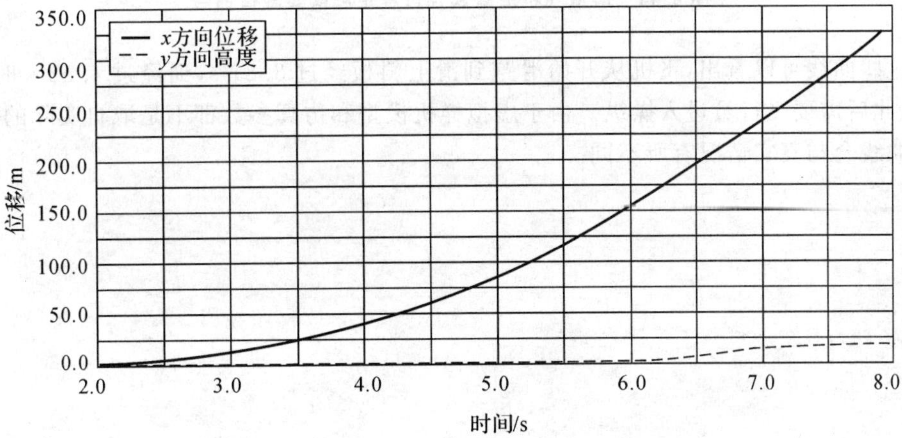

图 8.42 滑跃起飞过程舰载飞机重心位置的变化

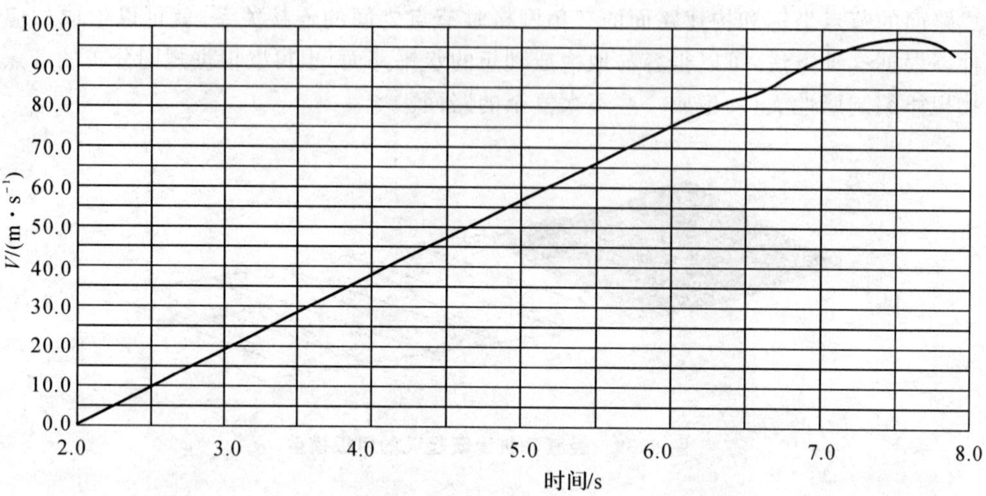

图 8.43 滑跃起飞过程舰载飞机的速度变化曲线

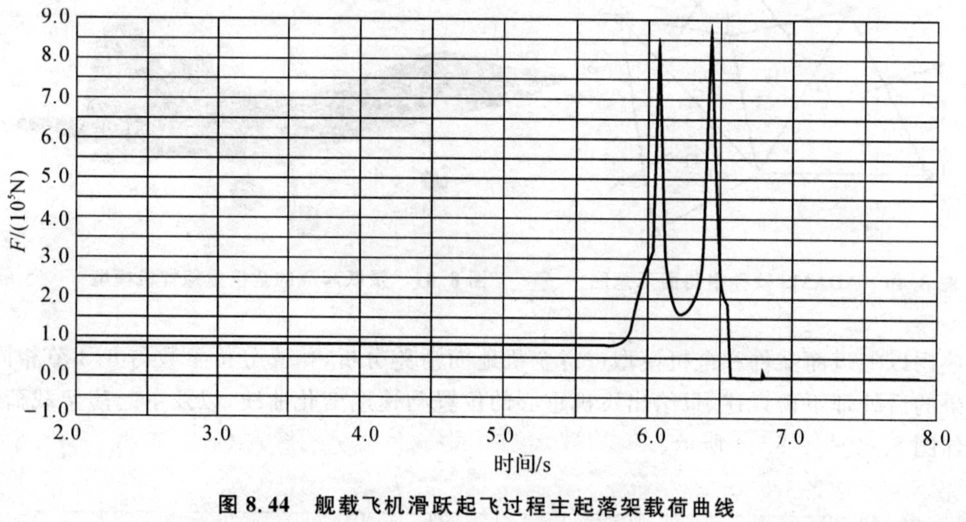

图 8.44 舰载飞机滑跃起飞过程主起落架载荷曲线

由这些曲线可以看出，飞机从开始滑跑到滑上斜板经过 3.81 s，到经过 4.82 s 时飞机已经离舰，此后需要飞行员进入操纵。由于虚拟样机模型和仿真参数都不是取自实际的数据，造成仿真曲线会与真实情况有所不同。

第 9 章　起落架振动控制设计与分析

在控制技术方面，目前飞机起落架基本上还是利用传统的阻尼弹性元件和被动控制技术，来对飞机进行缓冲和减震。它虽然具有结构简单、质量轻便、维修起来容易等优点，但随着飞机工业的发展，飞机机体越来越多地使用轻质材料，体积也变得狭长，这类飞机着陆时容易损坏。此外，在一些特殊的场合和用途，比如对在战时的简易机场、军舰上的飞机降落区中起飞和降落的军用飞机而言，飞机起落架就必须起到更大的作用。因此，现代飞机必须对起落架的缓冲系统及其控制系统提出更高要求的设计。

基于上述背景，从 20 世纪 70 年代开始产生了两种控制方法：主动控制技术和半主动控制技术。主动控制技术需要利用外加的额外动力源，通过控制器直接产生驱动能量来控制起落架，实现起来具有高费用、高能耗、结构复杂等缺点。而半主动控制技术介于被动控制和主动控制之间，具有强有力的控制效果，又不需要额外的动力源，结构简单、能耗低、可靠性强、易维护。尤其在飞机起落架这种对缓冲性能和安全性有很高要求的装置与设备中有着十分广阔的应用与发展前景。

起落架缓冲器控制技术的发展主要经历了被动控制、主动控制、半主动控制 3 个阶段。

9.1　被动控制技术

被动控制技术就是运用自身所固有的弹性元件、阻尼元件等装置来实现减震、隔振的效果。其结构参数是固定的，在装置做成成品后，其工作就是对外界激励的被动的响应，系统不会实时地根据外界情况来改变自身的特性。这种装置具有结构简单、维修方便、成本低等特点。

被动控制已经广泛应用到建筑结构抗震、隔振、吸能以及汽车悬架减震等领域中。大多数飞机起落架缓冲系统也是应用这种控制技术的。但由于一般缓冲器的设计为变油孔技术，主要是为着陆阶段设计的，很难满足飞机滑跑时的减震效果，同时，对于低于固有频率 1.414 倍以下的低频外扰减震几乎无能为力，因此被动控制技术很难满足起落架所要求的高效减震的需求。

9.1.1　被动控制原理

从控制角度上来说，被动控制的起落架系统完全是一个开环的系统，无任何反馈，输出不受输入的影响。其用于产生油液阻尼力的油孔面积是事先设计好的，即油孔面积是常数或者是缓冲器行程的固定函数，难以很好地兼顾滑行减震的要求。此系统缺乏调节机制，系统运动容易受到外界环境干扰，容易偏离控制目标。但按照起落架的设计原理，被动控制下的起落架也能够最终达到稳定，其行程也不会超过起落架的最大行程。

9.1.2 几种典型的被动控制设计

被动式起落架缓冲器经过了钢弹簧、橡皮块、空气、液体弹簧和油-气式缓冲器的发展过程。现在广泛应用的是油-气式缓冲器，典型的油-气式缓冲器如图 9.1 所示。主油孔可以是定油孔，也可以是变油孔，变油孔一般设计成行程的固定函数，单腔可以进一步设计成双腔，但它们都有一个共同的特点，即一旦设计制成，在使用过程中这些参数不再变化。

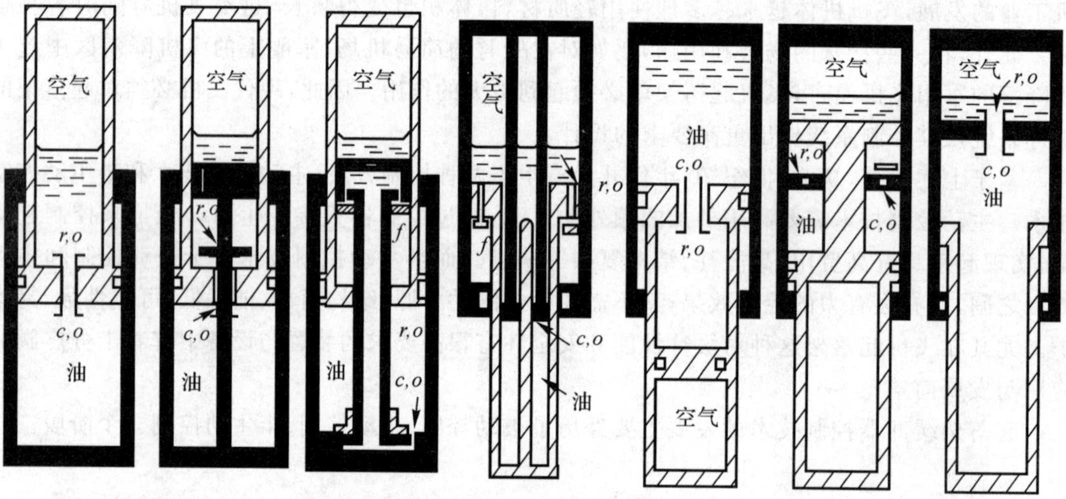

图 9.1 几种典型的油-气缓冲器方案

9.1.3 被动控制起落架缓冲性能分析

1. 飞机起落架线性方程的确定

起落架的着陆运动过程分为起转阶段和回弹阶段，其中起转阶段又分为轮胎开始压缩和缓冲器开始压缩两个分阶段。飞机在着陆的时候还考虑了水平速度的影响。其参数与方程的变量之间完全是非线性的关系。非线性方程可以很好地模拟真实的着陆情况，但不便于使用线性控制理论进行分析和控制。为此，将在此基础上进一步进行线性化，建立起线性的起落架着陆数学模型。

在上面的基础上再进一步进行简化：

1)以地面坐标为参考系，将起落架的运动形式只考虑成垂直落震的情况；

2)不考虑飞机水平运动的影响，且车架轮轴相对于支柱中心线的任何偏离所带来的力学效应都不计；

3)起落架缓冲器简化为弹簧-阻尼系统；

4)机轮和轮胎被简化为质量-弹簧系统，不考虑阻尼力的影响；

5)假设飞机的升力和重力保持不变，并且重力等于升力；

6)取飞机的停机位置时起落架缓冲器的位置为原点；

7)所有轮轴上的机轮都等效为一个单一的机轮的特性。

如图 9.2 所示为线性化后的起落架数学模型。

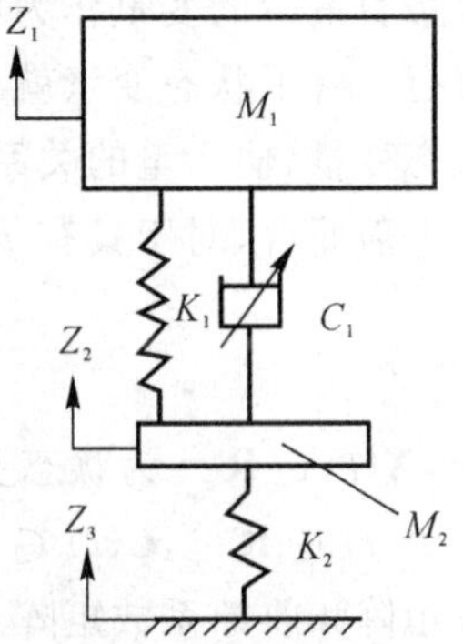

图 9.2　起落架线性化数学模型

根据运动学和动力学原理建立起如下方程：阻尼力的大小与运动的速度成正比关系，而弹簧力的大小和位移成正比关系。

1)弹性支撑质量的运动方程：

$$M_1\ddot{Z}_1 = C_1(\dot{Z}_2 - \dot{Z}_1) + K_1(Z_2 - Z_1) \tag{9.1}$$

2) 非弹性支撑质量的运动方程：

$$M_2\ddot{Z}_2 = -C_1(\dot{Z}_2 - \dot{Z}_1) - K_1(Z_2 - Z_1) + K_2(Z_3 - Z_2) \tag{9.2}$$

由于起落架是一个非线性的元件，从严格意义上来说，无论是弹簧弹性系数还是油-液阻尼器的阻尼系数，都是随着行程或行程的变化率而成非线性改变的值，曲线都是非线性的，且 ADAMS 建模时也忽略了一些因素。为了研究的方便，在一定条件下简化数学模型，必须忽略非线性因素的影响，将起落架视为完全线性的元件。这里采用了一种通常使用的线性化方法，即等效功量方法：选取好适当的范围积分算出其面积，然后等效成三角形算出斜率。考虑到摩擦力对缓冲器的空气弹簧当量系数，地面对轮胎和轮胎的阻尼力有较大影响，取当量系数如下：

$$K_1 = 7\times 10^5\ \text{N/m},\quad C_1 = 5\times 10^4\ \text{N}\cdot\text{s/m},\quad K_2 = 3.2\times 10^6\ \text{N/m}$$

2. 被动控制下的起落架方程分析

由式(9.1) 和式(9.2) 得出方程所选的位移和位移变换率与作用力之间成线性关系，因而可采用现代控制理论中的线性系统控制理论来分析起落架方程。经典控制理论中基于传递函数建立起来的如频率特性、根轨迹等图解解析设计法，对于单输入单输出系统极为有效，至今仍在广泛成功地应用。但传递函数对高阶系统或处于系统内部的变量不便描述，对某些内部变量甚至不能描述，且忽略了初始条件的影响，故传递函数描述不能包含系统所有的信息。在如今应用计算机对控制系统进行分析设计和实时控制的时代，还有许多时变非线性、多输入多输出的系统问题。因此不能单一地用传统的控制方法，必须采用状态空间这一数学方法来描述、分析和设计系统，即现代控制理论。

虽然任何系统都含有非线性元素，但在一定条件下，许多系统可以用线性模型充分地表示其特性，数学上处理线性系统也十分方便。现代控制理论中的线性系统理论部分得到了充分发展，并在工程中出现了很多性能优良的系统，其理论分支有最优控制、最优估计和滤波、系统辨识、自适应控制等，它们都是以线性系统理论为基础的，因而适用于起落架线性方程。

(1) 现代线性系统控制理论

从古典控制理论到现代控制理论，可以说控制理论有了重大飞跃。其表现为以往人们用古典控制的设计方法首要目标是稳定装置，其次目标才是诸如瞬态响应、带宽、稳态误差等性能指标。而现代控制理论则是着眼于满足系统的一定性能指标的前提下来设计控制参数的。

为了更好地研究起落架系统的内部信息，将状态变量和状态空间的概念引入到系统和控制理论的研究中。

1) 线性系统状态方程。表征系统运动的信息称为状态。确定系统状态的一组独立(数目最少的）变量称为状态变量。状态变量的选取具有非唯一性，既可以用某一组又可以用另外一组数目最少的变量作为状态变量。且状态变量不一定是物理上可测的，有时只具有数学意义就行。有了状态变量就可以建立起状态方程和输出方程。状态方程是状态变量的一阶导数与状态变量、输入量的关系，而输出方程则是输出量和状态变量、输入量的关系表达式。

一般而言，对于具有 p 个输入，q 个输出的线性系统，其状态方程和输出方程可以写成

$$\dot{\boldsymbol{X}} = \boldsymbol{A}(t)\boldsymbol{X} + \boldsymbol{B}(t)\boldsymbol{U} \tag{9.3}$$

$$\boldsymbol{Y} = \boldsymbol{C}(t)\boldsymbol{X} + \boldsymbol{D}(t)\boldsymbol{U} \tag{9.4}$$

式中，$\boldsymbol{X}(t) \in \mathbf{R}^{n\times 1}$ 为状态变量；$\boldsymbol{Y}(t) \in \mathbf{R}^{q\times 1}$ 为输出向量；$\boldsymbol{U}(t) \in \mathbf{R}^{p\times 1}$ 为输入向量；矩阵 $\boldsymbol{A}(t) \in \mathbf{R}^{n\times n}$，$\boldsymbol{B}(t) \in \mathbf{R}^{n\times p}$，$\boldsymbol{C}(t) \in \mathbf{R}^{q\times n}$，$\boldsymbol{D}(t) \in \boldsymbol{R}^{q\times p}$ 分别为系统的状态系数矩阵、控制系数矩阵、输出系数矩阵和前馈系数矩阵。式(9.3) 和式(9.4) 表示各系数矩阵是随时间变化的，所代表的系统是时变系统。如果($\boldsymbol{A},\boldsymbol{B},\boldsymbol{C},\boldsymbol{D}$) 为常值矩阵，则相应的状态方程和输出方程为

$$\dot{\boldsymbol{X}} = \boldsymbol{AX} + \boldsymbol{BU} \tag{9.5}$$

$$\boldsymbol{Y} = \boldsymbol{CX} + \boldsymbol{DU} \tag{9.6}$$

其表示的为时不变系统或定常系统。这里所采用的方程就是定常系统，并将状态方程和输出方程合称为动态方程。

为了更清晰地表示动态方程，如图 9.3 所示为方程所代表的系统的内部结构和信号之间的传递关系。

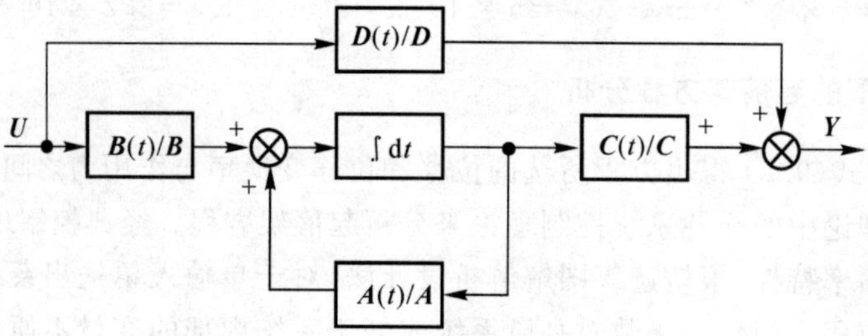

图 9.3 线性系统的状态空间结构图

对于单输入单输出的线性定常系统，有如下分析：

在任意输入 $u(t)$ 作用下，线性定常系统的响应可由下列微分方程描述：

$$y^{(n)} + a_{n-1}y^{(n-1)} + a_{n-2}y^{(n-2)} + \cdots + a_0 y = u(t) \tag{9.7}$$

方程中系数为常数，不随时间变化。设

$$\left.\begin{aligned} x_1 &= y(t) \\ x_2 &= y^{(1)}(t) \\ &\cdots\cdots \\ x_n &= y^{(n-1)}(t) \end{aligned}\right\} \tag{9.8}$$

则式(9.7) 可以写为

$$\left.\begin{aligned} \dot{x}_1 &= x_2 \\ \dot{x}_2 &= x_3 \\ &\cdots\cdots \\ \dot{x}_{n-1} &= x_n \\ \dot{x}_n &= -a_0x_1 - a_1x_2 - \cdots - a_{n-1}x_n + u \end{aligned}\right\} \tag{9.9}$$

这就是系统的状态方程，写成矩阵的形式，有

$$\dot{\boldsymbol{X}}=\boldsymbol{AX}+\boldsymbol{BU} \tag{9.10}$$

$$\boldsymbol{X}=[x_1 \quad x_2 \quad \cdots \quad x_n]^{\mathrm{T}} \tag{9.11}$$

其中

$$\boldsymbol{A}=\begin{bmatrix} 0 & 1 & 0 & \cdots & 0 \\ 0 & 0 & 1 & \cdots & 0 \\ \vdots & \vdots & \vdots & & \vdots \\ \vdots & \vdots & \vdots & & \vdots \\ -a_0 & -a_1 & -a_2 & \cdots & -a_{n-1} \end{bmatrix} \tag{9.12}$$

$$\boldsymbol{B}=\begin{bmatrix} 0 \\ 0 \\ \vdots \\ 1 \end{bmatrix} \tag{9.13}$$

系统响应方程可表示为

$$\boldsymbol{Y}=\boldsymbol{CX} \tag{9.14}$$

其中

$$\boldsymbol{C}=[1 \quad 0 \quad \cdots \quad 0] \tag{9.15}$$

对于多输入多输出系统则有如下分析：

当系统的输入和输出含有导数项时，如单输入单输出系统方程为

$$y^{(n)}+a_{n-1}y^{(n-1)}+a_{n-2}y^{(n-2)}+\cdots+a_0y=b_nu^{(n)}+b_{n-1}u^{(n-1)}+\cdots+b_0u \tag{9.16}$$

在这种情况下不能将 $y,y^{(1)},\cdots,y^{(n-1)}$ 作为一组状态变量，因为当 $x_1=y$ 时，n 个一阶微分方程可能得不到唯一解，所以选择参量应考虑消除方程中 u 的导数项。

设系统有 r 个输入，m 个输出，并且系统为直接传递的多输入多输出系统，则系统状态方程(第 i 个)为

$$\dot{x}_i=a_{i1}x_1+a_{i2}x_2+\cdots+a_{in}x_n+b_{i1}u_1+b_{i2}u_2+\cdots+b_{ir}u_r \tag{9.17}$$

系统输出方程为

$$y_i=c_{i1}x_1+c_{i2}x_2+\cdots+c_{in}x_n+d_{i1}u_1+d_{i2}u_2+\cdots+d_{ir}u_r \tag{9.18}$$

写成矩阵形式如下：

$$\dot{\boldsymbol{X}}=\boldsymbol{AX}+\boldsymbol{BU}$$
$$\boldsymbol{Y}=\boldsymbol{CX}+\boldsymbol{DU}$$

式中

$$\boldsymbol{A}=\begin{bmatrix} a_{11} & a_{12} & a_{13} & \cdots & a_{1n} \\ a_{21} & a_{22} & a_{23} & \cdots & a_{2n} \\ \vdots & \vdots & \vdots & & \vdots \\ a_{n1} & a_{n2} & a_{n3} & \cdots & a_{nn} \end{bmatrix} \tag{9.19}$$

$$\boldsymbol{B}=\begin{bmatrix} b_{11} & b_{12} & b_{13} & \cdots & b_{1r} \\ b_{21} & b_{22} & b_{23} & \cdots & b_{2r} \\ \vdots & \vdots & \vdots & & \vdots \\ b_{n1} & b_{n2} & b_{n3} & \cdots & b_{nr} \end{bmatrix} \tag{9.20}$$

$$C=\begin{bmatrix} c_{11} & c_{12} & c_{13} & \cdots & c_{1n} \\ c_{21} & c_{22} & c_{23} & \cdots & c_{2n} \\ \vdots & \vdots & \vdots & & \vdots \\ c_{n1} & c_{n2} & c_{n3} & \cdots & c_{nn} \end{bmatrix} \tag{9.21}$$

$$D=\begin{bmatrix} d_{11} & d_{12} & d_{13} & \cdots & d_{1r} \\ d_{21} & d_{22} & d_{23} & \cdots & d_{2r} \\ \vdots & \vdots & \vdots & & \vdots \\ d_{n1} & d_{n2} & d_{n3} & \cdots & d_{nr} \end{bmatrix} \tag{9.22}$$

2）线性系统的可控性和可观测性。可控性和可观测性是线性系统的两个基本结构性质，它是卡尔曼于20世纪60年代首先提出和研究的。控制学科的发展表明，这两个性质对于控制系统的理论研究和工程设计，尤其是在最优控制领域方面均具有极为重要的意义。最优控制是对任意给出的初始状态 $x(t_0)$ 求出一个可能控制元素 $u(t)$，使该状态转移到预定领域，且使性能指标达到最佳。但状态 $x(t_0)$ 是否受控于 $u(t)$？如果 $x(t_0)$ 能够直接观测出来，能否用 $y(t_0)$ 来估计 $x(t_0)$？这两个条件不能达到，就不能实现最优控制，而这两方面就是系统的可控性和可观测性的具体体现。

可控性和可控条件：

所谓可控性就是研究系统的内部状态是否可以由输入变量加以控制和影响。如果系统的每一个状态变量均可以由输入变量来控制和影响，并且能由状态空间的任意始点回到原点，那么就称系统是状态可控的，否则就称系统是状态不完全可控的。系统的可控条件如下：

设连续定常线性系统的状态方程为

$$\dot{X}=AX+Bu \tag{9.23}$$

式中，矩阵 X_n，u_r，$A_{n\times n}$，$B_{n\times r}$，如果

$$\mathrm{rank}[B \quad AB \quad A^2B \quad \cdots \quad A^{n-1}B]=n \tag{9.24}$$

则系统完全可控。如果输入矩阵 B 的秩为 m，则系统完全可控的条件是

$$\mathrm{rank}[B \quad AB \quad A^2B \quad \cdots \quad A^{n-m}B]=n \tag{9.25}$$

可观测性和可观测条件：

所谓可观测性，是指系统的所有状态变量的任意形式的运动均可以由输出完全反映，即系统的输出包含着它的内部状态运动的全部信息。系统具有这种能力，称为可观测性。反之，系统若不具有这种能力就是不可观测或不完全可观测。

系统的可观测条件如下：

设连续定常线性系统的状态方程和输出方程为

$$\left.\begin{aligned} \dot{X}&=AX+Bu \\ Y&=CX \end{aligned}\right\} \tag{9.26}$$

则 A，C 必须满足

$$\mathrm{rank}[C^{\mathrm{T}} \quad A^{\mathrm{T}}C^{\mathrm{T}} \quad \cdots \quad (A^{\mathrm{T}})^{n-1}C^{\mathrm{T}}]=n \tag{9.27}$$

(2) 起落架方程线性化分析

本节对起落架着陆进行分析，且只考虑起落架在着陆后不再离开地面和以飞机停机时的

起落架缓冲器位置为原点的振动情况。因此可以不考虑地面给予起落架的激励 Z_3，但为了使起落架能够产生振荡，起到着陆的效果，必须给予两个等效质量以及初始速度值。弹性支撑质量和非弹性支撑质量的方程如下：

$$M_1\ddot{Z}_1 = C_1(\dot{Z}_2 - \dot{Z}_1) + K_1(Z_2 - Z_1) \tag{9.28}$$

$$M_2\ddot{Z}_2 = -C_1(\dot{Z}_2 - \dot{Z}_1) - K_1(Z_2 - Z_1) - K_2Z_2 \tag{9.29}$$

加上控制力的方程如下：

$$M_1\ddot{Z}_1 = C_1(\dot{Z}_2 - \dot{Z}_1) + K_1(Z_2 - Z_1) + m_1U \tag{9.30}$$

$$M_2\ddot{Z}_2 = -C_1(\dot{Z}_2 - \dot{Z}_1) - K_1(Z_2 - Z_1) - K_2Z_2 - m_2U \tag{9.31}$$

式中，m_1U 和 m_2U 分别为半主动控制力即作用在弹性支撑质量和非弹性支撑质量上的磁流变阻尼力；m_1 和 m_2 为控制电压与磁流变阻尼力的线性系数，数值上等于 M_1 和 M_2。

对起落架系统的输入采用单输入多输出的系统，输入为半主动控制力 U，输出可以选为弹性支撑质量的位移 Z_1 和速度 $\dot{Z}_1$ 以及非弹性支撑质量的位移 Z_2 以及速度 $\dot{Z}_2$。因此可以设系统的状态方程为

$$\dot{\boldsymbol{Z}} = \boldsymbol{AZ} + \boldsymbol{BU} \tag{9.32}$$

$$\boldsymbol{Y} = \boldsymbol{C}\boldsymbol{Z} \tag{9.33}$$

其中，$K_1 = 7\times10^5$ N/m，$K_2 = 3.2\times10^6$ N/m，$C_1 = 5\times10^4$ N · s/m，$M_1 = 2.5\times10^4$ N/V，$M_2 = 826$ N/V，可得

$$\ddot{Z}_1 = -2\dot{Z}_1 + 2\dot{Z}_2 - 28Z_1 + 28Z_2 + U \tag{9.34}$$

$$\ddot{Z}_2 = 60.5327\dot{Z}_1 - 60.5327\dot{Z}_2 + 847.4576Z_1 - 4721.5496Z_2 - U \tag{9.35}$$

状态方程的最高微分阶数为一阶，因此必须对方程式(9.34) 和方程式(9.35) 作降阶处理。根据式(9.8) 的方法，可以得到

$$\boldsymbol{A} = \begin{bmatrix} 0 & 1 & 0 & 0 \\ -28 & -2 & 28 & 2 \\ 0 & 0 & 0 & 1 \\ 847.4576 & 60.5327 & -4721.5496 & -60.5327 \end{bmatrix}$$

$$\boldsymbol{B} = \begin{bmatrix} 0 \\ 1.0000 \\ 0 \\ -1.000 \end{bmatrix}$$

$$\boldsymbol{C} = \begin{bmatrix} 1 & 0 & 0 & 0 \\ 0 & 1 & 0 & 0 \\ 0 & 0 & 1 & 0 \\ 0 & 0 & 0 & 1 \end{bmatrix}$$

1) 系统稳定性分析。根据矩阵 $\boldsymbol{A}$，可以计算出系统的 4 个极点为

$$s_1 = -30.5859 + 60.8887\mathrm{i}, \quad s_2 = -30.5859 - 60.8887\mathrm{i}$$

$$s_3 = -0.6805 + 4.7854\mathrm{i}, \quad s_4 = -0.6805 - 4.7854\mathrm{i}$$

同时可知系统不存在闭环零点。

由此可见，系统所有极点都在 s 平面的右半平面，系统最终是稳定系统。这就满足被动控制起落架的设计要求，起落架系统凭借自身的特性最终是能达到稳定的。

2）系统可控性分析。用定常系数矩阵 $\boldsymbol{A}$ 和 $\boldsymbol{B}$ 来算出系统的可控性矩阵：

设 $\boldsymbol{P}=[\boldsymbol{B} \quad \boldsymbol{AB} \quad \boldsymbol{A}^2\boldsymbol{B} \quad \boldsymbol{A}^3\boldsymbol{B}]$，可得

$$\boldsymbol{P}=\begin{bmatrix} 0 & 0 & 0 & 190 \\ 0 & 0 & 190 & -890 \\ 0 & 0 & 120 & -2\,000 \\ 0 & 120 & -2\,000 & -442\,100 \end{bmatrix}$$

并且 $\mathrm{rank}(\boldsymbol{P})=4$，因此系统的可控性矩阵满秩，系统是完全可控的。

3）系统可观测性分析。用定常系数矩阵 $\boldsymbol{A}$ 和 $\boldsymbol{B}$ 算出系统的可观测性矩阵：

设 $\boldsymbol{T}=[\boldsymbol{C}^{\mathrm{T}} \quad \boldsymbol{A}^{\mathrm{T}}\boldsymbol{C}^{\mathrm{T}} \quad (\boldsymbol{A}^{\mathrm{T}})^2\boldsymbol{C}^{\mathrm{T}} \quad (\boldsymbol{A}^{\mathrm{T}})^3\boldsymbol{C}^{\mathrm{T}}]$，可得

$$\boldsymbol{T}=$$
$$\begin{bmatrix} 0&0&0&0&0&0&0&800&0&1\,800&800&-53\,000&1\,800&-85\,000&-53\,000&-711\,200 \\ 0&0&0&0&0&0&0&100&0&100&100&-2\,900&100&-4\,300&-2\,900&-103\,800 \\ 0&0&0&0&0&0&0&-4\,700&0&-9\,500&-4\,700&287\,500&-9\,500&461\,000&287\,500&4\,338\,400 \\ 0&0&0&0&0&0&0&-100&0&-100&-100&-900&-100&-3\,400&-900&338\,300 \end{bmatrix}$$

并且 $\mathrm{rank}(\boldsymbol{T})=4$，因此系统的可观测性矩阵满秩，系统是完全可观测的。

4）起落架系统的动态性能分析。由于起落架系统最终是稳定的系统，其动态过程是收敛的过程，所以对其动态性能分析才有意义。对于一个系统来说，通常是用阶跃函数作为其输入来进行系统动态性能测定或计算的。阶跃输入对系统来说就是最严峻的工作状态，如果系统在阶跃输入函数作用下的动态性能能够满足要求，那么系统在其他形式的函数作用下，其动态性能也是令人满意的。

为了计算方便，将起落架状态方程形式写成传递函数的形式。对于 4 个输出 $Z_1,\dot{Z}_1,Z_2,\dot{Z}_2$，其相对于输入的传递函数分别为

$$s(Z_1)=\frac{s^2+58.53s+4\,694}{s^4+62.53s^3+4750s^2+7\,748s+108\,500} \tag{9.36}$$

$$s(\dot{Z}_1)=\frac{s^3+58.53s^2+4\,694s-1.146\times10^{-11}}{s^4+62.53s^3+4\,750s^2+7\,748s+108\,500} \tag{9.37}$$

$$s(Z_2)=\frac{-s^2+58.53s+819.5}{s^4+62.53s^3+4\,750s^2+7\,748s+108\,500} \tag{9.38}$$

$$s(\dot{Z}_2)=\frac{-s^3+58.53s^2+819.5s+2.889\times10^{-12}}{s^4+62.53s^3+4\,750s^2+7\,748s+108\,500} \tag{9.39}$$

单位阶跃响应函数曲线图如图 9.4 所示。

图 9.4 从上到下分别为输出 $Z_1,\dot{Z}_1,Z_2,\dot{Z}_2$ 的阶跃响应输出。由图 9.4 可以看出，系统的阶跃响应达到并保持在终值的 ±5% 内，所需的调节时间都要到 4～5s，超调量都超过了 50%。

3. 被动控制下的起落架仿真分析

对于前面的方程式(9.32)和方程式(9.33)，被动控制起落架就是使输入的控制函数 U 为 0，仿真模型如图 9.5 所示。

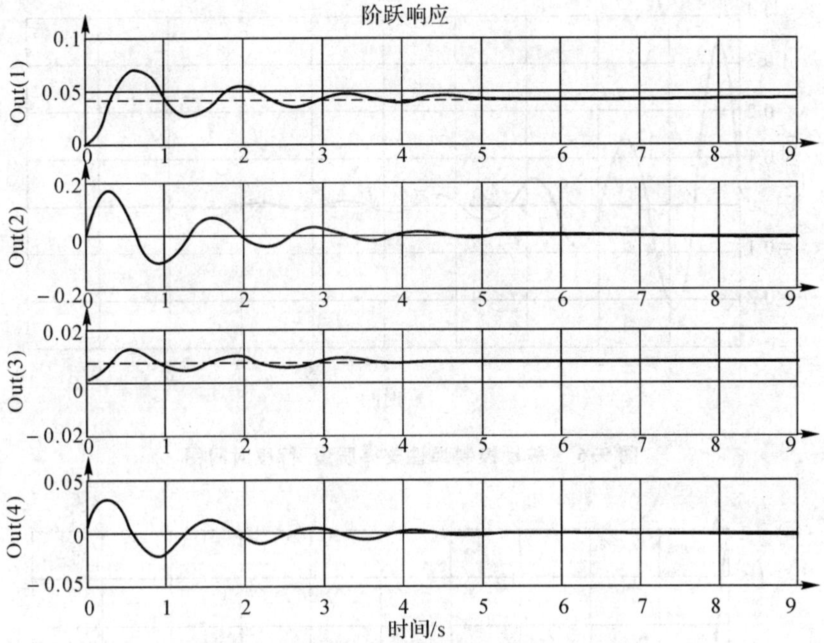

图 9.4　起落架系统单位阶跃响应曲线图

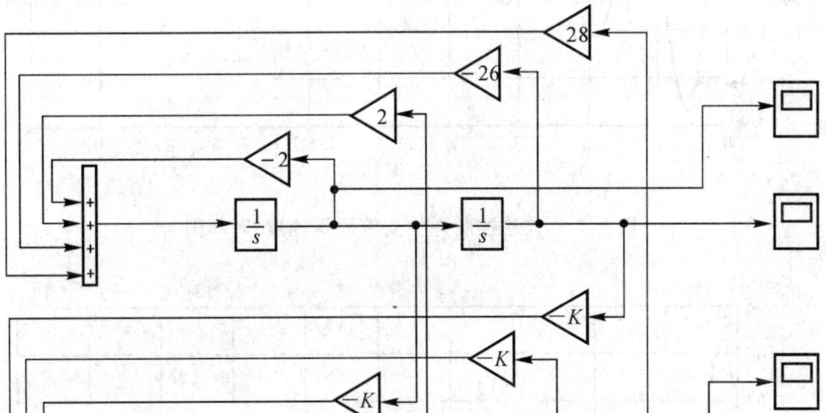

图 9.5　被动式起落架仿真模型

在初始条件为$[Z_1(0)\quad \dot{Z}_1(0)\quad Z_2(0)\quad \dot{Z}_2(0)]^{\mathrm{T}}=[0\quad 2\quad 0\quad 2]^{\mathrm{T}}$的情况下，弹性支撑质量的位移 Z_1 和速度 $\dot{Z}_1$ 以及非弹性支撑质量的位移 Z_2 和速度 $\dot{Z}_2$ 随时间的变化曲线如图 9.6～图 9.9 所示。由图 9.4 可以看出被动式起落架着陆从一接触地面开始，一直在平衡点附近做减幅振荡，经历大约 8 s 后才能达到稳定，仿真结果如图 9.6 所示。

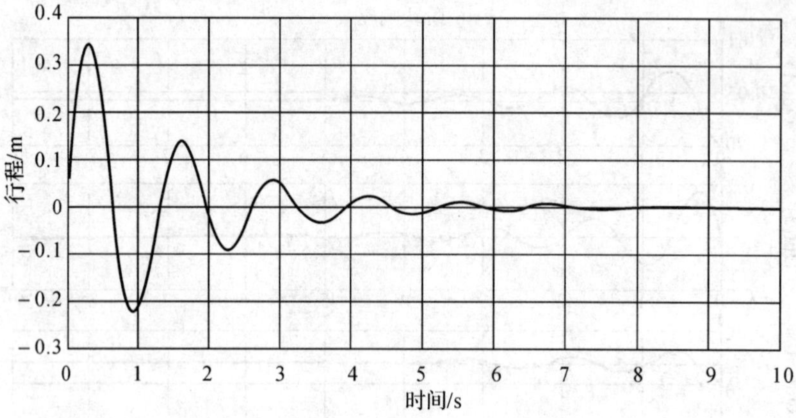

图 9.6 被动控制弹性支撑质量-行程时间图

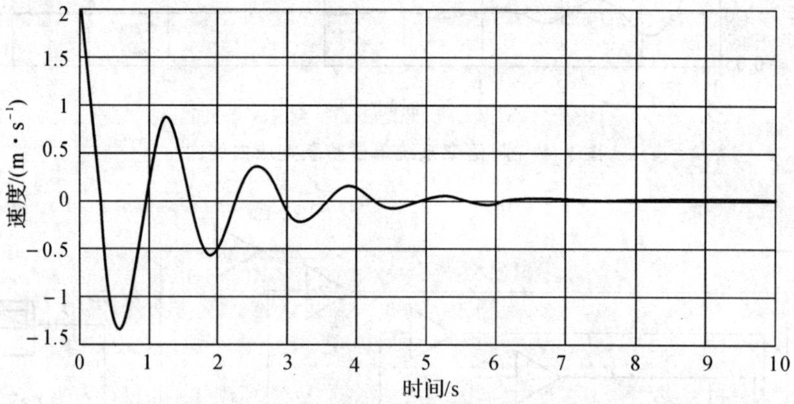

图 9.7 被动控制弹性支撑质量速度-时间图

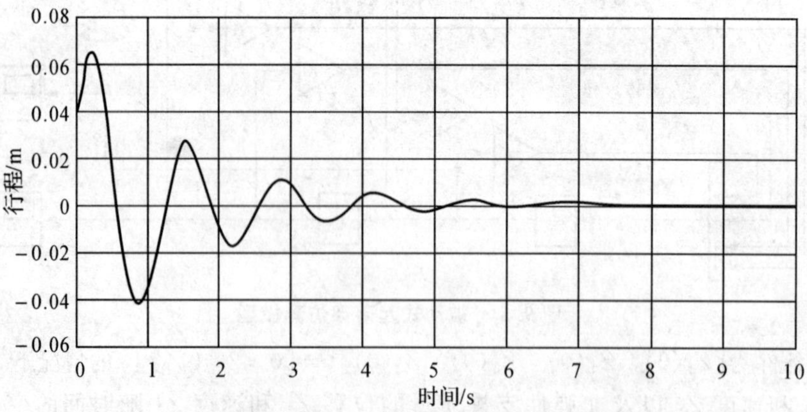

图 9.8 被动控制非弹性支撑质量行程-时间图

图 9.10 反映了弹性支撑质量所受的载荷变化图，也可以看作飞机受到的载荷，由于起落架运动模型取的是停机位置为原点，所以最终弹性支撑质量所受的载荷是一个合力，即弹性支

撑质量的重力与缓冲器所受载荷的合力，且停机位置的时候大小缓冲器的载荷力与重力性支撑质量的重力相等，合力也就为零。由于弹性支撑重力是不变的，弹性支撑质量所受的载荷变化曲线也就反映缓冲器所受载荷的情况。所以起落架通过控制后，弹性支撑质量所受的载荷的下降也就可以表示缓冲器所受到的载荷的减小，从而达到控制缓冲器的效果。

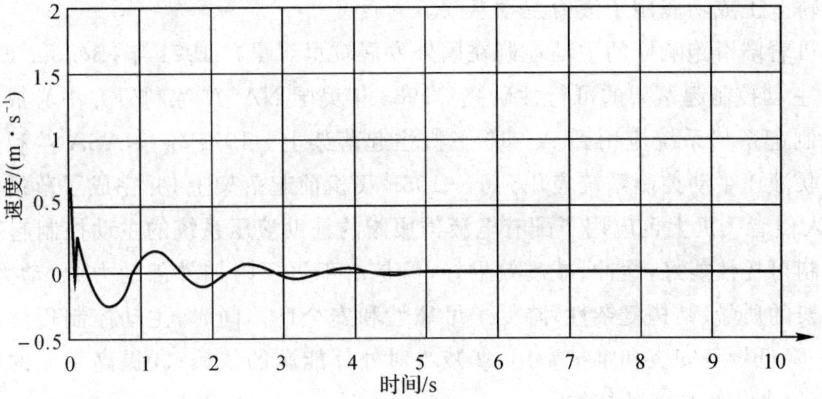

图 9.9　被动控制非弹性支撑质量速度-时间图

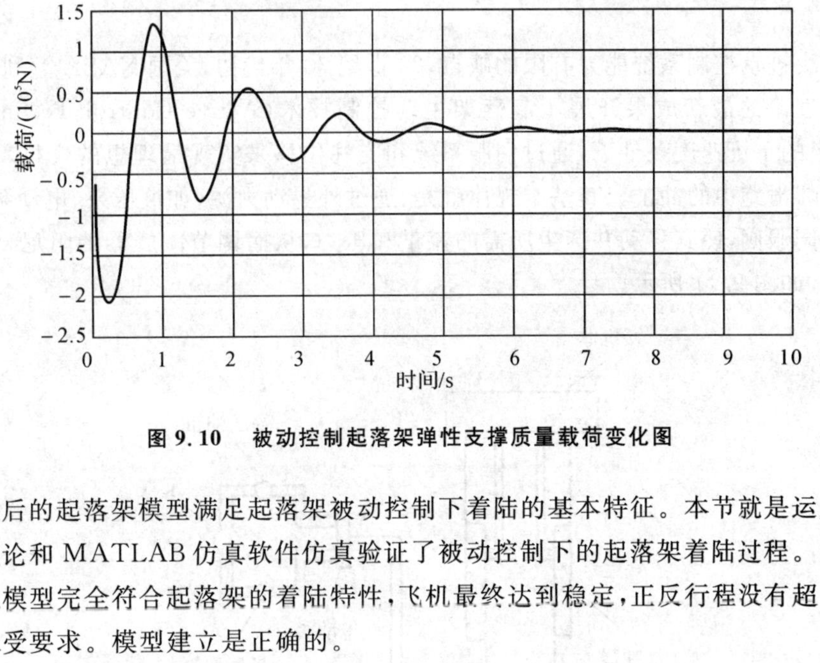

图 9.10　被动控制起落架弹性支撑质量载荷变化图

线性化后的起落架模型满足起落架被动控制下着陆的基本特征。本节就是运用了现代控制的基本理论和 MATLAB 仿真软件仿真验证了被动控制下的起落架着陆过程。由曲线分析得出线性化模型完全符合起落架的着陆特性，飞机最终达到稳定，正反行程没有超过该型起落架的最大承受要求。模型建立是正确的。

9.2　主动控制技术

主动控制技术是 20 世纪 70 年代初发展起来的一种新的减震理论。它与被动控制的区别在于把控制的重点放在偏差发生之前，即在系统目标确定之后，首先全面分析各种干扰因素及其导致系统目标偏差的可能性和程度，并采取预防措施以避免干扰的发生或减轻干扰的程度，从而尽可能避免偏离系统目标或减少系统目标的偏离程度。

为了改善乘坐品质，主动控制在交通运输工程领域内的应用首先开始于对轨道车辆的悬架振动的控制，后来在汽车悬架领域的应用逐渐广泛，近年来，Nissan（尼桑）和 Toyota（丰田）公司宣布在轿车上成功应用了液力主动悬架。

对于飞机着陆滑跑响应的主动控制在国外发展较早。早在 1971 年，Bender EK 和 Beiber M 就进行了主动控制起落架的可行性研究。1983 年美国 NASA 兰利研究中心成功地将串联液压主动控制起落架系统应用到 A—10 飞机主起落架上。1991 年，NASA 兰利研究中心又成功地将串联液压主动控制系统应用到 F—106B 飞机前起落架上，并完成了落震实验。在海军型 A—6 入侵者飞机上也应用了配有电液伺服阀的辅助液压系统的主动控制起落架。

主动控制可控性能好，缓冲、减震效果好，但是由于需要附加外部动力源、动力管路，从而增加了起落架的质量、结构复杂性，降低了可靠性和安全性。同时，主动控制仍然有以下问题需要解决：①降低设备安装和维护费用；②减小对外部能源的依赖；③提高系统的可靠性和减震能力；④获得非传统技术的接纳。

9.2.1 主动控制原理

为了解决被动控制系统能力有限的缺点，20 世纪 70 年代初，美国 NASA 兰利研究中心利用现代控制理论的最新成果开展了起落架主动控制技术（Active Control Technology）的研究，即在给定的下沉速度条件下，通过伺服系统和支柱位移来实现最理想的飞机着陆状态，减缓飞机在着陆滑跑中的冲击。其基本规律就是：通过外界动力源（如液压泵、电动泵）来控制起落架中液压伺服阀，使其移动并产生所需的流量和压力，从而调节减震器的阻尼，控制起落架的运动形式，如图 9.11 所示。

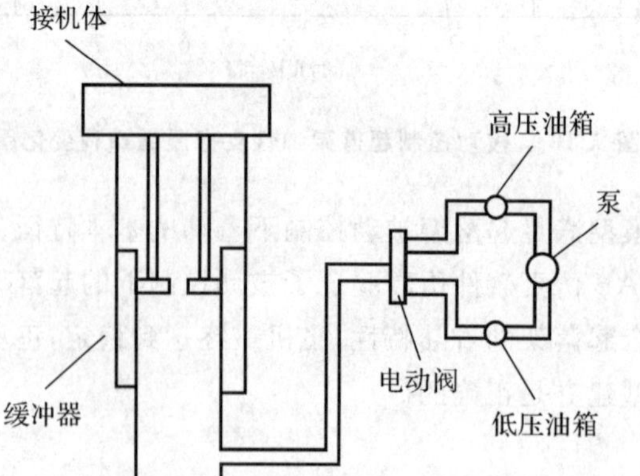

图 9.11 主动控制原理图

9.2.2　模型参考自适应主动控制

所谓模型参考自适应控制，就是在系统中设置一个动态品质优良的参考模型，在系统运行过程中，要求被控对象的动态特性与参考模型的动态特性一致，例如要求状态一致或者输出一致。典型的模型参考自适应控制框图如图 9.12 所示。

自适应控制的作用是使控制对象的状态和理想参考模型的状态一致。当被控对象的参数发生变化或者受干扰影响时，控制对象的状态和参考模型的状态可能不一致，通过比较器得到误差，将误差向量输入到自适应机构。自适应机构按照某一自适应规律调整前馈调节器的参数，改变被控对象的状态参量，使之与参考模型的状态参量一致，误差趋近于零值，以达到自适应的要求。

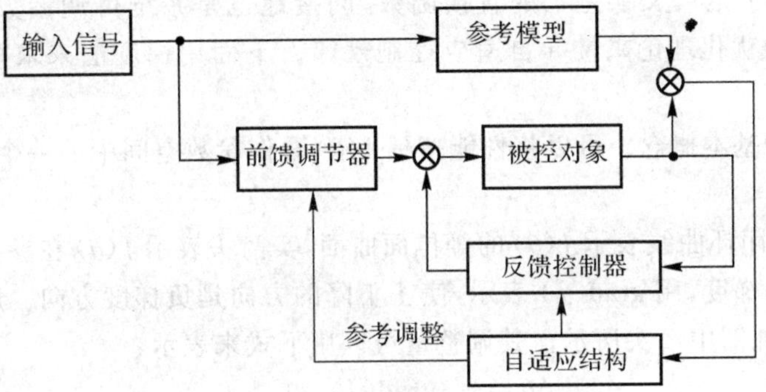

图 9.12　模型参考自适应系统

如图 9.12 所示的模型参考自适应控制方案中参考模型和被控对象是并联的，因此这种方案称为并联模型参考自适应系统。在这种自适应控制方案中，由于被控对象的性能可以与参考模型的性能进行直接比较，因此自适应速度比较快，也较容易实现。这是一种应用范围较广的方案。控制对象的参数一般是不能调整的，为了改变控制对象的动态特性，只有调节前馈调节器和反馈调节器的参数。被控对象和前馈调节器及其反馈调节器一起组成一个可调整的系统，称之为可调系统。有时候为了方便起见，就用可调方框来表示被控对象和前馈调节器和反馈调节器的组合。

除了并联模型参考自适应控制外，还有串联模型参考自适应控制和串并联模型参考自适应控制。在自适应控制中一般都采用并联模型参考自适应控制。

上面按照结构形式对模型参考自适应控制系统进行分类，还有其他的分类方法。例如按自适应控制的实现方式（连续性或离散性）来分，可以分为①连续时间模型参考自适应系统；②离散时间模型参考自适应系统；③混合式模型参考自适应系统。

模型参考自适应控制一般适用于确定性连续控制系统。

模型参考自适应的设计可以用局部参数优化理论、李雅普诺夫稳定理论和超稳定性理论。用局部参数优化理论来设计模型参考自适应系统是最早采用的方法，用这种方法设计出来的模型参考自适应系统不一定稳定，还需要进一步研究自适应系统的稳定性。目前都采用李雅普诺夫稳定理论和超稳定性理论来设计模型参考自适应系统，在保证系统稳定的前提下，求出自适应控制规律。

1. 模型参考自适应控制的设计

本节介绍模型参考自适应控制的设计方法。主要内容为应用局部参数优化理论、李雅普诺夫稳定理论来设计模型参考自适应控制系统，用超稳定性理论设计的方法就不详细介绍了。

(1) 用局部参数优化理论设计模型参考自适应系统

用局部参数优化理论来设计模型参考自适应系统是最早的一种设计方法。应用这一方法时，要求系统参数的变化速度比系统过渡过程进行速度缓慢很多。假定在系统前向回路和反馈回路中有若干个可调参数，当被控对象的参数发生变化时，自适应机构对这些可调参数进行调整，以补偿系统参数变化对控制性能的影响，使得控制系统的输出特性与参考模型的输出特性相一致。为此，用被控对象与参考模型之间的广义误差 ε 构成性能指标函数 J，按 J 最小来确定自适应规律。J 是广义误差 ε 的直接函数，间接地也是系统可调参数 θ 的函数，即 $J=J(\theta)$。用局部参数优化理论来推导自适应控制规律。下面用梯度法来求模型参考自适应控制规律。

先介绍梯度的基本概念。可以将性能指标 $J(\theta)$ 看作参数空间中的一个超曲面，如图 9.13 所示。

在图 9.13 中，闭环曲线表示 $J(\theta)$ 的等位面曲面，实箭头表示 $J(\theta)$ 在参数空间变化率最大的方向，称 $J(\theta)$ 的梯度，用 $\mathbf{grad}(J)$ 表示，使 J 下降的方向是负梯度方向。用梯度法来调整参数时，其调整方向如图中箭头所示。其调整量可以用下式来表示：

$$\Delta\theta=-\lambda\,\mathbf{grad}(J)\quad \lambda>0 \tag{9.40}$$

式中，λ 为调整步长。以式(9.40) 为基础，可以推导出调整参数的自适应规律。下面讨论具有可调增益的模型参考自适应系统。

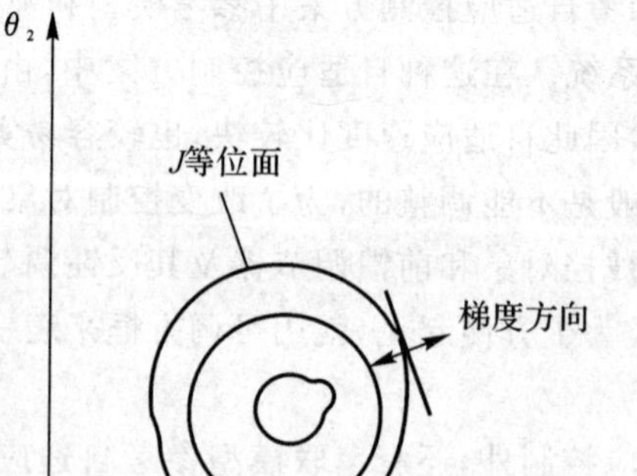

图 9.13　性能指标 $J(\theta)$ 的等位面图

设理想模型的传递函数为

$$\boldsymbol{G}_{\mathrm{m}}(s)=\frac{K\boldsymbol{N}(s)}{\boldsymbol{D}(s)} \tag{9.41}$$

被控对象的传递函数为

$$\boldsymbol{G}_{\mathrm{p}}(s)=\frac{K_{\mathrm{v}}\boldsymbol{N}(s)}{\boldsymbol{D}(s)} \tag{9.42}$$

系统的方块图如图 9.14 所示。图中的自适应结构根据误差 ε 的大小，不断调整 K_{c}，使得 ε 趋于 0，控制对象的输出 y_{p} 趋近于参考模型的输出 y_{m}。

被控对象与理想模型的传递函数的基本部分相同，理想模型的增益 K 是常值，被控对象中增益 K_{v} 随周围环境或其他干扰的影响而变化。用自适应机构来调整 K_{c}，使得 $K_{\mathrm{c}}K_{\mathrm{v}}$ 与模型的增益相一致。

设广义误差为

$$\varepsilon=y_{\mathrm{m}}-y_{\mathrm{p}} \tag{9.43}$$

式中，y_{m} 为参考模型输出；y_{p} 为被控对象的输出。广义误差 ε 表示输入信号为 $r(t)$ 时，被控对象的响应与模型的响应之间的误差。

设性能指标泛函数为

$$J=\frac{1}{2}\int_{t_0}^{t}\varepsilon^2(\tau)\mathrm{d}\tau \tag{9.44}$$

现在用梯度寻优法调整 K_{c}，使得 J 为最小，首先求出 J 对 K_{c} 的梯度

$$\frac{\delta J}{\delta K_{\mathrm{c}}}=\int_{t_0}^{t}\varepsilon\,\frac{\delta\varepsilon}{\delta K_{\mathrm{c}}}\mathrm{d}\tau \tag{9.45}$$

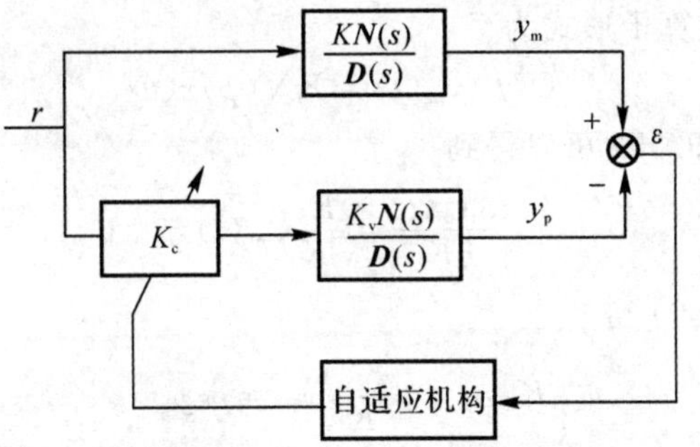

图 9.14　自适应系统方块图

根据梯度法的性质可知，使 J 下降的方向是负梯度方向，因此参数 K_{c} 的修正量为

$$\Delta K_{\mathrm{c}}=-\lambda\,\frac{\delta J}{\delta K_{\mathrm{c}}}\quad \lambda>0 \tag{9.46}$$

则调整后的 K_{c} 为

$$K_{\mathrm{c}}=\Delta K_{\mathrm{c}}+K_{\mathrm{c0}}=-\lambda\,\frac{\delta J}{\delta K_{\mathrm{c}}}+K_{\mathrm{c0}}=-\lambda\int_{t_0}^{t}\varepsilon\,\frac{\delta\varepsilon}{\delta K_{\mathrm{c}}}\mathrm{d}\tau+K_{\mathrm{c0}} \tag{9.47}$$

式中，K_{c0} 为 K_{c} 调整前的初始值。将式(9.47) 两边对时间 t 求导得

$$\dot{K}_{\mathrm{c}}=-\lambda\,\varepsilon\,\frac{\delta\varepsilon}{\delta K_{\mathrm{c}}} \tag{9.48}$$

式(9.48) 表示可调增益 K_{c} 随时间的变化规律。为了求出 $\dot{K}_{\mathrm{c}}$，必须计算$\dfrac{\delta\varepsilon}{\delta K_{\mathrm{c}}}$。求式(9.43) 对 K_{c} 的偏导数，并考虑到 y_{m} 与 K_{c} 无关，可得

$$\frac{\delta\varepsilon}{\delta K_{\mathrm{c}}}=\frac{\delta y_{\mathrm{m}}}{\delta K_{\mathrm{c}}}-\frac{\delta y_{\mathrm{p}}}{\delta K_{\mathrm{c}}}=-\frac{\delta y_{\mathrm{p}}}{\delta K_{\mathrm{c}}} \tag{9.49}$$

把式(9.49) 代入式(9.48) 中得

$$\dot{K}_c = \lambda \varepsilon \frac{\delta y_p}{\delta K_c} \tag{9.50}$$

式中，$\frac{\delta y_p}{\delta K_c}$ 称为被控系统对可调参数的敏感函数。由于$\frac{\delta y_p}{\delta K_c}$不易得到，所以要寻找与$\frac{\delta y_p}{\delta K_c}$等效的而又容易获得的数值。

由图 9.14 可以看出，系统的开环传递函数为

$$\frac{\varepsilon(s)}{r(s)} = (K - K_v K_c)\frac{N(s)}{D(s)} \tag{9.51}$$

把式(9.51) 转化为微分方程时域算子的形式

$$D(p)\varepsilon(t) = (K - K_v K_c)N(p)r(t) \tag{9.52}$$

式中，$p = \frac{\mathrm{d}}{\mathrm{d}t}$。求式(9.52) 对 K_c 的偏导数得

$$D(p)\frac{\delta\varepsilon(t)}{\delta K_c} = -K_v N(p)r(t) \tag{9.53}$$

考虑到式(9.49)，得

$$D(p)\frac{\delta y_p}{\delta K_c} = K_v N(p)r(t) \tag{9.54}$$

模型微分方程的时域算子形式为

$$D(p)y_m(t) = KN(p)r(t) \tag{9.55}$$

比较式(9.54) 和式(9.55) 可以得到

$$\frac{\delta y_p(t)}{\delta K_c} = \frac{K_v}{K} y_m(t) \tag{9.56}$$

将式(9.56) 代入(9.50) 得

$$\dot{K}_c = -\lambda \frac{K_v}{K}\varepsilon y_m = \mu\varepsilon y_m \tag{9.57}$$

式中，$\mu = \lambda \frac{K_v}{K}$。

式(9.57) 为可调增益 K_c 的调节规律，即系统的自适应规律。整个自适应系统可用图 9.15 来表示。这个自适应方案最早是由美国麻省理工学院(MIT) 的怀特克提出的，因此这个方案也称为 MIT 的自适应方案，它由一个乘法器和一个积分器所组成，如图 9.15 所示。

(2) 用李雅普诺夫稳定性理论设计模型参考自适应系统

用局部参数优化方法设计出来的模型参考自适应系统不一定稳定。为了克服以上缺点，在 1966 年德国学者帕克斯(P. C. Parks) 提出采用李雅普诺夫(A. M. Lyapunov) 第二法来推导自适应算法，保证系统在自适应控制下是全局渐近稳定的。

假定系统的各状态变量都可以直接得到，控制对象的参数一般是不能直接调整的。

设控制对象的状态方程为

$$\dot{\boldsymbol{X}}_p = \boldsymbol{A}_p(t)\boldsymbol{X}_p + \boldsymbol{B}_p(t)\boldsymbol{u}(t) \tag{9.58}$$

式中，$\boldsymbol{X}_p$ 为 n 维状态向量；$\boldsymbol{u}$ 为 m 维控制向量；$\boldsymbol{A}_p$ 为 $n\times n$ 阶矩阵；$\boldsymbol{B}_p$ 为 $n\times m$ 阶矩阵。

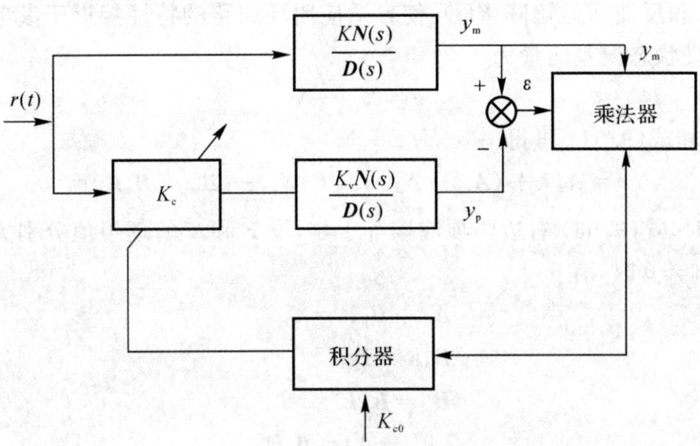

图 9.15　MIT 自适应控制方案

一般,控制对象的状态矩阵 $\boldsymbol{A}_p$ 和控制矩阵 $\boldsymbol{B}_p$ 是不便于调整的。如果要改变控制对象的动态特性,只能用前馈控制和反馈控制,如图 9.16 所示。

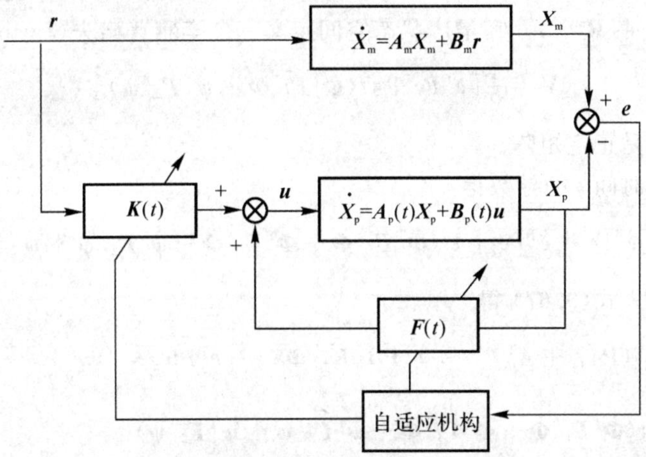

图 9.16　用状态变量构成自适应控制规律

控制信号 $\boldsymbol{u}$ 由前馈信号 $\boldsymbol{K}(t)\boldsymbol{r}$ 和反馈信号 $\boldsymbol{F}(t)\boldsymbol{X}_p$ 所组成:

$$\boldsymbol{u}=\boldsymbol{K}(t)\boldsymbol{r}+\boldsymbol{F}(t)\boldsymbol{X}_p \tag{9.59}$$

式中,$\boldsymbol{K}(t)$ 为 $m\times n$ 阶矩阵;$\boldsymbol{F}(t)$ 为 $m\times n$ 阶矩阵。将式(9.59) 代入式(9.58) 中得

$$\dot{\boldsymbol{X}}_p=\boldsymbol{A}_p(t)\boldsymbol{X}_p+\boldsymbol{B}_p(t)[\boldsymbol{K}(t)\boldsymbol{r}+\boldsymbol{F}(t)\boldsymbol{X}_p] \tag{9.60}$$

式(9.60) 叫做可调系统。矩阵 $\boldsymbol{A}_p(t)$ 和 $\boldsymbol{B}_p(t)$ 的元素都是时变参数,它们随系统的工作环境和受干扰的情况而变化。不能对 $\boldsymbol{A}_p(t)$ 和 $\boldsymbol{B}_p(t)$ 进行直接调整。

选定参考模型的状态方程为

$$\dot{\boldsymbol{X}}_m=\boldsymbol{A}_m\boldsymbol{X}_m+\boldsymbol{B}_m\boldsymbol{r} \tag{9.61}$$

参考模型与被控对象同维数,$\boldsymbol{X}_m$ 为 n 维状态向量,$\boldsymbol{r}$ 为 m 维输入向量,矩阵 $\boldsymbol{A}_m$ 为 $n\times n$ 阶矩阵,$\boldsymbol{B}_m$ 为 $n\times m$ 阶矩阵,$\boldsymbol{A}_m$ 和 $\boldsymbol{B}_m$ 都为常数矩阵。

为了使控制对象的动态特性与参考模型的动态特性相一致,可按照自适应的要求,调整前

馈增益矩阵 $\boldsymbol{K}(t)$ 和反馈增益矩阵 $\boldsymbol{F}(t)$，使自适应闭环回路的特性接近于参考模型的特性。

设系统的广义状态误差向量为

$$\boldsymbol{e}=\boldsymbol{X}_{\mathrm{m}}-\boldsymbol{X}_{\mathrm{p}} \tag{9.62}$$

由式(9.60) 和式(9.61) 可得

$$\dot{\boldsymbol{e}}=\boldsymbol{A}_{\mathrm{m}}\boldsymbol{e}+(\boldsymbol{A}_{\mathrm{m}}-\boldsymbol{A}_{\mathrm{p}}-\boldsymbol{B}_{\mathrm{p}}\boldsymbol{F})\boldsymbol{X}_{\mathrm{p}}+(\boldsymbol{B}_{\mathrm{m}}-\boldsymbol{B}_{\mathrm{p}}\boldsymbol{K})\boldsymbol{r} \tag{9.63}$$

在理想情况时，式(9.63) 右边两项应该等于零，设 $\boldsymbol{F}$ 和 $\boldsymbol{K}$ 的理想值分别为 $\bar{\boldsymbol{F}}$ 和 $\bar{\boldsymbol{K}}$。当 $\boldsymbol{F}=\bar{\boldsymbol{F}},\boldsymbol{K}=\bar{\boldsymbol{K}}$，且 $|\boldsymbol{K}|\neq 0$ 时，有

$$\left.\begin{aligned}\boldsymbol{A}_{\mathrm{p}}+\boldsymbol{B}_{\mathrm{p}}\bar{\boldsymbol{F}}&=\boldsymbol{A}_{\mathrm{m}}\\ \boldsymbol{B}_{\mathrm{p}}\bar{\boldsymbol{K}}&=\boldsymbol{B}_{\mathrm{m}}\\ \boldsymbol{B}_{\mathrm{p}}&=\boldsymbol{B}_{\mathrm{m}}\bar{\boldsymbol{K}}^{-1}\end{aligned}\right\} \tag{9.64}$$

及

$$\boldsymbol{A}_{\mathrm{m}}-\boldsymbol{A}_{\mathrm{p}}=\boldsymbol{B}_{\mathrm{p}}\bar{\boldsymbol{F}}$$

式(9.63) 可以写成

$$\left.\begin{aligned}\dot{\boldsymbol{e}}&=\boldsymbol{A}_{\mathrm{m}}\boldsymbol{e}+\boldsymbol{B}_{\mathrm{m}}\bar{\boldsymbol{K}}^{-1}(\bar{\boldsymbol{F}}-\boldsymbol{F})\boldsymbol{X}_{\mathrm{p}}+\boldsymbol{B}_{\mathrm{m}}\bar{\boldsymbol{K}}^{-1}(\bar{\boldsymbol{K}}-\boldsymbol{K})\boldsymbol{r}\\ \dot{\boldsymbol{e}}&=\boldsymbol{A}_{\mathrm{m}}\boldsymbol{e}+\boldsymbol{B}_{\mathrm{m}}\bar{\boldsymbol{K}}^{-1}\boldsymbol{\Phi}\boldsymbol{X}_{\mathrm{p}}+\boldsymbol{B}_{\mathrm{m}}\bar{\boldsymbol{K}}^{-1}\boldsymbol{\psi}\boldsymbol{r}\end{aligned}\right\} \tag{9.65}$$

式中，$\boldsymbol{\Phi}=\bar{\boldsymbol{F}}-\boldsymbol{F}$ 为 $m\times n$ 阶矩阵，$\boldsymbol{\psi}=\bar{\boldsymbol{K}}-\boldsymbol{K}$ 为 $m\times m$ 阶矩阵。$\boldsymbol{\Phi}$ 和 $\boldsymbol{\psi}$ 组成增广状态空间($\boldsymbol{e}\in\mathbf{R}^{n},\boldsymbol{\Phi}\in\mathbf{R}^{m\times n},\boldsymbol{\psi}\in\mathbf{R}^{m\times m}$)。在增广状态空间定义一个李雅普诺夫(Lyapunov) 函数：

$$V=\frac{1}{2}[\boldsymbol{e}^{\mathrm{T}}\boldsymbol{P}\boldsymbol{e}+\mathrm{tr}(\boldsymbol{\Phi}^{\mathrm{T}}\boldsymbol{\Gamma}_1^{-1}\boldsymbol{\Phi}+\boldsymbol{\psi}^{\mathrm{T}}\boldsymbol{\Gamma}_2^{-1}\boldsymbol{\psi})] \tag{9.66}$$

式中，$\boldsymbol{P},\boldsymbol{\Gamma}_1^{-1},\boldsymbol{\Gamma}_2^{-1}$ 都是正定矩阵。

求式(9.66) 对时间 t 的导数得

$$\dot{V}=\frac{1}{2}[\boldsymbol{e}^{\mathrm{T}}\boldsymbol{P}\dot{\boldsymbol{e}}+\dot{\boldsymbol{e}}^{\mathrm{T}}\boldsymbol{P}\boldsymbol{e}+\mathrm{tr}(\dot{\boldsymbol{\Phi}}^{\mathrm{T}}\boldsymbol{\Gamma}_1^{-1}\boldsymbol{\Phi}+\boldsymbol{\Phi}^{\mathrm{T}}\boldsymbol{\Gamma}_1^{-1}\dot{\boldsymbol{\Phi}}+\dot{\boldsymbol{\psi}}^{\mathrm{T}}\boldsymbol{\Gamma}_2^{-1}\boldsymbol{\psi}+\boldsymbol{\psi}^{\mathrm{T}}\boldsymbol{\Gamma}_2^{-1}\dot{\boldsymbol{\psi}})] \tag{9.67}$$

将式(9.65) 代入式(9.67) 得

$$\begin{aligned}\dot{V}=&\frac{1}{2}\boldsymbol{e}^{\mathrm{T}}(\boldsymbol{P}\boldsymbol{A}_{\mathrm{m}}+\boldsymbol{A}_{\mathrm{m}}^{\mathrm{T}}\boldsymbol{P})\boldsymbol{e}+\boldsymbol{e}^{\mathrm{T}}\boldsymbol{P}\boldsymbol{B}_{\mathrm{m}}\bar{\boldsymbol{K}}^{-1}\boldsymbol{\Phi}\boldsymbol{X}_{\mathrm{p}}+\boldsymbol{e}^{\mathrm{T}}\boldsymbol{P}\boldsymbol{B}_{\mathrm{m}}\bar{\boldsymbol{K}}^{-1}\boldsymbol{\psi}\boldsymbol{r}+\\ &\frac{1}{2}\mathrm{tr}(\dot{\boldsymbol{\Phi}}^{\mathrm{T}}\boldsymbol{\Gamma}_1^{-1}\boldsymbol{\Phi}+\boldsymbol{\Phi}^{\mathrm{T}}\boldsymbol{\Gamma}_1^{-1}\dot{\boldsymbol{\Phi}}+\dot{\boldsymbol{\psi}}^{\mathrm{T}}\boldsymbol{\Gamma}_2^{-1}\boldsymbol{\psi}+\boldsymbol{\psi}^{\mathrm{T}}\boldsymbol{\Gamma}_2^{-1}\dot{\boldsymbol{\psi}})\end{aligned} \tag{9.68}$$

因为 $\boldsymbol{e}^{\mathrm{T}}\boldsymbol{P}\boldsymbol{B}_{\mathrm{m}}\bar{\boldsymbol{K}}^{-1}\boldsymbol{\Phi}$ 为 n 维行向量，$\boldsymbol{X}_{\mathrm{p}}$ 为 n 维列向量，$\boldsymbol{e}^{\mathrm{T}}\boldsymbol{P}\boldsymbol{B}_{\mathrm{m}}\bar{\boldsymbol{K}}^{-1}\boldsymbol{\psi}$ 为 m 维行向量，$\boldsymbol{r}$ 为 m 维列向量，则可以得到

$$\left.\begin{aligned}\boldsymbol{e}^{\mathrm{T}}\boldsymbol{P}\boldsymbol{B}_{\mathrm{m}}\bar{\boldsymbol{K}}^{-1}\boldsymbol{\Phi}\boldsymbol{X}_{\mathrm{p}}&=\mathrm{tr}(\boldsymbol{X}_{\mathrm{p}}\boldsymbol{e}^{\mathrm{T}}\boldsymbol{P}\boldsymbol{B}_{\mathrm{m}}\bar{\boldsymbol{K}}^{-1}\boldsymbol{\Phi})\\ \boldsymbol{e}^{\mathrm{T}}\boldsymbol{P}\boldsymbol{B}_{\mathrm{m}}\bar{\boldsymbol{K}}^{-1}\boldsymbol{\psi}\boldsymbol{r}&=\mathrm{tr}(\boldsymbol{r}\boldsymbol{e}^{\mathrm{T}}\boldsymbol{P}\boldsymbol{B}_{\mathrm{m}}\bar{\boldsymbol{K}}^{-1}\boldsymbol{\psi})\end{aligned}\right. \tag{9.69}$$

又有

$$\left.\begin{aligned}\mathrm{tr}(\dot{\boldsymbol{\Phi}}^{\mathrm{T}}\boldsymbol{\Gamma}_1^{-1}\boldsymbol{\Phi})&=\mathrm{tr}(\boldsymbol{\Phi}^{\mathrm{T}}\boldsymbol{\Gamma}_1^{-1}\dot{\boldsymbol{\Phi}})\\ \mathrm{tr}(\dot{\boldsymbol{\psi}}^{\mathrm{T}}\boldsymbol{\Gamma}_2^{-1}\boldsymbol{\psi})&=\mathrm{tr}(\boldsymbol{\psi}\boldsymbol{\Gamma}_2^{-1}\dot{\boldsymbol{\psi}})\end{aligned}\right\} \tag{9.70}$$

于是

$$\begin{aligned}\dot{V}=&\frac{1}{2}\boldsymbol{e}^{\mathrm{T}}(\boldsymbol{P}\boldsymbol{A}_{\mathrm{m}}+\boldsymbol{\Phi}_{\mathrm{m}}^{\mathrm{T}}\boldsymbol{P})\boldsymbol{e}+\mathrm{tr}(\dot{\boldsymbol{\Phi}}^{\mathrm{T}}\boldsymbol{\Gamma}_1^{-1}\boldsymbol{\Phi}+\boldsymbol{X}_{\mathrm{p}}\boldsymbol{e}^{\mathrm{T}}\boldsymbol{P}\boldsymbol{B}_{\mathrm{m}}\bar{\boldsymbol{K}}^{-1}\boldsymbol{\Phi})+\\ &\mathrm{tr}(\dot{\boldsymbol{\psi}}^{\mathrm{T}}\boldsymbol{\Gamma}_2^{-1}\boldsymbol{\psi}+\boldsymbol{r}\boldsymbol{e}^{\mathrm{T}}\boldsymbol{P}\boldsymbol{B}_{\mathrm{m}}\bar{\boldsymbol{K}}^{-1}\boldsymbol{\psi})\end{aligned} \tag{9.71}$$

因为 $\boldsymbol{A}_{\mathrm{m}}$ 为稳定矩阵，则可以选定对称正定阵 $\boldsymbol{Q}$，使得 $\boldsymbol{P}\boldsymbol{A}_{\mathrm{m}}+\boldsymbol{A}_{\mathrm{m}}^{\mathrm{T}}\boldsymbol{P}=-\boldsymbol{Q}$ 成立。对于任意 $\boldsymbol{e}\neq\boldsymbol{0}$，方程式(9.71) 中右边第一项是负定的。如果式(9.71) 右边后二项都为零，则 $\dot{V}$ 是负

定的。

为此选

$$\left.\begin{aligned}\dot{\boldsymbol{\Phi}}&=-\boldsymbol{\Gamma}_1[\boldsymbol{B}_{\rm m}\bar{\boldsymbol{K}}^{-1}]^{\rm T}\boldsymbol{PeX}_{\rm p}^{\rm T}\\ \dot{\boldsymbol{\psi}}&=-\boldsymbol{\Gamma}_2[\boldsymbol{B}_{\rm m}\bar{\boldsymbol{K}}^{-1}]^{\rm T}\boldsymbol{Per}^{\rm T}\end{aligned}\right\}\tag{9.72}$$

则式(9.71)中的后二项都为零。

当 $\boldsymbol{A}_{\rm p}$ 和 $\boldsymbol{B}_{\rm p}$ 为常值或者缓慢变化时，可设

$$\dot{\bar{\boldsymbol{F}}}\approx\boldsymbol{O},\quad \dot{\bar{\boldsymbol{K}}}\approx\boldsymbol{O}$$

则可以得到自适应调节器规律

$$\dot{\boldsymbol{F}}=\dot{\bar{\boldsymbol{F}}}-\dot{\boldsymbol{\Phi}}=-\dot{\boldsymbol{\Phi}}=\boldsymbol{\Gamma}_1[\boldsymbol{B}_{\rm m}\bar{\boldsymbol{K}}^{-1}]^{\rm T}\boldsymbol{PeX}_{\rm p}^{\rm T}\tag{9.73}$$

$$\boldsymbol{F}(t)=\int_0^t\boldsymbol{\Gamma}_1[\boldsymbol{B}_{\rm m}\bar{\boldsymbol{K}}^{-1}]^{\rm T}\boldsymbol{PeX}_{\rm p}^{\rm T}{\rm d}\tau+\boldsymbol{F}(0)\tag{9.74}$$

及

$$\dot{\boldsymbol{K}}=\dot{\bar{\boldsymbol{K}}}-\dot{\boldsymbol{\Phi}}=-\dot{\boldsymbol{\Phi}}=\boldsymbol{\Gamma}_2[\boldsymbol{B}_{\rm m}\bar{\boldsymbol{K}}^{-1}]^{\rm T}\boldsymbol{Per}^{\rm T}\tag{9.75}$$

$$\boldsymbol{K}(t)=\int_0^t\boldsymbol{\Gamma}_2[\boldsymbol{B}_{\rm m}\bar{\boldsymbol{K}}^{-1}]^{\rm T}\boldsymbol{Per}^{\rm T}{\rm d}\tau+\boldsymbol{K}(0)\tag{9.76}$$

方程式(9.74)和式(9.76)分别是 $\boldsymbol{F}(t)$ 和 $\boldsymbol{K}(t)$ 的自适应控制规律。

所设计的自适应规律对任意分段连续输入向量 $\boldsymbol{r}$ 能够保证模型参考自适应系统是全局渐近稳定的，即

$$\lim_{t\to\infty}\boldsymbol{e}(t)=0$$

由 $\boldsymbol{e}(t)=\boldsymbol{0}$，意味着 $\boldsymbol{F}=\bar{\boldsymbol{F}},\boldsymbol{K}=\bar{\boldsymbol{K}}$。且由式(9.64)可得

$$\boldsymbol{B}_{\rm m}\bar{\boldsymbol{K}}^{-1}\boldsymbol{\Phi}\boldsymbol{X}_{\rm p}+\boldsymbol{B}_{\rm m}\bar{\boldsymbol{K}}^{-1}\boldsymbol{\psi}\boldsymbol{r}=\boldsymbol{O}$$

由上式可以得到

$$\boldsymbol{\Phi}\boldsymbol{X}_{\rm p}+\boldsymbol{\psi}\boldsymbol{r}\equiv\boldsymbol{O}\tag{9.77}$$

使恒等式(9.77)对任何 t 能够成立的条件为：

1) $\boldsymbol{X}_{\rm p}$ 和 $\boldsymbol{r}$ 为线性相关，并且 $\boldsymbol{\Phi}\neq\boldsymbol{O},\boldsymbol{\psi}\neq\boldsymbol{O}$；

2) $\boldsymbol{X}_{\rm p}$ 和 $\boldsymbol{r}$ 恒为零；

3) $\boldsymbol{X}_{\rm p}$ 和 $\boldsymbol{r}$ 为线性独立，并且 $\boldsymbol{\Phi}=\boldsymbol{O},\boldsymbol{\psi}=\boldsymbol{O}$。

因此只有第三种情况能导致参数收敛，故要求 $\boldsymbol{X}_{\rm p}$ 与 $\boldsymbol{r}$ 线性独立。$\boldsymbol{X}_{\rm p}$ 与 $\boldsymbol{r}$ 线性独立的条件：$\boldsymbol{r}(t)$ 采用一定频率的方波信号或 q 个不同频率的正弦信号组成的分段连续信号，其中 $q>\frac{n}{2}$（或 $\frac{n-1}{2}$）。在这种情况下 $\boldsymbol{X}_{\rm p}$ 和 $\boldsymbol{r}$ 不恒等于零，且彼此线性独立。这样可以保证误差矩阵 $\boldsymbol{\Phi}(t)$ 和 $\boldsymbol{\psi}(t)$ 逐步收敛，即

$$\lim_{t\to\infty}\boldsymbol{\Phi}(t)=0$$

$$\lim_{t\to\infty}\boldsymbol{\psi}(t)=0$$

2. 自适应控制在起落架中的应用

以图 9.17 所示的起落架简化数学模型为例，设系统的参考模型方程为

$$\dot{\boldsymbol{X}}_{\rm m}=\boldsymbol{A}_{\rm m}\boldsymbol{X}_{\rm m}+\boldsymbol{B}_{\rm m}\boldsymbol{r}$$

$$\boldsymbol{A}_{\mathrm{m}}=\begin{bmatrix}0 & 1\\ -3\,126 & -125\end{bmatrix},\quad \boldsymbol{B}_{\mathrm{m}}=\begin{bmatrix}0\\ 3\,874\end{bmatrix},\quad \boldsymbol{X}_{\mathrm{m}}=\begin{bmatrix}X_{\mathrm{m1}}\\ X_{\mathrm{m2}}\end{bmatrix}$$

控制对象方程为

$$\dot{\boldsymbol{X}}_{\mathrm{p}}=\boldsymbol{A}_{\mathrm{p}}\boldsymbol{X}_{\mathrm{p}}+\boldsymbol{B}_{\mathrm{p}}\boldsymbol{u}$$

式中

$$\boldsymbol{X}_{\mathrm{p}}=\begin{bmatrix}X_{\mathrm{p1}}\\ X_{\mathrm{p2}}\end{bmatrix},\quad \boldsymbol{A}_{\mathrm{p}}=\begin{bmatrix}0 & 1\\ -2\,876.84 & -105.32\end{bmatrix},\quad \boldsymbol{B}_{\mathrm{p}}=\begin{bmatrix}0\\ 2\,714.56\end{bmatrix},\quad \boldsymbol{F}=\begin{bmatrix}f_1\\ f_2\end{bmatrix}$$

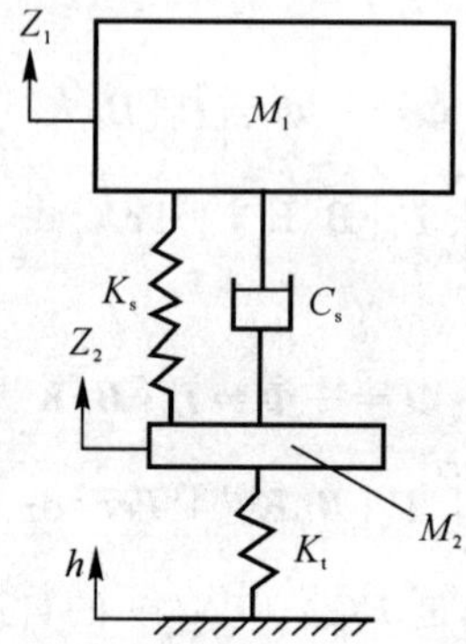

图 9.17　起落架自适应控制模型

在自适应中引入前馈增益阵 $\boldsymbol{K}$ 和反馈增益阵 $\boldsymbol{F}$,则可调系统方程为

$$\dot{\boldsymbol{X}}_{\mathrm{p}}=(\boldsymbol{A}_{\mathrm{p}}+\boldsymbol{B}_{\mathrm{p}}\boldsymbol{F})\boldsymbol{X}_{\mathrm{p}}+\boldsymbol{B}_{\mathrm{p}}\boldsymbol{K}\boldsymbol{r}$$

求自适应控制规律,按式(9.64)得

$$\boldsymbol{B}_{\mathrm{m}}\,\bar{\boldsymbol{K}}^{-1}=\boldsymbol{B}_{\mathrm{p}}=\begin{bmatrix}0\\ 2\,714.56\end{bmatrix},\text{选 }\boldsymbol{P}=\begin{bmatrix}3 & 1\\ 1 & 1\end{bmatrix},\Gamma_1=\Gamma_2=1$$

将上述值代入自适应规律式(9.74)和式(9.76)计算,得

$$\boldsymbol{F}(t)=\int_0^t[0\quad 2\,714.56]\begin{bmatrix}3 & 1\\ 1 & 1\end{bmatrix}\begin{bmatrix}e_1\\ e_2\end{bmatrix}[X_{\mathrm{p1}}\quad X_{\mathrm{p2}}]\mathrm{d}\tau+F(0)=$$

$$\int_0^t[(2\,714.56e_1+2\,714.56e_2)X_{\mathrm{p1}}\quad(2\,714.56e_1+2\,714.56e_2)X_{\mathrm{p2}}]\mathrm{d}\tau+F(0)$$

$$K(t)=\int_0^t(2\,714.56e_1+2\,714.56e_2)r\mathrm{d}\tau+K(0)$$

式中

$$\begin{bmatrix}e_1\\ e_2\end{bmatrix}=\begin{bmatrix}X_{\mathrm{m1}}-X_{\mathrm{p1}}\\ X_{\mathrm{m2}}-X_{\mathrm{p2}}\end{bmatrix}$$

3. 模型参考自适应的鲁棒性

前面的讨论已经说明,模型参考自适应控制系统是一个时变非线性系统,分析这样的系统是很困难的,一般采用 Lyapunov 函数法或 Popov 超稳定判据来保证整个系统全局渐近稳定,上述一些自适应控制规律就是建立在这个基础上的。然而,这些规律都是在一定条件下获得的,就是必须知道被控对象的阶次,即被控对象和参考模型必须是同阶的。在控制对象受到外界干扰的情况下,这些条件很难得到满足。设想被控对象包含有寄生高频特性,这部分高频特

性未计算在内，所选的参考模型只与被控对象的降阶模型（低频部分）相匹配，在这种情况下，如图 9.18 所示的参考模型的传递函数就不一样了。根据 Popov 超稳定判据，自适应控制的全局稳定得不到保证。

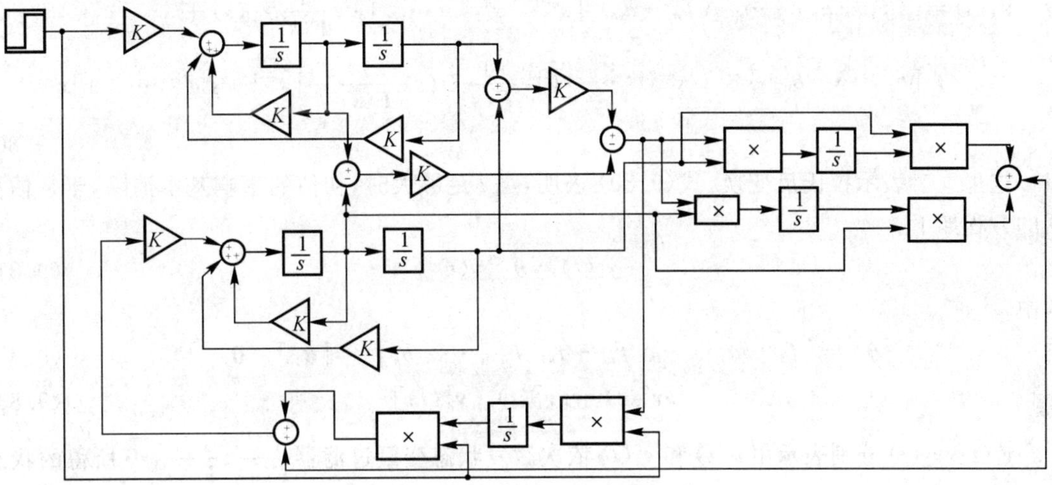

图 9.18　起落架自适应控制系统

对于线性系统，在设计过程中允许采用简化模型，即借助“主导极点”的方法，保留系统的主导极点和零点部分（低频部分），舍弃系统的非主导极点和零点部分（高频部分），使系统的高频部分在剪切频率之上，并且有足够的稳定裕度，则即使系统包含寄生高频特性也不会破坏系统的稳定性。自适应系统是非线性系统，低频信号也可能产生高频振荡，使系统被忽略的高频部分激励起来。因此在设计模型参考自适应控制时，应当考虑简化模型和噪声对系统的影响，这就提出模型参考自适应的鲁棒性问题。

所谓控制系统的鲁棒性，就是系统在外界环境或系统本身发生变化时，能保持原有性能的能力，特别是保持稳定性的能力。

因此，提出以下控制方案，即首先设计一种参数估算器，它可以利用有限时间内的对象的输入输出信号，估算出系统参数，利用已估算出的参数，一次性地调整控制器的参数，以便使被控系统和参考模型匹配。这样在控制器参数未调整之前，整个系统工作于线性状态，这样就回避了前面的问题。这种算法即混合式自适应控制。

首先设计一个参数估算器，用来估算被控对象的传递函数的主要部分 $\boldsymbol{B}(s)/\boldsymbol{A}(s)$。设

$$\frac{\boldsymbol{B}(s)}{\boldsymbol{A}(s)}=\frac{b_1 s^{n-1}+b_2^{n-2}+\cdots+b_n}{s^n+a_1 s^{n-1}+\cdots+a_n} \tag{9.78}$$

n 为已知，记 $u(t)$ 为被控对象的输入，$y_s(t)$ 为输出，于是有

$$\boldsymbol{A}(s)\boldsymbol{Y}_s(s)=\boldsymbol{B}(s)\boldsymbol{U}(s)+[s^{n-1}\quad s^{n-2}\quad\cdots\quad 1]\boldsymbol{x}(0) \tag{9.79}$$

式中，$\boldsymbol{x}(0)$ 表示系统状态的初向量，取稳定多项式 $F(s)=s^n+f_1 s^{n-1}+\cdots+f_n$，于是由式 (9.79) 可以得到

$$\begin{aligned}\boldsymbol{F}(s)\boldsymbol{Y}_s(s)=&[(f_1-a_1)s^{n-1}+\cdots+(f_n-a_n)]\boldsymbol{Y}_s(s)+\boldsymbol{B}(s)\boldsymbol{U}(s)+\\&[s^{n-1}\quad s^{n-2}\quad\cdots\quad 1]\boldsymbol{x}(0)\end{aligned}$$

或者如式(9.80)所示。

考虑到 $\boldsymbol{F}(s)$ 为稳定多项式,故

$$\mathscr{L}^{-1}\left\{\frac{1}{\boldsymbol{F}(s)}[s^{n-1}\quad s^{n-2}\quad \cdots\quad 1]\boldsymbol{x}(0)\right\}\rightarrow 0\quad (t\rightarrow\infty)$$

$$\boldsymbol{Y}_s(s)=[(f_1-a_1)\quad\cdots\quad(f_n-a_n)][s^{n-1}\quad s^{n-2}\quad\cdots\quad 1]^{\mathrm{T}}\frac{1}{\boldsymbol{F}(s)}\boldsymbol{Y}_s(s)+$$

$$[b_1\quad\cdots\quad b_n][s^{n-1}\quad s^{n-2}\quad\cdots\quad 1]^{\mathrm{T}}\frac{1}{\boldsymbol{F}(s)}\boldsymbol{U}(s)\frac{1}{\boldsymbol{F}(s)}+[s^{n-1}\quad s^{n-2}\quad\cdots\quad 1]\boldsymbol{x}(0) \tag{9.80}$$

这里 $\mathscr{L}^{-1}$ 表示拉氏反变换,式(9.80)表明,当 t 足够大时,初值的影响基本消除,于是估算器的方程如下:

$$\boldsymbol{y}_s(t)=\boldsymbol{\theta}^{*\mathrm{T}}\boldsymbol{v}(t) \tag{9.81}$$

其中

$$\boldsymbol{\theta}^*=[f_1-a_1\quad\cdots\quad f_n-a_n\quad b_1\quad\cdots\quad b_n]^{\mathrm{T}}=[\boldsymbol{\theta}_1^{*\mathrm{T}}\quad\boldsymbol{\theta}_2^{*\mathrm{T}}]^{\mathrm{T}} \tag{9.82}$$

$$\boldsymbol{v}^{\mathrm{T}}(t)=[\boldsymbol{v}_1^{\mathrm{T}}(t)\quad\boldsymbol{v}_2^{\mathrm{T}}(t)] \tag{9.83}$$

$\boldsymbol{v}_1(t)$,$\boldsymbol{v}_2(t)$ 分别表示由 $\boldsymbol{u}(t)$ 和 $\boldsymbol{y}_s(t)$ 依次激发状态变量过滤器 $\frac{s^{n-1}}{\boldsymbol{F}(s)}$,$\frac{s^{n-2}}{\boldsymbol{F}(s)}$,… 所得的状态变量向量,此估算器的结构图如图 9.19 所示。

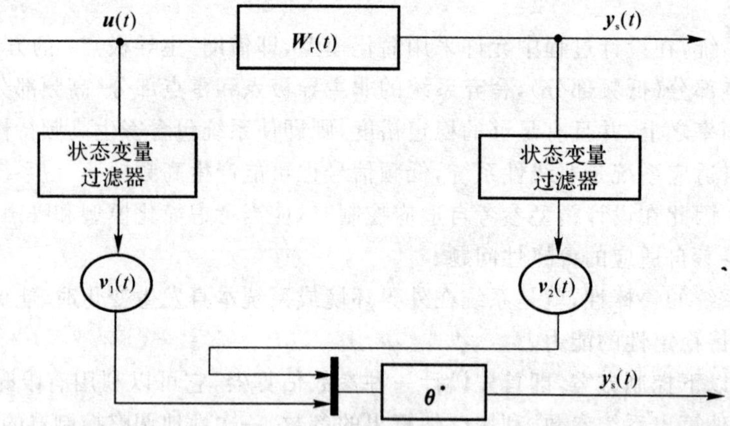

图 9.19 估算器结构图

在离散采样时刻采集数据,于是可得

$$\boldsymbol{y}_s(t_k)=\boldsymbol{v}(t_k)^{\mathrm{T}}\boldsymbol{\theta}^*\quad k=1,2,\cdots,m\quad m\geqslant 2n \tag{9.84}$$

式(9.84)两边左乘 $\boldsymbol{v}(t_k)$,求和,可得

$$\sum_{k=1}^{m}\boldsymbol{y}_s(t_k)\boldsymbol{v}(t_k)=\boldsymbol{v}(t_k)\boldsymbol{v}(t_k)^{\mathrm{T}}\boldsymbol{\theta}^* \tag{9.85}$$

记

$$\left.\begin{aligned}\boldsymbol{Q}&=\sum_{k=1}^{m}\boldsymbol{v}(t_k)\boldsymbol{v}(t_k)^{\mathrm{T}}\in\mathbf{R}^{2n\times 2n}\\ \boldsymbol{r}&=\sum_{k=1}^{m}\boldsymbol{y}_s(t_k)\boldsymbol{v}(t_k)\in\mathbf{R}^{2n\times 1}\end{aligned}\right\} \tag{9.86}$$

则有

$$Q\boldsymbol{\theta}^* = \boldsymbol{r} \tag{9.87}$$

只要 $\boldsymbol{u}(t)$ 足够“丰富”，包含有足够多的频率分量，使得 $\frac{\boldsymbol{B}(s)}{\boldsymbol{A}(s)}$ 充分激励，并且采样周期取得适当地小，则 $\boldsymbol{Q}$ 非奇异，于是从方程式(9.87)中可以求得 $\boldsymbol{\theta}^*$。

前面讨论的是 $H(s) \equiv 1$ 的情况，实际上 $\boldsymbol{W}(s) = \frac{\boldsymbol{B}(s)}{\boldsymbol{A}(s)}H(s)$。$H(s)$ 并不恒等于1。在此情况下

$$\boldsymbol{y}_s(t) = \boldsymbol{\theta}^{*T}\boldsymbol{v}(t) + \boldsymbol{z}(t) \tag{9.88}$$

其中

$$\boldsymbol{z}(t) = \mathscr{L}^{-1}\left\{\frac{\boldsymbol{B}(s)}{\boldsymbol{F}(s)}[H(s) - 1]\boldsymbol{U}(s)\right\} \tag{9.89}$$

由式(9.88)可得

$$\left.\begin{aligned} Q\boldsymbol{\theta}^* &= \boldsymbol{r} - \tilde{\boldsymbol{r}} \\ \tilde{\boldsymbol{r}} &= \sum_{k=1}^{m} \boldsymbol{v}(t_k)\boldsymbol{z}(t_k) \end{aligned}\right\} \tag{9.90}$$

式中，$\tilde{\boldsymbol{r}}$ 为参数估算的误差，记估算的参数向量为 $\hat{\boldsymbol{\theta}} = \boldsymbol{Q}^{-1}\tilde{\boldsymbol{r}}$，则参数估算的误差向量 $\tilde{\boldsymbol{\theta}}$ 为

$$\tilde{\boldsymbol{\theta}} = \hat{\boldsymbol{\theta}} - \boldsymbol{\theta}^* = \boldsymbol{Q}^{-1}\tilde{\boldsymbol{r}}$$

自适应稳定鲁棒性系统比较复杂，对系统存在未建模动态、外界干扰和量测噪声，目前还有其他一些稳定鲁棒算法，如带有死区的自适应算法和 σ 修正算法，在本章就不详细介绍了。

9.2.3　MCS 算法及模型

最小控制综合算法(Minimal Control Synthesis Algorithm，简称 MCS)是由 D. P. Stoten 和 H. Benchoubance 于 1990 年提出来的，是对 MRAC (Model Reference Adaptive Control) 的巨大发展。与 MRAC 相比，MCS 算法不需要模型验证或线性控制器合成。最小控制综合算法的主要特征如下：

1)不需要获得实际对象参数，这就全面简化了控制系统，系统的实际具体参数可以通过在线识别。

2)对象参数可以在较大幅度范围内变化。因此，最小控制综合算法不需要假设参数是缓慢变化的，这和有些形式的自适应或者自校正控制系统不相同。

3)类似地，外部未知的干扰可以在较大范围内变化并且作用在被控对象上，最小控制综合算法能够补偿这些扰动。

4)最小控制综合算法的实现需要最少数量的译码(大约和标准的 PID 控制差不多)。

因此，最小控制综合算法表征的物理意义在于它需要最少的被控对象信息以及控制方法简单，因为与模型参考自适应设置一个人工调整的增益不同，它设定一个增益能够随闭环系统的输出自动调节并且能够较好地达到系统所需要的控制效果。

本节主要讨论最小控制综合算法的基本机理和控制算法，在此基础上，基于起落架系统的稳定性和鲁棒性，采用最小控制综合算法的控制方法对起落架系统进行设计，得到了起落架的控制模型。最后通过 MATLAB 仿真软件对采用最小控制综合算法控制的起落架模型进行了

仿真分析，仿真结果表明：最小控制综合算法能够使起落架的控制变量快速达到理想的参考模型输出并且控制曲线平滑，同时控制系统具有很好的鲁棒性能，增强了系统的抗干扰能力。

1. 最小控制综合算法的基本原理

对一个 n 维系统而言，它的状态方程可以用如下方程表示：

$$\dot{\boldsymbol{x}}(t)=\boldsymbol{A}\boldsymbol{x}(t)+\boldsymbol{B}\boldsymbol{u}(t)+\boldsymbol{d}(x,t) \tag{9.91}$$

式中，$\boldsymbol{d}(x,t)$ 代表外界干扰。

控制信号的状态反馈方程为

$$\boldsymbol{u}(t)=\boldsymbol{K}(t)\boldsymbol{x}(t)+\boldsymbol{K}_{\mathrm{R}}(t)\boldsymbol{r}(t) \tag{9.92}$$

式中，$\boldsymbol{K}(t)$，$\boldsymbol{K}_{\mathrm{R}}(t)$ 定义如下：

$$\left.\begin{aligned}\boldsymbol{K}(t)&=\int_0^t\alpha\boldsymbol{y}_{\mathrm{e}}(\tau)\boldsymbol{x}^{\mathrm{T}}(\tau)\mathrm{d}\tau+\beta\boldsymbol{y}_{\mathrm{e}}(t)\boldsymbol{x}^{\mathrm{T}}(t),\quad K(0)=K_0\\ \boldsymbol{K}_{\mathrm{R}}(t)&=\int_0^t\alpha\boldsymbol{y}_{\mathrm{e}}(\tau)\boldsymbol{r}(\tau)\mathrm{d}\tau+\beta\boldsymbol{y}_{\mathrm{e}}(t)\boldsymbol{r}(t),\quad K_{\mathrm{R}}(0)=K_{\mathrm{R}0}\end{aligned}\right\} \tag{9.93}$$

式中，α，β 为正的加权数值，初始条件值通常被设为 0。

$$\boldsymbol{y}_{\mathrm{e}}(t)=\boldsymbol{C}_{\mathrm{e}}\boldsymbol{x}_{\mathrm{e}}(t),\quad \boldsymbol{x}_{\mathrm{e}}(t)=\boldsymbol{x}_{\mathrm{m}}(t)-\boldsymbol{x}(t) \tag{9.94}$$

参考模型状态方程如下：

$$\dot{\boldsymbol{x}}_{\mathrm{m}}(t)=\boldsymbol{A}_{\mathrm{m}}\boldsymbol{x}_{\mathrm{m}}(t)+\boldsymbol{B}_{\mathrm{m}}\boldsymbol{r}(t) \tag{9.95}$$

$\boldsymbol{C}_{\mathrm{e}}$，$\boldsymbol{B}_{\mathrm{e}}$ 可以从下面方程推导出来：

$$\left.\begin{aligned}&\boldsymbol{P}\boldsymbol{A}_{\mathrm{m}}+\boldsymbol{A}_{\mathrm{m}}^{\mathrm{T}}\boldsymbol{P}=-\boldsymbol{Q},\quad \boldsymbol{Q}>0\\ &\boldsymbol{C}_{\mathrm{e}}=\boldsymbol{B}_{\mathrm{e}}^{\mathrm{T}}\boldsymbol{P},\quad \boldsymbol{B}_{\mathrm{e}}=[0\ \ \cdots\ \ 0\ \ 1]^{\mathrm{T}}\end{aligned}\right\} \tag{9.96}$$

对式(9.91) 系统来说，$\boldsymbol{d}(x,t)$ 可以表示为

$$\boldsymbol{d}(t)=\delta\boldsymbol{A}(t)\boldsymbol{x}(t)+\delta\boldsymbol{B}(t)\boldsymbol{u}(t) \tag{9.97}$$

代入式(9.91) 中，得

$$\dot{\boldsymbol{x}}(t)=(\boldsymbol{A}+\delta\boldsymbol{A}(t))\boldsymbol{x}(t)+(\boldsymbol{B}+\delta\boldsymbol{B}(t))\boldsymbol{u}(t) \tag{9.98}$$

把式(9.92) 代入其中，得

$$\dot{\boldsymbol{x}}(t)=[\boldsymbol{A}^{*}(t)+\boldsymbol{B}^{*}(t)\boldsymbol{K}(t)]\boldsymbol{x}(t)+\boldsymbol{B}^{*}(t)\boldsymbol{K}_{\mathrm{R}}(t)\boldsymbol{r}(t) \tag{9.99}$$

其中

$$\boldsymbol{A}^{*}(t)=\boldsymbol{A}+\delta\boldsymbol{A}(t),\quad \boldsymbol{B}^{*}(t)=\boldsymbol{B}+\delta\boldsymbol{B}(t)$$

由式(9.94)，式(9.95)，式(9.98) 可以推导出

$$\dot{\boldsymbol{x}}_{\mathrm{e}}(t)=\boldsymbol{A}_{\mathrm{m}}\boldsymbol{x}_{\mathrm{e}}(t)+\boldsymbol{A}_0(t)\boldsymbol{x}(t)+\boldsymbol{B}_0(t)\boldsymbol{r}(t) \tag{9.100}$$

重新整理，得

$$\dot{\boldsymbol{x}}_{\mathrm{e}}(t)=\boldsymbol{A}_{\mathrm{m}}\boldsymbol{x}_{\mathrm{e}}(t)+\boldsymbol{I}_{\mathrm{n}}\boldsymbol{W}(t) \tag{9.101}$$

其中

$$\boldsymbol{A}_0(t)=\boldsymbol{A}_{\mathrm{m}}-\boldsymbol{A}^{*}(t)-\boldsymbol{B}^{*}(t)\boldsymbol{K}(t)$$

$$\boldsymbol{B}_0(t)=\boldsymbol{B}_{\mathrm{m}}-\boldsymbol{B}^{*}(t)\boldsymbol{K}_{\mathrm{R}}(t)$$

$$\boldsymbol{W}(t)=\boldsymbol{A}_0(t)\boldsymbol{x}(t)+\boldsymbol{B}_0(t)\boldsymbol{r}(t)$$

由此可得到一个等效的反馈控制系统，该框图如图 9.20 所示。

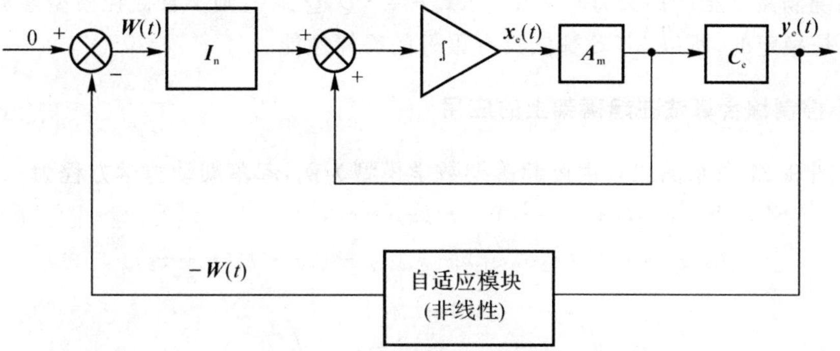

图 9.20　等效闭环反馈系统

对$\{\boldsymbol{A}_\mathrm{m},\boldsymbol{I}_\mathrm{n},\boldsymbol{C}_\mathrm{e}\}$系统来说,如果$\{\boldsymbol{A}_\mathrm{m},\boldsymbol{I}_\mathrm{n},\boldsymbol{C}_\mathrm{e}\}$系统是稳定的,则必须满足

$$\boldsymbol{P}\boldsymbol{A}_\mathrm{m}+\boldsymbol{A}_\mathrm{m}^\mathrm{T}\boldsymbol{P}=-\boldsymbol{Q},\quad \boldsymbol{Q}>0(\text{取 }\boldsymbol{C}_\mathrm{e}=\boldsymbol{P})$$

因为

$$[\boldsymbol{x}_\mathrm{e}^\mathrm{T}(t)\boldsymbol{C}_\mathrm{e}\boldsymbol{A}_\mathrm{m}\boldsymbol{x}_\mathrm{e}(t)]_{1\times1}^\mathrm{T}=[\boldsymbol{x}_\mathrm{e}^\mathrm{T}(t)\boldsymbol{C}_\mathrm{e}\boldsymbol{A}_\mathrm{m}\boldsymbol{x}_\mathrm{e}(t)]_{1\times1}$$

从中可以推导出

$$\boldsymbol{x}_\mathrm{e}^\mathrm{T}(t)\boldsymbol{A}_\mathrm{m}^\mathrm{T}\boldsymbol{C}_\mathrm{e}\boldsymbol{x}_\mathrm{e}(t)=\boldsymbol{x}_\mathrm{e}^\mathrm{T}(t)\boldsymbol{C}_\mathrm{e}\boldsymbol{A}_\mathrm{m}\boldsymbol{x}_\mathrm{e}(t) \tag{9.102}$$

即

$$\int_{t_0}^{t_1}\boldsymbol{x}_\mathrm{e}^\mathrm{T}(t)\boldsymbol{C}_\mathrm{e}\boldsymbol{A}_\mathrm{m}\boldsymbol{x}_\mathrm{e}(t)\mathrm{d}t=\frac{1}{2}\int_{t_0}^{t_1}\boldsymbol{x}_\mathrm{e}^\mathrm{T}(t)[\boldsymbol{C}_\mathrm{e}\boldsymbol{A}_\mathrm{m}+\boldsymbol{A}_\mathrm{m}^\mathrm{T}\boldsymbol{C}_\mathrm{e}]\boldsymbol{x}_\mathrm{e}(t)\mathrm{d}t=$$
$$-\frac{1}{2}\int_{t_0}^{t_1}\boldsymbol{x}_\mathrm{e}^\mathrm{T}(t)\boldsymbol{Q}\boldsymbol{x}_\mathrm{e}(t)\mathrm{d}t\geqslant-\gamma_1^2 \tag{9.103}$$

对$[\boldsymbol{x}_\mathrm{e}^\mathrm{T}(t)\boldsymbol{C}_\mathrm{e}\boldsymbol{x}_\mathrm{e}(t)]$进行求导,得

$$[\boldsymbol{x}_\mathrm{e}^\mathrm{T}(t)\boldsymbol{C}_\mathrm{e}\boldsymbol{x}_\mathrm{e}(t)]'=\dot{\boldsymbol{x}}_\mathrm{e}^\mathrm{T}(t)\boldsymbol{C}_\mathrm{e}\boldsymbol{x}_\mathrm{e}(t)+\boldsymbol{x}_\mathrm{e}^\mathrm{T}(t)\boldsymbol{C}_\mathrm{e}\dot{\boldsymbol{x}}_\mathrm{e}(t)=$$
$$2\boldsymbol{x}_\mathrm{e}^\mathrm{T}(t)\boldsymbol{C}_\mathrm{e}\dot{\boldsymbol{x}}_\mathrm{e}(t)$$

即

$$\mathrm{d}[\boldsymbol{x}_\mathrm{e}^\mathrm{T}(t)\boldsymbol{C}_\mathrm{e}\boldsymbol{x}_\mathrm{e}(t)]=2\boldsymbol{x}_\mathrm{e}^\mathrm{T}(t)\boldsymbol{C}_\mathrm{e}\dot{\boldsymbol{x}}_\mathrm{e}(t)\mathrm{d}t$$

因此可以得到

$$-\int_{t_0}^{t_1}\boldsymbol{x}_\mathrm{e}^\mathrm{T}(t)\boldsymbol{C}_\mathrm{e}\dot{\boldsymbol{x}}_\mathrm{e}(t)\mathrm{d}t=-\frac{1}{2}[\boldsymbol{x}_\mathrm{e}^\mathrm{T}(t)\boldsymbol{C}_\mathrm{e}\boldsymbol{x}_\mathrm{e}(t)]_{t_0}^{t_1}\geqslant-\gamma_2^2 \tag{9.104}$$

联立式(9.103)、式(9.104),即

$$\int_{t_0}^{t_1}\boldsymbol{x}_\mathrm{e}^\mathrm{T}(t)\boldsymbol{C}_\mathrm{e}\boldsymbol{A}_\mathrm{m}\boldsymbol{x}_\mathrm{e}(t)\mathrm{d}t-\int_{t_0}^{t_1}\boldsymbol{x}_\mathrm{e}^\mathrm{T}(t)\boldsymbol{C}_\mathrm{e}\dot{\boldsymbol{x}}_\mathrm{e}(t)\mathrm{d}t\geqslant-(\gamma_1^2+\gamma_2^2)=-\gamma^2$$

也就是

$$\int_{t_0}^{t_1}\boldsymbol{y}_\mathrm{e}^\mathrm{T}(t)(-\boldsymbol{W}(t))\mathrm{d}t\geqslant-\gamma^2 \tag{9.105}$$

式中,$-\boldsymbol{W}(t)=\boldsymbol{A}_\mathrm{m}\boldsymbol{x}_\mathrm{e}(t)-\dot{\boldsymbol{x}}_\mathrm{e}(t)$可以从式(9.101)中推导出来。

因此,对$\{\boldsymbol{A}_\mathrm{m},\boldsymbol{I}_\mathrm{n},\boldsymbol{C}_\mathrm{e}\}$系统来说,它只要满足$\boldsymbol{P}\boldsymbol{A}_\mathrm{m}+\boldsymbol{A}_\mathrm{m}^\mathrm{T}\boldsymbol{P}=-\boldsymbol{Q},\boldsymbol{Q}>\boldsymbol{O}$这个条件,式(9.105)就一直成立,即满足波波夫准则(Popov's criterion),也就是

$$\int_{t_0}^{t_1}\boldsymbol{y}_\mathrm{e}^\mathrm{T}(t)(-\boldsymbol{W}(t))\mathrm{d}t\geqslant-\gamma^2,\quad \forall t_1\geqslant t_0 \tag{9.106}$$

如果系统满足李雅普诺夫方程 $\boldsymbol{P}\boldsymbol{A}_{\mathrm{m}}+\boldsymbol{A}_{\mathrm{m}}^{\mathrm{T}}\boldsymbol{P}=-\boldsymbol{Q},\boldsymbol{Q}>0$，则不管被控模型参数怎么变化，闭环系统总是稳定的，所以 MCS 算法具有很好的鲁棒性能。

2. 最小控制综合算法在起落架上的应用

仍然以图 9.21 所示的二自由度起落架数学模型为例，起落架动力学方程为

$$\left.\begin{aligned}M_1\ddot{z}_1&=C_s(\dot{z}_2-\dot{z}_1)+k_s(z_2-z_1)\\M_2\ddot{z}_2&=-C_s(\dot{z}_2-\dot{z}_1)-k_s(z_2-z_1)+k_t(h-z_2)\end{aligned}\right\}\tag{9.107}$$

令

$$s=z_1-z_2,\delta=z_2-h\tag{9.108}$$

$$\mu=\frac{M_1}{M_2},\quad \omega_s^2=\frac{k_s}{M_1},\quad \omega_t^2=\frac{k_t}{M_2},\quad \xi_s=\frac{C_s}{2M_1\omega_s}\tag{9.109}$$

则式(9.107) 可写成

$$\left.\begin{aligned}\ddot{z}_1&=-2\omega_s\xi_s\dot{s}-\omega_s^2 s\\\ddot{z}_2&=2\mu\omega_s\xi_s\dot{s}+\mu\omega_s^2 s-\omega_t^2\delta\end{aligned}\right\}\tag{9.110}$$

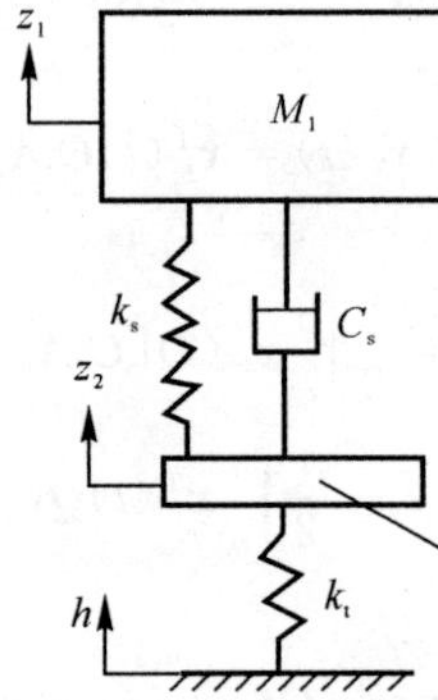

图 9.21 MCS 控制的起落架数学模型

选取系统参数的值代入方程，这里选取 $M_1=25\ 000$ kg，$M_2=826$ kg，$C_s=100$ kN·s/m，$k_s=2\ 500$ kN/m，$k_t=3\ 200$ kN/m。代入数据，方程可变为

$$\ddot{z}_1=-4\dot{s}-100s\tag{9.111}$$

$$\ddot{z}_2=121.07\dot{s}+3\ 026.63s-3\ 874.09\delta\tag{9.112}$$

上两式相减可得

$$\ddot{s}=-125.07\dot{s}-3\ 126.63s+3\ 874.09\delta\tag{9.113}$$

根据式(9.113)，令

$$\boldsymbol{x}_{\mathrm{m}}=\begin{bmatrix}x_{\mathrm{m1}}\\x_{\mathrm{m2}}\end{bmatrix}=\begin{bmatrix}s\\\dot{s}\end{bmatrix},\quad r=\delta$$

可以得到

$$\boldsymbol{A}_{\mathrm{m}}=\begin{bmatrix}0&1\\-3\ 126.63&-125.07\end{bmatrix},\quad \boldsymbol{B}_{\mathrm{m}}=\begin{bmatrix}0\\3\ 874.09\end{bmatrix}$$

$\boldsymbol{P}$ 可以从式(9.96) 得到

$$\boldsymbol{P}=\begin{bmatrix}3\ 626.89 & 4\\ 4 & 1\end{bmatrix}$$

取 $\boldsymbol{B}_{\mathrm{e}}=[0\ 1]^T$，$\boldsymbol{C}_{\mathrm{e}}$ 可从式(9.96)推导出来：

$$\boldsymbol{C}_{\mathrm{e}}=[4\quad 1],\quad \boldsymbol{y}_{\mathrm{e}}(t)=\boldsymbol{C}_{\mathrm{e}}\boldsymbol{x}_{\mathrm{e}}(t) \tag{9.114}$$

取飞机重心载荷为输出，即

$$\boldsymbol{y}=\boldsymbol{C}\boldsymbol{x}=[\omega_{\mathrm{s}}^2\quad 2\xi_{\mathrm{s}}\omega_{\mathrm{s}}]\begin{bmatrix}x_1\\x_2\end{bmatrix}=[100\quad 4]\begin{bmatrix}x_1\\x_2\end{bmatrix} \tag{9.115}$$

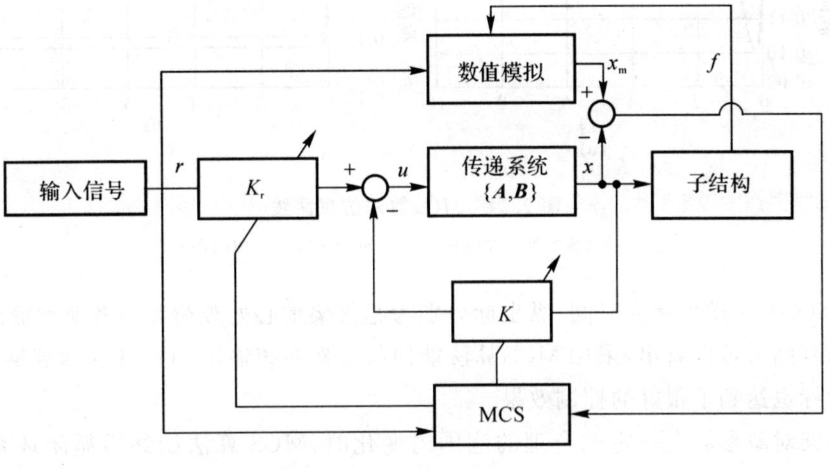

图 9.22　MCS 算法框图

MCS 算法框图如图 9.22 所示，MCS 算法仿真模型如图 9.23 所示。

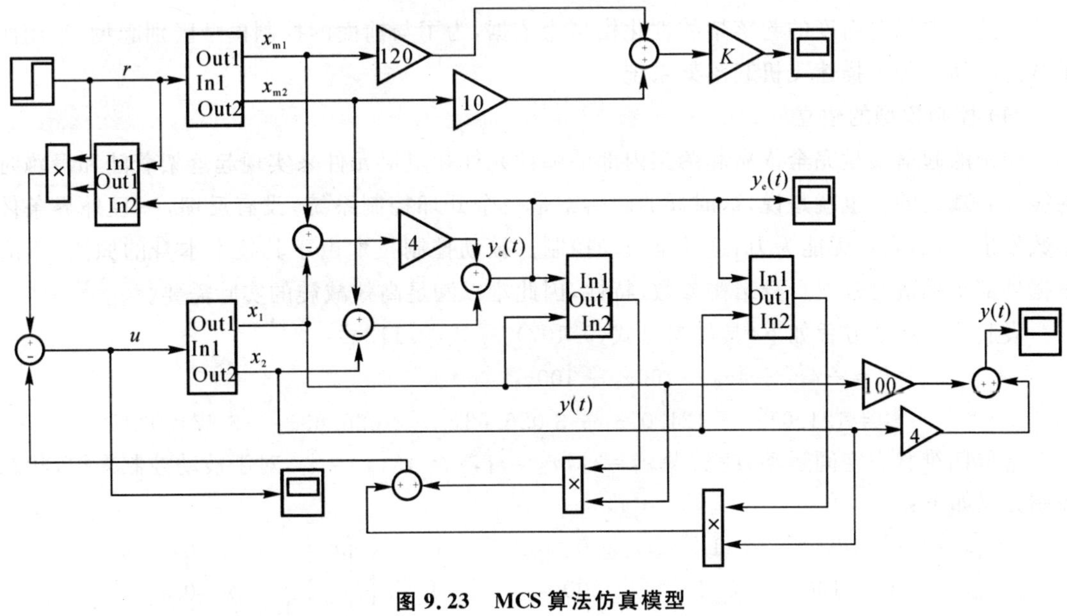

图 9.23　MCS 算法仿真模型

$\{\boldsymbol{A},\boldsymbol{B}\}$ 通常被认为是未知的，它们在一个合理的范围内缓慢变化，对于起落架系统来说，控制目标就是使得 $\boldsymbol{x}_{\mathrm{e}}(t)$ 尽可能快地趋于零或在极小的范围内变化，也就是输出 $\boldsymbol{y}(t)$ 能尽快渐近趋向参考模型输出 $\boldsymbol{y}_m$。

根据前面的设计在 MATLAB 软件上实现计算机仿真。

取加权系数α,β分别为0.01和0.001(可以根据实际情况调节α,β的数值使曲线达到期望输出)在 MATLAB 软件的 Simulink 模块进行仿真,得到图 9.24 所示曲线。

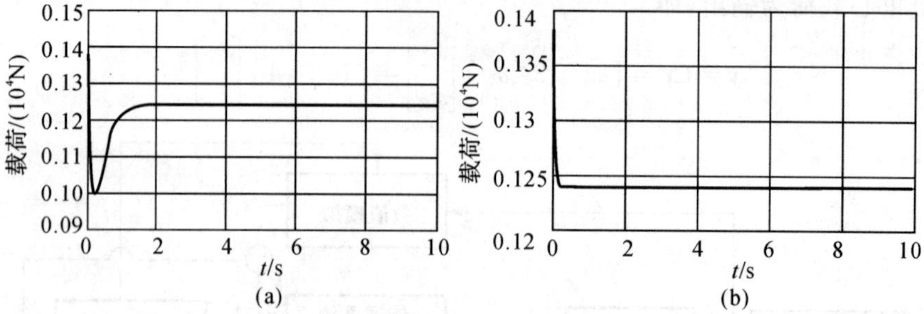

图 9.24 MCS 算法仿真曲线

(a)MCS 控制 y 曲线图; (b)MCS 控制 y_m 曲线图

图 9.24(a)(b) 横坐标为时间,纵坐标分别为起落架重心处载荷和参考模型输出。

通过仿真结果可以看出,采用MCS算法能使起落架系统输出 $y(t)$ 快速达到期望输出 y_m,各项性能指标也达到了很好的控制效果。

当起落架对象参数在一定的合理的范围内变化时,MCS 算法始终遵循闭环系统渐近稳定,因此,采用 MCS 算法使得起落架系统有很好的鲁棒性。

3. 最小控制综合算法与其他控制方法的比较

在这里取二自由度的起落架线性化模型为依据,为了与前面的控制模型区别起见,采用四维状态空间方程来描述飞机起落架系统。

(1) 控制模型的建立

传统的起落架是完全依靠起落架内部的弹性元件和阻尼元件来实现起落架着陆和滑跑时的缓冲和减震的。也就是说,这时候的起落架是一个开环控制系统,没有反馈,一旦外界条件参数发生变化,它也无能为力,这就是被动控制。被动控制技术由于其技术本身的原因,不能根据外部激励适时改变自身结构参数、特性,因此难以满足高效减震的实际需要。

设起落架运动方程如下(具体参见式(9.107) ~ 式(9.112)):

$$\ddot{z}_1 = -4\dot{z}_1 + 4\dot{z}_2 - 100z_1 + 100z_2$$

$$\ddot{z}_2 = 121.07\dot{z}_1 - 121.07\dot{z}_2 + 3\,026.63z_1 - 3\,026.63z_2 - 3\,874.09\delta$$

选取四维状态空间运动方程,设 $x_1 = z_1$,$x_2 = \dot{z}_1$,$x_3 = z_2$,$x_4 = \dot{z}_2$,对于被动控制来说,状态控制方程如下:

$$\begin{bmatrix} \dot{x}_1 \\ \dot{x}_2 \\ \dot{x}_3 \\ \dot{x}_4 \end{bmatrix} = \begin{bmatrix} 0 & 1 & 0 & 0 \\ -100 & -4 & 100 & 4 \\ 0 & 0 & 0 & 1 \\ 3\,026.63 & 121.07 & -3\,026.63 & -121.07 \end{bmatrix} \begin{bmatrix} x_1 \\ x_2 \\ x_3 \\ x_4 \end{bmatrix} + \begin{bmatrix} 0 \\ 0 \\ 0 \\ -3\,874.09 \end{bmatrix} \delta$$

如图 9.25 所示为对应接地下沉速度为 4 m/s 的起落架被动仿真模型。

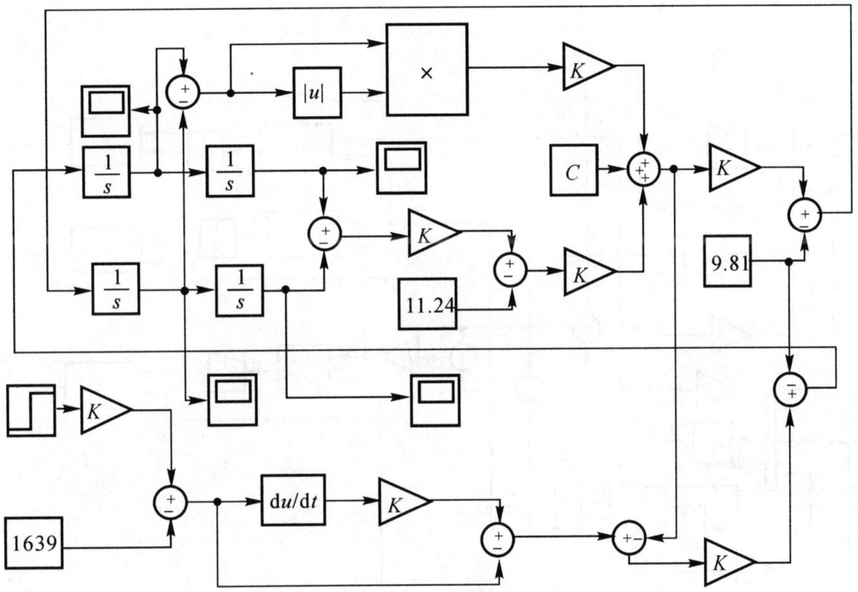

图 9.25　被动控制起落架仿真模型

相比较被动控制而言，自适应控制不仅能够根据外界参数的变化进行自适应调节，而且能够使系统快速达到期望值，具有很好的控制效果和稳定性。在自适应控制和最小控制综合算法中，选取参考模型的参数如下：

$$\boldsymbol{A}_{\mathrm{m}}=\begin{bmatrix}0 & 1 & 0 & 0\\ -100 & -4 & 100 & 4\\ 0 & 0 & 0 & 1\\ 3\,026.63 & 121.07 & -3\,026.63 & -121.07\end{bmatrix},\quad \boldsymbol{B}_{\mathrm{m}}=\begin{bmatrix}0\\ 0\\ 0\\ -3\,874.09\end{bmatrix}$$

图 9.26 和图 9.27 分别为最小控制综合算法和自适应控制起落架仿真模型，如图 9.28 所示为最小控制算法中 subsystem 结构图。

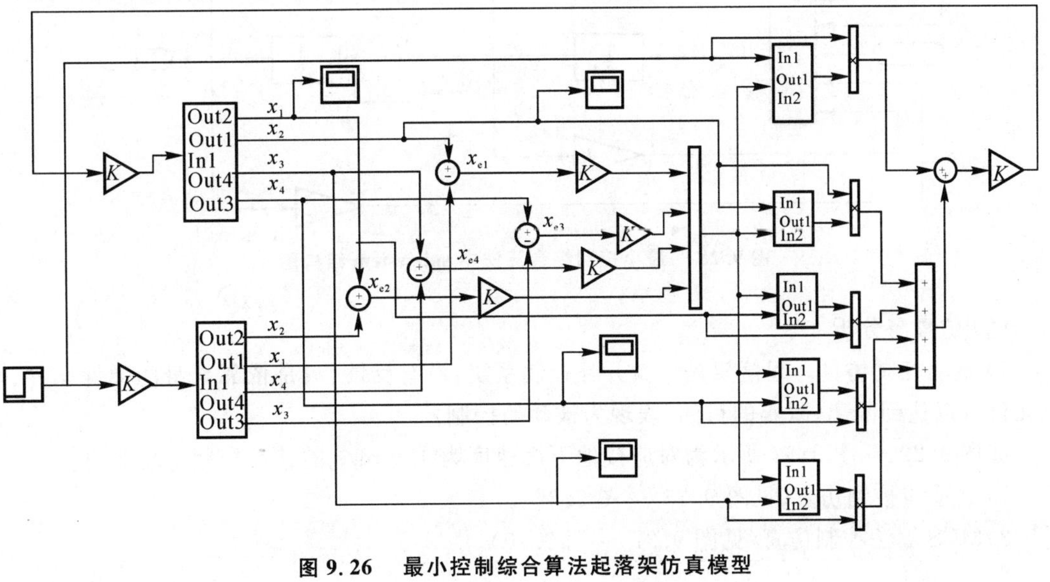

图 9.26　最小控制综合算法起落架仿真模型

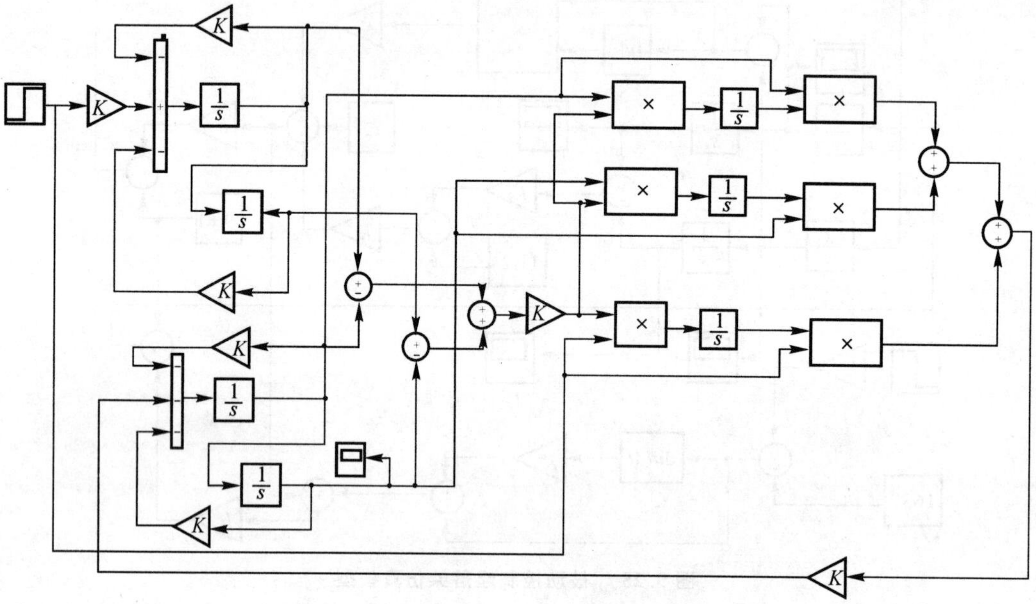

图 9.27　自适应控制起落架仿真模型

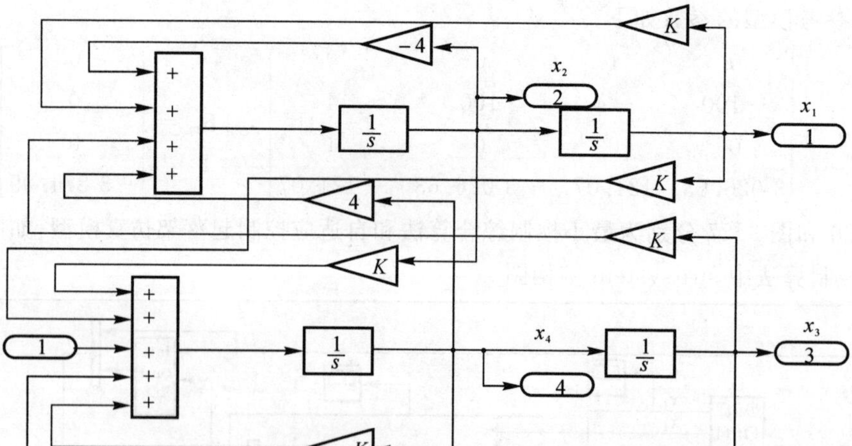

图 9.28　最小控制综合算法中 subsystem 结构图

(2) 仿真与分析

1) 被动控制仿真。起落架是一个开环控制系统，没有反馈，只是依靠自身的弹性元件、阻尼元件等以达到隔离、减震的目的，表现为被动的控制。

如图 9.29 ～ 图 9.32 所示为对应接地下沉速度为 4.0 m/s 的被动控制仿真曲线。

2) 自适应控制仿真(见图 9.33 ～ 图 9.36)。

3)MCS 算法控制仿真(见图 9.37 ～ 图 9.40)。

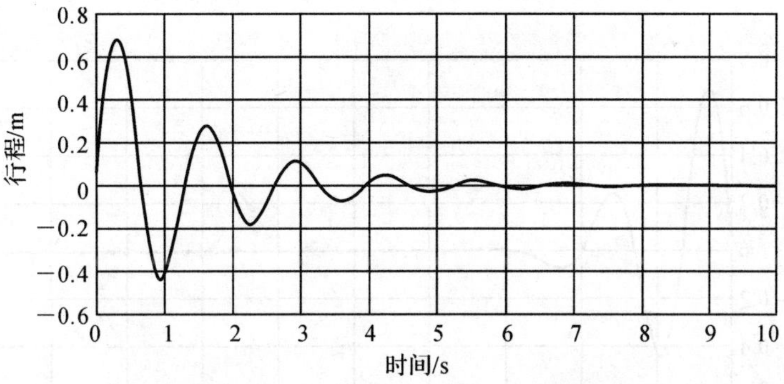

图 9.29　被动控制弹性支撑质量行程-时间图

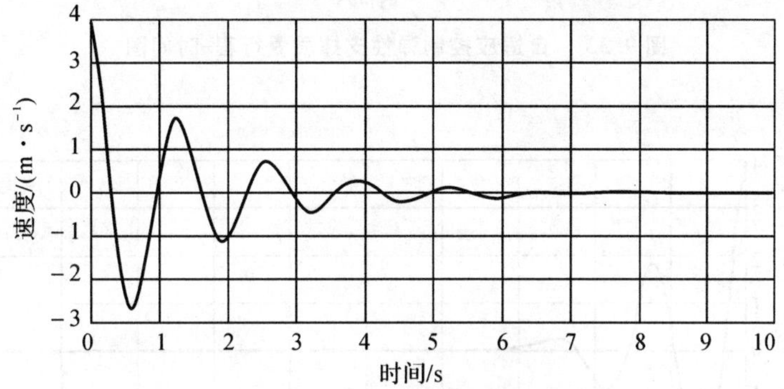

图 9.30　被动控制弹性支撑质量速度-时间图

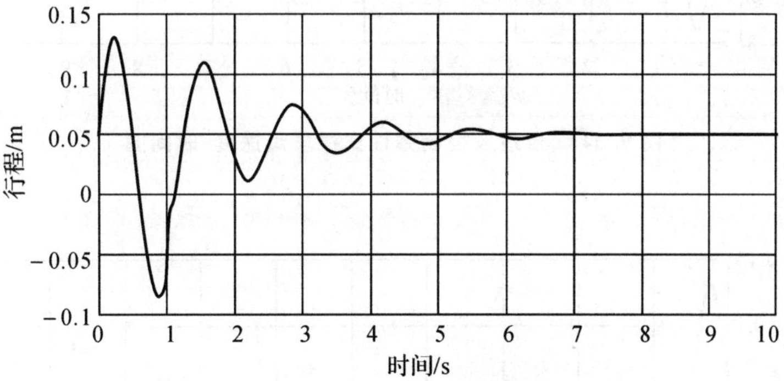

图 9.31　被动控制非弹性支撑质量行程-时间图

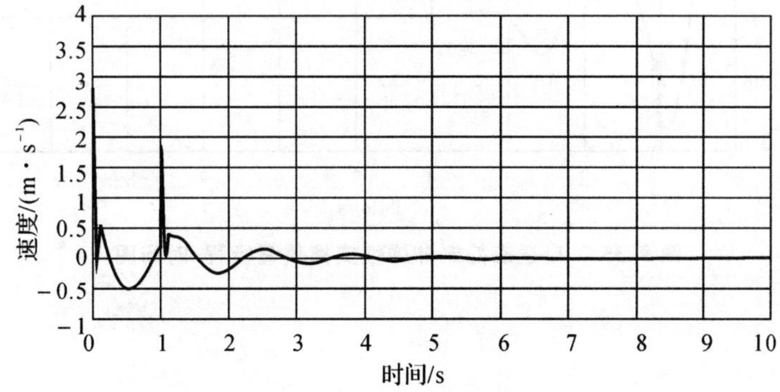

图 9.32　被动控制非弹性支撑质量速度-时间图

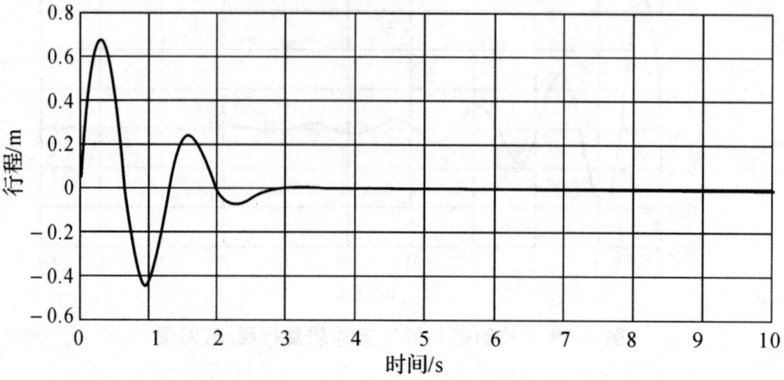

图 9.33 自适应控制弹性支撑质量行程-时间图

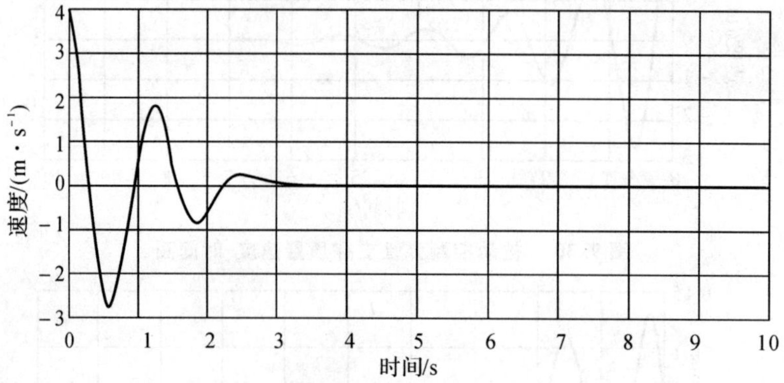

图 9.34 自适应控制弹性支撑质量速度-时间图

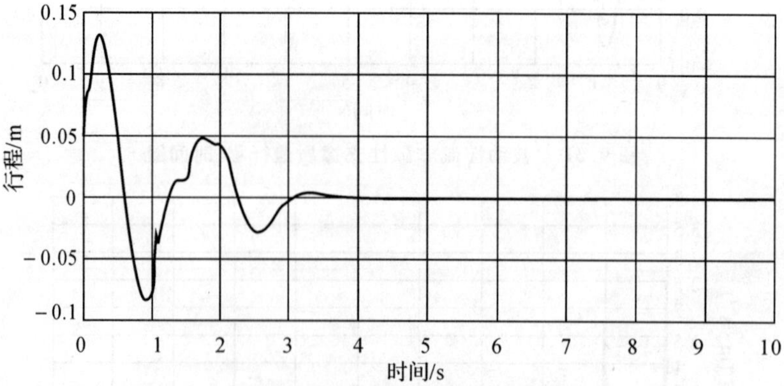

图 9.35 自适应控制非弹性支撑质量行程-时间图

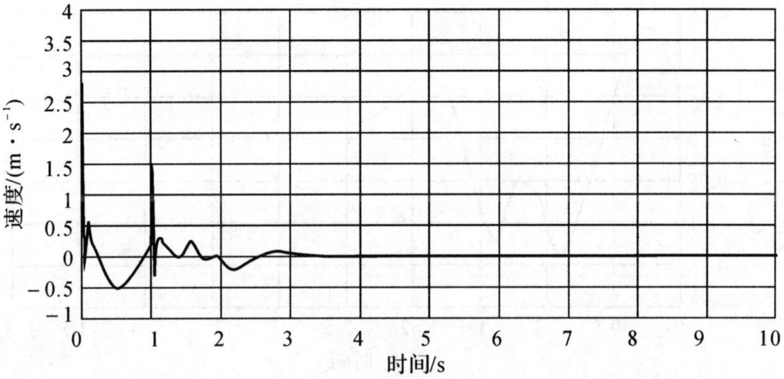

图 9.36　自适应控制非弹性支撑质量速度-时间图

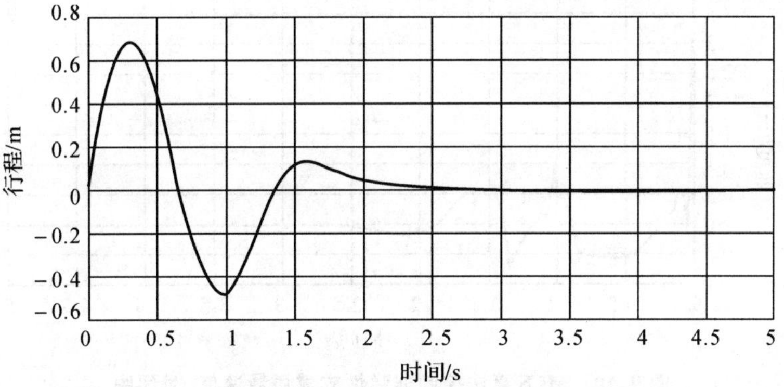

图 9.37　MCS 算法控制弹性支撑质量行程-时间图

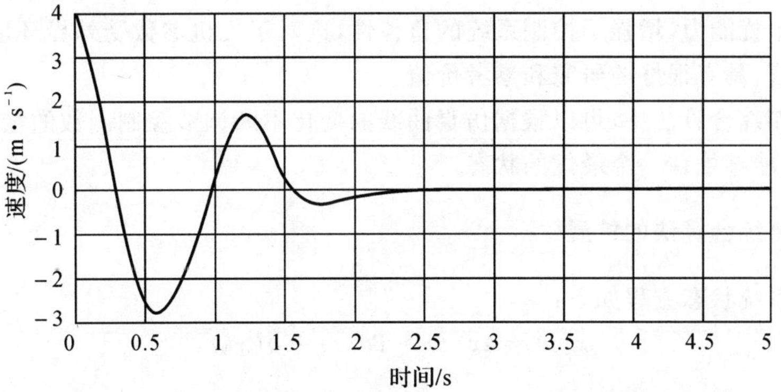

图 9.38　MCS 算法控制弹性支撑质量速度-时间图

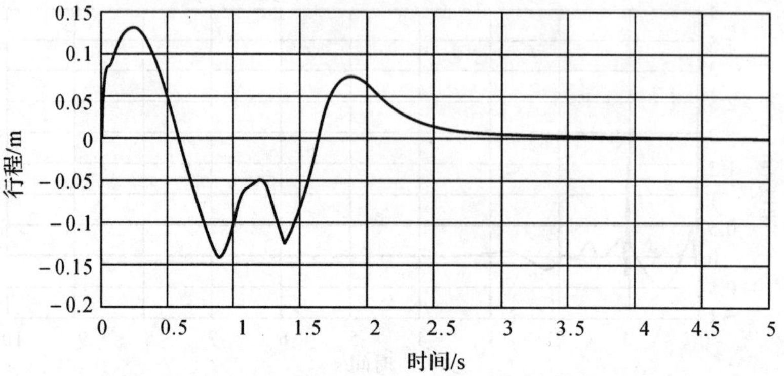

图 9.39 MCS 算法控制非弹性支撑质量行程-时间图

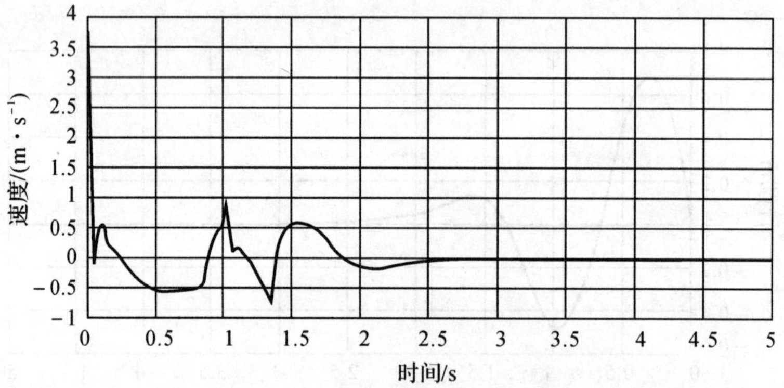

图 9.40 MCS 算法控制非弹性支撑质量速度-时间图

通过对3种控制方法的对比,可以看出采用模型参考自适应控制与最小控制综合算法,起落架系统振荡的幅度有明显的减小,起落架缓冲系统能够快速达到稳定。另外,自适应控制提高了系统的抗干扰能力,增强了控制系统的鲁棒性,这对于飞机参数受外界环境影响变化很大的实际情况而言,具有很好的研究和参考价值。

在最小控制综合算法中,可以根据仿真曲线的变化不断调节控制函数的加权系数α和β的数值,使得系统能够处在一个最优的状态。

4. 最小控制综合算法的扩展

假设控制系统状态方程如下:

$$\dot{\boldsymbol{x}}(t)=\boldsymbol{A}\boldsymbol{x}(t)+\boldsymbol{B}\boldsymbol{u}(t)+\boldsymbol{d}(x,t) \tag{9.116}$$

其中

$$\boldsymbol{A}=\begin{bmatrix}0 & 1 & 0 & \cdots & 0\\ 0 & 0 & 1 & 0 & 0\\ \vdots & \vdots & \vdots & & \vdots\\ 0 & 0 & 0 & \cdots & 1\\ -a_1 & -a_2 & \cdots & \cdots & -a_n\end{bmatrix},\quad \boldsymbol{B}=\begin{bmatrix}0\\0\\ \vdots\\0\\b\end{bmatrix},\quad \boldsymbol{d}(x,t)=\begin{bmatrix}0\\0\\ \vdots\\0\\d_1\end{bmatrix}$$

如果现在假设 $\boldsymbol{d}(x,t)$ 代表的扰动变化非常快速，这时候前面应用的最小控制综合算法准则就不能够保证系统的全局渐近稳定，因此有必要对最小控制率进行修正，即扩展的最小控制综合算法（The Extended Minimal Control Synthesis Algorithm，简称 EMCS），EMCS 控制方程如下：

$$\boldsymbol{u}(t)=\boldsymbol{K}(t)\boldsymbol{x}(t)+\boldsymbol{K}_{\mathrm{R}}(t)\boldsymbol{r}(t)+N\operatorname{sgn}(\boldsymbol{y}_{\mathrm{e}}) \tag{9.117}$$

可以看到 EMCS 控制方法包含不连续的响应 $N\operatorname{sgn}(\boldsymbol{y}_{\mathrm{e}})$，它的幅值取决于常数 N。

把式(9.117) 代入式(9.100) 和式(9.116) 中，可以得到

$$\dot{\boldsymbol{x}}_{\mathrm{e}}(t)=\boldsymbol{A}_{\mathrm{m}}\boldsymbol{x}_{\mathrm{e}}(t)-\boldsymbol{A}\boldsymbol{x}(t)+\boldsymbol{B}_{\mathrm{m}}\boldsymbol{r}(t)-\boldsymbol{B}\boldsymbol{u}(t)-\boldsymbol{d}(\boldsymbol{x},t) \tag{9.118}$$

把式(9.117) 代入式(9.118) 中，可得

$$\begin{aligned}\dot{\boldsymbol{x}}_{\mathrm{e}}(t)=\;&\boldsymbol{A}_{\mathrm{m}}\boldsymbol{x}_{\mathrm{e}}(t)+[\boldsymbol{A}_{\mathrm{m}}-\boldsymbol{A}-\boldsymbol{B}\boldsymbol{K}(t)]\boldsymbol{x}(t)+[\boldsymbol{B}_{\mathrm{m}}-\boldsymbol{B}\boldsymbol{K}_{\mathrm{R}}(t)]\boldsymbol{r}(t)+\\&[\boldsymbol{B}N\operatorname{sgn}(\boldsymbol{y}_{\mathrm{e}})-\boldsymbol{d}(\boldsymbol{x},t)]\end{aligned}$$

重新整理得

$$\dot{\boldsymbol{x}}_{\mathrm{e}}(t)=\boldsymbol{A}_{\mathrm{m}}\boldsymbol{x}_{\mathrm{e}}(t)+\boldsymbol{B}_{\mathrm{e}}\boldsymbol{\phi}(t)\boldsymbol{W}(t)-\boldsymbol{B}_{\mathrm{e}}[d_1(x,t)+bN\operatorname{sgn}(\boldsymbol{y}_{\mathrm{e}})] \tag{9.119}$$

其中

$$\boldsymbol{B}_{\mathrm{e}}=[0\quad\cdots\quad 0\quad 1]^{\mathrm{T}}$$
$$\boldsymbol{\phi}(t)=[(\boldsymbol{A}_{\mathrm{m}}-\boldsymbol{A}-\boldsymbol{B}\boldsymbol{K}(t))_{\mathrm{n}}\quad(\boldsymbol{B}_{\mathrm{m}}-\boldsymbol{B}\boldsymbol{K}_{\mathrm{R}}(t))_{\mathrm{n}}]$$
$$\boldsymbol{W}(t)=[x_1(t)\quad\cdots\quad x_{\mathrm{n}}(t)\quad r(t)]^{\mathrm{T}}$$

$\boldsymbol{C}_{\mathrm{e}}$ 可由下式得到：

$$\boldsymbol{P}\boldsymbol{A}_{\mathrm{m}}+\boldsymbol{A}_{\mathrm{m}}^{\mathrm{T}}\boldsymbol{P}=-\boldsymbol{Q},\quad \boldsymbol{Q}>\boldsymbol{O}$$
$$\boldsymbol{C}_{\mathrm{e}}=\boldsymbol{B}_{\mathrm{e}}^{\mathrm{T}}\boldsymbol{P},\quad \boldsymbol{B}_{\mathrm{e}}=[0\quad\cdots\quad 0\quad 1]^{\mathrm{T}}$$

根据超稳定性理论，$\boldsymbol{x}_{\mathrm{e}}(t)$ 如果全局渐近稳定，则必须满足如下条件：

1）$\{\boldsymbol{A}_{\mathrm{m}},\boldsymbol{B}_{\mathrm{e}},\boldsymbol{C}_{\mathrm{e}}\}$ 是严格正定的。

2）满足波波夫准则，即

$$\int_{t_1}^{t_2}\boldsymbol{y}_{\mathrm{e}}(t)[-\boldsymbol{\phi}(t)\boldsymbol{W}(t)+d_1+bN\operatorname{sgn}(\boldsymbol{y}_{\mathrm{e}})]\mathrm{d}t\geqslant -c_0^2,\ \forall\, t_2>t_1 \tag{9.120}$$

式(9.120) 可以重新写成

$$I_1+I_2\geqslant -c_0^2 \tag{9.121}$$

其中

$$\begin{aligned}I_1&=\int_{t_1}^{t_2}\boldsymbol{y}_{\mathrm{e}}(t)[-\boldsymbol{\phi}(t)\boldsymbol{W}(t)]\mathrm{d}t\geqslant -c_1^2\\I_2&=\int_{t_1}^{t_2}\boldsymbol{y}_{\mathrm{e}}(t)[d_1+bN\operatorname{sgn}(\boldsymbol{y}_{\mathrm{e}})]\mathrm{d}t\end{aligned} \tag{9.122}$$

把 $\boldsymbol{y}_{\mathrm{e}}$ 重新写成 $\boldsymbol{y}_{\mathrm{e}}=|\boldsymbol{y}_{\mathrm{e}}|\operatorname{sgn}(\boldsymbol{y}_{\mathrm{e}})$，则 I_2 可以表示为

$$I_2=\int_{t_1}^{t_2}|\boldsymbol{y}_{\mathrm{e}}|[d_1\operatorname{sgn}(\boldsymbol{y}_{\mathrm{e}})+bN]\mathrm{d}t$$

选择合适的 N，使得

$$d_1\operatorname{sgn}(\boldsymbol{y}_{\mathrm{e}})+bN\geqslant 0 \tag{9.123}$$

这样对于所有满足 $t_2>t_1$ 的情况来说，有

$$I_2=\int_{t_1}^{t_2}|\boldsymbol{y}_{\mathrm{e}}|[d_1\operatorname{sgn}(\boldsymbol{y}_{\mathrm{e}})+bN]\mathrm{d}t\geqslant 0=-c_2^2$$

因此，式(9.121)条件满足，故而EMCS控制方法是满足稳定性要求的。

9.3 半主动控制技术

半主动控制常用开环控制系统，应用开关式控制或分段式控制策略。半主动控制结合了主动控制和被动控制双方的优点，半主动控制起落架与全主动控制起落架相比，它设计简单，质量轻便，安全性高，因而具有更好的适应性。大多数半主动控制系统能用电池作为能源进行工作，这一点对于在能源供应系统容易瘫痪的结构尤其重要。而且，当半主动控制系统失效时可以退化成一个被动控制，因此安全性高。

同时，半主动控制减震器在阻尼比 ζ 足够大时，对外扰频率全频率段都具有良好减震能力，克服了被动式起落架难以对频率低与受控对象固有频率 $\sqrt{2}$ 倍以下的低频外扰实施有效减震的缺陷。它主要包括以下一些系统：可变孔径液体阻尼器、可变刚度阻尼器、可控摩擦阻尼器、可调液体阻尼器、可控液体阻尼器和可控冲击阻尼器。半主动控制可以无条件地保证系统的稳定性和鲁棒性。

半主动控制方法是由美国加州大学戴维斯分校 Karnopp 在 1974 年首先提出的。这一方法首先被应用于结构控制领域，诸如对于空气动力减震器、调节建筑物顶部的挡风板、可变结构系统等对象的控制。其后，在车辆悬架系统的半主动控制研究也逐渐多起来。

最初应用于半主动控制减震器的控制方法是基于天棚阻尼原理(skyhook)，使阻尼系数在最大值、最小值之间可调。

就半主动控制技术而言，它的控制性能介于主动控制与被动控制之间，既具有像主动控制那样很强的可控性，又不像主动控制那样需要依赖外加动力源。

相比之下，主动控制系统的高费用、高能耗和复杂的结构、控制律等因素限制了它的应用；而半主动控制系统相对结构简单、能耗低、可靠性高、易维护。特别是对于在像飞机起落架这样的对缓冲、减震能力、可靠性、易维护性要求很高的领域具有广阔的发展前景。

9.3.1 半主动控制原理

从飞机的设计角度出发，所谓半主动控制技术就是在飞机设计阶段就考虑到电传飞行控制系统对总体设计的影响，充分发挥飞机飞行控制系统的潜力的一种飞机设计技术。从控制角度出发，半主动控制技术是在各种飞行状态下，通过机载计算机根据飞行员及飞机运动传感器的指令，按预定程序控制相应的操纵面，使作用在飞机上的气动力按照需要变化，从而使飞机性能达到最佳并使其制造成本和使用费用降低的反馈控制技术。

半主动控制起落架(见图9.41)的设计要求在起落架设计开始阶段就考虑电传控制系统对起落架动特性的影响，使起落架在各种载荷状态下，通过机载计算机根据传感器的指令，按预定程序控制调整相应的起落架参数，从而使起落架传递到机体上的载荷变小，改善飞机着陆和滑跑性能。而其实际应用就是设计好新型的半主动控制阻尼装置，并通过低功率的作动器作为起落架半主动控制阻尼装置的反馈控制器。目前国外许多大型客机的起落架都已经实现了半主动控制设计，半主动控制技术已经显示出了其强大作用。

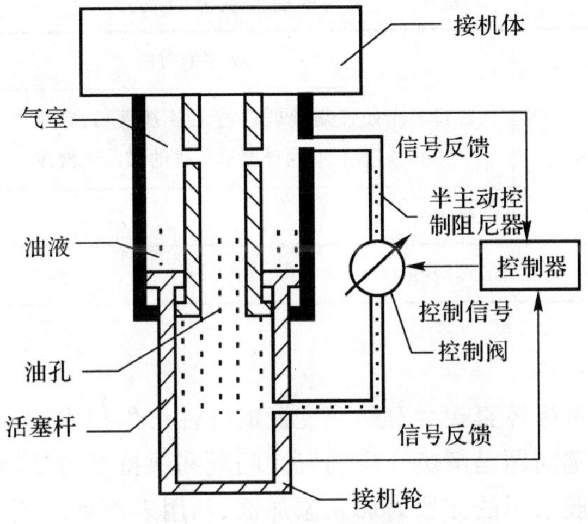

图 9.41　半主动控制起落架示意模型

在设计上的主导思想就是，半主动控制飞机起落架缓冲器类似于一个阀控液压缸，缸中的活塞通过活塞杆与机轮相连，而缸体和飞机机体相连；由活塞分割的上下腔体各引出一管路，并通过电动阀沟通，通过阀口的开度就能够控制液体流过阀的流量，从而达到控制缓冲器阻尼的目的。另外，在活塞上可以设置若干油孔（阻尼孔），当阀关闭时，这些油孔就相当于被动控制缓冲器，从而保证缓冲器有一个基本的缓冲功能。在飞机着陆过程中，传感器产生反馈信号通过数据采集系统传送到控制器中，由控制器对数据进行分析和处理并实时控制电动阀阀口开度，从而控制缓冲器阻尼，达到对飞机缓冲、减震的目的。

9.3.2　磁流变半主动控制设计与分析

1. 磁流变液

磁流变液是一种智能材料，是 1948 年由 Rabinow 发明的一种可控流体。它在强磁场的作用下可以在短时间（ms 级）内能从一个自由流动、线黏性牛顿体变成具有一定剪切屈服强度的宾汉姆体（Bingham），并且这种变化是连续、可逆、迅速且易于控制的。当用其制作成的磁流变减震驱动器安装于结构上时，磁流变阻尼器将根据安装于结构上的传感器测得结构的振动状态并迅速自动调整结构构件的瞬时参数（阻尼），从而抑制结构的振动反应，且不需要对受控的结构体系注入机械能，因此是一种理想的半主动控制装置。

（1）磁流变液的组成

磁流变液由铁磁颗粒、载液和稳定剂 3 部分组成。①铁磁颗粒是晶粒尺寸在 0.01～10 μm范围的球形颗粒，该颗粒密度较高（7～8 g/cm^3），一般选用具有高磁导率的羰基铁软磁磁粉。②作为连续绝缘介质的载液，一般优先考虑的载液是硅油、煤油和合成油。③MRF 的第三个组成部分是用来确保颗粒悬浮于液体中的稳定剂。与 MRF 相关的稳定性是团聚稳定性和沉降稳定性，前者阻止铁磁颗粒黏结在一起，而后者则确保颗粒随着时间的推移不往下沉。现在一般常用的磁流变液的成分见表 9.1。

表 9.1 常用的磁流变液的成分

成 分	常用的材料
磁极化离散微粒	经过表面处理剂预处理过的羰基铁粉；磁性铁粉体积比为20%～40%，经长时间球磨后制得的磁流变液体
载体液	硅油
稳定剂	油酸

(2)磁流变液的制备

磁流变液材料的制备好坏直接会对磁流变液的特性产生很大的影响。目前制造磁流变材料和开发工程应用的关键问题是解决介质的沉淀问题和保持磁流变液在相当广泛温度范围内的劲度稳定性。现在一般采用的方法为加入添加剂、利用表面处理剂和改进合成工艺。

加入各种不同的添加剂。添加剂的确能改善分散相和连续相之间的界面特性，然而对由密度差所引起的沉降问题却显得有所不足。这是由于添加剂与分散相和连续相的结合主要依靠范德瓦尔斯力，无法克服强磁场作用下和长期使用后的分相。重庆仪表材料研究所的刘奇、张平等人通过实验对添加剂的作用作了说明。

通常磁流变液所用的磁性材料为铁、钴、镍等多种材料，用得最多的是羰基铁粉末。表面处理剂与羰基铁的反应是一个复杂的过程，主要是化学键的连接。其结合力显然比范德瓦尔斯力大许多。同时，表面处理剂与连续相有极好的亲和性，从而大大加强了分散相与连续相的结合。经过预处理的羰基铁配制了磁流变液，其固体颗粒分布比较均匀。当然，不同的基液需要不同的表面处理剂，仍需要通过大量的实验进行研究和摸索。

国内有复旦大学的潘胜、吴建耀等人对表面处理剂的原理作了解释，电子科技大学信息材料工程学院的杨仕清、张万里等对磁流变材料的制备作了介绍。国外有 Seval Genc 对磁流变液的制备进行了实验研究；法国 Nice 大学在磁流变液的机理研究，特别是在微观结构分析方面做了很多工作；白俄罗斯传热传质研究所 Kordonski 等人在磁流变液的性能研究方面取得了重大进展。通过研究拥有性能良好的磁流变液材料，能为磁流变液的发展奠定扎实的基础。

(3)磁流变液的性能研究

MR 液体主要是由悬浮在诸如矿石和硅油母液中的极微小的、可磁化的极性粒子组成的。实验结果表明：在没有磁场作用的状态下，磁流变液是一种黏度较低的牛顿体，即在处于强磁场的作用下，磁流变液中的悬浮颗粒被感应而由磁中性变为强磁性，彼此之间相互作用，而在磁极之间形成“链”状的桥，进而转化成宏观的柱状结构(见图 9.42)，使其在短时间内由液体变成具有一定剪切屈服强度的黏塑性体的本构关系，并且随着磁场强度的增加，其剪切屈服强度相应增大(见图 9.43)，这种特性被称之为磁流变效应。

磁流变效应具有 3 个重要的特点：①连续性，即随着磁场强度的变化磁流变液的屈服应力可连续变化；②可逆性，即磁流变液既可随着磁场强度的增加而变硬，又可随着磁场强度的减少而变为流体；③频率响应时间短，即在磁场的作用下磁流变液的屈服剪力正逆向变化所需要的时间为 10^{-3}s 的量级。

许多学者的研究表明，磁流变液在磁场作用下变为宾汉姆(Bingham)体后的本构关系如下：

$$\tau = \eta\dot{\gamma} + \tau_y(H)\text{sgn}(\dot{\gamma}) \tag{9.124}$$

式中，τ 为流体的剪应力；η 为磁流变液的流体表观黏度系数；$\dot{\gamma}$ 为流体的剪切速率；$\tau_y(H)$ 为与磁场强度 H 有关的剪切屈服强度。

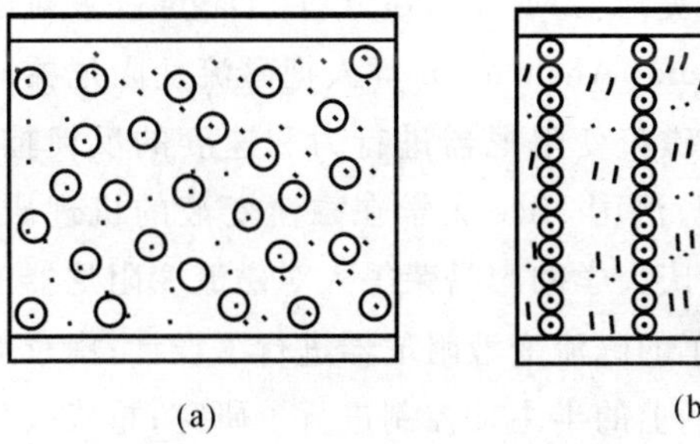

图 9.42　磁流变效应示意图

(a)不加磁场时；　(b)加磁场时

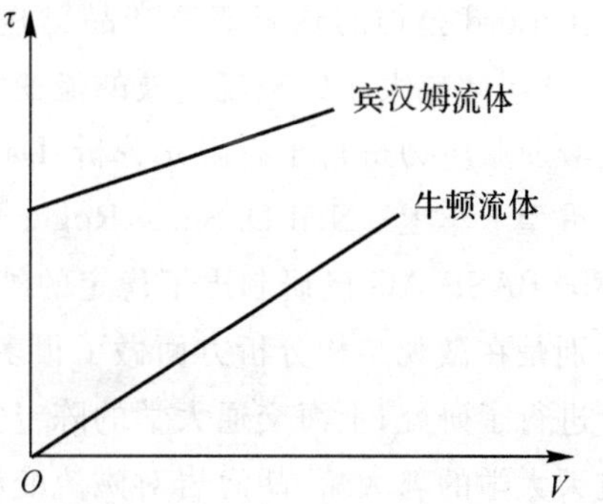

图 9.43　流体的流动曲线

磁流变材料会受到很多因素的影响，例如，温度、磁性材料的形状、体积分数、屈服应力、剪切应力等。磁流变材料的流变效应随着外加磁场强度而变化。

磁流变液的介质影响。Byung Doo Chi 和司鹊、彭向等通过实验发现：随着磁性介质在液体中的体积分数的增加、介质微粒大小的增大，磁流变流体的力学性能提高，且当介质的体积分数大于 30%时，磁流变液易出现沉淀，将影响材料的磁流变效应。因此，为了获得更高的屈服应力而没有微粒聚集度的限制，建议微粒使用球形。

磁流变液的温度影响。外界条件特别是温度对磁流变液的影响是一个很关键的问题。潘胜、吴建耀等通过实验得出，随温度升高(磁流变液)黏度降低，这与热力学理论是相符的。Weiss 通过研究后发现当温度从－140℃变化为 150 ℃时，Lord 公司某型号磁流变液的黏度下降 95%，动屈服应力下降 10%。经分析认为，屈服应力的下降完全是由体积膨胀变化引起的，因而温度的变化没有影响磁流变液的极化机理。

磁流变液的剪切应力。司鹊、彭向等通过研究得出，要使磁流变液发生流动，其剪切应力必须大于某一值，即要达到磁流变液的屈服极限。此外，在相同的磁场强度下，磁流变液的剪切应力随剪应变率变化不很明显，并且随着剪应变率的增加，黏度减小，材料表现出剪切稀化效应，同时在相同剪应变率下，黏度随磁场强度的增加而增大。但当剪应变率达到某一值时，随着磁场强度的增加黏度无明显变化。

一般常用磁流变液的一些性能参数值见表 9.2。

表 9.2　常用的磁流变液性能参数

性能参数	取值范围
最大屈服应力 τ_y/kPa	50 ～ 100
塑性黏度 η_p/(Pa・s)	0.2 ～ 3.0
温度范围 /℃	50 ～ 150
密度 /(g・cm^{-3})	3 ～ 4

(4)研究现状

自1948年Rabinowl发现磁流变效应至今，已召开了三届电流变液与磁流变液的研讨会，国外在航天、电子、化工、能源等许多领域得到了应用，美国已进入了工业化生产，其中著名的美国Lord公司的磁流变液产品已进入了市场。在研究方面美国Pittsburgh大学对不同浓度、不同微粒大小的磁流变液的流变特性做了研究；美国J. M. Ginder，L. C. Davis等人对磁流变液屈服应力进行了有限元分析；David Simon，Mehdi Ah madian等人把磁流变阻尼器应用于重型卡车上。Neil D. Sims，Roger Stan way通过磁流变阻尼器进行力和速度的反馈控制；德国BASF AG已研制出了稳定的纳米级磁流变液；法国Nice大学在磁流变液的机理研究，特别是在微观结构分析方面做了很多工作。我国重庆大学的廖昌荣等人对磁流变阻尼器的设计进行了研究；上海交通大学的陈吉安对应用于汽车的磁流变液阻尼器进行了设计；南京航空航天大学的郭大蕾、胡海岩对磁流变液阻尼器在车辆上的半主动控制进行了研究；重庆大学的司鹄、彭向对磁流变液的流变特性做了研究。进行磁流变研究的机构还有哈尔滨建筑大学、电子科技大学、西北工业大学等。但是国内的研究仍处于实验室阶段，与国外仍有着一定的距离。可控流体(电流变液ER、磁流变液MR)目前受到了国内外学者的广泛重视，用它制成的减振驱动器装置体积小、构造简单、出力大、反应迅速，从而成为一种高性能的半主动控制装置。可控制流体的本质特点是当其暴露于电或磁场内时在数毫秒内从牛顿流体变化为有较高屈服应力的黏塑性(Bingham)体，且这种变化是连续可逆的。目前已经开发并被广泛研究的可控流体有两种：电流变体(ER)和磁流变体(MR)。虽然MR流体和ER流体二者的性能在许多方面都很相似，但以磁流变液制成的装置似乎有更多的优点，如在相同的耗电功率下，MR液体可达到的屈服应力比ER大一个数量级。这一特点使其在产生较大的力和减振效果的前提下，用磁流变液制成的减振驱动器的体积小得多。采用MR液制成的装置控制所需要的能源很低(小于50 W)，且其工作电压只需2～25 V，从而避免了电流变体的工作电压高达几千伏带来的危险和不便。此外磁流变体不像电流变体那样对杂质敏感，适应温度更宽。因此用磁流变液制成的减振控制装置在土木工程结构、结构震动控制等许多方面具有更广泛的应用前景。

2. 磁流变阻尼器设计

(1)磁流变阻尼器的工作原理及恢复力

目前常用的用磁流变液制成的减振驱动器的结构形式主要有4种：挤压流动式、剪切式、阀式及剪切阀式减振驱动器。由于剪切阀式减振驱动器的磁路设计比较方便、出力大，因此剪切阀式减振驱动器更适用于土木工程结构振动控制中。用磁流变液制成的双出杆剪切阀式磁流变减振驱动器类似于普通油缸流体阻尼器的结构形式，其构造如图9.44所示。这种减振驱动器构造简单，除了活塞之外没有其他运动的部件，外缸同时是磁路的一部分，在活塞外径和内腔之间的环状空间是有效的液体流动间隙。活塞内部的线圈在电流的作用下，将在缸体与活塞间的间隙内产生沿活塞半径的径向磁场。磁流变减振驱动器中的活塞和缸体相对运动时，活塞挤压液体流过缸体与活塞间的间隙；液体在磁场的作用下由牛顿体流变为黏塑性(Bingham)体，使流体的流动阻力增加；通过调整线圈中的电流强度来调整磁场强度，从而改变流体的阻力，这样就形成了一种可调的半主动控制装置。

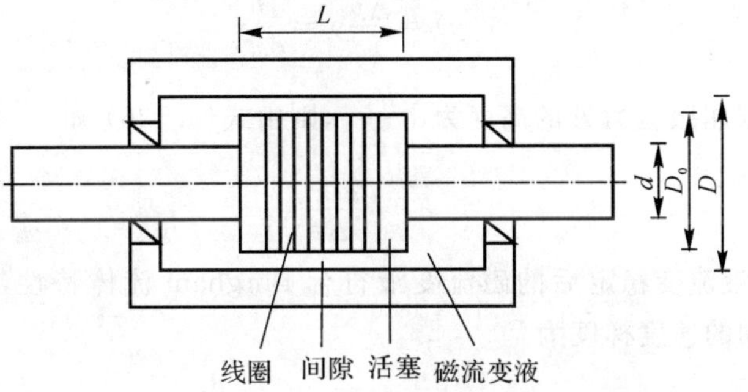

图 9.44　双出杆磁流变减振驱动器构造简图

设磁流变减振驱动器的活塞长为 L，磁流变液流经缸体与活塞的间隙为 h，缸体的内径为 D，且有 Lh，Dh，因此当计算阀式减振驱动器的阻尼力时，可以近似认为流体在无限大固定的两平行板之间流动。这样在这两个固定的平行板间的 MR 液的流动受到黏性力的控制，通常为层流流动。磁流变减振驱动器的工作原理如下：当平板两端的压力差小于液体的极限屈服应力时，磁流变液静止不流动；当压差大于该极限屈服应力时，在靠近极板处的液体首先屈服并开始流动，在靠近两极板中心线处的对称面两侧，总有一部分液体所受的剪切应力因小于磁流变液的剪切屈服应力，而彼此不存在速度梯度，这部分的液体的流速均匀。假设磁场强度 H 一定，磁流变液以体积流速 Q 在两端存在压力差 Δp 的作用下流动（忽略体力和对流），则平板间隙中 MR 液体的剪切应力及速度分布如图 9.45 所示。

在流动液体中取一微元体 $\mathrm{d}x\mathrm{d}y\mathrm{d}z$，如图 9.45 所示。

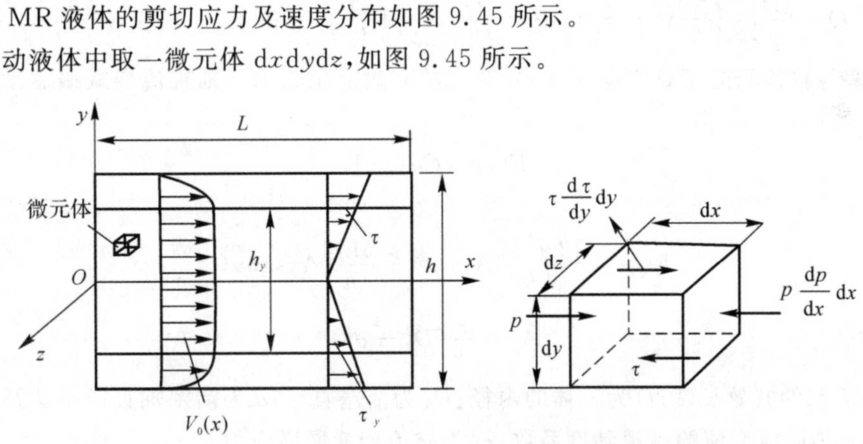

图 9.45　平行平板间的 Bingham 体流体剪应力、速度分布及其微元体

由微元体在 x 轴方向的平衡方程

$$\left(p+\frac{\mathrm{d}p}{\mathrm{d}x}\mathrm{d}x\right)\mathrm{d}y\mathrm{d}z-p\mathrm{d}y\mathrm{d}z=\left(\tau+\frac{\mathrm{d}\tau}{\mathrm{d}y}\mathrm{d}y\right)\mathrm{d}x\mathrm{d}z-\tau\mathrm{d}x\mathrm{d}z \tag{9.125}$$

并考虑 MR 液体的压强 p 沿 x 轴方向为常数，则有

$$\frac{\mathrm{d}p}{\mathrm{d}x}=\frac{\mathrm{d}\tau}{\mathrm{d}y}=\frac{\Delta p}{L}=\mathrm{const} \tag{9.126}$$

由于流体层流的流速及应力相对于平行板的中间对称面对称，故

$$\tau=0,\quad y=0 \tag{9.127}$$

流体的剪切应力沿平行板间隙线性分布(见图 9.45),故有

$$\tau(y)=\frac{\Delta p}{L}y=\frac{\mathrm{d}p}{\mathrm{d}x}y \tag{9.128}$$

设流体达到极限屈服应力处的高度为 $\left|\frac{h_y}{2}\right|$,则由式(9.126) 知

$$h_y=\frac{2L\tau_y}{\Delta p} \tag{9.129}$$

由前面知,MR 液流变稳定后的磁流变液符合 Bingham 流体特性,由式(9.124) 可得到 MR 黏塑性液体流动的速度梯度为

$$\gamma_{xy}=\frac{\mathrm{d}v_{xy}}{\mathrm{d}y}=\frac{\tau-\tau_y\,\mathrm{sgn}\,\dfrac{\mathrm{d}v_x}{\mathrm{d}y}}{\eta} \tag{9.130}$$

根据黏塑性 Poiseille 流动的体积流速度 Q 计算公式,在磁流变平板间内单位时间总的黏塑性体积流量为

$$Q=D\int_{-\frac{h}{2}}^{\frac{h}{2}}V_x(y)\mathrm{d}y=-D\int_{-\frac{h}{2}}^{\frac{h}{2}}y\frac{\mathrm{d}v_x}{\mathrm{d}y}\mathrm{d}y=$$

$$-D\left(\int_{-\frac{h}{2}}^{-\frac{h_y}{2}}y\frac{\mathrm{d}v_x}{\mathrm{d}y}\mathrm{d}y+\int_{\frac{h_y}{2}}^{\frac{h_y}{2}}y\frac{\mathrm{d}v_x}{\mathrm{d}y}\mathrm{d}y+\int_{\frac{h_y}{2}}^{\frac{h}{2}}y\frac{\mathrm{d}v_x}{\mathrm{d}y}\mathrm{d}y\right) \tag{9.131}$$

由于材料不变形,从 $-\dfrac{h_y}{2}$ 到 $\dfrac{h_y}{2}$,$\dfrac{\mathrm{d}v_x}{\mathrm{d}y}=0$,则有

$$Q=\frac{2D}{\eta}\int_{\frac{h_y}{2}}^{\frac{h}{2}}\left(\frac{\Delta p}{L}y^2-\tau_y y\right)\mathrm{d}y=\frac{D}{12\eta}\frac{L}{\Delta p}\left[\left(\frac{\Delta p}{L}\right)^3h^3+4\tau_y^3-3\tau_y h^2\left(\frac{\Delta p}{L}\right)^2\right] \tag{9.132}$$

若活塞与缸体间的相对速度为 $u(t)$,活塞的有效面积为 A_p,则磁流变减振驱动器的阻尼力为

$$F(t)=Qu(t)A_p \tag{9.133}$$

即

$$F(t)=\frac{12\eta LA_p}{\pi Dh^3}A_p u(t)+\frac{3L\tau_y}{h}A_p\,\mathrm{sgn}u(t) \tag{9.134}$$

$$A_p=\frac{\pi}{4}(D_0^2-d^2) \tag{9.135}$$

式中,L 为活塞的有效长度;D 为缸体的内径;D_0 为活塞直径;d 为活塞轴直径;h 为活塞与缸体间的间隙;η 为磁流变液的表观黏度系数;τ_y 为磁流变液屈服应力。

从公式(9.135) 可以看到:

1) 磁流变减振驱动器所提供的阻尼力的第一项仅与磁流变液的表观黏度系数和缸体的外形尺寸有关,它提供的阻尼力相当于普通流体阻尼器的黏滞阻尼力。

2) 第二项与磁流变液的屈服应力 τ_y 有关,具有库仑摩擦阻尼力特性,是磁流变减振驱动器的可调阻尼力。

3) 当不加磁场($\tau_y=0$) 时,磁流变减振驱动器所提供的阻尼力为黏滞阻尼力(公式(9.134) 中的第一项),相当于被动耗能装置(即黏滞阻尼器),因而磁流变减振驱动器是一种安全无故障装置(fail-safe);当外加磁场强度连续变化时,磁流变减振驱动器的阻尼力将连续可逆变化。这也就是它作为半主动控制装置的原因。磁流变液是由基液、导磁性悬浮微粒、高分

子添加剂组成的一种流体。当 MRF 受到一个中等磁场作用时，其表现黏滞系数增加两个数量级以上；当 MRF 受到一强磁场作用时就会变成"固体"。当磁场去掉时又变成液体。从微观上看，这是因为：当有磁场存在时，流体中所有的磁性粒子成链状或纤维状排列，这种排列导致整个流体的黏度增大、流动性降低而表现出明显的固体性质；当磁场消失时，磁性粒子又恢复到原来的自由无序状态，从而恢复其流体的性能。它具有瞬间从液体变成固体的特性，故目前广泛地应用于主动控制和半主动控制、防振、减振等方面。所涉及的产品有阻尼器、离合器、制动器等。

(2) 磁流变液的建模

在外加磁场作用下，MRF 表现出一种非牛顿液体的性质，其中最明显的变化是剪切力 τ 不再是剪切速率 $\dot{\gamma}$ 的线性函数，其黏滞系数随 $\dot{\gamma}$ 的上升而下降，这称为剪切稀化。

与此同时，MRF 呈现一定的屈服应力 τ_y，即当 $\tau < \tau_y$ 时，MRF 的性质类似于固体；当 $\tau > \tau_y$ 时，MRF 出现流动现象，在外磁场作用下 MRF 的表观黏滞系数 η 增加(液体的实际黏度无变化)是由于屈服应力增加造成的，这种黏塑行为称为 Bingham 塑性模型。

而 Bingham 塑性模型的不足是无法解释剪切稀化现象的，于是就有许多研究人员对 Bingham 塑性模型进行了完善。南京航空航天大学的翁建生、胡海岩通过广义 Bingham 模型 $\tau = \tau_y + \eta_p \dot{\gamma}^n$，进行优化得出指数 n 的值，其中指数 n 反映磁流变液的剪切变稀的程度。同时还利用非线性模型 $\tau = \tau_y + \eta_n \dot{\gamma}(1 - \mu\dot{\gamma})$ 通过最小二乘法得出式中的系数，其中 μ 反映磁流变液剪切变稀的程度。Gamato，Flisko 在 Bingham 模型基础上提出了参数化的黏弹塑性模型 Changh，Roschkey 运用神经网络来模拟阻尼器的响应。最近武汉理工大学的周强又提出了描述阻尼器动态特性的两种新的力学模型，一种称之为 Bingham 模型，另一种为 Dahl 模型，这两个模型克服了以往修正 Bingham 模型参数过多的缺点。

(3) 剪切屈服应力

磁流变液的剪切屈服应力，代表着其固化强度的大小，是评价这种材料性能的主要参数之一。以往的有关理论模型由于假设的模型不同，其结果也有较大差异，其中平均场模型由于忽略了颗粒间的磁场集中效应，所得屈服应力的计算结果往往低于实际数值，而且没有计入磁饱和效应，只适用于低磁场的情况，极化小球模型没有考虑颗粒磁化的非线性过程，得到的计算结果往往偏大。总之，颗粒磁化过程的复杂性及内部结构的多样性给磁流变液的理论分析增添了许多困难。目前在屈服应力的计算中，被人们引用最多的是 J. M. Ginder，L. C. Davis 和 L. D. Elie 1995 年提出的屈服应力公式：

$$\tau_{ys} = 6^{1/2} \phi \mu_0^{1/2} (M_s) H^{3/2} \tag{9.136}$$

在外加磁场强度很低的情况下，Ginder 提出磁化强度 M 和磁场强度 H 成线性关系，于是可得出

$$\tau_{ys} \propto a \phi \mu_0 H^2 \tag{9.137}$$

当外加磁场的强度足以引起微粒磁饱和时，Ginder 提出屈服应力 τ 只和 $\mu_0(M_s)$ 有关，得出

$$\tau_{ys}^{sat} = \frac{4}{5^{5/2}} \xi(3) \phi \mu_0^2 (M_s) \tag{9.138}$$

式中，$\xi(3) = 1.202$ 是常数。

这套公式也有它的缺陷，当 $B = 0.8\mathrm{T}$ 时计算值和实验值吻合得很好；而磁场密度在 0.2T，

0.4T,0.6T 时实验值和计算值就吻合得不好。可见这些公式有它的使用范围,也有待作进一步的修正。Phule 和陈祖耀对磁流变液的流变学测量表明,屈服应力都与 $H^{3/2}$ 成正比,这与 Ginder 发现的局部饱和的情况相符。

国内有中国科学技术大学的金昀、张培强等人利用数值方法对剪切屈服应力进行计算,得出了剪切应力和剪切应变的关系为

$$\tau = \frac{\gamma}{\sqrt{1+\gamma^2}} \frac{F}{\pi W^2} \tag{9.139}$$

式中,F 是磁性颗粒小球单元体中 $Z=h$ 面上所受的力;W 是单个体积中母液圆柱的半径。并且还利用Maxwell应力张量,从三维单个颗粒入手,考虑了颗粒的磁化饱和过程和非线性磁化过程,建立计算模型。对 Lord 公司的磁流变也进行计算,计算结果和实验取得了良好的一致。

(4) 磁路设计

磁场的强弱和变化特性对阻尼器特性影响很大,因此首先要研究磁路设计。在磁路设计中要注意的问题如下:① 磁漏。在磁路设计中,合理地缩短工作间隙的距离,减少结合面,改善结合情况都有利于减少磁路中的漏磁。② 磁芯的选择。一般电磁路的磁芯选用软磁体,其特点在于有高的磁饱和磁感应强度、大的磁导率和很小的矫顽力。③ 工作点的选择。磁流变体和铁芯材料的磁导率随磁场强度的变化而变化,因此确定它们的工作点很重要。选择好的工作点,不但使磁路发挥最大的效益,而且整个磁路的尺寸也基本决定了。④ 退磁。要保证在不加磁场的情况下,磁流变液不受强磁性微粒的影响,就必须退磁。⑤ 磁路结构。为了减小电磁活塞的体积质量,提高导磁材料利用率,可采用多级磁路结构(相邻两极线圈绕向相反),可在保持性能不变的条件下,使导磁轴和导磁管的横截面积成倍减小,线圈齿槽容积增大,从而减小电磁活塞的轴长或外径。

(5) 阻尼器的结构设计

磁流变阻尼器的结构:磁流变阻尼器是通过MR流体流经可控电场来实现阻力控制的(见图 9.46)。它与ER智能阻尼器相比有两个明显的优点:① 阻力大,是ER智能阻尼器的 20～30倍,最大可达 200 kN;② 安全性高,MR阻尼器采用的是 36 V 的低压电源,而ER阻尼器采用的是 0～3 kV 的高压电源。按其结构分有活塞式阻尼器和旁路式阻尼器。廖荣昌、关绪祥等对现有的磁流变阻尼器件的结构作了总结。

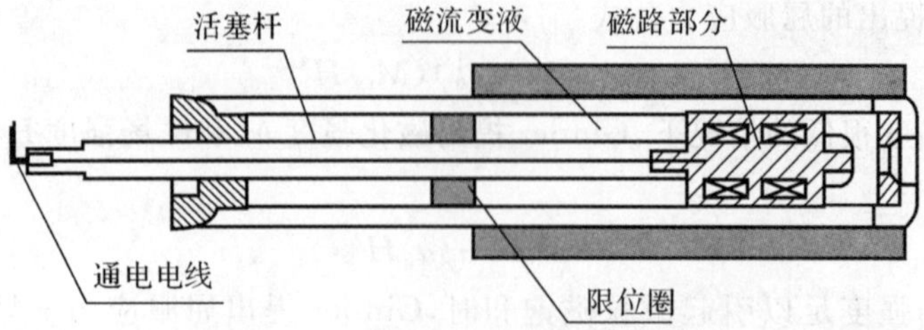

图 9.46 磁流变阻尼器的整体结构

主要结构参数对磁流变液阻尼器设计的影响:

1) 随着间隙 h 的增加,磁流变阻尼器的阻尼力显著下降。

2) 随着磁流变液的表观黏度系数 η 的增加,阻尼力有所增加,但增加的幅值很小。

3) 活塞直径 D_0 的大小决定了活塞的有效面积。

4) 活塞轴直径 d 的大小也决定了活塞的有效面积。

5) 活塞的有效长度 L 与黏滞阻尼力和库仑阻尼力均成正比关系。G. Y. Zhou，P. Q. Zhang 和储莉莉等对阻尼装置的参数影响作了详细的介绍。

在目前的研究中可以看到，对磁流变阻尼器的设计还有些不够完善：

1) 现阶段对磁流变阻尼器的磁路设计，都采用忽略次要因素、建立简化模型的方法进行磁路的计算。关于磁漏、磁性材料的磁饱和、退磁等实际情况，还需要更加深入地加以考虑，这样设计的磁路结构才会更有效。

2) 关于磁场强度与励磁线圈电流的关系、屈服应力与磁场强度的关系，还没有建立起非常明确的关系式，特别是屈服应力与磁场强度的关系，只是通过对实验数据的数值分析来推导，不具有普遍的适用性，对于这些关系式有待进一步的深入研究。

3. 磁流变阻尼器的阻尼特性实验

实验对象是LORD公司中制造的RD—1005型磁流变阻尼器(见图9.47)。该实验参考了翁建生、胡海岩所做的磁流变阻尼器的阻尼特性实验。

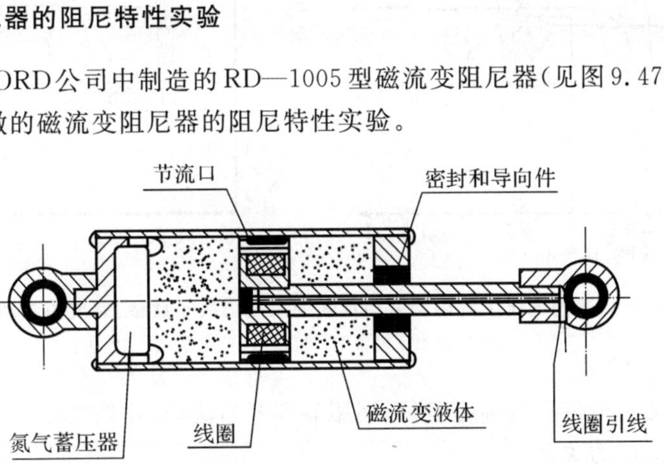

图 9.47　RD—1005 型磁流变阻尼器

其活塞上有固定的节流口并安装产生磁场的线圈，缸体的底部是一充满氮气的气体蓄能器。活塞杆可移动行程为 52 mm，最大输入电压为 12 V，最大电流可达 2 A。

磁流变阻尼器的阻尼特性实验过程：由 INSTRON 液压振动台驱动磁流变阻尼器的缸体相对于活塞以固定频率和振幅做简谐运动；对磁流变阻尼器施加一常电压，使活塞上的线圈产生恒定磁场；测量磁流变阻尼器缸体相对于活塞的相对位移、阻尼力、加速度和施加于线圈的电压，经 DYS 多通道数据采集系统采集后存储在计算机的硬盘。在不同的电压下，重复测量和采集。改变液压振动台的振动频率和振幅，重复上述实验过程。

如图 9.48 所示是振动频率 f 为 2 Hz、幅值 A 为 15 mm 时不同电压 V 下磁流变阻尼器的位移-力和速度-力关系。由图可见，磁流变阻尼器的阻尼特性表现为非线性滞回特性。

实验数据表明：磁流变阻尼器的最大阻尼力随电压递增，在电压达到一定值后，最大阻尼力出现饱和；最大阻尼力与振幅基本无关。

(1) 磁流变阻尼器的数学模型

1)Bingham 塑性模型。 磁流变液的本构关系可近似用 Bingham 塑性模型描述。对于正的剪切应变率，剪切应力近似为

$$\tau=\tau_y=\eta\dot{\gamma} \tag{9.140}$$

式中，τ 为剪切应力；τ_y 为屈服应力；η 为黏性系数；$\dot{\gamma}$ 为剪切应变率。根据磁流变阻尼器结构和 Bingham 塑性模型本构关系，可得出磁流变阻尼器活塞杆上的阻尼力

$$F_d(t)=f_y\text{sign}(\dot{\mu}(t))=C_b\dot{\mu}(t)+f_0 \tag{9.141}$$

式中，f_y 为磁流变的屈服应力；C_b 为屈服后的黏性阻尼系数；f_0 为由磁流变阻尼器的气体蓄能器的气压产生的偏置力。

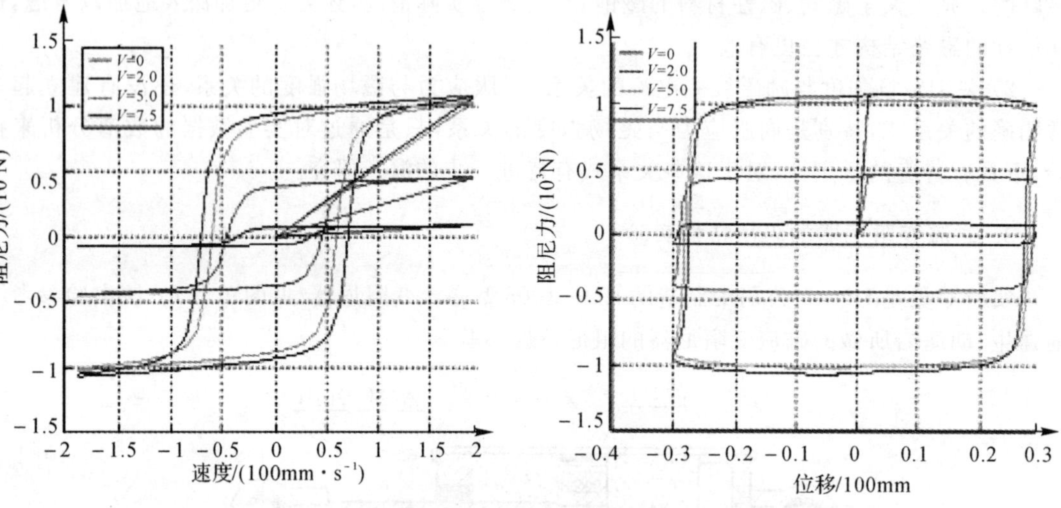

图 9.48　不同电压下的磁流变阻尼器的阻尼力关于位移、速度的滞回曲线

（激振频率 $f=2$ Hz，振幅 $A=15$ mm）

该模型假定：磁流变液屈服前是刚体；屈服后则开始流动，并且是非零屈服力的牛顿流体，从而具有单值的速度-力关系。

2) 非线性滞回模型。为了表示磁流变液屈服前的非刚体特性和磁流变阻尼器的非线性滞回特性，通过对上行和下行两条单值性曲线的多次非线性回归分析，可假定在屈服前为非线性塑性流动，屈服后为线性黏性流动。由此，本书提出一种非线性滞回模型如下：

$$F_d(t)=\begin{cases} f_o+C_{b1}\dot{\mu}(t)+\dfrac{2}{\pi}f_{y1}\arctan[k_1(\dot{\mu}(t)-\dot{\mu}_{-1}(t))] & \ddot{\mu}\geqslant 0 \\ f_o+C_{b2}\dot{\mu}(t)+\dfrac{2}{\pi}f_{y2}\arctan[k_2(\dot{\mu}(t)+\dot{\mu}_{02}(t))] & \ddot{\mu}\leqslant 0 \end{cases} \tag{9.142}$$

式中，f_o 为偏置力；C_{b1}，C_{b2} 为屈服后的黏性系数；f_{y1}，f_{y2} 为极限屈服力；k_1，k_2 为形状系数；$\dot{\mu}_{01}$，$\dot{\mu}_{02}$ 为滞回速度。若上行和下行两条单值性曲线关于原点对称，则式(9.142)可简化为

$$F_d(t)=f_o+C_b\dot{\mu}(t)+\frac{2}{\pi}f_y\arctan[k(\dot{\mu}(t)-\text{sign}(\ddot{u}(t))\dot{u}_0)] \tag{9.143}$$

(2) 磁流变阻尼器模型的参数识别和结果

现应用最小二乘方法识别磁流变阻尼器的 Bingham 塑性模型和非线性滞回模型的参数。目标函数取为残差二次方和最小。参数识别可在 MATLAB 6.5 上完成。

对于 Bingham 塑性模型，参数 f_y，C_b 的识别过程：从速度-力图中选取高速区的一组数据，由线性回归方法确定 C_b；当线性回归方程的速度等于零时可得 f_y。

非线性滞回模型的参数识别过程：将速度-力滞回曲线分为上行和下行两条单值性曲线。

对每一单值曲线用高斯-牛顿方法求解。初始条件的确定用 Bingham 塑性模型参数作为参考。

如图 9.49 所示是根据 Bingham 塑性模型和非线性滞回模型预报数据与实测数据绘制的位移-阻尼力和速度-阻尼力图。由图可知，当位移取极值(速度接近零)时，Bingham 塑性模型预报的阻尼力出现较大偏差，而且未能反映速度-阻尼力滞回特性。由位移-阻尼力图可知，非线性滞回模型预报的阻尼力与实验数据的阻尼力均比较吻合。速度-阻尼力图表示非线性滞回模型预报的阻尼力与实测阻尼力在整个速度区间内偏差很小。显然，非线性滞回模型的拟合精度高。在其他实验条件下，也有相同结论。

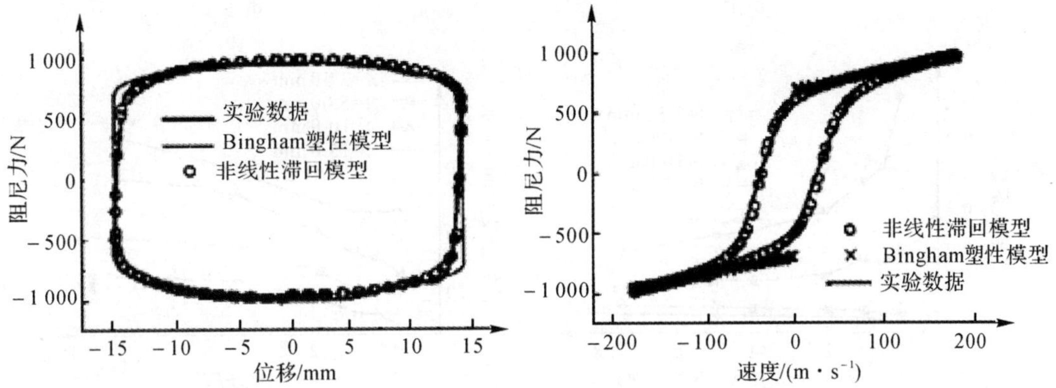

图 9.49　阻尼力-位移和阻尼力-速度图

(频率 $f = 2$ Hz，振幅 $A = 15$ mm，电压 = 7.5 V)

(3) 条件改变对数学模型参数的影响规律

如图 9.50 所示为激振频率 $f=2$ Hz 时，非线性滞回模型的 4 个参数随不同电压和振幅的变化规律。

图 9.50(a)(b)(d) 表明，屈服后的黏性阻尼系数 C_b、极限屈服力 f_y 和滞回速度 $\dot{u}_0$ 随电压的增大而增大，并且呈现饱和现象(非线性滞回模型中 C_b，f_y 的值也是 Bingham 塑性模型中 C_b，f_y 的值)。值得注意的是，实验数据表明，振幅和激振频率对屈服力 f_y 的影响很小。

图 9.50(c) 所示的形状系数 k 反映在屈服前黏塑性区内 S 形曲线陡峭的特征量。在大振幅情况下，形状系数 k 随电压的增大为某一定值。在小振幅情况下，k 随电压的增大而减小，且也趋向某一定值。Simulik 建立的仿真模型如图 9.51 所示。

实验数据表明，在高频($f=5$ Hz)情况下，k 随电压的增大而减小，并且也趋向某一定值。对于相同振幅，激振频率增加时，k 减小。$\dot{u}_0$ 随电压的增大而增大。对于相同振幅，激振频率增加时，$\dot{u}_0$ 增大。

当激振频率 $f=2$ Hz，振幅 $A=15$ mm 时的磁流变阻尼器非线性滞回模型为

$$F_d(t) = 247 + \frac{1.51}{1+10.34\mathrm{e}^{-1.04}}\dot{\mu}(t) + \frac{2}{\pi}\,\frac{710}{1+\mathrm{e}^{-1.1(V-2.3)}}\arctan\Big[0.072\,5\Big(\dot{\mu}(t) - \mathrm{sign}(\ddot{\mu}(t))\,\frac{40}{1+1.81\mathrm{e}^{-0.2V}}\Big)\Big] \tag{9.144}$$

式中，V 表示输入电压。

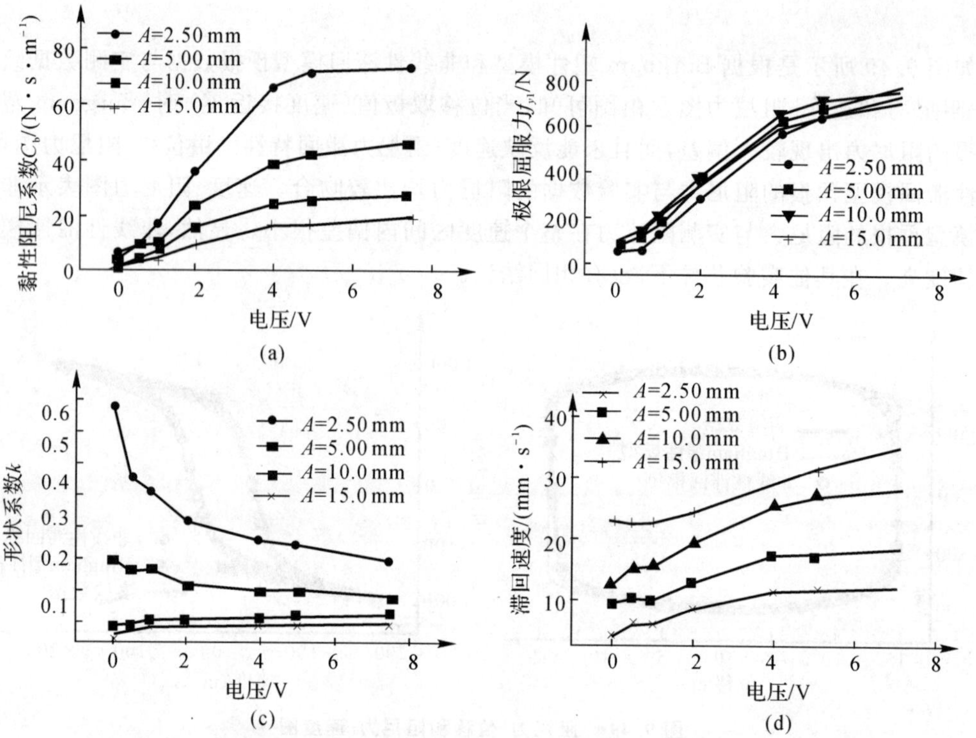

图 9.50　不同振幅时磁流变阻尼器非线性滞回模型参数随施加电压变化曲线图

（激振频率 $f = 2$ Hz）

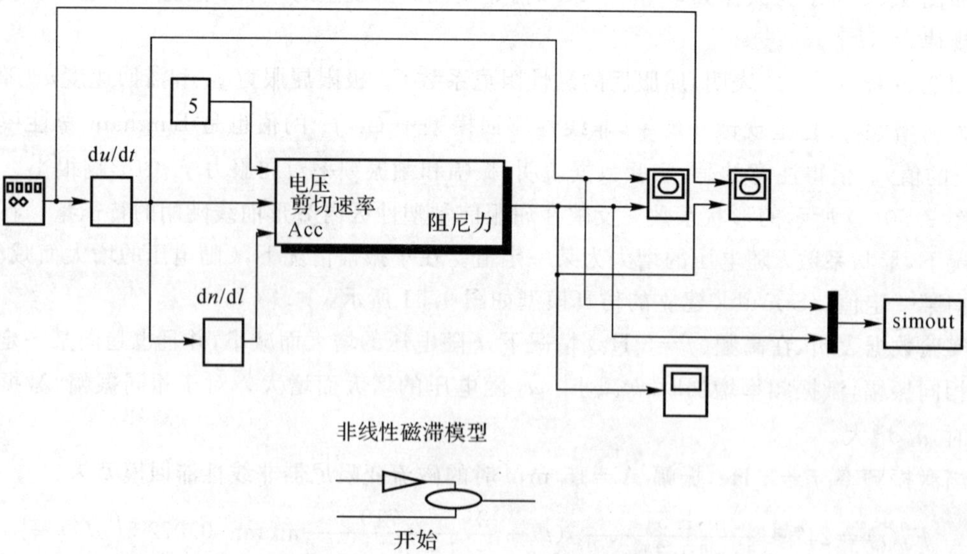

图 9.51　Simulink 建立的仿真模型

9.3.3　半主动控制律

对于起落架缓冲系统的半主动控制仿真，控制对象是磁流变阻尼器中产生磁场的线圈电压。在给定初始参数条件下对控制电压进行实时控制。这里的初始参数为飞机接地下沉速度和飞机着陆质量。对于被动控制起落架，在着陆过程的缓冲性能较差。而对于半主动控制起落架，通过对线圈电压的控制，产生磁场，而磁场的改变来使磁流变液体的性质发生变化，从而产生磁流变阻尼力控制起落架缓冲器的着陆过程，使缓冲器的使用行程在一定范围内，飞机的载荷减小，缓冲时间也比被动控制要少。

除了将控制对象设定为线圈的电压并由电压改变产生磁场的改变以外，磁流变液体产生的阻尼力也被简化为与控制电压成正比关系的参数。这样通过电压就可以线性地改变磁流变阻尼力。在此假设基础上，设计控制器的控制算法，先采用状态反馈的极点配置方法和最优控制法来设计半主动控制器，然后在最优控制法的基础上得到相关的实验数据，应用到智能控制中的神经网络控制方法，并得出加上半主动控制后的起落架着陆仿真图形，用以说明半主动控制的优势。

结构半主动控制的原理与结构主动控制的基本相同，只是实施控制力的作动器需要少量的能量调节，以便使其主动地甚至可以说是巧妙地利用结构振动的往复相对变形或相对速度，尽可能地实现主动最优控制力。因此，半主动控制作动器通常是被动的刚度或阻尼装置与机械式主动调节器复合的控制系统。由于半主动控制系统力求尽可能地实现主动最优控制力，因此主动控制理论（算法）是结构半主动控制的基础；又由于半主动控制系统能够实现的控制力形式和方向的有限性，因此又需要建立反映半主动控制力特点的控制算法（通常称为半主动控制算法）来驱动半主动控制装置尽可能地实现主动最优控制力。如图 9.52 所示是半主动控制的基本结构框图。

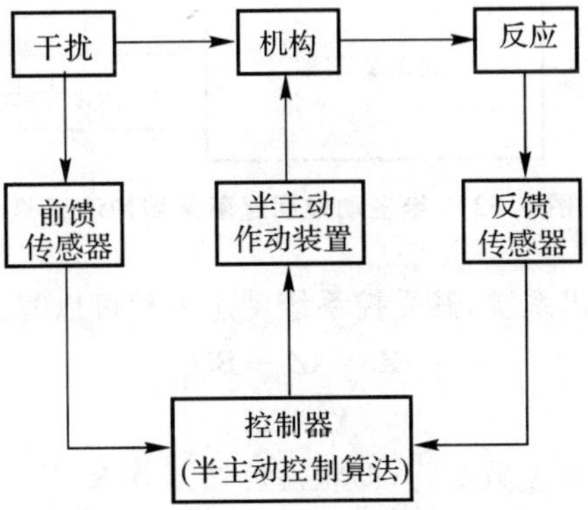

图 9.52　半主动控制器结构框图

1. 状态反馈

状态反馈使用了系统状态变量的线性组合，作为反馈变量来配置系统的极点，将系统的闭环极点转移到期望的位置上，从而满足系统的性能要求。

对于一个闭环的控制系统，其性能和闭环极点（特征值）密切相关，经典控制理论用调整开环增益及引入串、并联校正装置来配置闭环极点，以改善系统的性能；而在状态空间的分析综合中，除了利用输出反馈以外，主要利用状态反馈来配置极点。它能够提供更多的校正信息，形成最优控制规律，抑制或消除扰动影响，实现在系统的解耦控制诸方面获得广泛的应用。为利用状态进行反馈，必须用传感器来测量状态变量，但不是所有的状态变量在物理上都可以测量，于是提出用状态观测器给出状态估值的问题。根据选用状态变量的多少，可分为全状态反馈和部分状态反馈。全状态反馈使用了全部状态变量的线性组合来构成反馈系统，而部分状态反馈只是使用一部分状态的线性组合来构成反馈系统。这里所选取的 4 个状态变量都是速度和位移，具有可测量性。

在状态空间中，状态反馈的优越性在于可将系统的状态和输入综合起来组成系统的控制信号，从而可以完全确定系统的未来行为，得到较好的控制效果。在工程上，状态反馈可应用现代控制理论，设计各种最优控制系统，如最短时间控制系统、最小能量控制系统、线性二次型最优控制系统。对于有随机扰动的系统，可通过对状态的估计，设计最优控制系统，同时可对变化的系统模型进行自适应控制。

对于起落架系统来说，其控制目标就是为了使起落架着陆时的垂直速度和位移尽可能快地趋于零或在极小范围内进行变化，机身所承受的载荷比原来的要少，同时控制力的大小也不宜过大。为了达到控制目标，把起落架的 4 个状态变量作为半主动控制器的输入，通过控制器加以处理后输出单一变量 U 作为被动起落架系统控制函数的唯一输入。4 个状态同时作为系统的输出，用以表征起落架系统的运动过程(见图 9.53)。

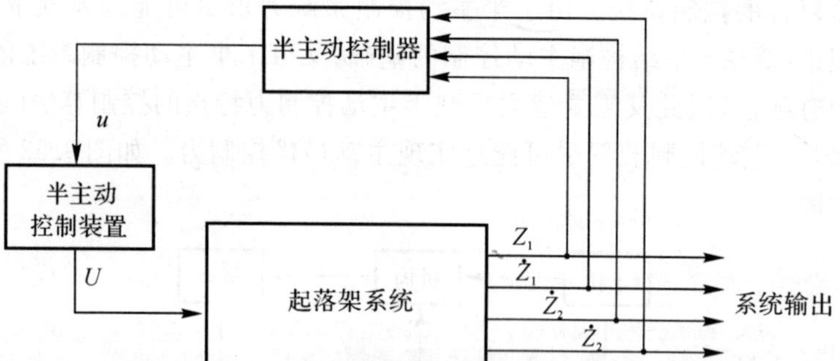

图 9.53 半主动控制起落架结构示意图

该系统是个单输入多输出系统，其受控系统动态方程可以写为

$$\dot{\boldsymbol{Z}} = \boldsymbol{AZ} + \boldsymbol{BU} \tag{9.145}$$

$$\boldsymbol{Y} = \boldsymbol{CZ} \tag{9.146}$$

状态向量 $\boldsymbol{Z}$ 通过待设计的参数矩阵，即状态反馈矩阵 $\boldsymbol{K}$，负反馈至系统的输入成为 $\boldsymbol{U}$。于是有

$$\boldsymbol{U} = -\boldsymbol{KZ} \tag{9.147}$$

这便构成了状态反馈系统，其结构图如图 9.54 所示。

2. 基于状态反馈的极点配置算法

极点配置是控制系统时域设计理论中最早发展出来的一种设计思想。所谓极点配置就是通过对状态反馈矩阵的选择，使系统的极点配置到所需要的位置上，从而满足系统的性能指标。本节就将该方法应用到起落架系统中。

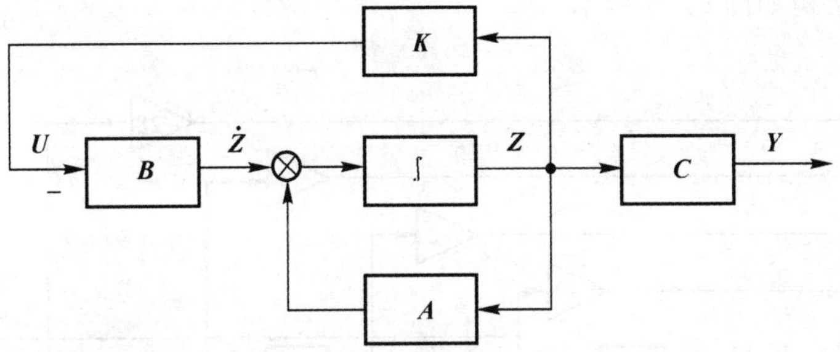

图 9.54　半主动控制起落架状态反馈结构框图

对于单输入单输出系统或单输入多输出系统来说，用状态反馈任意配置闭环系统的极点的充要条件是：受控系统必须是可控的。同时状态反馈对系统的零点和可观测性有一定的影响，必须加以考虑。因为当任意配置的极点和原系统的零点存在对消时，状态反馈系统的可观测性质将会发生改变，而不能保持原受控系统的可观测性质，既可能使原可观测的改变为不可观测的，也可能使不可观测的改变为可观测的。只有当原受控系统不含闭环零点时，状态反馈系统才可能保持原有的可观测性。由于起落架系统不存在闭环零点，而且系统是可控的，所以可以任意配置系统的闭环极点。

起落架系统的状态方程算出系统没有零点且有 4 个极点，分别为

$$s_1 = -30.5859 + 60.8887\mathrm{i},\quad s_2 = -30.5859 - 60.8887\mathrm{i},$$
$$s_3 = -0.6805 + 4.7854\mathrm{i},\quad s_4 = -0.6805 - 4.7854\mathrm{i}$$

下面根据零极点来对起落架系统进行一些分析：

1) 系统闭环极点全部在 s 左半平面，则系统最终一定是稳定的，与系统的闭环零点没有关系。

2) 系统没有零点，且闭环极点为复数形式，则系统的时间响应即运动形式一定是振荡的。

3) 可以看出极点 s_3 和 s_4 很靠近虚轴，且极点 s_1 和 s_2 的实部比 s_3 和 s_4 的实部大 50 倍左右。因此 s_3 和 s_4 为起落架系统的主导极点，其他两个极点的作用可以忽略。

4) 根据主导极点，可以算出起落架系统的阻尼比为 0.141，自然频率为 4.83 rad/s，阻尼振荡频率为 4.78 rad/s。

为了减少起落架着陆时的振荡，必须增大系统的阻尼，因此设计控制器时必须将系统的主导极点所产生的阻尼比系数增大。一般阻尼比取 0.4 ～ 0.8 之间，对于这样的阻尼比，阶跃响应下超调量才会适度，调节时间才会较短。在综合考虑状态反馈的可实现性和系统极点所在位置的情况下，选择阻尼比为 0.707，为了说明极点配置的不同，设计两组主导极点进行对比。一组为 $-6+6\mathrm{i}$ 和 $-6-6\mathrm{i}$，另一组为 $-3+3\mathrm{i}$ 和 $-3-3\mathrm{i}$。另两个极点因为不是主导极点，所以取和原来的值相接近，分别为 $-30+60\mathrm{i}$ 和 $-30-60\mathrm{i}$。在这种控制策略下，控制器的作用简化为对输入的 4 个状态分量进行线性组合，即

$$\boldsymbol{U} = \boldsymbol{K}[Z_1\quad \dot{Z}_1\quad Z_2\quad \dot{Z}_2] = K_1Z_1 + K_2\dot{Z}_1 + K_3Z_2 + K_4\dot{Z}_2 \tag{9.148}$$

通过 MATLAB 函数 Acker 可以计算极点配置反馈系数为

$$\boldsymbol{K}_a = [35.5377\quad 9.5718\quad 59.4632\quad 0.1045] \tag{9.149}$$

$$\boldsymbol{K}_b=[-18.7141\quad 3.6200\quad 73.6599\quad 0.1527] \tag{9.150}$$

系统仿真图结构如图 9.55 所示。

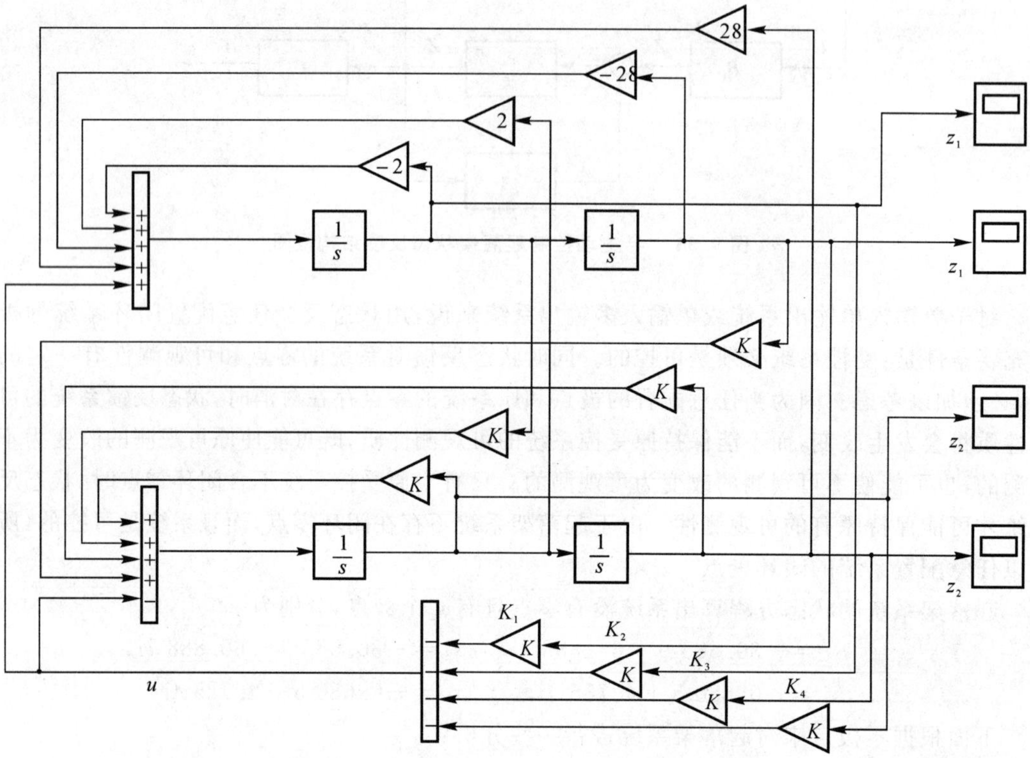

图 9.55　半主动控制极点配置法起落架仿真模型

控制后的仿真对比图如图 9.56～图 9.61 所示。

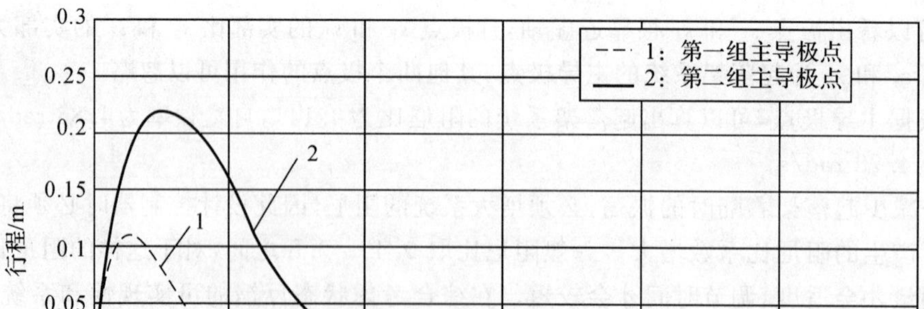

图 9.56　半主动控制极点配置法弹性支撑质量行程-时间图

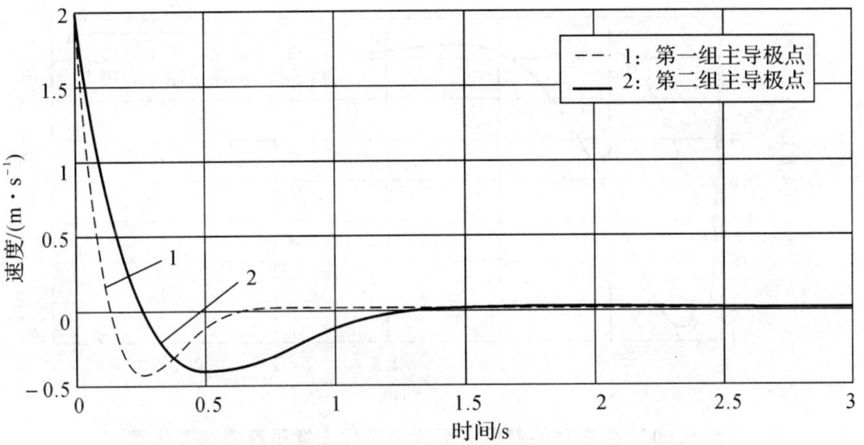

图 9.57　半主动控制极点配置法弹性支撑质量速度-时间图

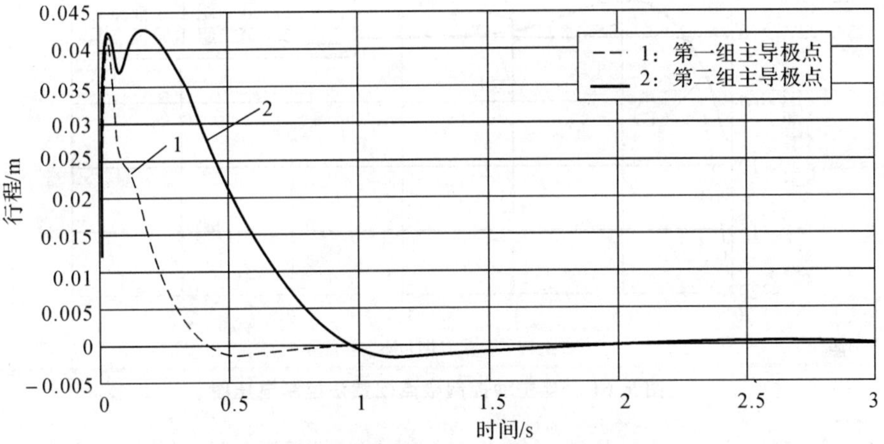

图 9.58　半主动控制极点配置法非弹性支撑质量行程-时间图

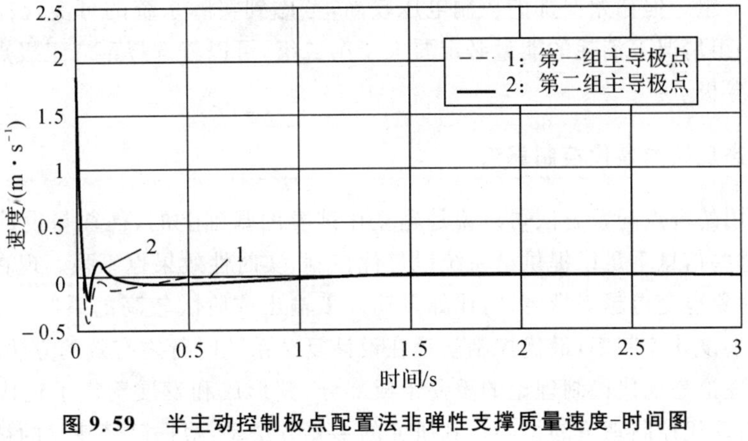

图 9.59　半主动控制极点配置法非弹性支撑质量速度-时间图

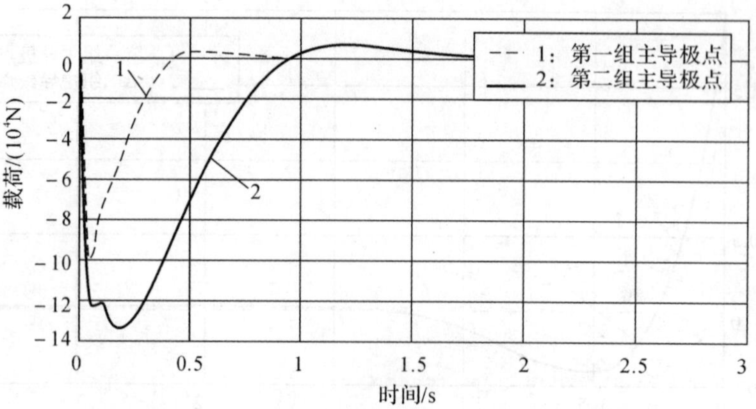

图 9.60 半主动控制极点配置法弹性支撑质量载荷变化图

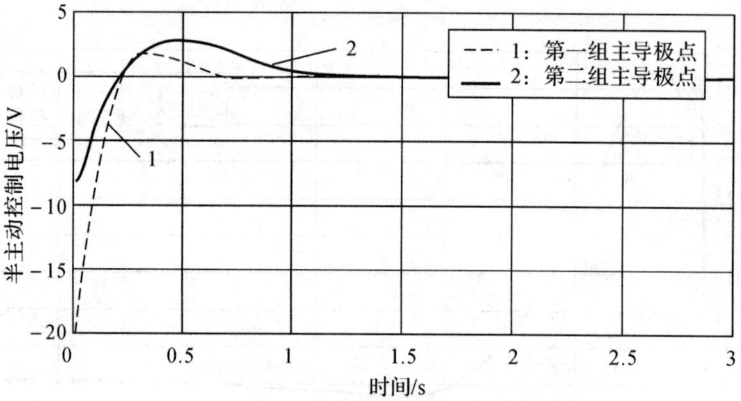

图 9.61 半主动控制极点配置法控制电压图

由上面的仿真曲线图可以看出，在阻尼比相同的情况下，第一组极点距离虚轴的距离相对于第二组极点远一点，起落架达到稳定的时间比第二组要快，缓冲器的行程也较短，振荡的过程也小于第二组。但初始要加的控制电压较高，考虑到实际系统的可实现性和起落架系统的要求，在第一组情况下消耗的能量必定要大于第二组，可以就选择第二组极点来作为其半主动控制器的主导极点。

3. 基于状态反馈的最优控制算法

上一节所用的极点配置方法可以说是建立在试凑的基础上的，往往与设计人员的经验有很大的关系，这些信息不足以提供给系统以最优控制，实时性效果也不强。现在随着技术的日益发展，控制对象也变得越来越复杂，比如多输入多输出或阶次较高的系统，就必须借助新的现代控制理论去设计控制率，最优控制就是在设计复杂系统时行之有效的方法之一。

最优控制理论是现代控制理论的重要组成部分，其形成和发展奠定了现代控制理论的基础，可以称之为现代控制理论的核心。其研究的主要方法是：根据已经建立的被控对象的数学模型，在满足一定的约束条件下，从所有可供选择的控制中选取一个容许的最优控制律，使得被控对象按照预定要求运行，即使系统的状态从初始状态转移到所要求的终端状态，并且使给定的某一性能指标达到最优值。

(1) 最优控制的性能指标

设计最优控制的本质就是最优化的问题，因此最重要的一个问题就是选取性能指标，即目标函数。性能指标是衡量系统在任一容许控制作用下的性能好坏的尺度。其内容与形式取决于最优控制系统所要完成的目标。控制系统的用途不同，所要求的性能指标不一样，所产生的最优控制律也不同。

例如对于导弹控制系统来说，要求脱靶量最小，就要根据脱靶量这一性能指标来设计控制系统。对于飞行控制系统来说，还可能是时间最短、燃料最省以及能量消耗最少等要求。因此可以根据系统不同要求提出不同的性能指标，对于起落架系统来说，其性能指标就是尽可能地减少缓冲的振荡，很快地使飞机达到稳定的状态，并保持在平衡状态。

性能指标按数学形式可以分为以下 3 种：

1) 积分型性能指标

$$J=\int_{t_0}^{t_f} F[\boldsymbol{x}(t),\boldsymbol{u}(t),t]\mathrm{d}t \tag{9.151}$$

这是一种积分型泛函，要求状态向量及控制向量在整个动态过程中都应该满足一定要求。

2) 终值型性能指标

$$J=\theta[\boldsymbol{x}(t_f),t_f] \tag{9.152}$$

这种性能指标只对系统在动态过程结束时的终端状态 $\boldsymbol{x}(t_f)$ 提出了要求，而对于整个过程中的系统状态和控制的演变并不作任何要求。

3) 复合型性能指标

$$J=\theta[\boldsymbol{x}(t_f),t_f]+\int_{t_0}^{t_f} F[\boldsymbol{x}(t),\boldsymbol{u}(t),t]\mathrm{d}t \tag{9.153}$$

这一性能则对控制过程和终端状态都作出了要求，是以上两种性能指标的综合，为最一般的性能指标形式。

最优控制在航空、航天、工业控制等许多领域都有着广泛的应用，下面简单介绍几个最优控制在工程实现中的应用例子。

1) 最小时间控制。这种系统是一个快速系统，就是要求系统在最短时间内从初始状态 $x(t_0)$ 转移到终端状态 $x(t_f)$，其性能指标就是

$$J=t_f-t_0=\int_{t_0}^{t_f}\mathrm{d}t \tag{9.154}$$

2) 最小燃料消耗控制。在航天工程中由于航天器所携带的燃料有限，希望航天器在状态转移时所消耗的燃料尽可能地少。由于控制量 $u(t)$ 与燃料的消耗量成正比，其性能指标可设为

$$J=\int_{t_0}^{t_f} |\ \boldsymbol{u}(t)\ |\ \mathrm{d}t \tag{9.155}$$

3) 最小能量控制。如果一个系统的能量有限，为了使系统在有限的能源条件下保证正常工作，就需要对能量的消耗进行控制，由于控制函数 $\boldsymbol{u}^2(t)$ 与所消耗的功率成正比，则最小能量控制的性能指标为

$$J=\int_{t_0}^{t_f}\boldsymbol{u}^2(t)\mathrm{d}t \tag{9.156}$$

4) 线性调节器。给定一个线性系统,如果其平衡状态为 $\boldsymbol{x}(0)=\boldsymbol{0}$,设计的目标就是为了使系统处于平衡状态,即这个系统应该能从任何初始状态返回平衡状态。则这种最优控制系统称为线性调节器。其性能指标取为

$$J=\frac{1}{2}\boldsymbol{x}^{\mathrm{T}}(t_f)\boldsymbol{N}\boldsymbol{x}(t_f)+\frac{1}{2}\int_{t_0}^{t_f}[\boldsymbol{x}^{\mathrm{T}}(t)\boldsymbol{Q}\boldsymbol{x}(t)+\boldsymbol{u}^{\mathrm{T}}(t)\boldsymbol{R}\boldsymbol{u}(t)]\mathrm{d}t \tag{9.157}$$

式中,$\boldsymbol{N}\geqslant\boldsymbol{O},\boldsymbol{Q}\geqslant\boldsymbol{O},\boldsymbol{R}>\boldsymbol{O}$,均为加权矩阵。对于无限时间调解器即当 $t_f\rightarrow\infty$ 时,线性调节器的指标为

$$J=\frac{1}{2}\int_{t_0}^{\infty}[\boldsymbol{x}^{\mathrm{T}}(t)\boldsymbol{Q}\boldsymbol{x}(t)+\boldsymbol{u}^{\mathrm{T}}(t)\boldsymbol{R}\boldsymbol{u}(t)]\mathrm{d}t \tag{9.158}$$

有限时间调节器只是考察系统由任意初态恢复到平衡状态的行为,且性能指标只能在恢复过程中状态偏差,控制能量大小及终端误差之间取得一个合理的折中。但实际工程中,除了有限时间内系统对非零初态的响应具有最优性外,还要求系统具有保持平衡状态的能力。这种既有最优性要求,又有稳定性要求的问题只能用无限状态调节器理论去解决。

5) 线性跟踪器。线性跟踪器又分为线性状态跟踪器和线性输出跟踪器。若要求线性系统的状态跟踪或尽可能地接近理想状态就称为线性状态跟踪器,若要求线性系统的输出跟踪或尽可能地接近理想的输出指令信号就称为线性输出跟踪器,其有限时间线性跟踪器的性能指标为

$$J=\frac{1}{2}\boldsymbol{e}^{\mathrm{T}}(t_f)\boldsymbol{N}\boldsymbol{e}(t_f)+\frac{1}{2}\int_{t_0}^{t_f}[\boldsymbol{e}^{\mathrm{T}}(t)\boldsymbol{Q}\boldsymbol{e}(t)+\boldsymbol{u}^{\mathrm{T}}(t)\boldsymbol{R}\boldsymbol{u}(t)]\mathrm{d}t \tag{9.159}$$

无限时间跟踪器的性能指标为

$$J=\frac{1}{2}\int_{t_0}^{\infty}[\boldsymbol{e}^{\mathrm{T}}(t)\boldsymbol{Q}\boldsymbol{e}(t)+\boldsymbol{u}^{\mathrm{T}}(t)\boldsymbol{R}\boldsymbol{u}(t)]\mathrm{d}t \tag{9.160}$$

$\boldsymbol{e}(t)$ 对于状态跟踪器来说就是状态跟踪误差,对于输出跟踪器来说就是输出误差。

(2) 半主动控制起落架系统最优控制原理

如果所研究的系统为线性的,所取的性能指标为状态变量和控制变量的二次型函数,则该系统的最优化问题就是线性二次型问题。由于线性二次型问题的最优解具有统一的解析表达式,且可以导出一个简单的状态线性反馈控制率,便于计算和实现闭环反馈控制,所以线性二次型最优控制易于实现,具有工程性。除此之外,其最优控制结果可以应用于小信号条件下的非线性系统,其计算和实现比非线性控制方法容易。线性二次型最优控制除了具有二次型性能指标意义上的最优外,还具有良好的频响特性,可以实现极点的最优配置,并可抗慢变输入扰动,从而很好地联系了现代控制理论与经典控制理论。

根据上面一节的介绍,所用的起落架系统为线性的,所取性能指标也为二次型函数,因此完全可以用线性二次型调节器来设计起落架的最优控制系统。同时取调节时间为无限时间,因此,起落架系统的二次型性能指标函数为

$$J=\frac{1}{2}\int_{0}^{\infty}[\boldsymbol{X}^{\mathrm{T}}\boldsymbol{Q}\boldsymbol{X}+\boldsymbol{u}^{\mathrm{T}}\boldsymbol{R}\boldsymbol{u}]\mathrm{d}u \tag{9.161}$$

式中,$\boldsymbol{Q}$ 为半正定实对称常数矩阵;$\boldsymbol{R}$ 为正定实对称常数矩阵;$\boldsymbol{Q},\boldsymbol{R}$ 分别为 $\boldsymbol{X}$ 和 $\boldsymbol{u}$ 的加权矩阵。式(9.161)的第一项反映系统响应时间,第二项反映了系统的耗能情况。

对于无限时间定常状态调节器需要注意以下几个方面:

1) 系统是时不变的,性能指标中权矩阵肯定要为常值。

2) 终端时刻为 ∞，肯定得到的是一个常值反馈矩阵。

3) 系统必须是完全可控的，这样才能保证系统的稳定性。这是因为如果出现不可控，当控制区间无限大的时，无论采取何种控制，性能指标会趋于无穷大，就达不到最优控制了。

由于起落架系统是可控系统，所以最优控制是唯一的。可以导出最优控制率为

$$\boldsymbol{u} = -\boldsymbol{R}^{-1}\boldsymbol{B}^{\mathrm{T}}\boldsymbol{P}\boldsymbol{X} = -\boldsymbol{K}\boldsymbol{X} \tag{9.162}$$

式中，$\boldsymbol{K}$ 为最优反馈增益矩阵，对于本书的起落架系统来说，就是

$$\boldsymbol{K} = [K_1 \quad K_2 \quad K_3 \quad K_4] \tag{9.163}$$

矩阵 $\boldsymbol{P}$ 必须满足黎卡提(Riccati) 代数方程：

$$\boldsymbol{P}\boldsymbol{A} + \boldsymbol{A}^{\mathrm{T}}\boldsymbol{P} - \boldsymbol{P}\boldsymbol{B}\boldsymbol{R}^{-1}\boldsymbol{P}\boldsymbol{B} + \boldsymbol{Q} = \boldsymbol{O} \tag{9.164}$$

且 $\boldsymbol{P}$ 必须是对称非负矩阵，系统才是稳定的。

(3) 加权矩阵的选择

对于性能指标式(9.161)，$\boldsymbol{Q}$ 的权值越大起落架系统响应时间就越快，$\boldsymbol{R}$ 的权值越大起落架系统的耗能就越小。以往人们都是将注意力集中到求取性能指标最小的前提下要耗能最小，而现在随着新型智能材料的发明，比如磁流变材料阻尼器可以在耗能很小的前提下达到性能指标，对于本节来说就是起落架装置很大的阻尼力，以及毫秒级别的响应时间，这是以往的主动装置所不能达到的。这是提出可变的控制目标的条件，可以赋予第一项及 $\boldsymbol{Q}$ 较高的权重，即提出了以更高的位移和速度控制效果来确定最优控制力。

经过多次的试验和筛选，选取两组最优参数，即不同的 $\boldsymbol{Q}$ 和 $\boldsymbol{R}$ 矩阵来进行对比说明，并通过 MATLAB 函数 LQR 来计算最优控制反馈系数：

第一组为

$$\boldsymbol{Q} = \begin{bmatrix} 50 & 0 & 0 & 0 \\ 0 & 0 & 0 & 0 \\ 0 & 0 & 50 & 0 \\ 0 & 0 & 0 & 0 \end{bmatrix}, \quad \boldsymbol{R} = \boldsymbol{I} \tag{9.165}$$

第二组为

$$\boldsymbol{Q} = \begin{bmatrix} 400 & 0 & 0 & 0 \\ 0 & 0 & 0 & 0 \\ 0 & 0 & 400 & 0 \\ 0 & 0 & 0 & 0 \end{bmatrix}, \quad \boldsymbol{R} = \boldsymbol{I} \tag{9.166}$$

控制函数仍然是式(9.148)，可以解出两组 $\boldsymbol{P}$ 阵分别是

$$\boldsymbol{P}_1 = \begin{bmatrix} 17.6199 & 1.2924 & -1.7044 & 0.0142 \\ 1.2924 & 0.6637 & -1.0852 & 0.0042 \\ -1.7044 & -1.0852 & 2.5238 & -0.0013 \\ 0.0142 & 0.0042 & -0.0013 & 0.0001 \end{bmatrix} \tag{9.167}$$

$$\boldsymbol{P}_2 = \begin{bmatrix} 99.1436 & 8.5419 & -11.7566 & 0.0884 \\ 8.5419 & 2.8505 & -4.5830 & 0.0193 \\ -11.7566 & -4.5830 & 13.3287 & 0.0129 \\ 0.0884 & 0.0193 & 0.0129 & 0.0008 \end{bmatrix} \tag{9.168}$$

通过特征值的计算得到两个矩阵都是对称非负矩阵。

同时算得两组的最优反馈系数为

$$\boldsymbol{K}_c = [1.2783 \quad 0.6595 \quad -1.0839 \quad 0.0041] \tag{9.169}$$

$$\boldsymbol{K}_d = [8.4535 \quad 2.8312 \quad -4.5960 \quad 0.0184] \tag{9.170}$$

系统仿真模型图如图 9.55 所示，仿真后的对比图如图 9.62 ～ 图 9.67 所示。

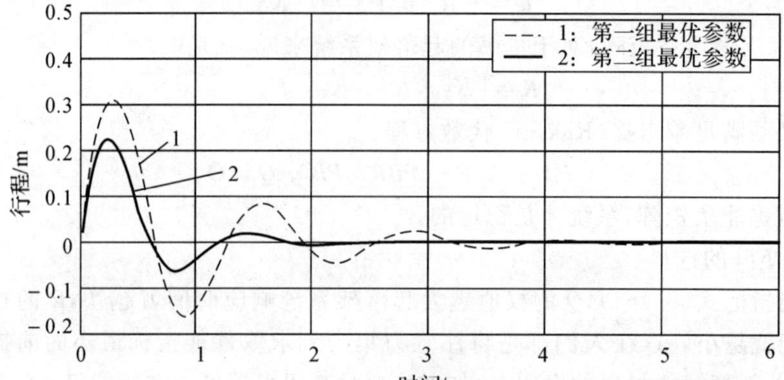

图 9.62　半主动控制最优控制法弹性支撑质量行程-时间图

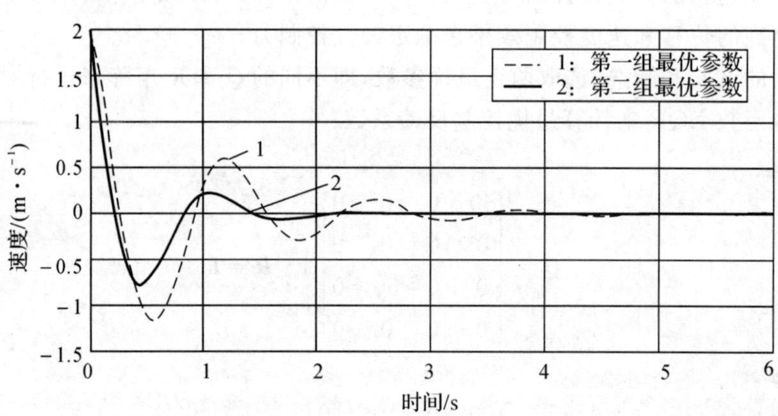

图 9.63　半主动控制最优控制法弹性支撑质量速度-时间图

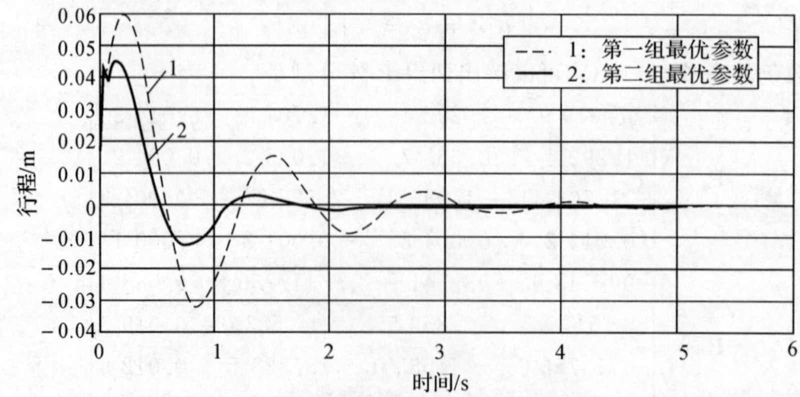

图 9.64　半主动控制最优控制法非弹性支撑质量行程-时间图

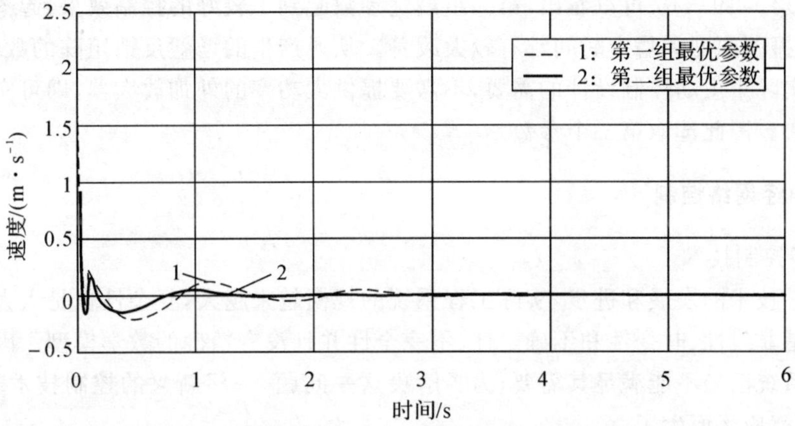

图 9.65　半主动控制最优控制法非弹性支撑质量速度-时间图

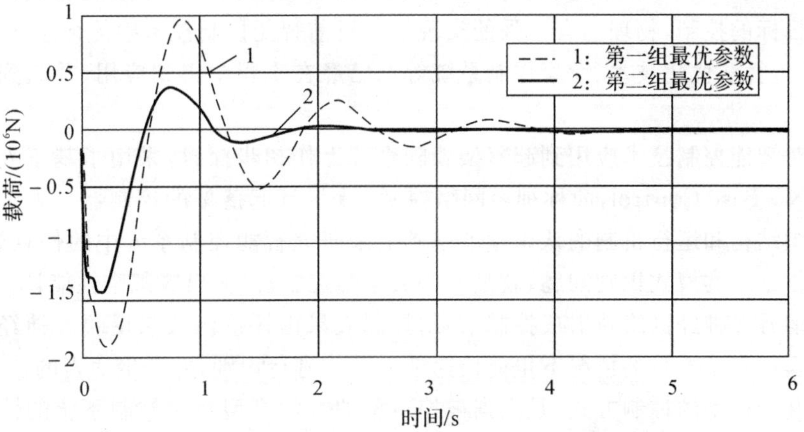

图 9.66　半主动控制最优控制法弹性支撑质量载荷变化图

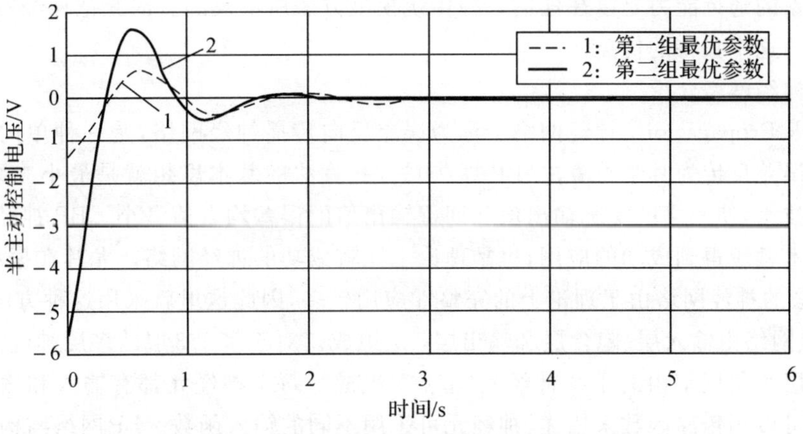

图 9.67　半主动控制最优控制法控制电压图

从图9.62～图9.67可以看出，第二组最优参数起到了较好的控制效果，起落架着陆的动态性能更好，振荡幅度和稳定时间都有较大改善。从所产生的增益反馈矩阵的数值上来看，也是能够满足实际半主动控制设计的需要，不需要提供大功率的外加放大器，即可实现控制器的最优控制算法。因此选取第二个参数。

4. BP神经网络控制

(1) 智能控制技术

随着科学技术的发展和进步，实际工程系统的规模越来越大，复杂性也是大大提高。许多实际系统都是非线性、时变性和不确定性、不完全性并且没有精确的数学模型。因此原有的一些常规控制系统已经不能满足其需要，为了解决这一问题，一门新兴的控制技术 —— 智能控制技术 —— 就应运而生了。

智能控制技术作为自动控制发展的高级阶段，集成了人工智能、控制论、系统论和信息论等多种学科的知识，是一门新的交叉前沿学科。其控制不需要人的干预就能独立地驱动智能机器实现其目标的控制，物理上有很强的实现性。目前智能控制技术中的神经网络技术、模糊控制技术、遗传算法优化技术、专家控制系统等都已经在工程中得到应用，并起到了很好的控制效果。

本节将对智能控制技术应用到起落架着陆系统上作初步探讨，采用了基于人工神经网络的控制(ANN - Base Control，简称神经网络控制)来设计起落架的控制器。人工神经网络是在对人脑组织结构和运行机制的认识理解基础上来研究智能控制系统中的信息处理，其控制问题可以看作是一类模式识别问题，就是一些关于受控状态、输出或某个性能评价函数的变化信号。这些信号经神经网络映射成控制信号，控制效果由评价函数来反映。神经网络控制的优点是在输入信息量不足的情况下也能快速地对模式进行识别，并产生适当的控制信号。

传统的基于模型的控制方式，是根据被控对象的数学模型及对控制系统的性能指标来设计控制器，并对控制规律加以数学解析描述，有显式表达知识的特点。而基于神经网络的神经网络控制器是实现智能控制的一种重要形式，它具有很强的非线性逼近功能，尤其是对于不确定性复杂对象的逼近能力是以往任何一种传统模型方法所不及的。因此把神经网络用于控制正是利用它的这个独特的优点。

(2)BP神经网络介绍

BP(Back Propagation) 神经网络全称为误差反向传播神经网络，是一种单向传播的多层前向网络。误差反传为其学习算法(BP算法)。BP算法的基本思想就是最小二乘算法，即采用梯度搜索技术，使网络的实际输出值和期望输出值的误差均方值最小。BP神经网络已经在许多科学技术领域得到成功的应用，也是理论上比较成功的神经网络。尤其在振动控制领域，基于BP算法的神经网络由于理论上的完整性应用较多，因此这里就采用这种方法。

BP神经网络由输入层、隐含层和输出层3层组成。对于多于3层的多层神经网络，则包含更多的隐含层。每层都由若干个神经元(节点)组成。每个神经元都有输入和输出。输入和输出的关系可以用传递函数来描述，神经元可采用不同的输入函数。BP网络结构图如图9.68所示。

BP算法的学习训练过程包括正向传播和反向传播。在正向传播的过程中，输入信号从输入层经过多层隐含层逐层处理，并传向输出层。每层的神经元节点的状态只影响下一层神经元的状态。如果在输出层不能得到期望的输出，则会转入反向传播，将误差信号沿原来的通道返回，再通过修改各层的神经元权值，使误差信号最小。

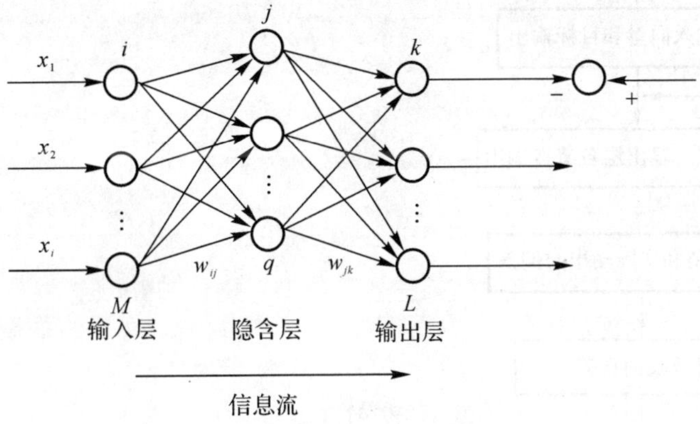

图 9.68　BP 网络结构图

图 9.68 中有 M 个输入节点和 L 个输出节点，网络的隐含层有 q 个节点。w_{ij} 和 w_{jk} 为输入层和隐含层、隐含层和输出层节点之间的连接权值，隐含层和输出层节点的输入是前一层节点的输出的加权和，每个节点的激励程度是由它的激发函数来决定的。每个神经节点的净输入为

$$net_i = \sum_j w_{ij} Q_{ij} \tag{9.171}$$

式中，Q_{ij} 为上层第 j 节点的输出；w_{ij} 为 i，j 节点间的连接权值。节点输出为

$$z_i = f(net_i + \theta_i) \tag{9.172}$$

式中，θ_i 为节点的阈值；$f(\cdot)$ 为节点的传递函数。其算法可以描述如下：

1）权值和阈值的初始化。

2）给定输入和目标输出。

3）从输入层开始至输出层正向计算网络输出。

4）修正权值：从输出层开始，将误差信号沿连接通路反向传播，修正各层连接权值，使网络误差最小。具体调整规则可参考相关文献。流程图的形式如图 9.69 所示。

(3)BP 网络的局限性

当 BP 神经网络进行训练时，有时会出现这样一种情况：网络的输出与期望输出之间的误差在某一个值左右徘徊，但是无法再减少。这时就表明网络的训练陷入了局部最小值。局部最小值的二维示意图如图 9.70 所示。

另外，在 BP 网络的训练过程中，有时候也会出现误差在一定时间内的减少极度缓慢，但是的确是在减少。这时表示网络已经进入了误差的平坦区。平坦区的二维示意图如图 9.71 所示。

误差曲面的平坦区域会使训练次数大大增加，从而影响了收敛速度；而误差曲面的多极小点也会使训练陷入局部极小，从而使训练无法收敛于给定误差。以上两个问题都是 BP 算法的固有缺陷，其根源在于其基于误差梯度的权值调整原则每一步求解都取局部最优（该调整原则即所谓贪心（Greedy）算法的原则），可参考相关文献。

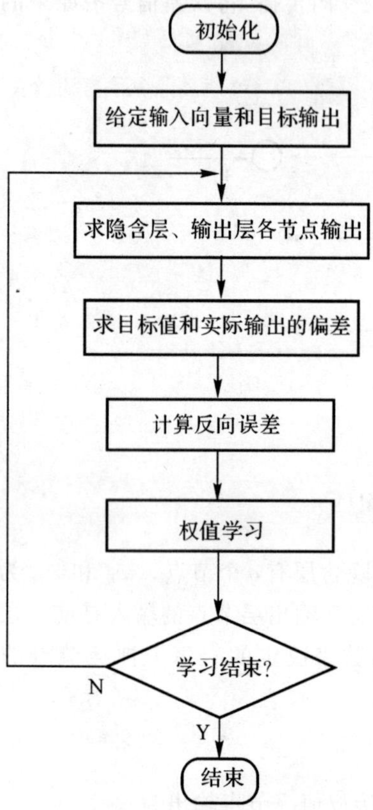

图 9.69 BP 算法流程图

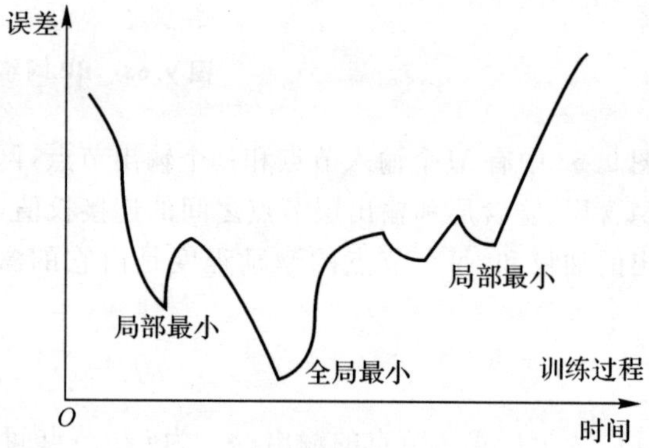

图 9.70 误差局部最小二维示意图

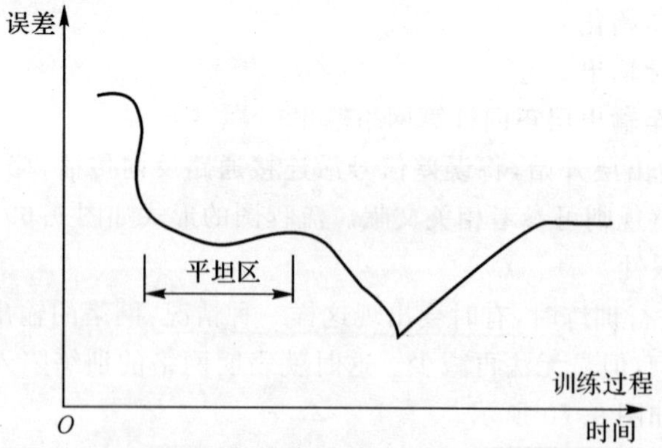

图 9.71 误差平坦区的二维示意图

(4) 起落架 BP 网络控制器的实现

对于起落架来说,可以先确定好输入层和输出层。根据需要输入层的节点为起落架的 4 个状态向量,输出的节点就是 1 个,即半主动控制电压。这种多个输入一个输出的网络结构效果较好,训练起来也比较方便。

要设计 BP 网络的控制器,首先必须先确定 4 个输入量的基本范围,通过观察在极点配置控制方法和最优控制方法下的 4 个输入的仿真曲线图,综合考虑所设计系统的健壮性和适应性，来确定它们的范围，分别为[－0.2,0.4]，[－1.5,2]，[－0.04,0.06]和[－0.5,2.5]。

其次，设计 BP 网络的隐层数和每层中的神经元的个数。网络层数个数太少，必然会引起训练精度过低，导致系统超调；相反，如果增加隐层数则可以降低网络误差，提高精度，但也使网络复杂化，从而增加了网络的训练时间和出现“过拟合”的倾向。若输入层和输出层采用线性转换函数，隐层采用 Sigmoid 转换函数，则含一个隐层的网络能够以任意精度逼近任何有理函数。在设计 BP 网络时可参考这一点，应优先考虑 3 层 BP 网络(即有 1 个隐层)。一般地，靠增加隐层节点数来获得较低的误差，其训练效果要比增加隐层数更容易实现。

在 BP 网络中，隐层节点数的选择非常重要，它不仅对建立的神经网络模型的性能影响很大，而且是训练时出现“过拟合”的直接原因，但是目前理论上还没有一种科学的和普遍的确定方法。目前多数文献中提出的确定隐层节点数的计算公式都是针对训练样本任意多的情况，而且多数是针对最不利的情况，一般工程实践中很难满足，不宜采用。事实上，各种计算公式得到的隐层节点数有时相差几倍甚至上百倍。为尽可能避免训练时出现“过拟合”现象，保证足够高的网络性能和泛化能力，确定隐层节点数的最基本原则是：在满足精度要求的前提下取尽可能紧凑的结构，即取尽可能少的隐层节点数。研究表明，隐层节点数不仅与输入／输出层的节点数有关，更与需解决的问题的复杂程度和转换函数的类型以及样本数据的特性等因素有关。

这里采用下面 3 种方法来选择隐层的节点数。方法一：当输入神经元数为 N，隐含层神经元数为 $2N+1$ 时，使用单隐含层的神经网络可以实现输入的任意函数；方法二：对于小型网络来说，当输入节点数 M 大于输出节点数 N 时，最佳隐含层神经元数为 M 和 N 的几何平均值；方法三：隐含层神经元个数为 J，输入样本数为 N，则取 $J=\ln N$。

由于方法二和所得到的节点数值是一样的，所以设计的 BP 网络的层数和每层中神经元个数分别为

$$[2\quad 1]$$
$$[9\quad 1]$$

最后，选择 BP 网络中每层的激活函数。

有 3 种网络激活函数：

1) 线性传递 purelin 函数。

调用格式为

$$a=\text{purelin}(n) \tag{9.173}$$

表达式为

$$a=n \tag{9.174}$$

2) 对数 S 型 logsig 函数。

调用格式为

$$a=\text{logsig}(n) \tag{9.175}$$

表达式为

$$a=\frac{1}{1+\exp(-n)} \tag{9.176}$$

3) 双曲正切 S 型 trnsig 函数。

调用格式为

$$a = \text{trnsig}(n) \tag{9.177}$$

表达式为

$$a = \frac{\exp(n) - 1}{\exp(n) + 1} \tag{9.178}$$

在一般情况下,BP 网络均是在隐含层采用 S 型激活函数,而输出层采用线性函数。又由于对数型 S 函数比正切型 S 函数收敛速度快,所以选择

{'logsig','purelin'}

另外,对于 BP 网络的训练算法、学习函数以及期望误差均采用 MATLAB 工具里面的默认值,即 trainlm 函数(其收敛速度相对于其他函数是最快的),learngdm 函数(其学习系数和动量常数为 0.01 和 0.9)和 mse 均方误差函数。

BP 神经网络在未经任何训练的情况下,不能作为任何系统的控制器。要使 BP 神经网络产生控制作用,必须在给出输入输出样本对的前提下,对 BP 神经网络进行训练。输入输出样本就从起落架系统的第二组参数最优控制中得到。

上述结构图在系统仿真之后,MATLAB 会自动选取 128 个变步长的样本点输出到工作区间。然后,通过 MATLAB 程序对 BP 神经网络进行训练。其中,选取的训练目标误差为 0.000 000 1,训练次数上限为 1 000 次。由于 BP 网络存在固有的误差平坦区和局部最小的缺点,还有在网络初始化每层的权值和阈值是根据 Nguyen-Widrow 算法随机产生的,所以训练过程会不同,达到目标误差的训练次数和训练时间也是每次都不一样的。采用多次训练,选取最好的一次用 gensim 语句产生一个神经网络控制模块作为起落架系统的控制器。按照不同的神经元个数所选的两组参数的训练过程图,如图 9.72 和图 9.73 所示。

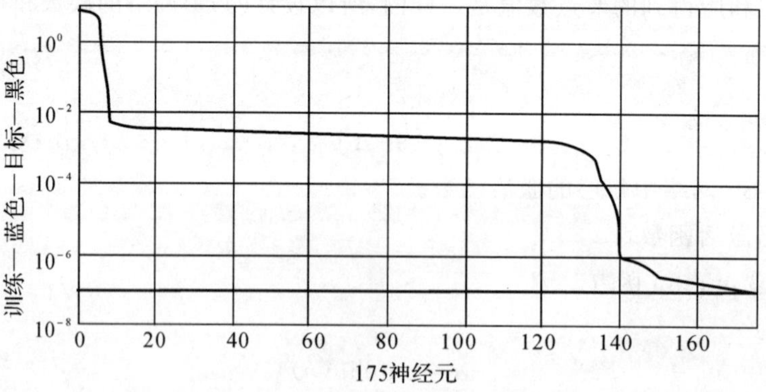

图 9.72 BP 网络第一组数据误差训练图

由 9.72 和图 9.73 可以看出由于节点的增加导致训练时间的增大。产生的神经网络控制模块加入起落架系统后的仿真结构图如图 9.74 所示。

BP 神经网络的内部结构图如图 9.75 所示。$\boldsymbol{p}\{1\}$ 为 4 个输入向量,$y\{1\}$ 为一个输出量,第一层和第二层为隐层和输出层。

进行仿真后曲线图如图 9.76～图 9.81 所示。由图可见,在第一组的振荡时间较长,稳定时间达到了 4s,起落架的着陆性能不如第二组。因此选取第二组神经网络控制模块作为控制器。

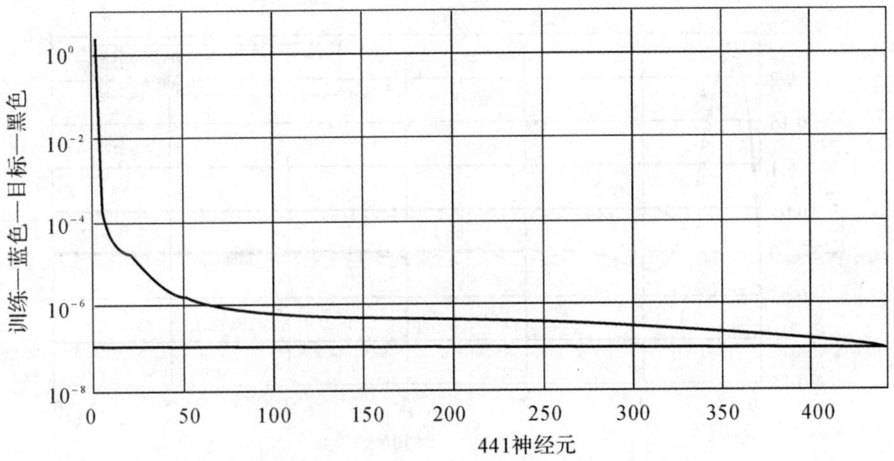

图 9.73　BP 网络第二组数据误差训练图

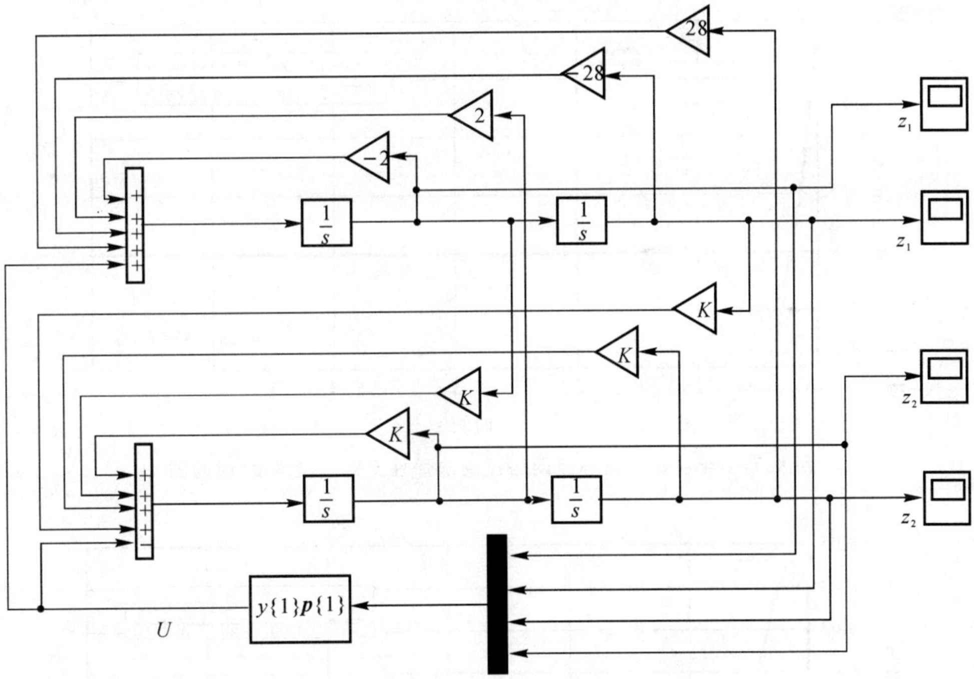

图 9.74　起落架 BP 网络控制结构图

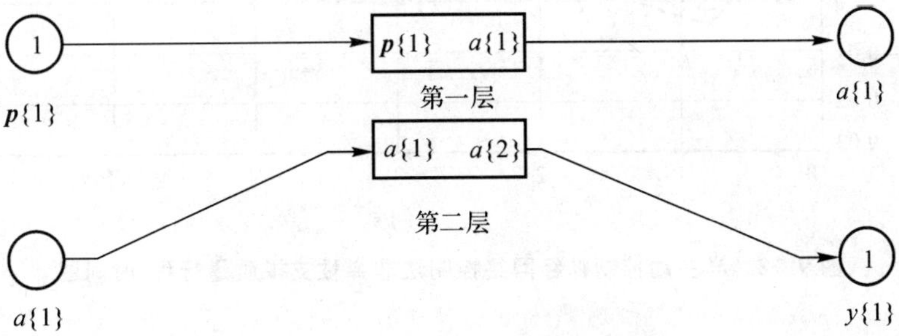

图 9.75　起落架 BP 网络内部结构图

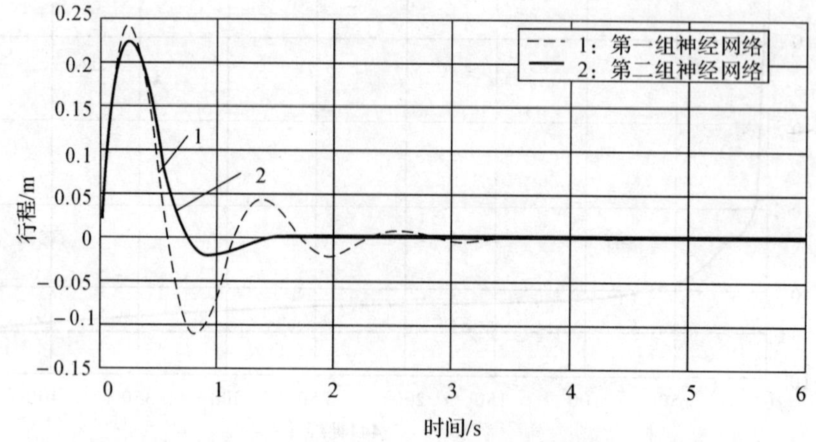

图 9.76　半主动控制神经网络控制法弹性支撑质量行程-时间图

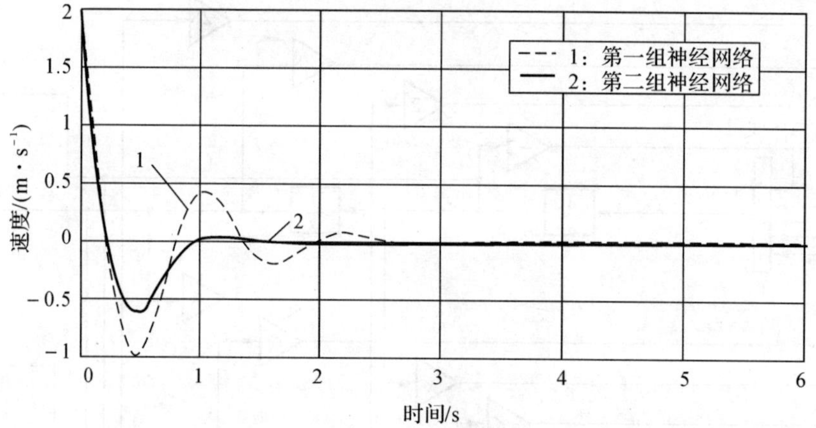

图 9.77　半主动控制神经网络控制法弹性支撑质量速度-时间图

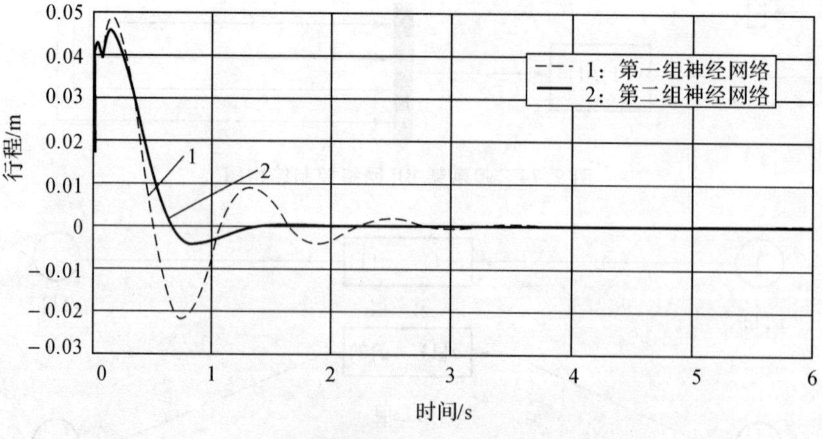

图 9.78　半主动控制神经网络控制法非弹性支撑质量行程-时间图

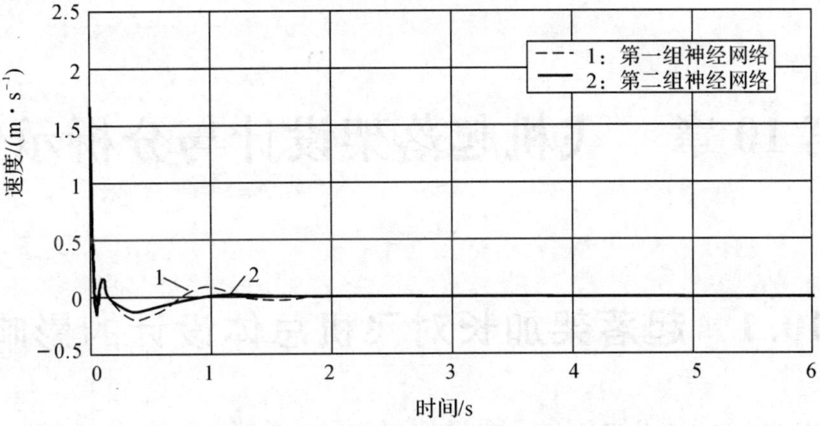

图 9.79　半主动控制神经网络控制法非弹性支撑质量速度-时间图

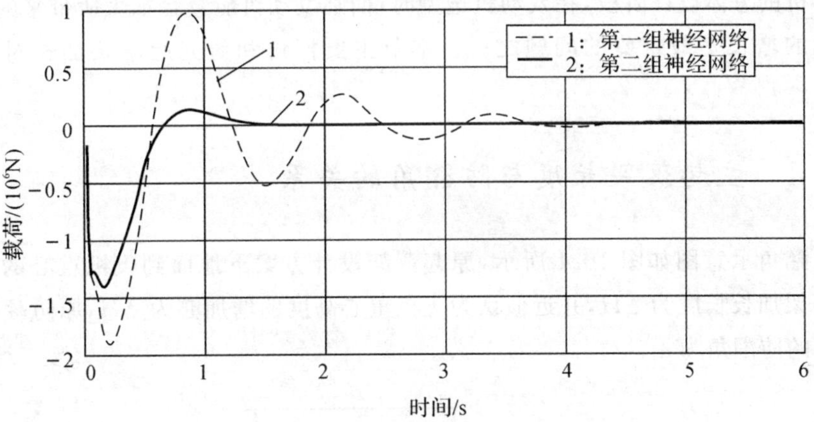

图 9.80　半主动控制神经网络控制法弹性支撑质量载荷变化图

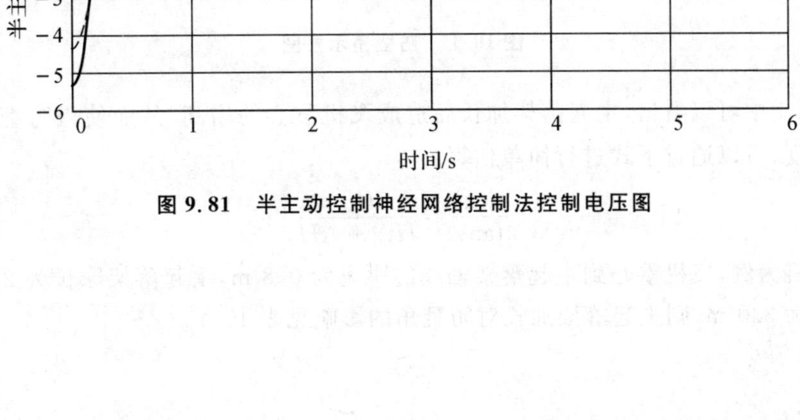

图 9.81　半主动控制神经网络控制法控制电压图

第 10 章　飞机起落架设计与分析示例

10.1　起落架加长对飞机总体设计的影响

起落架长度在飞机总体设计中一般与后机身、翼尖和发动机舱的设计息息相关。在飞机的总体设计阶段，需要对比不同的设计方案以确定出最合理的终选方案。本节的研究背景是在某大型客机的总体设计阶段，在发动机选型时，面临发动机舱直径加大所带来的问题。其中起落架长度的增长是最重要的问题之一。本节主要探讨和研究起落架加长对飞机设计的影响。

10.1.1　主起落架长度与防翻角的关系

飞机防翻角示意图如图 10.1 所示，原起落架设计方案下地面到飞机重心的垂直高度为 H_{cg}，主起落架加长长度为 ΔH，并近似认为飞机重心高度的增加亦为 ΔH，原防翻角为 α，主起落架加长后的防翻角为 α_1。

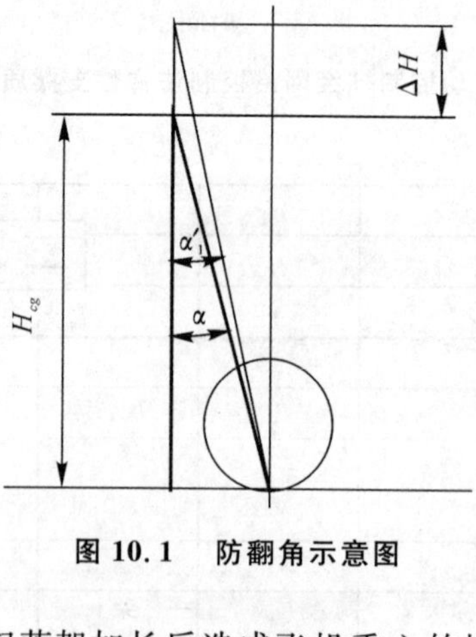

图 10.1　防翻角示意图

从图 10.1 中可以看出，主起落架加长后造成飞机重心的增高，从而使得防翻角减小。至于减小的程度，可以通过下式进行简单估算：

$$\frac{\tan\alpha_1}{\tan\alpha}=\frac{H_{cg}}{H_{cg}+\Delta H} \tag{10.1}$$

以某型机为例，飞机重心到主起落架轴线的距离为 0.8 m，主起落架原长为 2.35 m，重心的垂直高度为 3.0 m，则主起落架加长对防翻角的影响见表 10.1。

表 10.1　防翻角随主起落架长度的变化

主起落架长度 /m	2.35	2.467 5	2.585 0	2.702 5	2.820 0	2.937 5
加长倍数	1.0	1.05	1.1	1.15	1.2	1.25
实际加长长度 /m	0	0.117 5	0.235 0	0.352 5	0.470 0	0.587 5
防翻角 /(°)	14.93	14.39	13.89	13.42	12.98	12.57

对于此例的情况，防翻角随主起落架加长的变化，也可以按照下式进行快速估算：

$$\frac{\alpha_1}{\alpha}=\frac{H_{cg}}{H_{cg}+\Delta H} \tag{10.2}$$

即防翻角变化的比值与重心高度变化的比值成反比。

10.1.2　主起落架长度与尾坐角的关系

在确定地面停机线的第一次近似点的时候，用到了过重心后限绘制一条与垂直线成 15°角的线，此倾斜线与通过机轮中心的垂直线相交，这两条线的交点即为停机地面线的第一次近似点；过该近似点作此倾斜线的垂线，可初步确定尾坐角。尾坐角初步设计示意图如图 10.2 所示。

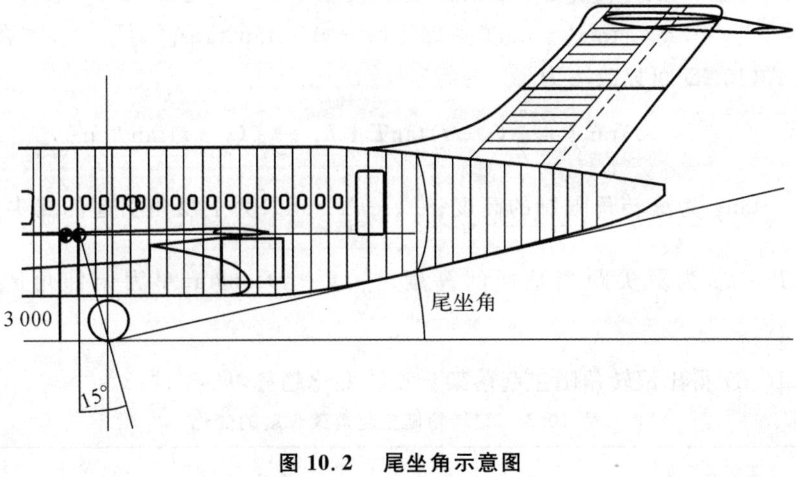

图 10.2　尾坐角示意图

以某型飞机为例，在主起落架纵向站位不变的情况下，得出主起落架加长对尾坐角的影响见表 10.2。

表 10.2　尾坐角随主起落架长度的变化

主起落架长度 /m	2.35	2.467 5	2.585 0	2.702 5	2.820 0	2.937 5
加长倍数	1.0	1.05	1.1	1.15	1.2	1.25
实际加长长度 /m	0	0.117 5	0.235 0	0.352 5	0.470 0	0.587 5
尾坐角 /(°)	11.73	12.32	12.91	13.49	14.03	14.53

10.1.3 主起落架长度与滚转角的关系

对于下单翼翼吊发动机布局的大型客机而言，一旦主起落架的侧向站位确定以后，主起落架长度对于滚转角的影响尤为突出。滚转角示意图如图10.3所示。

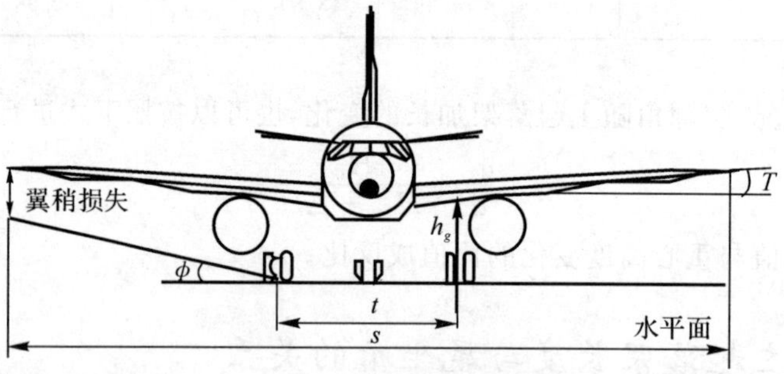

图 10.3 滚转角示意图

以某型机为例，参数如下：

机翼上反角 $T=3°$；主起落架高度 $h_g=2.35$ m；

机翼后掠角 $A=19°$；翼展 $s=34$ m；

主轮间距 $t=5.7$ m；尾坐角 $\theta=11.73°$。

$$\tan\phi=\tan T+2h_g/(s-t)-\tan\theta\tan A \tag{10.3}$$

实际上，式(10.3)可以改写为

$$\frac{1}{2}(s-t)\tan\phi=\frac{1}{2}(s-t)\tan T+h_g-\frac{1}{2}(s-t)\tan\theta\tan A \tag{10.4}$$

式中，$\frac{1}{2}(s-t)\tan\phi$ 为滚转角限制的高度；$\frac{1}{2}(s-t)\tan T$ 为上反角引起的翼尖上翘的高度；$\frac{1}{2}(s-t)\tan T+h_g$ 为翼尖距离地面的高度；$\frac{1}{2}(s-t)\tan\theta\tan A$ 为俯仰角造成的翼尖高度损失。

可由式(10.3)得出滚转角随主起落架长度的变化趋势，见表10.3。

表 10.3 滚转角随主起落架长度的变化

主起落架长度 /m	2.35	2.467 5	2.585 0	2.702 5	2.820 0	2.937 5
加长倍数	1.0	1.05	1.1	1.15	1.2	1.25
实际加长长度 /m	0	0.117 5	0.235 0	0.352 5	0.470 0	0.587 5
滚转角 /(°)	8.36	8.62	8.88	9.13	9.41	9.69

10.1.4 主起落架长度与侧翻角的关系

为了得到飞机良好的侧向稳定性，希望有尽可能小的侧翻角，因为飞机防侧翻的恢复力矩取决于侧翻角的大小。侧翻角大小取决于飞机主轮距与飞机重心高度等的关系。侧翻角示意图如图 10.4 所示。

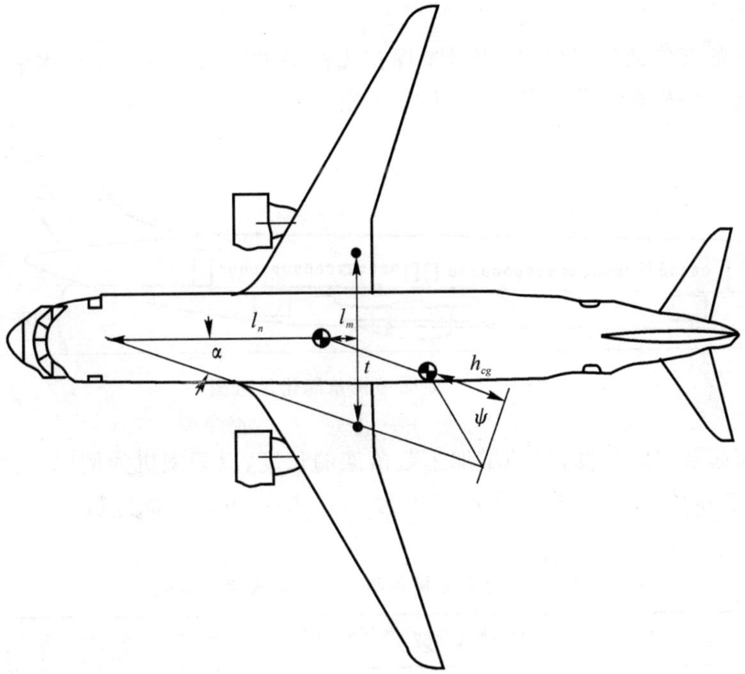

图 10.4　侧翻角示意图

以某型机为例，参数如下：

飞机重心的高度 $h_{cg}=3$ m；

前轮中心到重心的距离 $l_n=17.8$ m；

重心到后轮中心的距离 $l_m=0.8$ m；

主轮间距 $t=5.7$ m。

侧翻角可由下式进行快速估算：

$$\tan\psi=\frac{h_{cg}}{\ln\ \sin\delta} \tag{10.5}$$

此处

$$\tan\delta=\frac{t}{2(l_m+l_n)} \tag{10.6}$$

可由式(10.5)得出侧翻角随主起落架长度的变化趋势，见表 10.4。

表 10.4　侧翻角随主起落架长度的变化

主起落架长度 /m	2.35	2.467 5	2.585 0	2.702 5	2.820 0	2.937 5
加长倍数	1.0	1.05	1.1	1.15	1.2	1.25
实际加长长度 /m	0	0.117 5	0.235 0	0.352 5	0.470 0	0.587 5
侧翻角 /(°)	41.08	42.47	43.80	45.07	46.29	47.46

10.1.5 主起落架长度与地面停机角的关系

飞机在地面静态停放的时候，应当尽量保持飞机纵轴线水平或者接近水平，以满足驾驶员视角等要求。地面停机角简化示意图如图 10.5 所示。

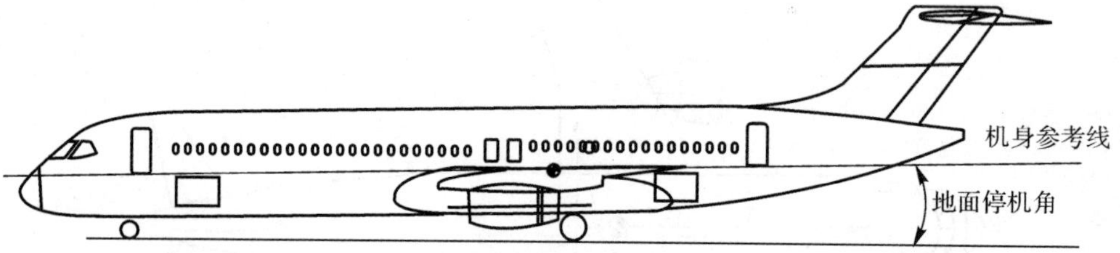

图 10.5 地面停机角简化示意图

若不改变前起落架的长度，单纯增加主起落架的长度，以某型机为例，前、主起落架轮距为 19 m，前起落架长度为 1.9 m，原地面停机角为 $-1°$，则可得出地面停机角随主起落架长度的变化趋势(见表 10.5)。

表 10.5 地面停机角随主起落架长度的变化

主起落架长度 /m	2.35	2.467 5	2.585 0	2.702 5	2.820 0	2.937 5
加长倍数	1.0	1.05	1.1	1.15	1.2	1.25
实际加长长度 /m	0	0.117 5	0.235 0	0.352 5	0.470 0	0.587 5
地面停机角 /(°)	−1	−1.35	−1.71	−2.06	−2.42	−2.77

考虑到客机地面停机线和甲板线的一般要求，前、主起落架的长度应当有所匹配。若要保持 $-1°$ 的地面停机角，前起落架长度也应该按照主起落架长度的实际加长长度进行加长。

10.1.6 主起落架加长和主起落架侧向站位的关系

对于下单翼翼吊发动机布局的大型客机而言，主起落架一般都采用向内收入机翼与机身连接处。随着主起落架长度的增加，就必然使得主起落架收放舱必须扩大以容纳增加的主起落架长度。由于机身结构的限制，就使得在有些情况下必须使主起落架的侧向站位外移以满足空间要求。

10.1.7 主起落架加长对缓冲性能的影响

起落架长度的增加，使得起落架的可用行程和内部空间都得以增加，因而可以将原常规行程单腔缓冲器改进设计为长行程单腔缓冲器或双腔缓冲器。长行程单腔缓冲器和双腔缓冲器与常规行程单腔缓冲器相比在缓冲性能方面均具有一定的优势。以双腔缓冲器为例，其与常规行程单腔缓冲器的差异主要体现在以下几个方面：

1）缓慢越过长波长道面小丘和凹坑的优良性能；

2）快速越过高幅、短波长连续小丘的优良性能；

3）良好的反弹阻尼及停机压缩比；

4）着陆冲击性能；

5）高的下沉速度承载能力，可适用于短距起降；

6）减小刹车引起的前轮超载载荷。

例如：当飞机滑行越过长波长道面小丘或凹坑时，常规行程单腔缓冲器、双腔缓冲器和长行程单腔缓冲器压缩行程及能量比较如图 10.6 所示。

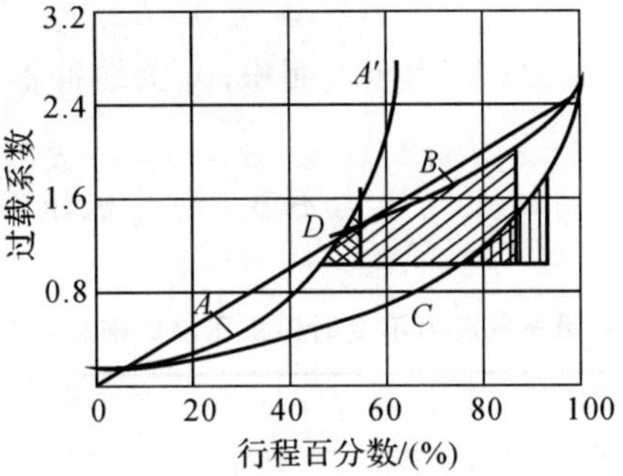

图 10.6　飞机越过道面小丘时单、双缓冲器压缩行程及能量比较

图 10.6 中常规行程单腔缓冲器沿 AA' 曲线工作，双腔缓冲器沿 AB 曲线工作，而长行程单腔缓冲器沿 C 曲线工作，其中 A 和 B 两曲线的交点 D 为双腔缓冲器高压腔开始工作的转折点。3 种缓冲器缓慢越过长波长小丘性能的试验数据见表 10.6。

表 10.6　3 种缓冲器性能的试验数据

缓冲器形式 / 项目	常规行程单腔	双　腔	长行程单腔
曲　线	AA'	AB	C
行程增量	8.4%	41.6%	16.0%
行程增量比	1.0	5.0	1.9
能量增量	3.8%	23.7%	7.2%
能量增量比	1.0	6.2	1.9

考虑到将单腔缓冲器改为双腔缓冲器需改进的设计内容过于宽泛，这里暂以长行程单腔缓冲器的缓冲性能和常规行程单腔缓冲器的缓冲性能进行示例分析，以对比增长起落架可能造成的对缓冲性能的影响。

（1）静态停机

以某型机主起落架为例：

总行程 $s_{total}=0.518\ m$；

压气面积 $A_a=0.031\ 5\ m^2$；

初始充气压力 $p_{a0}=2.59\ \mathrm{MPa}$；

初始充气体积 $v_0=0.0183\ \mathrm{m}^3$；

停机载荷 $F_{tj}=325\,970\ \mathrm{N}$；

停机到全伸长压缩比为 4 ∶ 1；

全压缩到停机压缩比为 3 ∶ 1。

在静态停机情况下，停机载荷仅由空气弹簧力进行支撑，其中空气弹簧力可由下式进行计算：

$$F_a=p_{a0}A_a\left(\frac{v_0}{v_0-A_a s}\right)^n \tag{10.7}$$

式中，p_{a0} 为缓冲器空气腔初始压力；A_a 为压气面积；v_0 为缓冲器空气腔初始体积；s 为缓冲器行程；n 为空气压缩多变指数。

假定初始充气体积增大，初始充气压力不变，则停机压缩比随起落架长度的变化见表10.7。

表 10.7 当初始充气压力不变时停机压缩比随起落架长度的变化

主起落架长度 /m	2.35	2.467 5	2.585 0	2.702 5	2.820 0	2.937 5
加长倍数	1.0	1.05	1.1	1.15	1.2	1.25
实际加长长度 /m	0	0.117 5	0.235 0	0.352 5	0.470 0	0.587 5
停机到全伸长压缩比	4	4	4	4	4	4
全压缩到停机压缩比	3	3.687 1	4.388 2	5.101 6	5.825 9	6.559 9

(2) 落震性能

以某型机主起落架为例，采用二质量模型进行落震性能的仿真计算，该模型的主要简化假设包括以下几点：

1) 起落架固定在一个只有垂直方向自由度的质量上；

2) 忽略轴相对于缓冲支柱轴线的偏距；

3) 起落架的弯曲刚度为无穷大，即不考虑起落架的弯曲。

模型经过简化以后，可以认为系统是由上部质量位移 z_1 和下部质量位移 z_2 这两个自由度所组成的二自由度系统，二自由度系统的示意图如图 10.7(a) 所示。如图 10.7(b) 所示是该型起落架的缓冲器结构示意图。

在仿真计算时，忽略了摩擦力。运动过程分为两个阶段描述：第一阶段为轮胎接地到缓冲器开始压缩这段时间；第二阶段为缓冲器开始压缩到分析结束这段时间。由牛顿第二定律得到描述第一和第二阶段的微分方程分别如下：

描述第一阶段的微分方程为

$$\frac{W}{g}\ddot{z}+mz^r+W(K_L-1)=0 \tag{10.8}$$

描述第二阶段的微分方程为

对于上部质量

$$\frac{W_1}{g}\ddot{z}_1+\frac{\dot{s}}{|\dot{s}|}\frac{\rho A_h^3}{2(C_d A_n)^2}\dot{s}^2+p_{a0}A_a\left(\frac{v_0}{v_0-A_a s}\right)^n+K_L W-W_1=0 \tag{10.9}$$

该起落架各构件的受力分析如图10.8所示。

对于下部质量

$$\frac{W_2}{g}\ddot{z}_2-\frac{\dot{s}}{|\dot{s}|}\frac{\rho A_h^3}{2(C_d A_n)^2}\dot{s}^2-p_{a0}A_a\left(\frac{v_0}{v_0-A_a s}\right)^n+mz_2^r-W_2=0 \tag{10.10}$$

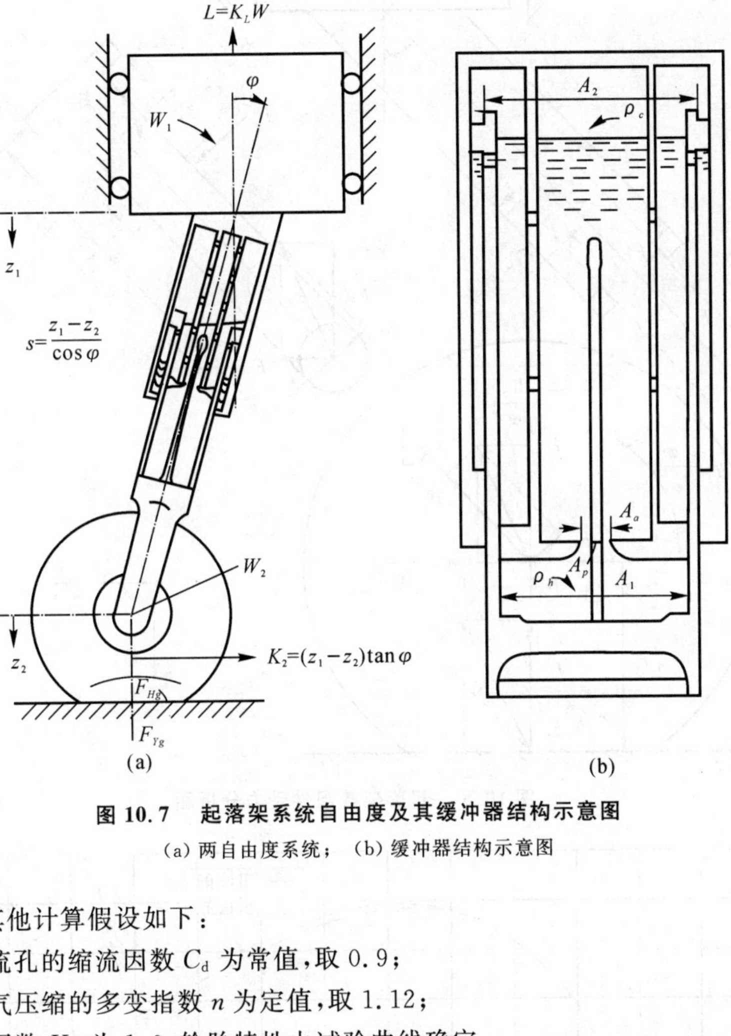

图10.7　起落架系统自由度及其缓冲器结构示意图

(a) 两自由度系统；(b) 缓冲器结构示意图

该模型的其他计算假设如下：

1) 假定缩流孔的缩流因数 C_d 为常值，取0.9；

2) 假定空气压缩的多变指数 n 为定值，取1.12；

3) 取升力因数 K_L 为1.0，轮胎特性由试验曲线确定。

根据以上的模型，采用MATLAB编程对原起落架落震性能和加长0.47 m后的落震性能进行数值计算，仿真结果如图10.9和图10.10所示：

从图10.9中可以看出，主起落架加长后，落震过程中起落架最大过载由1.27减小为1.17，缓冲器效率由80.4%减小为78.1%。

从图10.10中可以看出，主起落架加长后，除落震冲击载荷减小外，冲击载荷峰值与原冲击载荷峰值对应后移，振荡周期也增大了。

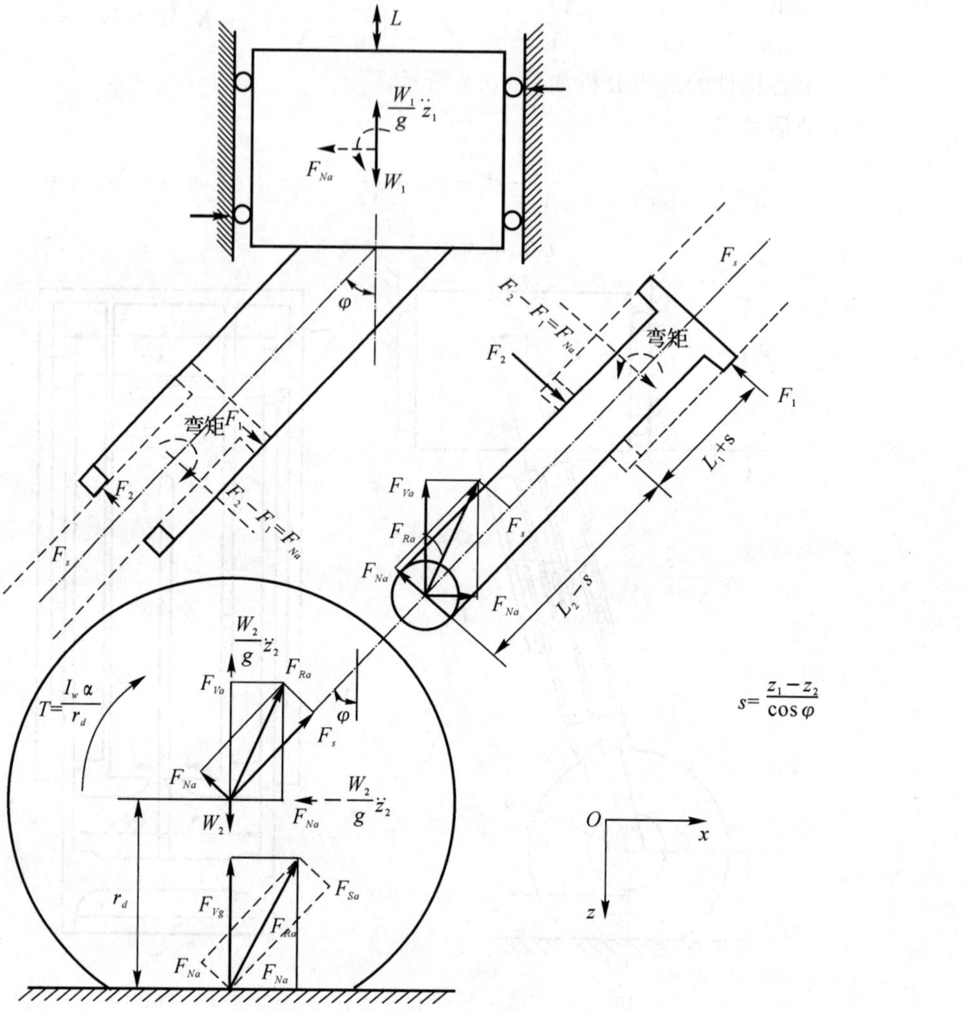

图 10.8 起落架各组件受力分析图

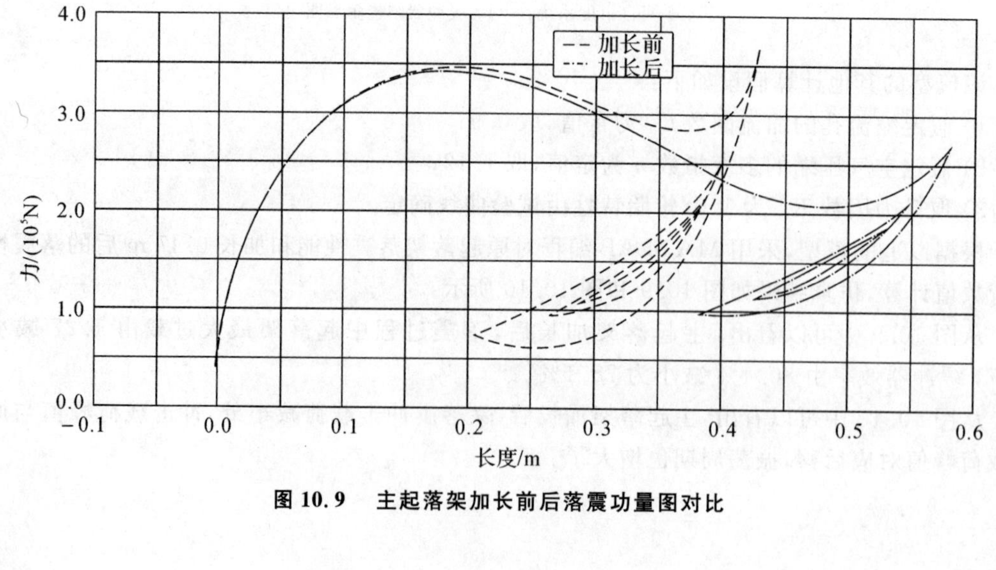

图 10.9 主起落架加长前后落震功量图对比

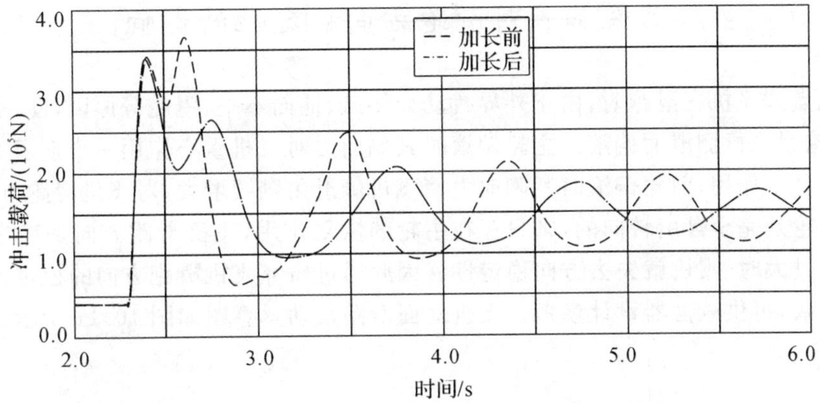

图 10.10　主起落架加长前后落震冲击载荷-时间历程图

10.1.8　主起落架加长对摆振性能的影响

飞机在起飞或着陆滑跑时，前轮(或主轮)有时会发生一种偏离其中立位置的剧烈的侧向摆动。这种摆动，是以机轮摆动为主，并伴有起落架结构及机身的运动和轮胎交变变形的多种运动相互耦合的自激振动，叫飞机机轮摆振。以轮胎摆动为主的摆振称为"轮胎型摆振"；以支柱变形为主的摆振称为"结构型摆振"。通常，发生"轮胎型摆振"时的减摆器阻尼临界值较小，是减摆器设计阻尼的下临界值；而发生"结构型摆振"时减摆器阻尼临界值相对较高，是减摆器设计阻尼的上临界值。减摆器阻尼必须选在下临界值和上临界值之间并且上、下临界值相差足够大，这样才能避免摆振的发生。

支柱侧倾刚度对"轮胎型摆振"有一定的影响，但对"结构型摆振"影响很小。支柱侧倾刚度对"轮胎型摆振"的影响规律：当减摆器传动系统扭转刚度足够时，增加支柱侧倾刚度具有稳定的作用，支柱侧倾刚度越大，防摆所需的减摆器阻尼越小(注：若减摆器传动系统扭转刚度过小，会有相反的结论。)。

减摆器传动系统扭转刚度对"轮胎型摆振"的影响不大，但对"结构型摆振"有非常明显的影响，是影响"结构型摆振"的最关键的参数。减摆器传动系统扭转刚度对"结构型摆振"的影响规律：增大减摆器传动系统扭转刚度，可以明显地提高"结构型摆振"稳定性，使发生"结构型摆振"减摆器阻尼上限明显提高，防止"结构型摆振"的发生；相反，如果减摆器传动系统扭转刚度的值过小，则使发生"结构型摆振"的减摆器阻尼上限值与发生"轮胎型摆振"的减摆器阻尼下限值非常接近，这时就很难防止摆振的发生。

因此，主起落架加长后，前起落架也应相应地加长，其支柱侧倾刚度和传动系统扭转刚度均降低，分别对"轮胎型摆振"和"结构型摆振"具有不稳定作用，支柱侧倾刚度变小使防止"轮胎型摆振"的阻尼器下临界值增大，传动系统扭转刚度变小使防止"结构型摆振"的阻尼器上临界值减小，因而使减摆阻尼器的设计区间减小，不利于提高防摆性能。

10.1.9 主起落架加长对滑跑方向稳定性的影响

当前三点式飞机在滑跑时，由于外界扰动如侧风、地面不平、蹬舵等原因，使飞机产生一个侧滑角，机轮因飞机侧滑而偏滚。主轮偏滚时其侧向力对飞机重心作用一个恢复力矩，对飞机滑跑方向起稳定作用；前轮偏滚时其侧向力使飞机侧滑角继续增大，对飞机滑跑方向起不稳定作用。若前轮是完全自由转向的，则只存在主轮的恢复作用，飞机滑跑方向是稳定的；反之当减摆器阻尼过大时，飞机就失去方向稳定性。因此通过研究飞机滑跑方向的稳定性，导出减摆器阻尼的上限，可供减摆器设计参考。飞机地面滑跑运动示意图如图 10.11 所示。

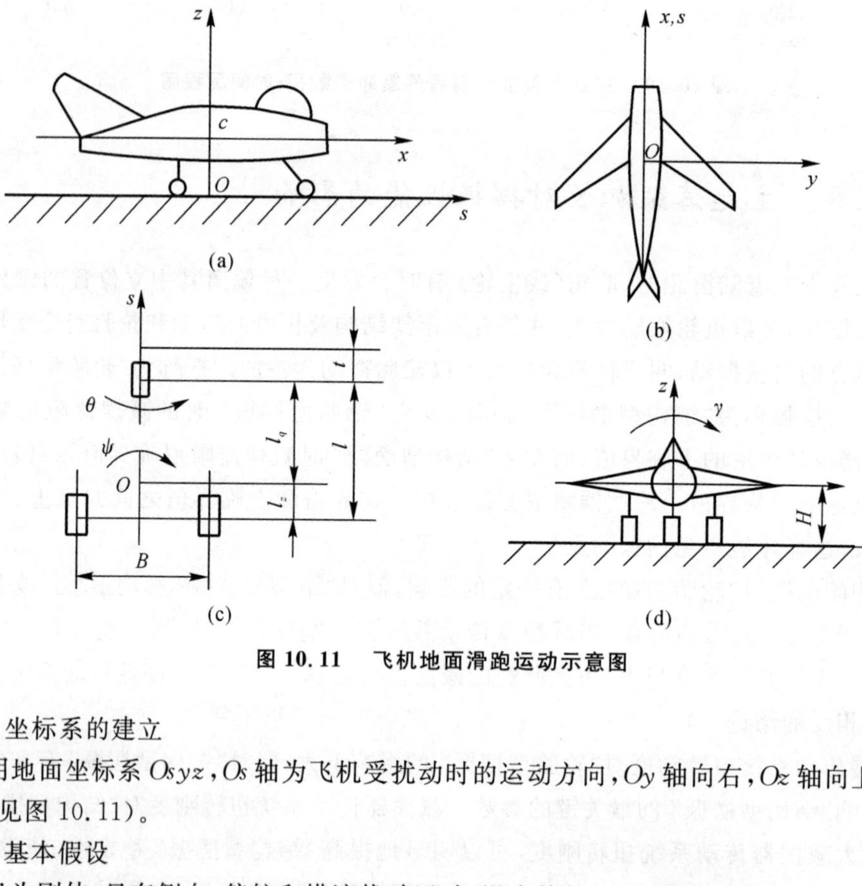

图 10.11 飞机地面滑跑运动示意图

(1) 坐标系的建立

采用地面坐标系 $Osyz$，Os 轴为飞机受扰动时的运动方向，Oy 轴向右，Oz 轴向上，Ox 为机体纵轴(见图 10.11)。

(2) 基本假设

飞机为刚体，只有侧向、偏航和横滚扰动运动，没有俯仰和垂直跳跃，即

$$w_y = 0, \quad V_z = 0 \tag{10.11}$$

略去飞机气动升力、阻力和其他气动力耦合项以及地面不平度的影响。

略去全机运动和前轮摆动间的惯性耦合作用，即在全机动力平衡条件中，略去前轮偏摆引起的惯性力；在摆动的动力平衡条件中略去全机运动加速度的影响。

飞机的滑跑速度 V 保持常数。

(3) 飞机滑跑小扰动运动方程

为便于列出动力平衡方程，在前述基本假设的条件下，先写出各力项如下：

惯性力项为

$$\frac{d^2}{d\tau^2}\begin{bmatrix} m_c & 0 & 0 & 0 \\ 0 & I_c & 0 & 0 \\ 0 & 0 & I_x & 0 \\ 0 & 0 & 0 & I \end{bmatrix}\begin{bmatrix} y \\ \psi \\ \gamma \\ \theta \end{bmatrix} \tag{10.12}$$

气动力项为

$$qS\begin{pmatrix} -C_{qd}\dfrac{d}{ds} & C_{qd} & 0 & 0 \\ -m_{qd}^{\dot{\psi}}L_y\dfrac{d^2}{d\tau ds}-m_{qd}^{\psi}L_y\dfrac{d}{ds} & m_{qd}^{\dot{\psi}}L_y\dfrac{d}{d\tau}+m_{qd}^{\psi}L_y & 0 & 0 \\ 0 & 0 & m_x^{\dot{\gamma}}L_y\dfrac{d}{d\tau} & 0 \\ 0 & 0 & 0 & 0 \end{pmatrix}\begin{bmatrix} y \\ \psi \\ \gamma \\ \theta \end{bmatrix} \tag{10.13}$$

起落架系统阻尼力及弹性力项为

$$\begin{pmatrix} 0 & 0 & 0 & 0 \\ 0 & 0 & 0 & 0 \\ 0 & 0 & h_\gamma\dfrac{d}{d\tau}+K_\gamma & 0 \\ 0 & 0 & 0 & h\dfrac{d}{d\tau} \end{pmatrix}\begin{bmatrix} y \\ \psi \\ \gamma \\ \theta \end{bmatrix} \tag{10.14}$$

轮胎侧向力及扭矩项为

$$\begin{pmatrix} 1 & 2 & 0 & 0 \\ l_q & -2l_z & -1 & -2 \\ -H & -2H & 0 & 0 \\ t & 0 & 1 & 0 \end{pmatrix}\begin{bmatrix} F_q \\ F_z \\ M_q \\ M_z \end{bmatrix} \tag{10.15}$$

采用无侧倾轮胎一阶近似的简化理论：

$$\left.\begin{aligned} & F_q = a_q\lambda_q = N_q\varphi_q \\ & F_z = a_z\lambda_z = N_z\varphi_z \\ & M_q = b_q\varphi_q \\ & M_z = b_z\varphi_z \\ & \frac{dy}{ds} = -(\theta+\varphi) \\ & \lambda = \frac{\beta}{\alpha}\varphi \end{aligned}\right\} \tag{10.16}$$

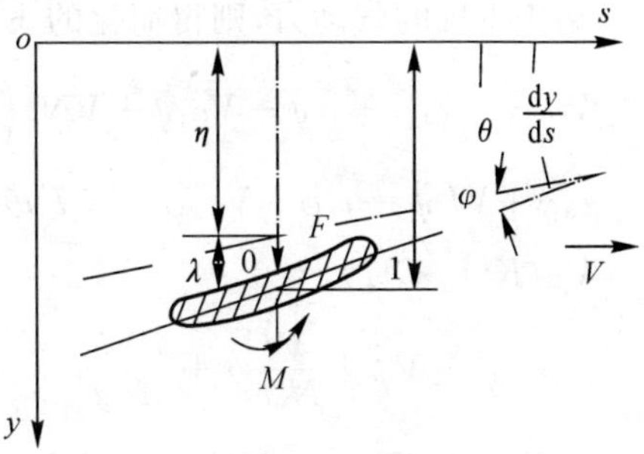

图 10.12　轮胎力学特性示意图

式中，λ 为触地中心的侧向偏移，表示轮胎的侧向变形，向右为正；φ 为触地中心处切线的偏转，表示轮胎的扭转变形，逆时针为正；θ 为机轮摆角；α 为轮胎侧向滚动系数；β 为轮胎扭转滚动系数。轮胎力学特性示意图如图 10.12 所示。

得到飞机轮胎的运动约束方程为（$\cdot$ 代表 $\dfrac{d}{d\tau}$）

$$\left.\begin{aligned} & \dot{y}+l_q\dot{\psi}+t\dot{\theta}-H\dot{\gamma}+\dot{\lambda}_q = V(\psi-\theta-\varphi_q) \\ & \dot{y}-l_z\dot{\psi}-H\dot{\gamma}+\dot{\lambda}_z = V(\psi-\varphi_z) \end{aligned}\right\} \tag{10.17}$$

为了简化，略去小量 λ_q，λ_z 的影响，并引入符号：

$$\left.\begin{aligned}&c_1=N_q+2N_z,c_2=N_ql_q-2N_zl_z\\&c_s=N_ql'_q-2N_zl'_z,c_4=N_ql_ql'_q+2N_zl_zl'_z\\&l'_q=l_q-\varepsilon_q,l'_z=l_z+\varepsilon_z,t'=t+\varepsilon_q\\&\varepsilon_q=\frac{b_q}{N_q},\varepsilon_z=\frac{b_z}{N_z}\end{aligned}\right\}\tag{10.18}$$

最后将式(10.16) ～ 式(10.18) 带入式(10.15)，经整理得轮胎侧向力及扭矩项为

$$\begin{bmatrix}c_1\dfrac{d}{ds} & c_1-c_2\dfrac{d}{ds} & -Hc_1\dfrac{d}{ds} & N_q\left(t\dfrac{d}{ds}+1\right)\\ c_3\dfrac{d}{ds} & c_3-c_4\dfrac{d}{ds} & -Hc_3\dfrac{d}{ds} & N_ql'_q\left(t\dfrac{d}{ds}+1\right)\\ -Hc_1\dfrac{d}{ds} & H\left(c_1-c_2\dfrac{d}{ds}\right) & H^2c_1\dfrac{d}{ds} & HN_q\left(t\dfrac{d}{ds}+1\right)\\ N_qt'\dfrac{d}{ds} & N_qt'\left(1-l_q\dfrac{d}{ds}\right) & -N_qt'H\dfrac{d}{ds} & N_qt'\left(t\dfrac{d}{ds}+1\right)\end{bmatrix}\begin{bmatrix}y\\ \psi\\ \gamma\\ \theta\end{bmatrix}\tag{10.19}$$

轮胎垂直力及阻力项为

$$\begin{bmatrix}0 & 0 & 0 & 0\\ 0 & 0 & \mu\left(h_\gamma\dfrac{d}{d\tau}+K_\gamma-GH\right) & \mu N(l_q+t)\\ 0 & 0 & GH & -Nt\\ 0 & 0 & 0 & 0\end{bmatrix}\begin{bmatrix}y\\ \psi\\ \gamma\\ \theta\end{bmatrix}\tag{10.20}$$

动力平衡方程即可由上列各力项组成，并注意 $s=V\tau$：

式(10.12) + 式(10.13) + 式(10.14) = 式(10.19) + 式(10.20)　　(10.21)

略去飞机的气动力，则得简化的飞机滑跑小扰动运动的动力平衡方程如下：

$$\left.\begin{aligned}&Vm_c\ddot{y}+c_1\dot{y}+c_2\dot{\psi}-Vc_1\psi+VN_q\left(\frac{t}{V}\dot{\theta}+\theta\right)-Hc_1\dot{\gamma}=0\\&c_3\dot{y}+VI_\varepsilon\ddot{\psi}+c_4\dot{\psi}-Vc_3\psi+N_ql'_qt\dot{\theta}-V(N_ql'_q-\mu Nl_q)\theta+(V\mu h_y-Hc_3)\dot{\gamma}+\\&V\mu(K_y-GH)\gamma=0\\&\dot{y}+l_q\dot{\psi}-V\psi+\frac{VI}{N_qt'}\ddot{\theta}+\left(\frac{Vh}{N_qt'}+t\right)\dot{\theta}+V\theta-H\dot{\gamma}=0\\&-Hc_1\dot{y}+Hc_2\dot{\psi}-VHc_1\psi+NH_qt\dot{\theta}+V(HN_q-Nt)\theta+VI_x\ddot{\gamma}+(Vh_y+H^2c_1)\dot{\gamma}+\\&V(K_y+GH)\gamma=0\end{aligned}\right\}\tag{10.22}$$

设

$$a_1=Vm_c$$

$$a_2=VI_c$$

$$a_3=\frac{VI}{N_qt'}$$

$$a_4 = VI_x$$

$$b_1 = c_1$$

$$b_2 = c_2$$

$$b_3 = N_q t$$

$$b_4 = -Hc_1$$

$$b_5 = c_3$$

$$b_6 = c_4$$

$$b_7 = N_q l'_q t$$

$$b_8 = V\mu h_y - Hc_3$$

$$b_9 = 1$$

$$b_{10} = l_q$$

$$b_{11} = t + \frac{hV}{N_q t'}$$

$$b_{12} = -H$$

$$b_{13} = -Hc_1$$

$$b_{14} = Hc_2$$

$$b_{15} = HN_q t$$

$$b_{16} = Vh_y + H^2 c_1$$

$$d_1 = -Vc_1$$

$$d_2 = VN_q$$

$$d_3 = 0$$

$$d_4 = -Vc_3$$

$$d_5 = V[N_q l'_q - \mu N(l_q + t)]$$

$$d_6 = V\mu(K_y - GH)$$

$$d_7 = -V$$

$$d_8 = V$$

$$d_9 = 0$$

$$d_{10} = -VHc_1$$

$$d_{11} = V(HN_q - Nt)$$

$$d_{12} = V(K_y + GH)$$

$$x_1 = \dot{y},\quad x_2 = \dot{\psi},\quad x_3 = \dot{\theta},\quad x_4 = \dot{\gamma},\quad x_5 = y,\quad x_6 = \psi,\quad x_7 = \theta,\quad x_8 = \gamma$$

$$\dot{x}_5 = x_1,\quad \dot{x}_6 = x_2,\quad \dot{x}_7 = x_3,\quad \dot{x}_8 = x_4$$

则质量矩阵为

$$\boldsymbol{M}_{ij}=\begin{bmatrix} a_1 & 0 & 0 & 0 & 0 & 0 & 0 & 0 \\ 0 & a_2 & 0 & 0 & 0 & 0 & 0 & 0 \\ 0 & 0 & a_3 & 0 & 0 & 0 & 0 & 0 \\ 0 & 0 & 0 & a_4 & 0 & 0 & 0 & 0 \\ 0 & 0 & 0 & 0 & 1 & 0 & 0 & 0 \\ 0 & 0 & 0 & 0 & 0 & 1 & 0 & 0 \\ 0 & 0 & 0 & 0 & 0 & 0 & 1 & 0 \\ 0 & 0 & 0 & 0 & 0 & 0 & 0 & 1 \end{bmatrix} \tag{10.23}$$

刚度矩阵为

$$\boldsymbol{K}_{ij}=\begin{bmatrix} b_1 & b_2 & b_3 & b_4 & 0 & d_1 & d_2 & d_3 \\ b_5 & b_6 & b_7 & b_8 & 0 & d_4 & d_5 & d_6 \\ b_9 & b_{10} & b_{11} & b_{12} & 0 & d_7 & d_8 & d_9 \\ b_{13} & b_{14} & b_{15} & b_{16} & 0 & d_{10} & d_{11} & d_{12} \\ -1 & 0 & 0 & 0 & 0 & 0 & 0 & 0 \\ 0 & -1 & 0 & 0 & 0 & 0 & 0 & 0 \\ 0 & 0 & -1 & 0 & 0 & 0 & 0 & 0 \\ 0 & 0 & 0 & -1 & 0 & 0 & 0 & 0 \end{bmatrix} \tag{10.24}$$

$$\boldsymbol{D}=-\boldsymbol{M}_{ij}^{-1}\boldsymbol{K}_{ij} \tag{10.25}$$

$$\dot{\boldsymbol{X}}=\boldsymbol{D}\boldsymbol{X} \tag{10.26}$$

当矩阵$\boldsymbol{D}$的特征根的实部均为负时，解是衰减的，系统是稳定的。进一步可求出关于减摆器阻尼的稳定域，其上限即为滑跑方向稳定性所允许的减摆器最大阻尼值。

(4) 稳定性分析

通过对某机型进行滑跑方向稳定性分析，探讨影响飞机地面滑跑方向稳定性的关键性因素，着重关注起落架加长或轮距加宽对飞机地面滑跑方向性的影响。

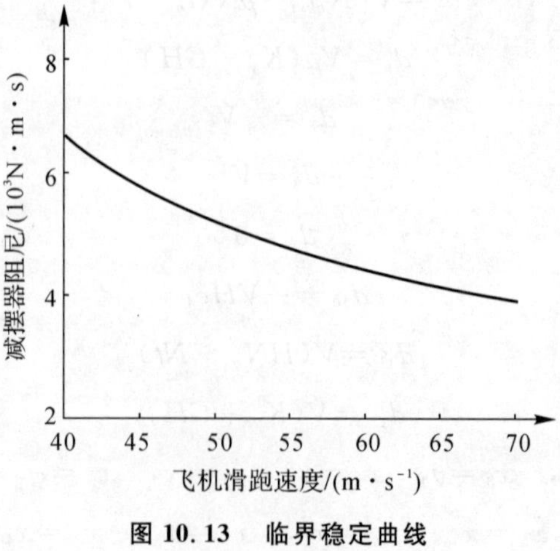

图 10.13　临界稳定曲线

如图 10.13 所示，上部为滑跑方向不稳定区域，下部为滑跑方向稳定区域，即由滑跑方向稳定性可以确定减摆器的阻尼上限，和定性分析的结果一致。从图 10.13 可以看出，随着飞机滑行速度的增大，飞机滑跑方向稳定所设的减摆器临界阻尼上限逐渐减小。

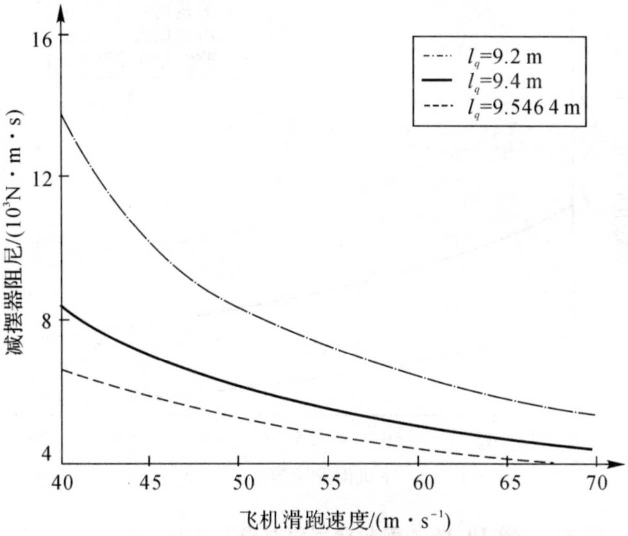

图 10.14　重心位置对稳定性的影响

如图 10.14 所示，重心位置对飞机滑跑方向稳定性有影响，重心后移将减少稳定区域，减摆器的阻尼上限将减小。

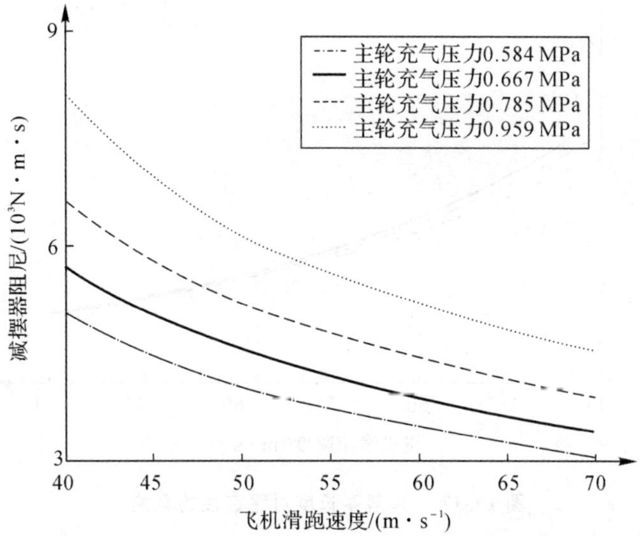

图 10.15　主轮冲气压力对稳定性的影响

如图 10.15 所示，主轮充气压力对飞机滑跑方向稳定性影响较大，增大主轮充气压力将增大稳定区域。

如图 10.16 所示，前轮稳定距对飞机滑跑方向稳定性有很大的影响，增大前轮稳定距将增大飞机滑跑方向稳定区域。

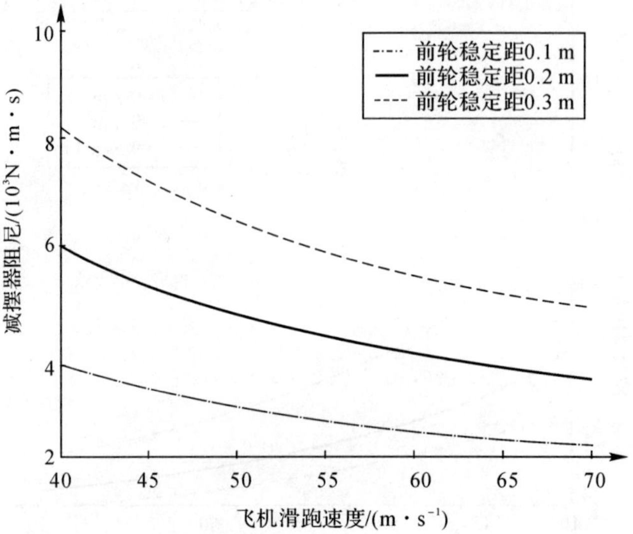

图 10.16 前轮稳定距对稳定性的影响

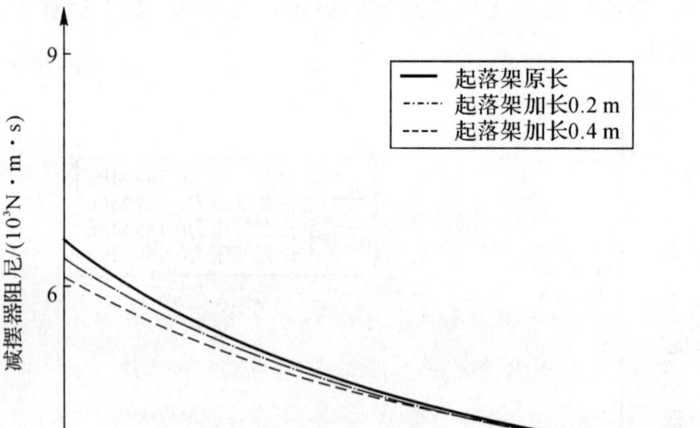

图 10.17 起落架长度对稳定性的影响

如图 10.17 和图 10.18 所示，起落架加长或主起落架轮距加宽对飞机滑跑方向稳定性影响较小。

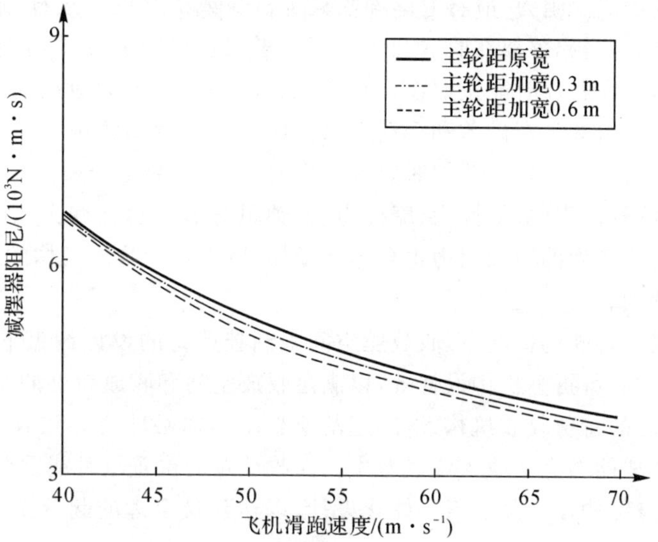

图 10.18　主起落架轮距对稳定性的影响

10.1.10　主起落架加长对转弯性能的影响

起落架长度加长，飞机的重心也随之提高，飞机转弯引起的向心惯性力造成的力矩增大，飞机就更容易发生侧翻。为防止发生侧翻，必须控制飞机的转弯速度和前轮偏角，导致飞机的最小转弯半径增大，最大转弯速度减小。

10.1.11　主起落架加长对收放性能的影响

根据中国民用航空规章(CCAR25.729)的要求：

1) 起落架收放机构、轮舱门和支撑结构必须按下列载荷设计：① 起落架在收上位置时的飞行情况下出现的载荷；② 在直到 1.6VS1(襟翼在设计着陆重力下的进场位置) 的任何空速下，起落架收放过程中出现的摩擦载荷、惯性载荷、刹车扭矩载荷、空气载荷和陀螺载荷的组合；③ 襟翼放下情况的任何载荷系数，直到 CCAR25.345(a) 中的相应规定。

2) 起落架、收放机构和飞机结构(包括轮舱门) 必须设计成能承受直到 0.67V_c 的任何速度下起落架在放下位置时出现的飞行载荷，除非在此速度下另有措施使飞机在空中减速。

3) 除了考虑 1) 和 2) 规定的空速和载荷系数的情况外，起落架舱门、其操纵机构和支撑结构还必须根据对飞机规定的偏航机动来设计。

起落架长度的增加，主要会影响起落架在收放过程中和放下位置时载荷的大小。在起落架收放过程中出现的摩擦载荷、惯性载荷、刹车扭矩载荷、空气载荷和陀螺载荷等，与作动筒的载荷对起落架旋转轴的力矩平衡。如果起落架的长度增加，则作用在其上的质量力增加，运动产生的惯性力、摩擦力、上锁阻力等均随之增大，并且，由于暴露在空气中的面积增加，气流产生的迎面阻力也会随之增加，因此，需要更大的作动筒载荷与之平衡。当起落架在放下位置时，同理由于受载增大，且力臂增长，从而使得收放支撑结构受载增大。

飞机飞行时，为了减少阻力，应将起落架收藏于机身或机翼内。这样，起落架必须是一个完整的机构，也就是说，当起落架在收起和放下两个极限位置时能将机构锁住，承受起飞着陆及地面滑行的载荷，而在收放时能按照设计师规定的轨迹灵活机动地运动。由于起落架的收藏空间非常有限，而起落架生产误差和运动间隙又使起落架运动轨迹和收放的极限位置产生一定的偏离，这就要求设计布置起落架时要有合理的、准确的数学分析。

由于在起落架收放过程中，惯性力、摩擦力、上锁阻力等均随之增大，并且，由于暴露在空气中的面积增加，气流产生的迎面阻力也会随之增加，所以对于收放机构的结构强度要求会增加，从而重力也会增加。

另外，对于在某些特殊的情况下，收放舱空间限制较严苛的设计约束下，可能不得不对收放机构进行一些特殊的可折叠机构设计等，以满足收放空间和收放轨迹的要求。

除了某些可折叠的特殊收放机构设计，起落架长度增加必然会导致收放舱空间要求的显著增大，以确保起落架能够完全收入收放舱中。而收放舱的位置也可能因此会发生改变，从而必须协调机翼与机身结构设计师进行一体化设计，以达到最合理的起落架收放角度和收放舱的位置，选择一个最佳的收放轨迹。

起落架增长对收放系统液压源的影响要体现在当作动筒载荷增大时，要么增大作动筒尺寸，要么增大收放液压源压力。随着高压液压源的日趋成熟，军机已有采用 5 000 psi(1psi = 6.895 kPa) 的液压源压力，客机目前仍常采用 3 000 psi 的液压源压力。

在飞机起降过程中，对飞机起落架的收放时间有较严格的限制，以满足越障要求。考虑到收放时间主要与作动筒提供的载荷和起落架在收放过程中受到的载荷、收放轨迹和策略等均有关系，故而起落架的增长可能会导致收放时间的增加。

10.1.12 主起落架加长对刹车时纵向振动性能的影响

起落架的水平纵向机械振动被称为“起落架走步”，定义为：起落架支柱组件相对于其垂直中心线的周期性前后运动，即起落架支柱的周期前后变形。它是由轮胎与地面之间相互作用形成的周期变化的水平纵向力与起落架机构的固有频率耦合造成的，防滑制动作用的周期变化诱发或加剧这种走步现象的发生。由于飞机机轮速度传感器装在轮轴上，主起落架纵向振动“走步现象”会使控制盒中机轮速度电压波动，产生刹不住车的现象。

支柱在刹车过程中的变形是不可避免的，其水平切面图如图 10.19 所示。

设其下端变形量为 x，则

$$x = F/K \tag{10.27}$$

式中，K 为起落架支柱的纵向刚度系数；F 为地面水平阻力。

由式(10.27) 可知，支柱的向后变形 x 与地面水平阻力 F 成正比关系。显然，阻力或刹车力矩越大，支柱变形量也越大，回弹力也越大。在刹车过程中，由于存在刹车力矩的突然变化、地面颠簸、跑道有水或冰等不稳定情况，则支柱必然向前回弹，从而引起振动。这种抖动危害性很大，既影响起落架的强度和寿命，也影响刹车系统的正常工作和刹车性能。这种振动特性除了与起落架系统本身的自振频率有关外，还与防滑刹车系统的工作频率有关。据统计，起落架系统自振频率在 6 ~ 25 Hz，而国内飞机防滑刹车系统工作频率在 2 ~ 3 Hz。为避免起落架共振产生走步现象，应尽量使起落架自振频率和防滑刹车频率隔开。

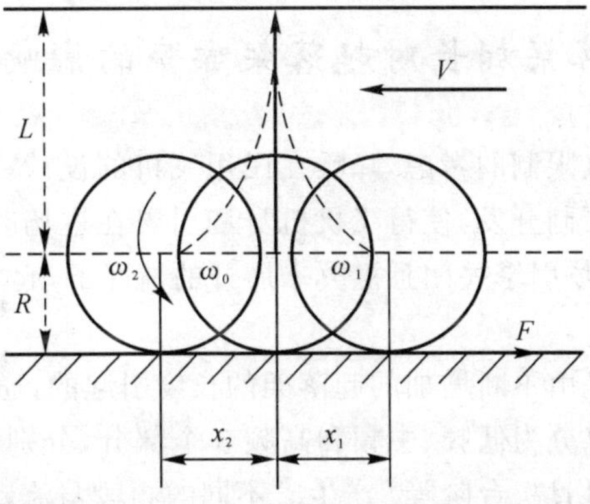

图 10.19　起落架水平切面简化受力及变形图

对于刹车失效的原因，对图 10.19 进行分析：在不刹车情况下，当支柱向后运动到 x_1 位置时，机轮角速度要随之改变，由原来的 ω_0 变为 ω_1，其值为 $\omega_1=\omega_0-x_1/(Rt)$（$t$ 为支柱下端点从原点到 x_1 或 x_2 所经历的时间），即机轮角速度减少；当支柱向前回弹到 x_2 位置时，机轮角速度也不是 ω_0，而是 ω_2，其值为 $\omega_2=\omega_0+x_1/(Rt)+x_2/(Rt)$，即机轮角速度加大。在刹车防滑情况下，其过程是相同的，仅上述的 ω_0 需用 $(1-\sigma_0)\omega_0$ 代替。显然，机轮这时从 x_2 到 x_1 的过程中的滑动量加大了，有可能达到或超过防滑系统设定的打滑量 σ_0，机轮处于松刹状态，刹车完全失效。因为这种刹车失效的原因不是刹车力矩加大造成的，而是由于刹车过程中支柱本身向后变形位移造成的，所以这是为什么飞机会有在一定刹车速度和一定刹车压力下刹不住车的现象。

显然，起落架支柱水平刚度的降低会降低起落架自振的频率，容易引起起落架和防滑刹车系统的共振；同时刚度降低，支柱变形位移增大，对机轮速度的干扰加大，易引起刹车失效。可供考虑的措施如下：

1）增加起落架的结构刚度；

2）降低防滑刹车系统的工作频率，但频率太低会影响刹车性能，不能及时解除打滑；

3）力求刹车平稳。

10.1.13　主起落架加长对缓冲支柱质量的影响

一般而言，飞机起落架系统占飞机起飞总重的比例在 3% ～ 6% 之间，而大型民机起落架系统占飞机起飞总重的比例一般在 4% ～ 5% 之间，随着航空科技的发展，飞机的结构质量和携带燃料质量都有所减小，使得起落架系统占飞机起飞总重的比例有逐步增大的趋势。减小起落架系统在大型民机起飞总重中所占的比例，即低质量系数，是现代大型民机起落架设计中的一个重要特点。

加长起落架的尺寸，必定会加大起落架系统的质量，这也是需要重点考虑的一个方面。例如，当起落架缓冲支柱加长为原支柱长度的 1.2 倍时，不考虑其他维数尺寸的变化，则缓冲支柱质量也增加为原来的 1.2 倍；若考虑其他维数按比例缩放后，则缓冲支柱质量增加为原来的 1.728 倍。

10.1.14 主起落架加长对起落架噪声的影响

出于民用机场噪声等级限制的考虑，降噪在民用飞机的设计中是不可或缺的。国外随着多年来对于低噪声引擎的研制开发，使得飞机机身和引擎在进场时的噪声处在同一量级。对于大型民机而言，在飞机进场引擎关闭且襟翼未展开的情况下，起落架系统引起的噪声可达飞机总噪声的 25% 左右。

现代起落架噪声问题是由不断增加的起落架的长度引起的，通过大量的起落架噪声试验，可以得知起落架噪声谱可以分为低频、中频和高频 3 个部分，分别由机轮、主支柱和一些细小的结构(例如孔洞、导线、剪切块、台阶等) 产生。不同的频段与流动参数和部件的几何外形有着不同的关系。根据 NASA 的"Aircraft Noise Prediction Program"(ANOPP) 项目中噪声的预测模型，分析大客机主方案起落架加长对起落架噪声的影响。预测模型如下式所示：

$$\langle p^2 \rangle = \langle p_{\mathrm{L}}^2 \rangle + \langle p_{\mathrm{M}}^2 \rangle + \langle p_{\mathrm{H}}^2 \rangle \tag{10.28}$$

式中，p 表示声压；其下标 L，M，H 分别表示低、中、高频部分，符号〈〉表示取总体均值。对于每一部分，其声压水平可以由每一点的声压级(SPL) 得到，如式(10.29) 所示，各点声压级可以由式(10.30) 计算。

$$p = \mathrm{SPL} - 60\lg(Ma) \tag{10.29}$$

$$\mathrm{SPL} = \mathrm{OASPL} + F(St) \tag{10.30}$$

式中，OASPL 由以下几个参数决定(见式(10.31))：Ma 表示当地马赫数，和起落架上游气流的马赫数相关；R，θ 分别表示远场麦克风阵列在测量坐标系下的半径和极角；l 表示起落架各部件的特征长度，如机轮的半径、缓冲支柱的长度或者一些细小结构的特征长度；N_S，N_W 分别表示起落架部件中缓冲支柱的个数和机轮的个数；η 表示细小结构的复杂因子，用于修正细小结构对高频噪声的贡献。每一个部分的 OASPL 均可由式(10.32) 计算，式(10.32) 中 C_0，C_1，C_2，C_3，C_4，C_5 均为常数。F 函数由斯特劳哈尔数(Sr) 决定。Sr 可以由式(10.33) 计算，其中，f 表示 1/3 倍频程的中心频率，U 表示气流的当地速度，l 表示起落架各部件的特征长度。因此 F 函数可以由式(10.34) 计算，其中 $B_n(n=0\sim 5)$ 均为常数。

$$\mathrm{OASPL} = \mathrm{OASPL}(Ma, R, \theta, l, N_S, N_W, \eta) \tag{10.31}$$

$$\mathrm{OASPL} = 20\lg(l/R) + C_0 + C_1\lg M - C_2\lg(\sin\theta) + C_3\lg N_S + C_4\lg N_W + C_5\lg\eta \tag{10.32}$$

$$Sr = f\,l/U \tag{10.33}$$

$$F(St) = \sum_{0}^{5} B_n[\lg(Sr)]^n \tag{10.34}$$

由于起落架长度增加，起落架各部件的特征长度 l 会发生变化。由于飞机的质量不变，机轮的尺寸(即机轮的半径 $R=0.565\mathrm{m}$) 可以保持不变；假设其他细小结构参数保持不变，则飞机起落架主支柱长度增加。由起落架机轮、主支柱和一些细小结构引起的飞机起落架噪声(包括低频、中频、高频噪声) 可以由式(10.28) ～ 式(10.34) 计算得到，计算结果见表 10.8。

由计算结果可以看出，主起落架主支柱的长度增加，则中频噪声中的 OASPL 增大，Sr 增大，SPL 增大，由主支柱产生的中频噪声增加；由于起落架机轮的半径保持不变，所以机轮产生的低频噪声不变；暂不考虑由于起落架长度增加引起的细小结构特征尺寸变化，高频噪声大小不变；则起落架总噪声由低、中、高频噪声叠加，总体噪声水平增加。

表 10.8　起落架噪声随主起落架长度的变化

主起落架长度 /m	2.35	2.467 5	2.585 0	2.702 5	2.820 0	2.937 5
加长倍数	1.0	1.05	1.1	1.15	1.2	1.25
主起落架支柱长度 /m	1.785	1.902 5	2.02	2.137 5	2.255	2.372 5
支柱实际加长长度 /m	0	0.117 5	0.235 0	0.352 5	0.470 0	0.587 5
低频噪声 /dB	61.032 0	61.032 0	61.032 0	61.032 0	61.032 0	61.032 0
中频噪声 /dB	57.708 5	58.406 0	59.082 1	59.738 9	60.378 0	61.001 0
高频噪声 /dB	69.295 5	69.295 5	69.295 5	69.295 5	69.295 5	69.295 5
起落架的总噪声 /dB	70.095 5	70.195 5	70.285 5	70.375 5	70.445 5	70.495 5

10.1.15　主起落架加长对原材料及制造工艺的影响

国外大型民机起落架设计，已普遍采用抗疲劳及耐久性设计思想，使起落架主体结构达到长寿命（与机体结构同寿命）的要求，例如 Boeing 737。在起落架的抗疲劳及耐久性设计中，较重要的一点就是采用高强钢材料对起落架的主体结构进行整体锻造，从而提高起落架整体的疲劳寿命。

高强钢（如 300M 钢、A100 钢）的整体锻造受制造工艺的限制，对锻造棒料有一定的尺寸要求。加长起落架的尺寸势必将对起落架的整体锻造技术会有更高的要求。

10.2　飞机起落架方案设计示例

10.2.1　初步设计布局

1. 方案设计阶段

方案设计阶段，不需构思起落架空间几何、结构尺寸或刹车要求，起落架只用一个“杆图”表示，其主要任务是确定主起落架和前起落架在飞机上的纵向位置，当代三轮式飞机的主起落架布局定位过程如图 10.20 所示，其他形式飞机主起落架布置过程与之相似。

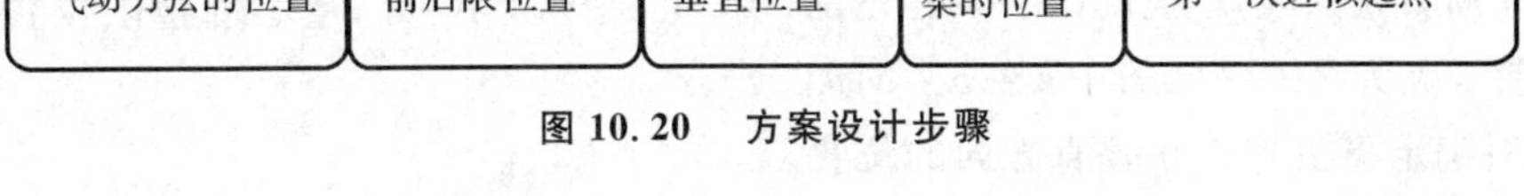

图 10.20　方案设计步骤

(1) 起落架站位

确定起落架的站位包括起落架的纵向站位和主起落架的横向位置布置。在这个阶段，需要综合考虑各方面的因素，以主起落架的横向位置布置为例，布置影响飞机侧翻角和飞机活动面，需要考虑的因素如图 10.21 所示。

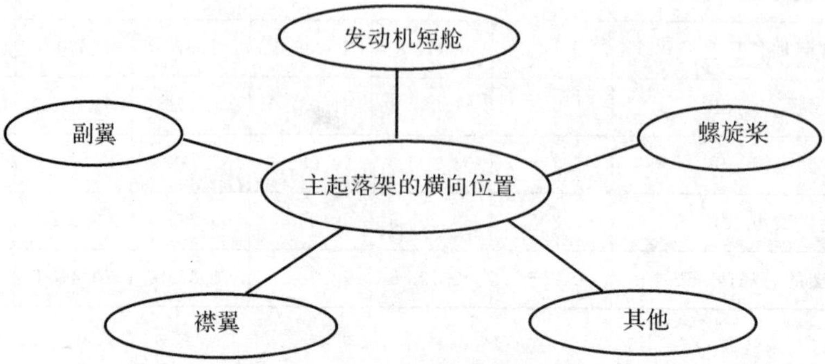

图 10.21 主起落架侧向位置影响因素

步骤 1：由于缺乏飞机气动力弦长的数据，故无法据此确定重心的前后限，而采用水上飞机的经验公式定义。

步骤 2：定义飞机重心的前后限位置。

由总体设计人员提供的重心前后限位置如图 10.22 所示。

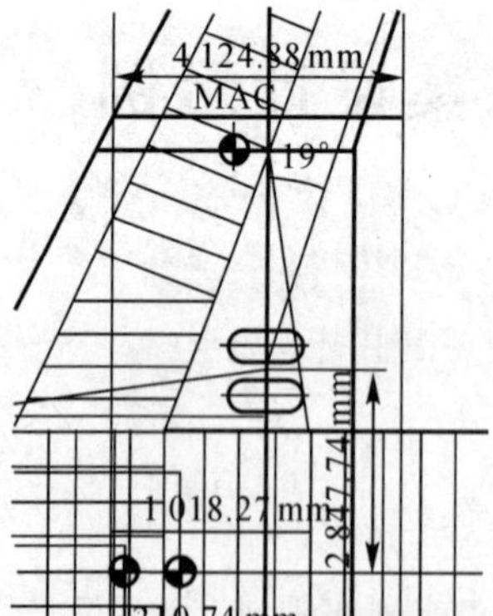

图 10.22 重心前后限位置

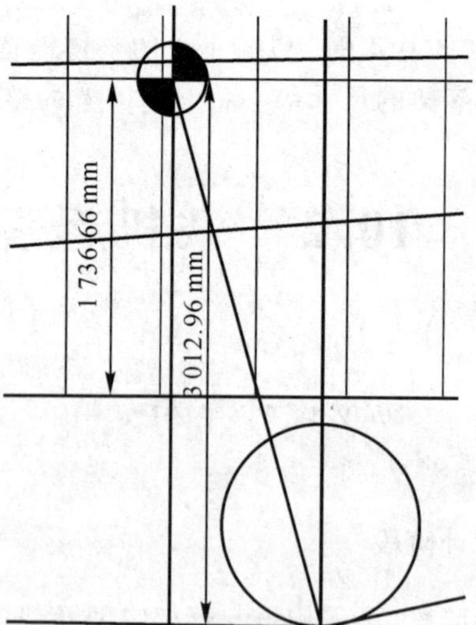

图 10.23 重心垂直方向位置

由图 10.22 可知，平均气动力弦长(MAC) 为 4 124.88 mm，现在给出的重心后极限位置距离平均气动力弦前缘点为 1 018.27 mm，即在 24.16%MAC 处；重心前极限位置距离平均气动力弦前缘点为 210.74mm，即在 5%MAC 处。

步骤 3：确定飞机重心在垂直方向的位置。

对于下单翼的客机应当取满载旅客不带机翼燃油作为临界情况，由总体设计人员提供的飞机重心在垂直方向的位置，如图 10.23 所示。

步骤 4：主起落架布置。

主起落架应当布置在有利于传递载荷的位置，通常安装在机翼后梁后侧主轴颈上，向内收入梁后的空间内。对于后掠机翼，MAC 随着后掠角向后移动，后移的飞机重心通常接近机翼后梁隔板，因此起落架适合安装于该隔板处。主起落架安装位置附近的结构布置如图10.24所示，其后确定其安装位置和收放空间，需与总体和结构设计人员协调。

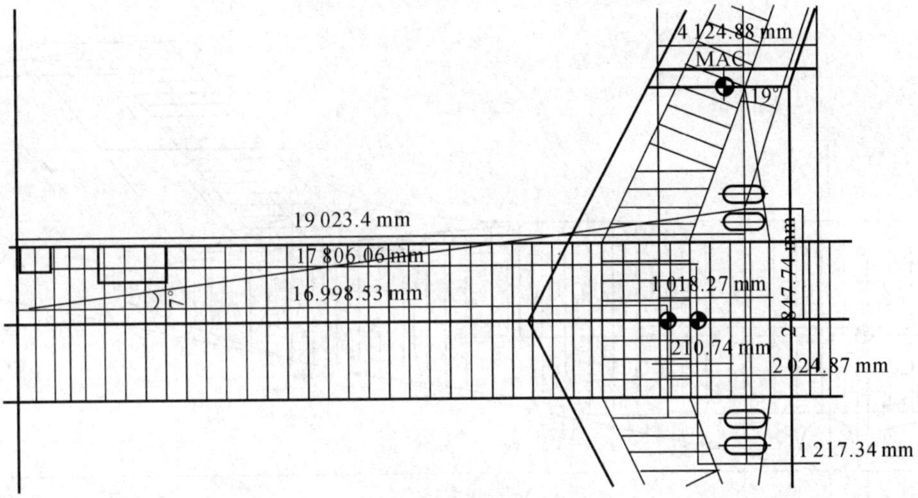

图 10.24　俯视图尺寸标注

步骤 5：主起落架的安装位置复查。

主起落架的安装位置如图 10.24 所示，由图可知，主起落架的纵向站位在53%MAC处，符合(50% ～ 55%)MAC 之间的要求。

步骤 6：确定停机地面线的第一次近似点。

过重心后限绘制一条与垂直线成 16° 角的线，此倾斜线与通过机轮中心的垂直线相交，这两条线的交点即为停机地面线的第一次近似点；过该近似点做此倾斜线的垂线，可初步确定尾坐角为 12°，如图 10.25 所示。

步骤 7：确定停机载荷。

在选择轮胎尺寸之前，首先要确定起落架停机载荷。前、主起落架距离和重心前后限位置如图 10.24 所示，飞机最大总重按照 71 t 进行设计，则起落架的停机载荷计算如下：

$$\text{最大总载荷} = 71\,000 \times 9.81 = 696.51\ \text{kN}$$

主起落架最大停机载荷(单个支柱）为

$$71\,000 \times 9.81 \times (19\,023.4 - 1\,217.34)/(2 \times 19\,023.4) = 325.97\ \text{kN} = 93.6\%\ \text{最大总载荷}$$

前起落架最大停机载荷为

$$71\,000 \times 9.81 \times (19\,023.4 - 16\,998.53)/19\,023.4 = 74.137\ \text{kN} = 10.64\%\ \text{最大总载荷}$$

前起落架最小停机载荷为

$$71\,000 \times 9.81 \times (19\,023.4 - 17\,806.06)/\ 19\,023.4 = 44.571\ \text{kN} = 6.4\%\ \text{最大总载荷}$$

最大刹车的前起落架载荷为

前起落架最大停机载荷 + 3.05 × 71 000/19 023.4 = 74.137 + 11.383 = 85.52 kN = 12.28% 最大总载荷

步骤 8:初步选择轮胎。

通过与大客机方案总体布局和设计质量均相近的 MD—83 飞机的起落架布局和轮胎选择相对比,选择主起落架有两个支柱,每个支柱装两个轮胎;前起落架有一个支柱,该支柱上装两个轮胎。

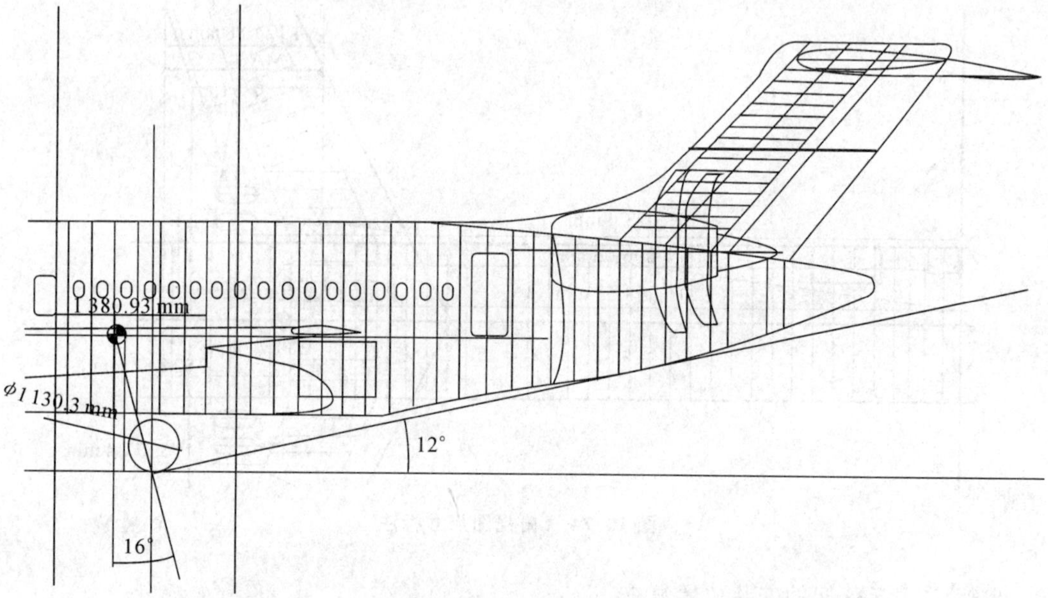

图 10.25　俯视图尺寸标注

(2) 轮胎选择

根据上述计算得到的主起落架停机载荷,按每个支柱上的轮胎数目分配,获得单轮的停机载荷。对于前起落架应考虑停机载荷及刹车载荷两项载荷的叠加,按前起落架轮胎数进行分配,获得单轮的停机及刹车载荷叠加值。利用该载荷,使用轮胎厂家的轮胎目录选择轮胎。

该方案飞机最大质量为 71 000 kg;主起落架最大停机载荷为每个机轮 163 kN;前起落架最大停机载荷为 74.1 kN;前起落架最大刹车载荷为 85.5 kN;飞机地面最大速度为 330 km/h。

按初步选择,每个主起落架安装两个轮胎,每个前起落架安装两个轮胎,因此轮胎载荷如下:主起落架轮胎载荷为 163 kN;前起落架轮胎停机载荷为 37.1 kN;前起落架最大刹车载荷为 42.8 kN。

为了避免在设计阶段由于飞机质量的波动造成轮胎载荷增加,引起轮胎耗资的再设计,在进行轮胎选择以前乘以一个增值系数,最严重的情况可取为 25%,最后用于选择轮胎的载荷如下:主起落架轮胎载荷为 203.8 kN;前起落架轮胎停机载荷为 46.4 kN;前起落架最大刹车载荷为 53.5 kN。

根据以上载荷,最终选择的轮胎参数见表 10.9。

表 10.9　轮胎参数

轮胎参数	弃气压力 /MPa	轮胎尺寸 /mm	轮胎直径 /mm
前轮(TL)	0.76 ~ 1.10	660 × 168	356
主轮(TL)	0.72 ~ 1.28	1 130 × 420	508

取地面静态停机角为 −1°。至此，在方案设计阶段，已完成了起落架方面的主要工作，方案布局的最后状态如图 10.26 所示。

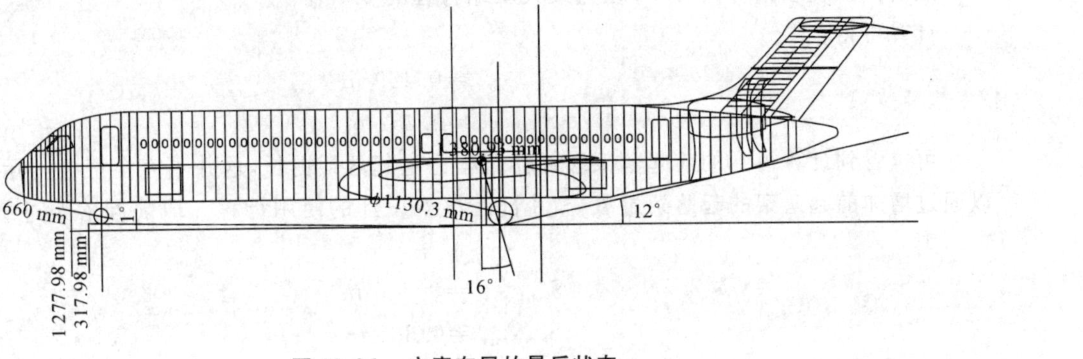

图 10.26　方案布局的最后状态

2. 工程定义阶段

(1) 缓冲系统参数的初步设计

1) 使用下沉速度。着陆设计质量下的下沉速度值，在设计中的具体取值可根据飞机的预计使用情况确定。对于一般陆基飞机在着陆设计质量下，下沉速度 $V_{y\cdot sy}=3$ m/s 的规定是在总结国内外规范和国内外大量实测结果的基础上给出的。它具有 99.9% 的可靠性及 95% 的置信度。

2) 起落架缓冲系统着陆撞击功量计算。起落架缓冲系统着陆撞击功量为飞机动能和位能叠加的总能量。初始计算时可假设升力与重力相等，飞机位能为 0，起落架缓冲系统着陆撞击功量只有飞机动能：

$$A_{sy}=\frac{1}{2}\ \frac{M_{zl}}{2}V_{y\cdot sy}^2 \tag{10.35}$$

$$A_{\text{front\_}sy}=9\ 000\times 3^2/2=40\ 500\ \text{J} \tag{10.36}$$

$$A_{\text{rear\_}sy}=59\times 3^2/4=132\ 750\ \text{J} \tag{10.37}$$

3) 起落架使用行程计算。考虑轮胎和缓冲器必须吸收起落架缓冲系统着陆撞击功量，则

$$A_{lt}+A_{H\cdot sy}=A_{sy} \tag{10.38}$$

一般情况下，缓冲支柱需吸收 90% 的着陆撞击功量，也就是

$$A_{H\cdot sy}=0.9A_{sy} \tag{10.39}$$

缓冲器使用行程为

$$S_{H\cdot sy}=\frac{A_{H\cdot sy}}{n_y\varphi_{cz}\dfrac{M_{zl}g}{2}\eta_{sy}} \tag{10.40}$$

对于单腔缓冲器而言，缓冲器的效率一般在 70% ～ 80% 之间，初始计算取 80%。起落架过载对于大型民用客机为 0.75 ～ 1.5，这里选取 1.25。因为是支柱式，且安装角度很小，所以传力系数可近似取 1。

$$S_{\text{front\_}H\cdot sy}=\frac{A_{\text{front\_}H\cdot sy}}{n_y\varphi_{cz}M_{zl}g\eta_{sy}}=\frac{36\ 450}{1.25\times 1\times 9.8\times 9\ 000\times 0.8}=0.413\ \text{m} \tag{10.41}$$

$$S_{\text{rear\_}H\cdot sy}=\frac{A_{\text{rear\_}H\cdot sy}}{n_y\varphi_{cz}\dfrac{M_{zl}g}{2}\eta_{sy}}=\frac{119\ 475\times 2}{1.25\times 1\times 9.8\times 59\ 000\times 0.8}=0.411\ \text{m} \tag{10.42}$$

随后按照初步估算，使用行程为最大压缩行程的 0.9 倍。

计算可得

$$S_{\text{front\_max}}=0.459\ \text{m} \tag{10.43}$$

$$S_{\text{rear\_max}}=0.457\ \text{m} \tag{10.44}$$

可以看到计算得到的前起落架缓冲器行程比主起落架更长，这并不完全符合实际情况，可以通过增加前起落架的起落架过载，减小前起落架设计的使用行程。取前起落架过载系数为 1.5，则

$$S_{\text{front\_}H\cdot sy}=0.346\ \text{m} \tag{10.45}$$

$$S_{\text{front\_max}}=0.385\ \text{m} \tag{10.46}$$

4）活塞杆面积初步估算。前起落架最大停机载荷为 74 137 N，主起落架最大停机载荷为 325 970 N。而一般情况下，停机时为使用标准压缩机对起落架进行维护，停机时的气腔压力为 10.35 MPa，并可以上下浮动 40%(6.21 ～ 14.49 MPa)，随着停机载荷的增大，停机时气腔压力也在不断增加，压力更大的压缩机也随之出现。这里取标准压缩机的上限为14.49 MPa。

$$F_{\text{front\_}q}=\frac{P_{\text{tj}}}{p_{\text{tj}}}=\frac{74\ 137\ \text{N}}{14.49\times 10^6\ \text{MPa}}=0.005\ 1\ \text{m}^2\ \text{这里选取}\ 0.005\ \text{m}^2$$

$$F_{\text{rear\_}q}=\frac{P_{\text{tj}}}{p_{\text{tj}}}=\frac{325\ 970\ \text{N}}{14.49\times 10^6\ \text{MPa}}=0.022\ 5\ \text{m}^2\ \text{这里选取}\ 0.02\ \text{m}^2$$

压油面积小于压气面积，这里初步选取 0.7 倍的压气面积。

5）初始气腔体积和压力的计算。λ 定义为缓冲器初始气室体积与使用行程下的气室体积之比，对于大尺寸飞机而言，$\lambda=5\sim 7$。这里先选择 6。

$$V_0/(V_0-F_qS_{H\cdot sy})=\lambda \tag{10.47}$$

$$V_{\text{front\_0}}=0.002\ 1\ \text{m}^3 \tag{10.48}$$

$$V_{\text{rear\_0}}=0.009\ 9\ \text{m}^3 \tag{10.49}$$

P_0 的选取为使空气室在着陆撞击时，既吸收一定的功量，又不至于引起很大的回弹，应使其在使用行程内吸收的功量在一定的范围内。

$$0.3A_{sy}\leqslant\frac{P_0V_0}{\gamma-1}\left[\left(\frac{V_0}{V_0-F_qS_{H\cdot sy}}\right)^{\gamma-1}-1\right]\leqslant 0.4\ A_{sy} \tag{10.50}$$

$$2.95\ \text{MPa}\leqslant P_{\text{front\_0}}\leqslant 3.93\ \text{MPa} \tag{10.51}$$

$$2.05\ \text{MPa}\leqslant P_{\text{rear\_0}}\leqslant 2.73\ \text{MPa} \tag{10.52}$$

在满足吸收功量的情况下，应使 P_0 尽可能小以减小缓冲支柱力。

6）定油孔面积。定油孔面积一般可选取在压油面积的 1% ～ 2% 范围内。

$$n_{sy}M_{zl}g = F_q P_0 \left(\frac{V_0}{V_0 - 1/3 S_{y\cdot sy} F_q}\right)^{\gamma} + \frac{\rho F_y^3}{2C_d^2 f^2}\dot{S}_{max}^2 \tag{10.53}$$

前起落架：假定 $(\dot{S})_{max}$ 出现在使用行程的 1/3 处；认为 $(\dot{S})_{max} = 0.8\,V_{y\cdot sy}$；当 $\dot{S} = (\dot{S})_{max}$ 时出现最大垂直载荷；最大垂直载荷的过载为 1.5。

$$1.5 \times 9\,000 \times 9.8 = 0.005 \times 2.95 \times 10^6 \times \left(\frac{0.002\,1}{0.002\,1 - 1/3 \times 0.346 \times 0.005}\right)^{1.1} + \frac{850 \times (0.005 \times 0.7)^3}{2 \times 0.89^2 f_{front}^2} \times (0.8 \times 3)^2$$

$$f_{front} = 3.45 \times 10^{-5}\,\mathrm{m}^2 \tag{10.54}$$

主起落架：最大垂直过载为 1.25。

$$1.25 \times \frac{59\,000 \times 9.8}{2} = 0.02 \times 2.05 \times 10^6 \times \left(\frac{0.009\,9}{0.009\,9 - 1/3 \times 0.411 \times 0.02}\right)^{1.1} + \frac{850 \times (0.02 \times 0.7)^3}{2 \times 0.89^2 f_{rear}^2} \times (0.8 \times 3)^2$$

$$f_{rear} = 1.67 \times 10^{-4}\,\mathrm{m}^2 \tag{10.55}$$

(2) 主起落架的侧向位置布置

主起落架的侧向位置布置影响飞机侧翻角、滚转角和飞机活动面，如副翼、襟翼、翼尖等。

为了得到飞机良好的侧向稳定性，希望有尽可能小的侧翻角，因为飞机防侧翻的恢复力矩取决于侧翻角的大小。侧翻角大小取决于飞机主轮距与飞机中心高度等的关系。初步设计的飞机起落架横向布置如图 10.27 所示。

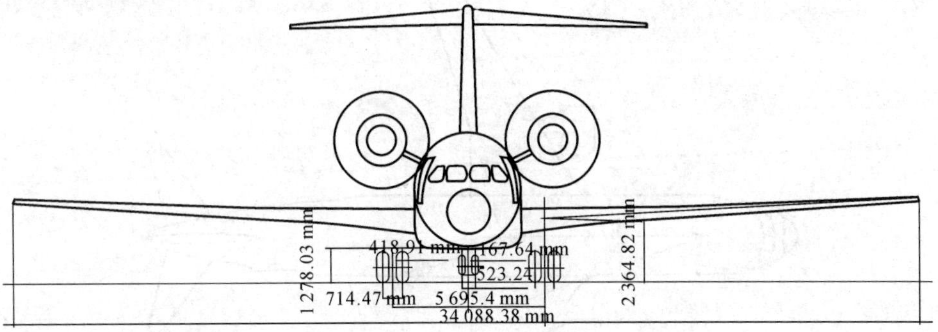

图 10.27　飞机总体左视图

滚转角的计算：由图 10.27 测绘初值：

机翼上反角 $T = 3°$；

起落架高度 $h_g = 2\,364.82$ mm；

机翼后掠角 $A = 19°$；

翼展 $s = 34\,088.38$ mm

主轮间距 $t = 5\,695.4$ mm。

$$\tan\phi = \tan T + 2h_g/(s - t) - \tan\theta\tan A \tag{10.56}$$

实际上，式(10.56) 可以改写为

$$\frac{1}{2}(s - t)\tan\phi = \frac{1}{2}(s - t)\tan T + h_g - \frac{1}{2}(s - t)\tan\theta\tan A \tag{10.57}$$

式中，$\frac{1}{2}(s-t)\tan\phi$ 为滚转角限制的高度；$\frac{1}{2}(s-t)\tan T$ 为上反角引起的翼尖上翘的高度；$\frac{1}{2}(s-t)\tan T+h_g$ 为翼尖距离地面的高度；$\frac{1}{2}(s-t)\tan\theta\tan A$ 为俯仰角造成的翼尖损失。

代入数值将式(10.56) 改写为

$$\tan\phi=0.23-0.344\ \tan\theta$$

起飞俯仰角的计算按照下式：

$$\theta_{\text{lof}}=\alpha_{\text{lof}}+\frac{\mathrm{d}\theta}{\mathrm{d}t}\left(\frac{\partial l_1}{V_{\text{lof}}}+\sqrt{\frac{l_2 C_{L\text{lof}}}{g\frac{\mathrm{d}C_L}{\mathrm{d}\alpha}}}\right) \tag{10.58}$$

机身采用 12° 的锥度，介于通常的 12° 到 15° 之间。

若 $\theta\approx 12°$，则 $\phi\approx 8.3°$，即滚转角限制为 8.3°。

侧翻角的计算：由图 10.24 测绘初值，并根据图 10.28 对侧翻角进行计算：

飞机纵轴线和前、主起落架中心连线的夹角 $\alpha=8.5°$；

飞机重心的高度 $h_{cg}=3\ 012.96$ mm；

前轮中心到重心的距离 $l_n=17\ 806.06$ mm；

后轮中心到重心的距离 $l_m=1\ 217.34$ mm；

主轮间距 $t=5\ 695.4$ mm。

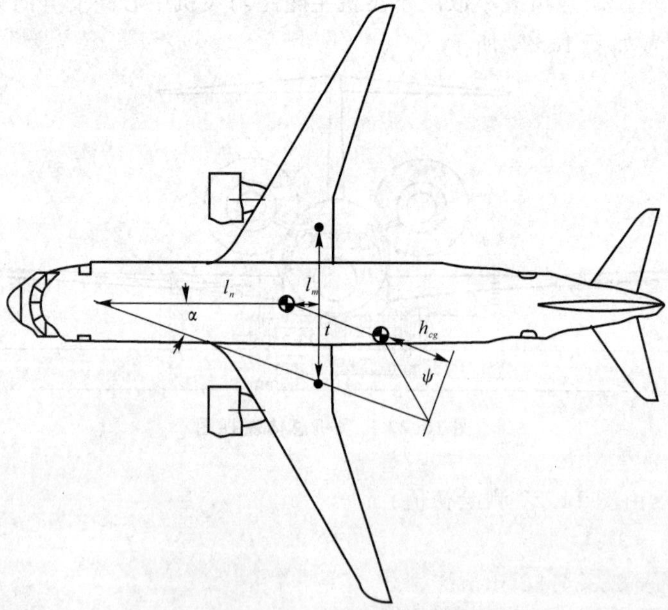

图 10.28 侧翻角计算原理图

侧翻角 ψ 的计算表达式如下：

$$\psi=\arctan\frac{h_{cg}}{l_n\sin\delta} \tag{10.59}$$

式中

$$\tan\delta=\frac{t}{2(l_m+l_n)} \tag{10.60}$$

将以上测绘初值代入式(10.59)和式(10.60)后，得侧翻角 $\psi = 48.9°$，满足陆基飞机不大于 63° 的设计要求。

(3) 基本运动学布置

前起落架支柱通过机轮向前运动收入机身中，在选择前起落架支柱收放方向时除了要考虑总体布局外，还必须考虑尽量减小飞机重心位置改变的要求。前起落架的收放运动简图如图 10.29 所示。

当主起落架固定在机翼上时，它可以沿机翼展向机身内部收放，机轮收入机身中。主起落架的收放运动简图如图 10.30 所示。

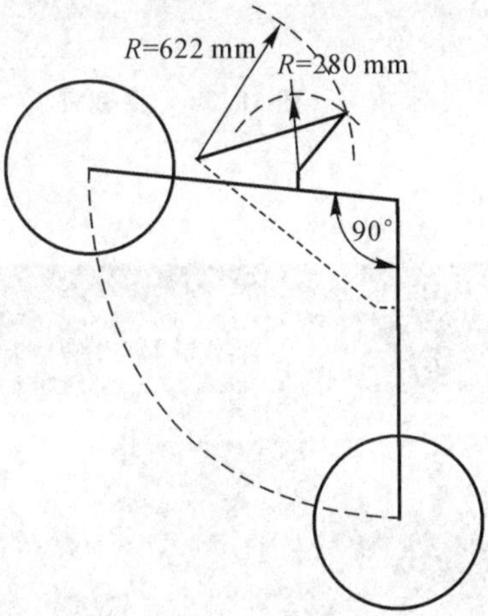

图 10.29　前起落架收放运动简图

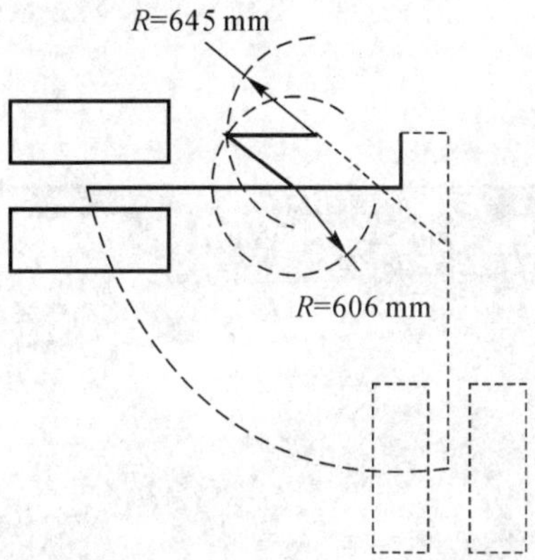

图 10.30　主起落架收放运动简图

10.2.2　建立数字化样机

(1) 前、主起落架结构数字化样机

由预先建立的飞机起落架典型构件库中选择适当的飞机起落架构件，根据初步设计的起落架尺寸进行参数化建模，得到前起落架主要部分的构件三维数模如图 10.31 ～ 图 10.48 所示，主起落架主要部分的构件三维数模如图 10.49 ～ 图 10.58 所示。

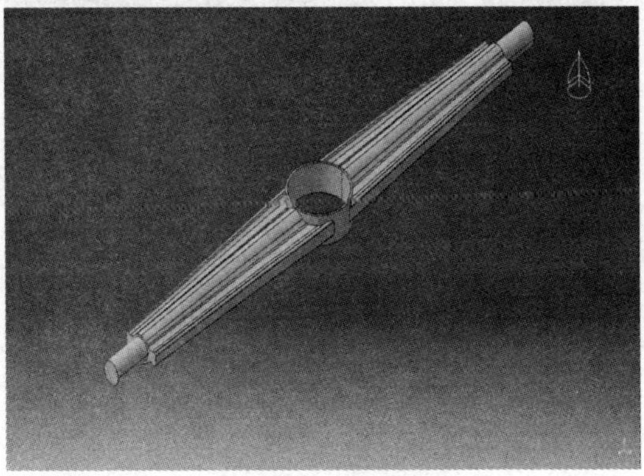

图 10.31　横梁

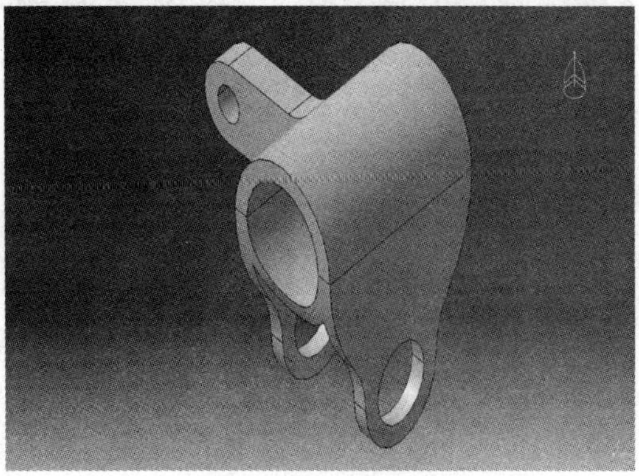

图 10.32　横梁耳片

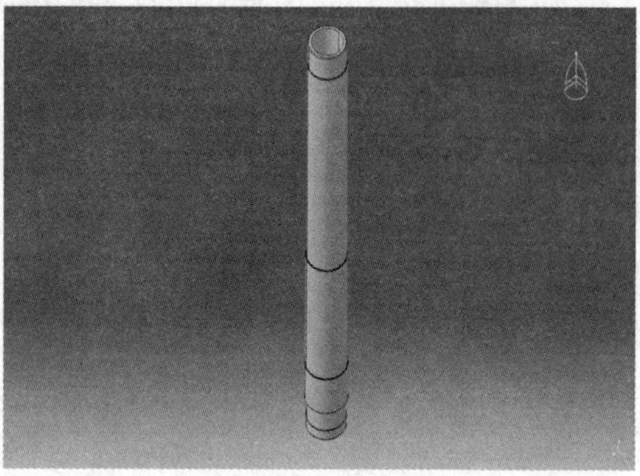

图 10.33　外筒

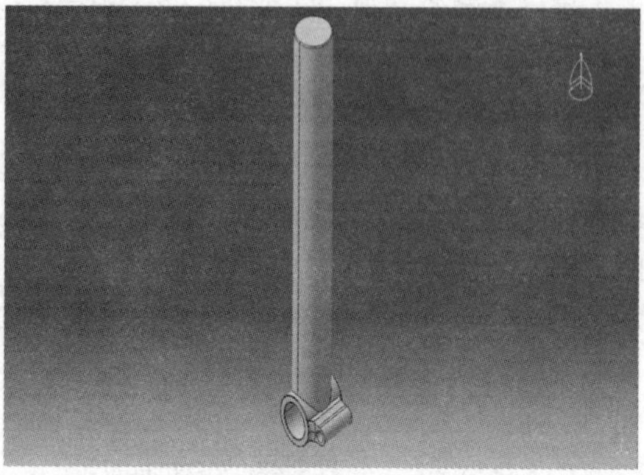

图 10.34　活塞杆

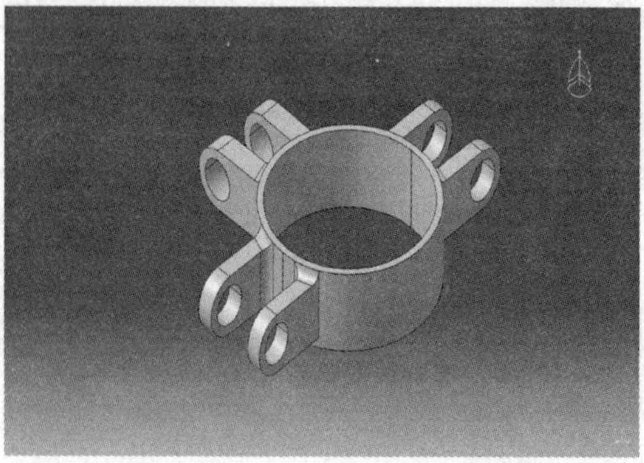

图 10.35　撑杆接头

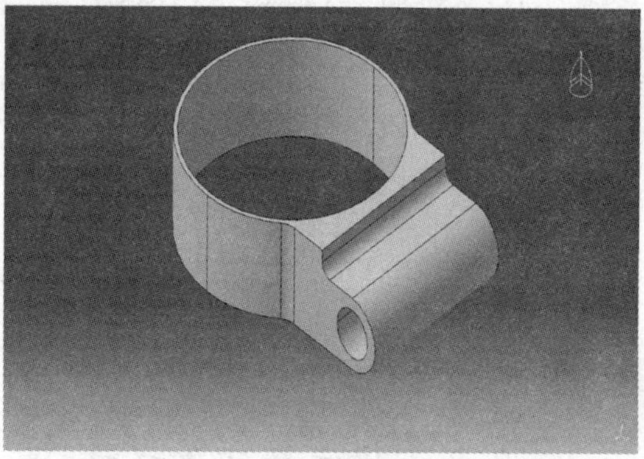

图 10.36　转弯卡箍

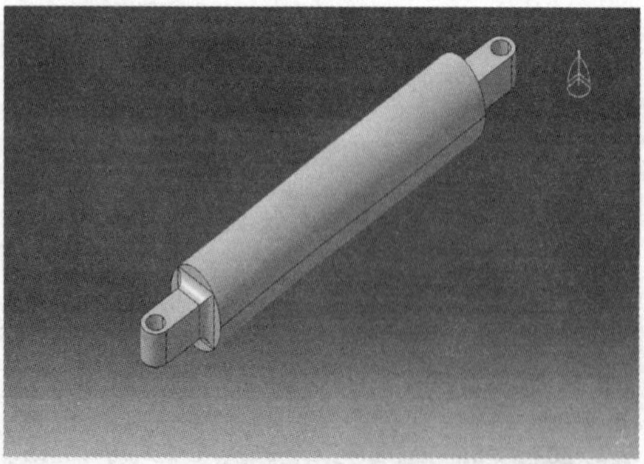

图 10.37　侧撑杆

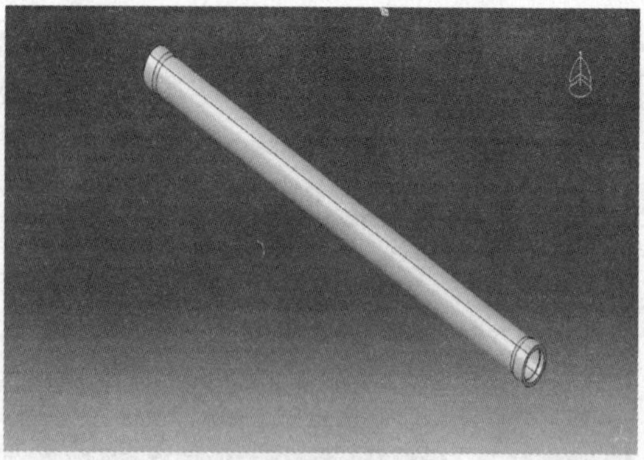

图 10.38　横管

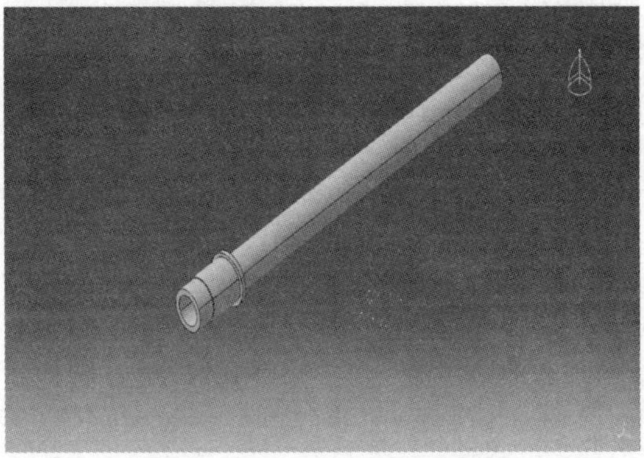

图 10.39　收放作动筒活塞杆

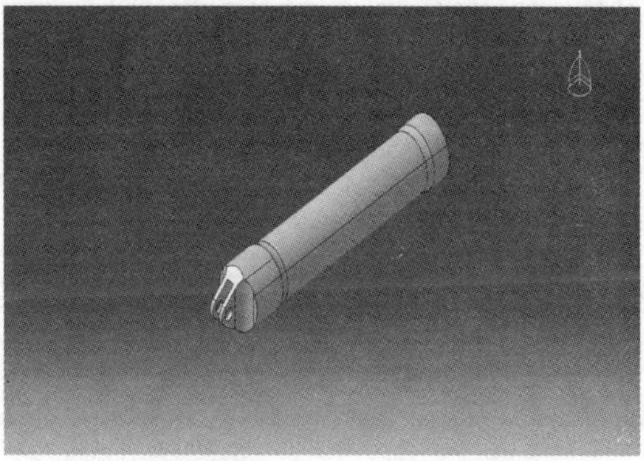

图 10.40　收放作动筒外筒

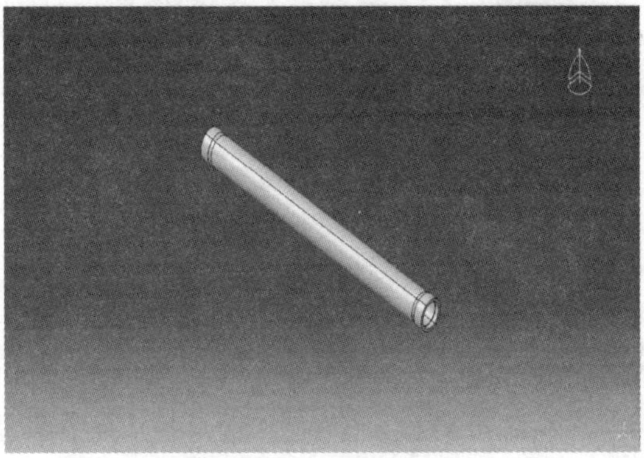

图 10.41　上收放撑杆

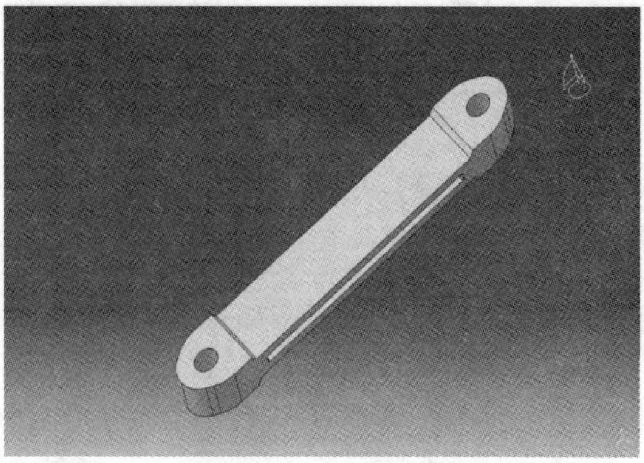

图 10.42　下收放撑杆

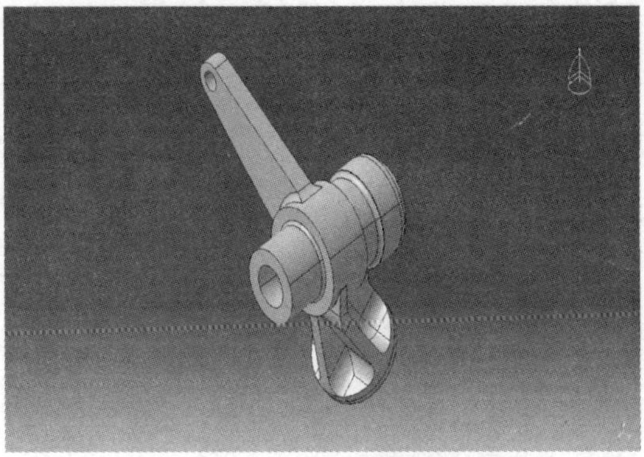

图 10.43　横管接头

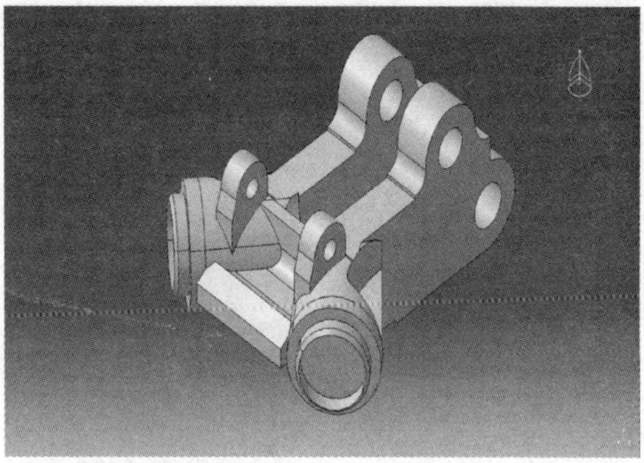

图 10.44　收放撑杆接头

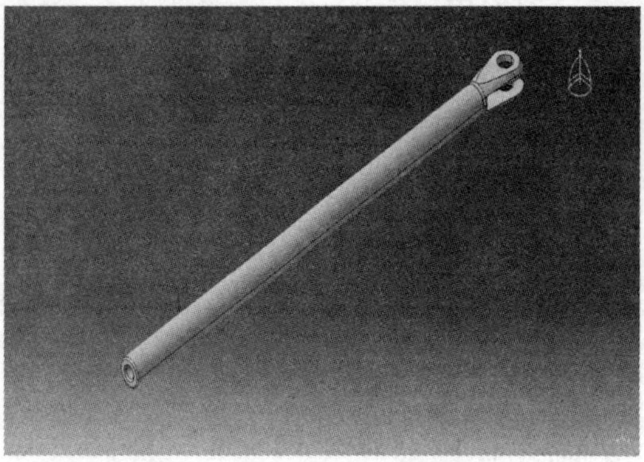

图 10.45 收放活塞杆接头

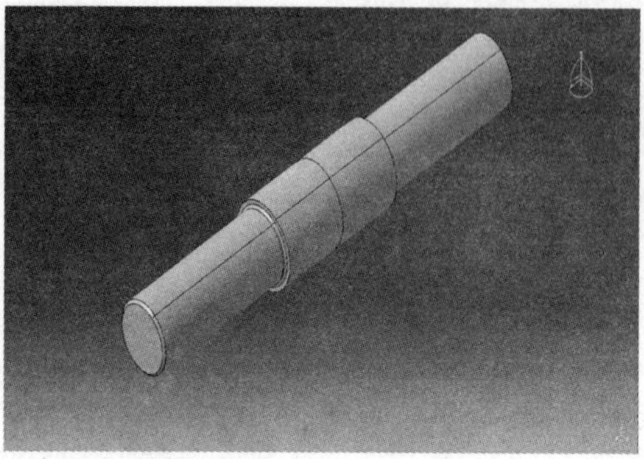

图 10.46 轮轴

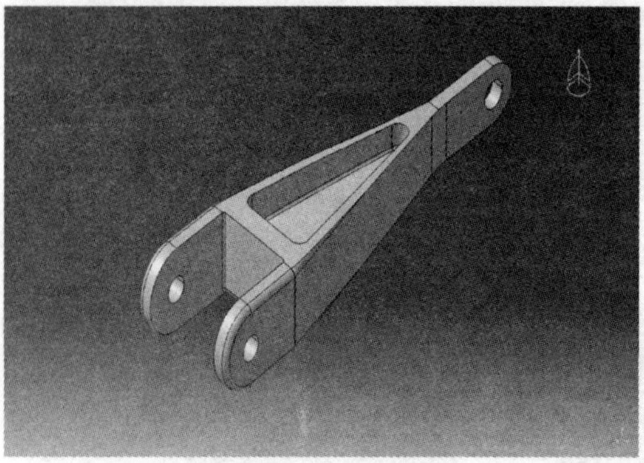

图 10.47 下扭力臂

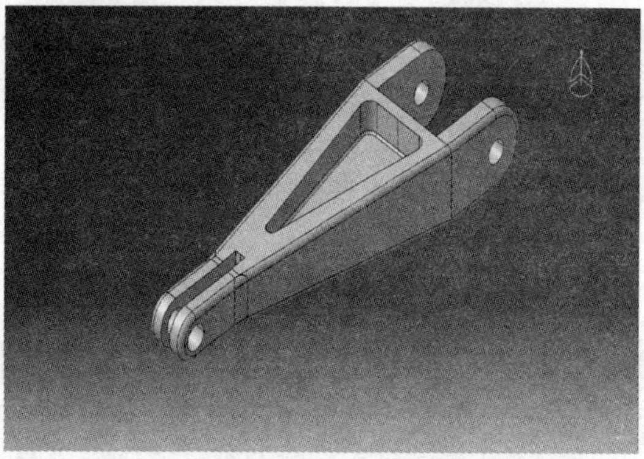

图 10.48 上扭力臂

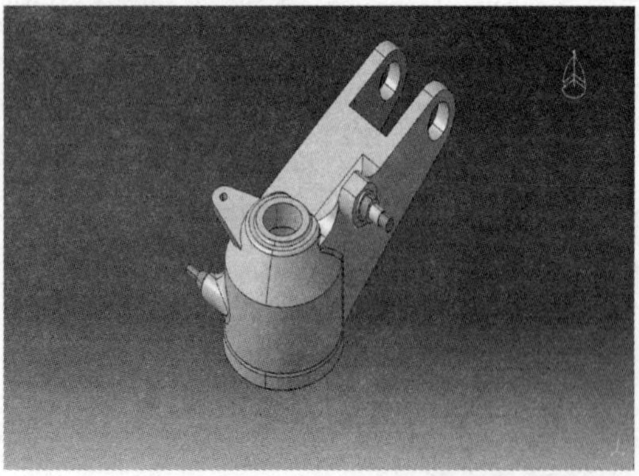

图 10.49 耳轴梁

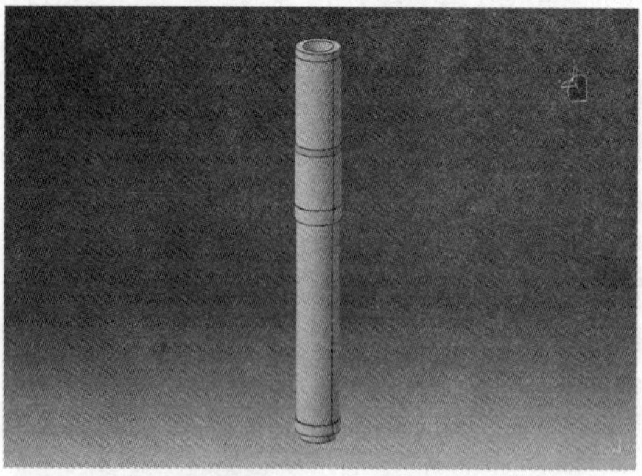

图 10.50 外筒

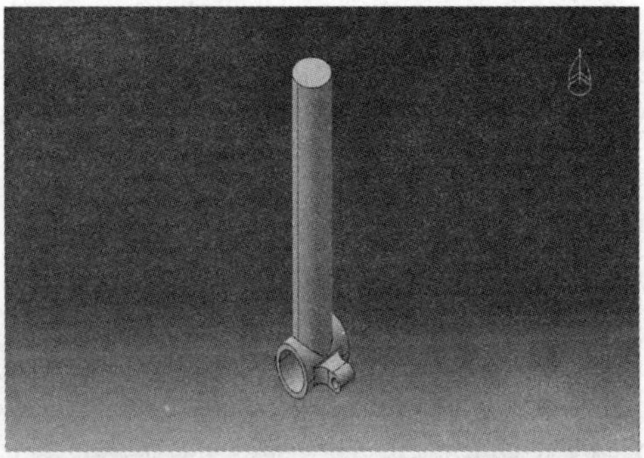

图 10.51　活塞杆

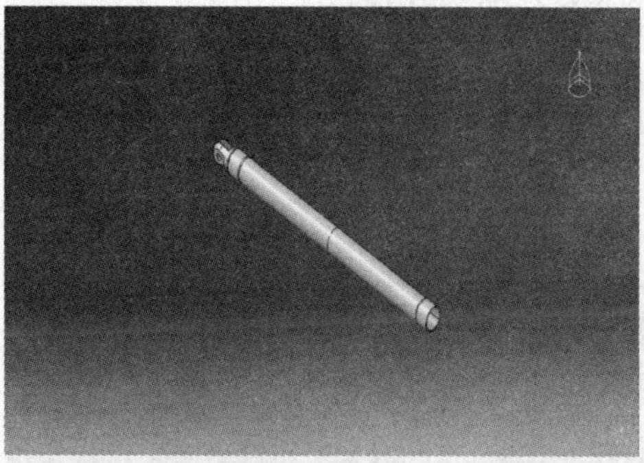

图 10.52　横管

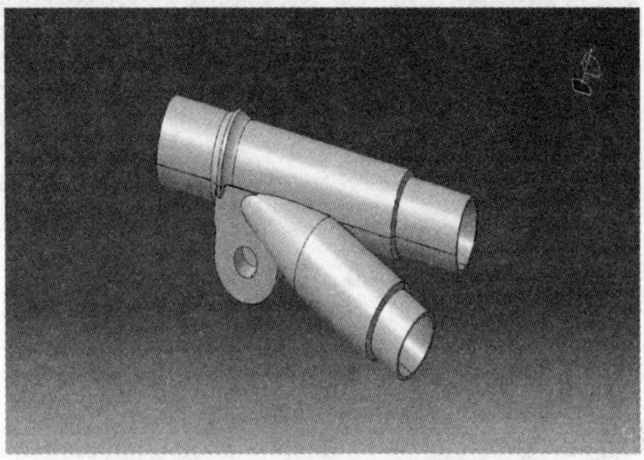

图 10.53　横管接头

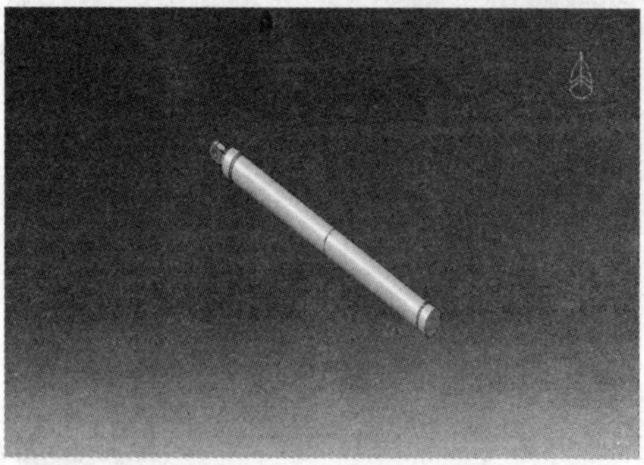

图 10.54　斜撑杆

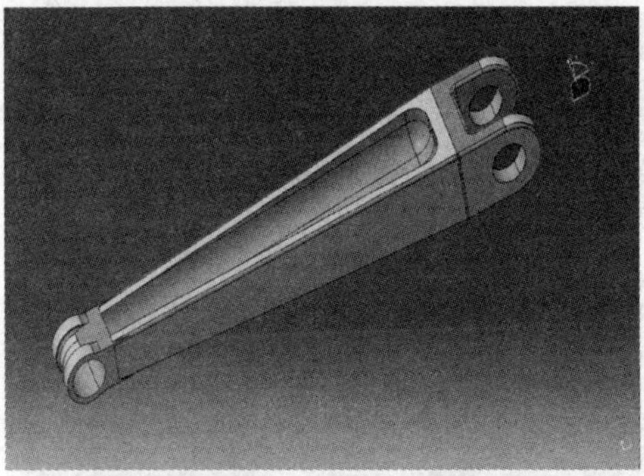

图 10.55　侧撑杆上

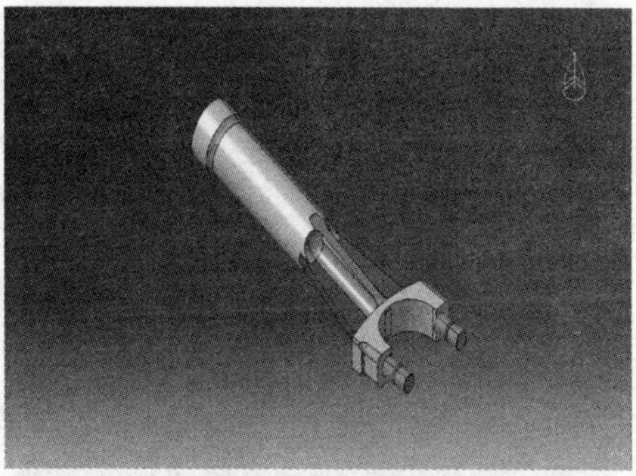

图 10.56　侧撑杆下

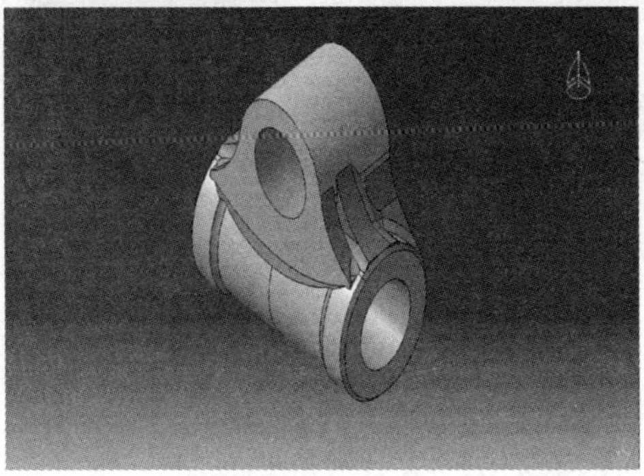

图 10.57　万向接头

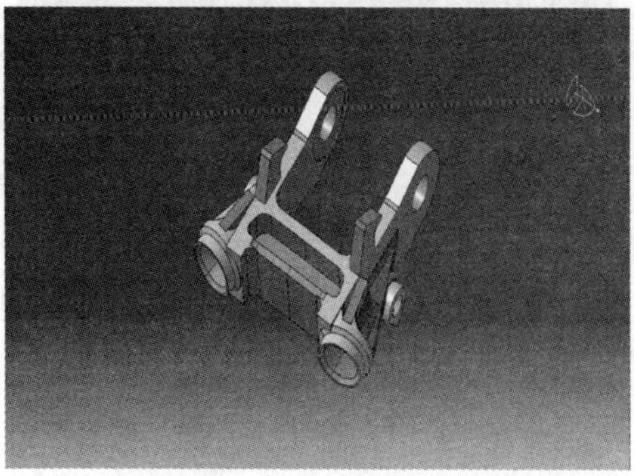

图 10.58　侧撑杆接头

(2) 机轮数字化样机

由预先建立的机轮模型库中选择适当的机轮模型，根据初步设计的机轮尺寸进行参数化建模，得到前起落架机轮的三维数模如图 10.59 所示，主起落架机轮的三维数模如图 10.60 所示。

图 10.59 前起落架轮胎

图 10.60 主起落架轮胎

(3) 全机装配

基于初步设计参数，在CATIA里建立起落架各零件的CAD模型，然后进行前起落架以及主起落架装配，最后进行全机装配。前起落架装配图如图 10.61 所示。

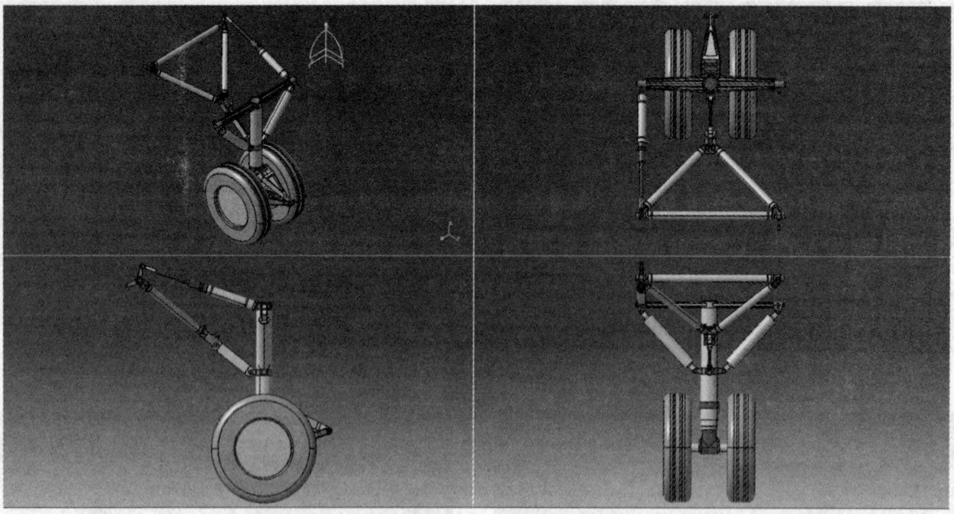

图 10.61 前起落架装配图

左主起落架装配图如图 10.62 所示。

主起落架装配图如图 10.63 所示。

全机装配图如图 10.64 所示。

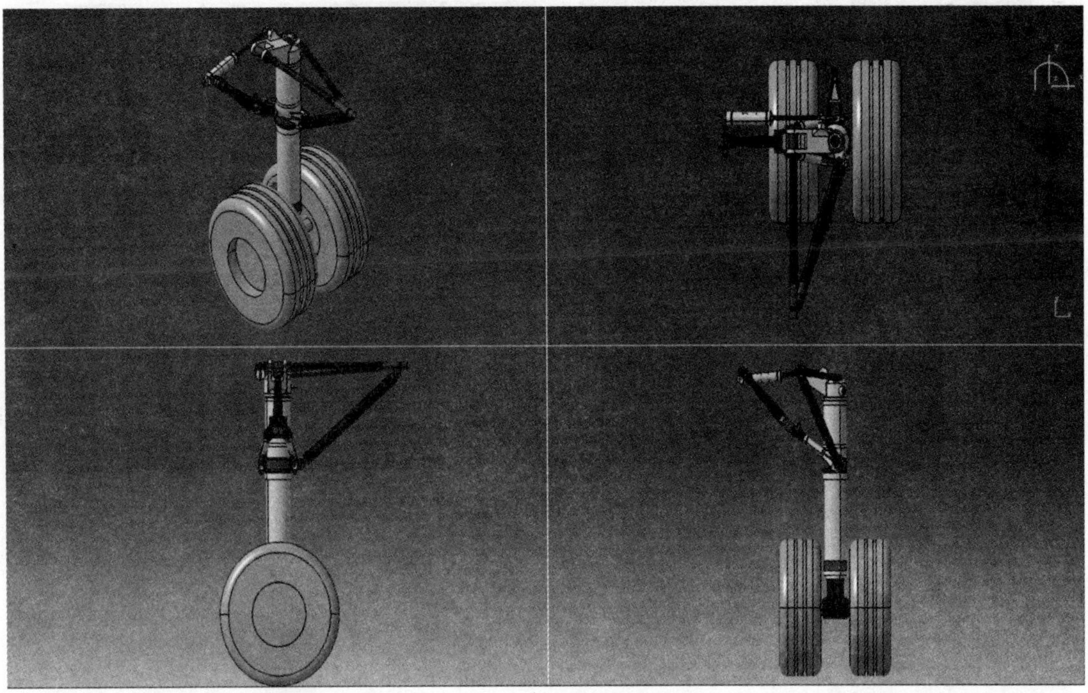

图 10.62　左主起落架装配图

图 10.63　主起落架装配图

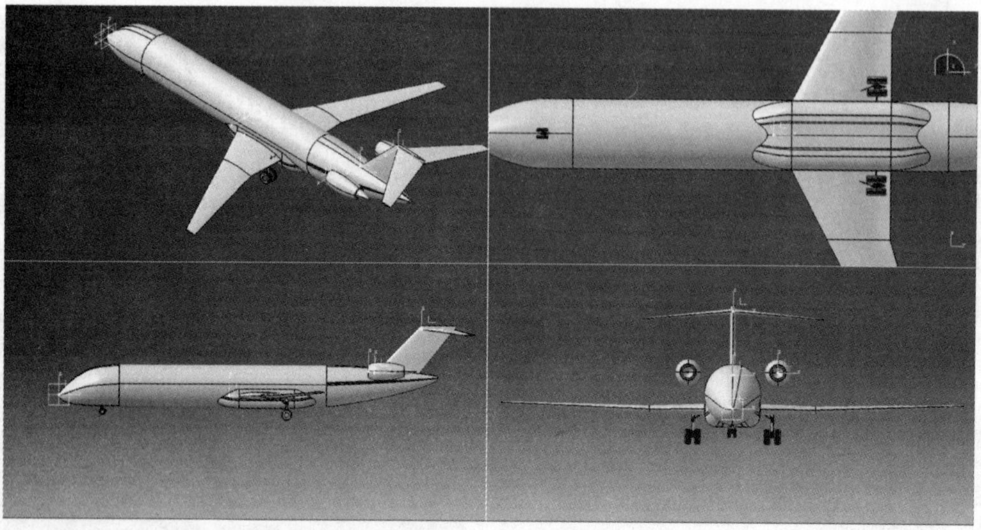

图 10.64 全机装配图

10.2.3 建立起落架功能虚拟样机及仿真分析

以成熟的商业软件(如:CATIA V5,SIMDesigner,ADAMS,EASY5,MATLAB/Simulink,Patran/Nastran 等)结合二次开发来搭建起落架系统多学科设计 / 协同仿真平台,建立该飞机方案起落架落震、收放等功能虚拟样机,全机着陆、滑跑、地面操纵等功能虚拟样机,并进行动力学仿真分析,总体工作流程如图 10.65 所示。

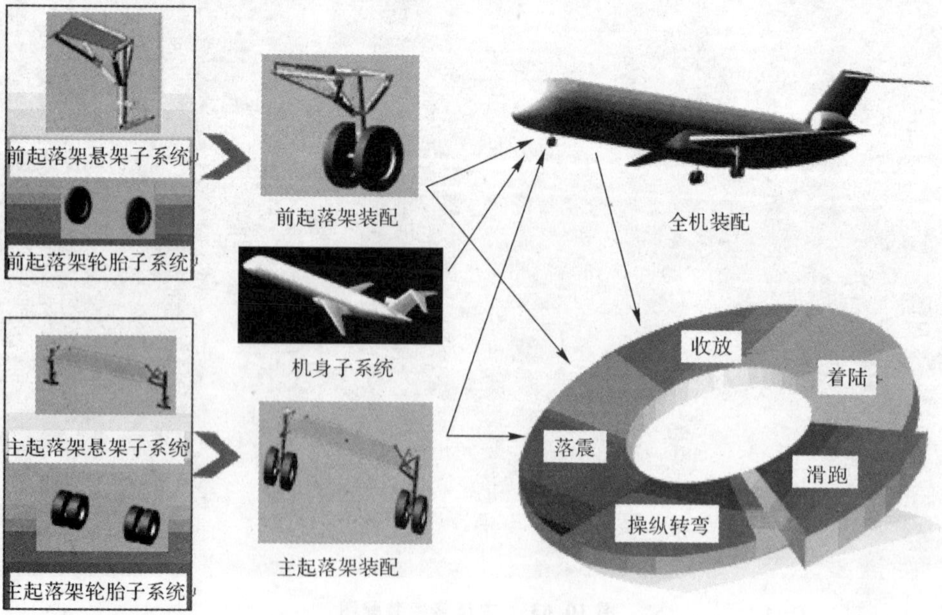

图 10.65 建立虚拟样机及仿真分析工作流程

1.落震性能分析

(1) 落震参数确定

1) 着陆当量质量。对三点水平着陆的前起落架

$$m_{\mathrm{dl}}=\frac{b+\mu h}{a+b}\frac{G_{\mathrm{zl}}}{g} \tag{10.61}$$

式中,μ 为平均滑动摩擦因数,取 0.4;a,b 分别为前起落架和主起落架到重心的距离;h 为重心的高度;G_{zl} 为飞机的设计着陆重力。

对于两点着陆的主起落架

$$m_{\mathrm{dl}}=G_{\mathrm{zl}}/(2g) \tag{10.62}$$

2) 投放高度。落震试验的投放高度 H 指机轮最下外缘距平台的距离,根据下沉速度决定,依下式计算:

$$H=V_y^2/(2g) \tag{10.63}$$

式中,V_y 为飞机下沉速度。

3) 投放重力。落震试验的投放重力为吊篮、夹具、起落架及配重的总重力。如果已有仿升力落震,并且仿升力值等于设计规定的升力值,则投放重力 W 为

$$W=P_{\mathrm{dl}} \tag{10.64}$$

式中,$P_{\mathrm{dl}}=m_{\mathrm{dl}}g$ 为起落架当量载荷。

如果落震试验无仿升力,则投放重力为

$$W=P_{\mathrm{dl}}\frac{H+(1-L)Y_c}{H+Y_c} \tag{10.65}$$

式中,Y_c 为轮胎压缩量加轮轴相对于投放质量的位移;L 为机翼升力与飞机重力比,$L=1.0$,则无仿升力投放重力为

$$W=P_{\mathrm{dl}}\frac{H}{H+Y_c} \tag{10.66}$$

由于试验前 Y_c 不能精确给出,因此试验时要调整试凑,直至满足式(10.66),即满足试验落体功量与缓冲系统吸收的功量的偏差不大于规定值为止。

4) 落震试验参数表(见表 10.10 和表 10.11)。

表 10.10 前起落架的落震试验参数

着陆当量质量 /kg	投放高度 /m	投放质量 /kg
9 000	0.466	4 500

表 10.11 主起落架的落震试验参数

着陆当量质量 /kg	投放高度 /m	投放质量 /kg
29 500	0.466	15 000

(2) 建立落震功能虚拟样机及仿真分析

基于 CATIA V5,SIMDesigner 和 ADAMS 建立了前起落架落震功能虚拟样机,如图

10.66(d) 所示。

经过初始的定油孔落震仿真，缓冲器效率较低，缓冲器行程较大导致压缩行程结束段空气弹簧力急剧上升，过载大。考虑采用变油孔，减小压缩行程结束段的油孔面积，以增大效率，并增加缓冲器吸收功量以减小行程和结尾段的空气弹簧力，由于变油孔增大了缓冲器吸收的功量，因此可以适当地减少初始气腔的压力。

最后前起落架使用变油孔，油孔面积为 $3.4\times10^{-5}\,\mathrm{m}^2$，油针面积近似选取见表 10.12。

表 10.12 前起落架落震功能虚拟样机

行程 /m	0	0.1	0.2	0.3	0.32	0.35	0.4
油针面积 /m²	0	0	3×10^{-6}	4×10^{-6}	1×10^{-5}	1.6×10^{-5}	2×10^{-5}

初始气腔压力可降至 1.0 MPa，仿真结果如图 10.66 所示。

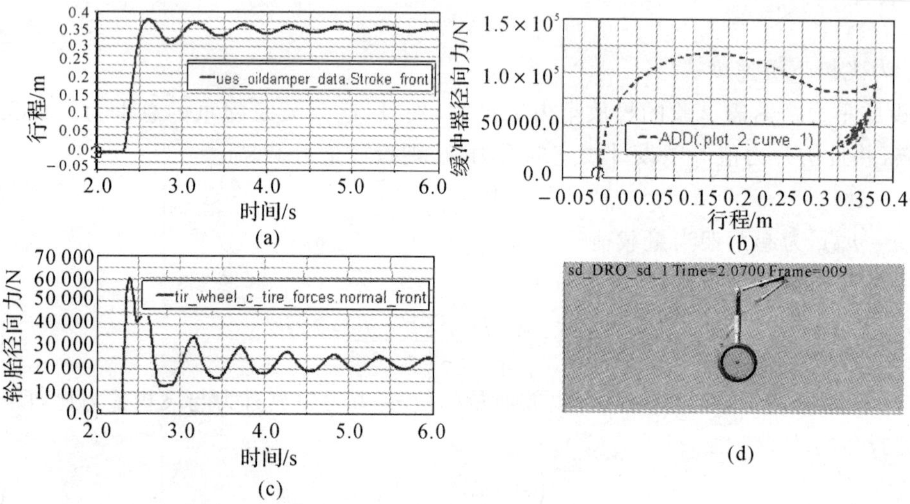

图 10.66 前起落架落震仿真分析及结果

图 10.66(a)所示为前起落架缓冲器行程随时间的变化，由图中可以得到，缓冲器的最大行程为 0.377 3 m，最大压缩行程速度为 2.41 m/s，缓冲器在落震过程中趋于稳定。图 10.66(b)所示为前起落架落震的功量图，由图中可以看出，缓冲器最大轴向力为 11 799 N，最大过载为 1.34，正行程阶段共吸收能量 36 521 J，缓冲器的效率为 82.04%。图 10.66(c)所示为前起落架轮胎的径向力随时间的变化，由图中可以看出，轮胎的最大径向力为 60 219 N。图10.66(d)所示为前起落架的落震功能虚拟样机。

基于 CATIA V5，SIMDesigner 和 ADAMS 建立了主起落架落震功能虚拟样机，如图 10.67(d)所示。

图 10.67(a)所示为主起落架缓冲器行程随时间的变化，由图中可以得到，缓冲器的最大行程为 0.425 1 m，最大压缩行程速度为 2.28 m/s，缓冲器在落震过程中趋于稳定。图 10.67(b)所示为主起落架落震的功量图，由图中可以看出，缓冲器最大轴向力为 362 930 N，最大过载为 1.23，正行程阶段共吸收能量 128 920 J，缓冲器的效率为 83.57%。图 10.67(c)所示为主起落架轮胎的径向力随时间的变化，由图中可以看出，轮胎的最大径向力为 182 820 N。图

10.67(d)所示为主起落架的落震功能虚拟样机。

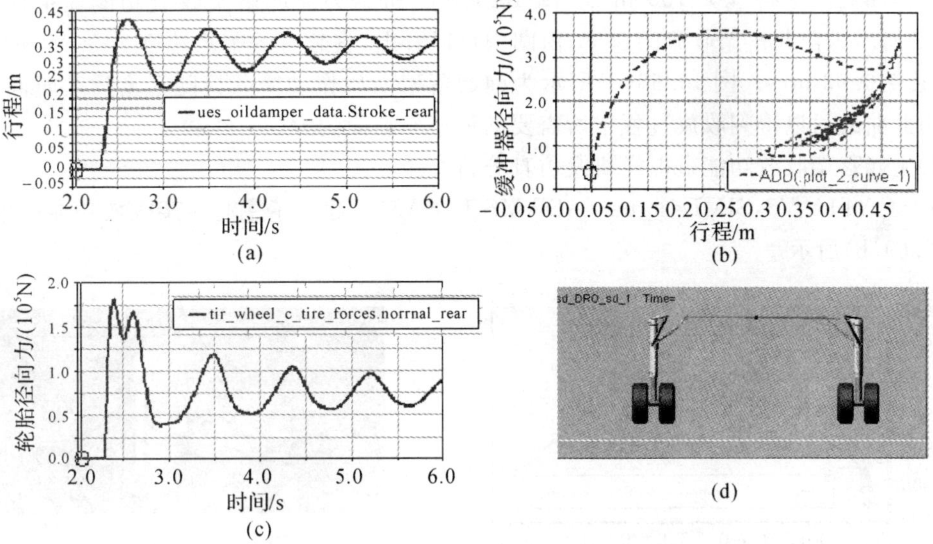

图 10.67　主起落架落震仿真分析及结果

2. 收放性能分析

(1)前起落架收放功能虚拟样机及仿真分析

基于 CATIA V5,SIMDesigner,ADAMS 和 EASY5 建立了前起落架收放功能虚拟样机，如图 10.68(b)所示。

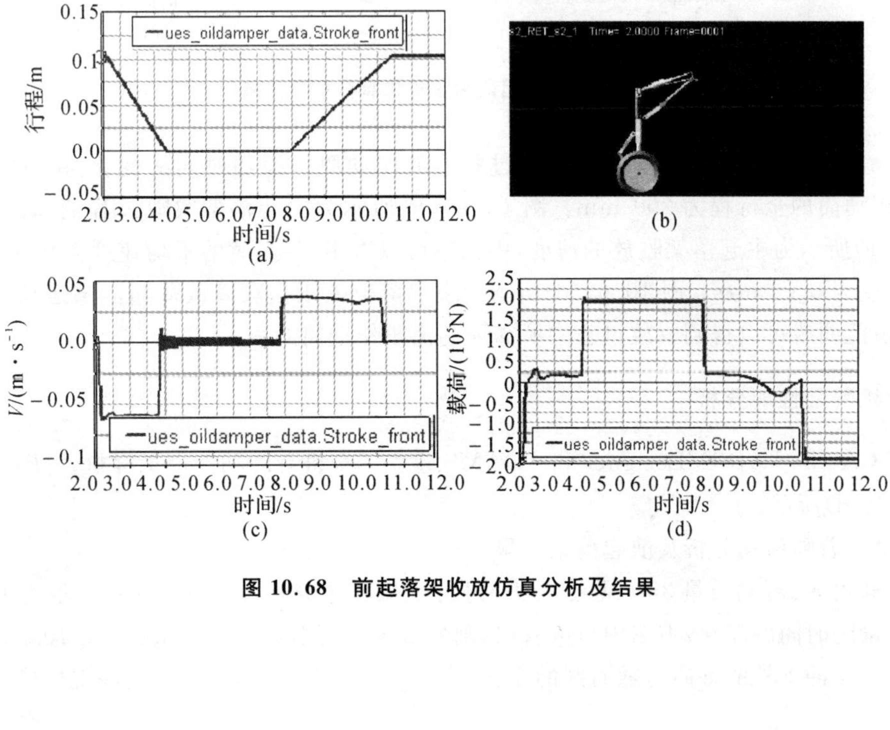

图 10.68　前起落架收放仿真分析及结果

图 10.68(a)所示为前起落架收放全过程收放作动筒行程随时间的变化，由图中可以看出，收放作动筒的全行程为 100 mm。图 10.68(b)所示为前起落架收放功能虚拟样机。图 10.68(c)所示为前起落架收放的速度，由图中可以看出，收起时的平均速度为 0.05 m/s，放下时的速度为0.03 m/s。图 10.68(d)所示为前起落架液压作动筒载荷随活塞运动时间变化的曲线，由此曲线可以得到收放过程中所需要的液压作动筒的力。

(2)主起落架收放功能虚拟样机及仿真分析

基于 CATIA V5，SIMDesigner，ADAMS 和 EASY5 建立了主起落架收放功能虚拟样机，如图 10.69(b)所示。

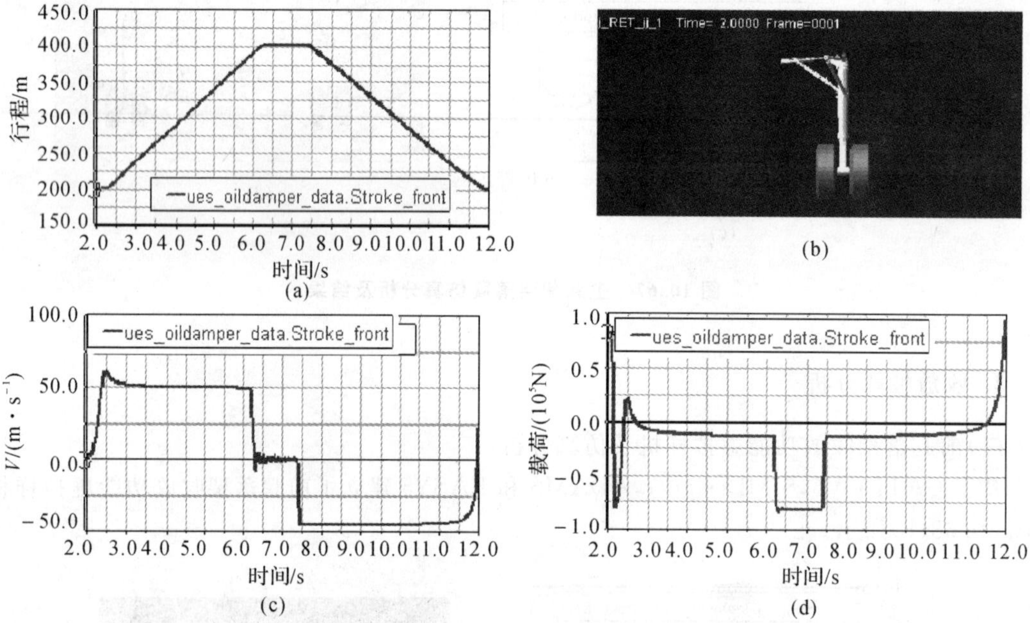

图 10.69 主起落架收放仿真分析及结果

图 10.69(a)所示为主起落架收放全过程收放作动筒行程随时间的变化，由图中可以看出，收放作动筒的全行程为 200 mm。图 10.69(b)所示为主起落架收放过程的动力学模型。图 10.69(c)所示为主起落架收放的速度，由图中可以看出，收起时的平均速度为 0.05 m/s，放下时的速度为 0.05 m/s。图 10.69(d)所示为主起落架液压作动筒载荷随活塞运动时间变化的曲线，由此曲线可以得到收放过程中所需要的液压作动筒的力。

3. 全机着陆性能分析

基于 CATIA V5，SIMDesigner 和 ADAMS 建立了全机着陆功能虚拟样机，如图10.70(d)和图 10.71(d)所示。

(1)全机着陆仿真分析及前起落架结果

以俯仰角 3°，着陆质量 35 t(除去升力)进行全机着陆分析，图 10.70(a)所示为前起落架轮胎压缩量随时间的变化，由图中可以看出，前轮最大的压缩量为 225 mm。图 10.70(b)所示为前起落架缓冲支柱的轴向力随时间的变化，由图中可以看出，前起落架缓冲支柱最大轴向力为 3.8×10⁵ N，由于飞机俯仰转动产生的额外过载，轴向力有个较大的峰值。图 10.70(c)所示为着陆过程中前起落架缓冲器压缩行程随时间的变化，由图中可以看出，前起落架缓冲器的最大压缩行程为 0.375 m，随后趋于稳定。图 10.70(d)所示为全机着陆功能虚拟样机。

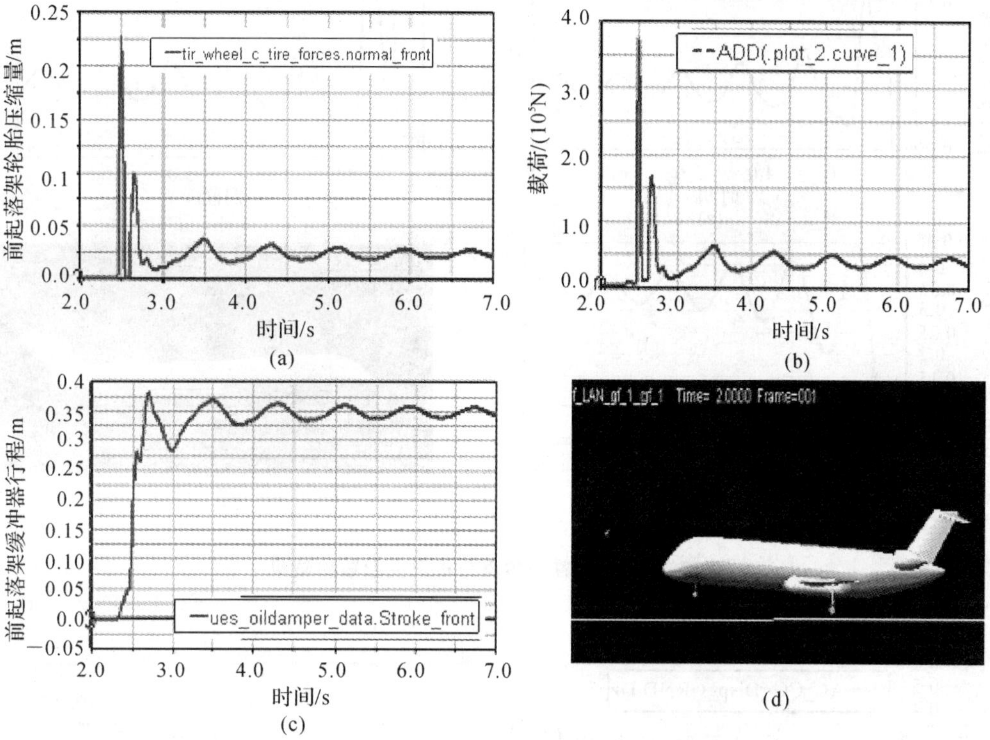

图 10.70　全机着陆仿真分析及前起落架结果

(2)全机着陆仿真分析及主起落架结果

以俯仰角 3°，着陆质量 35t(除去升力)进行全机着陆分析，图 10.71(a)所示为主起落架轮胎压缩量随时间的变化，由图中可以看出，主轮最大的压缩量为 107.7 mm。图 10.71(b)所示为主起落架缓冲支柱的轴向力随时间的变化，由图中可以看出，主起落架缓冲支柱最大轴向力为 4.6×10^5 N。图 10.71(c)所示为着陆过程中前起落架缓冲器压缩行程随时间的变化，由图中可以看出，主起落架缓冲器的最大压缩行程为 0.45 m，随后趋于稳定。图 10.71(d)所示为全机着陆功能虚拟样机。

4. 全机滑跑性能分析

基于 CATIA V5，SIMDesigner 和 ADAMS 建立了全机滑跑功能虚拟样机，如图 10.70(d)和图 10.71(d)所示。将全机模型在 Sf 跑道进行滑跑分析，并得到分析结果，如图 10.72 和图 10.73 所示。

(1)全机滑跑仿真分析及重心结果

图 10.72(a)所示为飞机重心垂直位移随时间的变化；图 10.72(b)所示为飞机重心的俯仰角位移随时间的变换，这两个变量和路面的不平度有着很大的联系，从曲线上看，比较符合路面不平度的影响。

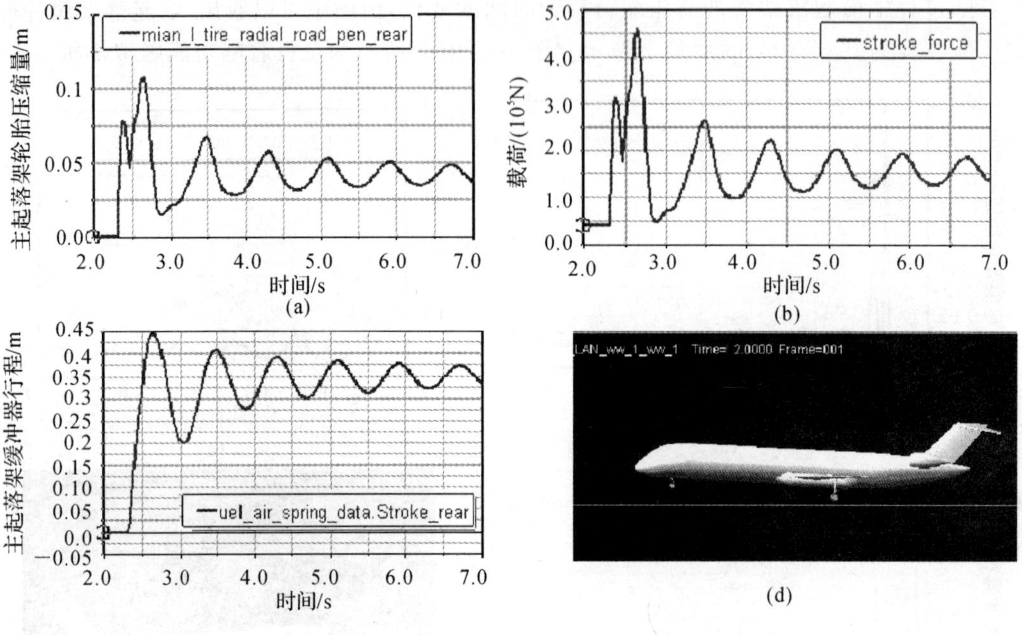

图 10.71 全机着陆仿真分析及主起落架结果

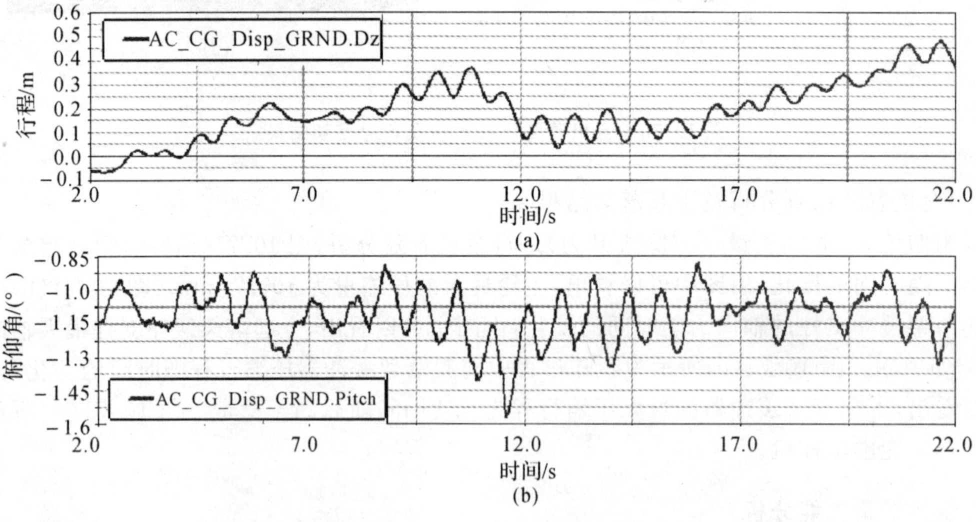

图 10.72 全机滑跑仿真分析及重心结果

(2)全机滑跑仿真分析及起落架结果

图 10.73(a)所示为主起落架缓冲器行程变化曲线;图 10.73(b)所示为前起落架缓冲器行程变化曲线。当机轮滑行时,由于跑道路面不平度的影响,引起机轮与地面的激烈碰撞,导致非常高的颠簸载荷,滑行载荷虽然没有着陆撞击时的载荷大,但其重复次数多,这种载荷造成的疲劳损伤不容忽视。

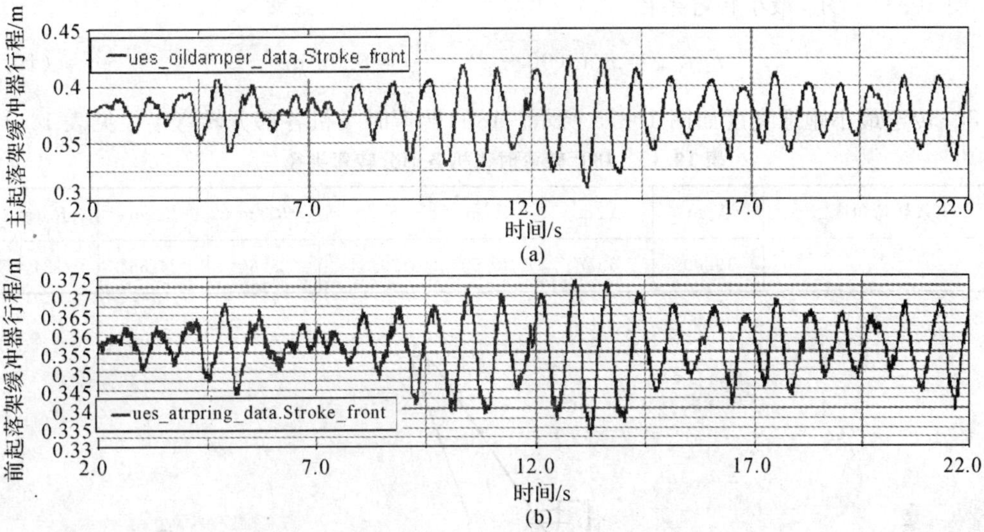

图 10.73　全机滑跑仿真分析及起落架受载结果

5. 地面操纵性能分析

(1)地面操纵特性

除了考虑地面稳定性和控制性能，风侧基础设施改进的高额费用等之外，跑道、滑行道的延长和道面的硬化加强，使飞机机场适应性问题成为起落架设计中一个重要的问题。尤其是飞机必须在一个特定的空间内机动，对于大型飞机来说，需要对飞机主起落架间距和前起落架站位尺寸设定一个上限值。

1)飞机转弯半径。如图 10.74 所示，转弯半径是旋转中心和飞机各个部件之间的距离。旋转中心位于垂直于主轮与前轮轮胎平面的延伸线的交点。对于具有两个主支柱以上的飞机来说，主起落架延伸出来的垂直线位于主起落架前轮和后轮的中部。转弯半径是前轮操纵角(β)的一个函数；角度越大，转弯半径越小。操纵角度的上限值是通过获得提供可操纵能力来确定的，一般限定在$\pm 60°$。

对应 180°的转弯半径，如图 10.74 所示，使用下面表达式确定：

$$r_{180°\mathrm{turn}} = t\tan(90-\beta) + \frac{b}{2} \tag{10.67}$$

式中，b 和 t 是主轮间距和前起落架到主起落架中心距离。转弯直径是 180°转弯半径的两倍，应该小于相应的跑道道面的宽度。

飞机在 30.1 m 宽的标准跑道做 180°转弯，不考虑差动刹车和不对称推力，飞机在非常低的速度下转弯。为了满足跑道的适应条件，转弯过程中前起落架的外缘与跑道正好相切。满足如下关系：

$$\left.\begin{aligned} A &= x\tan(90° - \beta) + \frac{b}{2} + R_3 \\ \beta &= 72° \end{aligned}\right\} \tag{10.68}$$

由于前面计算没有考虑轮胎的侧偏特性，假设轮胎有 3° 侧偏角，实际的最大操纵角度为

75°,如图 10.75 所示,最小转弯半径

$$r_{180^\circ\text{turn}} = x\tan(90-\beta) + \frac{b}{2} = 8.06\ \text{m} \tag{10.69}$$

180° 转弯最小跑道宽度如图 10.75 所示。180° 转弯时飞机各部分转弯半径见表 10.13。

表 10.13　180° 转弯时飞机各部分转弯半径

有效转弯角度	X/m	Y/m	A/m	R_3/m	R_4/m	R_5/m	R_6/m
72°	19.00	6.77	30.50	20.34	23.60	24.36	24

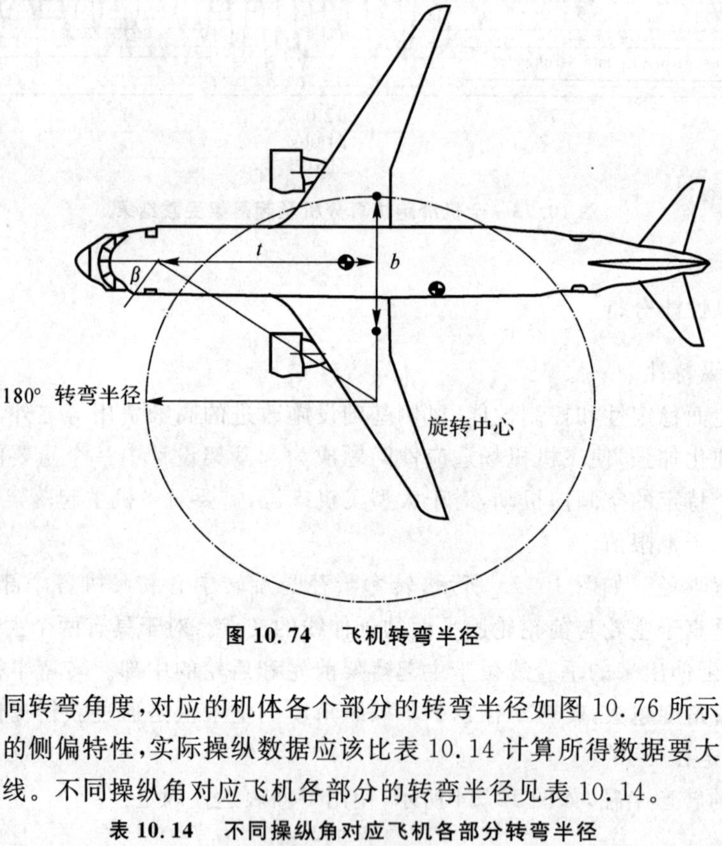

图 10.74　飞机转弯半径

飞机地面不同转弯角度,对应的机体各个部分的转弯半径如图 10.76 所示。

不考虑轮胎的侧偏特性,实际操纵数据应该比表 10.14 计算所得数据要大,操纵过程中参考飞机的定期航线。不同操纵角对应飞机各部分的转弯半径见表 10.14。

表 10.14　不同操纵角对应飞机各部分转弯半径

操纵角 /(°)	R_1/m	R_2/m	R_3/m	R_4/m	R_5/m	R_6/m
30	30.55	36.25	38.23	50.65	40.89	44.9
45	16.25	21.04	30.15	36.45	30.35	32.8
55	10.32	16.02	23.33	30.59	27.02	28.39
65	6.17	11.86	21.25	26.49	25.26	25.66
70	4.08	9.78	20.44	24.4	24.59	24.47
75	2.36	8.06	19.92	22.75	24.16	23.53

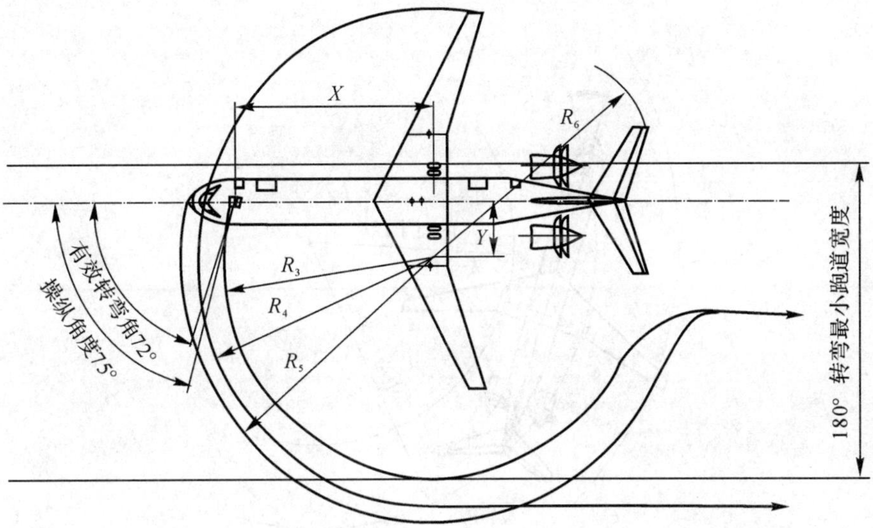

图 10.75　180° 转弯最小跑道宽度

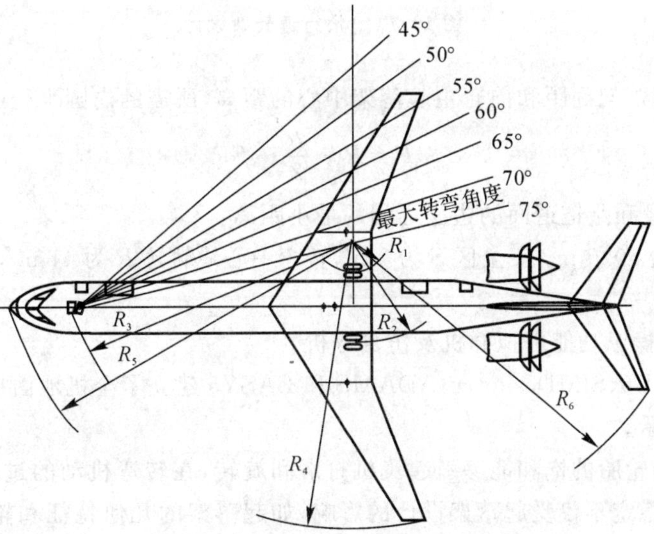

图 10.76　转弯角度对应转弯半径图

2）中心线滑行。在跑道和滑行道交叉口的内圆半径尺寸不仅与机轮间距、中线航线半径、跑道的宽度和方向的变化有关，也和飞机跟随的路线有关系。飞机在转弯的时候，要做出两种选择，一是保证飞机前轮的运动轨迹与滑行道中线一致；二是假定当飞机转弯时，前轮向外偏离中心线滑行。

如图 10.77 所示，最大转角(ψ)，中心线的切线和飞机机身轴线的夹角，这个角度发生在转弯的最终点，前轮在切点上，满足

$$\sin\psi = \frac{t}{R} \tag{10.70}$$

式中，R 是中心线的半径。重新检查，确保在这一点设计的转弯角度在允许的操纵角度范围

之内。

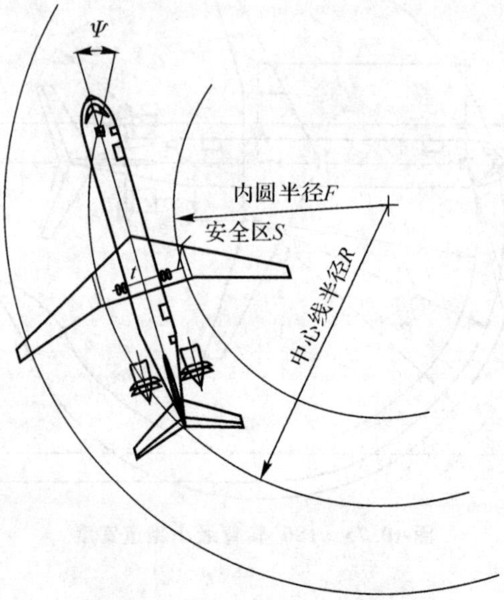

图 10.77 滑行道转弯设计

对于给定的起落架间距和前轮主起落架中心的距离，所需的内圆半径(F) 按下式确定：

$$F=R-\frac{b}{2}-S \tag{10.71}$$

式中，S 是轮胎外缘和跑道道面的边缘之间的最小距离。

内圆半径 F 为 30.5 m，安全区 S 为 7 m，转弯中心线轨迹 R 为 41 m，最大允许的偏转角 ψ 为 27°。

(2) 全机地面操纵功能虚拟样机及仿真分析

基于 CATIA V5，SIMDesigner，ADAMS 和 EASY5 建立了全机地面操纵功能虚拟样机，如图 10.78(d) 所示。

因为主起落架轮胎的饱和能够引起飞机打滑和旋转，在转弯机动的过程中会降低飞机的侧向稳定性，侧向稳定不仅受起落架设计的影响，如起落架的几何特征和轮胎的特性，也受操纵参数的影响，如天气和滑行跑道等。在转弯过程中，起落架所受载荷不平衡，飞机的稳定性是影响飞机舒适性的一个关键因素。

飞机前轮转角为 15°，飞机速度为 15 km/h。图 10.78(a) 所示为飞机的运行轨迹；图 10.78(b) 所示为主起落架缓冲器弹簧力随时间变化规律；图 10.78(c) 所示为主起落架缓冲器行程随时间变化规律。从图 10.78 中可以看出飞机起落架载荷的变化规律，由于飞机在转弯的时候，需要轮胎提供向心力，对飞机产生一个向外翻滚力矩，为了使飞机平衡，外侧起落架载荷要大于内侧起落架载荷，来提供一个反向的力矩使飞机平衡。但是飞机在转弯的过程中，起落架的行程变化和力的变化都呈震荡趋势，这说明飞机在转弯过程中，进入定常转弯，起落架的受力和行程变化会趋于稳定。

图 10.79 所示为全机地面转弯仿真分析的前起落架结果。

从前起落架轮胎力的变化可以看出，左右两个机轮的变化成反向，其道理与前面起落架载荷变化情况一致，但是对于前起落架的轮胎的侧向力来说，相差不是很大。但是对于主起落架轮胎侧向力的变化相对来说，就有了明显的差别，右起落架轮胎侧向载荷要比左侧大。

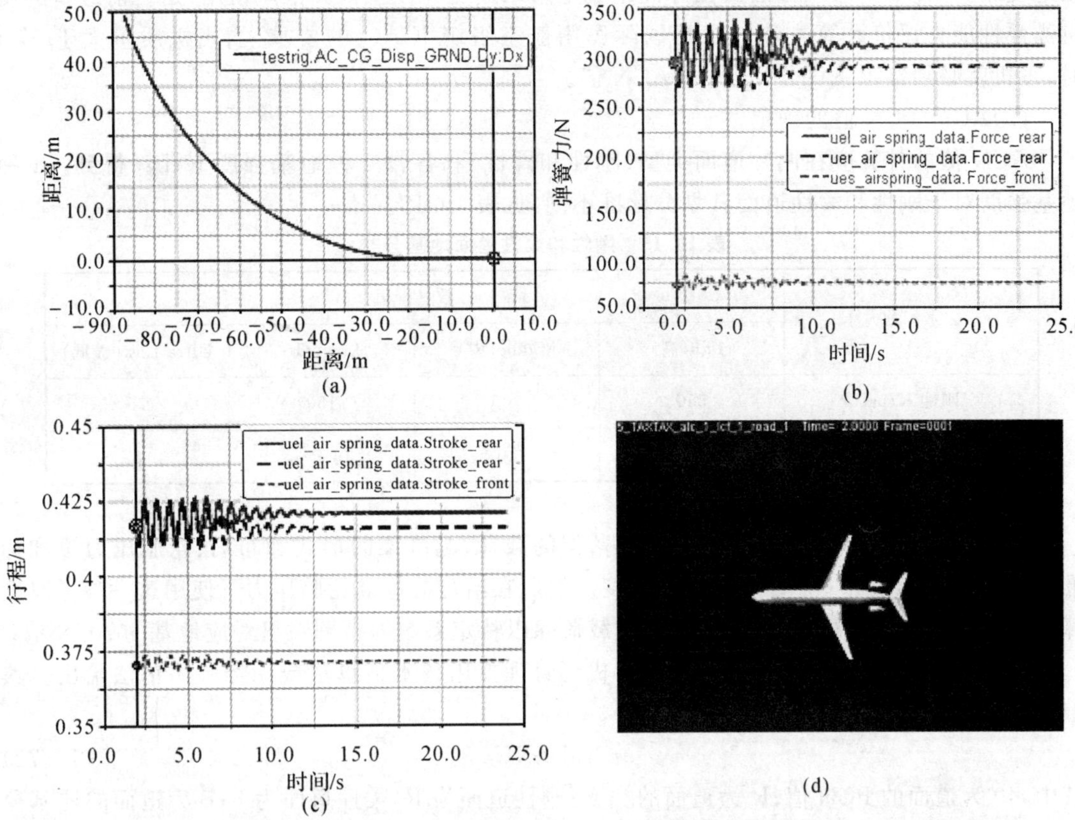

图 10.78　全机地面转弯仿真分析的主起落架结果

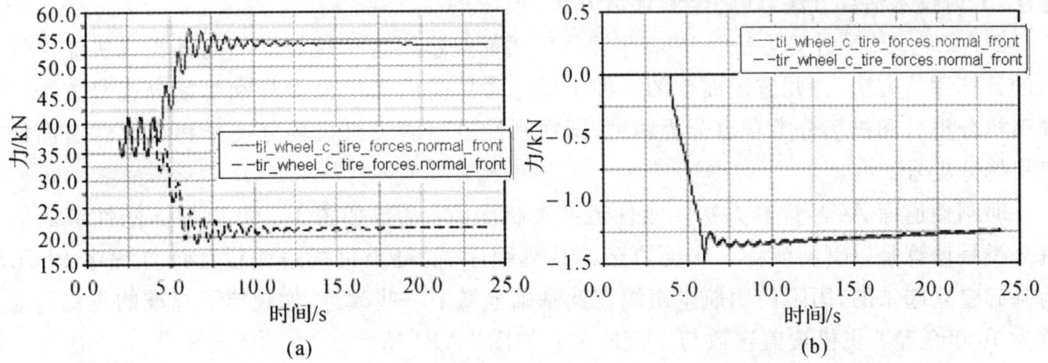

图 10.79　全机地面转弯仿真分析的前起落架结果

6. 漂浮性分析

(1)飞机分类号——机场道面分类号(ACN - PCN)方法

该方法的原理是由飞机设计方计算出飞机的 ACN 值，再由机场管理方给出机场道面的

PCN 值,ACN 值和 PCN 值均是无量纲的数。将飞机的 ACN 值与道面的 PCN 值进行比较,若 ACN 值大于 PCN 值,则飞机不能在该道面上使用或只能有限制地使用;反之,则可以无限制地使用。故 1983 年该方法被国际民用航空组织接受并在全世界推广使用,是目前最新的飞机漂浮性能力评价计算方法。根据国际民用航空组织 ICAO 的要求,当飞机质量大于 57 t 时,飞机就必须给出飞机分类号,即 ACN 值。

(2)ACN/PCN 值的确定

ACN 值的计算应在两种道面类型(刚性和柔性)和各自 4 种地基强度下计算得到。4 种地基强度对于刚性和柔性道面其划分标准不同,见表 10.15。

表 10.15 刚性和柔性道面地基分类

类 型	数 值			
	High(高)	Middle(中)	Low(低)	Ultra Low(极低)
刚性 K/psi	550	300	150	75
柔性 CBR	15	10	6	3

根据飞机的质量、起落架参数如主起落架的载荷、起落架的形式和布局、轮胎压力等和标准地基的强度计算出一个参考的道面厚度。然后在给定的标准轮胎压力下使用这一参考厚度算出对应的等效单轮载荷,最后用该等效载荷除以特定系数即得到飞机对应地基的 ACN 值。

1)PCN 值的确定。PCN 值的确定由机场管理方用技术估算法或用经验评估法给出。典型的 PCN 值表达如下:

$$40\mathrm{RBXU} \tag{10.72}$$

其中,40 为道面的 PCN 值;R 为道面的类型:刚性道面为 R,柔性道面为 F;B 为道面的地基分类:A 为高,B 为中,C 为低,D 为极低,见表 10.15;X 为轮胎压力分类:W 为无限制,X 为限制到 217 psi(1.5 MPa),Y 为限制到 145 psi(1.0 MPa),Z 为限制到 73 psi(0.5 MPa);T 为估算方法:T 为技术估算方法,U 为经验评估方法。

2)ACN-PCN 计算方法。1983 年国际民用航空组织为了统一和简化各类飞机漂浮性能力的计算评估方法,为此应运而生的一种可以广为接受的飞机分类号和机场分类号方法。同样飞机分类号和机场分类号也分为两种,即在刚性道面的飞机机场分类号和在柔性道面的飞机机场分类号。

3)刚性道面 ACN 计算方法。刚性道面飞机 ACN 系数如图 10.80 所示。刚性道面的飞机分类号计算是以美国波特兰水泥协会的计算程序“混凝土机场道面设计计算程序 PDILB”为基础建立起来的,国际民用航空组织在此基础上做了一些改进,如规定了标准的飞机覆盖遍数为 10 000 等。飞机覆盖遍数与 a 值的关系如图 10.81 所示。

4)柔性道面 ACN 计算方法。柔性道面的飞机分类号计算是以美国陆军工程兵团和美国空军(S—77—1)方法为基础的,并结合 ICAO 机场建设手册和 FAA 咨询通报修改,最后根据下式计算得出 ACN 值:

$$\mathrm{ACN}=\frac{t^2/1\,000}{0.878/\mathrm{CBR}-0.012\,49} \tag{10.73}$$

式中,t 为标准厚度,则跑道表面当量厚度 $t_E=t/a$,其中 a 值的确定如下:

$$a = 0.15 + 0.23\lg C \tag{10.74}$$

而 C 是根据标准的 a 值图(见图 10.81)来确定。

ICAO 计算飞机分类号的标准覆盖遍数为 10 000。根据飞机的机轮数目不同而得到 ICAO 使用的 a 值(见表 10.16)。

表 10.16　ICAO 使用的标准 a 值

机轮数目	1	2	4	5	8	12	16	18	24
a 值	0.995	0.9	0.825	0.788	0.755	0.722	0.705	0.7	0.689

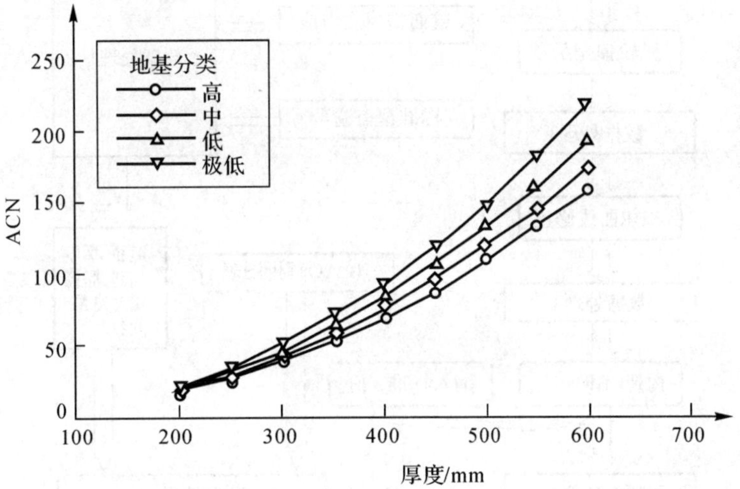

图 10.80　刚性道面飞机 ACN 系数图

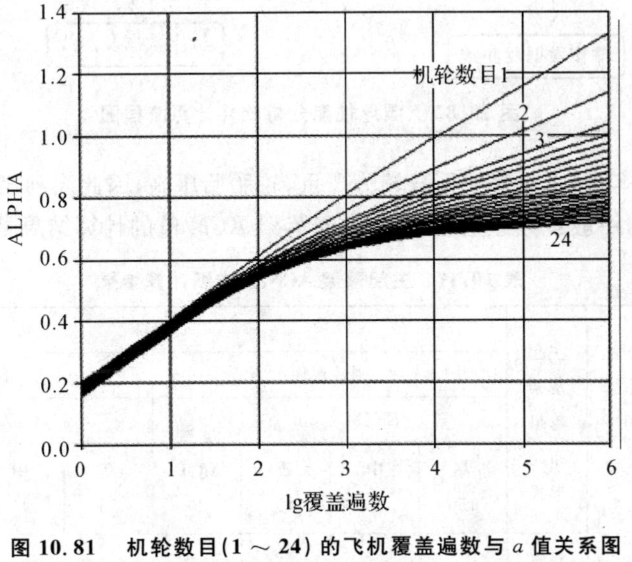

图 10.81　机轮数目(1 ～ 24) 的飞机覆盖遍数与 a 值关系图

(3) 漂浮性分析

根据 ACN-PCN 计算方法,利用 C++ 语言自编了漂浮性能分析软件,软件计算流程如图

10.82 所示。

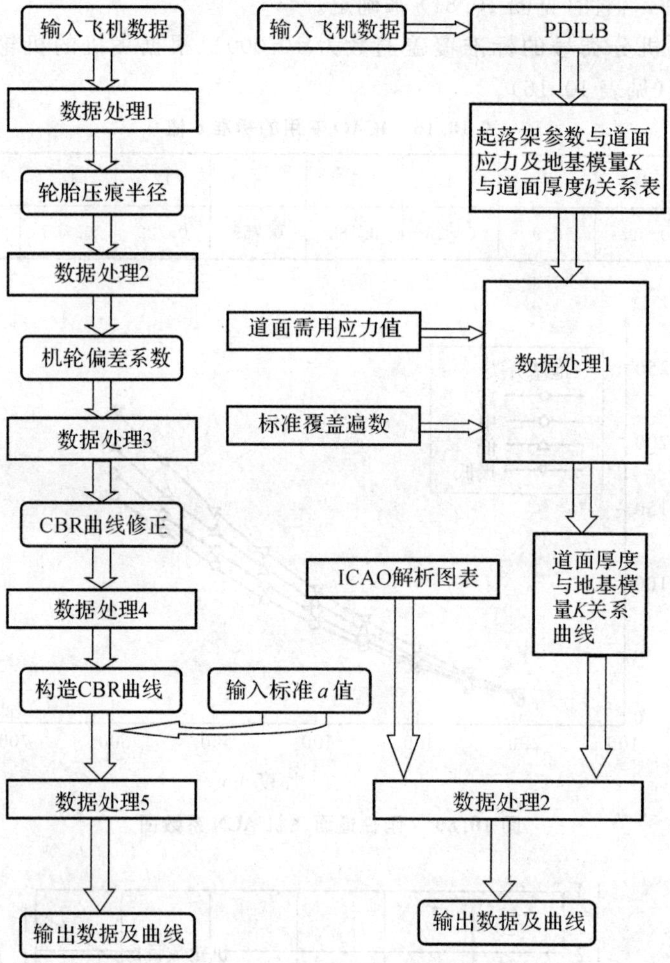

图 10.82　漂浮性能分析软件计算流程图

对于大型民用客机，主起落架受载较为严重，轮胎胎压高，因此当利用 ACN－PCN 方法进行漂浮性能计算时，一般只考虑主起落架，主起落架 ACN 值的计算结果见表 10.17。

表 10.17　主起落架 ACN 值详细计算结果

最大起飞质量/t	主起落架承担载荷/(%)	轮胎压力/MPa	主起落架轮组布局形式	ACN							
				刚性道面				柔性道面			
				$K/(MN\cdot m^{-2})$				CBR/(%)			
				高 150	中 80	低 40	超低 20	高 15	中 10	低 6	超低 3
71	92	1.24	双轮单轴	44.91	47.13	49.13	50.75	39.27	41.93	46.56	49.73

附录　变量注释表

变　量	定　义
A,B,C	起落架位置
A_a	压气面积
A_d	油孔面积
A_h	活塞杆内部面积
A_{hs}	回油腔压油面积
A_{nu}	正行程时回油腔油孔面积
A'_{nu}	反行程时回油腔油孔面积
$a_1/a_2/a_4$	起落架连接尺寸
a_3	扭力臂长度
a_s/a'_s	前起落架弹性支撑质量竖直方向加速度
a_{tx}/a_{ty}	机轮加速度
a_{us}	前起落架非弹性支撑质量竖直方向加速度
a_{xg},a_{yg},a_{zg}	飞机重心沿铅垂地面坐标系坐标轴的加速度分量
C_c	轮胎偏航系数
D	轮胎外直径
d_y	初始偏心距离
F	前起落架与机身铰接点竖直方向载荷
F'	摩擦滑轨实际提供的竖直方向载荷
F_D	液压作动筒实际输出载荷
F_f	摩擦滑轨提供的摩擦力、起落架缓冲支柱内摩擦力
F_{mf1},F_{mf2}	主起落架轮胎与地面摩擦力
F_{nf}	前起落架轮胎与地面摩擦力
F_s	前起落架缓冲支柱力
F_{ytire}	垂直轮胎平面的侧向力
F_z	载荷加载系统惯性力
F_1/F_2	上／下扭力臂轴向载荷
g	重力加速度
h	轮胎与地面接触面半长
H_{n0}/H_{m0}	前／主起落架总长度
H_{n2}	前起落架活塞杆全伸长时外露长度
I_t	机轮旋转的转动惯量
I_{xg},I_{yg},I_{zg}	飞机绕飞机铅垂地面坐标系旋转的转动惯量
I_{xt},I_{yt},I_{zt}	飞机绕机体轴旋转的转动惯量

L_a	作动筒行程固定板长度
L_1	飞机重心到左、右主起落架中点的水平距离
L_2	飞机重心到前起落架的水平距离
L_3	前、主起落架水平距离
L_4	主起落架到飞机对称面的水平距离
M_f	轮胎滚转摩阻
M_x, M_y, M_z	飞机所受气动滚转、偏航和俯仰力矩
m	飞机质量
m_s	前起落架弹性支撑质量
m'_s	突伸过程前起落架当量质量
m''_s	突伸试验中前起落架恒定当量质量
m_t	机轮质量
m_{us}	前起落架非弹性支撑质量
m_1	试验台顶板质量
m_2	液压作动筒质量
N_{m1}, N_{m2}	主起落架轮胎地面支反力
N_n	前起落架轮胎地面支反力
N	地面支反力
N_{θ_s}	轮胎侧向刚度
nr	前起落架轮胎半径
O_c	飞机重心位置
O'_c	飞机重心在 $Ox_g y_g$ 平面内投影
O''_c	左、右主起落架中点位置
p_{atm}	标准大气压
p_B	空气腔瞬时压力
p_0	缓冲器气腔初始充填压强
p	轮胎实际充气压力
p_R	轮胎额定充气压力
Q	气动阻力
S_{m1}, S_{m2}	主起落架轮胎所受侧向力
s_{nt}, s_{m1t}, s_{m2t}	前、主起落架轮胎压缩量
T	发动机推力
u	起落架缓冲器压缩量
$\dot{u}$	起落架缓冲器压缩速度
V_{B0}	缓冲器气腔初始充填体积
v	起落架触地速度
v_B	轮胎 B 速度
v_{Bx}, v_{By}	轮胎 B 的速度沿飞机铅垂地面坐标系坐标轴的分量
v_C	轮胎 C 速度

v_{Cx}, v_{Cy}	轮胎 C 的速度沿飞机铅垂地面坐标系坐标轴的分量
W	轮胎宽度
Y	升力
Z	气动侧向力
z_c	飞机重心高度
α	飞机迎角
β	飞机侧滑角
θ_s	轮胎侧偏角
ρ	油液密度
ω_t	机轮转动角速度
$\dot{\omega}_{xg}, \dot{\omega}_{yg}, \dot{\omega}_{zg}$	飞机绕飞机铅垂地面坐标系旋转的角加速度分量
$\dot{\omega}_{xt}, \dot{\omega}_{yt}, \dot{\omega}_{zt}$	飞机绕机体轴旋转的角加速度分量
μ	液压作动筒与摩擦滑轨间摩擦因数
μ_b	缓冲器内部摩擦因数

参考文献

[1] 高泽迥. 飞机设计手册:第 14 分册——起飞着陆系统设计. 北京:航空工业出版社,2002.

[2] 刘锐琛. 飞机起落架强度设计指南. 成都:四川科学技术出版社,1989.

[3] 聂宏. 起落架的缓冲性能分析与设计及其寿命计算方法[D]. 南京:南京航空航天大学,1990.

[4] Currey N S. Aircraft Landing Gear design: Principles and Practices. AIAA Education Series, AIAA, Washington, DC, 1988.

[5] Conway H G. Landing Gear Design. Chapman & Hall Ltd, 1958.

[6] Milwitzky B, Cook F E. Analysis of Landing – Gear Behavior. NACA Report 1154, 1953.

[7] Nie H, Qiao X, Gao Z J, et al. Dynamic Behavior Analysis for Landing Gear with Different Types of Dual–Chamber Shock Struts. Chinese Journal of Aeronautics: English Edition, 1991(4):235 - 244.

[8] 赵凡. 摇臂式耐坠毁起落架动态性能分析[D]. 南京:南京航空航天大学,2003.

[9] 洪嘉振. 计算多体系统动力学. 北京:高等教育出版社,1999.

[10] 陈立平,张云清,任卫群,等. 机械系统动力学分析及 ADAMS 应用教程. 北京:清华大学出版社, 2005.

[11] 李殿璞. 船舶运动与建模. 哈尔滨:哈尔滨工程大学出版社,1999.

[12] 刘应中,缪国平. 船舶在波浪上的运动理论. 上海:上海交通大学出版社,1986.

[13] 胡海岩,孙久厚,陈怀海. 机械振动与冲击. 北京:航空工业出版社,1998.

[14] 顾宏斌. 飞机地面运动的综合仿真研究[D]. 南京:南京航空航天大学,2001.

[15] 王纪森. 非线性控制理论在防滑刹车系统中的应用[D]. 西安:西北工业大学,2001.

[16] 魏小辉. 飞机起落架着陆动力学分析及减震技术研究[D]. 南京:南京航空航天大学,2006.

[17] 熊光楞,郭斌,陈晓波,等. 协同仿真与虚拟样机技术. 北京:清华大学出版社,2004.

[18] 方平. 小车式飞机起落架着陆与滑跑动态性能仿真分析[D]. 南京:南京航空航天大学, 2004.

[19] 樊海龙. 多轮多支柱飞机地面载荷研究[D]. 南京:南京航空航天大学, 2006.

[20] 朱位秋. 随机振动. 北京: 科学出版社, 1992.

[21] GianL G. Testing of Semi-active Landing Gear Control for a General Aviation Aircraft. Journal of Aircraft, 2000, 37(4):606 - 616.

[22] Kruger W R, Kortum W. Multibody simulation in the integrated design of semi-active landing gears. AIAA - 98 - 4361:1998.

[23] 汪岸柳. 飞机着陆滑跑动力学控制与仿真[D]. 南京:南京航空航天大学, 2005.

[24] 贾玉红, 何庆芝, 杨国柱. 主动控制起落架滑行性能分析. 航空学报, 1999, 20

(6):545 - 548.
[25] 范伟. 飞机起落架着陆半主动控制研究[D]. 南京：南京航空航天大学，2006.
[26] 吕祥生. 飞机起落架自适应控制与仿真[D]. 南京：南京航空航天大学，2006.
[27] 诸德培. 摆振理论及防摆措施. 北京：国防工业出版社，1984.
[28] 中国航空科学技术研究院. 飞机起落架结构耐久性设计与分析指南. 西安：中国航空工业总公司《AFFD》办，1995.
[29] 童忠钫，俞可龙. 机械振动学(随机振动). 杭州：浙江大学出版社，1992.
[30] 杨一栋. 舰载机进场着舰规范评估. 北京：国防工业出版社，2006.
[31] GJB3061—97. 飞机拦阻装置通用规范. 北京：国防科学技术工业委员会，1998.
[32] 张鑫. 舰载机拦阻着舰动力学分析及仿真[D]. 西安：西北工业大学，2007.
[33] Military Standard：Catapulting and Arresting Gear Forcing Functions for Aircraft Structural Design. Department Of The Navy A S C，1981.
[34] Division VC S. Appendix F：Determination of Characteristic Loading Behavior of MK7 - 1 and MK - 2 Arresting Gears by Analysis of Airplane Test Data，ADA111183. Vought Corporation Systems Division，1982.
[35] 曹淑华. 飞机拦阻器的液压系统设计及仿真研究[D]. 沈阳：东北大学，2002.
[36] 吴娟. 飞机拦阻系统分析与控制研究[D]. 西安：西北工业大学，2003.
[37] Yackle A R. STOVL aircraft for shipboard operation，A93 - 13379. AIAA aircraft Design Systems Meeting，Hlinton Head，SC，1992.
[38] Fisher B D，Sleeper R K，Stubbs S M. Summary of NASA landing-gear research，19780018105. Mar 1，1978 Langley Research Center，1978.
[39] 柳刚. 飞机着陆拦阻装置的设计方法研究[D]. 南京：南京航空航天大学，2006.
[40] 张劲夫，秦卫阳. 高等动力学. 北京：科学出版社，2004.
[41] 洪嘉振. 计算多体系统动力学. 北京：高等教育出版社，1999.
[42] Pritchard J I. An Overview of Landing Gear Dynamics，19990047095. May 1999 Langley Research Center，1999.
[43] 吴福光，蔡承武，徐兆. 振动理论. 北京：高等教育出版社，1987.
[44] 杨桂通，张善元. 弹性动力学. 北京：中国铁道出版社，1988.
[45] 马宏伟，吴斌. 弹性动力学及其数值方法. 北京：中国建材工业出版社，2000.